DOCUMENTS

STATISTIQUES

SUR LES CHEMINS DE FER.

DOCUMENTS

STATISTIQUES

SUR LES CHEMINS DE FER,

PUBLIÉS

PAR ORDRE DE SON EXC. LE MINISTRE DE L'AGRICULTURE,

DU COMMERCE ET DES TRAVAUX PUBLICS.

PARIS.

IMPRIMERIE IMPÉRIALE.

M DCCC LVI.

DOCUMENTS

STATISTIQUES

SUR LES CHEMINS DE FER.

RAPPORT

A SON EXCELLENCE LE MINISTRE DE L'AGRICULTURE,

DU COMMERCE ET DES TRAVAUX PUBLICS.

MONSIEUR LE MINISTRE,

La Commission instituée par Votre Excellence pour préparer la publication d'une statistique des chemins de fer vient de terminer ses travaux[1]; elle m'a chargé d'en rendre compte à Votre Excellence, et je vais avoir l'honneur de lui en présenter les principaux résultats.

[1] Cette Commission, instituée par arrêté du 10 mars 1855, était composée de :

MM. le comte DUBOIS, conseiller d'État, *Président;*

DELORME...., TOURNEUX..., chefs de division à la Direction générale des chemins de fer;

DE BILLY...., LECHATELIER.., ingénieurs en chef des mines;

BAZAINE....., THOYOT....., FOULON....., DUPARC....., LALANNE....., ingénieurs en chef des ponts et chaussées;

NICOLAS, ingénieur ordinaire des ponts et chaussées, *Rapporteur;*

DE CHASSELOUP LA MOTTE, chef du bureau de la statistique des chemins de fer;

DE BOSREDON, auditeur au Conseil d'État;

LUDOVIC DUBOIS, *Secrétaire.*

L'utilité d'une statistique des chemins de fer, c'est-à-dire d'une recherche exacte et d'une analyse raisonnée des dépenses qu'ils exigent, des revenus qu'ils produisent et du trafic auquel ils donnent lieu, ne saurait être douteuse; elle se mesure à l'importance même des chemins de fer, à leur influence sur les intérêts politiques, économiques et commerciaux les plus essentiels. Partout on s'efforce de multiplier ces voies de communication, partout on cherche à se rendre compte de tous les détails qui se rattachent à leur établissement et à leur exploitation. Plusieurs États étrangers ont compris l'intérêt que présentent des documents de ce genre. La Commission a eu sous les yeux et a consulté avec fruit des statistiques publiées, soit par le Gouvernement, soit par les compagnies, en Belgique, en Angleterre, en Allemagne, etc.

En France, où le réseau des chemins de fer mérite assurément, par son importance et par son étendue, un travail analogue, aucune étude d'ensemble n'a encore été livrée au public. L'Administration, à la vérité, avait pris soin de recueillir les documents qui devaient faciliter son contrôle et éclairer ses résolutions; mais aucun de ces documents n'avait encore été publié; ils fournissaient les matériaux du travail, ils n'étaient pas le travail lui-même.

C'est cette lacune que Votre Excellence a voulu combler, c'est cette tâche que la Commission s'est efforcée de remplir.

L'absence de toute publication antérieure rendait nécessaire une première catégorie de recherches : la Commission a pensé qu'il convenait de remonter à l'origine du réseau et de le suivre dans son extension progressive. La constatation des résultats relatifs à chaque année et le rapprochement de ces résultats permettront de les étudier isolément ou dans leur ensemble, pour une même année ou dans leurs variations successives.

C'est à cet ordre de faits que se rapporte une première série de dix tableaux statistiques destinés à faire connaître, au 31 décembre de chaque année :

1° La longueur totale du réseau et la longueur livrée à l'exploitation;

2° La répartition de ces longueurs suivant les principales conditions d'établissement et entre les diverses compagnies qui en ont obtenu la concession;

3° Le montant des capitaux engagés et celui des dépenses faites;

4° Enfin, et pour la partie du réseau exploité, le coût d'établissement, les recettes, les dépenses et le produit net d'exploitation, le nombre des voyageurs et le tonnage des marchandises, ainsi que la répartition des recettes entre ces deux natures de transport.

Ces relevés chronologiques, qui résument en quelque sorte l'histoire du réseau, sont suivis de deux tableaux destinés à établir sa situation, au point de vue financier, au 31 décembre des deux dernières années 1853 et 1854.

La troisième série comprend une étude détaillée des chemins de fer, pendant le cours d'une année, sous le rapport de leur établissement et de leur exploitation. Cette étude s'applique à l'année 1853, qui présentait le double avantage et d'être assez récente, et d'être écoulée depuis un temps assez long pour qu'on ait pu réunir tous les renseignements qui s'y rapportaient.

Des huit tableaux composant cette série, les quatre premiers ont trait à l'établissement : conditions techniques, matériel roulant, dépenses de construction, état du personnel.

Les quatre derniers sont consacrés aux faits d'exploitation : mouvement du matériel, mouvement des voyageurs et des marchandises, recettes, dépenses et produit net.

Une quatrième série de tableaux se compose de renseignements relatifs aux chemins de fer étrangers. Ces renseignements, extraits en partie des publications que j'ai mentionnées plus haut, et de la correspondance de nos agents diplomatiques et consulaires, permettent d'établir entre les lignes étrangères et les lignes françaises d'intéressantes comparaisons.

Quelques tableaux qui ne rentrent dans aucune des divisions précédentes terminent la collection des tableaux statistiques. Ils ont pour but de comparer, par département, la situation des chemins de fer à celle des autres voies de communication, d'indiquer les époques probables auxquelles les lignes en construction seront successivement livrées à l'exploitation, de donner, par mois et par catégorie, les recettes de l'année 1854, de présenter, pour quelques chemins, le mouvement des marchandises, avec l'indication des lieux de provenance et de destination.

En résumé, Monsieur le Ministre, développement des chemins de fer, situation au point de vue financier, analyse des faits relatifs à leur établissement et à leur exploitation, tels sont le plan et la division de la statistique soumise à Votre Excellence.

La Commission a cru devoir y joindre des éclaircissements qui lui ont paru nécessaires pour en faciliter l'étude. Les tableaux qui constituent la statistique proprement dite, et que je viens d'énumérer, sont accompagnés d'un texte qui en expose les résultats et en fait ressortir les principales conséquences.

Ce travail commence par une introduction qui retrace, au point de vue historique et dans leur enchaînement chronologique, les faits qui ont marqué le développement du réseau.

Le texte lui-même se divise en quatre sections correspondant autant que possible à l'ordre qui a présidé à la division des tableaux statistiques : situation du réseau, organisation administrative et financière, établissement, exploitation.

La Commission ne peut dissimuler à Votre Excellence que, malgré les efforts qu'elle a faits, malgré tous les soins qu'elle a apportés à l'accomplissement de sa tâche, elle s'est trouvée en présence de difficultés qu'elle n'a pu résoudre qu'incomplétement.

La nature de ces difficultés se présentera naturellement à l'esprit de toute personne qui s'est rendu compte de la diversité des systèmes suivis en France, soit pour l'exécution, soit pour l'exploitation des chemins de fer.

En ce qui concerne l'exécution, elle a été, pour quelques lignes ou sections de lignes, l'œuvre exclusive de l'État; pour d'autres, l'œuvre mixte de l'État et des compagnies; pour le surplus, enfin, l'œuvre exclusive des compagnies.

Si, lorsque l'État était seul chargé de la construction, il était possible d'entrer dans l'examen détaillé des dépenses consacrées à l'établissement, et d'en préciser les diverses conditions techniques, ce travail devenait difficile dans le second cas, plus difficile encore dans le troisième.

Ce n'est pas que le bon vouloir des compagnies ait fait défaut à l'Administration ; mais ces compagnies ne pouvaient fournir des documents qu'elles ne possédaient pas elles-mêmes; plusieurs d'entre elles, en effet, ont passé des marchés à forfait pour l'exécution de tout ou partie des travaux; de plus, leurs procédés ne sont pas uniformes, leurs comptabilités ne sont pas identiques.

En ce qui concerne l'exploitation, des difficultés analogues se sont présentées.

D'une part, l'État n'est entré qu'exceptionnellement et à titre provisoire dans la voie de l'exploitation directe;

D'autre part, les comptes rendus sont fournis par les compagnies dans des formes diverses, ou correspondent à des époques différentes.

Cette diversité, ce défaut de concordance ont causé des embarras sérieux. Toutefois, et malgré ces difficultés, la Commission espère que l'examen des documents qu'elle a réunis et classés fera ressortir des résultats intéressants et de nature à frapper les esprits qui s'occupent de ces questions.

Permettez-moi, Monsieur le Ministre, de résumer ici les plus saillants de ces résultats.

A la date du 30 juin 1855, le réseau des chemins de fer français comprenait une étendue de 11,496 kilomètres, dont 4,975 livrés à l'exploitation.

Ces 11,496 kilomètres ont été l'objet de 78 actes de concession.

59 compagnies ont été successivement créées; il n'en existe plus aujourd'hui que 24, dont 8 possèdent à elles seules 10,729 kilomètres[1].

Les chemins concédés s'étendent sur le territoire de 77 départements; 52 sont dès à présent traversés par les lignes en exploitation. Tous les grands ports de commerce, tous les arsenaux maritimes, toutes les villes importantes de l'Empire sont ou seront bientôt reliés à Paris.

La dépense totale peut être évaluée à environ 3 milliards 900 millions, les dépenses faites par l'État et par les compagnies s'élevaient, au 31 décembre 1854, à 2 milliards 158 millions.

Le concours de l'État s'est exercé sous différentes formes. Les subventions payées ou promises dépassent 900 millions, le montant des annuités garanties est de 61,302,800 francs, s'appliquant à un capital de 1,554,745,000 francs.

La dépense à la charge des compagnies s'élève à 2,975 millions. Leur capital social est d'environ 1 milliard 180 millions. Le surplus des ressources nécessaires sera fourni par des obligations émises ou à émettre.

Pendant l'année 1854, plus de 340 millions ont été consacrés à l'établissement des chemins de fer.

L'exploitation pendant cette même année a donné les résultats suivants. Les recettes de toute nature ont dépassé 200 millions, représentant une recette brute par kilomètre de 46,445 francs. Dans ces recettes, le transport des voyageurs et des accessoires de la grande vitesse figure pour 102,228,658 francs.

Les dépenses d'exploitation se sont élevées à 87,091,053 francs, soit 20,030 francs par kilomètre ou 43 p. 0/0 de la recette totale; ce qui fait ressortir le revenu net total à 114,855,105 francs et le revenu net par kilomètre à 26,415 francs.

[1] Y compris 698 kilomètres de longueur concédée en commun à plusieurs de ces compagnies principales.

Ce revenu représente plus de six pour cent du capital de premier établissement, et environ neuf pour cent du montant des dépenses à la charge des compagnies.

Le travail que j'ai l'honneur de soumettre à Votre Excellence pourrait, au besoin, être complété par un emprunt fait aux procès-verbaux de la Commission d'enquête dont vous avez présidé trente et une séances, et qui a entendu, dans le cours des années 1854 et 1855, les représentants de toutes les compagnies ainsi que les ingénieurs en chef du contrôle et les inspecteurs de l'exploitation commerciale. Ces procès-verbaux sont acccompagnés de notes et de renseignements importants sur les principaux faits de l'exploitation, et ils donnent, en outre, le relevé des accidents survenus sur les chemins de fer.

Veuillez recevoir, Monsieur le Ministre, l'assurance de mes sentiments respectueux.

Le Conseiller d'État Président de la Commission de statistique des chemins de fer,

Cte DUBOIS.

Paris, 29 décembre 1855.

TEXTE.

INTRODUCTION HISTORIQUE.

INTRODUCTION HISTORIQUE.

Cette introduction a pour objet de résumer, sous forme de notice historique, les actes principaux qui se rapportent soit au classement, soit à la concession, soit enfin à l'exploitation des chemins de fer français.

Elle se divise en cinq périodes :

La première (1823-1832) comprend les premiers essais d'établissement des voies ferrées en France.

La seconde (1833-1841) comprend les études préparatoires et les concessions isolées et restreintes.

Les trois autres, correspondant aux trois régimes politiques qui se sont succédé, font connaître la part de chacun d'eux dans les mesures qui ont constitué l'ensemble et assuré le développement du réseau national.

§ Ier.

1823 — 1832.

C'est en 1823 que fut concédé le premier chemin de fer français, celui de Saint-Étienne à la Loire, de 18 kilomètres de longueur. Cette concession fut faite à perpétuité et par ordonnance royale. Elle fut suivie, à peu d'années d'intervalle, de celle des lignes de Saint-Étienne à Lyon, en 1826 (57 kil.), d'Andrezieux à Roanne, en 1828 (67 kil.).

Entreprises sur de faibles parcours, les voies ferrées étaient alors destinées à mettre en relation des centres de production houillère ou métallurgique avec une voie navigable; les transports ne s'appliquaient qu'à des marchandises, et les chevaux étaient l'unique moyen de traction.

Ces essais ne manquaient pas, à leur date, d'une certaine hardiesse, quelque arriérés qu'ils paraissent aujourd'hui; mais l'avenir des chemins de fer était alors à peine entrevu. On ne les considérait pas comme des instruments de transports généraux et de communications universelles; on ne les regardait que comme l'accessoire perfectionné, mais local, de l'exploitation d'une mine ou d'un établissement industriel auxquels l'État les abandonnait à titre de propriété perpétuelle. Leurs rapports avec les intérêts du pays tout entier ne devaient se révéler que plus tard.

B.

Les circonstances caractéristiques, au point de vue administratif, de ces premières concessions, faites de 1823 à 1832, sont :

1° La concession par ordonnance;

2° La concession à perpétuité;

3° La construction aux frais des compagnies;

4° L'absence de tarif pour le transport des voyageurs.

La longueur totale des chemins de fer concédés de 1823 à 1832 était de 142 kilomètres; en 1832, 54 kilomètres étaient construits et livrés à la circulation.

Les capitaux engagés par les compagnies concessionnaires s'élevaient approximativement à 17 millions, et les dépenses effectuées à environ 10 millions.

§ II.

1833 — 1841.

1833. En 1833, les chemins de fer apparaissaient sous un jour nouveau. Deux innovations considérables, déjà éprouvées en Angleterre, venaient d'être introduites en France : au mois de juillet 1832 avaient eu lieu, sur le chemin de Saint-Étienne à Lyon, les premiers transports de voyageurs et les premiers essais de traction au moyen de locomotives. Le Gouvernement sentit que son action sur les nouvelles voies devait être plus efficace, et le pouvoir législatif intervint pour la première fois dans les questions relatives à leur établissement[1].

Après l'adjudication de la ligne d'Alais à Beaucaire (29 juin 1833), les concessions cessèrent d'être perpétuelles et furent régies par des cahiers de charges plus détaillés.

Par la loi du 27 juin, un crédit général de 500,000 francs fut ouvert à l'Administration pour l'étude et la préparation des avant-projets des lignes les plus importantes au point de vue des intérêts généraux du pays. Après l'épuisement de cette allocation générale, de nouveaux crédits furent inscrits chaque année dans le budget pour la continuation des études.

Les premières lignes étudiées partaient de Paris et se dirigeaient :

1° Sur Rouen et Le Havre, avec embranchement sur Dieppe, Elbeuf et Louviers;

2° Sur la frontière de Belgique, par Lille et Valenciennes, avec embranchement sur le littoral de la Manche;

3° Sur Strasbourg, par Nancy, avec embranchement sur Metz;

4° Sur Lyon et Marseille, avec embranchement sur Grenoble;

5° Sur Nantes, par Orléans et Tours;

6° Sur Bordeaux et Bayonne, par Tours.

1834-1837. Ces premiers pas semblaient promettre que l'exécution du réseau serait commencée dans un prochain avenir. Toutefois, de 1833 à la fin de 1837, les concessions n'eurent que peu d'importance et ne s'appliquèrent à aucune ligne d'une utilité générale. Les principales furent la con-

[1] La loi de finances portant fixation du budget de 1832 disposa qu'à l'avenir les grands travaux publics ne pourraient être exécutés qu'en vertu d'une loi. Cette prescription fut étendue, par la loi du 7 juillet 1833 sur l'expropriation, aux travaux publics et chemins de fer exécutés par l'industrie privée. Toutefois, on excepta de cette disposition les chemins de fer d'embranchement de moins de 20 kilomètres de longueur, dont l'exécution put être autorisée par une ordonnance.

cession, en 1835, du chemin de fer de Paris à Saint-Germain, première ligne établie en vue du transport des voyageurs; — celle du chemin de Montpellier à Cette, en 1836; — celles des deux lignes de Versailles et des chemins de Mulhouse à Thann et de Bordeaux à La Teste, en 1837.

Les progrès accomplis et les travaux exécutés dans cet intervalle en Angleterre, en Belgique et en Allemagne offraient cependant un enseignement qui ne pouvait être méconnu; malheureusement, l'exemple des États étrangers, en éclairant d'une lumière de plus en plus vive la puissance des nouveaux moyens de transport, avait jeté les esprits dans des incertitudes d'un autre genre.

On se trouva, en effet, lorsqu'on résolut d'aborder la construction des grandes lignes, en présence de deux systèmes : l'exécution par l'État, l'exécution par l'industrie privée. Le premier mode avait été appliqué en Belgique, l'Angleterre avait adopté le second.

C'est pour ce dernier système, pour l'exécution par des entreprises particulières, que le Gouvernement pencha d'abord.

Dès 1835, il avait proposé aux Chambres de concéder l'entreprise du chemin de fer de Paris à Rouen et d'ajourner la construction des autres grandes lignes : cette tentative était demeurée infructueuse.

Dans la session de 1837, il adopta plus largement le système des concessions, et soumit au pouvoir législatif cinq projets de loi ayant pour objet l'exécution par l'industrie privée des chemins de Paris en Belgique, — de Paris à Orléans et de Paris à Tours, — de Paris à Rouen et de Rouen au Havre, — enfin, de Lyon à Marseille.

Des commissions en nombre égal à celui des projets furent instituées par la Chambre des Députés : ces commissions exprimèrent des opinions divergentes sur le système général d'exécution, et la question resta encore sans solution.

Dans l'intervalle des sessions de 1837 et 1838, le ministre du commerce et des travaux publics (M. Martin, du Nord) réunit, sous sa présidence, une commission de dix-neuf membres, qu'il chargea de l'examen des graves questions qui se rapportaient à l'établissement des chemins de fer.

A la suite et en conformité d'avis émis par cette commission, et favorables au principe d'exécution des grandes lignes par l'État, le Gouvernement présenta, le 15 février 1838, aux Chambres un projet de loi autorisant la construction, aux frais de l'État, de quatre chemins, savoir :

1° De Paris en Belgique;

2° De Paris au Havre (1re partie);

3° De Paris à Bordeaux (1re partie);

4° De Marseille à Lyon (1re partie).

D'après l'exposé des motifs, œuvre de M. Legrand, directeur général des ponts et chaussées et des mines, deux pensées devaient présider à l'établissement du réseau des chemins de fer français : « Les chemins de fer étant destinés au transport des voyageurs, il importait de relier Paris, « siége du Gouvernement, aux grands centres de population. » — D'autre part : « La France, par « sa situation entre deux grandes mers et par sa situation géographique relativement aux « autres parties du continent européen, étant essentiellement destinée à devenir le lien d'un « transit considérable, soit de l'Océan sur la Méditerranée et réciproquement, soit de l'Océan et de « la Méditerranée sur les États Allemands, la Suisse et l'Italie, il était nécessaire que ces deux « grandes lignes de transit fissent partie du réseau général, afin que l'État, maître de ces lignes, « le fût en même temps des tarifs, et pût les modifier à son gré dans l'intérêt du commerce « général. »

Dans la Chambre des Députés, une commission extraordinaire de dix-huit membres fut chargée de l'examen du projet du Gouvernement; elle en proposa le rejet par l'organe de son rapporteur, M. Arago. La Chambre adopta ses conclusions.

Ainsi, pour la seconde fois, la discussion de la question générale des chemins de fer resta sans résultat.

Dans cette situation, on ne put donner aux besoins du pays qu'une satisfaction imparfaite, et l'établissement des chemins de fer ne fut l'objet que de mesures isolées et de concessions partielles.

Néanmoins, les lignes de Strasbourg à Bâle, Paris à la mer, Paris à Orléans et embranchements, Lille à Dunkerque, formant ensemble un réseau de 624 kilomètres, furent concédées en 1838.

Mais l'absence du concours de l'État, qui abandonnait les compagnies à leurs propres ressources, le peu de confiance qu'inspiraient encore ces spéculations nouvelles, les agitations politiques de 1839, les complications extérieures de 1840, s'opposèrent à la réalisation de ces entreprises. Les concessions des lignes de Paris à Rouen et au Havre, et de Lille à Dunkerque, furent résiliées dès 1839, et en 1840 l'État dut venir en aide aux deux autres. Par la loi du 15 juillet 1840, il accorda à la compagnie d'Orléans une prolongation de jouissance et une garantie d'intérêt; à la compagnie de Strasbourg à Bâle, un prêt de 12,600,000 francs; à celle d'Andrezieux à Roanne, un prêt de 4,000,000 de francs. Par la même loi, une somme de 24 millions fut affectée à l'exécution, aux frais du Trésor, des chemins de fer de Montpellier à Nîmes, et de Lille et de Valenciennes à la frontière de Belgique. Enfin, par une autre loi portant la même date, la ligne de Paris à Rouen fut concédée avec un nouveau cahier des charges et suivant un nouveau tracé.

A la fin de 1841, la France ne possédait encore qu'un petit nombre de chemins de fer ayant une longueur ensemble de 885 kilomètres, dont 79 étaient construits par l'État.

Sur cette longueur, 569 kilomètres seulement étaient livrés à l'exploitation [1].

Les sommes engagées pour les dépenses faites ou à faire s'élevaient en totalité à 274,050,000f. La part de l'État dans ce chiffre était de 24,750,000 francs, non compris 41,600,000 francs représentant les prêts accordés aux compagnies.

En outre, l'État avait garanti à la compagnie d'Orléans les intérêts à 4 p. 0/0 d'un capital de 40 millions.

Les dépenses effectuées s'élevaient à la somme totale de 178,626,493 francs, savoir :

Par l'État...	en études...	741,349 francs.	Ensemble..	3,228,740 francs.
	en travaux..	2,487,391		
Par les compagnies concessionnaires.				175,397,753

§ III.

1842 — 1847.

Cependant, l'Administration avait poursuivi avec persévérance l'étude des chemins de fer indiqués dans la loi du 29 juin 1833 et dans le programme de 1838. Les avant-projets avaient été

[1] La seule ligne en exploitation d'une notable étendue était celle de Strasbourg à Bâle, qui, soudée à celle de Mulhouse à Thann, formait un ensemble de 150 kilomètres environ.

rédigés par les ingénieurs des ponts et chaussées; plus de 6,000 kilomètres avaient été explorés, et l'on avait hâte d'en finir avec les tâtonnements timides et les discussions stériles. Les puissances voisines, la Grande-Bretagne, la Belgique, les États Allemands s'avançaient rapidement dans une carrière que la France avait à peine abordée.

L'étude comparative des tracés rivaux et les éléments divers recueillis par le Gouvernement permettaient, du reste, d'apporter dans l'établissement du réseau de nos chemins de fer l'unité qui forme le caractère principal des institutions de la France.

C'est pour atteindre ce but que fut présentée, le 7 février 1842, la loi qui porte la date du 11 juin, et qui est appelée à occuper dans les annales des chemins de fer une place aussi importante que le décret de 1811 dans celles des routes.

Cette loi avait deux buts essentiels : elle déterminait, en premier lieu, les grandes artères du réseau des chemins de fer français, sur lesquelles viendraient plus tard s'embrancher les ramifications accessoires; elle arrêtait, en second lieu, un système pour l'exécution de ces grandes lignes; elle soumettait ainsi à des vues d'ensemble et à une pensée vraiment gouvernementale le tracé et la construction de ces voies de communication si importantes, au triple point de vue commercial, administratif et stratégique.

Les lignes classées par la loi du 11 juin 1842 sont celles qui rayonnent, de Paris: sur la frontière de Belgique, par Lille et Valenciennes; — sur l'Angleterre; — sur la frontière d'Allemagne, par Strasbourg; — sur la Méditerranée, par Lyon, Marseille et Cette; — sur la frontière d'Espagne, par Tours, Poitiers, Bordeaux et Bayonne; — sur l'Océan, par Nantes; — sur le centre de la France, par Bourges. Un amendement de la Chambre des Députés y a ajouté deux grandes lignes transversales de la Méditerranée sur le Rhin, par Lyon, Dijon et Mulhouse, — et de l'Océan sur la Méditerranée, par Bordeaux, Toulouse et Marseille.

L'exécution de ces lignes devait à la fois relier à Paris les grands centres industriels des diverses provinces et les grands ports commerciaux des deux mers, faire correspondre entre eux ces divers points, et mettre la France en communication avec les États limitrophes.

Mais un ensemble aussi considérable de travaux ne pouvait être mis à la charge exclusive de l'État sans grever le Trésor outre mesure, ou sans retarder indéfiniment l'ouverture de ces voies de communication, dont l'utilité devenait chaque jour plus manifeste et le besoin plus impérieux.

Une première considération fut signalée par l'exposé des motifs et adoptée par les Chambres.

Les départements traversés par chaque ligne, et les communes de ces départements, étaient évidemment favorisés d'une manière toute particulière : la loi les appela à concourir pour les deux tiers dans l'acquisition des terrains. L'État en faisait l'avance et devait en réclamer ensuite le remboursement; mais les difficultés que le Trésor aurait éprouvées pour obtenir ce remboursement, la disproportion évidente qu'il y aurait eu souvent entre les sacrifices exigés et les avantages dont ils devaient être le prix, firent abandonner cette disposition, qui fut abrogée par une loi du 19 juillet 1845.

D'un autre côté, il convenait, pour exonérer l'État des embarras d'une régie vaste, compliquée, coûteuse, de concéder à des entreprises privées l'exploitation des chemins de fer; par une conséquence naturelle, on leur imposait toutes les dépenses qui se rattachaient immédiatement à l'exploitation, c'est-à-dire la confection des voitures affectées au transport, la pose des rails qui les supportent, l'achat des machines qui les traînent, et enfin l'entretien du chemin et du matériel.

Mais, si l'on appelait l'industrie privée à se charger de cette partie des dépenses, on ne croyait pas pouvoir lui abandonner avec la même confiance l'exécution des terrassements et les ouvrages d'art; non-seulement ces dernières dépenses sont ordinairement considérables, mais surtout elles sont peu susceptibles d'évaluations précises et de calculs exacts; elles se prêtent peu, par suite, à des transactions commerciales, qui veulent des bases positives et des bénéfices assurés : ce fut la part assignée à l'État. On mettait ainsi à sa charge tout ce qui était trop aléatoire, trop incertain pour attirer la spéculation; on ne laissait au compte de l'industrie privée que les dépenses qu'elle pouvait évaluer avec une approximation suffisante et comparer aux bénéfices de l'exploitation.

Cette combinaison donnait aux compagnies l'assurance d'amortir leurs capitaux dans un délai presque certain, puisque leur quote-part dans la dépense était évaluée avec précision, et dans un court délai, puisqu'elles ne supportaient que la fraction la moins lourde des frais; elle permettait par conséquent à l'État d'assigner à la durée de leur jouissance un terme rapproché. Elle avait ainsi le double avantage de provoquer l'intervention des compagnies et de ne leur abandonner cependant que pour de courtes périodes la perception des bénéfices et l'application des tarifs.

Le système de la loi du 11 juin 1842 reposait sur ce concours de l'État, d'une part, pour l'acquisition des terrains, la construction des terrassements et ouvrages d'art; et des compagnies, d'autre part, pour la pose de la voie, l'acquisition du matériel roulant et l'exploitation de la ligne.

On n'aurait pu toutefois, sans méconnaître la nature des choses, soumettre tous les chemins de fer à un mode uniforme d'exécution. Les différences qui existaient entre la dépense présumée, les revenus espérés, le développement probable des diverses lignes, devaient entraîner des différences correspondantes dans les conditions de leur concession. Quelques-unes, par exemple, offraient à l'industrie privée un trafic si considérable et une exploitation si productive, qu'il pouvait suffire de lui en accorder la jouissance pendant un certain nombre d'années pour exonérer l'État de la totalité ou au moins d'une partie de son contingent dans les dépenses de construction. La loi de 1842 tint compte de cette diversité nécessaire, et, tout en établissant un système général d'exécution, elle réserva [1], par une prévision que l'expérience a justifiée, la faculté d'accorder des concessions sur des bases et dans des conditions différentes.

Enfin, la loi de 1842 ouvrit un crédit de 125 millions pour commencer la construction des grandes lignes classées, et un autre crédit de 1,500,000 francs pour la continuation des études.

Le prolongement jusqu'à la mer de la ligne de Paris à Rouen restait en dehors des dispositions de cette loi générale, mais une ligne destinée à desservir une contrée où les industries sont si actives et l'agriculture si perfectionnée, et à aboutir à un des ports de commerce les plus importants, ne pouvait être oubliée au moment où l'on constituait le réseau de nos chemins de fer. Une loi, portant également la date du 11 juin 1842, concéda la partie de cette ligne comprise entre Rouen et le Havre, avec une subvention de 8 millions et un prêt de 10 millions, en même temps qu'elle accordait à la compagnie de Paris à Rouen un prêt de 4 millions pour concourir à la dépense de la traversée de Rouen.

L'impulsion donnée par l'ensemble de ces mesures décisives ne pouvait manquer d'être féconde.

[1] Cette réserve fut insérée dans la loi par l'adoption d'un amendement de M. Duvergier de Hauranne.

Elle fut secondée par plusieurs ordonnances rendues à la même époque et inspirées par les mêmes vues.

Une division chargée spécialement de l'étude des questions de chemins de fer fut organisée dans l'Administration centrale du ministère des travaux publics.

Le territoire fut partagé en cinq arrondissements, assignés à des inspecteurs divisionnaires des ponts et chaussées qui devaient diriger et coordonner les projets des ingénieurs.

Cinq auditeurs au Conseil d'État leur furent adjoints, et reçurent la mission d'approfondir les études commerciales, de recueillir les éléments statistiques, de constater les mouvements actuels des transports, de calculer leur extension probable, et d'évaluer les produits présumés du trafic. Leurs travaux servirent à déterminer les avantages que l'exploitation promettait aux compagnies, les charges qu'elles auraient à supporter, et, par suite, la durée et les conditions qu'il convenait de fixer pour les diverses concessions.

Enfin, deux commissions furent instituées auprès du ministre, l'une pour la révision et le contrôle de ces documents, l'autre pour délibérer sur le tracé des grandes lignes. (Ordonnances du 22 juin 1842.)

Ces ordonnances complétaient les dispositions de la loi du 11 juin; les mesures qui furent prises dans les années suivantes pour la concession des divers chemins ne firent que réaliser l'œuvre dont elle avait posé les fondements. Les débats parlementaires dont elle fut l'occasion coïncidèrent avec un mouvement remarquable de l'opinion publique. Les questions de chemins de fer y prirent la place et l'importance qui leur appartenaient; les écrits se multiplièrent, des journaux spéciaux furent fondés, et bientôt les capitaux se portèrent vers ces grandes entreprises avec une ardeur dont la tribune politique blâma quelquefois l'excès, mais qui, en définitive, dota plus promptement le pays d'un élément inappréciable de richesse et de prospérité.

L'année 1842, qui préparait de si grands travaux, n'avait donné lieu qu'à un faible développe- 1843.
ment des lignes livrées à l'exploitation. Les sections de Lille et Valenciennes à la frontière furent, dans le cours de cette année, ouvertes à la circulation par les soins de l'État, qui était chargé de les exploiter; mais en 1843 eut lieu, en mai et à quelques jours de date, l'ouverture des deux lignes importantes de Paris à Orléans et de Paris à Rouen, appelées à un brillant avenir. De son côté, le Gouvernement entreprit avec résolution et poursuivit avec activité l'étude des grandes lignes dont la loi de 1842 avait indiqué la direction générale, mais dont il restait à fixer le tracé définitif. L'Administration eut à apprécier, au point de vue technique, les projets dressés par les ingénieurs; elle eut à comparer les intérêts respectifs des localités rivales que tel ou tel parcours pouvait desservir; elle eut surtout à rechercher les tracés les plus conformes aux besoins généraux du pays.

L'année 1843 fut presqu'exclusivement consacrée à cette vaste enquête, et la seule concession importante faite pendant cette année fut celle d'Avignon à Marseille, accordée dans des conditions différentes de celles qui étaient déterminées par la loi du 11 juin 1842. Moyennant une subvention réglée à forfait, la compagnie s'était chargée de la construction de la ligne.

Plusieurs lois portant la date du 26 juillet 1844 déterminèrent le tracé des lignes de Paris à 1844.
Lyon, à Strasbourg et à Bordeaux, ainsi que celles du Nord et du Centre. — Les lignes de Lyon et de Strasbourg, qu'on avait songé à réunir sur un tronc commun d'une plus ou moins grande longueur en partant de Paris, durent suivre deux directions complétement divergentes; mais, pour desservir la région qu'elles laissaient entre elles, on classa le chemin de fer de Montereau à Troyes. — Le

chemin de fer d'Orléans à Vierzon reçut un double prolongement, l'un sur Limoges par Châteauroux, l'autre sur Clermont par Nevers; et l'on dota ainsi les provinces du Centre de lignes d'autant plus précieuses qu'elles traversaient des contrées dépourvues de communications faciles. — Une mesure encore plus importante établit entre la France et l'Angleterre une triple communication, par trois lignes aboutissant aux ports rivaux du Nord. Ces trois lignes s'embranchaient sur le chemin de fer de Paris à la frontière belge; mais deux d'entre elles, celles de Calais et de Dunkerque, ne s'en séparaient qu'à Lille et n'étaient que des annexes de la ligne principale; la troisième, au contraire, s'en détachait à Amiens pour arriver à Boulogne, et formait une concession spéciale. Cette dernière combinaison devait entraîner des inconvénients sérieux. En constituant, en effet, le chemin de fer d'Amiens à Boulogne comme chemin indépendant, on lui avait donné pour tête de ligne un chemin qui, par deux embranchements, devait lui faire une concurrence redoutable, et profiter, pour servir cette concurrence, de la possession du tronc commun. Les embarras qui résultèrent de cette situation ont amené depuis la fusion de ces diverses lignes en un même réseau.

Après avoir ainsi réglé le parcours des principaux chemins de fer, le Gouvernement et les Chambres avaient à régler les clauses de leur concession. Cette seconde partie de leur tâche avait pour point de départ les devis des ingénieurs et les documents statistiques recueillis par les auditeurs au Conseil d'État, et revisés par la commission supérieure instituée en 1842. C'est sur cette base qu'on calculait les dépenses de l'État, celles de la compagnie, les produits de la ligne, et, par suite, la durée de jouissance à accorder.

Le chemin de fer d'Orléans à Bordeaux et celui du Centre, avec son double prolongement, furent concédés, dans le système de la loi de 1842, pour une durée maximum de quarante ans environ.

L'exploitation de la ligne de Montpellier à Nîmes, entièrement achevée par l'État, fut affermée en novembre 1844, pour un bail de douze ans par voie d'adjudication, le rabais portant sur la redevance à payer. L'ouverture eut lieu le 9 janvier de l'année suivante.

La concession séculaire des lignes d'Amiens à Boulogne et de Montereau à Troyes fut autorisée à la condition que tous les travaux seraient exécutés par les compagnies concessionnaires. La première de ces concessions fut réalisée dans l'année, et la seconde, dans les premiers jours de l'année suivante.

Enfin, le Gouvernement proposait d'appliquer le système de la loi de 1842 aux lignes du Nord et de Strasbourg; mais ces deux propositions furent ajournées pour des motifs différents.

La Chambre des Députés, convaincue qu'une ligne aussi productive que celle du Nord serait certainement recherchée par l'industrie privée et concédée dans des conditions plus avantageuses, manquant d'ailleurs d'éléments précis pour déterminer d'avance ces conditions, résolut d'attendre les propositions des compagnies. Le Gouvernement, qui exploitait déjà les sections de Lille et de Valenciennes à la frontière, fut autorisé à poser la voie et à organiser l'exploitation sur toute la ligne. La concession de l'ensemble de la ligne du Nord, déjà ajournée en 1843, fut renvoyée à la session de 1845, qui vit se réaliser les prévisions et les espérances des Chambres.

Quant à la ligne de Paris à Strasbourg, pour laquelle le Gouvernement proposait une durée maximum de jouissance de 45 ans, une circonstance imprévue en fit ajourner la concession au moment où elle était sur le point de se réaliser. La Chambre des Députés avait inséré, dans une des lois qui viennent d'être analysées, un amendement qui interdisait aux membres des deux Chambres de devenir adjudicataires ou administrateurs des compagnies de chemins de fer auxquelles des concessions seraient accordées : les capitalistes qui se présentaient pour la ligne de

Strasbourg s'étaient adjoints des députés qui crurent devoir, en présence de cet amendement, se retirer du conseil d'administration. Un délai devint nécessaire pour que la compagnie pût se recomposer, et la loi se borna à ouvrir pour la construction de la ligne un crédit général de 88,700,000 francs. La Chambre des Pairs, dans la discussion de l'amendement, refusa d'ailleurs d'interdire aux membres du parlement de prendre part à des entreprises dont le pays attendait de si heureux résultats.

Les lois votées pendant la session de 1844 embrassaient ainsi la plupart des lignes classées en 1842 et en complétaient le réseau par la ligne de Paris à Rennes; elles mettaient, en outre, à la disposition de l'Administration des allocations importantes, qui lui permirent de continuer l'œuvre dont la loi du 11 juin 1842 avait tracé le programme.

On peut, toutefois, remarquer encore, dans les discussions de cette époque, quelques hésitations, quelques doutes. L'exécution par l'industrie privée parut devenir, du moins dans quelques esprits, l'objet des défiances qui s'étaient manifestées en 1838 contre l'exécution par l'État; on semblait plus préoccupé des inconvénients des concessions à long terme, des bénéfices abandonnés et des tarifs livrés aux compagnies, et surtout des abus de la spéculation. Sous l'influence de ces préoccupations, auxquelles l'esprit de parti ne resta peut-être pas étranger, la forme des négociations et des traités avec les compagnies se modifia. Le Gouvernement, qui depuis 1838 avait constamment appelé les Chambres à se prononcer sur des conventions déjà conclues, suivit une autre marche. Toutes les concessions que nous venons d'énumérer eurent lieu par voie d'adjudication avec publicité et concurrence ; et dans toutes ces adjudications, à l'exception de celle de Montpellier à Nîmes, le rabais portait sur la durée de la concession.

C'est dans cette même année 1844 qu'eurent lieu les concessions des lignes de Paris à Sceaux et du chemin de fer atmosphérique, destinées à expérimenter, la première, un système de waggons articulés qui permît aux convois de circuler facilement sur des courbes de faible rayon ; la seconde, un système de locomotion qui leur permît de franchir de fortes rampes. Une subvention de 1,800,000 francs fut accordée par les Chambres pour la seconde de ces expériences. Ces concessions exceptionnelles n'eurent pas lieu par voie d'adjudication publique.

En même temps qu'il encourageait ces perfectionnements techniques, le Gouvernement prépa- 1845.
rait les réglementations générales commandées par l'intérêt public.

La conservation des voies de fer, dont la construction est si onéreuse et l'entretien si nécessaire; la répression des abus possibles de l'exploitation par les compagnies; les dangers auxquels une tentative coupable, ou seulement l'imprudence et l'inobservation des règlements, peuvent exposer les voyageurs; toutes ces conditions de l'emploi des chemins de fer réclamaient des prescriptions, des garanties, des pénalités particulières.

Tel fut l'objet de la loi du 15 juillet 1845.

Cette loi envisageait exclusivement les chemins de fer comme instruments de transport. Une

[1] C'est dans cette forme qu'eut lieu, le 9 octobre 1844, l'adjudication des lignes dont la concession venait d'être réglée par les Chambres. Le maximum de la durée de jouissance avait été fixé :

A 41 ans pour le chemin d'Orléans à Bordeaux;

A 40 ans pour le chemin du Centre;

A 99 ans pour le chemin d'Amiens à Boulogne.

L'adjudication n'amena un rabais important que pour la première concession, dont la durée fut réduite de 41 à 27 ans. L'État n'obtint qu'une réduction insignifiante pour les deux autres.

proposition fut présentée à la Chambre des Pairs pour réprimer les abus auxquels ils peuvent donner lieu comme entreprise financière, en soumettant à des conditions déterminées la souscription, l'émission et la négociation des titres. Prise en considération par la Chambre des Pairs, elle fut rejetée après la discussion des articles; mais une partie des dispositions qu'elle renfermait fut insérée dans la loi relative au chemin de fer du Nord, rendue pendant la session de 1845.

La concession de ce chemin de fer, dont l'importance avait dès l'abord appelé l'attention du Gouvernement et les délibérations des Chambres, et dont les sections les plus rapprochées de la frontière étaient déjà exploitées par l'État, avait donné lieu cependant, comme on l'a vu, à des ajournements successifs. La question se représentait de nouveau et devait enfin être résolue.

Mais, dans l'intervalle, des faits nouveaux s'étaient produits; les résultats de l'exploitation des lignes de Rouen et d'Orléans, ouvertes en 1843, avaient éclairé l'opinion, encouragé la spéculation, stimulé les capitaux, et assuré au Gouvernement des offres avantageuses. Plusieurs compagnies s'étaient présentées pour le chemin du Nord et proposaient de se charger, non-seulement de la pose des voies sur les travaux déjà exécutés par l'État et du remboursement de la dépense de ces travaux, mais aussi des terrassements et ouvrages d'art sur les embranchements non encore entrepris. Une loi du 15 juillet 1845 autorisa le Gouvernement à concéder dans ces termes la ligne principale dirigée sur la frontière belge, avec embranchement sur Calais et Dunkerque, ainsi que deux lignes accessoires, de Creil à Saint-Quentin et de Fampoux à Hazebrouck.

Les adjudications de ces trois chemins donnèrent lieu à des rabais très-considérables.

Le même empressement fut manifesté par l'industrie privée à l'égard des autres lignes. Il dépassa tout ce qu'on avait, dans l'origine, attendu de son concours.

La concession des chemins de fer de Paris à Lyon et de Lyon à Avignon mit à la charge des compagnies l'exécution de tous les travaux, sans subvention, et moyennant une jouissance de quarante-cinq ans pour la ligne de Paris à Lyon, de cinquante ans pour la ligne de Lyon à Avignon. Cette durée de jouissance fut réduite à quarante et un ans pour la première, à quarante-quatre ans pour la seconde, par le rabais de l'adjudication.

Une loi du 19 juillet concéda le chemin de fer de Paris à Strasbourg, avec double embranchement sur Reims et sur Metz et Saarbruck, dans le système de la loi de 1842, sauf l'obligation imposée à la compagnie de supporter tous les frais du dernier embranchement. La durée de jouissance fut réduite de quarante-cinq à quarante-trois ans deux cent quatre-vingt-six jours, par une adjudication approuvée le 27 novembre 1845.

Une ordonnance de la même date approuva la concession pour trente-quatre ans du chemin de fer de Tours à Nantes. Cette concession était également régie par la loi de 1842; la compagnie s'engageait en outre à rembourser à l'État le prix des terrains et bâtiments à acquérir pour l'établissement du chemin de fer.

Enfin, deux embranchements de la ligne du Havre, sur Dieppe et sur Fécamp, furent concédés dans le système qui avait été adopté l'année précédente pour les lignes d'Amiens à Boulogne et de Montereau à Troyes.

On le voit, toutes les concessions faites à cette époque manifestaient un retour marqué de confiance dans l'avenir des chemins de fer. Le système de la loi du 11 juin 1842 paraissait, en 1844, faire inutilement appel à l'intervention des compagnies; en 1845, il ne leur faisait plus une part assez large. Cet élan si vif vers ces entreprises eut des avantages incontestables; peut-être seulement fut-il porté à l'excès : un entraînement exagéré disposait en effet les compagnies à accepter des engagements trop lourds qu'elles ne pourraient remplir dans des circonstances critiques, et qui les obligeraient alors à demander à l'État une onéreuse assistance. Il présentait ainsi un danger sérieux et qui ne devait pas tarder à se manifester.

L'année 1846 vit se réaliser les premiers résultats de la grande mesure de 1842. Le 2 avril, le chemin de fer de Paris à Bordeaux, déjà exploité entre Paris et Orléans, fut ouvert entre Orléans et Tours, et cette grande artère atteignit un développement de 237 kilomètres. 1846.

A quatre ans de date, presque jour pour jour, le 20 juin 1846, eut lieu l'inauguration solennelle de la ligne du Nord, qui reliait deux pays et deux capitales, et qui ouvrait de nombreux débouchés à des gîtes houillers et à des centres d'industrie métallurgique dont la prospérité n'était pas sans importance pour l'exécution des autres lignes de fer.

Sur toutes les autres directions, des crédits importants activaient l'exécution des travaux commencés.

Enfin, un ensemble très-considérable d'entreprises nouvelles fut décidé par le Gouvernement et les Chambres.

Une ordonnance du 11 juin 1846 approuva l'adjudication du chemin de fer de Lyon à Avignon, dont une loi de l'année précédente avait autorisé la concession.

Deux lois, portant la date du 21 juin 1846, autorisèrent la concession des lignes de Bordeaux à Cette, de Paris à Cherbourg et de Paris à Rennes. Ces concessions devaient être faites directement aux compagnies qui les sollicitaient. Dans un moment de défiance envers les compagnies, l'adjudication publique avait paru nécessaire pour préserver le Trésor de connivences frauduleuses qui auraient sacrifié les intérêts de l'État à des intérêts privés, et pour lui assurer, d'un autre côté, les avantages de la concurrence; mais l'expérience semblait indiquer que, si l'adjudication pouvait être utile pour des lignes d'une médiocre étendue, la concurrence n'était pas sérieuse pour celles dont l'exécution exigeait une grande accumulation de capitaux. D'ailleurs, le système de l'adjudication exposait l'État à concéder ces grandes lignes, dont l'ouverture était si urgente, à des compagnies souscrivant des soumissions régulières, mais inspirées seulement par une pensée de spéculation et dépourvues des moyens de réaliser l'entreprise. Des compagnies puissantes et présentant de véritables garanties offraient leur concours pour la ligne de Bordeaux à Cette, qui devait unir la Méditerranée à l'Océan, et pour celles de l'Ouest, qui, prolongeant leur double rameau sur Caen et Cherbourg d'un côté, sur Rennes et Brest de l'autre, mettaient sous la main du Gouvernement deux de nos ports militaires les plus importants : l'Administration fut autorisée à traiter avec elles.

Le chemin de fer de Bordeaux à Cette fut concédé pour soixante-six ans; l'État accordait une subvention de 15 millions, représentant la valeur des terrains nécessaires pour l'établissement de la voie; la compagnie prit, en outre, à sa charge exclusive la construction d'un embranchement dirigé sur Castres.

La loi relative au chemin de fer de Paris à Rennes donnait à ce chemin, pour tête de ligne, les deux chemins de Versailles et prenait pour base la fusion des trois compagnies. Cette combinaison ne fut pas immédiatement réalisée comme on l'avait espéré; mais des mesures plus récentes en ont consacré le principe et justifié l'adoption.

La ligne de Cherbourg était classée, mais le Gouvernement n'était autorisé à concéder que la section de Paris à Caen, avec une durée de jouissance fixée à soixante-douze ans.

Les chemins de fer de Cherbourg, de Rennes et de Rouen devaient, en outre, être reliés par une voie transversale, destinée à mettre les ports de la Manche en communication avec le Midi. Cette ligne fut commencée, dès cette époque, par le classement de deux embranchements dirigés de Rouen sur Caen et de Caen sur le Mans.

Les départements de la Bretagne furent ainsi dotés de deux groupes de chemins principaux qui, ramifiés par des embranchements accessoires, constituaient à eux seuls tout un réseau.

Les travaux devaient être exécutés dans le système de la loi de 1842.

A ces concessions, reposant pour la plupart sur des traités conclus avec des compagnies, les Chambres ajoutèrent des concesssions éventuelles, en autorisant le Gouvernement à mettre en adjudication le chemin de Saint-Dizier à Gray, destiné à relier transversalement les lignes de Lyon et de Strasbourg; le chemin de Dijon à Mulhouse, qui servait à établir une communication directe entre la Méditerranée et le Rhin; et enfin, l'embranchement accessoire de Dôle à Salins.

Malheureusement, des circonstances dont on verra bientôt l'origine allaient faire avorter toutes ces mesures : les concessions éventuelles ne devaient pas se réaliser; les concessions déjà soumissionnées par des compagnies, et qui semblaient définitives, devaient être abandonnées ou retirées par l'État.

En même temps qu'elle étudiait l'achèvement du réseau, l'Administration ne négligeait ni l'examen des questions techniques, ni les réglementations générales.

Ainsi, une ordonnance du 10 janvier 1846 concéda un chemin de fer d'Asnières à Argenteuil, destiné à l'expérimentation d'un procédé de locomotion par l'air comprimé[1];

Une ordonnance du 15 novembre 1846, rendue en exécution de la loi du 15 juillet 1845, soumit à des prescriptions détaillées la police, la sûreté et l'exploitation des chemins de fer.

1847. Mais tandis que les entreprises des années précédentes commençaient à porter leurs fruits, tout mouvement pour des entreprises nouvelles paraissait suspendu. Pendant l'année 1847, aucune concession ne fut faite; quelques concessions déjà accordées furent annulées. Ce temps d'arrêt avait plusieurs causes. La concession des lignes principales ne laissait plus à la spéculation que des chemins dont l'importance plus restreinte et les bénéfices moins assurés ne pouvaient solliciter au même degré l'industrie privée. D'ailleurs, la construction simultanée d'un réseau aussi étendu absorbait une masse de capitaux très-considérable; des compagnies nouvelles ne pouvaient guère espérer des souscriptions de quelque importance, et le Gouvernement lui-même devait hésiter à encourager l'émission de nouveaux titres, en présence de l'encombrement du marché. Les circonstances furent surtout aggravées par la crise commerciale et financière de cette époque : elles eurent pour effet, non-seulement de faire naître un surcroît d'obstacles pour la formation d'entreprises de cette nature, mais encore de compromettre la situation de quelques compagnies déjà fondées, et qui succombèrent sous le poids de leurs engagements. Pour quelques-unes, la déchéance dut être prononcée[2].

L'État accorda à d'autres, et sous diverses formes, le secours que les circonstances avaient rendu nécessaire[3]. Une loi du 6 juin autorisa le Gouvernement à restituer les cautionnements déposés,

[1] Ce système n'a pas été appliqué; l'embranchement d'Argenteuil a été racheté par la compagnie de Saint-Germain et livré à l'exploitation en 1851.

[2] Cette mesure fut appliquée aux compagnies de Fampoux à Hazebrouck, de Lyon à Avignon et de Bordeaux à Cette.

[3] Une loi du 9 août 1847 modifia quelques-uns des termes de la concession du chemin de Paris à Lyon. Le montant du fonds social, constitué par la compagnie en vue des évaluations primitives, était insuffisant pour la dépense réelle; la crise financière ne lui permettait pas de compter sur le crédit privé; elle réclamait l'assistance du Gouvernement et des Chambres, qui,

proportionnellement au degré d'avancement des travaux. Ces mesures contribuèrent à soutenir les compagnies et à empêcher l'interruption des travaux qu'elles avaient entrepris.

Ceux qui étaient restés à la charge de l'État furent également continués, et des crédits importants furent ouverts à l'Administration dans ce but. Grâce à cette réunion des efforts de l'industrie privée et des sacrifices du trésor public, l'exécution des chemins de fer se poursuivit activement.

En résumé, pendant cette période, les lignes que le Gouvernement avait ou autorisées ou concédées, celles qu'il était autorisé à concéder, embrassaient ensemble près de 6,000 kilomètres, non compris les 885 kilomètres concédés antérieurement.

En déduisant les concessions qui n'avaient pu être réalisées et celles qui avaient été abandonnées, le réseau, au 31 décembre 1847, comprenait encore 4,702 kilomètres, dont 1,830 étaient livrés à l'exploitation.

Au Nord, la ligne principale était ouverte dans toute son étendue, l'exécution des embranchements de Calais et de Dunkerque se poursuivait; celui de Creil à Saint-Quentin atteignait Compiègne, et la réunion de cette ligne à celle du Nord était un premier pas vers une fusion plus générale, que la nature des choses appelait, et qui s'est depuis accomplie. La ligne d'Amiens à Boulogne était livrée à la circulation dans presque tout son parcours.

A l'Ouest, l'État exécutait la ligne de Versailles à Rennes. La ligne du Havre venait d'être ouverte en prolongement de la ligne de Paris à Rouen, et l'on travaillait à l'embranchement de Dieppe.

Les prolongements de la ligne d'Orléans, sur Nantes et Bordeaux, sur Limoges et Nevers, atteignaient déjà Tours, Châteauroux et Bourges.

La grande ligne de Paris à la Méditerranée avait subi et devait subir encore de regrettables retards. Néanmoins, à part la section de Lyon à Avignon, forcément ajournée, elle était en cours d'exécution de Paris à Lyon et presque entièrement ouverte d'Avignon à Marseille. On travaillait activement à l'embranchement de Montereau à Troyes, et la traversée du Rhône à Beaucaire devait souder la ligne d'Avignon à Marseille aux lignes exploitées qui se dirigeaient par Nîmes sur la Grand'Combe et sur Cette.

A l'Est, les lignes de Strasbourg à Bâle et de Mulhouse à Thann devaient être reliées à Paris par la ligne de Paris à Strasbourg, mais aucune partie de cette ligne, ni de ses embranchements sur Reims et Saarbruck, n'était encore exploitée.

Les lignes de banlieue sur Saint-Germain, Versailles, Corbeil et Sceaux, la ligne de Bordeaux à la Teste, et les lignes de Lyon à Saint-Étienne et de Saint-Étienne à Roanne complétaient le réseau.

Les efforts financiers qu'il avait fallu faire pour arriver à cette situation étaient alors d'une importance considérable. Les entreprises dont l'exécution ou la concession avaient été, pour ainsi dire, arrêtées en principe au 31 décembre 1846 comportaient une dépense de plus de 2 milliards 400 millions. Par suite de concessions non réalisées ou abandonnées, les capitaux engagés n'é-

pour empêcher la fermeture des ateliers et l'interruption des travaux, lui accordèrent une prolongation de jouissance proportionnelle aux dépenses de premier établissement faites par la compagnie en excédant d'un chiffre déterminé.

Les mêmes circonstances pesaient sur la compagnie de Lyon à Avignon; des mesures analogues furent proposées par le Gouvernement et adoptées par la Chambre des Députés; la Chambre des Pairs, convaincue que ces expédients ne pouvaient suffire et qu'une reconstitution de la compagnie était nécessaire, rejeta le projet de loi.

Une autre loi de la même date prorogea de dix-huit mois le délai de trois ans fixé pour la construction des embranchements de Dieppe et Fécamp, et autorisa la compagnie à n'acheter les terrains et à n'exécuter les terrassements et les ouvrages d'art sur l'embranchement de Fécamp que pour une seule voie.

taient que de 1,600 millions, dont à la charge de l'État 500 millions, non compris les prêts et avances en travaux, qui, eux-mêmes, atteignaient plus de 200 millions.

Malgré les entraves qui avaient pesé sur l'exercice 1847, les dépenses de cette année s'élevèrent à 276 millions environ, et donnèrent lieu à un mouvement de capitaux dont on n'avait encore jamais eu d'exemple.

Aux termes des actes des concessions, toutes les entreprises devaient être achevées dans un délai de trois à quatre ans.

Par suite de l'établissement du réseau tel qu'il vient d'être défini, cinquante départements étaient ou devaient être desservis sur une longueur moyenne de 94 kilomètres; 22 l'étaient déjà sur une longueur moyenne de 83 kilomètres.

§ IV.

DU 24 FÉVRIER 1848 AU 2 DÉCEMBRE 1851.

1848. Le développement du réseau des chemins de fer fut brusquement interrompu par les événements de 1848.

Non-seulement aucune concession nouvelle n'eut lieu dans le cours de cette année, mais l'exécution des lignes concédées, et même l'exploitation des lignes déjà terminées, en ressentirent un funeste contre-coup. Pour les unes, la crise politique occasionna une crise financière; pour les autres, elle amena la désorganisation du personnel et l'interruption momentanée du service; pour toutes, la dépréciation des actions et la diminution des produits [1].

Ces circonstances déterminèrent le Gouvernement provisoire à mettre sous le séquestre le chemin d'Orléans (4 avril), et plus tard la même mesure fut appliquée aux chemins de Bordeaux à la Teste (30 octobre), de Marseille à Avignon (21 novembre), de Paris à Sceaux (29 décembre).

Dans une pensée plus absolue et plus générale, la Commission exécutive proposa, le 17 mai 1848, le rachat de tous les chemins de fer et leur concentration sous l'action exclusive de l'État. La valeur des divers chemins devait être établie d'après le cours moyen de leurs actions respectives au cours de la Bourse de Paris, pendant les six mois qui avaient précédé la révolution du 24 février. En échange de leurs titres, les actionnaires devaient recevoir des coupons de rentes 5 p. 0/0, cours pour cours, d'après le cours moyen de la rente pendant la même période [2].

Une telle proposition ne pouvait avoir de suite; et si, quelques mois plus tard, le rachat du chemin de fer de Paris à Lyon fut prononcé, cette mesure fut dictée par des considérations d'un ordre différent. On voulait tout à la fois soustraire la compagnie à des embarras financiers auxquels elle ne pouvait faire face; empêcher une liquidation qui entraînait à la fois la cessation des travaux et le chômage d'usines importantes; éviter, enfin, de nouveaux désastres auxquels il eût fallu pourvoir. Aux termes du décret en date du 17 août, les actionnaires reçurent, pour chaque

[1] Cette diminution ne fut pas moindre de 29 p. 0/0 par rapport aux recettes de 1847. (Voir, aux documents statistiques, le tableau n° 8.)

[2] Des négociations devaient être entamées et des traités spéciaux conclus entre le Gouvernement et certaines compagnies auxquelles ce mode de rachat n'était pas applicable.

action libérée de 250 francs, une rente 5 p. 0/0 de 7 fr. 50 cent., ce qui représentait l'intérêt à 3 p. 0/0 des versements.

Les autres lois adoptées pendant l'année 1848 n'eurent en général pour objet que d'ouvrir des crédits pour la construction des diverses lignes, et de continuer ainsi, dans des proportions malheureusement plus restreintes, une œuvre dont les événements pouvaient ralentir, mais non empêcher l'accomplissement. Nous devons, néanmoins, et pour ordre, mentionner la loi du 4 décembre, en vertu de laquelle l'embranchement du Guétin à Nevers, de 11 kilomètres seulement, fut donné à bail à la compagnie du Centre.

En 1849, en 1850, en 1851, les mêmes circonstances amenèrent les mêmes résultats. Les agitations politiques empêchèrent le crédit de renaître, les compagnies de se former les entreprises de s'organiser. 1849, 1850.

La diminution des revenus publics ne permettait pas d'entreprendre aux frais du Trésor la construction de lignes nouvelles; ses ressources suffisaient à peine à la continuation des travaux commencés; d'un autre côté, les compagnies, loin de pouvoir attendre quelque succès d'un appel aux capitalistes, éprouvaient bien plutôt des embarras à remplir leurs engagements. Une loi du 6 août 1850 dut introduire, dans les clauses de la concession des lignes de Bordeaux et de Nantes, quelques modifications favorables aux compagnies, et notamment l'autorisation d'exploiter provisoirement sur une seule voie.

Dans cette situation, aucune concession ne put avoir lieu en 1849, aucune en 1850; il n'y en eut qu'une en 1851, celle du chemin de fer de l'Ouest, la seule que l'on compte dans un espace de quatre ans, du 24 février 1848 au 2 décembre 1851. 1851.

Une loi du 13 mai 1851 autorisa le ministre des travaux publics à concéder directement le chemin de fer de l'Ouest à une compagnie formée en majeure partie de capitalistes étrangers, dont le concours paraissait nécessaire dans la situation où se trouvaient en France les entreprises industrielles. L'État abandonna à cette compagnie l'exploitation de la section de Paris à Chartres; il prit à sa charge, conformément au système de 1842, les terrassements et ouvrages d'art entre Chartres et Rennes, et s'obligea, en outre, à lui garantir un intérêt de 4 p. 0/0 sur le capital dépensé par elle jusqu'à concurrence d'une somme de 55,000,000 francs; enfin, la durée de la concession était portée à 99 ans, à dater de l'époque fixée pour l'achèvement de la ligne entière.

En retour de ces avantages, la compagnie s'engagea à faire au Trésor une avance de 12 millions, répartie en trois exercices; à lui remettre une somme de 3 millions comme remboursement du matériel d'exploitation qui lui fut livré, et dont le système de 1842, pris pour base de la concession, devait lui faire supporter les frais; à payer à l'État la dette de l'ancienne compagnie de Versailles (rive gauche), et enfin à établir, entre les deux chemins de Versailles, un raccordement qui donnât au chemin de fer de l'Ouest une double tête de ligne et lui permît de recevoir et de déposer les voyageurs dans deux quartiers de Paris.

Une loi, du 1er décembre, autorisa la mise en adjudication du chemin de fer de Lyon à Avignon, mais cette adjudication n'eut lieu que dans les premiers jours de la période suivante.

Le Gouvernement avait présenté, en même temps que cette loi, un projet relatif à la ligne de Paris à Lyon : il voulait combler le plus tôt possible la lacune qui existait encore sur la grande ligne de la Méditerranée, entre Châlons et Lyon d'un côté, Lyon et Avignon de l'autre; ne pouvant, dans la situation où se trouvaient les finances, proposer aux compagnies le concours pécuniaire que le système de 1842 lui avait imposé, il voulait leur offrir des concessions à long terme et arriver ainsi, par l'abandon des bénéfices de l'exploitation pendant un grand nombre d'années, au résultat essentiel, la construction du chemin. Plusieurs compagnies, en effet, se présentèrent et sollicitèrent la concession dans ces conditions. Mais, après des ajournements des retards successifs, après de longues discussions pendant lesquelles une fraction de l'Assemblée législative soutint systématiquement la construction des chemins de fer par l'État, leur exploitation par l'État, leur monopole entre les mains de l'État, l'Assemblée refusa de prendre un parti définitif. Elle n'accepta ni les dispositions du projet du Gouvernement, ni les marchés proposés directement par plusieurs industriels; elle se borna à voter un crédit pour la continuation des travaux aux frais de l'État et à autoriser un emprunt pour lui procurer les fonds nécessaires : l'exécution de cette grande ligne restait ainsi sous un régime provisoire.

Les circonstances ne permettaient peut-être pas d'adopter une autre mesure; mais cette situation allait changer. Quelques mois après, la ligne de Paris à Lyon était concédée; le développement des autres lignes du réseau reprenait une activité nouvelle; les embarras financiers disparaissaient, et le crédit, relevé, permettait de multiplier les concessions.

Les difficultés politiques et financières qui avaient empêché des entreprises nouvelles avaient créé de graves embarras pour mener à fin celles qui remontaient à la période précédente. Toutefois, le Gouvernement et les compagnies s'attachèrent à terminer les travaux déjà entrepris, et, de 1848 à 1851, de nombreuses sections furent livrées à la circulation.

Au Nord, les embranchements sur Dunkerque, Calais, Boulogne et Saint-Quentin étaient exploités sur tout leur parcours en 1850;

A l'Ouest, la section de Versailles à Chartres et l'embranchement de Dieppe furent ouverts;

Les prolongements de la ligne d'Orléans s'étendirent jusqu'à Nantes, Poitiers et Nevers;

La ligne de Paris à la Méditerranée fut ouverte de Paris à Châlons; la partie d'Avignon à Marseille fut complétée, et il convient de citer ici l'embranchement de Montereau à Troyes, livré en 1848.

Toute la ligne de Paris à Strasbourg et l'embranchement de Forbach par Metz étaient ouverts à l'exception des lacunes de Commercy à Frouard et de Nancy à Sarrebourg.

En ajoutant à ces lignes l'embranchement d'Argenteuil sur la ligne de Saint-Germain, et le raccordement sur la ligne du Nord du chemin d'Anzin, on aura une idée complète des sections qui furent successivement ouvertes.

L'exploitation, par des compagnies, d'un réseau aussi considérable appela l'attention de l'Administration sur l'organisation du contrôle. Le titre VI de l'ordonnance du 15 novembre 1846 en avait réglé la nature et la forme. Il s'exerçait concurremment : par les commissaires royaux, que la révolution de février avait remplacés par des commissaires du Gouvernement; — par les ingénieurs des ponts et chaussées, les ingénieurs des mines, et par les conducteurs, les gardes mines et autres agents sous leurs ordres; — par les commissaires spéciaux de police et les agents sous leurs ordres. Un arrêté ministériel du 15 avril 1850 réunit d'une manière plus étroite ces divers services. Le contrôle de chaque ligne fut centralisé entre les mains d'un ingénieur en chef des ponts et chaussées ou des mines, ayant sous ses ordres : pour la surveillance des travaux et de la voie, les ingénieurs des ponts et chaussées; pour le matériel d'exploitation commerciale, les ingénieurs des mines; pour le service commercial, les commissaires du Gouvernement, devenus inspecteurs de l'exploitation. Les conducteurs des ponts et chaussées, les gardes mines et les commissaires de surveillance administrative complétaient ce personnel. Déjà, une loi du 27 février 1850 avait attribué à ces derniers le caractère d'officiers de police judiciaire.

En définitive, non-seulement la période de 1848 à 1851 n'avait rien ajouté à l'œuvre qui était entreprise à la fin de 1847, mais encore elle en avait ralenti l'accomplissement.

D'un côté, en effet, à part les lignes de Bourg-la-Reine à Orsay (14 kilomètres), et de Lyon à Avignon (234 kilomètres), entreprises par l'État, et le raccordement de Viroflay (2 kilomètres), en tout 250 kilomètres, la longueur du réseau, tel qu'il était déterminé au mois de décembre 1851, était la même qu'à la fin de 1847.

D'un autre côté, on était, à cette époque, fondé à espérer que les 2,872 kilomètres restant à ouvrir seraient livrés en 1851; mais les dépenses, qui s'étaient élevées en 1847 à 276 millions, suivirent une progression décroissante jusqu'en 1851, où elles n'atteignirent pas 90 millions; 1,728 kilomètres seulement furent ouverts, et la longueur exploitée, qui aurait dû être, à la fin de cette période, de 4,702 kilomètres, n'était que de 3,538 kilomètres en réalité.

En résumé, le réseau concédé ou entrepris à la fin de 1847 était de 4,702 kilomètres, devant desservir cinquante départements, sur une longueur moyenne de 94 kilomètres; au 2 décembre 1851, il avait une longueur de 4,952 kilomètres et devait desservir cinquante-deux départements, sur une longueur moyenne de 95 kilomètres.

§ V.

DU 2 DÉCEMBRE 1851 AU 30 JUIN 1855.

Les événements du 2 décembre rendirent aux entreprises industrielles la confiance qui les 1851.
inspire, le crédit qui les soutient, les mouvements commerciaux qui en assurent le succès. Toutes les branches du travail national retrouvèrent leur activité; mais dans l'élan général qui se manifesta, rien ne fut aussi remarquable que le développement rapide et simultané du réseau des lignes de fer.

Dès le 11 décembre 1851, un décret prescrivit l'exécution, autour de Paris, d'un chemin de ceinture qui relierait les diverses lignes, et sur lequel les marchandises, transportées à la volonté des expéditeurs, circuleraient d'une gare à l'autre sans quitter les rails, évitant ainsi les inconvénients du transbordement et les frais du camionnage. En même temps qu'il se prêtait aux besoins journaliers du commerce, le chemin de ceinture devait permettre, dans des circonstances exceptionnelles, la réunion instantanée sur un seul chemin de fer du matériel de toutes les lignes, et le transport rapide d'un corps de troupes nombreux ou d'un approvisionnement considérable. Il devait ainsi servir à la richesse du pays pendant la paix, à sa défense en temps de guerre.

Deux décrets du 3 et du 5 janvier 1852, approuvant, l'un l'adjudication du chemin de Lyon 1852.
à Avignon, l'autre la concession directe du chemin de Paris à Lyon, mirent fin aux hésitations, aux difficultés, aux luttes qui, depuis dix ans, entravaient l'exécution de cette grande ligne, une des branches les plus importantes cependant du réseau.

L'adjudication du chemin de Lyon à Avignon, favorisée par les circonstances politiques, procura au Trésor un rabais de 11 millions sur le maximum de la subvention consentie.

La concession du chemin de Paris à Lyon fut faite aux conditions suivantes : en retour d'une durée de jouissance fixée à quatre-vingt-dix-neuf ans et d'une garantie d'intérêt de 4 p. 0/0 pendant la moitié de cette période, la Compagnie s'obligeait à rembourser au Trésor la somme de 114 millions, représentant la plus grande partie des dépenses à la charge de l'État; à terminer à ses frais, dans un délai de quatre ans, le surplus des travaux, et à admettre l'État au partage des bénéfices excédant 8 p. 0/0 après un délai de quinze ans, à dater de l'époque fixée pour l'achèvement des travaux.

Un décret du 12 février 1852 concéda une ligne qui, s'embranchant à Dijon sur le chemin de fer de Lyon, devait se diriger sur Besançon et plus tard aboutir à Mulhouse. Cet embranchement de la ligne de Lyon réalisait les prévisions de la loi de 1842, qui avait voulu que la Méditerranée fût mise en communication et avec Paris et avec le Rhin. Les grands intérêts qui avaient dicté le classement général de 1842 inspiraient encore les mesures de 1852.

Les autres lignes du réseau étaient arrivées à un développement plus complet; quelques-unes même, comme on l'a vu, étaient livrées à la circulation dans toute l'étendue de leur parcours, mais leur exploitation ne présentait pas, en général, l'unité qui devait en être un des avantages les plus importants.

La concession partielle à des compagnies différentes, quelquefois rivales, des divers rameaux de ces grandes artères, l'usage forcé d'un tronc commun, le jeu des tarifs différentiels, la difficulté d'une correspondance exacte entre des services divisés entre plusieurs mains, toutes ces circonstances avaient donné lieu à des difficultés de plus d'un genre. Ces difficultés amenèrent les compagnies et le Gouvernement lui-même à un système de centralisation qui devait réunir en un seul réseau, sous une même administration, toutes les lignes desservant une même région. Des combinaisons de cette nature étaient d'ailleurs le seul moyen d'obtenir l'exécution des embranchements peu productifs, qui n'auraient pu faire l'objet d'une concession isolée, mais que des compagnies puissantes pouvaient accepter dans l'ensemble d'une riche exploitation. C'est ainsi que furent formés, dans le courant de 1852, les trois groupes du Nord, de Paris à Orléans avec ses prolongements, et de Lyon à la Méditerranée.

Aux termes d'un décret du 19 février, le premier groupe, doté déjà de ramifications si importantes et si étendues, s'enrichit de la ligne d'Amiens à Boulogne, exploitée jusqu'alors par une entreprise rivale, et on adjoignit à ces anciennes lignes les chemins de fer de Saint-Quentin à la frontière belge, par Maubeuge; du Cateau à Somain; de la Fère à Reims, par Laon; de Noyelles à Saint-Valery. Les contrées industrielles du Nord allaient être ainsi sillonnées et desservies dans tous les sens.

Un décret du 27 mars 1852 approuva la fusion, sous une seule compagnie, des lignes qui reliaient déjà Paris ou devaient le relier plus tard avec Nantes, La Rochelle, Bordeaux, Clermont, Limoges et Nevers, et il y rattacha, par un embranchement spécial, le port militaire de Rochefort; il constituait ainsi un immense réseau qui touchait à la fois à la Seine, à la Loire et à la Garonne.

Tout le littoral de la Méditerranée fut compris dans le troisième groupe, dont les lignes, après avoir relié Lyon et Avignon, se projetaient sur Aix, Marseille, Toulon d'un côté, sur Beaucaire, Nîmes, Montpellier et Cette de l'autre, en dirigeant un embranchement sur les forges d'Alais et les mines de la Grand-Combe.

Il suffit de mesurer l'espace embrassé dans chacun de ces grands réseaux, d'examiner la direction de leurs lignes, de remarquer les villes, les centres de production agricole ou d'industrie manufacturière qu'elles mettent en rapport, pour apprécier l'importance des éléments de succès qu'ils assurent aux compagnies concessionnaires. L'harmonie des tarifs, la régularité du service, l'unité de l'exploitation en sont les heureuses conséquences.

En même temps qu'il constituait dans ces conditions de puissance et d'unité la direction des voies principales que la loi de 1842 avait tracées comme lignes, et dont un développement progressif avait fait de véritables réseaux, le Gouvernement prescrivait la création de nouveaux chemins de fer qui devaient se développer entre deux lignes trop éloignées, ou les rattacher par une communication transversale.

Le chemin de Cherbourg, par Mantes, Evreux et Caen, fut concédé le 8 juillet 1852; ce chemin, intermédiaire entre celui de la Normandie et celui de la Bretagne, devait être relié au premier par l'embranchement de Serquigny à Rouen, et au second par l'embranchement de Mézidon au Mans.

Une autre loi de la même date autorisa la concession du chemin de fer de Bordeaux à Cette et celle du canal latéral à la Garonne, et établit ainsi une double communication entre l'Océan et la Méditerranée; un décret du 24 août 1852 ajouta au groupe du Midi les chemins de fer de Bordeaux à Bayonne et de Narbonne à Perpignan.

Outre ces grandes lignes, réclamées par les intérêts généraux du pays, le Gouvernement concéda des chemins d'une importance secondaire, nécessaires cependant pour faciliter les communications internationales, pour ouvrir des débouchés à diverses localités industrielles, et pour les rattacher à l'ensemble du réseau. Nous voulons parler des lignes de Dôle à Salins (12 février), de Strasbourg à la frontière bavaroise, par Wissembourg (25 février), de Metz à Thionville (25 mars), de Blesme à Gray (26 mars), de Béziers à Graissessac (27 mars), de Provins aux Ormes (28 juillet).

L'ensemble des concessions de l'année 1852 est d'environ 3,000 kilomètres.

C'est au texte même des conventions conclues entre l'Administration des travaux publics et les compagnies qu'il faut recourir pour les détails des combinaisons financières qui réglaient ces concessions. En général, elles avaient pour base une jouissance séculaire et une garantie d'intérêt de l'État; les crises politiques qui avaient paralysé ces entreprises et alarmé les capitalistes étaient encore trop rapprochées pour qu'il ne fût pas nécessaire de raffermir la situation des compagnies, de relever le cours de leurs actions, et surtout de provoquer le concours de souscripteurs nouveaux au moyen d'un intérêt reposant sur un engagement du Trésor. Mais la fusion des chemins de fer sous la main de compagnies puissantes, en assurant à ces compagnies d'incontestables éléments de prospérité, permit d'exiger en retour, la création d'embranchements peu productifs, le remboursement des travaux effectués par l'État, un partage éventuel des bénéfices ou d'autres avantages. L'année suivante, les conditions devaient être encore plus favorables pour le Trésor.

Grâce au mouvement général qui s'était fait remarquer, depuis le 2 décembre 1851, vers les 1853.
grandes entreprises de chemins de fer, le Gouvernement put doter, en 1853, d'un ensemble complet de communications des départements qui jusqu'alors avaient été déshérités de lignes de fer, et qui pouvaient craindre d'en être encore longtemps privés. Malgré les difficultés extrêmes du sol, la ligne transversale du Grand-Central, dirigée de Bordeaux à Lyon, et projetant des embranchements à Limoges, à Agen, à Montauban et à Clermont, fut classée. Les sections de Clermont à Lempdes, de Montauban au Lot et de Coutras à Périgueux, qui devaient desservir des établissements métallurgiques nombreux et importants, furent définitivement concédées, le 21 avril 1853, pour une durée de 99 ans, sans subvention ni garantie d'intérêt. Les autres sections et le chemin de Limoges à Agen devaient être exécutés dans le système de la loi de 1842; mais la concession de ces lignes était subordonnée à la décision ultérieure du Gouverne-

ment, vis-à-vis duquel la compagnie était dès ce moment engagée, sans qu'il le fût envers elle.

Le système de fusion, déjà appliqué aux lignes du Nord, du Centre et de la Méditerranée, fut étendu, par un décret du 17 août 1853, aux lignes de l'Est: ce réseau, ainsi constitué, comprit la ligne principale de Paris à Strasbourg, les lignes accessoires de Montereau à Troyes et de Blesme à Gray, les embranchements sur Reims, Forbach, Thionville, et deux nouveaux chemins de fer de Paris à Mulhouse et de Nancy à Gray.

Les chemins de fer qui établissaient une jonction entre le Rhône et la Loire furent réunis dans une même entreprise par un décret du 17 mai 1853; le 26 décembre suivant, ils furent absorbés dans le grand réseau du chemin de fer Grand-Central et formèrent une section de cette ligne, dont ils étaient en effet une annexe naturelle.

Des concessions nouvelles dirigèrent vers les frontières de la Suisse et de l'Italie les chemins de fer de Lyon à Genève et de Saint-Rambert à Grenoble. Les embranchements de Reims à Mézières, Charleville et Sédan furent projetés sur les Ardennes; les communications transversales établies entre les lignes de l'Est furent complétées par le chemin de Besançon à Belfort; celles qui traversaient les provinces de l'Ouest se continuèrent, par l'embranchement de Tours au Mans, de la ligne de Rennes à celle de Nantes; ce dernier chemin de fer, prolongé, déboucha sur l'Océan au port de Saint-Nazaire; enfin, deux autres embranchements rattachèrent Auxerre à la ligne de Lyon et Beauvais à celle du Nord.

Une ligne directe entre Saint-Denis et Creil fut concédée à la compagnie du Nord.

Ainsi se multipliaient, avec une rapidité sans exemple dans l'histoire de nos chemins de fer, les lignes du réseau général qui désormais allait couvrir la France dans toute son étendue.

Les conditions financières de cet ensemble de travaux, qui semblait au premier abord exiger de l'État des sacrifices si considérables, étaient ainsi exposées dans un rapport adressé à l'Empereur, au commencement de l'année 1854, par le ministre de l'agriculture, du commerce et des travaux publics[1] :

« Le côté financier de ces concessions marque un progrès véritablement inespéré. A aucune « époque, grâce à la confiance inspirée par le Gouvernement de Votre Majesté et au développe- « ment de la prospérité générale, les sacrifices de l'État n'avaient été réduits à d'aussi faibles pro- « portions.

« La plupart des lignes doivent être exécutées aux périls et risques des compagnies, sans sub- « vention et sans garantie d'intérêts : telles sont celles de Montauban au Lot, de Clermont-Ferrand « à Lempdes, de Coutras à Périgueux, de Reims à Charleville et Sedan, de Creil à Beauvais, de « Saint-Denis à Creil, de Paris à Mulhouse, de Paris à Vincennes et Saint-Maur, de Nancy à Gray, « de Besançon à Belfort, de La Roche à Auxerre, de Tours au Mans, et de Nantes à Saint-Nazaire. « Bien plus, en devenant concessionnaire des lignes de Paris à Mulhouse et de Nancy à Gray, la « compagnie de Strasbourg a pris l'engagement de rembourser à l'État une somme de « 12,600,000 francs due par la compagie de Strasbourg à Bâle, une somme de 3 millions due « par la compagnie de Montereau à Troyes, et d'exonérer le Trésor de la garantie d'intérêt anté- « rieurement promise aux lignes de Saint-Dizier à Gray et de Strasbourg à Wissembourg.

« Moyennant une simple garantie d'intérêt purement nominale, la compagnie chargée de la « reconstruction des chemins de Rhône et Loire doit rembourser à l'État une créance fort compro- « mise de 4 millions.

[1] *Moniteur* du 2 février 1854.

« Les seules concessions qui, en raison des circonstances particulières relatives soit à la faiblesse « présumée des produits, soit aux difficultés d'exécution, ont imposé un sacrifice au Trésor, sont « celles des chemins de Bayonne, de Perpignan, d'Orsay, de Genève et de Grenoble. L'ensemble « des subventions accordées à ces chemins s'élève à 39,300,000 francs. Telle est la seule charge « résultant pour l'État de toutes les opérations nouvelles appartenant à l'exercice 1853; encore « serait-il juste d'en défalquer les 19,600,000 francs montant des créances plus ou moins incer- « taines dont le remboursement a été garanti à l'État par les nouvelles compagnies.

« Un simple rapprochement montrera combien cette situation est favorable.

« Tous les chemins de fer qui ont été concédés par le précédent Gouvernement jusqu'à la ré- « volution de février ont coûté à l'État, en moyenne, déduction faite des sommes remboursées « par les compagnies, 102,482 francs par kilomètre.

« Les chemins concédés depuis la révolution de février jusqu'au 2 décembre 1851 ont coûté « à l'État, en moyenne, 198,910 francs par kilomètre.

« Les chemins concédés depuis le 2 décembre 1851 jusqu'au 31 décembre 1852 ont coûté à « l'État, en moyenne, 102,071 francs par kilomètre.

« Tandis que les 2,134 kilomètres concédés du 1er janvier au 31 décembre 1853, pour l'exé- « cution desquels l'industrie privée doit dépenser 400 millions, n'imposent à l'État qu'une charge « de 20,909 francs par kilomètre, c'est-à-dire 81,152 francs de moins que l'année précédente. « Il en résulte, pour l'ensemble des dernières concessions entre l'année 1852, déjà bien en progrès, « et l'année 1853, une différence totale, au profit de l'État, de près de 180 millions.

« Cette immense amélioration, accomplie en un an, après la proclamation de l'Empire, est le « témoignage le plus éclatant de la confiance inspirée au pays par l'Empereur, et de l'incroyable « développement du crédit public qui en a été l'heureuse conséquence. »

L'empressement des capitaux était devenu tel, que le Gouvernement, loin d'avoir besoin de l'exciter, dut s'occuper de le contenir, pour ne pas admettre sur la place une quantité exagérée de valeurs, et pour ne pas affaiblir l'essor de la production générale en détournant dans une seule direction l'esprit d'entreprise. Pour écarter les engagements qui ne reposeraient pas sur des bases sérieuses, il exigea des compagnies nouvelles le versement préalable de deux cinquièmes du montant des actions, avant toute négociation des titres. Il dut même déclarer, à plusieurs reprises, qu'il ajournait toute demande nouvelle de concession.

Pendant l'année 1854, l'Administration, par des fusions ou des concessions nouvelles, pour- 1854.
suivit, bien que dans une mesure plus restreinte, l'œuvre des années précédentes.

Un décret du 20 avril 1854 réunit au groupe des lignes de l'Est les chemins de fer de Strasbourg à Bâle et à Wissembourg; la convention conclue entre l'État et la compagnie portait, en outre, concession d'un nouveau chemin destiné à franchir le Rhin et à relier ainsi, par une voie continue, la ligne de Paris à Strasbourg avec les chemins allemands. L'exécution du pont à établir sur le Rhin reposait sur une combinaison nouvelle, la perception d'un péage, calculé d'après les sommes employées par la compagnie à la construction de ce pont.

Une mesure plus importante encore, prise à la même date, constitua un nouveau groupe de chemins de fer, en réunissant à la ligne de Paris à Lyon le chemin de Dijon à Besançon et Belfort avec son embranchement d'Auxonne à Gray, et en concédant, en outre, à la compagnie les deux lignes de Châlons-sur-Saône à Dôle et de Bourg à Dôle ou Besançon par Lons-le-Saulnier. Ces derniers chemins, qui devaient ouvrir aux établissements industriels de l'Alsace des débouchés plus faciles sur Lyon et Marseille, avaient un grand intérêt commercial; leur tracé, parallèle à la frontière de l'Est, ne leur donnait pas moins d'importance au point de vue stratégique.

Un décret du 17 octobre 1854 régla définitivement l'exécution du chemin de fer de Noyelles à Saint-Valery, déjà concédé éventuellement à la compagnie du Nord.

Le groupe du Midi s'enrichit (*décret du 19 août 1854*) d'un chemin se détachant, à Agde, de la ligne de Bordeaux à Cette, et se dirigeant par Pezénas sur Clermont et Lodève.

En outre, les concessions de chemins industriels, en 1854, sont remarquables par leur nombre et leur étendue; elles ont assuré aux exploitations houillères un large développement.

L'ensemble des concessions de l'année 1854 a augmenté le réseau de 353 kilomètres.

1855. Mais l'attention du Gouvernement se portait surtout vers les contrées qui, moins favorisées de la nature, plus négligées par les entreprises privées, ne pouvaient cependant, sans injustice, contribuer à la construction du réseau sans le voir parvenir jusqu'à elles. Déjà, comme on l'a vu, le Grand-Central avait été tracé à travers les montagnes de l'Auvergne; mais il n'avait été l'objet d'une concession définitive que pour les sections les plus faciles à construire et les plus fructueuses à exploiter; il restait à pourvoir à l'exécution du surplus; il restait aussi à faire pénétrer les voies de fer dans la Bretagne et dans les Pyrénées. Ces trois lignes furent, en 1854, l'objet des préoccupations de l'Administration des travaux publics et des études des ingénieurs. L'année était à peine écoulée, que le ministre de l'agriculture, du commerce et des travaux publics annonçait à l'Empereur l'exécution prochaine d'une partie de ces projets[1].

En effet, plusieurs actes dont on n'a pas besoin de signaler l'importance, et dont les dispositions sont encore présentes à tous les esprits, ont concouru à la réalisation des vues du Gouvernement et répondu aux espérances des populations.

Un décret du 7 avril 1855, continuant l'œuvre de la formation des grandes compagnies, a approuvé la fusion des lignes de Paris à Saint-Germain et embranchements, de Paris à Rouen, de Rouen au Havre, de Dieppe et Fécamp, de Paris à Caen et à Cherbourg, et de l'Ouest. Il a fait concession à la compagnie ainsi constituée d'un grand nombre de lignes nouvelles, qui couvrent la Bretagne et la Normandie d'un réseau aboutissant à toutes les localités importantes de ces deux contrées.

Un second décret du 7 avril, complétant la ligne du Grand-Central, a concédé définitivement la section du chemin de fer de Clermont à Montauban comprise entre Lempdes et la rivière du Lot; les sections du chemin de Bordeaux à Lyon comprises, l'une entre Saint-Étienne et le chemin de Clermont à Montauban, l'autre entre ce dernier chemin et Périgueux; enfin, la ligne de Limoges à Agen. A ce réseau, s'ajoute la ligne de Saint-Germain-des-Fossés à Roanne, concédée antérieurement à la compagnie d'Orléans, et cédée par celle-ci au Grand-Central. Enfin, cette dernière compagnie a pris l'engagement de concourir, sur les bases du système de 1842, à la construction d'embranchements dirigés sur Cahors, Villeneuve-d'Agen, Bergerac et Tulle, dans le cas où l'État les entreprendrait en contribuant, sur les mêmes bases, à la dépense.

Un autre décret a prescrit l'exécution d'une seconde ligne de communication entre Paris et Lyon, par le Bourbonnais: la concession de ce chemin a été accordée collectivement aux compagnies de Paris à Orléans, du Grand-Central et de Paris à Lyon.

[1] *Moniteur* du 4 février 1855.

Enfin, une loi du 22 mai 1855 a mis à la disposition du Gouvernement une somme de 25 millions, représentant le concours de l'État dans l'exécution projetée du chemin de fer de Nantes à Châteaulin, concédé depuis (*décret du 20 juin*) à la compagnie d'Orléans.

En même temps que se multipliaient dans toutes les directions les concessions de lignes nouvelles, une égale activité avait hâté, depuis le mois de décembre 1851, l'achèvement des anciennes entreprises. Les grandes lignes du Nord, de l'Est, de Paris à Lyon, de Lyon à la Méditerranée, qui à cette époque présentaient encore des lacunes, sont aujourd'hui livrées à l'exploitation dans tout leur parcours[1]. Les prolongements du Centre sont parvenus à Clermont et se rapprochent de Limoges; le chemin de l'Ouest a atteint le Mans, et il est sur le point d'atteindre Laval; la ligne de Dijon à Besançon est livrée jusqu'à Dôle; aux abords de Paris, le chemin de ceinture relie les principales gares, la ligne d'Auteuil est ouverte et celle de Sceaux prolongée jusqu'à Orsay; enfin, le chemin de fer du Midi, dont la concession ne remonte qu'à 1852, est livré à la circulation, de Bordeaux à Bayonne et de Bordeaux à Langon.

Rien, au surplus, n'est plus propre à faire apprécier les résultats obtenus pendant la période du Gouvernement de l'Empereur, que l'examen et le rapprochement des chiffres suivants :

Au 31 décembre 1851, la longueur du réseau concédé était de 3,918 kilomètres; au 30 juin 1855, elle atteint 11,496 kilomètres, différence représentant en moyenne un accroissement de plus de 2,000 kilomètres par an, tandis qu'on avait à peine dépassé 600 kilomètres dans la période la plus féconde, de 1842 à 1847.

Les capitaux engagés correspondant à cet accroissement du réseau représentent plus de deux milliards.

Le chiffre des dépenses annuelles, qui était descendu à 90 millions en 1851, remonte rapidement jusqu'au chiffre de 237 millions en 1853 et dépasse 340 millions en 1854, tandis que, dans la période de 1842 à 1847, il s'élève graduellement de 52 millions au chiffre maximum de 276 millions.

Les longueurs livrées à l'exploitation par suite des engagements de 1842 à 1847 obtiennent leur maximum en 1849 et s'élèvent, pendant cette année, à 639 kilomètres; la longueur qui doit être livrée en 1855 atteint un chiffre presque double.

A la fin de 1851, le réseau desservait ou devait desservir 52 départements, sur une longueur moyenne de 95 kilomètres; aujourd'hui, il dessert ou doit desservir 77 départements, sur une longueur moyenne de 149 kilomètres. Il suffit de jeter les yeux sur une carte où ce réseau est tracé pour voir qu'il sillonne presque toutes les parties du territoire, et que les seules où il ne pénètre pas encore sont celles qui, voisines des Alpes ou des Pyrénées, opposent à l'accès des voies de fer des difficultés particulières.

L'ensemble de ce réseau a, comme on vient de le voir, une longueur de plus de 11,000 kilomètres, dont 5,000 kilomètres environ sont déjà exploités. Les dépenses déjà faites ou restant à faire pour sa construction s'élèvent en totalité à environ 3,907 millions, dont 904 millions pour l'État, 2,975 millions pour les compagnies, et 28 millions pour les localités.

Telle est la part respective de l'État et de l'industrie privée dans cette grande œuvre. Mais il ne faut pas l'oublier, le chiffre qui représente la contribution financière du Trésor est bien loin de représenter la participation réelle de l'État. L'État, en effet, a accordé aux compagnies, sous toutes les formes, une aide qui a été pour beaucoup dans leur succès, et dont il est juste de lui

[1] A l'exception de la traversée de Lyon, qui sera ouverte en 1856.

tenir compte : il a favorisé leur formation, soutenu leur crédit, tantôt par des prêts ou des subventions de nature variée, tantôt en garantissant l'intérêt de leur capital social ou de leurs emprunts. Le Gouvernement s'est associé d'une manière plus directe encore à l'exécution même des chemins de fer : ses ingénieurs n'ont pas seulement dirigé les travaux mis à la charge de l'État, très-souvent aussi ils ont été appelés, par les compagnies elles-mêmes, avec l'autorisation de l'Administration, à diriger les travaux de ces compagnies. On ne saurait, d'un autre côté, méconnaître les heureux effets de l'intervention des compagnies et la puissance des ressources fournies par les capitaux privés. Ce concours simultané, cette assistance réciproque, essayés d'abord avec hésitation, érigés ensuite en système par la loi de 1842, appliqués depuis suivant des combinaisons très-diverses, ont en définitive donné une impulsion féconde à l'établissement de ces voies de fer, si vivement sollicitées, si impatiemment attendues. Une exécution lente et successive de ces grands travaux les eût laissés longtemps improductifs; le Gouvernement a pu, au contraire, sans compromettre les finances de l'État, sans sacrifier les autres travaux publics, doter presque simultanément de lignes de fer toutes les parties du territoire. Il a ainsi donné satisfaction aux intérêts les plus essentiels du pays. Les produits des chemins de fer augmentent chaque jour par la facilité des échanges, par l'extension des débouchés, par la rapidité des communications, par la multiplicité des transports. Leur élévation croissante ne manifeste pas seulement la prospérité des compagnies, elle constate les progrès qu'a fait faire à la richesse publique l'établissement des chemins de fer.

Ire SECTION.

SITUATION DU RÉSEAU.

Tab. A.

DÉSIGNATIONS des LIGNES OU RÉSEAUX.	LONGUEURS CONCÉDÉES au 30 juin 1855.			LONGUEURS RÉUNIES des tracés et variantes auxquels les études ont donné lieu. (1er janv. 1855.)	FRAIS D'ÉTUDES.			DÉDUCTIONS DIVERSES*.				OBSERVATIONS.
	Lignes étudiées par l'État.	Lignes non étudiées par l'État.	Ensemble.		Frais d'études proprement dites.	Frais généraux.	Ensemble.	Proportion p. 0/0 de la longueur des lignes étudiées par l'État et concédées à la longueur concédée.	Nombre de kilomètres étudiés pour 1 kilomètre concédé.	PRIX DE REVIENT des études. Pour 1 kilomètre de la longueur étudiée.	PRIX DE REVIENT des études. Pour 1 kilomètre de la longueur concédée.	
1	2	3	4	5	6	7	8	9	10	11	12	13
	kilom.	kilom.	kilom	kilom.	fr.	fr.	fr.		kilom.	fr. c.	fr. c.	* Les chiffres portés aux colonnes 9, 10, 11 et 12 ont été obtenus, savoir : ceux des colonnes 9 et 10, en divisant respectivement les chiffres des colonnes 2 et 5 par ceux des colonnes 4 et 2. Ceux des colonnes 11 et 12, en divisant le chiffre de la colonne 8 respectivement par les chiffres des colonnes 5 et 2.
Nord	900	68	968	3,690	252,251	41,124	293,375	93.	4. 10	79 51	335 97	
Est	1,542	239	1,781	5,985	340,201	55,464	395,665	86. 5	3. 88	56 84	220 62	
Ouest	1,659	400	2,059	5,017	393,411	64,139	457,550	80. 6	3. 02	78 42	237 14	
Orléans	1,733	»	1,733	6,535	582,454	94,959	677,413	100.	3. 77	80 13	336 09	
Paris à Lyon	923	»	923	4,980	353,391	57,615	411,006	100.	5. 40	82 53	445 29	
Lyon à la Méditerranée	456	168	624	700	85,060	13,868	98,928	73.	1. 53	141 33	216 95	
Grand-Central	993	150	1,143	3,015	341,926	55,746	397,672	87.	3. 03	131 90	400 47	
Midi	747	53	800	1,950	175,394	28,595	203,989	93. 3	2. 61	104 61	273 08	
Lignes en commun / Compagnies diverses	501	964	1,465	1,145	116,590	19,008	135,598	34. 5	2. 28	118 43	270 65	
ENSEMBLE	9,454	2,042	11,496	33,017	2,640,678	430,518	3,071,196	82.	3. 49	93 01	324 85	
Lignes étudiées n'ayant encore donné lieu à aucune concession				4,500	»	»	428,927	»	»	95 31	»	
TOTAUX				37,517	»	»	3,500,123	»	»	93 29	»	

Les premières études de l'Administration datent de 1833, peu de temps après l'application des chemins de fer au transport des voyageurs et marchandises au moyen des locomotives, et elles se sont continuées sans interruption jusqu'à ce jour; toutefois, pour ne tenir compte que des faits généraux, on peut distinguer dans la continuité des études de 1833 à 1855 trois époques principales : de 1833 à 1836, de 1842 à 1846, de 1851 à 1854 inclusivement. Les dépenses faites pendant ces douze années s'élèvent en effet à 3,148,296 francs, tandis que pendant les dix années intermédiaires elles sont de 331,827 francs seulement [1].

Aux études de la première époque correspond un réseau rudimentaire dont la réalisation, tentée en 1838, n'aboutit qu'à des résultats insignifiants.

Dans la deuxième époque, les premières études sont reprises sur une plus grande échelle, de nombreuses lignes nouvelles y sont ajoutées, le tout correspondant à un réseau qui comprend presque toutes les concessions faites ou tentées de 1842 à 1846 et la plupart des concessions réalisées de 1852 à 1855.

Dans la troisième époque, enfin, on reprend les études des lignes dont les concessions n'avaient pu être réalisées en leur temps, on ajoute à ces lignes les réseaux grand-central, pyrénéen et alpestre : ces deux derniers sont les seuls qui ne soient pas encore concédés.

Extension du réseau.

Ce n'est pas par une progression régulière que le réseau est arrivé à la situation que nous avons indiquée. L'on peut suivre au tableau n° 1, et pendant les trente-deux années qui nous séparent de la première concession, la part de chacune dans son développement. Cette inégalité de répartition et la nature même des lignes incorporées au réseau témoignent des diverses phases que les chemins de fer ont traversées.

En ne s'attachant qu'aux caractères généraux, le nombre de ces phases peut être réduit à trois.

Jusqu'en 1837, les lignes concédées n'ont qu'un faible parcours; elles semblent plus spécialement destinées, soit au transport des marchandises (lignes de Rhône et Loire, d'Alais à Beaucaire et à la Grand-Combe), soit au transport des voyageurs (chemins de Banlieue, Versailles et Saint-Germain).

De 1838 à 1846, ce sont des lignes de plus long parcours que leur situation comme leur établissement semblent destiner à devenir ultérieurement les artères principales du réseau, mais elles sont encore isolées les unes des autres.

De 1851 à ce jour, 30 juin 1855, l'on sent le double besoin de réunir en un seul faisceau toutes les lignes isolées et de relier le réseau à ceux des états voisins. La concession du chemin de ceinture et de nombreuses lignes transversales, d'une part, l'extension du réseau vers des points nombreux du littoral et de la frontière, d'autre part, répondent à ce qu'il y a de plus pressant dans ce double besoin.

Des 11,496 kilomètres dont le pays est aujourd'hui doté, 11,482 kilomètres se rapportent à ces trois phases, savoir : 402 kilomètres à la première, 4,300 kilomètres à la seconde, 6,780 kilomètres à la troisième. Les 14 kilomètres complémentaires se rapportent à la période de 1847 à 1851, qui reste en dehors de ces phases : elle a été en effet stérile pour l'extension du réseau; la crise de 1847, les événements de 1848, les charges résultant du développement antérieur de 1838 à 1846 ayant arrêté tous progrès [2].

[1] Voir pour plus de détail, les tableaux 5 et 6. La colonne 5 de ces tableaux permet d'apprécier pour chaque année l'importance des crédits alloués et des dépenses faites pour études.

[2] Si, au lieu de considérer le réseau dans son ensemble, on ne s'attache qu'à la part faite à l'industrie privée, c'est-à-dire au réseau concédé, sur les 11,496 kilomètres aujourd'hui concédés, 11,485 kilomètres se rapportent à ces trois phases, savoir : 402 kilomètres à la première, 3,128 kilomètres à la seconde, et 7,955 kilomètres à la troisième; les 11 kilomètres complémentaires ayant été concédés en 1848. On voit donc encore que l'influence du Gouvernement qui nous régit ne s'est pas moins fait sentir dans l'essor donné à l'industrie privée : de 1846 à 1851, non-seulement les compagnies avaient été impuissantes à souscrire les concessions des lignes qui restaient entre les mains de l'État, mais elles n'avaient pu faire face aux engagements

On le voit, c'est au Gouvernement qui nous régit que l'on doit, non-seulement d'avoir plus que doublé la longueur du réseau français, mais encore de lui avoir donné la place qu'il doit occuper dans le réseau européen.

Réseau exploité. Il reste à indiquer la situation des lignes successivement livrées à l'exploitation depuis 1828. Leur longueur était de 4,662 kilomètres au 31 décembre 1854; elle atteint 4,975 kilomètres au 30 juin 1855 : soit plus de 40 p. 0/0 de la longueur totale concédée, et en moyenne 184 kilomètres par an.

Le tableau n° 2 donne la marche progressive du réseau exploité, qui, à quelques années de distance, suit les mêmes phases de développement que celles que nous avons déjà eu occasion de remarquer dans le développement du réseau entier.

Les 430 kilomètres livrés de 1828 à 1840, qui représentent 31 kilomètres par an, correspondent, pour la presque totalité, aux concessions faites de 1823 à 1837.

De même, les 4,232 kilomètres livrés de 1841 à 1855, qui représentent 282 kilomètres par an, correspondent pour la plupart aux lignes concédées de 1836 à 1846.

Enfin, les livraisons qui doivent avoir lieu pendant les années 1855 et suivantes appartiennent presque exclusivement aux concessions de 1851 à 1855; et si l'on se reporte au tableau n° 26 qui donne les époques probables d'ouverture des lignes en cours d'exécution, il y a lieu de présumer que plus de 4,700 kilomètres seront livrés pendant les cinq années de 1855 à 1859, c'est-à-dire plus de 950 kilomètres par an, et plus de 2,500 kilomètres pendant les deux années 1855 et 1856.

Déjà, sur les 4,975 kilomètres exploités au 30 juin 1855, plus de 4,000 kilomètres sont réunis en un faisceau unique permettant entre tous les points une communication directe et sans rompre charge, et l'isolement des autres parties doit, d'après les probabilités, cesser au plus tard pendant l'année 1857.

§ II. — COMPARAISON AVEC LES ÉTATS ÉTRANGERS.

Le tableau n° 21 donne la situation des divers réseaux français et étrangers au 31 décembre 1853 et au 31 décembre 1854. En ne s'attachant qu'au réseau européen, il résulte de ce relevé qu'en Europe les chemins de fer concédés ou autorisés avaient, à la fin de 1854, une étendue totale de 53,869 kilomètres, et que les 3/5 à peu près de cette longueur étaient livrés à la circulation (31,906).

Dans l'état actuel des choses, et à la première vue d'une carte des chemins de fer d'Europe, on peut suivre les tracés plus ou moins complets qui se projettent sur le continent dans tous les sens et principalement ceux qui rayonnent de la France au Nord, vers Cologne, Hambourg et les ports de la Baltique, vers Berlin, Dresde, Varsovie et Saint-Pétersbourg; à l'Est, vers la Bavière, l'Autriche, la Hongrie et les provinces danubiennes; au Sud-Est, vers l'Italie; au Sud, vers l'Espagne, tandis qu'au centre de l'Europe, et parallèlement à nos frontières, se dessinent d'autres grandes lignes de l'Est à l'Ouest, de la Baltique à l'Adriatique.

qu'elles avaient contractés. Moins de deux ans après le 2 décembre 1851, il n'existait plus de lignes entre les mains de l'État et le rôle de ce dernier consistait moins à solliciter qu'à modérer le mouvement industriel.

Plusieurs tronçons de ce vaste réseau ne sont encore qu'en exécution ou même à l'état de projet. Toutefois, les directions principales sont suffisamment déterminées pour qu'on puisse les embrasser dans leur ensemble et juger de leur importance, autant sous le rapport commercial qu'au point de vue politique et stratégique.

Bientôt, sans rompre charge, si ce n'est sur quelques points exceptionnels, comme pour la traversée du Rhin [1], le même waggon partant de Bayonne ou de Marseille, et passant par Paris, pourrait aller par Lille, Metz ou Strasbourg, se ranger dans les gares de toutes les capitales ou principales villes de l'Europe. Une largeur de voies différente aurait pu entraver cette continuité de parcours sur les railways de la Hollande et du pays de Bade, mais cette largeur a été ramenée à l'unité européenne [2].

On pourrait suivre encore les progrès des chemins de fer en dehors de l'Europe, et plus particulièrement aux États-Unis, où leur développement atteint numériquement une longueur comparable à celle du réseau européen; mais il suffira de constater qu'aujourd'hui il n'est presque aucun pays où l'on ne pût signaler quelques tentatives isolées[3], et l'on n'entrera dans quelques détails qu'en ce qui touche le réseau européen.

En négligeant les premiers essais qui ont précédé l'usage des locomotives pour les transports sur chemins de fer, et en ne s'arrêtant qu'à des vues d'ensemble, on peut dire que les chemins de fer prennent naissance en Angleterre, que, de là, ils se propagent en Belgique, en Allemagne et en France, et qu'ils continuent leur marche vers les extrémités Nord, Est et Sud de l'Europe, mais dans un rayonnement de plus en plus affaibli.

Le développement du réseau européen dans chaque pays est, en général, d'autant plus considérable que l'époque à laquelle sa construction a été résolue et mise à exécution est plus ancienne. Très-condensé en Angleterre, resserré encore en Belgique, dans une partie de l'Allemagne et dans le Nord de la France, il s'éclaircit à mesure qu'il se rapproche des confins de l'Europe; déjà, d'ailleurs, il a pénétré dans tous les États, la Grèce et la Turquie exceptées.

Le tableau n° 22 permet de suivre l'extension du réseau dans chaque pays. Dans les États qui en ont entrepris et poursuivi l'exécution simultanément avec la France, cette extension présente des analogies frappantes avec celle du réseau français. Les mêmes périodes s'y retrouvent, les mêmes progrès s'y succèdent.

En Angleterre, par exemple, les concessions antérieures à 1833 ne comprennent que 643 kilomètres. Pendant les cinq années qui suivirent, elles se sont étendues sur 2,872 kilomètres. Cette extension du réseau, si subite et si considérable pour l'époque à laquelle elle se rapporte, provoqua une crise qui le maintint stationnaire jusqu'en 1844. Mais, depuis, le mouvement reprit sur une plus grande échelle, et de 1844 à 1847 l'accroissement fut de 14,262 kilomètres, dont 7,250 kilomètres furent concédés en 1846. A partir de cette époque commence une nouvelle période que la France n'a pas encore atteinte, et que l'Angleterre, plus avancée dans la construction de ses chemins de fer, voit déjà se produire : les lignes principales étant ouvertes ou en cours

[1] Ce dernier obstacle disparaîtra aussitôt qu'on aura réalisé la construction maintenant décidée des ponts de Cologne et de Kehl.

[2] Le matériel roulant présente encore non-seulement entre les réseaux des différents pays, mais encore entre les différentes lignes de chaque réseau, des diversités de système et de dimension de nature à gêner le parcours prolongé des trains, mais la pratique généralisera forcément l'adoption des conditions qui seront reconnues les meilleures, pour éviter cet inconvénient.

[3] Voir le tableau n° 21.

d'exécution, l'accroissement du réseau ne continue que dans une mesure plus étroite (moins de 400 kilomètres par an).

On pourrait même pousser plus loin ces rapprochements, et constater notamment des crises semblables à celles que l'exécution du réseau a subies en France; mais il suffit de remarquer les analogies principales qu'on vient d'examiner pour l'Angleterre, et qui se retrouvent, moins caractérisées toutefois, en Autriche, en Belgique et dans plusieurs États de l'Allemagne.

On conçoit qu'il n'en soit pas de même dans les États qui n'ont commencé leur réseau qu'à une époque postérieure. Ces États se sont trouvés en présence, non-seulement d'idées arrêtées et de systèmes expérimentés, mais encore de lignes déjà établies par des nations voisines, et venant, en quelque sorte, se présenter à la frontière pour y recevoir leur prolongement naturel. Ils ont pu, dès l'abord, déterminer dans tout son développement le tracé de leurs lignes, sans passer par les phases successives qu'on a signalées pour notre réseau et pour les réseaux contemporains.

IIe SECTION.

ORGANISATION ADMINISTRATIVE ET FINANCIÈRE.

IIᴱ SECTION.

ORGANISATION ADMINISTRATIVE ET FINANCIÈRE.

Les clauses des diverses concessions, la constitution des compagnies en faveur desquelles ces concessions ont été délivrées, donnent une idée de ce que l'on peut appeler l'organisation administrative et financière des chemins de fer; de là, la division de cette section en deux chapitres, traitant : le premier, des concessions; le second, des compagnies.

Dans le premier chapitre, on exposera successivement le nombre et l'étendue des concessions, ainsi que la forme dans laquelle elles ont été délivrées, les conditions générales et les conditions spéciales de ces concessions.

Dans le second chapitre, après avoir mentionné le nombre des compagnies et leur importance, c'est-à-dire la part de chacune dans l'ensemble des concessions, on indiquera leur organisation financière.

CHAPITRE PREMIER.

DES CONCESSIONS.

§ Iᵉʳ. — NOMBRE ET ÉTENDUE DES CONCESSIONS, MODE DE CONCESSION.

Le nombre des lois, ordonnances et décrets relatifs aux chemins de fer était, au 30 juin 1855, de 436[1]; mais celui des actes de concession qui se rapportent aux 11,496 kil. composant le réseau n'est que de 78[2], qui se répartissent inégalement entre les diverses époques que nous avons déjà signalées comme correspondant au développement du réseau.

Ainsi, tandis que de 1823 à 1837 le nombre de ces concessions n'est que de 13, d'une longueur moyenne de 31 kil., de 1838 à 1846, il est de 23, d'une longueur moyenne de 137 kil.;

[1] Ce chiffre de 436 se décompose comme suit :

Dispositions générales	43
Lois de classement	7
Autorisations de concéder	27
Concessions	112
Approbation des engagements du Trésor	8
Modification des cahiers des charges	13
Autorisations des statuts des compagnies anonymes ou modifications	78
Prêts ou emprunts, justifications financières	36
Crédits ouverts ou annulés	53
Approbation de plans et traités, cautionnements, séquestres, divers	59

[2] Non compris les concessions abandonnées, celles des chemins industriels et celles des chemins de fer à rails sur la voie publique.

enfin, de 1851 au 30 juin 1855, il est de 41, d'une longueur moyenne de 194 kil. Une seule concession de 11 kil. accordée de 1847 à 1851 complète les 78 concessions.

L'on sait que jusqu'en 1832 les concessions de chemins de fer furent faites par le Pouvoir exécutif et par voie d'ordonnance, et qu'à partir de 1833, le droit de concéder par voie d'ordonnance fut restreint aux concessions de moins de 20 kil. de longueur, et n'entraînant aucun engagement du Trésor. Cette situation se prolongea jusqu'au 23 décembre 1852, interrompue seulement du 2 décembre 1851 au 29 mars 1852, époque pendant laquelle tous les pouvoirs étaient réunis entre les mains du Président de la République. Après le 23 décembre 1852, l'article 4 du sénatus-consulte portant la même date règle ainsi qu'il suit la matière :

« Tous les travaux d'utilité publique, notamment ceux désignés par l'article 10 de la loi du « 21 avril 1832 et l'article 3 de la loi du 3 mai 1841, toutes les entreprises d'intérêt général sont « ordonnés et autorisés par décrets de l'Empereur.

« Ces décrets sont rendus dans les formes prescrites pour les règlements d'administration pu- « blique.

« Néanmoins, si ces travaux et entreprises ont pour condition des engagements ou des subsides « du Trésor, le crédit devra être accordé ou l'engagement ratifié par une loi avant la mise à exé- « cution.

« Lorsqu'il s'agit de travaux exécutés pour le compte de l'État et qui ne sont pas de nature à « devenir l'objet de concessions, les crédits peuvent être ouverts, en cas d'urgence, suivant les « formes prescrites pour les crédits extraordinaires : ces crédits seront soumis au Corps législatif « dans la plus prochaine session. »

A un autre point de vue, les concessions ont été délivrées soit directement, soit par voie d'adjudication publique. La page 4 du tableau n° 3 indique la répartition du nombre des concessions et des longueurs concédées, suivant le mode qui leur a été appliqué.

Il résulte de ce tableau que sur les 78 concessions, comprenant 11,496 kil., 17 seulement, comprenant 2,992 kil., ont été l'objet d'adjudications publiques : c'est environ 22 p. o/o du nombre des concessions, et 26 p. o/o de la longueur concédée.

Ces 17 concessions se partagent elles-mêmes comme suit : de 1823 à 1837, cinq concessions de 232 kilomètres ensemble, avec rabais portant sur les tarifs; de 1837 à 1845, dix concessions de 2,474 kilomètres ensemble, avec rabais portant sur la durée de la concession. La concession en 1844, pour douze années, de l'exploitation de la ligne de Montpellier à Nîmes, de 52 kilomètres, entièrement construite par l'État, et la concession en janvier 1852 de la ligne de Lyon à Avignon, de 234 kilomètres, complètent les 17 concessions : pour la première, l'enchère portait sur la redevance à payer à l'État; pour la seconde, le rabais portait sur la subvention à fournir par l'État.

§ II. — CONDITIONS GÉNÉRALES DES CONCESSIONS.

Lorsqu'on parcourt les divers cahiers des charges des dernières concessions, on reconnaît qu'ils ne diffèrent les uns des autres que par quelques dispositions spéciales aux lignes concédées.

L'ensemble des clauses qui se reproduisent textuellement forme ce qu'on appelle les conditions générales des concessions; celles qui varient d'une concession à l'autre constituent les conditions spéciales.

Toutefois, la plupart de ces conditions spéciales se présentent elles-mêmes avec un caractère général, en ce sens qu'à part les chiffres et nombres qui en précisent la portée, elles sont rédigées dans une forme identique.

Telles sont, par exemple, les clauses qui déterminent la limite des pentes et rampes et des rayons des courbes, le poids des rails, etc., etc.

Si, poussant plus loin cet examen comparatif, l'on se reporte aux cahiers des charges antérieurs, et notamment à ceux qui ont été rédigés depuis 1835, on retrouvera encore, sauf quelques légers changements de rédaction, la plupart des dispositions qui y sont contenues aujourd'hui; de sorte qu'en réalité, l'on peut dire qu'il n'existe qu'un seul cahier des charges applicable dans ses dispositions constitutives à toutes les concessions, modifié seulement pour quelques-unes, suivant les époques de concession et suivant la nature des lignes concédées.

L'on doit ajouter que les mesures de fusion accomplies de 1851 à 1854 ont fait disparaître une notable partie des différences dues aux époques de concession, en étendant aux groupes ainsi formés les clauses des concessions les plus récentes : telles sont particulièrement celles qui règlent les tarifs, les réserves stipulées par l'Administration pour divers services publics, les franchises ou les réductions de tarifs, etc., etc.

Il suffit donc, pour indiquer aujourd'hui les conditions générales des concessions, de reproduire *in extenso* le texte même d'un cahier des charges récent, en notant seulement les clauses spéciales à la concession pour laquelle il a été rédigé. Ce travail a été fait sur le cahier des charges qui règle la concession du chemin de fer de Paris à Lyon par le Bourbonnais, et, à raison de son étendue, nous le donnons à la suite du texte, sous forme d'appendice.

On pourra, par la lecture de ce document, se rendre exactement compte des dispositions qui déterminent les droits et obligations réciproques du Gouvernement et des compagnies dans l'établissement et l'exploitation des chemins de fer.

§ III. — CONDITIONS SPÉCIALES DES DIVERSES CONCESSIONS.

Parmi les conditions spéciales des diverses concessions, nous distinguerons celles qui sont relatives à l'établissement, et qui indiquent le nombre des voies, les limites des pentes et rampes et du rayon des courbes; la part de l'État dans l'exécution des travaux; celles qui précisent le concours financier de l'État et des localités, soit que ce concours se présente, sous la forme d'un engagement provisoire, par des prêts ou des travaux remboursables; d'un engagement définitif, par des subventions en argent ou en travaux; d'un engagement éventuel, par des garanties d'intérêt; celles, enfin, qui déterminent la participation de l'État dans les bénéfices, les variations dans les tarifs et la durée des concessions.

Lignes autorisées à une seule voie.

En concédant les grandes lignes qui de Paris se dirigent sur la Belgique et l'Angleterre, sur Strasbourg, sur le Havre, sur Rennes, sur Marseille, sur Bordeaux et le Centre, le Gouvernement a prescrit l'établissement d'une double voie; cette prescription a été étendue à quelques lignes à raison de leur situation et de leur importance présumée.

Pour les lignes moins importantes, comprenant ensemble 7,400 kilomètres ou 64 p. 0/0 du réseau, le Gouvernement n'a exigé qu'une seule voie, en imposant l'établissement de voies d'évitement sur une étendue suffisante.

Par une sage prudence, il a stipulé, en outre, des réserves de nature à faciliter l'établissement de la seconde voie dès que la nécessité en serait reconnue et constatée par l'Administration.

D'une part, en effet, pour la plupart des lignes à simple voie, il a prescrit l'acquisition des terrains et l'établissement des ouvrages d'art pour deux voies : 6,000 kilomètres environ, ou 81 p. o/o, doivent être établis dans ces conditions.

D'une autre part, par une disposition plus précise, le Gouvernement a réglé pour un grand nombre de lignes que la seconde voie serait exigible aussitôt que la recette brute par kilomètre atteindrait 18,000 francs (par exception 25,000 francs pour les dernières concessions faites à la compagnie du Grand-Central par décret du 7 avril 1855).

Limites des pentes et rampes et du rayon des courbes.

Dans les cahiers des charges, l'Administration détermine également les limites des pentes et rampes ainsi que le minimum du rayon des courbes; mais l'étude de ces prescriptions n'offre qu'un minime intérêt, parce qu'elles n'indiquent pas sur quelle étendue ces limites peuvent être appliquées, et que, d'un autre côté, la compagnie peut être admise, sous l'autorisation du Gouvernement et dans des conditions déterminées, à s'en départir. Du reste, dans l'exécution, les compagnies se maintiennent autant que possible dans des limites inférieures à celles qui leur sont assignées.

Part de l'État dans l'exécution des travaux.

L'on a vu que, par la loi du 15 juillet 1840, le Gouvernement avait été autorisé à exécuter les lignes de Montpellier à Nîmes et de Lille et Valenciennes à la frontière, comprenant 97 kilomètres. Cette loi ne préjugeait rien sur la question de concession.

Ce n'est que deux ans plus tard, par la loi du 11 juin 1842, que la nature et l'étendue du concours de l'État dans l'exécution des chemins de fer furent déterminées.

Aux termes de cette loi, la longueur devant être exécutée par l'État était, y compris les 79 kilomètres déjà cités, d'environ 3,717 kilomètres, auxquels il faut ajouter, en vertu de lois et décrets ultérieurs, 1,118 kilomètres[1].

Mais, par suite des diverses concessions et conventions intervenues, sur ces 4,835 kilomètres, l'exécution complète de 1,763 kilomètres[2] a été mise à la charge des compagnies, soit avec subvention en argent, soit avec une simple garantie d'intérêt, soit enfin sans subvention et sans

[1] Savoir :

Loi du 24 juillet 1844.	Versaille à Rennes	358 kil.
———	Vierzon à Limoges et Bourges à Clermont	302
Loi du 21 juin 1846	Saint-Dizier à Gray	175
Décret du 27 février 1848.	Bourg-la-Reine à Orsay	14
Décret du 27 mars 1852.	Saint-Germain-des-Fossés à Roanne	65
Loi du 8 juillet 1852	Marseille à Toulon	68
———	Caen à Cherbourg	136
	Total	1,118

[2] Savoir :

Lille à Calais et Dunkerque	145 kil.
Lyon à Avignon et Avignon à Marseille	354
Dijon à Mulhouse	228
Bordeaux à Bayonne	192
Bordeaux à Cette	461
Saint-Dizier à Gray	175
Palaiseau à Orsay	4
Marseille à Toulon	68
Caen à Cherbourg	136
Total	1,763

garantie d'intérêt, de telle sorte qu'au 30 juin 1855, la longueur des lignes exécutées ou à exécuter par l'État n'était que de 3,072 kilomètres. Déjà, sur cette longueur, 2,741 kilomètres ont été remis aux compagnies, et le rôle de l'État se borne aujourd'hui à conduire à fin les entreprises commencées, qui comprennent 331 kilomètres[1].

Ces 3,072 kilomètres se divisent comme suit, eu égard à la part prise par l'État dans l'exécution des travaux :

483 kilomètres ont été exécutés et exploités par l'État avant d'être remis aux compagnies concessionnaires[2] ;

379 kilomètres ont été remis aux compagnies complétement terminés, mais avant l'exploitation[3] ;

2071 kilomètres ont été ou doivent être exécutés dans le système de la loi du 11 juin 1842[4] ;

Enfin, 139 kilomètres ont été livrés aux compagnies à divers degrés d'avancement[5].

Indépendamment de la part que l'État a prise directement dans la construction des chemins de fer, et que nous venons d'indiquer, il a prêté à un grand nombre d'entreprises, et sous diverses formes, un concours financier dont l'importance a été considérable. Sans ce concours, qui s'est encore accru de celui des localités, le réseau n'aurait pu, ni prendre une extension aussi considérable, ni être établi dans les conditions qui le distinguent. Prêts de l'État.

C'est par des prêts que le Gouvernement est venu pour la première fois en aide aux compagnies. Ces prêts montent ensemble à la somme de 58,600,000 francs, répartie entre sept compagnies, dans les proportions et aux époques indiquées dans le tableau suivant :

Tab. B.

DATES DES LOIS QUI AUTORISENT les prêts.	MONTANT DES PRÊTS.	DÉSIGNATION DES COMPAGNIES EN FAVEUR DESQUELLES LE PRÊT EST AUTORISÉ.
1	2	3
17 juillet 1837...	6,000,000f	Compagnie des mines de la Grand-Combe (chemin du Gard).
1er août 1839.....	5,000,000	——— du chemin de Paris à Versailles (rive gauche).
15 juillet 1840....	30,600,000	Compagnies de Strasbourg à Bâle, 12,600,000f; d'Andrezieux à Roanne, 4,000,000f; de Paris à Rouen, 14,000,000f.
11 juin 1842.....	14,000,000	——— de Rouen au Havre, 10,000,000f; de Paris à Rouen, 4,000,000f.
9 août 1847.....	3,000,000	Compagnie de Montereau à Troyes.
TOTAL......	58,600,000	

Au 31 décembre 1851, les remboursements s'élevaient à...... 3,421,277[6], soit 6 p. o/o.
Au 31 décembre 1853, ils s'élevaient (voir tab. n° 11, 1853), à.. 8,303,473, soit 14 p. o/o.
Au 31 décembre 1854, ils atteignaient (voir tab. n° 11, 1854). 20,085,590, soit 34 p. o/o.

[1] Savoir : Le Mans à Rennes, 162 kil.; Argenton à Limoges, 104 kil.; Saint-Germain-des-Fossés à Roanne, 65 kil.

[2] De Lille et Valenciennes à la frontière, 27 kil.; Versailles à Chartres, 73 kil.; Paris à Châlons-sur-Saône, 383 kil.

[3] Montpellier à Nîmes, 52 kil.; Paris à Lille et à Valenciennes, 310 kil.; Ceinture, 17 kil.

[4] Prolongements d'Orléans sur le Centre, Bordeaux et Nantes, 1,254 kil.; Paris à Strasbourg et embranchement de Reims, 532 kil.; Chartres à Rennes, 285 kil.

[5] Châlons-sur-Saône à Lyon, 129 kil. à peine commencés; Bourg-la-Reine à Orsay, 10 kil. dont 6 presque terminés.

[6] Savoir : 3,000,000 francs par la compagnie du Gard et 421,277 francs par celle de Paris à Rouen.

On n'a dû porter dans ces chiffres que les remboursements en argent; mais le montant réel des remboursements est plus considérable, par suite de la conversion des annuités en obligations échelonnées à diverses échéances. Cette liquidation est aujourd'hui complète pour l'ensemble des prêts.

Travaux remboursables.

L'analogie qui existe, au point de vue financier, entre les prêts et les travaux remboursables nous conduit à exposer ici ce qui est relatif à ce mode de concours. Dans l'origine, les travaux exécutés dans le système de la loi du 11 juin 1842 ne devaient pas être remboursés par les compagnies auxquelles l'exploitation était donnée à bail pour une durée plus ou moins longue, suivant l'évaluation des produits.

On fit un premier pas dans une voie nouvelle lors de la concession, en 1845, du chemin de fer du Nord, pour laquelle on préféra allonger la durée du bail et stipuler le remboursement des dépenses faites par l'État.

La première concession de la ligne de Paris à Lyon apporta une nouvelle dérogation au système de la loi du 11 juin 1842. La compagnie, non-seulement remboursait les travaux déjà exécutés pour la section de Dijon à Châlons, mais devait encore se charger de l'exécution du reste de la ligne.

Le tableau suivant fait connaître l'origine des actes qui déterminent l'importance de ces recouvrements, ainsi que leur répartition.

Tab. C.

DÉSIGNATION			MONTANT des remboursements faits ou à faire au 31 décembre 1854.			MONTANT des remboursements effectués au 31 décembre 1854.			OBSERVATIONS.
de l'année.	de la nature et de la date de la décision.	de la compagnie.	Total.	Par la compagnie.	Par divers.	Total.	Par la compagnie.	Par divers.	
1	2	3	4	5	6	7	8	9	10
			fr.	fr.	fr.	fr.	fr.	fr.	
1843....	Déc^ion minist^lle du 6 mars.	Strasbourg à Bâle......	(A) 200,000	200,000	»	200,000	200,000	»	(A) Usage commun de la gare de Strasbourg; ligne de Paris à Strasbourg.
1845....	Ord^ce du 31 décembre...	Paris à Lyon..........	8,000,000	8,000,000	»	8,000,000	8,000,000	»	
1845....	Ord^ce du 10 septembre..	Nord..................	89,998,155	89,089,198	908,957	78,858,750	78,858,750	»	
1849....	Loi du 2 février.......	Marseille à Avignon....	1,000,000	1,000,000	»	1,000,000	1,000,000	»	
1851....	L. des 24 av., 3 et 13 mai.	Ouest..................	(B) 3,000,000	3,000,000	»	3,000,000	3,000,000	»	(B) Représentant la valeur du matériel cédé à la compagnie.
1851....	Décret du 11 décembre..	Ceinture..............	5,507,746	5,357,746	150,000	5,507,746	5,357,746	150,000	
1852....	Décret du 5 janvier.....	Paris à Lyon..........	114,000,000	114,000,000	»	86,583,335	86,583,333	»	
1852....	Décret du 25 février....	Strasbourg à Bâle......	(A) 617,500	617,500	»	617,500	617,500	»	
1852....	Décret du 27 mars.....	Orléans.............	16,000,000	16,000,000	»	13,333,333	13,333,333	»	
1852....	Loi du 8 juillet........	Ouest..................	1,400,000	»	1,400,000	»	»	»	
1852....	Loi du 8 juillet........	Cherbourg............	3,700,000	»	3,700,000	»	»	»	
1852....	Loi du 8 juillet........	Lyon à la Méditerranée..	10,126,197	10,126,197	»	6,892,864	6,892,864	»	
	Totaux..........	....	253,549,598	247,390,641	6,158,957	203,993,526	203,843,526	150,000	

Subventions de l'État et des localités.

Pour plusieurs compagnies, l'État ne s'est pas borné à de simples avances, mais il leur est venu en aide d'une manière plus efficace, soit par des travaux dont il n'exigeait pas le remboursement, soit par des subventions en argent. La somme des subventions de l'État, en argent et en travaux, s'élève à ce jour à environ 904,408,754 francs, pour 11,496 kilomètres concédés, ou 78,671 francs par kilomètre. Au 31 décembre 1847, déduction faite des engagements qui se rapportaient aux concessions abandonnées ou frappées de déchéance, le concours de l'État était représenté par plus de .... 130,000 francs par kilomètre.

Après la révolution de 1848, il s'était élevé à .... 140,000 *idem.*
Au 31 décembre 1852, il descend à .... 100,000 *idem.*
Au 31 décembre 1853, à .... 88,000 *idem.*
Au 31 décembre 1854, à .... 83,730 *idem.*
Enfin, au 30 juin 1855, il est de .... 78,671 *idem.*

Cette décroissance continue du concours de l'État est d'autant plus remarquable, que les lignes le plus récemment concédées sont en général d'une importance moindre, et que, par suite, leur établissement semblait nécessiter des subventions plus considérables.

Quant aux subventions des localités, elles s'élèvent ensemble à 27,893,957 francs; c'est environ 3 p. o/o de celles de l'État. Les engagements relatifs à ces subventions se rapportent aux trois années 1845, 1852 et 1855, savoir :

En 1845 .... 2,108,957f, soit 8 p. o/o.
En 1852, 16,800,000 fr., réduits par suite du retrait de la subvention de la commune de Neuilly, à .. 16,785,000, soit 60 p. o/o.
En 1855 (1er semestre) .... 9,000,000[1], soit 32 p. o/o.

La répartition des subventions de l'État et des localités entre les diverses compagnies, au 31 décembre 1853 et au 31 décembre 1854, est indiquée sur le tableau n° 11 (col. 9, 10 et 11, 15, 16 et 17). Le tableau suivant complète ces documents, en donnant la situation au 30 juin 1855.

Tab. D.

DÉSIGNATION DES COMPAGNIES.	LONGUEUR TOTALE concédée.	DÉPENSES TOTALES d'établissement faites et à faire approximativement.	MONTANT DES SUBVENTIONS, argent ou travaux.		PROPORTION POUR CENT de la subvention afférente à chaque compagnie		OBSERVATIONS.
			Total.	Par kilomètre concédé.	sur les dépenses totales d'établissement de la ligne.	sur le montant total des subventions.	
1	2	3	4	5	6	7	8
		fr.	fr.	fr.			
Nord	968	329,189,847	(1) 5,452,042	5,632	1	1	(1) Y compris 5,408,957 fr. de subventions locales. (2) Y compris 15,335,000 fr. de subventions locales. (3) Y compris 4,000,000 fr. de subventions locales, et déduction faite de la partie des subventions afférentes aux parties cédées au chemin de Paris à Lyon par le Bourbonnais. (4) Y compris 1,000,000 fr. de subventions locales. (5) Y compris 150,000 francs de subventions locales. (6) Représentant la part des subventions afférente à la section de Nevers à St-Germain, cédée par la compagnie d'Orléans. (7) Y compris 2,000,000 fr. de subvention accordée par la Suisse. (8) Y compris 27,893,957 fr. de subventions locales.
Est	1,781	646,661,012	125,382,500	70,400	19	13	
Ouest	2,059	683,035,000	(2) 173,035,000	84,038	25	19	
Paris à Orléans	1,733	552,013,575	(3) 225,699,000	130,207	41	25	
Paris à Lyon	923	408,842,177	61,046,964	66,139	15	6	
Grand-Central	1,143	331,455,000	92,900,000	81,277	28	9	
Lyon à la Méditerranée	624	207,266,734	(4) 126,171,000	202,198	42	14	
Midi	800	175,488,417	51,500,000	64,375	29	5	
Lignes en commun — Ceinture	17	15,859,536	(5) 7,859,536	462,326	50	1	
Lignes en commun — Paris à Lyon par le Bourbonnais	681	261,663,852	(6) 36,401,000	53,451	14	4	
ENSEMBLE pour les Compagnies principales	10,729	3,701,480,150	905,397,042	84,387	24	97	
Compagnies diverses (14)	767	205,672,925	(7) 26,905,669	35,079	13	3	
TOTAUX GÉNÉRAUX	11,496	3,907,153,075	(8) 932,302,711	81,098	24	100	

[1] Souscriptions des localités intéressées à divers embranchements du chemin de l'Ouest, savoir : 3,000,000 francs souscrits pour la ligne de Serquigny à Rouen; 4,000,000 francs à souscrire pour la ligne d'Argentan à Granville; 2,000,000 francs à souscrire pour l'embranchement sur la section de Mezidon au Mans.

En résumé :

Par suite des subventions accordées, les dépenses à la charge exclusive des compagnies se trouvent réduites en moyenne à environ 76 p. o/o des dépenses totales d'établissement.

En ne s'attachant qu'aux huit compagnies principales, c'est-à-dire à celles qui embrassent plus de 600 kilomètres, la compagnie du Nord est la seule pour laquelle la subvention soit sans importance, moins de 2 p. o/o du coût d'établissement, tandis que, pour les autres, elles ne sont pas inférieures à 15 p. o/o, atteignant exceptionnellement, pour les compagnies d'Orléans et de Lyon à la Méditerranée, 41 et 42 p. o/o du coût d'établissement.

Ces huit compagnies reçoivent à elles seules les 97 centièmes de la totalité des subventions, et sur ces 97 centièmes, 71 sont dévolus aux quatre compagnies d'Orléans, de l'Ouest, de Lyon à la Méditerranée et de l'Est.

Garantie d'intérêt. Le dernier mode de concours financier dont nous ayons à parler est celui de la garantie d'intérêt. Il n'existe plus à ce jour de garanties consenties par les localités[1], mais celles qui ont été consenties par l'État s'élèvent en capital à la somme de 1,554,745,000 francs, représentant une annuité de 61,302,800 francs.

La répartition de ces deux sommes, eu égard aux époques où les garanties ont été consenties, et entre les diverses compagnies, est développée dans les deux tableaux suivants :

Tab. E.

DÉSIGNATION de L'ANNÉE.	ANNUITÉ GARANTIE.		CAPITAL GARANTI.		OBSERVATIONS. (a) Les chiffres portés aux colonnes 2 et 3 ne comprennent pas l'annuité due à l'amortissement des emprunts garantis par l'État.			
	ACCROISSEMENT dans l'année. (a)	MONTANT TOTAL au 31 décembre. (a)	ACCROISSEMENT dans l'année.	MONTANT TOTAL au 31 décembre.				
1	2	3	4	5	6			
1840	1,600,000	1,600,000	40,000,000	40,000,000	Loi du 15 juillet	40,00,0000	1,600,000	Compagnie d'Orléans.
1849	1,500,000	3,100,000	30,000,000	70,000,000	Loi du 19 novembre	30,000,000	1,500,000	Cie de Marseille à Avignon.
1851	3,700,000	6,800,000	85,000,000	155,000,000	Lois des 24 avril, 3 et 13 mai	55,000,000	2,200,000	Compagnie de l'Ouest.
					Loi du 1er décembre	30,000,000	1,500,000	Cie de Lyon à Avignon.
1852	25,944,000	32,744,000	644,475,000	799,475,000	Décret du 5 janvier 1852	200,000,000	8,000,000	Compagnie de Paris à Lyon.
					——— 12 février	22,100,000	930,000	*Idem* de Dijon à Besançon.
					——— 25 février	12,000,000	400,000	*Idem* de Strasbourg à Bâle.
					——— 26 mars	38,000,000	1,630,000	*Idem* de Blesme à Gray.
					——— du 27 mars	110,000,000	4,400,000	*Idem* d'Orléans.
					Loi du 8 juillet	99,375,000	3,975,000	*Idem* de Lyon à la Méditer.
					Idem	100,000,000	4,000,000	*Idem* du Midi.
					Idem	20,000,000	800,000	*Idem* de l'Ouest.
					Idem	36,000,000	1,440,000	*Idem* de Paris à Cherbourg.
					Décret du 18 octobre	7,000,000	280,000	*Idem* de Dôle à Salins.
						644,475,000	25,944,000	
1853	4,614,000	37,358,000	137,900,000	937,375,000	Loi du 10 juin 1853	50,000,000	1,500,000	Cie de Lyon à Genève.
					Idem	90,700,000	3,628,000	*Idem* de Rhône et Loire.
					Idem	25,000,000	750,000	*Idem* de St-Rambert à Gren.
					Idem	4,200,000	126,000	*Idem* de Paris à Orsay.
					Lois des 8 juillet 1852 et 28 mai 1853.	18,000,000	720,000	*Idem* du Midi.
					TOTAL	187,900,000	6,724,000	
					A DÉDUIRE. (Déc. du 17 août 1853.).	50,000,000	2,110,000	Compagnies de Strasbourg à Bâle et de Blesme à Gray. (Voir 1852.)
					RESTE ÉGAL	137,000,000	4,614,000	
1854	//	37,358,000	//	937,375,000				
1855 (30 juin)	23,944,800	61,302,800	617,370,000	1,554,745,000	Loi du 2 mai 1855	398,370,000	15,184,800	Compagnie de l'Ouest.
					Idem	219,000,000	8,760,000	*Idem* du Grand-Central.
						617,370,000	23,944,800	

[1] Ces garanties ont cessé par suite de nouvelles combinaisons financières; nous citerons pour exemple : la garantie d'intérêt consentie par le département de l'Aube à ceux des actionnaires de la ligne de Montereau à Troyes qui appartenaient au département.

Tab. F.

COMPAGNIES.	LONGUEUR TOTALE concédée.	CAPITAL GARANTI par l'État.	ANNUITÉ GARANTIE.		OBSERVATIONS.
			MONTANT total.	MONTANT par kilomètre.	
1	2	3	4	5	6
Orléans	1,733	150,000,000f	6,000,000f	3,462f	
Lyon à la Méditerranée	624	159,375,000	6,975,000	11,178	
Ouest	2,059	509,370,000	19,624,800	9,581	
Paris à Lyon	923	222,100,000	8,939,000	9,685	
Midi	800	118,000,000	4,720,000	5,900	
Dôle à Salins	39	7,000,000	280,000	7,179	
Lyon à Genève	214	50,000,000	1,500,000	7,009	
Paris à Lyon par le Bourbonnais	681	[illegible]0,700,000	3,628,000	5,327	
Saint-Rambert à Grenoble	98	25,000,000	750,000	7,653	
Paris à Orsay	25	4,200,000	126,000	5,040	
Grand-Central	1,143	219,000,000	8,760,000	7,664	
TOTAUX ET MOYENNE	8,339	1,554,745,000	61,302,800	7,351	

Ces deux tableaux donnent lieu aux observations suivantes :

1° Sur le montant total des garanties consenties par l'Etat, les cinq centièmes seulement se rapportent aux années antérieures à 1851 (1840 et 1849); tandis que les quatre-vingt-quinze centièmes se rapportent aux années 1851 à 1855, et plus particulièrement aux années 1852 et 1855, savoir : 42 p. 0/0 en 1852 et 39 p. 0/0 1er semestre de 1855 (Tab. E).

2° L'annuité totale garantie par l'État se répartit entre onze compagnies, mais les quatre-vingt-quinze centièmes en sont attribués aux six compagnies principales d'Orléans, de Lyon à la Méditerranée, de l'Ouest, de Paris à Lyon, du Midi et du Grand-Central (Voir tab. F).

3° Pour que l'État soit appelé à servir des intérêts à raison de la garantie qu'il a consentie à chaque compagnie, il faudrait que le produit net par kilomètre descendît au-dessous du chiffre porté à la colonne 5 du tableau F. Or, dans l'état actuel des choses, et d'après les produits obtenus dans les dernières années, il est facile de reconnaître que, pour toutes les lignes de quelque importance, la garantie est purement nominale et n'engage en rien le Trésor.

Participation de l'État dans les bénéfices.

En échange des charges que l'État s'imposait pour l'exécution des lignes concédées dans le système de la loi du 11 juin 1842, et à titre de prix de ferme pour location du sol qu'il avait acquis et des travaux qu'il avait exécutés, le Gouvernement a stipulé à son profit un droit de participation aux bénéfices. Ainsi, dans la concession d'Avignon à Marseille, l'article 47 du cahier des charges réglait que, lorsque le produit net excéderait 10 p. 0/0 du capital dépensé par la compagnie, la moitié du surplus serait attribuée à l'État. Dans les concessions ultérieures où cette participation a été stipulée, elle devait s'exercer lorsque le produit net excéderait 8 p. 0/0 au lieu de 10 p. 0/0. Cette clause a été dans le principe exclusivement appliquée aux concessions faites dans le système de la loi de 1842; mais, à partir de 1851, l'État a fait abandon de cette réserve pour quelques compagnies, et pour d'autres l'a, au contraire étendue à des lignes concédées dans d'autres systèmes.

L'ensemble des lignes auxquelles elle s'applique actuellement (30 juin 1855) comprend 5,647 kilomètres, près de moitié de la longueur du réseau, savoir :

Ligne de Paris à Lyon	Longueur	923 kil.
Idem de Lyon à la Méditerranée	*Idem*	624
Idem du Grand-Central	*Idem*	1,143
Idem du Midi	*Idem*	800
Idem de l'Est	*Idem*	1,781
Idem de Lyon à Genève	*Idem*	214
Idem de Saint-Rambert à Grenoble	*Idem*	98
Idem de Paris à Orsay	*Idem*	25
Idem de Dôle à Salins	*Idem*	39
	TOTAL	5,647

Différences dans les tarifs réglementaires.

Pour compléter le programme que nous nous sommes tracés, il nous reste à exposer les différences que présentent les diverses concessions sous le rapport des tarifs et de la durée des concessions : ces différences sont aujourd'hui presque nulles, et leur étude ne présente d'intérêt qu'au point de vue historique.

En ce qui concerne les tarifs, ceux des derniers cahiers des charges sont aujourd'hui appliqués à toutes les concessions importantes. L'inégalité qui subsiste encore en faveur des lignes de Rouen et du Havre disparaître au 1er janvier 1858, en vertu de l'article 15 du décret du 7 avril 1855). Ces deux chemins n'étaient pas les seuls qui, à une époque antérieure, avaient des tarifs différents : les lignes de Saint-Étienne à Lyon, d'Andrezieux à Roanne, d'Alais à Beaucaire, de Paris à Versailles (rive droite et rive gauche), ayant été concédées par adjudication, avec rabais portant sur les tarifs, avaient naturellement des tarifs inégaux.

Dans les concessions récentes de Strasbourg à Kehl, et de Saint-Germain-des-Fossés à Vichy le Gouvernement a exceptionnellement consenti, pour la première ligne, un excédant de tarif correspondant à une étendue de 5 kilomètres au maximum, suivant l'importance des dépenses à consacrer à l'exécution du pont sur le Rhin; pour la seconde ligne, un tarif double pour les voyageurs de première classe, et pendant la saison des eaux, tant que la recette brute n'atteindra pas douze mille francs par kilomètre.

Durée des concessions.

En ce qui concerne la durée des concessions, nous indiquons sommairement dans ce qui suit les idées qui ont successivement prévalu aux diverses époques qui précèdent :

Les concessions antérieures à 1834, comprenant 214 kilomètres, ont été perpétuelles.

Celles qui suivirent jusqu'en août 1837, comprenant 135 kilomètres, ont été de 99 ans.

Les concessions de Bordeaux à la Teste, en décembre 1837, et celles de 1838, comprenant 624 kilomètres, ont été accordées pour une durée moindre que 99 ans; mais, par suite de la crise financière de 1839, une partie de ces concessions, comprenant 220 kilomètres, est résiliée, et l'État porte à 99 ans la durée des autres concessions, à l'exception de celle de Bordeaux à la Teste, qui seule est maintenue pour une durée moindre que 99 ans.

Ce n'est réellement que dans la période qui suivit, et jusqu'en 1850, que le système des concessions temporaires a prévalu. Sur 2,786 kilomètres, 2,773 ont été concédés suivant ce mode: les 13 kilomètres restant ont été concédés pour 99 ans : ils comprennent la ligne de Paris à Sceaux et le chemin de fer atmosphérique. La nature et le peu d'étendue de ces lignes justifiaient cette exception.

De 1851 au 30 juin 1855, le Gouvernement revient à la concession séculaire pour les 7,955 kilomètres concédés dans cette période; en même temps, il réduit à 99 ans la durée des concessions perpétuelles antérieures à 1834, et enfin il prolonge, pour la même durée, les concessions temporaires faites pendant les autres périodes, à l'exception de la section de Vireux à la frontière, comprenant 2 kilomètres, concédés en 1845 à une compagnie Belge pour 94 ans.

CHAPITRE II.

DES COMPAGNIES.

§ 1er. — NOMBRE ET IMPORTANCE DES COMPAGNIES.

Le réseau se partage inégalement entre les diverses compagnies qui existent à ce jour. Le tableau n° 4 et son annexe permettent de suivre d'une année à l'autre la situation de chaque compagnie au point de vue des longueurs concédées et exploitées [1]. Il résume tout ce qui est relatif aux modifications apportées chaque année dans ces longueurs.

On voit, d'après ce tableau :

1° Qu'il a été créé successivement cinquante-neuf compagnies;

2° Qu'il n'en a jamais existé simultanément plus de trente-trois (année 1846);

3° Qu'il n'en reste que vingt-quatre (30 juin 1855);

4° Que trente-cinq compagnies ont successivement cessé d'exister, savoir : sept par voie de résiliation, et vingt-huit par voie de fusion.

Résiliations.

A part la concession de Toulouse à Montauban, qui est restée sans effet, ces résiliations se partagent entre deux époques, caractérisant, pour ainsi dire, deux époques de défaillance.

La première, en 1839, après les concessions faites en 1838 des lignes de Paris à Orléans, Strasbourg à Bâle, Paris à la mer, Lille à Dunkerque : les deux dernières concessions sont résiliées, et les deux premières ne peuvent se maintenir qu'avec l'aide de l'État (loi du 15 juillet 1840).

La deuxième, en 1847 et en 1848, après les concessions nombreuses faites de 1843 à 1846, sous l'impulsion de la loi de 1842 : trois compagnies se retirent (1847), et la ligne de Paris à Lyon est rachetée par l'État (1848).

Fusions.

Quant aux fusions, à part celles des lignes d'Alais à Beaucaire dans la compagnie du Gard, de Creil à Saint-Quentin dans la compagnie du Nord, et enfin d'Asnières à Argenteuil dans la compagnie de Saint-Germain (cette dernière par voie d'acquisition), ce n'est qu'à partir de 1851 qu'elles reçoivent une large application. Dans les deux seules années 1852 et 1853, la

[1] Si, pour donner un exemple, nous prenons la compagnie d'Orléans, l'on verra que la longueur ensemble des concessions faites à cette ligne était de 160 kilomètres à son origine (7 juillet 1838); qu'elle est réduite à 31 kilomètres en 1839; qu'elle remonte en 1840 à 133; en 1852, à 1545; en 1853, à 1691; en 1855, à 1,733 kilomètres; qu'enfin, la durée des concessions faites à cette ligne, qui avait été fixée à 70 ans en 1838, a été portée à 99 ans en 1840.

Si l'on désire savoir quelles ont été successivement les lignes retranchées et ajoutées, on les trouvera indiquées dans le tableau annexé à l'article de la compagnie d'Orléans, avec embranchement sur Corbeil, Pithiviers et Arpajon. La première concession est réduite, en 1839 (1er août), à la ligne de Paris à Corbeil; en 1840 (15 juillet), on y ajoute la ligen de Juvisy à Orléans; en 1852 (27 mars), l'accroissement de 1,412 kilomètres est dû à la fusion des compagnies du Centre, d'Orléans à Bordeaux, de Tours à Nantes, et à quelques nouvelles concessions indiquées; enfin, de nouvelles concessions, en 1853 (17 août) et en 1855 (20 juin), portent la longueur concédée de 1,545 à 1,691, et enfin à 1,733 kilomètres.

On suivrait de la même manière les accroissements successifs de la longueur exploitée par la même compagnie.

ombre des compagnies fusionnées est de quinze, et il est de six pendant le premier semestre de 'année 1855[1].

Extension du réseau attribué à diverses compagnies.

Jusqu'en 1851 exclusivement, le nombre de kilomètres attribués à chaque compagnie emeure généralement stationnaire, c'est-à-dire réduit à la concession originaire[2], chaque concession nouvelle donnant lieu à la création d'une compagnie nouvelle[3].

Mais à partir de 1851 deux causes viennent accroître l'importance de diverses compagnies : les concessions faites directement à des compagnies déjà constituées, et les fusions.

Le fait capital de ces accroissements dans le réseau attribué à diverses compagnies est la part que huit de ces compagnies prennent successivement dans la tôtalité du réseau.

Au 31 décembre 1851, quatre de ces compagnies se dessinent : le Nord, l'Est, l'Ouest, Orléans.

A cette époque, les lignes de Paris à Lyon et de Lyon à Avignon existaient de fait, puisque tât en poursuivait l'exécution, et elles étaient, d'ailleurs, à la veille d'être concédées.

La compagnie du Midi (1852) et celle du Grand-Central (1853) complètent les huit compaies, dont l'importance collective, par suite des fusions et concessions nouvelles, représente ujourd'hui 93 p. o/o du réseau entier. C'est dans ces huit compagnies que sont aujourd'hui comses les concessions qui étaient dévolues aux vingt-cinq compagnies fusionnées de 1851 à 55, et une notable partie des nouvelles concessions faites dans cette période.

Le tableau suivant donne les accroissements successifs des longueurs afférentes à ces huit comagnies.

AB. G.

DÉSIGNATION DES CHEMINS.	LONGUEURS CONCÉDÉES					LONGUEURS LIVRÉES À L'EXPLOITATION					OBSERVATIONS.
	au 31 déc. 1851.	au 31 déc. 1852.	au 31 déc. 1853.	au 31 déc. 1854.	au 30 juin 1855.	au 31 déc. 1851.	au 31 déc. 1852.	au 31 déc. 1853.	au 31 déc. 1854.	au 30 juin 1855.	
1	2	3	4	5	6	7	8	9	10	11	12
Nord	584	912	963	968	968	584	707	707	707	707	
Est	654	684	1,577	1,781	1,781	493	624	724	940	940	
Ouest	396	535	535	535	2,059	109	147	147	234	540	
Orléans	133	1,545	1,691	1,691	1,733	133	918	1,109	1,155	1,042	
Paris à Lyon	512	512	532	923	923	(A) 383	383	383	508	555	(A) Le chemin de Paris à Lyon n'était pas concédé en 1851, et l'État exploitait la partie terminée.
Lyon à la Méditerranée	(B) 234	624	624	624	624	»	294	294	420	528	(B) Le chemin de Lyon à la Méditerranée n'a été concédé qu'en 1852.
Midi	»	470	775	800	800	»	»	53	158	251	
Grand-Central	»	»	464	464	1,143	»	»	150	150	65	
Lignes en commun (C)	17	17	17	17	698	»	7	7	17	280	(C) Bien qu'ayant une administration spéciale, ces lignes en commun font partie du réseau dévolu aux huit compagnies précitées.
LONGUEUR ENSEMBLE	2,530	5,299	7,178	7,803	10,729	1,702	3,080	3,574	4,289	4,908	
LONGUEUR TOTALE du réseau	4,969	6,914	8,860	9,213	11,496	3,558	3,872	4,063	4,662	4,975	
PROPORTION p. 0/0 des 8 compagnies.	51	75	81	85	93	48	79	88	92	98	

§ 2. — ORGANISATION FINANCIÈRE DES COMPAGNIES.

Le coût d'établissement approximatif des lignes concédées aux diverses compagnies ne donne aucune idée de leur position financière, à raison des subventions qui viennent diminuer les dé-

[1] Déjà, depuis cette époque, plusieurs fusions nouvelles sont demandées.

[2] A part les exceptions précitées.

[3] Excepté la ligne concédée aux mines d'Anzin, portée de 15 à 19 kilomètres, par suite de son prolongement sur Anzin et sur Somain.

penses à leur charge exclusive. D'un autre côté, il est nécessaire de connaître quelle est, pou chaque compagnie, la part variable qui, dans ces dépenses, est dévolue au capital social, po apprécier ce que l'on peut appeler son organisation financière.

Du capital social et des obligations.

La division des dépenses des compagnies en capital social et en obligations, et la prédominan de la part afférente aux obligations, sont des faits nouveaux.

Jusqu'en 1850, les compagnies n'eurent qu'exceptionnellement recours à la voie des pré de l'État ou des emprunts par obligations, pour faire face soit à des dépenses imprévues, soit des embarras financiers, et, au 30 décembre 1850, le capital social représentait encore envir 80 p. 0/0 des dépenses faites ou à faire par les compagnies.

Mais, à partir de 1851, le système des emprunts a pris une extension considérable, de maniè à ne laisser en général supporter au capital social que la moindre part dans les dépenses.

Le montant du capital social des diverses compagnies était :

Au 31 décembre 1853, de.... 45 p. 0/0 des dépenses à la charge exclusive de ces compagni

Au 31 décembre 1854, de.... 43 p. 0/0 *idem;*

Enfin, au 30 juin 1855, il est de 40 p. 0/0 *idem.*

Cette prédominance du capital social, qui chaque année devient plus considérable, est d principalement à ce qu'en général le capital social des compagnies change peu, tandis que, suite des concessions nouvelles, les dépenses à leur charge augmentent beaucoup. D'un autre cô aux termes même des contrats qui ont déterminé la fusion de diverses compagnies, le capi social de ces dernières a pu s'éteindre en totalité ou en partie.

Nous citons quelques exemples :

La compagnie du Nord, dont le capital social primitif était de 200,000,000 francs pour u dépense sensiblement égale, et pour une longueur concédée de 584 kilomètres, a réduit capital social à 160,000,000 francs, en libérant les actions à 400 francs, au lieu de 500 fran tandis que, d'un autre côté, la longueur qui lui est concédée et les dépenses à sa charge se respectivement accrus de 384 kilomètres et de plus de 123,000,000 francs.

La compagnie de l'Est, dont le capital social primitif était de 125,000,000 francs, pour u dépense d'environ 160,000,000 francs, et pour une longueur de 624 kilomètres, a, il est v doublé son capital social, mais la longueur qui lui est concédée et les dépenses à sa charge sont élevées respectivement à 1,781 kilomètres, et à plus de 521,000,000 francs.

La compagnie de Paris à Lyon, dont le capital social primitif était de 120,000,000 fran pour une dépense d'environ 229,139,787 francs, et une longueur de 512 kilomètres, n'a po son capital social qu'à 132,000,000 francs, tandis que la longueur qui lui est concédée et dépenses à sa charge se sont élevées respectivement à 923 kilom., et à plus de 347,000,000

Enfin, la compagnie de Lyon à la Méditerranée, dont le capital social était de 35,000,000 alors qu'elle n'était concessionnaire que de la ligne de Lyon à Avignon, de 234 kilomètres, sède aujourd'hui 624 kilomètres, et son capital social n'est porté qu'à 40,500,000 francs.

Il paraît inutile de poursuivre ces citations; on peut, d'ailleurs, suivre sur les tableaux et 12 quelles ont été, de 1853 à 1854, les modifications apportées dans la longueur concédé chaque compagnie, et quelles ont été pareillement l'augmentation des dépenses à sa charge celle du capital social.

Le tableau suivant complète ces renseignements, en indiquant quels étaient, à la date du 30 juin 55, et pour chaque compagnie :

Le coût d'établissement approximatif de la longueur concédée, col. 3 et 6 ;

Le montant des dépenses à la charge exclusive des compagnies, col. 5 et 8 ;

Enfin, la part du capital social dans le montant de ces dépenses, col. 9, 10 et 11.

b. H.

DÉSIGNATION DU CHEMIN OU DE LA COMPAGNIE.	LONGUEUR TOTALE concédée.	MONTANT TOTAL — DES DÉPENSES faites et à faire approximativement.	MONTANT TOTAL — des SUBVENTIONS de l'État et de divers en argent ou travaux.	MONTANT TOTAL — DES DÉPENSES à la charge exclusive des compagnies.	MONTANT POUR UN KILOMÈTRE — des dépenses faites ou à faire approximativement.	MONTANT POUR UN KILOMÈTRE — des subventions de l'État et de divers en argent ou en travaux.	MONTANT POUR UN KILOMÈTRE — des dépenses à la charge exclusive des compagnies.	CAPITAL SOCIAL. — MONTANT total.	CAPITAL SOCIAL. — MONTANT pour un kilomètre.	RAPPORT p. 0/0 du capital social au montant des dépenses à la charge exclusive des compagnies.	OBSERVATIONS.
1	2	3	4	5	6	7	8	9	10	11	12
	kil.	fr.	fr.	fr.	fr.	fr.	fr.	fr.	fr.	p. 0/0	
...d	968	329,189,847	5,452,042	323,737,805	340,072	5,632	334,440	160,000,000	165,289	49	
...mont à la frontière belge (1)	8	2,500,000	"	2,500,000	312,500	"	312,500	"	"	"	(1) Concédé à une compagnie Belge.
...aux à la frontière (2)	2	1,115,699	"	1,115,699	557,849	"	557,849	"	"	"	
...n à Somain (3)	19	2,282,461	"	2,082,461	120,130	"	120,130	"	"	"	(2) Concédé à une c...pagnie Belge.
...nnes et Oise	143	29,600,000	"	62,900,000	205,992	"	205,992	21,000,000	146,853	71	
...	1,781	646,666,012	125,382,500	521,283,512	363,092	70,400	292,692	250,000,000	140,370	48	(3) Concédé à la compagnie des Mines d'Anzin.
...ne aux Ormes	12	1,600,000	"	1,600,000	"	"	133,333	1,600,000	133,333	100	
...nse à Thann	21	2,869,096	"	2,869,096	136,624	"	136,624	2,600,000	123,810	91	
...t	2,050	683,035,000	173,035,000	510,000,000	331,731	84,288	547,693	150,000,000	72,851	29	
...ns et prolongements	1,733	552,013,575	225,649,000	326,364,575	318,530	130,207	188,323	150,000,000	86,555	46	
...s à Orsay	25	10,105,669	2,905,669	7,200,000	404,226	116,226	288,000	3,000,000	120,000	42	
... à Lyon	923	408,842,177	61,046,964	847,795,213	442,949	66,130	376,810	132,500,000	143,554	38	
... à Salins (4)	39	7,000,000	"	7,000,000	179,487	"	179,487	"	"	"	(4) Concédé à la compagnie des Salines de l'Est.
...Central	1,143	331,455,000	92,900,000	238,555,000	289,987	81,277	208,709	90,000,000	129,969	38	
...uçon à Moulins	85	22,000,000	"	22,000,000	258,823	"	258,823	22,000,000	258,823	100	
...maux à Albi (5)	18	3,600,000	"	3,600,000	200,000	"	200,000	"	"	"	(5) Compagnie dont les statuts n'ont pas encore paru.
... à la Méditerranée	624	297,266,734	126,171,000	171,095,734	476,389	202,198	274,191	40,500,000	64,903	24	
...yon à Genève	214	67,000,000	17,000,000	50,000,000	313,084	79,439	233,645	40,000,000	186,916	80	
...Rambert à Grenoble	98	32,000,000	7,000,000	25,000,000	326,531	71,429	255,102	25,000,000	255,102	100	
...èges à Alais	30	6,000,000	"	6,000,000	200,000	"	200,000	4,000,000	133,333	67	(6) Concédé en commun aux compagnies de l'Ouest, du Nord, de l'Est, de Paris à Lyon et d'Orléans.
...	800	175,488,417	51,500,000	123,998,417	219,360	64,375	154,985	67,000,000	83,750	54	
...assonne à Béziers	53	18,000,000	"	18,000,000	339,622	"	339,622	18,000,000	339,622	100	
...inture (6)	17	15,859,536	7,859,536	8,000,000	932,914	466,326	470,588	"	"	"	
...ris à Lyon par le Bourbonnais (7)	681	261,663,857	36,401,000	225,262,852	384,234	53,451	330,783	"	"	"	(7) Concédé en commun aux compagnies d'Orléans, de Paris à Lyon et du Grand-Central.
Totaux	11,496	3,907,153,075	932,302,711	2,974,850,304	339,821	81,098	258,773	1,177,200,000	102,408	39	

...es notes portées à la colonne 12 expliquent comment il a été impossible de déterminer la part ...apital social appliqué à la construction des lignes d'Hautmont à la frontière Belge, de Vireux ... frontière, d'Anzin à Somain, de Dôle à Salins et de Carmaux à Albi. Ces lignes comprennent ...mble 86 kilomètres et comportent une dépense d'environ 16,297,461 francs.

...uant aux lignes de Ceinture et de Paris à Lyon par le Bourbonnais, concédées en commun ...autres compagnies, et dont la construction doit s'exécuter au moyen de ressources fournies ...r ces compagnies, la part du capital social qui peut y entrer est implicitement comprise dans ... montant du capital social afférent à ces diverses compagnies.

En définitive, la somme de 1,177,200,000 francs s'applique à dix-sept compagnies seulement, ...prenant 11,410 kilomètres ; la dépense à la charge de ces compagnies est de 2,958,552,203 fr. ... moyennes qui s'en déduiraient pour les colonnes 10 et 11 seraient de 103,173 francs, et 40 p. 0/0, au lieu de 102,408 et 39 p. 0/0.

H.

CHAPITRE III.

COMPARAISON AVEC LES ÉTATS ÉTRANGERS.

Ce qui a été dit dans les deux chapitres qui précèdent montre qu'après des hésitations no breuses sur le mode à suivre pour la construction des chemins de fer, le système de l'exécuti par les compagnies a prévalu en France.

Si de la France on passe aux États étrangers, on y retrouve en présence les deux systèm opposés, de l'exécution par le Gouvernement et de l'exécution par les compagnies. L'un et l'au sur des points différents et par des causes diverses, y ont été adoptés et mis en pratique.

C'est surtout en Angleterre et en Belgique qu'ils ont reçu l'application la plus complète. habitudes industrielles de l'Angleterre, le rôle que les entreprises particulières y remplissent, vaient naturellement y mettre en vigueur le système des compagnies : toutes les lignes, en ef ont été confiées à l'industrie privée par des concessions perpétuelles et sans aucun concours l'État. La Belgique, au contraire, où l'État s'était exclusivement réservé la construction et l'expl tation des chemins de fer, a pendant longtemps représenté le système opposé.

Ces situations extrêmes tendent aujourd'hui à se modifier. En Belgique, de nombreuses con sions ont eu lieu depuis 1845. L'Angleterre, d'autre part, a cherché à ressaisir, pour le Gouv nement, une certaine action, et, depuis 1844, on a stipulé, dans les concessions nouvelles, droit de rachat au profit de l'État.

Les autres Gouvernements de l'Europe se sont partagés entre les deux systèmes, et quelque les ont appliqués tour à tour. Le tableau n° 21 renferme, à cet égard, quelques indications montre quelle est, sur l'ensemble de tous les réseaux, la part placée sous l'action de l'État, la ture et l'importance de son concours.

On ne terminera pas sans faire remarquer que, dans les divers réseaux étrangers comme France, les ressources spéciales des compagnies se partagent en actions et en obligations.

En Angleterre, sur un capital réalisé de 6 milliards 800 millions au 31 décembre 1853, l comptait un milliard 600 millions provenant d'obligations, ou 23 p. 0/0.

En Allemagne, sur un capital de un milliard 100 millions, on comptait 390 millions d'obli tions, ou 36 p. 0/0; la part des obligations variait, suivant les compagnies, de 0 p. 0/0 à 71 p. 0

IIIE SECTION.

ÉTABLISSEMENT.

IIIe SECTION.

ÉTABLISSEMENT.

Dans la section qui précède, l'on a indiqué quelles ont été les conditions générales de l'établissement des diverses lignes de chemins de fer, ainsi que les combinaisons financières qui devaient en assurer l'exécution. Dans cette section, et en nous arrêtant aux lignes livrées à l'exploitation nous exposerons plus en détail quelles sont en fait leurs conditions d'établissement et les dépenses que leur construction a occasionnées. La comparaison sommaire de l'établissement du réseau français avec celui de réseaux étrangers sera l'objet d'un troisième chapitre.

CHAPITRE PREMIER.

CONDITIONS D'ÉTABLISSEMENT.

En voyageant sur les chemins de fer français, on est frappé du caractère d'uniformité et, l'on peut dire, de grandeur qu'ils présentent dans leurs conditions d'établissement, au milieu même des variations inévitables qu'ont dû nécessairement entraîner la part laissée à l'initiative des compagnies, la différence des pays traversés par le chemin de fer et leur importance relative, les intérêts divers à desservir, et, enfin, les époques différentes de construction.

Ce caractère devient encore plus saillant si l'on distrait du réseau : en premier lieu, les chemins dits de Rhône et Loire, dont l'établissement remonte aux premiers essais des chemins de fer, et que l'on reconstruit dans les conditions adoptées pour les autres lignes; en second lieu, les chemins de Paris à Sceaux et du Vésinet à Saint-Germain, qui ont été établis dans des vues d'expérimentation.

Ces divers chemins formant une catégorie toute spéciale, on les laissera le plus souvent à l'écart dans l'examen des conditions d'établissement du réseau en général.

Pour procéder avec ordre, on divisera cette étude en trois paragraphes.

Le premier comprendra tout ce qui tient au sol et peut être considéré, jusqu'à un certain point, comme indépendant du trafic ou de la fréquentation (*travaux incorporés au sol*);

Le second comprendra ce qui dépend presque exclusivement du trafic et varie avec lui (*matériel roulant*);

Enfin, le troisième, qui pourrait être, jusqu'à un certain point, distrait des conditions d'établissement proprement dites, concerne plus spécialement l'exploitation (*personnel*).

Les données qui seront fournies sur ces trois points se rapportent spécialement à la situation des chemins de fer construits au 31 décembre 1853 (tableaux 13, 14, 16). Toutes les fois qu'il sera possible, on indiquera les variations que les chiffres de ces tableaux ont subies antérieurement ou qu'ils doivent subir dans l'avenir.

§ 1er. — TRAVAUX INCORPORÉS AU SOL.

Les conditions d'établissement que l'on peut appeler relativement fixes ou permanentes comprennent ce qui est incorporé au sol et, pour ainsi dire, immobilier : la voie, le profil en long, le profil en travers, les bâtiments affectés à l'exploitation, etc.

Le tableau n° 13 indique quelles étaient ces principales conditions pour la partie du réseau livrée à l'exploitation au 31 décembre 1853; son examen donne lieu aux observations suivantes:

Longueur construite à une seule voie.

La longueur des lignes exploitées à une seule voie représente 21 p. 0/0 de la longueur totale [1]; il y a lieu de remarquer, 1° que toutes les lignes comprises dans cette catégorie ont été établies, quant aux terrassements et aux ouvrages d'art, dans la prévision de l'établissement ultérieur de la seconde voie [2]; 2° qu'une notable partie de ces lignes n'est à une seule voie que provisoirement, et est déjà ou doit être ramenée à deux voies [3].

Les premières lignes de chemins de fer construites étaient généralement à simple voie; celles qui suivirent furent, pour la plupart, établies à deux voies; de sorte que la proportion de la longueur à simple voie va constamment en décroissant.

Ainsi, en 1828, il n'y avait que des lignes à une voie; en 1839, la proportion en était réduite à 61 p. 0/0; en 1840, à 48 p. 0/0; en 1853, à 21 p. 0/0; enfin, en 1854, elle s'abaisse à 17 p 0/0, chiffre minimum. A partir de 1855, la création de lignes moins importantes doit élever cette proportion, qui pourra atteindre plus de 50 p. 0/0, lorsque les lignes actuellement concédées auront été exécutées.

Pentes et rampes.

Au 31 décembre 1853, la longueur des pentes et rampes au-dessus de 0m,005 par mètre est de 8 p. 0/0 de la longueur totale du réseau, dont 1 p. 0/0 seulement de rampes et pentes dépassant 0m,01 par mètre [4].

Si faibles que soient ces proportions, elles s'abaisseraient à 6 p. 0/0, dont 3 p. 0/0 seulement en rampes supérieures à 0m,01, si l'on ne tenait pas compte des lignes de Rhône et Loire, de Paris à Orsay et du Vésinet à Saint-Germain [5].

Les perfectionnements apportés, depuis, à la traction, et les conditions plus larges adoptées pour faire pénétrer les chemins de fer sur des points d'abord jugés inaccessibles, tendent à relever la proportion pour les lignes nouvellement concédées.

Courbes.

La longueur des parties en courbes n'atteint pas le 1/3 de la longueur totale. Les courbes dont le rayon est inférieur à 1,000 mètres entrent dans cette proportion pour 9 p. 0/0 seulement, dont 1 p. 0/0 en courbes de rayon inférieur à 500 mètres [6].

Il est à remarquer, d'ailleurs, que les courbes de faible rayon sont, en général, isolées et placées dans le voisinage des points d'arrêt forcé; de telle sorte qu'elles ne peuvent apporter aucune entrave à la vitesse ni compromettre la sécurité de la marche des convois.

[1] 866 kilomètres.

[2] Excepté 124 kilomètres, savoir : la ligne d'Anzin, de 19 kilomètres; celle de Paris à Sceaux, de 11 kilomètres; enfin, celle de Rhône et Loire, sur 94 kilomètres. Cette dernière ligne doit, d'ailleurs, être reconstruite dans de nouvelles conditions.

[3] Savoir : Metz à Saarbruck, Montereau à Troyes (entre Nogent et Troyes), et diverses sections des lignes d'Orléans, de Lyon à la Méditerranée, de Ceinture, du Grand-Central et du Midi. (Ensemble, 697 kilomètres.)

[4] 357 kilomètres de pentes et rampes au-dessus de 0m,005 par mètre, dont 58 kilomètres au-dessus de 0m,01 par mètre.

[5] 266 kilomètres de pentes et rampes au-dessus de 0m,005 par mètre, dont 13 kilomètres au-dessus de 0m,01 par mètre.

[6] 379 kilomètres de courbes de rayon inférieur à 1,000 mètres, dont 41 kilomètres de courbes de rayon inférieur à 500 mètres, sur lesquelles plus de 22 kilomètres sont afférents aux lignes de Rhône et Loire et de Paris à Orsay.

Voie.

La largeur de la voie entre les bords intérieurs des rails est partout de $1^{m},44$ à $1^{m},45$. Ainsi, lorsque toutes les lignes de fer seront reliées entre elles sur tous les points, les waggons pourront, sans rompre charge, circuler sur tout le réseau.

Lorsqu'il y a plus d'une voie, la largeur de l'entrevoie est généralement égale ou supérieure à $1^{m},80$[1]; elle atteint $2^{m},16$ sur la ligne de Paris à Lyon.

Les rails sont généralement à double champignon (cette forme de rails représente plus de 80 p. 0/0 de la longueur totale). Leur poids n'était pas élevé aux premières époques de construction[2]. Ceux qui sont employés aujourd'hui varient de 36 à 38 kilogrammes, et, en général, sur les lignes de quelque importance, la substitution de ces derniers aux rails plus faibles se fait graduellement. Ils sont supportés par des traverses généralement en bois de chêne, cubant $0^{m},07$ à $0^{m},10$, espacées de $0^{m},90$ à $1^{m},25$[3]; et ils sont fixés sur ces traverses par des coussinets de joints et intermédiaires dont le poids varie avec celui des rails. On doit considérer jusqu'à présent comme une exception l'emploi des traverses Pouillet sur la ligne de ceinture et sur quelques parties de la ligne du Nord, et l'emploi de rails sur longrines sur quelques parties de la ligne de Saint-Germain.

Superficie de terrain acquise pour l'établissement des chemins de fer.

L'ensemble des terrains acquis pour l'établissement des 4,063 kilomètres livrés à l'exploitation, au 31 décembre 1853, est d'environ 13,800 hectares, représentant 0,00027 de la surface de la France, et environ 34 hectares par myriamètre de chemin.

Cette moyenne par myriamètre varie d'une ligne à l'autre, comme l'indique le tableau n° 13; elle ne descend pas au-dessous de 16 hectares[4] et s'élève à 52 hectares, pour le chemin de fer de Paris à Lyon.

D'après un relevé fait sur un assez grand nombre de chemins, les 34 hectares par myriamètre se décomposeraient comme suit :

1° Voie ou largeur en couronne	Superficie	9^{h} ou	26	p. 0/0.
2° Stations, ateliers, cours, voies d'évitement	*Idem*	3 ou	9	*idem.*
3° Talus, fossés, banquettes, perrés	*Idem*	17 ou	50	*idem.*
4° Déviations de chemins et cours d'eau (hors clôtures)	*Idem*	4 ou	12	*idem.*
5° Terrains pouvant être revendus	*Idem*	1 ou	3	*idem.*
ENSEMBLE	*Idem*	34 ou	100	*idem.*

Ainsi, de toute la superficie acquise pour l'établissement des chemins de fer, les 85 centièmes sont compris entre clôtures, dont 35 centièmes seulement occupés utilement par la ligne, la voie et les gares.

Passages de routes et chemins.

Le nombre des passages à niveau est de 6,8 par myriamètre, variant de 2,9 à 18. En géné-

[1] Excepté sur les lignes de Rhône et Loire 1 mètre, et sur les lignes de Saint-Germain et Versailles $1^{m},74$.

[2] Il est encore inférieur à 30 kilogrammes sur les lignes d'Alsace et de Bordeaux à la Teste, et descend au-dessous de [illegible]0 kilogrammes sur les lignes de Rhône et Loire.

[3] Excepté les lignes d'Amiens à Boulogne et de Rhône et Loire, pour lesquelles l'espacement est moindre que $0^{m},90$.

[4] A l'exception de quelques sections pour lesquelles les terrains n'ont été acquis que pour une seule voie.

ralisant les résultats recueillis sur une notable étendue du réseau, on peut estimer à 12,5 en moyenne par myriamètre le nombre total des passages de routes et chemins, variant, d'une ligne à l'autre, de 10 à 18. D'où l'on conclut que le nombre des passages sur rails et sous rails serait moyennement de 5,7, variant de 0 à 8,6.

Ces diverses moyennes montrent que le nombre total des passages par myriamètre varie peu d'une ligne à l'autre, tandis que sa décomposition suivant la nature des passages présente de notables différences. L'on conçoit, en effet, que le mode de passage soit subordonné aux conditions d'établissement du chemin et à la topographie des pays traversés.

Sur le nombre total des passages à niveau, qui est de 2,771, 1,007 ou 36 p. o/o sont dépourvus de maison de gardes. Il y a lieu de remarquer que la proportion des passages à niveau dépourvus de maison de garde est plus considérable sur les lignes livrées à l'exploitation avant 1843 : cette proportion est, en effet, de 86 p. o/o sur les lignes de Rhône et Loire, d'Alsace, de Saint-Germain, de Bordeaux à la Teste, et d'Anzin à Somain, tandis qu'elle n'est que de 21 sur cent pour les autres lignes du réseau. Elle descend au-dessous de 5 p. o/o pour les lignes du Havre, de Dieppe et de Paris à Lyon.

L'on peut dire, du reste, que sur les chemins de fer en construction ou récemment terminés les passages à niveau sont la plupart pourvus de maison de garde, et que les exceptions sont motivées soit par le caractère privé du chemin croisant la ligne de fer, soit par sa proximité d'un autre passage pourvu de maison de garde, soit enfin à raison de son peu de fréquentation.

Stations. Le nombre des stations est moyennement de 1,4 par myriamètre, ce qui correspond à un espacement moyen de 7 kilomètres entre deux stations. Cet espacement moyen est de 3 kilomètres sur la ligne de Paris à Saint-Germain; il dépasse 10 kilomètres sur la ligne de Dieppe. On conçoit, en effet, que les stations soient distribuées, sur le parcours de chaque chemin, à des intervalles inégaux, suivant la position, le rapprochement et l'importance des villes et communes traversées. Cet intervalle, qui s'abaisse quelquefois à moins de 2 kilomètres dans les banlieues des villes les plus importantes, s'élève jusqu'à 22 kilomètres dans les contrées moins favorisées.

Le tableau n° 13 indique que, pour le réseau entier, l'intervalle moyen est de 7 kilomètres, et l'on peut étudier sur ce tableau les variations qu'il subit d'une ligne à l'autre.

Le cadre de ce travail ne permet pas d'entrer dans de longs développements sur les constructions afférentes à ces diverses stations, telles que gares de voyageurs, gares de marchandises, dépôts de machines, remises pour voitures, prises d'eau, ateliers, etc. Toutefois, nous avons cherché à diviser approximativement les stations en classes suivant leur importance, c'est-à-dire suivant la nature, le nombre et l'étendue des constructions qui en dépendent, et nous donnons le résultat de ces recherches, qui indique la proportion des diverses classes de stations dans le nombre total, ainsi que leur espacement moyen.

Stations hors classe (Paris, Lyon, Marseille, etc.).	2 p. o/o.		
Stations de 1re classe....	10,5.	Espacement moyen	68 kil.
Stations de 2e classe....	10,5.	*Idem*....	68
Stations de 3e classe....	77	*Idem*....	9
Stations de toutes classes....	100	*Idem*....	7

Le nombre total des stations était, au 31 décembre 1853, de 577, et au 31 décembre 1854, de 696.

Sur les 577 stations, il y en a 119 pourvues de dépôts de machines, ou 21 sur cent. Autrement, les gares hors classes, celles de 1re classe et la plupart de celles de seconde classe sont pourvues de dépôts de machines.

Il en est de même du nombre des remises de voitures, qui est de 128.

Quant au nombre des prises d'eau, il est de 230, ce qui indique que, sur cinq stations consécutives, il y en a moyennement deux pourvues de prises d'eau.

§ II. — MATÉRIEL ROULANT.

Le tableau n° 14 indique le matériel roulant affecté à l'exploitation de chaque chemin. Le résumé qui précède ce tableau, page 85, indique, col. 10 à 15, le nombre de véhicules par myriamètre, qui est, y compris les locomotives, de 69 en moyenne. Il indique de même, col. 16 à 21, la proportion dans laquelle chaque nature de véhicule entre dans le nombre total des véhicules.

L'examen de ces chiffres constate, d'un chemin à l'autre, des différences considérables qui tiennent à plusieurs causes, et plus particulièrement à l'importance de ce que nous appellerons la fréquentation en trains du chemin [1], à la nature de cette fréquentation, trains de voyageurs ou trains de marchandises.

Plus la fréquentation est considérable, plus la quantité du matériel destinée à l'exploitation est elle-même considérable. Ainsi, le nombre total des véhicules, y compris les locomotives, est par myriamètre :

		Fréquentation diurne en trains [2]
de 18	pour la ligne de Montereau à Troyes.	8,3
de 27	— d'Alsace	12,7
de 71	— de l'Est	19,3
de 83	— du Nord	22,4
de 134	— de Saint-Germain	33,0
enfin, de 68	pour le réseau entier	18,1

L'influence due à la nature de la fréquentation est encore assez notable.

Les trains de marchandises étant composés de beaucoup plus de véhicules que les trains de voyageurs, lorsque les premiers dominent, le nombre de véhicules est relativement plus considérable.

Il est en effet de 248 et 285 par myriamètre pour les lignes d'Anzin et de Rhône et Loire, tandis que pour celle de Saint-Germain il n'est que de 134, bien que le chiffre de la fréquentation en trains soit plus élevé.

Par la même raison, la proportion des locomotives, qui est en moyenne de 4 p. o/o du nombre total des véhicules, s'abaisse pour les lignes où les trains de marchandises dominent, et s'élève lorsque le contraire a lieu. La proportion des voitures à voyageurs, qui est en moyenne de 13 p. o/o, s'abaisse ou s'élève par les mêmes causes.

L'on conçoit dès lors, comme nous l'avons dit, que la comparaison des moyennes inscrites au tableau n° 14 ne peut donner une idée exacte sur l'importance relative du matériel affecté à chaque

[1] Résultat de la division du parcours kilométrique des trains par la longueur du chemin, exprimant à la fois le nombre annuel de trains ramenés à la distance entière ou le nombre moyen de trains circulant sur chaque kilomètre.

[2] Résultat de la division par 365 du chiffre indiquant la fréquentation en trains.

chemin, qu'autant qu'on tiendrait compte des besoins du service, c'est-à-dire de la fréquentation en trains et de la nature de cette fréquentation.

Ces considérations exposées, nous entrerons dans l'examen des divers éléments qui composent le matériel roulant.

Locomotives.

Le nombre des locomotives affectées à l'exploitation de chaque chemin est, par myriamètre, sensiblement proportionnel au chiffre de sa fréquentation diurne en trains. Ainsi, tandis qu'il est de 3,01 moyennement pour tout le réseau, fréquentation 18,1, il est de :

1,60	ligne de Montereau à Troyes........	Fréquentation diurne en trains	8,3.
2,00	ligne d'Alsace....................	*Idem*....................	12,7.
2,25	ligne d'Orléans...................	*Idem*....................	14,5.
3,43	ligne de Rouen, le Havre et Dieppe...	*Idem*....................	18,9.
4,20	ligne de Rhône et Loire............	*Idem*....................	25,7.

Diminuant ou augmentant de 0,17 environ par unité de fréquentation, en plus ou en moins[1].

L'Administration a déjà publié, dans la statistique des mines, l'état par année des locomotives employées. La France, qui dans les premières années de l'exploitation des chemins de fer avait dû recourir aux machines d'origine étrangère, possède depuis longtemps des établissements qui suffisent à son approvisionnement, et les locomotives qu'ils produisent sont construites avec toute la perfection désirable.

On ne saurait entrer ici dans l'examen des modifications que le temps, l'expérience et les progrès ont amenées dans leur établissement, pour les dimensions et la disposition de leurs organes principaux.

Nous nous bornerons à citer les variations considérables de leur poids (de 10t à 34t), l'application des machines Crampton pour les grandes vitesses, des machines à roues couplées pour surmonter les fortes rampes et remorquer de lourds convois.

Les machines à roues indépendatnes composent aujourd'hui près de moitié du nombre total des machines.

Les machines de faible poids dominent sur les lignes de petit parcours et de petit trafic en marchandises, les machines lourdes sont surtout employées sur les lignes de grand trafic.

Voitures à voyageurs.

Le nombre total des voitures à voyageurs était, au 31 décembre 1853, de 3,587, ou de 8,83 par myriamètre. Sur ce total, les lignes de Saint-Germain, de l'Ouest et d'Orsay, de 142 kilomètres ensemble, possédaient à elles seules 558 voitures ou plus de 30 par myriamètre; de sorte que la moyenne pour le reste du réseau était réduite à 7,8, variant seulement de 5,31, ligne d'Alsace, à 9,96, ligne de Rouen, le Havre et Dieppe.

[1] En appliquant cette loi aux chemins précités, l'on obtiendrait respectivement les chiffres théoriques de 1,43 — 2,16 — 2,35 — 3,21 — 4,38, qui, comme on le voit, diffèrent peu des chiffres réels. Si les chiffres moyens de 2,27 et de 10, indiqués pour les lignes de Bordeaux à la Teste et de Saint-Germain, dépassent de beaucoup les chiffres théoriques 0,83 et 6,77 que l'on obtiendrait, c'est qu'en effet la ligne de Bordeaux à la Teste, qui possédait 12 locomotives pour un service de 4,9 trains par jour sur 53 kilomètres, eût pû satisfaire à ce service avec un nombre moindre de machines, et que, d'un autre côté, la nature du service qui a lieu sur les lignes et embranchements de Saint-Germain nécessite l'emploi d'un nombre de machines relativement plus considérable.

Les voitures à voyageurs se partagent en voitures de première, deuxième et troisième classe, qui composent environ 92 p. o/o du nombre total des voitures, et en voitures de luxe (moins de 1 p. o/o), voitures mixtes de première et de deuxième classe (moins de 7 p. o/o), voitures mixtes de deuxième et de troisième classe (proportion presque nulle).

La proportion notable des voitures mixtes de première et de deuxième classe est motivée par le faible nombre des places de première classe demandées pour les trains directs ou omnibus.

La proportion p. o/o des voitures des diverses classes est établie ainsi qu'il suit, approximativement [1].

Voitures de 1re	21 p. o/o.
— 2e	32
— 3e	47

Le nombre des places que contient chaque voiture est généralement :

De 24 pour les voitures de	1re classe,	3 compartiments à	8 places.
30	2e —	3 —	10
40	3e —	4 —	10

Nous citerons parmi les exceptions les voitures de la ligne de Lyon, qui sont à six roues, et ontiennent :

28 places pour les voitures de	1re classe,	3 compartiments à	8 places et 1 coupé à 4 places.
40	2e —	4 —	10
50	3e —	5 —	10

La disposition intérieure des voitures a été sensiblement améliorée depuis les premières concessions. Les voitures de 3e classe non couvertes n'existent plus, et ce n'est qu'exceptionnellement u'il en existe ne fermant pas complétement à vitres. L'intérieur ne varie aujourd'hui que trèseu d'une ligne à l'autre. On signalera seulement, pour la 2e classe, les voitures de la ligne de aris à Lyon, qui, établies à l'époque où l'État exploitait par lui-même, sont presque aussi commodes que les voitures de première. Cette circonstance ne paraît pas d'ailleurs avoir exercé aucune nfluence sur la proportion des voyageurs affectés à chaque classe. Ainsi, en prenant les lignes du Nord et de Lyon, on trouve les proportions suivantes :

	Nord	Paris à Lyon
1re classe. Proportion pour o/o des voyageurs	10,	10
2e — *Idem*	28	25
3e — *Idem*	62	65

L'on est porté à voir dans ce fait une preuve qu'en général c'est moins le désir du confortable qui amène les voyageurs aux premières que celui de gagner du temps en prenant les trains à grande vitesse, qui ne comprennent que des voitures de cette classe.

[1] D'après les chiffres portés au tableau n° 14, la proportion de 32 et 47 o/o serait représentée par d'autres chiffres (40 et 9 o/o). Cette différence provient de ce qu'on a dû comprendre dans les tableaux, comme voitures de 2e classe, les voitures ui sont employées sous ce nom sur les lignes de Saint-Germain, de Versailles et de Rhône et Loire. Mais en réalité la classe termédiaire entre la première et la troisième manque sur ces lignes, et les voitures dont il est question appartiennent, ar leur construction, à la 3e classe, et doivent par conséquent augmenter la proportion afférente à cette classe.

Waggons de service.

Le nombre des waggons de service affecté aux trains de grande vitesse est de 1,658, c'est-à-dire qu'il atteint près de moitié du nombre des voitures à voyageurs. Cette proportion n'est que peu dépassée pour les lignes de grand parcours, et l'on conçoit qu'elle s'abaisse considérablement sur les lignes de banlieue et sur celles d'Anzin et du Grand-Central.

Nous nous bornerons à dire que les waggons de service se composent presque exclusivement de fourgons ou waggons à bagages, 50 p. 0/0, et de trucks à équipages ou de diligences, 35 p. 0/0. Le reste se compose de waggons divers et spéciaux, 15 p. 0/0 environ. Les fourgons ne donnent lieu à aucune observation spéciale. Parmi les trucks, le nombre de ceux qui sont destinés aux diligences entre pour plus de moitié dans le nombre total des trucks. Cette proportion tend naturellement à diminuer par l'extension du réseau.

Waggons de marchandises.

Le nombre de waggons de marchandises était, au 31 décembre 1853, de 21,415 ou de 52,70 par myriamètre. Si l'on distrait de ce nombre les 4,499 waggons destinés à l'exploitation spéciale des lignes d'Anzin et de Rhône et Loire, comprenant 169 kilomètres, et par suite 166 waggons par myriamètre, la moyenne générale s'abaisse à 43, s'élevant de 50 à 66 pour les lignes dont le trafic en marchandises est le plus considérable, et ne descendant pas au-dessous de 18, ligne d'Alsace[1].

La nomenclature portée au tableau n° 14, chapitre IV, indique les diverses natures de waggons qui entrent dans la composition du matériel de la petite vitesse. Parmi ces waggons, il en est dont l'usage et la forme sont plus habituels, et qui forment à eux seuls les 87 centièmes du nombre total, savoir :

Waggons fermés à marchandises et à bestiaux	23 p. 0/0.
Waggons-tombereaux à bords élevés	10
Waggons plats ou plates-formes	15
Waggons à houille et coke	39
	87 p. 0/0.

Les autres waggons n'entrent dans la composition du matériel de la petite vitesse que dans une proportion plus restreinte, savoir :

Les trucks	4 p. 0/0.
Les waggons à ballast	4
Les waggons divers à lait, à bergeries, à poisson, etc., ensemble	5

L'on doit signaler comme importante l'introduction dans le matériel de la petite vitesse des waggons comportant un chargement de dix tonnes. Cette introduction paraît avoir pour but de diminuer le rapport du poids mort au poids utile, de réduire la longueur du train, et enfin, d'augmenter les conditions de sécurité.

§ III. — PERSONNEL.

L'état du personnel affecté à l'exploitation est indiqué au tableau n° 16, dont l'examen donne lieu aux observations suivantes.

[1] Excepté la ligne d'Orsay, qui n'a pas de service de marchandises, et celle de Montereau à Troyes, qui use en partie du matériel de la ligne de Lyon. Les 61 waggons par myriamètre afférents à la ligne de Saint-Germain se composent exclusivement de waggons à ballast, et n'ont servi qu'à des transports de terre pour l'exécution de terrassements de la gare de l'ouest et des docks.

Le nombre total des personnes attachées à l'exploitation des chemins de fer était, au 31 décembre 1853, de 31,693; il dépassera sans doute 80,000 lorsque toutes les lignes actuellement concédées seront exécutées.

Le nombre d'agents attachés à chaque chemin varie de 41 par myriamètre à 153. Ces différences paraissent dues à l'inégalité de la fréquentation diurne en trains. Ainsi, tandis qu'il est moyennement de 79 pour le réseau entier, dont la fréquentation est de 18,1, il est :

De 41,	ligne de Montereau à Troyes.	Fréquentation diurne en trains	8,3
57,	—— d'Alsace..........	*Idem*..................	12,7
86,	—— du Nord..........	*Idem*..................	22,4
153,	—— de Saint-Germain....	*Idem*..................	33,0

Présentant avec le chiffre de la fréquentation un rapport moyen qui est de 4,4 approximativement.

La répartition p. o/o, suivant la nature du service, est indiquée ci-après pour l'ensemble du réseau :

Administration.....	2	variant de 7	Montereau-Troyes à	1 Nord et Lyon.
Exploitation.......	37	de 42	*idem*..........	à 31 Est.
Traction..........	31	de 39	*idem*..........	à 28 Paris-Lyon.
Voie.............	30	de 35	Est...........	à 26 Orléans et prolongements.

Ces proportions varient peu d'un chemin à l'autre. L'écart de la ligne de Montereau à Troyes, en ce qui touche le personnel d'administration, est dû à deux causes : le faible parcours de la ligne et le peu d'importance du trafic.

Eu égard à l'importance du service, le personnel peut être partagé en trois classes, dont la première comprendrait les employés supérieurs des compagnies, la seconde, tous les employés des divers services, y compris les mécaniciens et chauffeurs; à l'exception seulement des ouvriers, manœuvres ou gens de service, qui composeraient la troisième classe.

La proportion de chaque classe serait établie comme suit:

1re classe..........................	720	ou	2,3 p. o/o.
2e classe..........................	6,849	ou	21,6 p. o/o.
3e classe..........................	24,124	ou	76,1 p. o/o.

Dans le nombre total des employés, le nombre de femmes est, en moyenne, de 4 p. o/o; il s'élève à 7 p. o/o sur la ligne du Nord.

La proportion du nombre des ouvriers à la journée indiquée au tableau n° 16 ne peut donner lieu à aucune déduction intéressante, les ouvriers employés toute l'année, mais dont le salaire est compté suivant le nombre de jours de travail, étant assimilés, sur certaines lignes, aux agents à l'année et sur d'autres aux ouvriers à la journée.

Conformément à une disposition des cahiers des charges, plusieurs compagnies sont tenues d'employer une certaine proportion d'anciens militaires. En fait, cette proportion était, au 31 décembre 1854, pour l'ensemble du réseau, de :

26 p. o/o sur le personnel de l'administration centrale,
29 ———————— de l'exploitation,
18 ———————— du matériel et de la traction,
34 ———————— de la voie,
27 p. o/o sur la totalité du personnel.

En tenant compte de la longueur exploitée, du nombre des stations et des locomotives, du parcours annuel des locomotives et des trains, on arrive aux rapprochements suivants, qu'il a paru intéressant d'exposer.

Le nombre moyen d'agents employés au service des gares est de 16,4 par gare; il est de 26 sur la ligne de Rouen; de 18 à 22 sur les lignes du Nord, de l'Est, d'Orléans, et de Paris à Lyon; de 5 sur la ligne de Bordeaux à la Teste; enfin, il n'est que de 8 sur la ligne de Saint-Germain, malgré l'importance de sa fréquentation, mais à raison de l'absence de trafic des marchandises.

Le nombre des mécaniciens et chauffeurs est en moyenne de 1,6 par locomotive, ou autrement, sur 10 locomotives, il y a 8 mécaniciens et 8 chauffeurs. Ces chiffres moyens varient peu d'une ligne à l'autre. — Le parcours moyen d'un mécanicien ou chauffeur est de 28,896 kil. par an; il dépasse 30,000 kil. sur les lignes de Strasbourg à Bâle, de Montereau à Troyes, de l'Ouest, d'Orléans et de Paris à Lyon. Il n'est inférieur à 20,000 kil. que sur les lignes de Saint-Germain et de Rhône et Loire.

Le parcours moyen des divers agents du service des trains, chefs de train, conducteurs chefs, conducteurs, est d'environ 75,000 kil. par an; il varie, d'une ligne à l'autre, de 50,000 kil. à 110,000 kil., suivant la nature des trains; leur parcours, l'époque du parcours de jour ou de nuit, etc., etc. Les mêmes causes le font varier, sur le même chemin, d'un agent à l'autre.

Le nombre des agents de la voie est en moyenne supérieur à 2 par kilomètre, dont environ moitié pour le service de la surveillance et des passages à niveau, et moitié pour le service de l'entretien. Il s'élève exceptionnellement au-dessus de 3 sur les lignes de l'Est, d'Orsay et de Ceinture; il est compris entre 2 et 3 sur les lignes du Nord, de Saint-Germain, de l'Ouest, de Paris à Lyon, de Lyon à la Méditerranée et de Rhône et Loire; entre 1 et 1,5 sur les lignes d'Anzin, de Montereau à Troyes, de Dieppe et de Bordeaux à la Teste; enfin, s'il descend au-dessous de 1 sur les lignes de Rouen et du Havre, on ne doit pas perdre de vue que le personnel de l'entretien n'y est pas compris, cet entretien étant l'objet d'un marché à forfait.

CHAPITRE II.

DÉPENSES D'ÉTABLISSEMENT.

Les dépenses d'établissement des chemins de fer subissent des variations considérables, qui dérivent : des conditions d'établissement; de l'importance des pays traversés; de la disposition topographique de ces pays; de l'étendue présumée du trafic. Du reste, elles augmentent encore après la mise en exploitation, avec le développement du trafic.

A raison de tous ces éléments, d'une importance variable pour chaque chemin, et qui se combinent dans des proportions différentes, il est difficile de faire ressortir la dépense moyenne d'un kilomètre de chemin de fer. Nous ne pouvons ici qu'entrer dans des considérations générales dont l'application sera subordonnée aux conditions spéciales dans lesquelles sont établis les divers chemins.

§ 1. — CONDITIONS GÉNÉRALES DU PRIX DE REVIENT PAR KILOMÈTRE.

Examinées dans leur ensemble, les dépenses d'établissement n'atteignent pas 200,000 francs[1] par kilomètre pour les premiers chemins de fer livrés à l'exploitation, chemins éloignés de Paris et construits dans des conditions d'établissement relativement inférieures à celles dont l'expérience a justifié l'application.

Les chemins de banlieue[2], auxquels il faut ajouter les chemins concédés de 1838 à 1846, et destinés à former plus tard les grandes artères du réseau, ont été, au contraire, établis dans des conditions exceptionnelles de dépenses.

D'une part, en effet, leur établissement proprement dit était soumis aux prescriptions les plus rigoureuses : on exigeait deux voies, on n'admettait que de faibles déclivités et des courbes de grand rayon.

D'un autre côté, ils traversaient les pays les plus importants; ils partaient de Paris et exigeaient des gares dans les villes les plus considérables : Lyon, Rouen, Bordeaux, Tours, Nantes. Enfin, le développement du trafic est encore venu augmenter leurs dépenses d'établissement.

De là cette élévation continue du prix de revient par kilomètre, qui, de 190,000 francs qu'il était en 1841, a dépassé 400,000 francs au 31 décembre 1854.

L'établissement de toutes ces grandes artères touche maintenant à sa fin. Les lignes qui doivent compléter le réseau n'exigeront, pour la plupart, qu'une voie; elles seront situées dans des contrées moins importantes et n'auront plus à traverser de grandes villes. On doit donc s'attendre à voir le prix moyen ci-dessus s'abaisser successivement.

Examinées isolément, les dépenses d'établissement des diverses lignes présentent encore des variations plus considérables d'une ligne à l'autre : ainsi, tandis que sur les lignes d'Anzin, de la

[1] Au 31 décembre 1836, les 142 kilomètres livrés à l'exploitation avaient coûté environ 20 millions, moins de 150,000 fr. par kilomètre, savoir : de Saint-Étienne à Andrezieux, 99,000 fr. par kilomètre; de Saint-Étienne à Lyon, 260,000 fr.; de Roanne à Andrezieux, 90,000 fr.

[2] Les chemins de Saint-Germain et de Versailles, rive droite et rive gauche, avaient coûté environ 800,000 par kilomètre.

Teste et d'Argenteuil elles sont de moins de 120,000 francs, elles dépassent 1,000,000 sur les lignes de Versailles, rive gauche, et de Saint-Germain.

En divisant les chemins de fer en plusieurs catégories, on arrive à resserrer ces différences de dépenses dans des limites plus étroites.

Le tableau suivant montre que les chemins à une seule voie, et à raison même de cette condition, construits dans des régions plus ou moins éloignées de Paris et destinés à un trafic d'une importance généralement secondaire, ont coûté de 109,000 à 276,000 francs, et, en moyenne, 200,000 francs, en nombre rond.

Tabl. I.

DÉSIGNATION DES LIGNES OU SECTIONS DE LIGNES ÉTABLIES À UNE VOIE.	LONGUEURS.	DÉPENSES D'ÉTABLISSEMENT totales.	DÉPENSES D'ÉTABLISSEMENT par kilomètre.	OBSERVATIONS.
1	2	3	4	5
	kil.	fr.	fr.	
Saint-Étienne à Andrezieux	18	3,421,958	190,109	
Andrezieux à Roanne	67	11,945,829	178,296	
Anzin à Somain	19	2,237,570	117,767	
Montpellier à Cette	27	5,273,974	195,332	
Mulhouse à Thann	21	2,869,096	136,623	
Beaucaire à la Grand-Combe	89	20,176,525	226,702	
Bordeaux à la Teste	53	5,988,417	112,989	
Embranchement de Montrambert	8	1,392,954	174,119	
Montereau à Troyes	100	22,143,428	221,434	
Dieppe et Fécamp	51	14,110,210	276,671 (A)	(A) L'élévation de ces dépenses est due à des travaux importants en remblais et en souterrains.
Asnières à Argenteuil	4	435,829	108,957	
Ensemble	457	89,995,790	196,927	

La ligne de Paris à Sceaux, qui, à raison de sa situation, a coûté plus de 470,000 francs par kilomètre, n'a pas été comprise dans ce tableau.

Les chemins établis à deux voies, mais dans les sections plus ou moins éloignées de Paris, et, par suite, généralement affranchies de causes de dépenses tout à fait exceptionnelles, telles que : traversées de grandes villes, établissement d'ateliers considérables, grands souterrains, grands viaducs, constituent une seconde catégorie qui comprend au moins 2,400 kilomètres, c'est-à-dire la majeure partie du réseau.

Le tableau suivant, comprenant 1,716 kilomètres, montre qu'en général, les lignes construites dans les conditions que nous venons d'indiquer ont coûté de 250,000 francs à 420,000 francs, et en moyenne, 320,000 francs par kilomètre, en nombre rond.

Il n'est pas inutile, d'ailleurs, de faire remarquer que, si les lignes de Saint-Étienne à Lyon et de Tours à Nantes, dont les dépenses comprennent l'exécution de travaux d'une importance exceptionnelle, étaient distraites de ce tableau, la moyenne générale ne dépasserait pas 300,000 fr. par kilomètre.

Tab. J.

DÉSIGNATION DES LIGNES OU SECTIONS DE LIGNES ÉTABLIES À DEUX VOIES.	LONGUEURS.	DÉPENSES D'ÉTABLISSEMENT totales.	DÉPENSES D'ÉTABLISSEMENT par kilomètre.	OBSERVATIONS.
1	2	3	4	5
	kil.	fr.	fr.	
Saint-Étienne à Lyon	57	22,122,111	388,107(a)	(a) L'élévation de ces dépenses est due à des travaux d'art importants.
Strasbourg à Bâle	139	43,996,593	316,522	
Montpellier à Nîmes	52	16,217,444	311,874	
Orléans à Bordeaux	461	150,764,365	327,039	
Amiens à Boulogne	123	37,031,912	301,072	
Centre	320	100,096,480	312,802	
Creil à Saint-Quentin	102	24,559,525	240,779	
Lille à Calais et Dunkerque	145	38,245,687	263,763	
Tours à Nantes	195	81,618,536	418,557(a)	(a) Même observation que pour le chemin de Saint-Étienne à Lyon.
Frouard à Saarbruck	122	33,017,940	278,016	
ENSEMBLE	1,716	548,570,593	319,679	

Quant aux parties du réseau qui ne rentrent pas dans les deux catégories que nous venons de distinguer, il est impossible de leur assigner un prix de revient par kilomètre, à raison de la difficulté d'isoler les dépenses qui y sont afférentes. Cette dernière catégorie comprend les sections de lignes établies dans un rayon de 35 kilomètres autour de Paris, et les lignes ou sections de lignes qui, à raison de leur situation et des grandes villes qu'elles traversent, subissent aussi des dépenses tout à fait exceptionnelles : telles sont les lignes d'Avignon à Marseille, de Rouen, du Havre; quelques sections de la ligne de Paris à Lyon, de Blaisy-Bas à Dijon, etc. En déduisant du réseau les lignes mentionnées aux deux tableaux qui précèdent, il reste une longueur de 1,890 kilomètres ayant coûté moyennement 506,419 francs par kilomètre. Mais cette longueur, comme il a été dit, est loin de ne comprendre que des sections à dépenses exceptionnelles, de sorte que, sous ce rapport, le prix de revient moyen, évidemment trop faible, ne saurait donner aucune indication.

§ II. — DÉCOMPOSITION DU PRIX DE REVIENT PAR KILOMÈTRE.

Il était intéressant de connaître comment le prix de revient par kilomètre se décomposait dans ses divers éléments. Le tableau n° 15 présente les résultats des recherches qui ont été faites à cet égard. Malheureusement, ils ne sont pas aussi complets qu'on l'aurait désiré; mais, tels qu'ils sont, ils peuvent conduire à quelques conclusions générales qui méritent d'être signalées, et que nous allons indiquer en suivant l'ordre indiqué au tableau.

Frais généraux.

La réduction, au kilomètre, des frais généraux ne présente que peu d'intérêt; il convient surtout de les comparer avec la dépense totale d'établissement. En prenant les chemins construits uniquement par les compagnies, on trouve qu'ils représentent, en général, de 3 à 7 p. 0/0 de la dépense totale. Pour la ligne de Paris à Sceaux, de 11 kilomètres, ils dépassent 9 p. 0/0. La proportion de 5 p. 0/0 paraît pouvoir être adoptée comme expression de la moyenne.

Intérêts.

Pendant la construction, les compagnies payent les intérêts des capitaux versés. Cette dépense est donc subordonnée, pour chaque ligne, au coût d'établissement, à la durée de la construction et au taux de l'intérêt servi. Elle est généralement au-dessous de 5 p. o/o du capital de premier établissement.

Par suite de leur destination, les sommes ainsi payées ne devraient pas figurer au coût d'établissement proprement dit. Dans les dépenses faites par l'État pour la construction des chemins de fer, l'État ne tient aucun compte des intérêts. Plusieurs compagnies les considèrent elles-mêmes comme des avances, que, d'après leurs statuts, elles remboursent ou doivent rembourser au capital de premier établissement.

Terrains. D'après le tableau n° 15, page 89, les dépenses en acquisition de terrains se sont élevées, pour la ligne de Versailles (rive gauche), à 177,419 francs par kilomètre, tandis que, pour la ligne d'Andrezieux à Roanne, elles n'ont été que de 18,298 francs. Le même tableau, page 97, montre que, pour la ligne de Strasbourg, elles ont dépassé 250,000 francs par kilomètre sur la 1re section partant de Paris, tandis que sur les sections suivantes elles ont été respectivement inférieures à 28,000 francs, 2e section; à 23,000 francs, 3e section; à 31,000 francs, 4e section; atteignant exceptionnellement près de 74,000 francs sur la dernière section, qui comprend la gare de Strasbourg.

Ces chiffres montrent quelle peut être, sur cette nature de dépenses, l'influence de la situation du chemin, et plus particulièrement celle de son voisinage de Paris et des grandes villes.

Lorsqu'on rapproche les limites extrêmes du prix de l'hectare pour une même section, les différences sont encore plus grandes. Ainsi, en reprenant la 1re section de la ligne de Paris à Strasbourg, le prix des terrains en dehors des villes a varié de 11,500 francs l'hectare à 41,600 francs, et les propriétés bâties ont coûté de 847 francs à 113 francs le mètre superficiel.

On conçoit, dès lors, combien des moyennes prises dans de telles circonstances, et sans distinction de chemins ou de sections, seraient peu concluantes.

Toutefois, en s'attachant seulement aux lignes ou sections de lignes que l'on peut considérer comme placées sous ce rapport dans des conditions moyennes, on arrive au tableau suivant :

Tab. K.

DÉSIGNATION DES LIGNES ou SECTIONS DE LIGNES.	LONGUEURS.	SUPERFICIE des TERRAINS OCCUPÉS.		PRIX DE REVIENT DES TERRAINS.		PRIX MOYEN de l'hectare.	OBSERVATIONS.
		Totale.	Par kilomètre.	Total.	Par kilomètre.		
1	2	3	4	5	6	7	8
	kil.	hect.	hect.	fr.	fr.	fr.	
Andrezieux à Roanne	67	120	1 79	1,225,947	18,298	10,222	
Gard	89	287	3 22	1,754,097	19,709	6,121	
Montpellier à Nîmes	52	167	3 21	1,750,755	33,668	10,488	
Orléans à Bordeaux	461	1,615	3 51	12,069,555	26,181	7,459	
Creil à Saint-Quentin	102	389	3 81	4,044,973	39,657	10,409	
Amiens à Boulogne	123	467	3 41	5,089,515	41,378	12,134	
Centre	320	743	2 32	6,775,713	21,174	9,127	
Dieppe et Fécamp	51	198	3 90	1,813,378	35,556	9,117	
Montereau à Troyes	100	370	3 70	2,661,753	26,617	7,194	
Tours à Nantes	194	731	3 75	8,698,788	44,609	11,896	
Lille à Dunkerque	145	546	3 76	5,834,814	40,241	10,702	
Frouard à Saarbruck	122	532	4 36	4,383,794	35,933	8,242	
Asnières à Argenteuil	4	11	2 75	110,177	27,544	10,016	
TOTAUX et moyennes	1,830	6,176	3 37	56,213,259	30,718	9,102	

Ainsi, sur 13 lignes comprenant ensemble 1,830 kilomètres, les dépenses en acquisitions de terrains se seraient élevées :

Par kilomètre, à 30,718 francs en moyenne, variant de 18,298 francs, ligne d'Andrezieux à Roanne, à 44,609 francs, ligne de Tours à Nantes;

Par hectare, à 9,102 francs en moyenne, variant de 6,121 francs, ligne du Gard, à 12,134 fr., ligne d'Amiens à Boulogne.

Bien que les lignes comprises au tableau n'aboutissent pas à Paris, elles traversent des contrées où les terrains ont encore une valeur relativement élevée. Il est permis de penser que, pour les lignes à construire, les dépenses en acquisition de terrains pourront être moindres. Déjà, en effet, sur la ligne de Dijon à Besançon, aujourd'hui livrée à l'exploitation jusqu'à Dôle, et à la veille de l'être jusqu'à Besançon, le prix moyen de l'hectare ne dépasse pas 6,000 francs.

Terrassements et ouvrages d'art courants.

Les terrassements et ouvrages d'art courants comprennent, à l'exception des ouvrages d'art exceptionnels, tous les travaux nécessaires pour compléter ce que l'on peut appeler la substructure de la voie, remblais, déblais, travaux de consolidation y relatifs, perrés, murs de soutenement, aqueducs et ponts sur cours d'eau, passages de routes et chemins sur rails ou sous rails.

Les dépenses qu'ils occasionnent sont, par suite, subordonnées aux conditions topographiques du terrain sur lequel le chemin se trouve établi, ainsi qu'à la nature des terrains.

Nous indiquons ci-après, pour quelques lignes ou sections de lignes, représentant ensemble 1,549 kilomètres, quelles ont été les dépenses en terrassements et ouvrages d'art courants.

Tab. L.

DÉSIGNATION DES LIGNES ou SECTIONS DE LIGNES.	LONGUEURS.	DÉPENSES EN TERRASSEMENTS.		DÉPENSES EN OUVRAGES D'ART courants.		DÉPENSES EN TERRASSEMENTS et ouvrages d'art cour^{ts}.		OBSERVATIONS.
		Totales.	Par kilomètre.	Totales.	Par kilomètre.	Totales.	Par kilomètre.	
1	2	3	4	5	6	7	8	9
	kil.	fr.	fr.	fr.	fr.	fr.	fr.	
Amiens à Boulogne	123	5,473,839	44,503	2,092,212	17,009	7,566,051	61,512	
Paris à Strasbourg.. 2e section..	152	6,477,950	42,618	2,675,217	17,600	9,153,167	60,218	
Paris à Strasbourg.. 3e section..	105	4,978,313	27,412	1,332,622	12,691	6,310,935	40,103	
Paris à Strasbourg.. 4e section..	141	9,611,063	68,164	2,939,688	20,849	12,550,751	89,013	
Paris à Strasbourg.. 5e section..	52	1,824,298	35,082	941,045	18,097	2,765,343	53,179	
Centre	320	23,603,387	73,761	9,241,848	28,881	32,845,235	102,642	
Orléans à Bordeaux	461	31,684,107	68,729	9,678,251	20,994	41,362,358	89,723	
Tours à Nantes (A)	195	20,787,106	106,601	5,124,840	26,281	25,911,946	132,882	(A) L'importance des terrassements et des travaux de consolidation effectués sur cette section explique suffisamment l'élévation de ces dépenses.
TOTAUX et moyennes	1,549	104,440,063	67,424	34,025,723	21,966	138,465,786	89,390	

Ce tableau fait ressortir la dépense moyenne, par kilomètre :

Pour les terrassements, à 67,424 francs, variant de 27,412 francs, 3e section de la ligne de Paris à Strasbourg, à 106,601 francs, ligne de Tours à Nantes;

Pour les ouvrages d'art courants, à 21,966 francs, variant de 12,691 francs 3e section de la ligne de Paris à Strasbourg, à 28,881 francs, ligne du Centre;

Pour les terrassements et les ouvrages d'art courants, à 89,390 francs, variant de 40,103 fr., 3e section de la ligne de Paris à Strasbourg, à 132,882 francs, ligne de Tours à Nantes.

Il donne encore lieu de remarquer que la part des terrassements dans la dépense totale, pour terrassements et ouvrages d'art, est de 75 p. 0/0 en moyenne. Cette proportion semble augmenter ou diminuer, suivant que la dépense totale augmente elle-même ou diminue; ainsi elle est de :

68 p. 0/0 sur une dépense totale de...	40,103 francs à 53,179 francs par kilomètre.
70 à 72 p. 0/0	60,218 francs à 61,512 francs.
76 p. 0/0	89,013 francs à 89,723 francs.
81 p. 0/0	132,882 francs.

Sur la ligne du Centre, dont la dépense par kilomètre est de 102,642 francs, la proportion des terrassements n'est, par exception, que de 73 p. 0/0.

Les dépenses moyennes indiquées au tableau L s'appliquent à des lignes ou sections de lignes à deux voies : pour obtenir la moyenne applicable aux sections à une voie, les ouvrages d'art étant exécutés pour deux voies, il conviendrait de diminuer d'environ 1/5e la dépense en terrassements; ce qui porterait la moyenne à 75,905 francs, dont 53,939 en terrassements.

Ouvrages d'art exceptionnels.

On comprend sous la désignation d'ouvrages d'art exceptionnels les grands ponts sur cours d'eau, dont le prix par mètre courant peut varier de 1,000 à 10,000 francs; les viaducs sur rails, d'une hauteur moyenne de 10 mètres au moins, dont le prix par mètre courant peut s'élever de 1,000 à 5,000 francs; enfin, les souterrains, dont le prix par mètre courant peut varier de 400 à 2,300 francs.

La dépense consacrée à l'établissement de ces ouvrages s'est élevée, pour quelques-uns, de 2,000,000 à 10,000,000.

Le viaduc de l'Indre (ligne de Tours à Bordeaux) a coûté plus de..........	2,000,000f
Le grand pont sur la Durance (ligne de Marseille à Avignon), *idem*........	3,000,000
Le grand pont sur le Rhône, *idem*..................................	6,000,000
Le souterrain de Blaisy (ligne de Paris à Lyon), *idem*..................	9,000,000
Le souterrain de la Nerthe (ligne de Marseille à Avignon), *idem*...........	10,000,000

De telles dépenses ne sauraient évidemment se prêter utilement à une répartition par kilomètre de chemin de fer; elles forment une catégorie à part qui doit être étudiée isolément, non seulement par chemin, mais par ouvrage.

Cet examen sort du cadre de cet exposé, et l'on s'est borné à présenter les trois tableaux M, N, O qui suivent, et qui donnent, pour divers ponts, viaducs et souterrains, le prix total d'établissement et le prix par mètre courant. Isolé des conditions techniques d'établissement, ce travail ne peut donner lieu à des études comparatives; mais il permettra, dans une certaine limite, d'apprécier les variations que subissent les dépenses de leur établissement.

ab. M.

DÉSIGNATION DU PONT.	DÉSIGNATION DE LA LIGNE.	LONGUEUR du pont.	DÉPENSE D'ÉTABLISSEMENT totale.	DÉPENSE D'ÉTABLISSEMENT par mètre courant.	OBSERVATIONS.
1	2	3	4	5	6
Pont de Chalifert (sur la Marne)	Paris à Strasbourg (1re sect.)	121	485,300	4,044	
— d'Isles-lès-Villenoy	*Idem*	99	390,500	3,920	
— de Trilport	*Idem*	122	533,700	4,374	
— d'Armentières	Paris à Strasbourg (2e sect.)	106	325,000	3,066	
— de Saussoy	*Idem*	99	278,000	2,808	
— de Courcelles	*Idem*	97	271,400	2,800	
— de Manteuil	*Idem*	97	267,400	2,550	
— de Vitry-le-Français	*Idem*	91	167,000	1,835	
— d'Eauplet (sur la Seine)	Rouen au Havre	362	1,098,115	3,032	
— sur la Loire	Orléans à Vierzon	454	2,967,960	6,533	
— de Salbris (sur la Sauldre)	*Idem*	57	146,800	2,553	
— de Lamotte (sur le Beuvron)	*Idem*	41	102,900	2,500	
— sur la Loire	Embranchement de Nevers	381	1,566,495	4,111	
— du Cher	Vierzon à Châteauroux	142	495,038	3,486	
— de l'Arnon	*Idem*	46	144,604	3,143	
— de Chambon	*Idem*	28	106,412	3,800	
— d'Issoudun	*Idem*	40	154,431	3,860	
— de l'Indre	*Idem*	62	291,528	4,702	
— de Montlouis (sur la Loire)	Orléans à Tours	377	1,604,000	[1] 4,254	[1] 12 arches de 25 mètres.
— du Cher	Tours à Bordeaux	162	380,000	2,346	
— de la Creuse	*Idem*	151	680,000	4,503	
— de la Vienne	*Idem*	140	300,000	2,143	
— de Cinq-Mars	Tours à Nantes (1re section)	671	2,478,166	[2] 3,693	[2] 1re section..... 9 arch. de 10m, long. tot. 229m 2e sect. (p. int.) longueur totale... 189 3e section.... 10 arch. de 10 .... 253 19 arches. 671
— de Bouchemaine	——— (2e section)	155	780,000	5,032	
— du Gardon	Gard	230	807,146	[3] 3,509	
— du Rhône	Marseille à Avignon	386	6,022,948	10,295	[3] 8 arches de 18m,60 de largeur, 10m de largeur entre les têtes, 10m,10 au-dessus des basses eaux.
— de la Durance	*Idem*	533	3,632,823	6,815	
— de la baie de la Canche	Amiens à Boulogne	282	863,500	[4] 3,062	[4] 15 arches de 14 mèt.; durée des travaux, un an.
ENSEMBLE		5,532	27,341,166	4,942	

Dans le tableau suivant, qui est relatif aux viaducs, nous avons ajouté divers renseignements, notamment le prix de revient par mètre superficiel, vides et pleins confondus. Le peu de va-ation que subit ce nouvel élément d'un viaduc à l'autre lui donne une haute importance et permet obtenir, *à priori*, une estimation sommaire des dépenses qu'occasionnerait l'établissement d'un aduc dont on aurait la projection verticale, renseignement qui peut être facilement relevé sur un ofil. Des documents sur des viaducs étrangers semblent confirmer cette assertion[1].

[1] En Angleterre, le prix du mètre superficiel en élévation aurait été de 95 à 132 francs pour les viaducs de Dane, ockport, Anker, Dutton.
Or, ces viaducs ont une longueur ensemble de 1,711 mètres, variant, pour un, de 249 à 547 mètres.
La superficie totale, en élévation, s'élève à 42,596 mètres carrés, variant. pour un, de 3,419 à 15,003 mètres.
La hauteur maximum, pour un, varie de 16 à 32 mètres;
La hauteur moyenne, pour un, varie de 14 à 27 mètres.
En Allemagne, pour les viaducs du Spreethal, du Bachtal, du Boberthal, le prix moyen du mètre superficiel d'élévation rait été de 98 à 146 francs; la longueur variant de 221 à 488 mètres; la hauteur maximum, de 18 à 23 mètres; la hauteur oyenne, de 15 à 21 mètres.

Tab. N.

DÉSIGNATION DU VIADUC. 1	DÉSIGNATION DE LA LIGNE. 2	LONGUEUR. 3	DÉPENSE D'ÉTABLISSEMENT, totale. 4	DÉPENSE D'ÉTABLISSEMENT, par mètre courant. 5	HAUTEUR MAXIMUM. 6	HAUTEUR MOYENNE. 7	PRIX PAR MÈTRE surperficiel de projection verticale (vide et plein compris). 8	OBSERVATIONS. 9
		mèt.	fr.	fr.	mèt.	mèt.	fr.	
Viaduc de Waleck	Paris à Strasbourg (5e section)	87	100,180	1,151	"	"	"	
—— de la Soufiel	*Idem*	34	40,148	1,181	"	"	"	
—— du val de la Loire	Orléans à Vierzon	135	220,000	1,629	"	"	"	
—— de Beaugency	Orléans à Tours	274	608,000	2,218	17,70	16,40	135 27	
—— de Tavers	*Idem*	147	259,500	1,758	19,00	17,30	102 04	
—— de Mer	*Idem*	57	125,000	2,162	"	13,66	161 96	
—— de l'Indre	Tours à Bordeaux (1re sect.)	751	2,078,761	2,768	22,15	21,00	131 80	
—— de la Manse	*Idem*	303	1,213,713	4,006	34,00	27,30	146 72	
—— de Couteaubières	Tours à Bordeaux (2e section)	200	472,470	2,362	"	"	"	
—— du canal de Beaucaire	Marseille à Avignon	35	100,000	2,857	"	"	"	
—— de Tarascon	*Idem*	370	501,360	1,355	"	"	"	
—— d'Arles	*Idem*	769	1,931,965	2,525	"	"	"	
—— de Saint-Chamas	*Idem*	385	789,459	2,051	22,60	13,70	147 53	
—— de l'Arc	*Idem*	85	204,521	2,406	"	"	"	
—— du Baou	*Idem*	74	75,515	1,006	"	"	"	
—— de la Cadière	*Idem*	64	86,588	1,332	"	"	"	
—— des Riaux	*Idem*	79	108,014	1,367	"	"	"	
—— de Château-Fallet	*Idem*	55	79,647	1,448	"	"	"	
—— d'Aygalades	*Idem*	30	135,667	4,522	"	"	"	
ENSEMBLE		3,934	9,130,508	2,321				

Tab. O.

DÉSIGNATION DU SOUTERRAIN. 1	DÉSIGNATION DE LA LIGNE. 2	LONGUEUR. 3	DÉPENSE D'ÉTABLISSEMENT, totale. 4	DÉPENSE D'ÉTABLISSEMENT, par mètre courant. 5	OBSERVATIONS. 6
SOUTERRAINS DE MOINS DE 500 MÈTRES DE LONGUEUR.					
Souterrain des Folies-Siffet	Tours à Nantes	20	18,000	900	
—— de la Tour-Magne	Gard	22	7,450	339	
—— de Boucoiran	Gard	69	110,762	1,711	
—— de Saulsaie	Tours à Nantes	80	41,000	512	
—— de Clermont	*Idem*	100	126,000	1,260	
—— des Étangs-Gobert	Versailles à Chartres	140	199,653	1,426	
—— de la place de l'Europe	Paris à Versailles (r. d.)	160	239,851	1,497	
—— de Fesc	Gard	166	211,689	1,305	
—— de Chalifert	Paris à Strasbourg	168	408,032	2,422	
—— de la place de l'Europe	Paris à Saint-Germain	184	315,560	1,717	
—— de Haut-Barr	Paris à Strasbourg	304	252,414	831	
—— de Beaucaire	Gard	308	134,605	434	
—— de Poitiers	Tours à Bordeaux	320	407,019	1,272	
—— des Batignolles (1re vie)	Paris à Saint-Germain	333	525,122	1,577	
—— des Batignolles (2e vie)	*Idem*	333	396,882	1,192	
—— de Sampanges	Embranchement de Nevers	359	563,650	1,570	
A REPORTER		2,238	2,533,468	"	

DÉSIGNATION		LONGUEUR.	DÉPENSE D'ÉTABLISSEMENT,		OBSERVATIONS.
DU SOUTERRAIN.	DE LA LIGNE.		totale.	par mètre courant.	
1	2	3	4	5	6
SOUTERRAINS DE MOINS DE 500 MÈTRES DE LONGUEUR (Suite).					
REPORT		2,238	2,533,468	"	
Souterrain de Ners	Gard	392	253,057	645	
——— de Saverne (1er)	Paris à Strasbourg	399	282,660	707	
——— de Vénable	Paris à Rouen	399	459,425	1,150	
——— de Chézy-l'Abbaye	Paris à Strasbourg	452	1,034,689	2,285	
——— de Saint-Louis	Marseille à Avignon	460	883,993	1,921	
——— de Saverne (2e)	Paris à Strasbourg	493	364,890	740	
ENSEMBLE		5,661	7,245,403	1,280	
SOUTERRAINS DE 500 À 1,000 MÈTRES DE LONGUEUR.					
Souterrain de Tourville	Paris à Rouen	501	576,725	1,150	
——— de Pagny-sur-Meuse	Paris à Strasbourg	572	777,002	1,289	
——— d'Armentières	*Idem*	656	1,038,243	1,583	
——— d'Angoulême	Tours à Bordeaux	731	732,781	1,001	
——— de Nanteuil	Paris à Strasbourg	944	1,556,152	1,648	
ENSEMBLE		3,404	4,680,903	1,375	
SOUTERRAINS DE PLUS DE 1,000 MÈTRES DE LONGUEUR.					
Souterrain de l'Alouette	Orléans à Vierzon	1,235	2,134,850	1,729	
——— de Livernan	Tours à Bordeaux	1,464	1,641,988	1,122	
——— de Saint-Pierre	Rouen à Dieppe	1,643	1,643,000	1,000	
——— du Roule	Paris à Rouen	1,726	1,984,670	1,150	
——— de Rolleboise	*Idem*	2,642	3,037,725	1,150	
——— de Rilly	Embranchement de Reims	3,450	(1) 2,570,000	745	(1) Dont 720,000 pour ponts et chaussées de service.
——— de Blaizy	Paris à Lyon	4,100	9,000,000	2,195	
——— de la Nerthe	Marseille à Avignon	4,620	10,499,311	2,272	
ENSEMBLE		20,280	32,511,544	1,557	
TOTAL GÉNÉRAL		29,945	44,437,850	1,484	

Les dépenses pour clôtures, maisons de garde et passages à niveau sont indiquées ci-après pour cinq chemins comprenant ensemble 1,604 kilomètres.

Clôtures, maisons de gardes et passages à niveau.

Tab. P.

DÉSIGNATION DES LIGNES.	LONGUEURS.	DÉPENSES POUR CLÔTURES.		DÉPENSE POUR MAISONS de gardes.		DÉPENSE POUR PASSAGES à niveau.		DÉPENSE POUR CLÔTURES, maisons de gardes, et passages à niveau.		OBSERVATIONS.
		Totale.	Par kilom.	Totale.	Par kilom.	Totale.	Par kilom.	TOTALE.	Par kilom.	
1	2	3	4	5	6	7	8	9	10	11
Paris à Strasbourg.....	502	1,532,797	3,052	733,583	1,461	318,076	634	2,584,456	5,147	
Centre..............	320	691,387	2,160	1,248,597	3,902	265,140	829	2,205,124	6,891	
Orléans à Bordeaux....	461	2,325,000	5,043	1,503,576	3,262	280,329	608	4,108,905	8,913	
Tours à Nantes.......	195	684,810	3,512	730,481	3,746	206,184	1,057	1,621,475	8,315	
Marseille à Avignon....	126	536,958	4,261	486,602	3,862	259,218	2,057	1,282,778	10,180	
ENSEMBLE........	1,604	5,770,952	3,598	4,702,839	2,932	1,328,947	828	11,802,738	7,358	

Ce tableau fait ressortir la dépense par kilomètre à 7,358 francs, dont, pour clôtures, 3,604; pour maisons de garde, 2,932; pour passages à niveau, 828.

Sur les lignes récemment construites ou en construction, les dépenses afférentes à cet article sont généralement moins élevées; elles peuvent être évaluées à 6,506 francs par kilomètre, qui se décomposeraient comme suit :

Clôtures, 2,300 mètres courants, à 1 fr. 50 cent. l'un, ci. 3,450 francs ou 53 p. o/o.
Maisons de garde, 0,64, à 3,500 francs l'une, ci........ 2,240 francs ou 34,5 p. o/o.
Passages à niveau, 0,68, à 1,200 francs l'un, ci........ 816 francs ou 12,5 p. o/o.

TOTAL PAREIL................. 6,506 francs ou en nombre rond 6,500 francs.

Bâtiments. Dans les dépenses pour bâtiments, le tableau n° 15 distingue celles qui sont affectées aux stations proprement dites, et celles qui sont affectées aux ateliers et remises du matériel. Mais, comme ces dernières constructions sont toujours les annexes des stations plus ou moins importantes, peu de compagnies ont pu séparer ces deux natures de dépenses.

Lorsque les lignes que l'on étudie ne comprennent pas de stations rentrant dans la catégorie de celles que nous avons appelées hors classe, les dépenses pour bâtiments sont généralement comprises entre 8,000 francs et 25,000 francs par kilomètres; en opérant sur un ensemble de lignes ou sections de lignes dans ces conditions, comprenant plus de 2,000 kilomètres, on arrive à une moyenne de 12,000 francs, qui est trop faible pour les lignes à deux voies et trop forte pour les lignes à une voie. On peut adopter dans ces deux hypothèses les moyennes de 14,000 et de 10,000 francs.

Il n'en est pas de même lorsque dans le nombre des gares il y en a qui concernent Paris, Lyon, Rouen, Marseille, etc. Les dépenses de ces stations sont relativement si considérables, que, quelle que soit l'étendue de la ligne, la moyenne générale par kilomètre s'en trouve notablement affectée. Il suffit, en effet, de voir au tableau n° 15 (page 89) les moyennes afférentes aux lignes de Saint-Germain, de l'Ouest, du Havre, d'Orléans, section de Paris à Orléans et Corbeil, du Nord (ligne principale), de Paris à Lyon, etc.

En se reportant à la division précédemment indiquée, l'examen comparatif que l'on a pu faire des dépenses occasionnées par l'établissement des gares de toutes classes conduit aux résultats suivants, que l'on doit considérer comme approximatifs.

Les gares hors classe ont coûté généralement de 3 à 9 millions, et, en moyenne, 5 millions l'une.

Les gares de 1re classe ont coûté généralement de 200,000 à 900,000 francs, et, en moyenne, 400,000 francs l'une.

Les gares de 2e classe ont coûté généralement de 80,000 à 200,000 francs, et, en moyenne, 100,000 francs l'une.

Les gares de 3e classe ont coûté généralement de 10,000 à 60,000 francs, et, en moyenne, 40,000 francs l'une.

Ces renseignements, le nombre moyen des stations par kilomètre, qui est de 0,14 (tableau n° 13), la décomposition des stations suivant les classes, telle qu'elle est indiquée dans le chapitre précédent, permettent, en n'ayant pas égard à la proportion des stations hors classe, de présenter sous une nouvelle forme la dépense moyenne par kilomètre de chemin de fer en stations, qui s'élèverait à 11,900 francs au lieu de 12,000 francs, indiqués plus haut.

Stations de 1re classe	0,015, à 400,000 francs l'une, ci.....	6,000 francs ou	50 p. 0/0.
——— de 2e classe	0,015, à 100,000 francs l'une, ci.....	1,500 francs ou	14 p. 0/0.
——— de 3e classe	0,110, à 40,000 francs l'une, ci.....	4,400 francs ou	41 p. 0/0.
——— de toute cl.	0,14 , à 77,857 francs l'une, ci.....	11,900 francs ou	100 p. 0/0.

Mobilier.

Les dépenses pour mobilier, qui comprennent le mobilier des gares et stations et l'outillage des ateliers, subissent l'influence de l'importance même des stations et ateliers.

Il convient donc, pour rapprocher des chiffres comparables, de s'attacher, comme pour l'article précédent, à des lignes dépourvues de gares hors classe.

En opérant de même sur un ensemble de lignes ou sections de lignes comprenant plus de 2,000 kilomètres, on arrive à une moyenne de prix de revient par kilomètre de 2,540 francs, comprise généralement entre 1,500 et 3,800 francs. Nous adopterons les moyennes approximatives de 2,700 francs pour les lignes à deux voies et 2,400 francs pour les lignes à une voie.

Les chiffres constatés sur quatre lignes, comprenant ensemble plus de 1,000 kilomètres, font en outre ressortir la proportion des dépenses pour mobilier des gares et stations à 35 p. 0/0 en moyenne; elle est respectivement de 30 p. 0/0, 36 p. 0/0, 37 p. 0/0 et 46 p. 0/0 pour les lignes de Frouard à Saarbruck, du Centre, d'Orléans à Bordeaux et de Tours à Nantes.

Voie de fer.

Pour apprécier les dépenses consacrées à l'établissement de la voie, il convient de distinguer les lignes à une ou à deux voies.

Les renseignements fournis par le tableau n° 15, sur environ 1,800 kilomètres établis à deux voies, font ressortir la dépense par kilomètre à 115,000 francs, comprise généralement entre 80,000 francs et 120,000 francs. Les causes de ces différences sont principalement le poids ou le volume des divers éléments de la voie, ainsi que le prix de revient du fer et du bois à l'époque de la construction.

La décomposition de cette dépense sur près de 1,000 kilomètres conduit aux proportions suivantes :

Pour le ballast, de 14 à 20 p. 0/0, et 17 en moyenne.
Pour la pose de la voie, de 4 à 9 p. 0/0, et 7 en moyenne.
Pour la voie proprement dite, rails, coussinets, coins, traverses, etc., 74 à 82 p. 0/0, et 76 en moyenne.

Le tableau n° 15 donne également, page 89, le prix de revient par kilomètre de l'établissement de la voie pour quelques lignes à une voie : il serait de moins de 60,000 francs pour les lignes de Montereau à Troyes, de Saint-Étienne à Andrezieux, et de Paris à Sceaux ; de moins de 50,000 francs pour celle de Dieppe et pour l'embranchement de Montrambert ; enfin, il s'abaisserait au-dessous de 40,000 francs pour les lignes d'Andrezieux à Roanne, et d'Asnières à Argenteuil. Le prix de revient moyen qui résulterait de la comparaison de ces dépenses ne donnerait lieu à aucune déduction intéressante. En effet, ces lignes sont établies en général, quant à la voie, dans des conditions considérées aujourd'hui comme exceptionnelles, comportant des rails dont le poids descend à 30 kilogrammes, 19 kilogrammes et même 13 kilogrammes.

Les lignes que l'on construit aujourd'hui à une voie, et qui sont les embranchements ou les prolongements des lignes principales, sont en général établies, quant à la voie, dans les mêmes conditions que les lignes principales, et l'on peut évaluer ainsi qu'il suit les dépenses qui y sont consacrées.

Le tableau n° 13 constate que le développement des voies accessoires est, en général, de 1/5 de la longueur totale du chemin, et que cette proportion est sensiblement la même pour les chemins établis à une ou à deux voies ; d'où il résulte que le kilomètre de chemin à double voie comprend 2,200 mètres de voie simple ; que le kilomètre de chemin à une voie comprend 1,200 mètres de voie simple ; qu'enfin les dépenses, dans les deux hypothèses, sont dans le rapport de 22 à 12, ce qui fait ressortir le prix de revient de la voie, pour un kilomètre de chemin à une voie, à 62,727 francs, soit 62,700 francs.

Accessoires de la voie.

Les dépenses consacrées aux accessoires de la voie sont généralement comprises entre 5,000 et 7,000 francs par kilomètre sur les lignes à double voie ; la moyenne qui résulte des documents fournis par le tableau n° 15, sur près de 2,000 kilomètres, est de 5,700 francs en nombre rond.

Cette dépense de 5,700 francs se divise comme suit : plaques tournantes, 57 p. 0/0, variant de 52 à 68 p. 0/0 ; changements de voie, 29 p. 0/0, variant de 20 à 37 p. 0/0 ; signaux fixes et outillage de la voie, 14 p. 0/0, variant de 5 à 16 p. 0/0.

A un autre point de vue, il n'est pas sans intérêt de remarquer que la dépense des accessoires de la voie est, en moyenne, de 5 p. 0/0 de celle de la voie, et le tableau n° 15 montre que ce rapport varie peu d'une ligne à l'autre, de 4 à 6 p. 0/0.

Les documents fournis par le tableau n° 15 sont insuffisants pour reconnaître quelle a été pour les lignes à une voie la dépense en accessoires. Le peu d'exemples que l'on a pu recueillir semble indiquer que, là encore, le rapport de cette dépense à celle de la voie est de 5 p. 0/0 ; d'où il résulte qu'elle serait moyennement de 3,150 francs par kilomètre.

Les dépenses pour alimentation des machines présentent trop de variations pour qu'on puisse déduire une moyenne des documents recueillis. *Alimentation des machines.*

Les conditions topographiques et géologiques dans lesquelles le chemin se trouve établi ont une notable influence sur ces dépenses. Ainsi, elles sont considérables sur la ligne de Paris à Lyon, dont la voie se trouve généralement placée à une grande élévation au-dessus des eaux et exige des machines à vapeur fixes sur beaucoup de points; tandis qu'elles s'abaissent pour la ligne du Nord, par exemple, qui se trouve établie à une faible élévation au-dessus des eaux.

Pour énoncer un chiffre, l'on peut admettre qu'une somme de 1,000 francs par kilomètre serait suffisante pour faire face aux dépenses résultant de ce chef, sur une ligne établie dans des conditions moyennes.

Peu de compagnies ont isolé les dépenses d'établissement affectées à la pose du télégraphe électrique, mais ces dépenses sont de nature à être appréciées avec assez de certitude, à raison du peu de variations qu'elles subissent. *Télégraphe électrique.*

L'on sait, en effet, qu'un appareil de poste double coûte, accessoires et installation compris[2], 720 francs environ; que l'acquisition, la préparation et la pose des poteaux coûtent moyennement 150 francs par kilomètre; qu'enfin, l'acquisition, la préparation et la pose du fil et de ses accessoires, tels que godets, tendeurs, etc., coûtent moyennement 100 francs par kilomètre.

L'on sait, d'autre part, qu'en général les compagnies sont autorisées à poser leurs fils sur les poteaux établis par le Gouvernement pour son propre réseau; que leurs appareils sont pour la plupart à poste double; que l'espacement moyen de ces appareils est de 40 kilomètres[1] pour les lignes à double voie, et de 7 kilomètres pour les lignes à simple voie; qu'enfin, on pose généralement deux fils sur les lignes à double voie, et un fil seulement sur les lignes à simple voie.

D'après ces données, le prix de revient est moyennement, par kilomètre :

De 218 francs[3] pour les lignes à double voie;

De 203 francs[4] pour les lignes à simple voie.

Ces chiffres devraient être augmentés de 100 francs environ si le service exigeait un fil de plus; de 150 francs si les poteaux étaient placés aux frais de la compagnie; enfin, de 250 francs si ces deux circonstances se trouvaient réunies.

On a vu au chapitre précédent que le matériel roulant affecté à l'exploitation d'une ligne était d'autant plus considérable que sa fréquentation diurne en trains était elle-même plus grande. *Matériel roulant.*

Il en est de même de la dépense qu'il exige; ainsi, cette dépense est moyennement, par kilomètre,

[1] Intervalle moyen de deux stations de dépôt.

[2] Un appareil pour chaque station.

[3] Fils 200 francs, appareil $\frac{720}{40}$ ou 18 francs, ensemble 218 francs.

[4] Fil 100 francs, appareil $\frac{720}{40}$ ou 103 francs, ensemble 203 francs.

De 16,974 francs pour la ligne de Montereau à Troyes. Fréquentation diurne en trains 8,3
De 33,526 ———————— d'Orléans.......... *Idem*.................. 14,5
De 48,815 ———————— de l'Est............ *Idem*.................. 19,3
De 50,680 ———————— de Lyon............ *Idem*.................. 20,6
De 55,425 ———————— du Nord............ *Idem*.................. 22,4
De 88,208 ———————— de Saint-Germain..... *Idem*.................. 33,0

Le rapprochement de ces chiffres donne lieu de remarquer que le coût du matériel roulant affecté à une ligne est sensiblement proportionnel au chiffre de la fréquentation, et qu'il peut être évalué moyennement à 2,400 francs par kilomètre et par unité de fréquentation. Il est exceptionnellement de 2,673 francs pour la ligne de St-Germain, et de 2,042 francs sur la ligne de Montereau à Troyes, qui, d'ailleurs, usait en partie du matériel du chemin de fer de Paris à Lyon.

Ces données conduisent encore aux observations suivantes :

La fréquentation diurne en trains étant pour le réseau entier de 18,1, l'on peut évaluer la dépense du matériel roulant à environ 43,440 francs par kilomètre, et 176,500,000 francs pour le réseau entier de 4,063 kilomètres.

En portant à vingt trains par jour la fréquentation moyenne des lignes à double voie, et à dix trains celle des lignes à simple voie, la dépense en matériel roulant pourrait être estimée à 48,000 francs par kilomètre pour les premières et à 24,000 francs pour les secondes.

Les documents fournis par le tableau n° 15 donnent lieu aux observations suivantes sur la part que prend, dans la dépense du matériel roulant, chacun des éléments qui le composent.

La dépense en locomotives et tenders est, en moyenne, de 40 à 50 p. 0/0 de la dépense totale; elle est de 41 p. 0/0 sur la ligne du Nord, de 44 p. 0/0 sur les lignes de Montereau à Troyes, Paris à Rouen, Havre et Dieppe; de 49 p. 0/0 sur la ligne d'Orléans; elle dépasse 50 p. 0/0 sur les lignes de banlieue Orsay, Saint-Germain et Versailles.

La dépense en voitures à voyageurs est de 16 à 18 p. 0/0 sur les lignes du Nord, de Paris à Rouen, au Havre et à Dieppe; elle atteint exceptionnellement 39 et 42 p. 0/0 sur les lignes de Saint-Germain et d'Orsay, exclusivement destinées au transport des voyageurs.

Récapitulation. Dans le cours de l'examen que nous venons de faire des divers éléments qui entrent dans la dépense d'établissement des chemins de fer, nous nous sommes attachés spécialement à donner des chiffres dont l'application fût restreinte à des lignes ou sections de lignes situées en dehors des conditions exceptionnelles que nous avons signalées. Pour atteindre ce but, les moyennes ont dû être relevées d'après les documents recueillis sur diverses lignes dont la composition et l'étendue variaient suivant les divers éléments de dépense que l'on envisageait; de sorte que leur ensemble ne s'applique d'une manière précise à aucune portion déterminée du réseau, et s'éloigne de la nature des documents statistiques exposés dans ce travail.

Toutefois, la réunion des chiffres ainsi obtenus donne une assez juste idée de la part de chaque nature de dépenses dans la dépense totale, et c'est à ce point de vue qu'il a paru intéressant de la présenter ici.

En rapprochant les moyennes applicables à une ligne de chemin de fer établie à une voie, les terrains étant acquis et les ouvrages d'art exécutés pour deux voies, on arrive à une dépense totale de 227,975 francs par kilomètre, qui se décompose comme suit :

Frais généraux	11,399	francs ou	5 p. o/o de la dépense totale.
Acquisition de terrains	30,718	—	13,5
Terrassements et ouvrages d'art	75,905[1]	—	33,3
Voie de fer et accessoires	65,850[2]	—	28,9
Gares et dépendances	10,000[3]	—	4,4
Dépenses diverses	10,103[4]	—	4,4
Matériel roulant	24,000	—	10,5
ENSEMBLE	227,975	—	100

Comparé aux prix de revient du tableau I, le chiffre de 227,975 accuse une différence en plus de 31,048 francs. Mais il ne faut pas perdre de vue que les 457 kilomètres qui figurent à ce tableau ont été construits dans des conditions généralement inférieures à celles que le développement du trafic et l'expérience ont signalées comme nécessaires. Ainsi, pour plusieurs lignes, les terrains ont été acquis et les ouvrages d'art exécutés pour une seule voie. Pour la plupart, les poids de rails et coussinets sont faibles. Les gares et dépendances, le matériel roulant sont établis dans des vues moins larges.

En rapprochant de même les chiffres applicables à une ligne à deux voies, on arrive à une dépense totale de 329,712 francs par kilomètre, qui se décompose comme suit :

Frais généraux[4]	16,486	francs ou	5 p. o/o de la dépense totale.
Acquisition de terrains	30,718	—	9,3
Terrassements et ouvrages d'art	89,390[5]	—	27,1
Voie de fer et accessoires	120,700[6]	—	36,6
Gares et dépendances	14,000[7]	—	4,2
Dépenses diverses	10,418[8]	—	3,2
Matériel roulant	48,000	—	14,6
ENSEMBLE	329,712	—	100

[1] Dont, en terrassements, 53,939 francs ou 71 p. o/o, et en ouvrages d'art, 21,966 francs ou 29 p. o/o.

[2] Dont, pour la voie de fer, 62,700 francs ou 95 p. o/o, et pour les accessoires, 3,150 francs ou 5 p. o/o.

La dépense pour la voie de fer se subdivise elle-même en ballast, 17 p. o/o; pose, 7 p. o/o; voie proprement dite, 76 p. o/o.

La dépense pour les accessoires se subdivise elle-même en plaques tournantes, 57 p. o/o; changements de voie, 29 p. o/o; signaux fixes et outillage de la voie, 14 p. o/o.

[3] Dont, en gares de 1re classe, 5,000 francs ou 50 p. o/o; en gares de 2e classe, 1,200 francs ou 12 p. o/o; en gares de 3e classe, 3,800 francs ou 38 p. o/o.

[4] Dont, en clôtures, maisons de garde et passages à niveau, 6,500 francs ou 64 p. o/o; en mobilier, 2,400 francs ou 24 p. o/o; en alimentation de machines, 1,000 francs ou 10 p. o/o, et pour le télégraphe électrique, 203 francs ou 2 p. o/o.

La dépense pour clôtures, maisons de garde et passages à niveau se subdivise elle-même en clôtures, 49 p. o/o; maisons de garde, 38,5 p. o/o; passages à niveau, 13,5 p. o/o.

La dépense pour le télégraphe électrique se subdivise elle-même en pose du fil, 50 p. o/o; appareils, 50 p. o/o.

[5] Dont, en terrassements, 67,424 francs ou 75 p. o/o, et en ouvrages d'art, 21,966 francs ou 25 p. o/o.

[6] Dont, pour la voie de fer, 115,000 francs ou 95 p. o/o, et pour les accessoires, 5,700 francs ou 5 p. o/o. Les dépenses pour la voie de fer et pour les accessoires se subdivisent elles-mêmes comme il est indiqué à la note 3.

[7] Dont, en gares de 1re classe, 7,000 francs ou 50 p. o/o; en gares de 2e classe, 1,480 francs ou 12 p. o/o; en gares de 3e classe, 5,320 francs ou 38 p. o/o.

[8] Dont, en clôtures, maisons de garde et passages à niveau, 6,500 francs ou 62 p. o/o; en mobilier, 2,700 francs ou 26 p. o/o; en alimentation des machines, 1,000 francs ou 10 p. o/o, et pour le télégraphe électrique, 218 francs ou 2 p. o/o.

La dépense pour clôtures, maisons de garde et passages à niveau se subdivise elle-même comme il est indiqué à la note 4.

La dépense pour télégraphe électrique se subdivise également en pose de fil, 85 p. o/o, et appareils, 15 p. o/o.

Ici, la différence avec le prix de revient qui ressort du tableau J. est relativement faible, et la décomposition des dépenses, telle qu'elle est indiquée ci-dessus, peut être considérée comme s'appliquant, avec le même degré d'approximation, tant aux dépenses faites sur les lignes construites qu'aux dépenses à faire sur les lignes à construire.

CHAPITRE III.

COMPARAISON AVEC LES ÉTATS ÉTRANGERS.

Les conditions et dépenses d'établissement des chemins de fer présentent, d'un État à l'autre de l'Europe, des différences qu'il est intéressant de signaler, et que nous exposerons sommairement.

En Angleterre, où ces voies de communication ont reçu le développement le plus rapide et où elles ont été abandonnées à l'industrie privée, leur établissement a dû se ressentir de la division des intérêts et du peu d'action laissée au Gouvernement. Conçues dans des idées larges qu'il est impossible de méconnaître, elles ont été établies au prix de grands sacrifices qui n'ont pas arrêté les compagnies. Toutefois, l'on ne trouve pas, dans l'ensemble même de la disposition du réseau, cette unité qui se fait remarquer dans les autres États; la voie et le matériel roulant présentent d'un chemin à l'autre des différences notables, qui apportent quelques entraves à l'exploitation de ces chemins, et il a fallu l'esprit éminemment pratique et industriel du peuple anglais pour surmonter ces entraves et classer tous ces intérêts.

En Belgique et dans les divers États de l'Allemagne, les Gouvernements ont apporté dans l'œuvre des chemins de fer une persévérance remarquable. Appropriant à leurs ressources l'exemple que leur donnait l'Angleterre, ils ont pu, alors que la France s'arrêtait à des discussions stériles, établir une notable partie de leur réseau. Si leurs chemins de fer sont construits avec économie, s'ils ne se prêtent que difficilement à un trafic considérable et à des transports à grande vitesse, ils ont pu suffire aux besoins qu'ils étaient appelés à desservir, et leur amélioration progressive, quoique lente, tend à faire disparaître une partie de ces imperfections.

La France, qui est restée longtemps en dehors de ces progrès, a du moins mis à profit ces retards, non-seulement en dotant ses chemins de fer de toutes les améliorations longtemps élaborées, mais encore en imprimant à ces constructions un caractère particulier de grandeur et d'unité.

Les autres États sont encore à leur début, empruntant en général aux pays que nous venons de citer leurs capitaux, leurs procédés et leurs ingénieurs; aussi l'établissement de leurs chemins, sans présenter de caractère spécial, se ressent des sources où ils ont puisé.

C'est donc seulement dans les réseaux de France, d'Angleterre, de Belgique et des États d'Allemagne qu'il convient d'examiner les différences qui font l'objet de cette étude, que nous diviserons en deux paragraphes : le premier, traitant des conditions d'établissement; le second, des dépenses.

§ 1er. — CONDITIONS D'ÉTABLISSEMENT.

Tracé.

Les bonnes conditions d'un tracé s'apprécient principalement par le peu de développement des courbes de faible rayon et des pentes et rampes de forte déclivité. On ne saurait préciser les proportions que donnent, sous ce rapport, les divers réseaux. Il suffira de dire qu'en ayant même égard aux exigences topographiques des contrées traversées, c'est en France et en Angleterre que ces proportions sont le plus faibles, et que les sacrifices pour en diminuer l'importance ont été le plus considérables.

Longueurs établies à simple voie.

Nous avons vu que le développement des lignes à simple voie était, en France, au 31 décembre 1853, de 21 p. o/o de la longueur totale du réseau, et que cette proportion était descendue à 17 p. o/o au 31 décembre 1854. La situation des autres réseaux est loin de se présenter, sous ce rapport, dans les mêmes conditions.

D'après les documents fournis par le tableau n° 24, la proportion p. o/o de la longueur à simple voie serait, pour les autres réseaux :

De 96 p. o/o, Autriche;
De 80 p. o/o, État de New-York (Amérique);
De 79 p. o/o, Allemagne (États divers);
De 78 p. o/o, Prusse;
De 73 p. o/o, États de Massachusetts (Amérique);
De 31 p. o/o, Bade;
De 22 p. o/o, Grande-Bretagne;
De 21 p. o/o, Belgique (chemin de l'État. Cette proportion serait moindre si l'on tenait compte des lignes concédées).

Conditions de la voie.

La largeur de la voie, qui est uniforme en France ($1^m,44$ à $1^m,45$), l'est également dans les autres États de l'Europe continentale. L'Angleterre est le seul pays qui, aujourd'hui, fasse exception. On voit, par le tableau n° 24, que son réseau se divise, sous ce rapport, ainsi qu'il suit :

Voie ordinaire : de $1^m,44$, 80 p. o/o;
Voie irlandaise : de $1^m,65$, 9 p. o/o;
Voie Brunel : de $2^m,13$, 11 p. o/o.

On a vu qu'en France, presque tous les chemins de fer étaient établis avec rails pesant de 30 à $37^k,50$ par mètre courant, fixés, par des coussinets en fonte de 10 à 15 kilogrammes, sur des traverses en chêne cubant $0^m,07$ à $0^m,10$, espacées de 1 mètre moyennement.

Ce système d'établissement de la voie est généralement appliqué sur les autres réseaux, avec des différences dans le poids et la forme des rails et des coussinets. Le maximum du poids des rails, par mètre courant, est de 42 kilogrammes en Angleterre; en Belgique, il ne dépasse pas 34 kilogrammes et s'abaisse à 27; en Allemagne, il est de 24 à 25 kilogrammes en moyenne, et exceptionnellement de 35 kilogrammes. Le poids des coussinets suit des variations proportionnelles au poids des rails, atteignant, pour les coussinets de joints, 18 kilogrammes en Angleterre, 15 kilogrammes en France, et au-dessous de 12 kilogrammes en Allemagne. La forme des rails est, en France, presque exclusivement à double champignon. En Angleterre, c'est également la forme la plus usitée, à laquelle il faut ajouter le rail à champignon simple; en Belgique, trois sortes de rails étaient employées, mais la substitution continue de rails à double champignon de 34 kilogrammes tend à faire disparaître ce manque d'uniformité [1]; en Allemagne, le rail

[1] Au 31 décembre 1853, la proportion afférente à chaque nature de rail était : de 17 p. o/o pour les rails dits ondulés ou à ventre de poisson; de 35 p. o/o pour les rails dits parallèles ou à simple champignon, et, enfin, de 48 p. o/o pour les rails à double champignon.

américain ou le rail Vignoles est le plus généralement adopté; viennent ensuite le rail à double champignon, le rail à simple champignon, et exceptionnellement le rail Brunel [1].

Les autres systèmes d'établissement de la voie consistent principalement dans la substitution des longrines aux traverses et dans la suppression des supports (rails Barlow).

Le système sur longrines a reçu une assez large application en Angleterre : dans ce cas, les rails qui y sont adoptés sont les rails Brunel (U renversé), et exceptionnellement les rails Vignoles. En Allemagne, il était appliqué, avec les rails Brunel et Vignoles, au chemin de Bade et au chemin de Berlin à Francfort; mais la substitution des traverses aux longrines a lieu généralement, et il ne reste que peu de sections avec rails sur longrines. En France, au 31 décembre 1853, la ligne de Saint-Germain était la seule qui eût quelques kilomètres établis avec longrines [2].

Quant au système qui consiste dans l'emploi de rails sans supports, dits rails Barlow, ce système, nouveau d'ailleurs, n'était employé qu'en Angleterre et devait l'être en France sur les embranchements de la ligne du Midi.

Nous n'entrerons pas dans le détail des constructions qui, à l'étranger comme en France, sont établies en vue de l'exploitation, telles que les bâtiments destinés aux voyageurs, les gares des marchandises, les dépôts de machines et remises de voitures, les réservoirs d'eau et les machines destinées à l'alimentation, les ateliers de gros et petit entretien. Stations et dépendances.

Ces constructions se retrouvent généralement sur tous les réseaux de chemins de fer, mais pour chaque réseau leur importance est en rapport avec les besoins à desservir; elle est, par suite, moins grande en Belgique et dans les divers États d'Allemagne qu'en France et en Angleterre.

Les bâtiments considérables établis aux têtes de lignes, à Paris et à Londres, méritent surtout d'être cités.

On a cherché à connaître quel était, pour chaque réseau, le nombre des stations, et à en déduire l'espacement moyen compris entre deux stations consécutives.

En France, au 31 décembre 1853, sur 4,063 kilomètres, le nombre des stations était de 577, correspondant à un espacement moyen de 7 kilomètres, variant d'une ligne à l'autre de 3 à 10 kilomètres.

En Angleterre, sur 12,373 kilomètres, le nombre des stations était de 2,283, correspondant à un espacement moyen de 5,5 kilomètres.

En Belgique, sur 621 kilomètres composant le réseau de l'État, le nombre des stations était de 110, correspondant à un espacement moyen de 5 kilomètres : cet espacement moyen était respectivement de 4, 5, 7, 9 kilomètres sur les lignes de l'Est, du Midi, du Nord et de l'Ouest.

En Allemagne, sur 8,490 kilomètres, le nombre des stations était de 1,048, correspondant à un espacement moyen de 8 kilomètres, et qui était respectivement de 7 kilomètres sur le réseau autrichien, de 9 kilomètres sur le réseau des États divers d'Allemagne, de 10 kilomètres sur le réseau Prussien.

Pendant la première époque du développement des chemins de fer, à part quelques exceptions, Matériel roulant.

[1] La proportion afférente à ces diverses espèces de rails peut être établie ainsi qu'il suit : rails Vignoles, 74 p. 0/0; rails à double champignon, 16 p. 0/0; à simple champignon, 7 p. 0/0; rails Brunel, 3 p. 0/0.

[2] Dans les sections à ouvrir, les rails sur longrines sont appliqués au chemin du Midi (ligne principale) et sur la ligne de Dôle à Salins.

l'Angleterre et l'Amérique possédèrent le monopole de la construction des locomotives. Depuis, la France, la Belgique et l'Allemagne se sont successivement affranchies de ce tribut. Il y a mieux, ces pays ne se sont pas seulement bornés à établir les locomotives dans les systèmes arrêtés en Angleterre ou en Amérique, mais ils ont concouru aux progrès qui ont été apportés dans la construction de ces machines. Les types admis à l'Exposition universelle de 1855 témoignent de ces progrès.

Les véhicules à voyageurs sont divisés en France en trois classes : les voitures de première classe sont garnies avec luxe; celles de deuxième classe sont simplement à coussins et dossiers rembourrés; celles de troisième classe sont à banquettes en bois, et fermées généralement par des châssis à vitres. En Angleterre, les voitures de première classe sont de beaucoup inférieures à celles de France; celles de deuxième classe peuvent être comparées aux voitures de troisième; enfin, celles de troisième ne sont pas même fermées par des châssis à vitre. En Allemagne, on compte quatre classes de voitures à voyageurs sur quelques chemins : les trois premières présentent à peu près les mêmes dispositions intérieures que celles de France.

On ne croit pas devoir s'arrêter aux waggons de marchandises, qui ne présentent d'intérêt que par leur construction plus ou moins économique au point de vue des transports, et par leurs formes très-diverses: les uns plats avec bâches mobiles, les autres fermés, quelques-uns établis pour des transports spéciaux. Toutefois, nous ne passerons pas sous silence l'introduction dans le matériel anglais et français des waggons comportant un chargement de 10 tonnes.

Le tableau n° 24 fait connaître le matériel roulant affecté à l'exploitation de divers réseaux et son importance par myriamètre de chemin. Pour que ces données puissent se prêter à d'utiles comparaisons, il faudrait tenir compte de la fréquentation des divers réseaux, du nombre de véhicules attelés aux trains de voyageurs et aux trains de marchandises, enfin, de la capacité des véhicules. En introduisant ces éléments, on pourrait juger quelle est l'importance du matériel roulant affecté à chaque réseau, eu égard aux besoins du service. Le tableau suivant complète en partie ces renseignements.

Tab. Q.

DÉSIGNATION DES RÉSEAUX.	FRÉQUENTATION diurne en trains.	NOMBRE PAR MYRIAMÈTRE		NOMBRE PAR MYRIAMÈTRE et par unité de fréquentation		OBSERVATIONS.
		de locomotives.	de véhicules.	de locomotives.	de véhicules.	
1	2	3	4	5	6	7
France	18	3 01	65 61	0 17	3 64	
Belgique (réseau de l'État)	19	2 86	81 90	0 15	4 31	
Prusse	12	2 10	38 20	0 17	3 18	
Autriche	10	3 71	51 06	0 37	5 11	
Allemagne (États divers)	9	1 94	34 07	0 21	3 78	
Grande-Bretagne	"	"	"	"	"	
Bade (chemin de l'État)	13	2 20	35 10	0 17	2 70	
États-Sardes	11	2 80	36 20	0 25	3 29	
New-York	10	1 50	19 86	0 14	1 81	
Massachusetts	10	1 45	30 26	0 15	3 03	

Il résulte de ce tableau qu'en tenant compte de l'étendue et de la fréquentation des divers chemins qui y sont indiqués:

L'Autriche possède le plus de locomotives et de véhicules;

La Belgique possède le moins de locomotives[1];

L'État de Bade possède le moins de véhicules;

La France paraît, sous ce rapport, dans une situation moyenne.

L'infériorité du nombre de véhicules pour le chemin badois est d'autant plus remarquable, qu'en tenant compte du nombre moyen de véhicules attelés aux trains, soit de voyageurs, soit de marchandises, on trouve que c'est sur ce chemin qu'il est le plus considérable. D'un autre côté, le service de l'exploitation s'y fait avec une grande régularité. Peut-être doit-on voir dans ce résultat un exemple de l'économie à réaliser sur le matériel roulant par l'unité de direction et d'administration[2].

L'on ne possède aucun renseignement sur l'importance du personnel attaché à l'exploitation des divers réseaux étrangers. En Angleterre seulement, d'après des documents recueillis par le *Board of Trade*, le nombre d'employés s'élevait, en 1853, à 80,409, représentant environ 67 par myriamètre : on a déjà vu qu'il était de 79 par myriamètre sur le réseau français. Personnel.

§ II. — DÉPENSES D'ÉTABLISSEMENT.

Le tableau n° 24 donne, au 31 décembre 1853, la dépense d'établissement des divers réseaux européens.

L'ensemble des chemins de fer livrés à l'exploitation présentait, à cette époque, pour l'Europe entière, une longueur totale de 29,190 kilomètres, et la dépense d'établissement pouvait être évaluée à environ 10 milliards 600 millions[3].

La part des divers États de l'Europe dans cette dépense est donnée par le tableau suivant :

Tab. R.

DÉSIGNATION DES ÉTATS.	LONGUEUR LIVRÉE à l'exploitation.	DÉPENSE TOTALE.	RÉPARTITION p. 0/0 de la dépense.	DÉPENSE MOYENNE par habitant.	OBSERVATIONS.
1	2	3	4	5	6
France	4,063	1,596,000,000	15	45	
Angleterre	12,373	6,612,000,000	62	242	
Belgique	903	245,000,000	2	54	
Prusse	3,822	660,000,000	6	41	
Autriche	2,403	378,000,000	4	10	
Allemagne (États divers)	3,508	527,000,000	5	31	
Russie	1,148	287,000,000	3	5	
États-Sardes	205	115,000,000	1	27	
Autres États	765	180,000,000	2	3	
TOTAUX et moyennes	29,190	10,600,000,000	100	39	

[1] Nous ne tenons pas compte des chiffres portés aux réseaux des États-Unis, dont l'exploitation se fait dans des conditions différentes.

[2] Ainsi, la moyenne du nombre de véhicules par myriamètre et par unité de train, qui est de 3,64 pour le réseau français, n'est que de 2,23 pour le chemin d'Orléans, qui comprenait à lui seul 1,109 kilomètres en 1853.

[3] Savoir : 10 milliards 29 millions pour 28,894 kilomètres (résultat des renseignements fournis par le tableau n° 24), et 571 millions, valeur approximative des 2,296 kilomètres formant la différence, et situés en Belgique, Prusse, Russie, Sardaigne et autres États.

Lorsque l'on considère que la population de la Grande-Bretagne est moindre que la dixième partie de celle de l'Europe et que les 4/5es de celle de la France, que sa superficie est moindre que la trentième partie de celle de l'Europe continentale et que les 3/5es de celle de la France; qu'enfin les fortunes privées ont dû seules pourvoir aux dépenses que les chemins de fer y ont occasionnées, on est profondément étonné des ressources financières dont ce pays à pu disposer pour suffire à un si prodigieux mouvement de capitaux en si peu d'années. Les lignes livrées à l'exploitation au 31 décembre 1846 représentaient une dépense de 2,500,000,000 francs; au 31 décembre 1850, elles représentaient une dépense de plus de 5,600,000,000 francs : ainsi, en quatre ans, il y avait eu une augmentation de trois milliards, correspondant à un mouvement annuel de capitaux dépassant 700,000,000 francs en moyenne.

Les dépenses consacrées à l'établissement des chemins de fer sont loin d'être, d'un pays à l'autre, dans le même rapport que l'étendue respective de leurs réseaux; autrement, le prix de revient moyen par kilomètre diffère notablement, suivant le réseau que l'on étudie.

Aux États-Unis, il est moyennement de 133,000 francs, c'est-à-dire de beaucoup inférieur à la moyenne européenne, qui dépasse 350,000 francs, ce qui est dû à la valeur presque nulle des terrains, à l'éloignement des centres de population, enfin, à une différence très-appréciable dans les conditions d'établissement.

Sans sortir des réseaux européens, le tableau n° 24 donne lieu de constater, d'un réseau à un autre, des différences importantes. D'après ce tableau, le prix de revient par kilomètre serait, moyennement,

En Angleterre, de 548,450f, variant de 271,000f, ligne de Newcastle à Carlisle, à 5,400,000f, ligne de Londres à Blackwall;

En France, de 392,739f, variant de 113,000f, ligne de Bordeaux à la Teste, à 1,100,000f, ligne de Saint-Germain;

En Belgique, de 271,125f;

En Autriche, de 247,424f, variant de 157,000f, ligne de Vienne à Bruck, à 337,000f, ligne de Vienne à Gloggnitz;

Dans le duché de Bade, de 236,697f;

En Prusse, de 211,446f, variant de 94,000f, ligne de Neiss-Brieg, à 417,000f, chemin Rhénan;

En Allemagne, États divers, de 204,410f, variant de 102,000f, ligne d'Altona à Kiel et embranchements, à 311,000f, ligne de Bresse à Bodenbach.

Le peu d'étendue des réseaux des autres États, et la situation particulière des premiers chemins qui la composent, ne permettent pas de tenir compte de la moyenne du prix de revient obtenue pour ces États.

Les causes principales de ces différences sont les suivantes :

En Angleterre. — Frais d'obtention de concession, dépenses inconnues dans les autres États, et qui, pour certains chemins, ont élevé la moyenne du prix de revient de 75,000 à 200,000 francs par kilomètre, chemins de Brighton, de Manchester à Birmingham, de Blackwall; valeur excessive des terrains, qui, pour citer un exemple, a dépassé 250,000 francs par kilomètre pour le chemin de Manchester à Birmingham; prix élevé de la main-d'œuvre; enfin, et surtout, l'établissement des lignes aux environs de Londres, qui ont coûté jusqu'à 4 et 5 millions par kilomètre, lignes de Londres à Greenwich, et de Londres à Blackwall.

En France. — A part les frais d'obtention de concession, qui n'existent pas, les causes d'augmentation du prix de revient signalées pour l'Angleterre se retrouvent, bien qu'à un degré moindre; prix élevé des terrains et de la main-d'œuvre; établissement des lignes aux environs de Paris, à des prix qui dépassent un million par kilomètre.

En Belgique. — Dépenses en terrains moins considérables que pour les États précédents; prix de la main-d'œuvre moindre; conditions d'établissement relativement inférieures, bien que d'une importance notable.

En Allemagne, Prusse, Autriche et États divers. — Dépense en terrains moindre encore qu'en Belgique, non-seulement à raison de la superficie occupée, mais encore à raison de la valeur des terrains, qui, en moyenne, paraît descendre au-dessous de 4,000 francs par hectare, tandis qu'elle est rarement inférieure à 10,000 francs en France, atteignant près de 1,000,000 de francs aux environs de Paris, dépassant 50,000 francs autour des grandes villes, et s'élevant en moyenne, par suite de la division des propriétés, à environ le double de la valeur vénale. D'un autre côté, comme nous l'avons exposé, les conditions d'établissement de ces chemins ne sont pas les mêmes, et les dépenses se ressentent notablement du tracé, des conditions de la voie et de l'importance des bâtiments, ateliers et dépendances.

En dehors des considérations que l'on vient de produire sommairement, et sur lesquelles nous n'avons pas à nous étendre, il ne paraît pas sans intérêt de faire remarquer que le prix moyen de revient par kilomètre s'accroît pour divers États et diminue pour d'autres. L'on peut étudier dans le tableau n° 23, sur divers réseaux, la marche de ces accroissements et de ces diminutions, qui donne lieu à d'utiles comparaisons.

En France, le prix de revient s'est accru constamment depuis 1841 à 1854, époque à laquelle il atteint 401,142 francs; les dépenses pour les lignes moins importantes en construction doivent l'abaisser pendant les années qui vont suivre.

En Angleterre, il atteignait 568,000 francs en 1843; il s'est abaissé par suite de la construction de lignes de moindre importance.

En Belgique, les dernières lignes établies par l'État, en 1848 et 1849, avaient abaissé la moyenne de 276,000 à 263,000 francs; mais le réseau restant stationnaire, et les dépenses de premier établissement continuant toujours, cette moyenne tend à se relever.

IVᴱ SECTION.

EXPLOITATION.

IVe SECTION.

EXPLOITATION.

Après avoir exposé l'organisation économique et financière des chemins de fer, leurs conditions et dépenses d'établissement, nous arrivons aux faits relatifs à leur exploitation.

Cette section sera divisée en quatre chapitres.

En premier lieu, nous étudierons le trafic et la recette, c'est-à-dire la nature et l'importance des transports effectués, ainsi que les recettes auxquelles ils donnent lieu.

En second lieu, nous exposerons le mouvement du matériel et les dépenses d'exploitation, c'est-à-dire les moyens mis en action pour effectuer les transports et les dépenses qu'ils occasionnent.

Le troisième chapitre sera consacré à l'étude des résultats économiques et financiers qui ressortent du rapprochement des faits consignés dans les deux premiers chapitres; savoir : les rapports qui lient le mouvement du matériel au trafic et la dépense à la recette, le produit net, les conditions économiques des transports. Nous ajouterons quelques considérations sur le rôle des chemins de fer, par rapport aux autres voies de communication.

Le dernier chapitre aura pour but, comme dans les précédentes sections, de comparer les faits qui se rapportent au réseau français avec ceux qui se rapportent aux réseaux étrangers.

La révolution que les chemins de fer accomplissent dans l'industrie des transports frappe tous les esprits et donne un intérêt tout particulier à l'étude de leur exploitation; cette révolution, bien que datant d'une époque très-rapprochée de nous, se propage avec une telle rapidité, qu'il paraît utile d'en exposer sommairement les faits principaux.

De 1828 à 1840 inclusivement, la longueur moyenne exploitée chaque année est si faible (de 18 kilomètres à 303 kilomètres), que les résultats de l'exploitation des chemins de fer ne présentent qu'un intérêt secondaire, et n'apportent aucun trouble dans le mouvement général et la distribution des transports sur les autres voies de communication[1]. D'un autre côté, en écartant les lignes de banlieue, destinées plus spécialement aux voyageurs, la nature et la situation des autres lignes de fer, loin de les constituer rivales des voies navigables, leur donne en général le caractère d'un auxiliaire puissant: telles sont notamment les lignes de Rhône et Loire, d'Abscon à Saint-Waast, d'Alais à Beaucaire.

En 1841, la longueur moyenne exploitée s'élève subitement de 303 kilomètres à 517 kilomètres, et depuis cette époque elle s'accroît notablement chaque année. Les lignes livrées à l'exploitation prennent un caractère plus général; ce sont: celle de Strasbourg à Bâle, presque terminée en 1841; celles de Rouen et d'Orléans, ouvertes en 1843, etc. Ce n'est réellement qu'à partir de cette époque qu'il est intéressant de consigner les résultats annuels de l'exploitation et de les comparer.

[1] En 1835 et 1836, les lignes de Rhône et Loire, comprenant ensemble 142 kil., étaient les seules qui fussent exploitées. Les résultats généraux de leur exploitation peuvent être résumés comme suit, approximativement:

Longueur exploitée, 142 kil.; nombre de voyageurs transportés, 180,000; recette des voyageurs, 500,000 fr.; nombre de tonnes transportées, 500,000, dont 400,000 de houille; recettes des marchandises, 2,500,000 fr.; recettes totales, 3,000,000 fr.; produit net total, 800,000 fr.; recette par kilomètre, 21,000 fr.; produit net par kilomètre, 5,636; rapport de la dépense à la recette, 77 p. o/o.

Le tableau n° 8 donne, page 45, pour l'ensemble du réseau et pour les années 1841 à 1854, les recettes et produits nets de l'exploitation. En ne tenant pas compte de la crise amenée par les événements de 1848, et dont l'effet s'est prolongé pendant plusieurs années, ce tableau const un progrès continu dans les produits.

Ainsi, en comparant les résultats de l'année 1841, qui nous sert de point de départ, avec ceux de l'année 1847, la plus féconde de la période antérieure, et ceux de l'année 1854, dernière année écoulée, on remarque que, tandis que pour ces trois années les longueurs moyennes exploitées ont été respectivement dans le rapport des chiffres........................... 1 : 3 : 8,4;

Les recettes ont été dans le rapport des chiffres........................ 1 : 5 : 15,2;

Les produits ont été dans le rapport des chiffres........................ 1 : 7 : 24,5.

Les chiffres de la recette et du produit net ne présentent d'ailleurs qu'un des nombreux aspects sous lesquels se manifestent ces progrès. Pour en donner une idée plus complète, nous réunissons dans un tableau les résultats principaux de l'exploitation afférents aux années 1841, 1853 et 1854.

Tab. S.

NUMÉROS D'ORDRE.	NATURE DES RENSEIGNEMENTS.		RÉSULTATS POUR LES ANNÉES			RÉSULTATS PROPORTIONNELS.			ACCROISSEMENT.		
			1841.	1853.	1854.	1841.	1853.	1854.	TOTAL de 1841 à 1854.	MOYEN pendant les 13 années antérieures à 1855.	DE L'ANNÉE 1853 à 1854.
1	2		3	4	5	6	7	8	9	10	11
	RÉSULTATS GÉNÉRAUX.										
1	Longueur	totale au 31 décembre..... kil.	569	4,063	4,660	1	7,1	8,2	4,091	315	597
2		moyenne pendt l'année entière. kil.	517	3,978	4,348	1	7,7	8,4	3,831	295	370
3	Recette brute totale.............. fr.		13,289,107	171,779,666	201,946,158	1	12,3	15,8	188,657,051	14,512,081	30,160,492
4	Produit net.............. fr.		4,674,037	97,824,970	114,855,105	1	20,9	24,5	110,181,068	8,475,466	17,030,135
5	Nombre de voyageurs	à toute distance	6,378,666	24,685,320	28,070,458	1	3,9	4,5	21,691,792	1,668,599	3,385,138
6		à un kilomètre	112,602,286	1,154,812,349	1,375,440,419	1	10,3	12,3	1,262,838,133	97,141,010	220,628,070
7	Nombre de tonnes	à toute distance	1,059,793	27,172,65	8,864,501	1	6,8	8,4	7,804,708	600,362	1,691,849
8		à un kilomètre	38,768,850	813,077,759	1,143,188,098	1	21,0	29,4	1,104,419,248	84,955,326	330,110,339
9	Nombre de trains	à toute distance	»	301,390	352,509	»	»	»	» »	»	51,119
10		à un kilomètre	2,559,150	26,245,663	31,298,597	1	10,3	12,2	28,739,447	2,210,726	5,052,934
	RÉSULTATS KILOMÉTRIQUES.										
11	Recette brute totale.............. fr.		25,704	43,182	46,445	1	1,7	1,8	20,741	1,595	3,263
12	Produit net.............. fr.		9,040	24,591	26,415	1	2,7	2,9	17,375	1,336	1,824
13	Nombre de voyageurs à la distance entière	pendant l'année	217,800	290,300	316,339	1	1,3	1,5	8,530	7,580	26,039
14		par jour	597	795	867				270	21	72
15	Nombre de tonnes à la distance entière	pendant l'année	74,988	204,393	262,922	1	2,7	3,5	187,934	14,456	58,529
16		par jour	205	560	720				515	40	160
17	Nombre de trains à la distance entière	pendant l'année	4,950	6,598	7,198	1	1,4	1,5	2,248	173	600
18		par jour	14	18	20				6	0,5	2
	DOCUMENTS DIVERS.										
19	Parcours moyen	d'un voyageur.......... kil.	17,65	46,78	49,00	1	2,7	2,8	31,35	2,41	2,22
20		d'une tonne.......... kil.	36,58	113,36	128,96	1	3,1	3,6	92,38	7,11	15,60
21	Charge moyenne d'un train	en voyageurs	43	44	44	1	1	1	1	0,08	»
22		en tonnes de marchandises	15	31	37	1	2,1	2,5	22	1,69	6,00
										Diminution.	
23	Tarif moyen perçu	par voyageur et par kilomètre	$7^{c},00$	$6^{c},60$	$6^{c},10$	1	0,9	0,9	$0^{c},90$	$0^{c},07$	$0^{c},50$
24		par tonne et par kilomètre	$12^{c},00$	$8^{c},20$	$7^{c},60$	1	0,7	0,6	$4^{c},40$	$0^{c},35$	$0^{c},60$
25	Rapport p. 0/0 de la dépense à la recette		65	43	43	1	0,7	0,7	22	2	»
										Accroissement.	
26	Produit p. 0/0	du capital dépensé	3,11	6,26	6,58	1	2,0	2,1	3,47	0,26	0,32
27		des dépenses des compagnies	3,11	8,57	9,00	1	2,8	2,9	5,89	0,45	0,43

On peut, à l'examen de ce tableau, se rendre compte des progrès réalisés pendant les treize années qui viennent de s'écouler, et plus particulièrement pendant la dernière année; ou autrement, on peut apprécier le pas dont on a marché pour atteindre la situation actuelle et le pas dont on marche vers des progrès nouveaux.

Les résultats généraux qu'il contient, articles 1 à 10, donnent une idée du développement tout à fait remarquable que prennent chaque année, avec l'extension du réseau, la recette, le produit net, le mouvement des voyageurs et des marchandises, la circulation des trains.

Ainsi, pendant l'année 1854, tandis que la longueur exploitée s'est accrue de 9 p. 0/0,
la recette et le produit net se sont accrus de.......................... 17 à 18 p. 0/0,
le mouvement des voyageurs et la circulation des trains se sont accrus de..... 19 p. 0/0,
enfin, le mouvement des marchandises s'est accru de...................... 40 p. 0/0.

Les autres chiffres permettent d'apprécier d'une manière plus précise les progrès réalisés dans l'exploitation des chemins de fer, tels que l'augmentation des divers éléments de la recette, l'augmentation plus considérable du trafic, l'élévation relative du produit net, l'abaissement des prix de transport, etc. Ils résument ainsi les faits les plus saillants parmi ceux que nous nous proposons de développer dans les chapitres qui suivent.

CHAPITRE PREMIER.

TRAFIC ET RECETTE.

Les transports qui s'effectuent sur les chemins de fer peuvent être divisés en quatre catégories, savoir :

Les transports de voyageurs;

Les accessoires de la grande vitesse, qui comprennent les transports des bagages, des chiens, des finances, des messageries, enfin les transports, aux tarifs de la grande vitesse, des voitures, chevaux et denrées alimentaires, telles que la viande, la marée, le lait, etc.;

Les transports de marchandises à petite vitesse, qui comprennent les diverses classes de marchandises dont les transports s'effectuent aux tarifs de la petite vitesse;

Enfin, les accessoires de la petite vitesse, qui comprennent les transports de voitures et bestiaux, les autres transports non classés et les frais de magasinage.

Les recettes sont classées de la même manière; seulement, elles comprennent une cinquième catégorie affectée aux recettes diverses et d'ordre, qui ne se rapportent à aucune des catégories que nous venons de mentionner.

Le tableau n° 10 indique quelle a été, dans le mouvement et la recette de 1841 à 1854, la part afférente à ces diverses catégories; son examen donne lieu à plusieurs observations générales qu'il a paru utile d'exposer.

Les chiffres portés aux colonnes 6 à 13 de ce tableau montrent que chaque nature de recette s'est constamment accrue chaque année; les recettes de l'année 1848 font seules exception.

Les chiffres portés aux colonnes 14 à 21 constatent également que, de 1841 à 1847, les recettes kilométriques ont été en augmentant; cette marche, brusquement interrompue par les événements de 1848, n'a repris un mouvement ascensionnel très-prononcé qu'à partir de 1852. Dès 1853, les chiffres obtenus en 1847 sont dépassés, à l'exception de ceux qui sont relatifs aux produits de la grande vitesse, et il y a lieu de penser qu'en 1855 ces derniers seront eux-mêmes dépassés. Cette augmentation des diverses recettes kilométriques, alors que les lignes ajoutées au réseau depuis 1847 étaient généralement d'une importance moindre, montre que, sous le rapport du mouvement industriel et commercial, la situation actuelle présente une supériorité marquée sur celle de 1847.

Enfin, les chiffres des colonnes 22 à 29 donnent la décomposition de la recette en ces cinq catégories. Ils permettent d'apprécier quelle a été l'influence de l'extension du réseau sur ces diverses catégories de recettes, et font ressortir les faits suivants :

Le produit réuni du transport des voyageurs et des marchandises à la tonne constitue à lui seul plus de 80 p. o/o de la recette totale. Il atteignait près de 95 p. o/o en 1841 ; il n'a varié, dans les quatre dernières années, que de 83 à 84 p. o/o. Mais la proportion relative du produit de chacun de ces deux transports tend à se modifier, par la progression constante de la part afférente aux marchandises. Cette part, représentée en 1841 par 37 p. o/o, s'est élevée à 42 p. o/o en 1847, à 47 p. o/o en 1853; elle a atteint 52 p. o/o en 1854, dépassant ainsi le produit des voyageurs.

Le produit réuni des autres recettes, qui n'atteignait pas 6 p. o/o en 1841, s'est maintenu entre 15 et 16 p. o/o dans les dernières années. Il se décompose ainsi : accessoires de la grande vitesse, 9,62 en moyenne, variant de 9,18 à 10 p. 0/0; — accessoires de la petite vitesse, 2,50 en moyenne, variant de 2,40 à 3,09 p. 0/0; — enfin, recettes diverses, 4,53 en moyenne, variant de 3,92 à 4,89 p. 0/0.

Cette différence dans le mouvement de la recette due au transport des voyageurs et celui de la recette due au transport des marchandises s'explique aisément lorsqu'on remarque la ature des lignes le plus récemment livrées à l'exploitation, qui sont en général des prolon-ements ou embranchements des lignes principales du réseau. En effet, les voyageurs vont rouver le chemin de fer dès qu'il abrége le parcours total qu'ils ont à faire, tandis qu'en général es marchandises ne sont transportées sur ces voies de communication qu'autant qu'elles viennent es prendre à peu de distance du lieu de leur provenance pour les déposer à peu de distance du ieu de leur destination; de sorte que l'on peut dire d'une manière générale que l'affluent ne donne n voyageurs que la circulation qui lui est propre, tandis que pour les marchandises il crée de ouveaux débouchés et apporte à la circulation de la ligne principale tout ou partie de ses trans-orts.

L'accroissement des autres natures de recettes provient de diverses causes. Pour les accessoires e la grande vitesse, il est dû au développement du transport des messageries, et surtout des denrées imentaires; pour les accessoires de la petite vitesse, à l'extension du trafic des bestiaux. Quant ux recettes diverses qui ne se rattachent qu'indirectement à l'exploitation et au trafic, elles sont estées en dehors de ce développement, et ont suivi le mouvement général de la recette.

Les faits que nous venons d'exposer donnent un premier aperçu de l'importance du trafic cor-spondant aux diverses natures de recettes. Toutefois, nous nous empressons d'ajouter que le éveloppement de la recette ne donne qu'une idée incomplète du développement du trafic.

Ainsi, en ce qui concerne les voyageurs; tandis que, de 1841 à 1854, la recette kilométrique est accrue dans le rapport de 1 à 1,2, le tableau S constate, article 14, que le mouvement kilo-étrique s'est accru dans le rapport de 1 à 1,5.

De même, en ce qui concerne les marchandises; tandis que, de 1841 à 1844, la recette kilo-étrique s'est accrue dans le rapport de 1 à 2,2, le tableau S constate, article 16, que le mouve-ent kilométrique s'est accru dans le rapport de 1 à 3,5.

La différence que ces chiffres mettent en évidence, entre les accroissements du trafic et les accroissements des recettes correspondantes, témoigne de l'abaissement des tarifs moyens perçus, baissement sans importance pour les transports des voyageurs, mais déjà très-notable pour les transports des marchandises.

En résumé, et en ne tenant pas compte des crises qui peuvent troubler le développement égulier de toutes les entreprises, les résultats généraux et successifs du trafic et de la recette accroissent indéfiniment avec l'extension du réseau. Quant aux résultats kilométriques, l'extension du réseau peut sans doute, et pendant un temps, contribuer à leur augmentation, mais il arrive n moment où cette extension continue doit nécessairement en arrêter le progrès.

En ce qui concerne les marchandises, tout fait présumer que les accroissements de la recette et du mouvement kilométriques se poursuivront encore pendant un nombre d'années que nous e saurions déterminer. En ce qui concerne les autres catégories du trafic et de la recette, les faibles différences qui se manifestent dans les recettes kilométriques, d'une année à l'autre, onnent lieu de penser que nous ne sommes pas éloignés de l'époque à laquelle elles atteindront eur maximum.

Telles sont, pour l'ensemble du réseau, les observations générales qui se rapportent au développement du trafic et de la recette. L'étude de leur répartition, suivant les diverses lignes qui composent le réseau et suivant la nature du trafic, donne lieu à des considérations d'un autre ordre.

Les moyennes kilométriques établies par les résultats généraux, et pour l'ensemble du réseau, subissent, sous l'influence de causes très-diverses, de notables modifications.

En premier lieu, elles s'abaissent ou se relèvent suivant les lignes ou sections que l'on considère. Ainsi, la recette kilométrique, qui en 1854 est, en moyenne, de 46,445 francs pour l'ensemble du réseau, n'est que de 8,005 francs pour la ligne de Bordeaux à la Teste et à Dax, tandis qu'elle s'élève à 111,700 francs pour la ligne de Paris à Saint-Germain.

La part suivant laquelle les divers éléments du produit, et notamment les deux principaux, voyageurs et marchandises, contribuent à la recette totale est elle-même très-variable d'une ligne à l'autre, depuis les chemins de banlieue, dont la recette se compose exclusivement du produit des voyageurs, jusqu'aux lignes plus particulièrement affectées aux marchandises, dont le produit représente 74, 79 et 99 p. o/o de la recette totale (Rhône et Loire, Anzin à Somain, Ceinture).

La nature du trafic, sa répartition par provenance et par destination, sont complétement subordonnées à la situation et au parcours de chaque chemin, et présentent, par suite, des différences très-considérables d'une ligne à l'autre.

Les tarifs perçus varient également sur les diverses lignes, suivant la nature du trafic et même pour des marchandises similaires.

Enfin, sur un même chemin, les produits éprouvent des oscillations suivant les époques de l'année : généralement, ils sont plus importants dans les mois de mai à octobre que dans les autres mois, et l'influence de la saison se fait sentir plus ou moins sur les différentes lignes ou sections de lignes.

Les diverses observations qui précèdent se trouveront confirmées par les détails que nous allons exposer, en prenant pour base de notre examen les résultats de l'exploitation pendant les années 1853 et 1854.

§ Ier. — VOYAGEURS.

Nombre et répartition des voyageurs.

Dans la comptabilité des chemins de fer, les voyageurs sont représentés par les billets qui leur sont délivrés.

Le tableau n° 3 indique que leur nombre, en 1854, dépasse celui de 1853 de 3,385,138, ou 14 p. o/o; l'excédant en 1853 n'était que de 2,075,397, ou 9 p. o/o.

Cet excédant de 14 p. o/o, alors que l'étendue du réseau ne s'est accrue que de moins de 10 p. o/o, indique que les habitudes des voyages se généralisent de plus en plus. Si, en effet, ces habitudes étaient restées stationnaires, le progrès naturellement amené par l'extension du réseau eût été presque insensible.

Ces billets sont délivrés, sur les diverses lignes du réseau, dans des proportions différentes, suivant la situation et l'étendue de ces lignes. D'un autre côté, ils sont à prix complet ou à prix réduit, tels que les billets de trains de plaisir, de militaires, d'émigrants où d'indigents. Et ces deux catégories, soit à prix complet, soit à prix réduit, comprennent elles-mêmes trois classes de billets, suivant la nature de la place occupée.

Nous indiquons dans le tableau suivant quels ont été, pour chaque ligne, en 1853 et 1854, le nombre de billets délivrés, et la répartition de ces billets suivant leur nature.

Tab. T.

DÉSIGNATION DES LIGNES.	1853. Longueur moyenne exploitée.	1853. Billets délivrés. Nombre.	1853. Billets délivrés. Proportion p. o/o sur le nomb. total.	1853. Proportion p. o/o des bill^ts à prix complet.	1853. Proportion p. o/o des bill^ts à prix réduit.	1853. Répartition p. o/o des billets à prix complet. 1re classe	1853. Répartition. 2e classe	1853. Répartition. 3e classe	1853. Répartition p. o/o des billets à prix réduit. Tr^ns de plaisir.	1853. Répartition. Militaires émigrants indigents.	1854. Longueur moyenne exploitée.	1854. Billets délivrés. Nombre.	1854. Billets délivrés. Proportion p. o/o sur le nomb. total.	1854. Proportion p. o/o des bill^ts à prix complet.	1854. Proportion p. o/o des bill^ts à prix réduit.	1854. Répartition p. o/o des billets à prix complet. 1re classe	1854. Répartition. 2e classe	1854. Répartition. 3e classe	1854. Répartition p. o/o des billets à prix réduit. Tr^ns de plaisir.	1854. Répartition. Militaires émigrants indigents.	OBSERVATIONS.
1	2	3	4	5	6	7	8	9	10	11	12	13	14	15	16	17	18	19	20	21	22
	kil.										kil.										
Nord	707	4,740,613	19 2	95	5	10	28	62	50	50	707	5,071,218	18 0	93	7	9	27	64	25	75	(1) Exploitation de 10 mois seulement, par suite de sa fusion dans l'Ouest.
Anzin à Somain	19	171,151	0 7	99	1	2	5	93	54	46	19	160,074	0 6	99	1	3	5	92	"	100	
Est. Strasbourg et embranch.	786	3,297,363	13 3	99	1	9	19	72	100	"	827	3,566,990	12 7	"	"	8	18	74	"	"	
Est. Montereau à Troyes	100	183,643	0 7	100	"	6	30	64	"	"	100	197,008	0 7	100	"	6	32	62	"	"	
Paris à Saint-Germain	25	2,444,660	9 9	100	"	14	86	"	"	"	30	3,981,884	14 2	100	"	13	87	"	"	"	
Paris à Rouen	139	1,042,988	4 6	94	6	15	31	54	26	74	139	1,084,085	3 9	99	1	15	27	58	100	"	
Rouen au Havre	92	669,694	2 7	91	9	11	37	52	22	78	(1)77	606,332	2 2	98	2	11	30	59	100	"	
Rouen à Dieppe	51	175,320	0 7	100	"	13	32	55	"	"	51	171,062	0 6	99	1	15	31	54	100	"	
Ouest	151	3,702,432	15 0	99	1	10	74	10	45	55	209	3,741,855	13 3	94	6	16	73	11	32	68	
Orléans et prolongements	1,010	2,889,322	11 7	"	"	11	19	70	"	"	1139	3,325,945	11 8	100	"	12	16	72	"	"	
Paris à Orsay	11	668,962	2 7	100	"	4	28	68	"	"	17	721,766	2 6	99	1	4	28	68	"	100	
Paris à Lyon	363	1,826,123	7 4	85	15	10	25	65	49	51	443	2,376,877	8 5	74	26	8	21	71	71	29	
Lyon à la Méditerranée	204	1,718,204	6 9	98	2	4	22	74	75	25	358	1,850,842	6 6	92	8	4	17	79	"	"	
Rhône et Loire	150	975,640	3 9	96	4	13	87	"	"	100	150	1,080,439	3 8	94	6	14	86	"	"	100	
Midi	53	89,206	0 4	65	35	10	19	71	99	1	67	116,212	0 4	85	15	9	15	76	93	7	
Ceinture	7	"	"	"	"	"	"	"	"	"	15	17,869	0 1	"	100	"	"	"	"	100	
Ensemble	3,078	24,685,320	100 0	97	3	11	41	48	47	53	4,348	28,070,458	100 0	95	5	11	40	49	49	51	

Ce tableau donne lieu aux observations suivantes :

Les moyennes afférentes aux diverses lignes et à l'ensemble du réseau varient peu d'une année à l'autre.

Il n'a pas toujours été possible, pour la totalité des lignes, de distinguer les billets à prix réduit des billets à prix complet, et l'on doit surtout avoir égard à cette observation dans les appréciations que l'on serait tenté de faire sur les chiffres des colonnes 6 et 16, 10 et 20, 11 et 21.

Le réseau comprend quelques lignes exploitées avec des trains ne comportant que deux classes de voitures; ce sont les lignes de Saint-Germain, de Versailles, rive droite et rive gauche, et les lignes de Rhône et Loire. Les moyennes générales indiquées pour la répartition par classe ne présentent dès lors aucune idée précise à l'esprit.

Pour les lignes où l'on ne compte que deux classes de voitures, la répartition est établie comme suit : 1re classe, de 13 à 14 p. o/o; 2e classe, de 87 à 86 p. o/o.

Pour les lignes où l'on compte trois classes de voitures, les voyageurs se répartissent entre les trois classes dans les proportions ci-après : 1re classe, 10 p. o/o; 2e classe, 24 p. o/o; 3e classe, 66 p. o/o.

Les moyennes applicables à la ligne de l'Ouest, qui comprend la ligne de Rennes, exploitée avec trois classes de voitures, et les deux lignes de Versailles, exploitées avec deux classes de voitures, échappent à toute espèce de comparaison. Celles des autres lignes s'écartent peu, en général, des moyennes générales que nous venons d'indiquer. La part de la première classe est plus considérable sur les lignes de Rouen, le Havre et Dieppe, à raison des voyages aux bains de mer, qui supposent, le plus souvent, dans ceux qui les font, une fortune au-dessus de la moyenne. Le mélange des voyageurs à prix réduit augmente la proportion de la 3e classe et diminue celle de la 1re;

c'est probablement à cette cause qu'on doit attribuer les différences que l'on remarque dans la répartition qui se rapporte aux lignes de l'Est, de Lyon à la Méditerranée, et de Lyon en 1854. Quant aux différences que l'on remarque pour les lignes d'Anzin, d'Orsay et de Montereau à Troyes, elles peuvent être attribuées en grande partie à la nature de la ligne et à l'absence de trains express, ne comprenant que des voyageurs de 1re classe.

Nombre de billets délivrés aux gares de Paris.

Les documents à l'aide desquels a été dressé le tableau que l'on vient de présenter ne permettent pas d'apprécier la répartition des billets délivrés suivant les diverses stations du parcours. Le contingent apporté par les gares de Paris est naturellement prédominant. Il est indiqué ci-après, pour l'exercice 1854.

Tab. U.

DÉSIGNATION DES LIGNES.	NOMBRE DE BILLETS DÉLIVRÉS EN 1854			OBSERVATIONS.
	SUR TOUTE LA LIGNE.	À LA GARE DE PARIS.	PROPORTION P. o/o.	
1	2	3	4	5
Nord	5,071,218	1,187,783	23 42	Le mouvement des voyageurs dans un sens étant sensiblement égal au mouvement dans le sens contraire, il en résulte que les chiffres portés aux colonnes 3 et 4 expriment également le nombre de billets délivrés par la gare de Paris, et la proportion p. 0/0 de ses billets sur le nombre total des billets délivrés.
Est : Paris à Strasbourg et embranchemts.	3,566,990	522,629	14 65	
Saint-Germain et Auteuil	3,981,884	1,720,121	43 20	
Ouest : Versailles (Rive droite.)	1,775,461	720,098	40 56	
Ouest : ——— (Rive gauche.)	1,271,842	570,766	44 88	
Ouest : Paris au Mans	694,552	148,605	21 39	
Paris à Rouen	1,084,085	428,947	39 56	
Orléans et prolongements	3,325,945	586,683	17 63	
Paris à Orsay	721,766	348,774	48 32	
Paris à Lyon	2,376,877	594,520	25 01	
Autres lignes du réseau	4,109,715	"	"	
ENSEMBLE	27,980,335	6,828,926	24 41	

On voit que le nombre de billets délivrés à Paris dépasse 24 p. o/o du nombre total des billets délivrés sur tout le réseau.

Il y a même lieu de remarquer, au sujet de ce dernier chiffre, qu'à raison de la division du réseau entre des administrations différentes, les voyageurs partant de Paris pour se diriger sur le Havre ou Dieppe, sur Troyes, sur la ligne de Lyon à la Méditerranée, font double emploi; de telle sorte qu'en réalité, la proportion du nombre des voyageurs partant de Paris dépasse 25 p. o/o du nombre total des voyageurs, ce qui porte à plus de 50 p. o/o le nombre des voyageurs dont le trajet commence ou se termine à Paris.

Influence de l'époque de l'année sur le nombre des billets délivrés.

Tout le monde connaît l'influence des époques de l'année sur les voyages; les relevés de circulation sur les chemins de fer permettent de la préciser par des chiffres. Le tableau n° 28 donne, par mois et par ligne, le nombre de billets délivrés, et l'on peut y suivre les résultats de cette influence.

En partageant l'année en deux semestres, dont l'un comprendrait les quatre premiers mois de l'année et les deux derniers, et l'autre les six mois intermédiaires, de mai à octobre inclusivement, l'on obtient, en 1854, sur divers chemins, les résultats suivants :

Tab. V.

DÉSIGNATION DES LIGNES.	PROPORTION P. 0/0 DU NOMBRE DE BILLETS DÉLIVRÉS EN 1854.		MAXIMUM MENSUEL.	OBSERVATIONS. NOTA. Toutes les lignes n'ont pas été indiquées dans la colonne 1, à raison de la perturbation apportée dans les résultats annuels par suite de l'ouverture de nouvelles sections dans le courant de l'année.
	Mois de mai à octobre inclusivement	Autres mois de l'année.		
1	2	3	4	5
Nord	61	39	12 p. o/o Juillet.	
Montereau à Troyes	56	44	10 p. o/o Octobre.	
Paris à Rouen	59	41	12 p. o/o Septemb.	Saison des bains de mer.
Rouen au Havre	58	42	13 p. o/o Septemb.	Saison des bains de mer.
Dieppe	65	35	16 p. o/o Août.	Saison des bains de mer.
Rhône et Loire	55	45	10 p. o/o Septemb.	

Si l'on étendait ces observations, on reconnaîtrait : que la circulation est en général moins considérable les vendredis; que pour les grands parcours elle diminue encore les dimanches et jours de fête, tandis que le contraire a lieu pour les petits parcours; qu'enfin, sur les lignes de banlieue, elle se trouve accrue ou diminuée suivant le beau temps ou la pluie.

Sur chaque ligne, le mouvement des voyageurs s'apprécie soit par le trajet moyen parcouru par un voyageur, soit par le nombre moyen de voyageurs ramené à la distance entière pour l'année ou par jour. Nous adopterons la circulation diurne, comme présentant des chiffres dont les rapports sont plus facilement saisissables. Mouvement et parcours des voyageurs.

Les deux tableaux suivants donnent par nature de billets, et pour les années 1853 et 1854, le premier, le parcours moyen des voyageurs; le second, le nombre de voyageurs par jour, à la distance entière.

Tab. X.

DÉSIGNATION DES CHEMINS.	1853. — PARCOURS MOYEN D'UN VOYAGEUR. Voyageurs à prix complet.				Voyageurs à prix réduit.			À prix complet ou à prix réduit.	1854. — PARCOURS MOYEN D'UN VOYAGEUR. Voyageurs à prix complet.				Voyageurs à prix réduit.			À prix complet ou à prix réduit.
	1re classe.	2e classe.	3e classe.	De toute classe.	Trains de plaisir.	Militaires, émigrants	Trains de plaisir, militaires, etc.		1re classe.	2e classe.	3e classe.	De toute classe.	Trains de plaisir.	Militaires, émigrants	Trains de plaisir, militaires, etc.	
1	2	3	4	5	6	7	8	9	10	11	12	13	14	15	16	17
	kil.	kil.	kil.	kil.	kil.	kil.	kil.	kil.	kil.	kil.	kil.	kil.	kil.	kil.	kil.	kil.
Nord	122	52	34	48	147	86	116	51	118	54	41	46	127	130	129	52
Anzin à Somain	9	9	9	9	9	9	9	9	9	9	9	9	//	//	//	9
Est. Strasbourg et embts	116	66	53	61	71	//	71	61	129	56	65	68	//	//	//	68
Est. Montereau à Troyes	66	50	47	49	//	//	//	49	70	56	49	52	//	//	//	52
Paris à Saint-Germain	13	13	//	13	//	//	//	13	//	//	//	7	//	//	//	7 (1)
Paris à Rouen	85	68	54	63	112	139	132	67	86	64	61	65	124	//	124	66
Rouen au Havre	55	41	35	40	92	92	92	44	53	39	43	43	84	//	84	44
—— à Dieppe	46	39	30	35	//	//	//	35	48	39	30	35	42	//	42	35
Ouest	16	14	50	18	25	124	79	19	//	//	//	//	//	//	//	21
Orléans et prolongemts.	168	83	61	77	//	//	//	77	174	87	80	93	//	//	//	93
Paris à Orsay	10	10	10	10	//	//	//	10	//	//	//	//	//	//	//	6
Paris à Lyon	190	102	79	96	33	103	69	92	193	88	78	94	29	199	78	90
Lyon à la Méditerranée	64	47	32	37	23	54	30	37	102	59	44	54	//	//	//	49
Rhône et Loire	50	23	//	27	//	50	50	28	//	//	//	//	//	//	//	27
Midi	52	42	39	41	40	35	40	40	//	//	//	//	//	//	//	47
Ceinture	//	//	//	//	//	//	//	//	//	//	//	//	//	7	7	7
Ensemble	82	34	47	45	//	//	86	47	//	//	//	54	//	//	94	49

(1) La diminution considérable du parcours moyen, en 1854, sur la ligne de Saint-Germain est due à l'ouverture de la section d'Auteuil.

Tab. Y.

DÉSIGNATION DES CHEMINS.	1853. — NOMBRE MOYEN DE VOYAGEURS RAMENÉS À LA DISTANCE ENTIÈRE PAR JOUR.								1854. — NOMBRE MOYEN DE VOYAGEURS RAMENÉS À LA DISTANCE ENTIÈRE PAR JOUR.							
	Voyageurs à prix complet.				Voyageurs à prix réduit.				Voyageurs à prix complet.				Voyageurs à prix réduit.			
	1re classe.	2e classe.	3e classe.	Ensemble.	Trains de plaisir.	Militres, émigrants.	Ensemble.	TOTAL.	1re classe.	2e classe.	3e classe.	Ensemble.	Trains de plaisir.	Militres, émigrants.	Ensemble.	TOTAL.
1	2	3	4	5	6	7	8	9	10	11	12	13	14	15	16	17
Nord	214	256	361	831	68	40	108	939	"	"	"	850	44	128	172	1,022
Anzin à Somain	5	11	204	220	1	1	2	222	4	10	202	216	"	"	"	216
Est. Strasbourg et embts	118	145	435	698	4	"	4	702	123	118	556	797	"	"	"	797
Est. Montereau à Troyes	20	76	151	247	"	"	"	247	20	100	162	282	"	"	"	282
Paris à Saint-Germain	505	3,088	"	3,593	"	"	"	3,593	"	"	"	2,437	"	"	"	2,437
Paris à Rouen	245	402	564	1,211	38	132	170	1,381	268	363	755	1,386	24	"	24	1,410
Rouen au Havre	114	271	327	712	37	132	169	881	120	245	541	915	27	"	27	942
Rouen à Dieppe	57	115	155	327	"	"	"	327	66	109	148	323	1	"	1	324
Ouest	174	718	338	1,230	7	46	53	1,283	"	"	"	"	"	"	"	1,009
Orléans et prolongemts	149	121	337	607	"	"	"	607	168	110	463	741	"	"	"	741
Paris à Orsay	75	443	1,080	1,598	"	"	"	1,598	"	"	"	"	"	"	"	755
Paris à Lyon	212	285	567	1,064	32	105	137	1,201	"	"	"	1,017	81	219	300	1,317
Lyon à la Méditerranée	43	161	370	574	7	5	12	586	58	141	478	677	"	"	"	677
Rhône et Loire	112	339	"	451	"	40	"	491	"	"	"	"	"	"	"	527
Midi	16	24	82	122	64	1	65	187	"	"	"	"	"	"	"	223
Ceinture	"	"	"	"	"	"	"	"	"	"	"	"	"	"	"	228
ENSEMBLE	149	229	369	747	"	"	48	795	"	"	"	"	"	"	"	867

Le premier des tableaux ci-dessus met en évidence ce fait déjà connu, que le parcours moyen des voyageurs est plus considérable pour la 1re classe que pour la 2e, et pour la 2e que pour la 3e. Si les résultats généraux du tableau relatif à l'exercice 1853 semblent contredire cette assertion, il ne faut pas perdre de vue que cette contradiction apparente est due à l'influence des lignes de banlieue et de Rhône et Loire, qui n'ont que deux classes.

Variation du mouvement des voyageurs sur les diverses sections d'une même ligne.

Les chiffres du tableau Y donneraient une idée très-exacte du mouvement des voyageurs, si, au lieu de s'appliquer collectivement à un réseau comprenant plusieurs lignes, ils étaient rapportés séparément aux diverses sections qui le composent. Ils permettraient, alors, d'apprécier comment la circulation se répartit entre les diverses parties du réseau, comment elle se multiplie aux abords de Paris, se raréfie en s'éloignant de cette ville, et se partage ensuite suivant l'importance des embranchements; ils feraient enfin ressortir dans ses détails la loi, dont on n'a pu qu'indiquer le résultat général.

On a pu faire pour la ligne de Lyon un relevé complet de la circulation des voyageurs sur cette ligne, par provenance et par destination. — Bien que ce travail, dressé pour 1852, ne fasse pas connaître les faits les plus récents, et que, depuis cette époque, le réseau de la compagnie de Lyon ait pris beaucoup de développement, nous en extrayons le tableau suivant, qui met en évidence la répartition du mouvement des voyageurs sur les diverses sections de la ligne.

Tab. Z.

DÉSIGNATION DES GARES.	DISTANCE de PARIS.	NOMBRE DE VOYAGEURS PAR JOUR						DOUBLE MOUVEMENT entre deux gares consécutives.	OBSERVATIONS.
		S'ÉLOIGNANT DE PARIS.			SE RAPPROCHANT DE PARIS.				
		Pris.	Abandonnés.	Restant.	Abandonnés.	Pris.	Restant.		
1	2	3	4	5	6	7	8	9	10
Paris	//	1,452	//	1,452	//	1,378	//	2,830	
Villeneuve-Saint-Georges	15	13	166	1,299	119	16	1,378	2,574	
Montgeron	18	7	74	1,232	75	9	1,275	2,441	
Brunoy	22	10	116	1,126	118	11	1,209	2,228	
Combs-la-Ville	26	4	16	1,114	15	4	1,102	2,205	
Lieusaint	31	6	17	1,103	19	9	1,091	2,184	
Cesson	38	7	15	1,095	17	7	1,081	2,166	
Melun	45	79	186	988	194	79	1,071	1,944	
Bois-le-Roi	51	5	9	984	9	5	956	1,936	
Fontainebleau	59	45	240	789	215	43	952	1,569	
Thomery	64	2	8	783	8	1	780	1,556	
Moret-Saint-Mammès	69	7	29	761	24	8	773	1,518	
Montereau	79	34	205	590	199	30	757	1,178	
Villeneuve-la-Guyard	90	11	16	585	15	10	588	1,168	
Pont-sur-Yonne	102	19	13	591	12	16	583	1,178	
Sens	113	50	78	563	72	47	587	1,125	
Villeneuve-sur-Yonne	127	18	26	555	25	16	562	1,108	
Saint-Julien-du-Sault	135	11	14	552	11	7	553	1,101	
Joigny	146	28	159	421	119	29	549	880	
La Roche	155	9	16	414	10	6	459	870	
Brienon	164	12	18	408	17	12	456	859	
Saint-Florentin	173	14	30	392	27	14	451	830	
Flogny	184	10	6	396	6	9	438	837	
Tonnerre	197	43	59	380	67	43	441	797	
Tanlay	205	3	11	372	9	3	417	783	
Ancy-le-Franc	219	12	12	372	12	11	411	782	
Nuits-sous-Ravières	225	8	17	363	18	6	410	761	
Aisy	233	7	8	362	6	5	398	759	
Montbard	243	24	31	355	32	25	397	745	
Les Laumes	257	12	12	355	12	11	390	743	
Verrey	279	16	5	366	4	15	388	765	
Blaisy-Bas	288	14	5	375	6	14	399	782	
Malain	296	16	4	887	4	16	407	806	
Plombières	310	24	3	408	4	25	419	848	
Dijon	315	163	169	402	200	190	440	832	
Gevrey	326	7	19	390	15	6	430	811	
Vougeot	332	5	13	382	12	6	421	797	
Nuits	337	23	31	374	31	23	415	781	
Corgoloin	343	5	8	371	8	5	407	775	
Beaune	352	51	54	368	84	48	404	736	
Meursault	359	6	9	365	7	6	368	732	
Chagny	367	42	26	381	28	41	367	761	
Fontaines	373	25	5	401	4	24	380	800	
Châlons-sur-Saône	383	//	401	//	399	//	399	//	

Nous terminons ces développements, relatifs à la répartition du mouvement diurne des voyageurs, par un rapprochement entre la circulation moyenne en 1854 sur les diverses lignes du réseau, et cette circulation calculée d'abord sur le mouvement des gares de Paris, en second lieu, à 35 kilomètres à partir de cette ville. L'on pourra ainsi se rendre compte de la décroissance rapide du mouvement des voyageurs à mesure qu'on s'éloigne de Paris, où il atteint son maximum.

Mouvement des voyageurs aux gares de Paris et à 35 kil. de Paris.

Tab. W.

DÉSIGNATION DES LIGNES.	MOUVEMENT DIURNE EN VOYAGEURS.			RÉSULTATS PROPORTIONNELS DU MOUVEMENT DIURNE EN VOYAGEURS.			OBSERVATIONS.
	À la gare de Paris.	À 35 kilomètres de Paris (A).	Moyen sur toute la ligne.	À la gare de Paris.	À 35 kilom. de Paris.	Moyen sur toute la ligne.	
1	2	3	4	5	6	7	8
Nord	6,510	1,972	1,022	6, 3	1, 9	1	(A) Les chiffres de la colonne 3 doivent être considérés comme approximatifs.
Paris à Strasbourg	2,866	1,441	797	3, 7	1, 8	1	
Ouest. { Saint-Germain, Versailles (R. dr.), Rouen	15,723	2,351	1,859	8, 5	1, 3	1	
Ouest. { Versailles (R. g.), le Mans	3,994	810	649	6, 1	1, 2	1	
Orléans	3,216	1,249	741	4, 3	1, 7	1	
Paris à Orsay	1,608	"	755	2, 2	"	1	
Paris à Lyon	2,800	2,200	1,317	2, 1	1, 6	1	
Autres lignes	"	"	556	"	"	1	
TOTAUX	36,807	10,032	"	"	"	"	
MOYENNES GÉNÉRALES	5,250	1,672	867	6, 0	1, 9	1	

On voit aussi, par ce tableau, quelle est la part de la banlieue dans ce mouvement général. Sur 36,807 billets délivrés moyennement chaque jour à Paris ou pour Paris, 26,775 l'ont été pour une station de la banlieue ou à une station de la banlieue.

Recettes dues au transport des voyageurs.

Les trois tableaux suivants résument les documents les plus importants relatifs aux recettes provenant du transport des voyageurs; ils donnent, par ligne et suivant la nature des billets délivrés : le premier, la répartition du produit total du transport des voyageurs; le second, le produit moyen d'un voyageur; le troisième, le tarif moyen perçu par kilomètre.

Tab. A a.

DÉSIGNATION des LIGNES.	1853. Longueur moyenne exploitée.	1853. Recette totale en voyageurs.	1853. Recette. Proportion p. o/o sur la recette totale.	1853. Proportion pour o/o de la recette des voyageurs à prix complet.	1853. Proportion pour o/o de la recette des voyageurs à prix réduit (B).	1853. Répartition pour o/o de la recette des voyageurs à prix complet. 1re classe.	2e classe.	3e classe.	1853. Répartition pour o/o de la recette des voyageurs à prix réduit. Trains de plaisir.	Militaires, émigrants indigents.	1854. Longueur moyenne exploitée.	1854. Recette totale en voyageurs.	1854. Recette. Proportion p. o/o sur la recette totale.	1854. Proportion pour o/o de la recette des voyageurs à prix complet.	1854. Proportion pour o/o de la recette des voyageurs à prix réduit (B).	1854. Répartition pour o/o de la recette des voyageurs à prix complet. 1re classe.	2e classe.	3e classe.	1854. Répartition pour o/o de la recette des voyageurs à prix réduit. Trains de plaisir.	Militaires, émigrants indigents.	Recette kilométrique. 1853.	Recette kilométrique. 1854.
1	2	3	4	5	6	7	8	9	10	11	12	13	14	15	16	17	18	19	20	21	22	23
	k.										k.										fr.	fr.
Nord	707	15,757,510f	45	96	4	35	32	33	49	51	707	16,133,590	40	94	6	33	30	37	25	75	22,288	22,8[illegible]
Anzin à Somain	19	65,184	23	99	1	5	8	87	60	40	19	60,967	19	99	1	4	7	89	"	"	3,431	3,2[illegible]
Est. { Strasbourg et embts	786	13,078,541	44	99	1	26	24	50	"	"	827	14,195,403	42	"	"	26	19	55	"	"	16,639	17,16[illegible]
Est. { Montereau à Troyes	100	551,963	40	"	"	13	36	51	"	"	100	578,450	30	"	"	13	41	46	"	"	5,520	5,78[illegible]
Paris à Saint-Germain	25	1,587,387	50	"	"	25	75	"	"	"	30	2,170,710	65	"	"	11	89	"	"	"	63,404	72,68[illegible]
Paris à Rouen	139	5,150,739	44	94	6	27	36	37	14	86	139	5,293,802	45	99	1	28	30	42	"	"	37,120	38,0[illegible]
Rouen au Havre	92	1,918,677	38	90	10	23	40	37	12	88	(A) 77	1,735,546	41	99	1	22	31	47	"	"	20,855	22,5[illegible]
Rouen à Dieppe	51	414,854	47	99	1	23	36	41	"	"	51	415,829	48	99	1	28	34	38	"	"	8,134	8,15[illegible]
Ouest	151	4,657,213	70	99	1	21	56	23	41	59	209	5,080,181	63	95	5	23	54	23	37	63	30,842	24,31[illegible]
Orléans et prolongements	1,010	15,652,940	42	"	"	35	22	43	"	"	1,130	17,434,895	37	"	"	39	17	44	"	"	15,497	15,30[illegible]
Paris à Orsay	11	325,909	97	"	"	8	32	60	"	"	17	386,152	96	99	1	7	33	60	"	100	29,628	22,71[illegible]
Paris à Lyon	383	11,061,522	47	94	6	29	29	42	34	66	443	12,680,251	46	89	11	30	25	45	42	58	28,882	25,6[illegible]
Lyon à la Méditerranée	294	3,971,130	44	98	2	12	34	54	80	20	358	5,207,706	44	"	"	15	28	57	"	"	13,507	14,7[illegible]
Rhône et Loire	150	1,629,902	21	94	6	36	64	"	"	100	150	1,946,178	20	"	"	"	"	"	"	"	10,866	12,97[illegible]
Midi	53	189,597	58	77	23	22	24	54	99	1	67	283,471	53	88	12	23	23	54	88	12	3,577	4,23[illegible]
Ceinture (c)	7	"	"	"	"	"	"	"	"	"	15	5,590	1	"	100	"	"	"	"	100	"	375
ENSEMBLE	3,978	76,022,108	44	97	3	29	32	39	42	58	4,348	83,707,721	41	97	3	29	28	43	36	64	19,111	19,25[illegible]

(A) Exploitation de 10 mois seulement par suite de la fusion dans le chemin de l'Ouest. — (B) Les chiffres portés aux colonnes 6 et 16 doivent, en général, être considérés comme des minimum, parce que, d'un côté, plusieurs compagnies n'en ont pas fait la distinction, et que pour d'autres compagnies cette distinction est incomplète. — (c) Le service des voyageurs n'est pas encore organisé sur cette ligne.

ab. A b.

DÉSIGNATION DES LIGNES.	PRODUIT MOYEN, EN 1853,								PRODUIT MOYEN, EN 1854,							
	D'UN VOYAGEUR À PRIX COMPLET.				D'UN VOYAGEUR à prix réduit.			d'un voyageur à prix complet ou réduit.	D'UN VOYAGEUR À PRIX COMPLET.				D'UN VOYAGEUR à prix réduit.			d'un voyageur à prix complet ou réduit.
	1re classe.	2e classe.	3e classe.	De toute classe.	Trains de plaisir.	Militres, émigrants.	Trains de plaisir, militres, etc.		1re classe.	2e classe.	3e classe.	De toute classe.	Trains de plaisir.	Militres, émigrants.	Trains de plaisir, militres, etc.	
1	2	3	4	5	6	7	8	9	10	11	12	13	14	15	16	17
Nord	11f 65c	3f 76c	1f 80c	3f 56c	2f 88c	2f 96c	2f 92c	3f 32c	10f 79c	3f 01c	1f 84c	3f 20c	2f 79c	2f 85c	2f 83c	3f 18c
Anzin à Somain	0 75	0 60	0 35	0 38	0 25	0 20	0 22	0 38	0 74	0 60	0 36	0 38	»	0 18	0 18	0 38
Est. { Strasbourg et embts	11 65	4 02	2 80	3 97	3 56	»	3 56	3 96	12 91	4 10	2 94	3 95	»	»	»	3 95
Est. { Montereau à Troyes	6 65	3 60	2 39	3 01	»	»	»	3 01	6 55	3 67	2 20	2 92	»	»	»	2 92
Paris à Saint-Germain	0 97	0 59	»	0 65	»	»	»	0 65	0 82	0 50	»	0 54	»	»	»	0 54
Paris à Rouen	9 06	5 78	3 30	4 92	2 27	4 99	4 28	4 92	9 26	5 44	3 43	4 83	2 28	»	2 28	4 83
Rouen au Havre	5 65	3 15	2 00	2 83	1 63	3 28	3 05	2 73	5 40	3 02	2 25	2 85	1 59	»	1 59	2 85
Rouen à Dieppe	4 22	2 67	1 68	2 33	»	»	»	2 33	4 35	2 68	1 71	2 42	0 57	»	0 57	2 42
Ouest	1 61	0 92	2 87	1 22	1 35	1 60	1 48	1 23	1 98	1 00	2 80	1 36	1 38	1 10	1 19	1 36
Orléans et prolongements	16 30	6 26	3 36	5 42	»	»	»	5 42	16 72	5 70	3 20	5 24	»	»	»	5 24
Paris à Orsay	0 85	0 57	0 42	0 48	»	»	»	0 48	0 93	0 63	0 47	0 54	»	0 34	0 34	0 53
Paris à Lyon	18 40	7 89	4 38	6 74	1 53	2 87	2 21	0 06	18 95	6 33	3 44	6 44	1 29	4 53	2 22	5 33
Lyon à la Méditerranée	6 55	3 59	1 71	2 33	1 63	1 22	1 02	2 31	10 52	4 55	2 00	3 17	»	»	»	2 86
ône et Loire	4 50	1 21	»	1 65	»	2 24	2 24	1 67	»	»	»	»	»	»	»	1 80
idi	5 14	3 15	1 93	2 51	1 40	1 19	1 40	1 68	5 99	3 80	1 78	2 50	1 81	3 55	1 93	2 44
Ceinture	»	»	»	»	»	»	»	»	»	»	»	»	»	0 31	0 31	0 31
Ensemble	8 08	2 41	2 53	3 00	»	»	2 56	3 00	8 45	2 18	2 56	3 04	»	»	2 17	2 98

. A c.

DÉSIGNATION DES LIGNES.	TARIF MOYEN PERÇU PAR KILOMÈTRE, EN 1853,								TARIF MOYEN PERÇU PAR KILOMÈTRE, EN 1854,							
	D'UN VOYAGEUR À PRIX COMPLET.				D'UN VOYAGEUR à prix réduit.			d'un voyageur à prix complet ou réduit.	D'UN VOYAGEUR À PRIX COMPLET.				D'UN VOYAGEUR à prix réduit.			d'un voyageur à prix complet ou réduit.
	1re classe.	2e classe.	3e classe.	De toute classe.	Trains de plaisir.	Militres, émigrants.	Trains de plaisir, militres, etc.		1re classe.	2e classe.	3e classe.	De toute classe.	Trains de plaisir.	Militres, émigrants.	Trains de plaisir, militres, etc.	
1	2	3	4	5	6	7	8	9	10	11	12	13	14	15	16	17
	c.	c.	c.	c.	c.	c.	c.	c.	c.	c.	c.	c.	c.	c.	c.	c.
ord	9,59	7,22	5,36	7,02	1,96	3,44	2,51	6,51	9,11	6,72	4,48	6,86	2,19	2,19	2,19	6,12
nzin à Somain	8,29	6,69	4,01	4,24	2,79	2,19	2,51	4,23	7,91	6,32	3,84	4,03	»	»	»	4,03
t { Strasbourg et embts	10,00	7,39	5,26	6,51	5,09	»	5,09	6,49	9,96	7,30	4,63	5,85	»	»	»	5,85
t { Montereau à Troyes	10,07	7,21	5,08	6,13	»	»	»	6,13	9,33	6,55	4,50	5,58	»	»	»	5,58
aris à Saint-Germain	7,25	4,45	»	4,84	»	»	»	4,84	»	»	»	8,10	»	»	»	8,10
aris à Rouen	10,62	8,50	6,12	7,82	2,02	3,59	3,24	7,36	10,73	8,52	5,62	7,37	1,83	»	1,83	7,37
ouen au Havre	10,30	7,63	5,75	7,19	1,77	3,57	3,33	6,42	10,48	7,09	5,22	6,61	1,89	»	1,89	6,55
ouen à Dieppe	9,00	6,90	5,60	6,71	»	»	»	6,71	9,20	6,91	5,68	6,83	1,36	»	1,36	6,83
uest	9,70	6,53	5,74	6,79	5,44	1,29	1,47	6,58	»	»	»	»	»	»	»	6,60
rléans et prolongements	10,00	7,57	5,46	6,90	»	»	»	6,99	9,60	6,60	4,00	5,66	»	»	»	5,66
aris à Orsay	8,50	5,90	4,40	5,07	»	»	»	5,07	»	»	»	»	»	»	»	8,41
aris à Lyon	10,01	7,72	5,56	7,02	4,58	2,77	3,20	6,59	0,82	7,21	4,41	6,87	4,43	2,28	2,86	5,96
yon à la Méditerranée	10,18	7,70	5,31	6,34	7,18	2,28	5,01	6,31	10,27	7,72	4,72	5,82	»	»	»	5,82
hône et Loire	9,00	5,28	»	6,20	»	4,48	4,48	6,06	»	»	»	»	»	»	»	6,74
idi	10,00	8,00	5,00	6,17	3,50	3,30	3,49	5,24	»	»	»	»	»	»	»	5,15
inture	»	»	»	»	»	»	»	»	»	»	»	»	»	4,47	4,47	4,47
Ensemble	9,44	7,04	5,44	6,81	»	»	2,95	6,58	9,67	7,10	4,47	6,32	»	»	2,52	6,06

Les observations déjà présentées sur le nombre et le mouvement des voyageurs permettront d'abréger celles qui s'appliquent aux recettes correspondantes.

Les différences dans la proportion afférente aux diverses classes de voyageurs sont considérables quand on ne tient compte que du nombre de billets délivrés; elles diminuent si l'on considère le mouvement ou le parcours; enfin, dans la comparaison des recettes, elles tendent à disparaître. Ces faits sont mis en évidence par le tableau suivant, qui donne les moyennes obtenues en 1854 sur les lignes les plus importantes du réseau.

Tab. A d.

NATURE DES RENSEIGNEMENTS.	NORD.			EST. PARIS À STRASBOURG.			PARIS À ROUEN.			ROUEN AU HAVRE.			ORLÉANS.			PARIS A LYON.			LYON à la MÉDITERRANÉE.			ENSEMBLE.		
	1re classe.	2e classe.	3e classe.	1re classe.	2e classe.	3e classe.	1re classe.	2e classe.	3e classe.	1re classe.	2e classe.	3e classe.	1re classe.	2e classe.	3e classe.	1re classe.	2e classe.	3e classe.	1re classe.	2e classe.	3e classe.	1re classe.	2e classe.	3e classe.
1	2	3	4	5	6	7	8	9	10	11	12	13	14	15	16	17	18	19	20	21	22	23	24	25
	p. 0/0	p. 0/0	p. 0/0	p. 0/0	p. 0/0	p. 0/0	p. 0/0	p. 0/0	p. 0/0	p. 0/0	p. 0/0	p. 0/0	p. 0/0	p. 0/0	p. 0/0	p. 0/0	p. 0/0	p. 0/0	p. 0/0	p. 0/0	p. 0/0	p. 0/0	p. 0/0	p. 0/0
Nombre	9	27	64	8	18	74	15	27	58	11	30	59	12	16	72	8	21	71	4	17	79	10	21	69
Mouvement	22	28	50	15	15	70	19	26	55	14	27	59	23	15	62	18	21	61	8	21	71	19	20	61
Recette	33	30	37	26	19	55	28	30	42	22	31	47	39	17	44	30	25	45	15	28	57	30	24	45

Il est intéressant de rechercher pour quelle somme la recette des voyageurs partant de Paris figure dans la recette totale.

Cette somme a été, en 1854 :

De 5,786,114 fr. sur la ligne du Nord, ou 36 p. o/o de la recette totale des voyageurs;
De 5,552,764 fr. sur la ligne d'Orléans, ou 32 p. o/o de la recette totale des voyageurs;
De 4,963,184 fr. sur la ligne de Paris à Lyon, ou 39 p. o/o de la recette totale des voyageurs;
De 16,302,062 fr. sur les trois lignes ensemble, ou 34 p. o/o de la recette totale des voyageurs.

Ainsi, sur trois des lignes principales, d'une longueur ensemble de 2,289 kilomètres, la recette afférente à la gare de Paris représente à elle seule plus de 34 p. o/o de la recette totale, et plus de 68 p. o/o si l'on tient compte du produit des voyageurs à destination de Paris. Il y a lieu de penser que, si l'on poursuivait ces recherches sur le réseau entier, les moyennes générales s'écarteraient peu de ces rapports; car si, d'un côté, elles s'abaissaient pour les lignes éloignées de Paris, d'un autre côté, elles se relèveraient pour celles de banlieue, où elles atteignent en moyenne plus de 45 p. o/o pour les voyageurs partant de Paris, et plus de 90 p. o/o pour les voyageurs partant ou à destination de Paris.

La recette kilométrique varie, sur une même ligne, suivant les diverses sections que l'on considère; elle suit en cela les variations que nous avons indiquées dans le mouvement des voyageurs. Ainsi, en se reportant au tableau W, on pourra, par les chiffres portés aux colonnes 5 et 6, se faire une idée de l'importance relative qu'elle acquiert sur chaque ligne à 35 kilomètres de Paris et aux abords de Paris. En poursuivant ces rapprochements, on peut admettre qu'en 1854, la recette kilométrique atteint respectivement 110,000 et 37,000 francs en moyenne sur les kilomètres 1 et 35 de chacune des lignes partant de Paris, tandis qu'elle est, moyennement, de 19,252 francs sur tout le réseau.

Enfin, la recette des voyageurs éprouve encore, selon les saisons, des fluctuations notables qui correspondent à celles qu'on a signalées dans le nombre des billets délivrés, et qu'on trouvera, du reste, indiquées dans le tableau suivant :

ab. A e.

DÉSIGNATION DES LIGNES.	PROPORTION P. 0/0 DES RECETTES.		MAXIMUM MENSUEL.	OBSERVATIONS.
	Mois de mai à octobre inclusivement.	Autres mois de l'année.		NOTA. Toutes les lignes n'ont pas été indiquées dans la colonne 1, à raison de la perturbation apportée dans les résultats par suite de l'ouverture de nouvelles sections dans le courant de l'année.
1	2	3	4	5
Nord	61	39	12 p. 0/0 Août.	
Montereau à Troyes	56	44	11 p. 0/0 Octobre.	
Paris à Rouen	62	38	13 p. 0/0 Août et Septembre.	Saison des bains de mer.
Rouen au Havre	61	39	*Idem.*	Saison des bains de mer.
Dieppe	70	30	20 p. 0/0 Août.	Saison des bains de mer.
Rhône et Loire	55	45	10 p. 0/0 Août, Septembre et Octob.	Saison des bains de mer.

§ II. — ACCESSOIRES DE LA GRANDE VITESSE.

Les divers transports qui constituent ce qu'on appelle les accessoires de la grande vitesse ont 'té définis précédemment. Leur importance varie d'une ligne à l'autre, et est subordonnée sur 'hacune à des causes diverses.

Ainsi, le transport des bagages et celui des chiens dérivent plus spécialement du nombre des oyageurs.

Le transport des chevaux et voitures ne dépend pas seulement du nombre de voyageurs, mais ncore de la situation de la ligne.

Le transport des messageries et objets divers comprend lui-même des éléments variables : les nances et messageries, dont l'importance dépend de causes multiples et se lie au trafic général; es denrées alimentaires, dont la quantité est en rapport avec la production des pays traversés et avec leur voisinage des centres de population agglomérée, surtout pour le lait, la viande et la arée.

Enfin, le produit du transport des dépêches est surtout subordonné aux conditions du cahier des charges, à l'importance des services spéciaux ou internationaux, tels que le transport de la alle de l'Inde sur les lignes du Nord, de Paris à Lyon et de Lyon à la Méditerranée, et celui des dépêches d'Orient sur ces deux dernières lignes.

Malgré le peu de relation qui existe entre les divers éléments dont l'ensemble compose les ccessoires de la grande vitesse, il est intéressant de remarquer que, sur chaque ligne, la recette qui leur est due suit le mouvement général de la recette totale, dont elle représente en moyenne 9 à 12 p. 0/0.

Le tableau suivant indique, pour la plupart des lignes composant le réseau, et pour les années 1853 et 1854, la recette due aux accessoires, le rapport de cette recette à la recette totale, enfin sa décomposition suivant les divers éléments dont elle est formée, et que nous avons indiqués.

Tab. A f.

DÉSIGNATION DES LIGNES.	ANNÉE 1853.									ANNÉE 1854.								
	LONGUEUR moyenne exploitée.	RECETTE des accessoires de la grande vitesse		RAPPORT p. o/o à la recette totale.	RÉPARTITION POUR o/o.					LONGUEUR moyenne exploitée.	RECETTE des accessoires de la grande vitesse		RAPPORT p. o/o à la recette totale.	RÉPARTITION POUR o/o.				
		totale.	par kilomètre.		Bagages.	Chiens	Chevaux et voitures.	Messageries et divers.	Poste.		totale.	par kilomètre.		Bagages.	Chiens	Chevaux et voitures.	Messageries et divers.	Poste.
1	2	3	4	5	6	7	8	9	10	11	12	13	14	15	16	17	18	19
	kilom.	fr.	fr.							kilom.	fr.	fr.						
Nord	707	4,358,223	6,164	12	10	1	5	72	12	707	4,911,764	6,947	12	10	1	7	72	10
Est. Strasbourg et embranch^ts.	786	2,595,800	3,302	9	15	1	4	66	14	827	2,688,029	3,251	8	15	1	2	68	14
Est. Montereau à Troyes	100	173,538	1,735	13	7	1	2	58	32	100	190,076	1,091	14	12	1	»	60	27
Paris à Rouen	139	1,280,883	9,215	11	15	1	3	65	16	139	1,247,163	8,972	11	15	1	3	65	16
Rouen au Havre	92	580,437	6,309	12	14	»	2	67	17	77	474,451	6,161	11	14	1	2	66	17
Rouen à Dieppe	51	99,114	1,944	11	10	1	2	50	28	51	96,495	1,892	11	12	1	2	56	29
Ouest	151	283,314	1,876	4	36	3	9	52	»	209	503,927	2,411	6	27	2	5	66	»
Orléans et prolongements	1,010	3,947,653	3,909	11	14	1	7	61	17	1,130	4,216,779	3,702	9	14	1	6	67	12
Paris à Lyon	383	2,070,518	5,406	9	15	1	7	76	1	443	2,807,604	6,338	10	13	1	8	75	3
Lyon à la Méditerranée	294	583,197	1,984	7	33	2	7	57	1	358	911,433	2,546	8	27	1	6	58	6
Midi	53	41,953	792	13	11	»	»	84	5	67	75,360	1,125	14	15	2	2	79	2
ENSEMBLE	3,766	16,014,630	4,252	10	14	1	5	68	12	4,117	18,132,681	4,404	10	15	1	5	69	10

Les chiffres que renferme ce tableau donnent lieu aux remarques suivantes : De 1853 à 1854, les moyennes ont peu varié : l'affaiblissement de la part due aux transports des dépêches paraît devoir être attribué à l'extension progressive de la gratuité de ce service au profit du Gouvernement. — La moyenne de 10 p. o/o portée aux colonnes 5 et 14 est supérieure à la moyenne générale portée au tableau n° 10, qui varie de 9,18 à 9,50 p. o/o ; ce qui est dû surtout à ce que, sur les lignes omises, la part due aux accessoires ne varie que de 1,5 à 3,5 p. o/o de la recette totale (lignes de Saint-Germain, de Rhône et Loire et d'Orsay). — La faiblesse des chiffres afférents à la ligne de l'Ouest, mêmes colonnes, est due à l'influence des deux lignes de Versailles. — La part due aux messageries, finances, denrées alimentaires, représente à elle seule 68 à 69 p. o/o de la recette totale des accessoires.

Si nous entrons maintenant dans quelques détails relatifs à chaque article, nous noterons les résultats suivants :

Bagages.

Le produit des bagages, en 1854, dépasse 2,700,000 francs, pour un tonnage d'environ 100,000 tonnes. Comparé au nombre total des voyageurs, ce dernier chiffre ferait ressortir le poids moyen du bagage d'un voyageur à moins de 4 kilogrammes. Son peu d'importance doit être attribuée à l'énorme proportion des voyageurs ne faisant pas enregistrer de bagages, proportion qu'on ne saurait évaluer à moins de 80 sur cent.

Chiens.

Le nombre de chiens transportés, qui était de 120,000 environ en 1853, a dépassé 122,000 en 1854, donnant lieu à une recette de plus de 178,000 francs ou de 1f 45c par unité.

Ce transport ne donne lieu à aucune remarque intéressante ; toutefois, d'après les documents statistiques dressés par la compagnie d'Orléans, on reconnaît que sur cette ligne le transport des chiens a pris une activité toute particulière à l'époque de la chasse. Ainsi, sur le nombre de chiens ransportés, plus de 50 sur cent l'ont été pendant les trois mois de septembre à novembre, et lus de 20 sur cent pendant le mois de septembre.

Voitures et chevaux.

Le nombre de voitures transportées, qui avait été de 5,379 en 1853, donnant lieu à une ecette de 578,537 francs, s'est abaissé en 1854 à 4,852, donnant lieu à une recette de 18,708 francs; le produit par unité variant de 107 à 106 francs.

Le nombre de chevaux transportés, qui avait été de 9,771 en 1853, donnant lieu à une recette e 325,212 francs, s'est élevé à 14,330 en 1854, donnant lieu à une recette de 527,706; le oduit par unité variant de 33 à 38 francs.

Ces variations d'une année à l'autre ne donnent lieu à aucune observation importante.

En ce qui concerne l'abaissement de la moyenne générale du nombre de voitures transportées, eut-être convient-il de l'attribuer à l'extension même du réseau. C'est, en effet, souvent parce que s lignes n'ont pas reçu leurs prolongements naturels que l'on voyage avec sa voiture, pour pouir continuer le trajet par les routes de terre. Sur les lignes d'Orléans et de Paris à Lyon, qui trouvent dans ce cas, le nombre des voitures transportées est relativement plus considéble.

En ce qui concerne l'élévation du nombre de chevaux transportés, elle porte principalement sur s lignes du Nord, de Lyon et de Lyon à la Méditerranée, et peut être attribuée, en majeure par-, aux transports de la guerre.

Messageries et divers.

Les transports de finances, des messageries, du lait et des autres denrées alimentaires effectués 1854 donnent lieu aux observations suivantes:

Sur les trois lignes d'Orléans, de Paris à Lyon et de Lyon à la Méditerranée, le mouvement s finances a produit plus de 600,000 fr., s'appliquant à un transport de plus de 700,000,000f.

Sur les mêmes lignes, le transport des messageries a donné lieu à une recette de près de ,000,000 de francs, s'appliquant à un tonnage de plus de 45,000 tonnes.

On ne saurait évaluer à moins de 60,000 tonnes la quantité de lait transportée sur les chemins e fer, et à moins de 60 kilomètres le parcours moyen. Le produit dépasse un million, et le bénéce réalisé par l'agriculture ne saurait être estimé à moins de 1,800,000 francs.

Quant aux autres denrées alimentaires, telles que la marée, le gibier, la viande abattue, les uits, etc., l'on sait quels développements prennent chaque année ces transports, mais on ne urait préciser ni le tonnage, ni la recette, ni l'étendue du parcours.

Transport des dépêches.

Les recettes dues au transport des dépêches s'élèvent, en 1853, à 1,962,221 francs, et en 854, à 1,872,117 francs. Ces chiffres correspondent à une recette par kilomètre de 539 francs de 475 francs. Comme nous l'avons déjà fait observer, l'abaissement de cette moyenne doit être tribué à l'extension de la gratuité du service de la poste, stipulée dans les cahiers des charges. ur les lignes de Paris à Rouen et de Rouen au Havre, la recette, par kilomètre, atteint 1,470 fr. t 1,035 francs. L'élévation des chiffres afférents à ces lignes est précisément due à ce que l'aplication des dispositions nouvelles des cahiers des charges ne doit avoir lieu, sur ces chemins, u'au 1er janvier 1865. L'on doit donc s'attendre à voir encore cette recette s'abaisser au profit u Trésor.

§ III. — MARCHANDISES.

Nous suivrons, dans l'étude du trafic des marchandises, le même ordre que pour le premier paragraphe, qui traite des voyageurs. Autrement, on s'occupera de la quantité de marchandises transportées ou du tonnage, des transports auxquels elle donne lieu ou du mouvement, enfin des recettes qu'elle produit.

Il est utile de rappeler que, d'après la division précédemment établie, on ne comprend dans ce paragraphe que les marchandises dont les transports s'effectuent à la tonne et avec les tarifs dits de la petite vitesse.

Nombre de tonnes.

Le tableau n° 18 donne, par ligne et par nature, la répartition du tonnage des marchandises transportées en 1853 sur les chemins de fer; le tableau suivant fournit les mêmes renseignements pour l'année 1854.

Tab. A g.

DÉSIGNATION des marchandises par nature.	TOTAL des marchandises transportées.	NORD.	EST.		OUEST.	PARIS à Rouen.	ROUEN au Havre.	ROUEN à Dieppe.	ORLÉANS et prolongements.	PARIS à Lyon.	ANZIN à Somain.	GRAND-CENTRAL, Rhône et Loire.	CEINTURE.
			PARIS à Strasb[rg].	MONTEREAU à Troyes.									
1	2	3	4	5	6	7	8	9	10	11	12	13	14
Céréales, grains, légumes secs	923,566	88,272	165,292	28,903	51,143	41,416	42,716	2,838	152,333	87,250	»	11,136	»
Farines		53,047			42,539	21,038	23,439	2,267	88,707	24,230	»		»
Vins, vinaigres, esprits	366,253	56,934	42,635	5,415	5,216	27,625	16,826	5,048	131,050	75,504	»	»	»
Huiles	96,330	46,598	8,612	257	»	11,428	9,638	1,408	10,782	7,607	»	»	»
Denrées alimentaires	73,199	22,068	»	»	700	12,539	14,558	5,689	9,740	7,896	»	»	»
Sucre brut et raffiné	135,033	74,547	7,610	396	»	9,981	10,074	668	20,861	10,896	»	»	»
Denrées coloniales	115,263	35,079	»	»	»	14,779	15,894	267	43,286	5,958	»	»	»
Cotons et laines en balles	352,412	39,020	38,351	1,829	1,062	35,478	54,995	1,857	15,051	4,504	»	»	»
Fils, tissus et divers		75,825	12,937	668		12,829	9,664	1,233	41,097	6,012	»	»	»
Fonte, fers et métaux	599,951	156,210	113,091	4,307	3,477	45,072	25,524	1,959	124,571	49,475	»	»	»
Quincaillerie, verrerie, etc.		13,496	10,152	263		3,644	3,742	431	41,833	2,704	»	»	»
Bois de chauffage, charbon de bois	82,762	5,767	27,472	2,122	8,858	208	3,137	836	18,477	15,885	»	»	»
Matér. de const., bois, pierres, briques	606,302	131,392	84,908	11,824	8,818	21,788	26,800	12,574	123,762	38,389	»	»	»
Pierre à plâtre et à chaux, plâtre, chaux		15,734	26,116	10,325	28,466	12,070	14,951	5,466	32,919		»	»	»
Engrais et amendements divers	65,044	14,117	»	»	2,692	4,854	4,935	30	34,649	3,761	»	»	»
Houille	2,535,982	442,787	262,303	8,735	9,266	4,331	45,153	30,188	55,381	7,616	191,000	1,101,503	153,9[illegible]
Coke		151,390	66,772	709		1,430	174	11		724	2,515		
Autres marchandises	2,099,680	199,983	464,401	21,787	59,997	169,144	126,344	16,106	189,237	239,192	92,821	314,086	306,3[illegible]
TOTAUX	(A) 8,051,777	1,622,266	1,330,652	97,540	222,234	449,654	348,564	88,882	1,130,745	587,603	286,336	1,426,725	466,5[illegible]

(A) Total ci-contre .... 8,051,777 tonnes.

Lyon à la Méditerranée, dont la division n'est pas encore connue 791,836 (1)

Midi, sur lequel on n'a que les renseignements suivants :

Du 1er janvier au 31 juillet 14,047

Du 1er août au 31 décembre.
- Farines 547
- Vins, vinaigre, esprits 232
- Fonte, fers et métaux 822
- Bois de chauffage, etc. 429
- Matériaux de construction 1,954
- Autres marchandises 3,057

(Midi, total) 20,888

TOTAL GÉNÉRAL 8,864,501

(1) Dont 336,318 tonnes de houilles.

En rapprochant les résultats afférents aux deux années consécutives 1853 et 1854, on peut se rendre compte de l'importance croissante des transports et signaler les lignes et les marchandises qui prennent le plus de part à ces accroissements. On se bornera aux observations suivantes.

Le nombre de tonnes de marchandises transportées sur les chemins de fer, qui a été en 1853 de 7,173,652 tonnes, s'est élevé en 1854 à 8,864,501 tonnes : c'est une augmentation d'environ 1,700,000 tonnes ou 24 p. 0/0.

Cet accroissement se répartit presque en totalité sur les lignes du Nord, de l'Est, d'Orléans, de Ceinture et de Rhône et Loire.

Eu égard à la nature de cet excédant, il se compose en majeure partie de marchandises encombrantes, et particulièrement de charbon de terre. Les transports de houille et coke n'augmentent pas seulement avec la production sur les lignes spéciales d'Anzin, de Rhône-et-Loire, de la Grand'-Combe à Alais et Beaucaire, mais ils prennent une extension tout à fait remarquable sur les lignes de grand parcours en communication avec les houillères, le Nord et l'Est. Sur ces deux derniers chemins, le tonnage en houille et coke ne s'élevait respectivement, en 1853, qu'à 369,000 et 162,000 tonnes; il s'élève, en 1854, à 594,000 et 329,000 tonnes.

En ne s'attachant qu'aux transports effectués en 1854, on peut en étudier la répartition à deux points de vue auxquels correspondent les deux tableaux suivants.

Le premier donne, pour chaque ligne, la proportion dans laquelle chaque nature de marchandises entre dans la totalité des transports effectués par cette ligne.

Le second fait connaître la répartition, entre les diverses lignes, du tonnage afférent à chaque nature de marchandises.

Tab. A h.

DÉSIGNATION des marchandises par nature.	TOTAL des marchandises transportées.	NORD.	EST.		OUEST.	PARIS à Rouen.	ROUEN au Havre.	ROUEN à Dieppe.	ORLÉANS et prolongements.	PARIS à Lyon.	ANZIN à Somain.	GRAND-CENTRAL, Rhône et Loire.	CEINTURE.
			PARIS à Strasbrg.	MONTEREAU à Troyes.									
1	2	3	4	5	6	7	8	9	10	11	12	13	14
Céréales, graines, légumes secs	11	5	12	30	23	9	12	3	13	19	»	8	»
Farines		3			19	5	7	2	8	4	»		»
Vins, vinaigres, esprits	5	4	3	5	2	6	5	6	11	13	»	»	»
Huiles	1	3	1	»	»	2	3	2	1	1	»	»	»
Denrées alimentaires	1	1	»	»	»	3	4	7	1	1	»	»	»
Sucre brut et raffiné	2	5	1	»	»	2	3	1	2	2	»	»	»
Denrées coloniales	1	2	»	»	»	3	5	»	4	1	»	»	»
Cotons et laines en balles	4	2	3	2	1	8	16	2	1	1	»	»	»
Fils, tissus et divers		5	1	1		3	3	1	4	1	»	»	»
Fonte, fers et métaux	7	10	8	4	2	10	7	2	11	9	»	»	»
Quincaillerie, verrerie, etc.		1	1	»		1	1	»	4	1	»	»	»
Bois de chauffage, charbon de bois	1	»	2	2	4	»	1	»	2	3	»	»	»
Matér. de const., bois, pierres, briques	8	8	7	13	4	5	7	15	11	6	»	»	»
Pierre à plâtre et à chaux, plâtre, chaux		1	2	10	13	3	5	7	2		»	»	»
Engrais et amendements divers	1	1	»	»	1	1	1	»	3	1	»	»	»
Houille	32	27	20	9	4	1	13	34	5	1	67	70	33
Coke		9	5	1		»	»	»		»	1		
Autres marchandises	26	13	34	23	27	38	7	18	17	40	32	22	67
TOTAUX	100	100	100	100	100	100	100	100	100	100	100	100	100

Tab. A i.

DÉSIGNATION des marchandises par nature. 1	TOTAL des marchandises transportées. 2	NORD. 3	EST. PARIS à Strasbg. 4	EST. MONTEREAU à Troyes. 5	OUEST. 6	PARIS à Rouen. 7	ROUEN au Havre. 8	ROUEN à Dieppe. 9	ORLÉANS et prolongements. 10	PARIS à Lyon. 11	ANZIN à Somain. 12	GRAND-CENTRAL, Rhône et Loire. 13	CEINTUR 14
Céréales, grains, légumes secs…… Farines……	923,566	15 3	17 8	3 0	10 0	6 7	7 1	0 5	25 7	12 7	»	1 2	»
Vins, vinaigres, esprits……	366,253	15 5	11 7	1 5	1 5	7 5	4 6	1 3	35 8	20 6	»	»	»
Huiles……	96,330	48 4	8 9	0 2	»	11 9	10 0	1 5	11 2	7 9	»	»	»
Denrées alimentaires……	73,199	30 1	»	»	1 0	17 1	19 9	7 9	13 3	10 7	»	»	»
Sucre brut et raffiné……	135,033	55 2	5 6	0 3	»	7 4	7 5	0 5	15 5	8 0	»	»	»
Denrées coloniales……	115,263	30 5	»	»	»	12 8	13 8	0 2	37 6	5 1	»	»	»
Cotons et laines en balles…… Fils, tissus et divers……	352,412	32 7	14 5	0 7	0 3	13 7	18 3	1 0	15 9	2 9	»	»	»
Fonte, fers et métaux…… Quincaillerie, verrerie, etc……	599,951	28 3	20 5	0 8	0 5	8 1	4 9	0 4	27 8	8 7	»	»	»
Bois de chauffage, charbon de bois..	82,762	7 0	33 2	2 5	10 7	0 3	3 7	10 1	22 3	19 2	»	»	»
Matér. de const., bois, pierres, briques. Pierre à plâtre et à chaux, plâtre, chaux.	606,302	24 3	18 3	3 6	6 1	5 6	6 9	3 0	25 9	6 3	»	»	»
Engrais et amendements divers……	65,044	21 9	»	»	4 1	7 4	7 6	0 1	53 2	5 7	»	»	»
Houille…… Coke……	2,535,982	23 4	12 9	0 3	0 3	0 2	1 8	1 1	2 1	0 3	7 5	43 4	6 7
Autres marchandises……	2,099,680	10 0	18 1	1 1	2 9	8 4	5 2	0 8	9 4	8 5	4 6	15 7	15 3
Marchandises de toute nature..	8,051,777	20 1	16 5	1 2	2 7	5 6	4 3	1 1	14 4	7 2	3 5	17 7	5 7

L'étude de ces trois tableaux donne lieu aux observations suivantes :

Sur 100 tonnes de marchandises reçues par les chemins de fer, plus de 70 l'ont été par les lignes du Nord, du Grand-Central[1], de l'Est, d'Orléans et de Lyon à la Méditerranée. Plus de 68 appartiennent aux six catégories suivantes, savoir : houille et coke, 32; céréales et farines, 11; matériaux de construction, engrais et amendements, 9; vins et esprits, 5; fontes, fers et métaux, 7; cotons, laines et tissus, 4. Ce dernier rapport montre combien s'étend de plus en plus l'application des chemins de fer au transport des marchandises dites encombrantes.

La nature prédominante des transports effectués sur les diverses lignes a été :

La houille et le coke, sur les lignes de Rhône et Loire[2], d'Anzin[3], de Lyon à la Méditerranée[4], du Nord[5], de Dieppe[6], de Ceinture[7] et de l'Est[8];

Les céréales et farines, sur les lignes de l'Ouest, de Montereau, de Paris à Lyon et d'Orléans;

Les cotons, laines et tissus, sur les lignes de Paris à Rouen et de Rouen au Havre.

1 Lignes de Rhône et Loire, aujourd'hui annexées à la ligne de Paris à Lyon par le Bourbonnais.

2 Mines de la Loire.

3 Mines d'Anzin.

4 Mines de la Grand'Combe.

5 Mines d'Anzin; houilles du Nord et belges.

6 Houilles anglaises.

7 Transit par Paris.

8 Houilles de Saarbruck.

Sur 100 tonnes de houille reçues par les chemins de fer, plus de 80 sont transportées sur les gnes de Rhône et Loire, du Nord, de Lyon à la Méditerranée et de l'Est.

Sur 100 tonnes de céréales, plus de 70 sont reçues sur les lignes d'Orléans, de Lyon, de l'Est et du Nord.

Les transports de vins et esprits n'ont d'importance que sur les lignes d'Orléans, de Lyon, du ord et de l'Est.

Les transports d'huile ont une importance exceptionnelle sur la ligne du Nord. Il en est de ême des transports du sucre (sucres indigènes). Cette dernière marchandise a encore une imrtance notable sur la ligne d'Orléans (sucres coloniaux).

Les lignes du Nord, de l'Est, de Paris à Rouen et au Havre, et d'Orléans transportent la presque talité des cotons, laines et tissus.

Les trois lignes du Nord, d'Orléans et de l'Est reçoivent 75 p. o/o de la quantité de fers, ntes et métaux transportés sur chemins de fer.

Enfin, on remarquera l'importance des transports de denrées coloniales sur les lignes d'Orans, du Nord et de Paris au Havre, etc., etc.

Bien que les chiffres indiqués aux tableaux ne puissent servir à des appréciations rigoureuses, à ison des doubles emplois auxquels donnent lieu les tonnes qui, pour aller de la gare d'expédion à la gare de réception, ont dû circuler sur plusieurs lignes, ils suffisent néanmoins pour ire ressortir l'influence des principaux centres de production et de consommation des diverses atures de marchandises.

Parmi les villes qui jouent le plus grand rôle comme centre d'expédition et de réception, sans stinction de la nature des marchandises, l'on doit citer Paris. Nombre de tonnes partant ou à destination de Paris.

Dans le nombre total des tonnes transportées, en 1854, sur chaque ligne aboutissant à Paris, la rt afférente à la gare de cette ville, comme expédition et comme réception, est de :

850,612t ou 52 p. o/o sur la ligne du Nord, dont 43 p. o/o à destination de Paris.
489,318 ou 36 ——— de l'Est, — 20
149,774 ou 67 ——— de l'Ouest, — 36
367,507 ou 82 ——— de Rouen, — 54
618,664 ou 55 ——— d'Orléans, — 32
421,466 ou 72 ——— de Lyon, — 39

Enfin, on peut estimer que sur 100 tonnes transportées sur les chemins de fer, 20 sont à destiation de Paris, et 13 expédiées de cette ville.

On sait que le transport des voyageurs se répartit à peu près également dans les deux sens, haque départ supposant naturellement un retour. Il n'en est pas de même pour les marchandises. Les efforts des compagnies tendent à faciliter les transports dans le sens le moins favorisé. Nombre de tonnes expédiées dans chaque sens.

Sur les lignes du Nord, de Rouen et de Lyon, en 1854, la part des transports s'éloignant de Paris a été respectivement de 19 p. o/o, 35 p. o/o et 51 p. o/o.

Le tableau n° 18 donne, sur ce point, des renseignements analogues relatifs à l'année 1853.

Afin de suivre le travail dans l'ordre adopté pour l'étude du mouvement des voyageurs, il conviendrait de rechercher, pour chaque nature de marchandises, le parcours moyen Mouvement ou parcours des tonnes.

d'une tonne, ainsi que le parcours à la distance entière. Ces renseignements manquent, et dans le tableau qui suit l'on se borne à présenter par ligne, et pour les années 1853 et 1854, le parcours moyen d'une tonne et le nombre de tonnes transportées à la distance entière. Ces chiffres peuvent donner une idée générale de la circulation, sans que l'on puisse distinguer la nature des marchandises transportées et le sens des transports.

Tab. A j.

DÉSIGNATION DES LIGNES.	1853.					1854.					OBSERVATIONS.
	LONGUEUR moyenne.	NOMBRE de tonnes à toute distance.	PARCOURS moyen d'une tonne.	NOMBRE DE TONNES à la distance entière pendant l'année.	NOMBRE DE TONNES à la distance entière par jour.	LONGUEUR moyenne.	NOMBRE de tonnes à toute distance.	PARCOURS moyen d'une tonne.	NOMBRE DE TONNES à la distance entière pendant l'année.	NOMBRE DE TONNES à la distance entière par jour.	
1	2	3	4	5	6	7	8	9	10	11	12
	kil.		kil.			kil.		kil.			
Nord	707	1,176,572	161,0	268,656	736	707	1,622,266	165,7	380,266	1,042	
Anzin à Somain	19	247,624	8,0	104,263	285	19	286,336	8,1	121,416	333	
Est : Strasbourg et embranc[ts].	786	1,024,568	150,3	196,024	537	827	1,330,652	174,6	280,962	770	
Montereau à Troyes	100	83,677	90,0	75,309	206	100	97,540	93,0	90,712	249	
Paris à Saint-Germain	25	"	"	"	"	30	"	"	"	"	
Paris à Rouen	139	451,704	121,8	395,986	1,085	139	449,654	119,9	387,927	1,063	
Rouen au Havre	92	437,122	68,1	323,130	885	77	348,564	65,1	294,940	808	
Rouen à Dieppe	51	97,212	46,8	89,259	245	51	88,882	45,3	78,935	216	
Ouest	151	168,802	82,4	92,160	253	209	222,234	110,1	117,034	321	
Paris à Orsay	11	"	"	"	"	17	"	"	"	"	
Orléans et prolongements	1,010	764,821	184,0	151,456	415	1,139	1,130,745	222,1	220,555	604	
Paris à Lyon	383	450,091	199,0	233,523	640	443	587,603	223,7	296,693	813	
Lyon à la Méditerranée	294	871,353	68,3	202,291	554	358	791,836	95,2	210,665	577	
Rhône et Loire	150	1,219,588	43,6	354,431	971	150	1,426,725	44,0	418,830	1,147	
Midi	53	21,704	43,3	17,717	48	67	20,888	54,3	16,933	46	
Ceinture	7	157,814	5,2	117,237	321	15	460,576	7,5	230,621	632	
ENSEMBLE	3,978	7,172,652	113,4	204,394	560	4,348	8,864,501	129,0	262,922	720	

En comparant les résultats obtenus pendant ces deux années consécutives, on reconnaît que la circulation des marchandises s'est considérablement accrue de 1853 à 1854. L'accroissement moyen est de 28 p. 0/0 sur le réseau entier; il est de 30 p. 0/0 sur les lignes de Lyon et de l'Ouest, et il dépasse 40 p. 0/0 sur les lignes du Nord, de l'Est, d'Orléans et sur le chemin de Ceinture.

En ne s'attachant qu'aux résultats de la dernière année, on reconnaît également que cette circulation présente des variations considérables suivant les régions traversées par les lignes de fer. Elle atteint dans le nord de la France 373,497 tonnes (lignes du Nord et d'Anzin à Somain), tandis que dans les autres régions elle est inférieure à 300,000 tonnes, savoir : 260,443 dans le nord-est (lignes de l'Est); 220,834 tonnes dans le nord-ouest (lignes composant le réseau actuel de l'Ouest); 296,693 tonnes dans l'est central (ligne de Paris à Lyon); 220,555 tonnes ans l'ouest central (réseau d'Orléans et prolongements); 210,665 tonnes dans le sud-est (réseau e Lyon à la Méditerranée); donnant ainsi un reflet de l'importance et de l'activité industrielle de es diverses régions. La circulation sur les lignes de Rhône et Loire (418,830 tonnes), toute péciale à l'industrie houillère, sur un faible parcours, ne saurait être envisagée au même point e vue.

Dans un autre ordre d'idées, la circulation en marchandises s'accroît aux abords de Paris, pour s lignes qui y aboutissent. Ainsi, en représentant par 1 la circulation moyenne en marchandises r les lignes du Nord, de l'Est, de l'Ouest, de Rouen, le Havre et Dieppe, d'Orléans, de Paris yon, cette circulation serait aux abords de Paris donnée respectivement par les chiffres 2,2, 7, 1,3, 1,2, 2,8, 1,4. Ces accroissements, comme on devait naturellement s'y attendre, sont oins importants que ceux qui sont relatifs au mouvement des voyageurs.

Nous ne poursuivrons pas plus loin ces rapprochements. On trouvera au tableau n° 28 queles détails sur le mouvement des marchandises par provenance et par destination sur la ligne rléans, en 1854, et sur la ligne de l'Est, en 1853; ces documents donneront une idée de la disibution générale des transports sur ces lignes.

Le tableau suivant donne par ligne, et pour les exercices 1853 et 1854, les documents génération ux relatifs à la recette des marchandises.

Recettes dues au transport des marchandises.

ab. A k.

DÉSIGNATION DES LIGNES.	1853.						1854.						OBSERVATIONS.
	LONGUEUR.	RECETTE des marchandises transportées à petite vitesse		PROPORTION p. o/o sur la recette totale.	PRODUIT moyen d'une tonne.	TARIF moyen perçu d'une tonne.	LONGUEUR.	RECETTE des marchandises transportées à petite vitesse		PROPORTION p. o/o sur la recette totale.	PRODUIT moyen d'une tonne.	TARIF moyen perçu d'une tonne.	
		totale.	par kilomètre.					totale.	par kilomètre.				
1	2	3	4	5	6	7	8	9	10	11	12	13	14
	kil.	fr.	fr.		fr. c.	c.	kil.	fr.	fr.		fr. c.	c.	
Nord	707	14,202,112	20,088	41	12 10	7,50	707	18,218,080	25,768	45	11 23	6,76	
Anzin à Somain	19	215,728	11,354	70	0 87	10,88	19	250,535	13,186	70	0 88	10,86	
Est : Strasbourg, etc.	786	12,819,495	16,310	43	12 51	8,32	827	16,295,450	19,704	48	12 25	7,01	
Montereau à Troyes	100	523,100	5,231	38	7 71	6,94	100	591,611	5,916	40	6 07	6,52	
Paris à Saint-Germain	25	″	″	″	″	″	30	″	″	″	″	″	Pas de transports de marchandises.
Paris à Rouen	139	4,512,657	32,465	39	9 99	8,10	139	4,565,035	32,842	38	10 15	8,46	
Rouen au Havre	92	2,441,515	26,538	48	14 32	8,20	77	1,971,872	25,609	46	5 66	8,68	
Rouen à Dieppe	51	363,711	7,131	41	6 82	8,00	51	339,751	6,661	40	3 82	8,44	
Ouest	151	1,160,408	7,685	17	6 04	7,37	209	1,810,061	8,661	23	8 14	7,40	
Paris à Orsay	11	″	″	″	″	″	17	″	″	″	″	″	Pas de transports de marchandises.
Orléans et prolongements	1,010	13,781,394	13,645	37	18 02	9,03	1,139	20,537,233	18,031	44	18 16	8,18	
Paris à Lyon	383	6,829,692	17,832	29	15 17	7,64	443	9,305,723	21,006	34	15 84	7,08	
Lyon à la Méditerranée	294	4,266,242	14,511	48	4 96	7,27	358	5,570,746	15,561	47	7 04	7,39	
Rhône et Loire	150	5,145,272	34,302	65	4 22	9,70	150	6,595,598	43,971	66	4 62	10,50	
Midi	53	93,904	1,772	29	4 33	10,00	67	113,454	1,693	21	5 43	10,00	
Ceinture	17	146,897	20,985	100	0 93	17,80	15	587,074	39,198	98	1 28	17,00	
ENSEMBLE	3,978	66,502,097	16,717	39	9 27	8,18	4,348	86,753,123	19,952	43	9 79	7,59	

En comparant les résultats afférents aux deux années consécutives 1853 et 1854, on trouve ue la recette kilométrique s'est généralement accrue, et que cet accroissement est plus faible que elui que nous avons eu lieu de constater dans la circulation kilométrique; ce qui est dû à un baissement dans le tarif moyen perçu.

Ainsi, l'accroissement moyen de la recette est de 20 p. o/o, tandis que celui de la circulation était de 28 p. o/o. Mais, d'un autre côté, le tarif moyen perçu, qui était de 8c,2 en 1853, s'est abaissé à 7c,6 en 1854.

De même, pour le Nord, tandis que la circulation s'est accrue de 40 p. o/o, la recette n'a été augmentée que de 22 p. o/o; mais le tarif moyen perçu, qui était de 7c,5 en 1853, s'est abaissé à 6c,8 en 1854.

Au contraire, sur la ligne de Rouen, la recette a augmenté, bien que la circulation ait diminué; mais alors le tarif moyen perçu s'est élevé.

En s'attachant aux résultats de la dernière année, on pourrait également constater 1° que la recette kilométrique suit, d'une région à l'autre de la France, les variations déjà mentionnées à l'article précédent sur le mouvement des marchandises; 2° que, de même, sur les lignes aboutissant à Paris, la recette kilométrique afférente à la section qui touche cette ville dépasse la recette kilométrique moyenne sur toute la ligne.

Des tarifs des marchandises.

Les chiffres de la colonne 13 donnent le tarif moyen perçu par tonne et par kilomètre sur chaque ligne. Il est au-dessous de la moyenne générale pour les lignes du Nord, de l'Est, de l'Ouest, de Paris à Lyon et de Lyon à la Méditerranée, tandis qu'il dépasse 8 centimes sur les lignes d'Orléans, de Rouen, du Havre et de Dieppe, et qu'il s'élève à 10 centimes sur la ligne de Rhône et Loire. Mais on ne saurait conclure par ces seules données que les tarifs de transports sont moins élevés sur les lignes où la moyenne est plus faible, parce que cet abaissement peut être dû à la prédominance, sur ces dernières, des marchandises dites encombrantes, dont le tarif est faible.

Le tableau suivant, dressé par la compagnie de Lyon pour l'exercice 1854, bien qu'il n'indique pas la nature des marchandises auxquelles s'appliquent les tarifs différents, donnera une idée de la prédominance des transports à bas prix.

Tab. A 1.

TARIFS PERÇUS.	TONNAGE.	PROPORTION p. o/o sur le tonnage total.	RECETTES.	PROPORTION p. o/o sur la recette totale.	OBSERVATIONS.
1	2	3	4	5	6
fr. c.	tonn.		fr.		
0,25	2,681	0,50	161,455	2,02	
0,16	13,970	3,00	601,492	7,52	
de 0,13 à 0,14	7,405	1,50	253,431	3,17	
de 0,10 à 0,12	50,197	10,00	1,615,959	20,21	
de 0,08 à 0,10	93,557	20,00	1,980,536	24,77	
de 0,03 à 0,08	313,906	65,00	3,381,910	42,31	
de 0,03 à 0,25	481,716	100,00	7,994,783	100,00	

En terminant ces observations sur les tarifs, nous rappellerons que l'application des tarifs mentionnés au cahier des charges n'a lieu qu'exceptionnellement.

Les tarifs perçus par les compagnies sont établis dans des vues différentes, de telle sorte qu'à une même marchandise sont appliqués, d'une compagnie à l'autre, des tarifs différents. Ainsi, la compagnie du Nord transporte les houilles à un tarif moyen inférieur à quatre centimes par tonne et par kilomètre, tandis que sur d'autres lignes ce tarif est de beaucoup dépassé : notamment, sur celles d'Anzin et de Rhône et Loire. Les réductions dans les tarifs s'opèrent, d'ailleurs, soit d'une manière générale, par tonne et par kilomètre, quels que soient la distance et le tonnage, soit d'une manière spéciale, en raison de l'étendue du parcours, de la quantité ou de la nature des marchandises transportées.

§ IV. ACCESSOIRES DE LA PETITE VITESSE.

La recette dite des accessoires de la petite vitesse provient presque exclusivement du transport des voitures, chevaux et bestiaux. Le complément est dû au produit de quelques autres transports non classés et à celui des frais de magasinage.

Les tableaux nos 18 et 19 donnent par ligne, pour l'année 1853, les renseignements que l'on a pu recueillir sur le nombre des voitures, chevaux et bestiaux transportés, ainsi que sur les recettes afférentes à chaque nature de transports.

Les documents qui sont relatifs à l'année 1854, et que l'on a pu réunir, sont résumés dans le tableau suivant :

Tab. A m.

DÉSIGNATION DES LIGNES.	QUANTITÉS TRANSPORTÉES.					RECETTES.								PROPORTION p. 0/0 sur la recette totale.	OBSERVATIONS.
	VOITURES.	CHEVAUX et mulets.	BOEUFS et vaches.	VEAUX et porcs.	MOUTONS.	VOITURES.	CHEVAUX et mulets.	BOEUFS et vaches.	VEAUX et porcs.	MOUTONS.	TOTAL.	AUTRES produits	TOTAL général.		
1	2	3	4	5	6	7	8	9	10	11	12	13	14	15	16
						fr.	fr.	fr.	fr.	fr.	fr.	fr.	fr.		
Est : Paris à Strasbourg.	245	"	17,388	20,710	76,166	16,695	"	130,534	68,499	103,405	319,133	22,259	341,392	1	
Paris à Rouen	306	3,241	6,354	42,129	9,537	10,772	40,806	24,791	43,490	6,110	125,969	23,702	149,671	1	
Rouen au Havre	125	1,336	450	2,812	6,279	3,264	9,242	1,703	1,751	2,624	18,584	3,595	22,179	1	
Rouen à Dieppe	25	61	24	1,854	1,442	420	333	89	1,342	498	2,682	3,872	6,554	1	
Ouest	168	1,741	31,059	103,710	54,902	6,113	19,873	152,030	265,897	38,650	483,163	5,276	488,439	6	
Orléans et prolongements.	1,144	5,137	103,870	160,959	294,090	59,454	90,406	1,610,109	540,438	338,312	2,638,719	91,162	2,729,881	6	
Paris à Lyon	415	4,326	6,562	40,008	97,402	27,603	93,571	50,985	50,681	58,236	281,076	"	281,076	1	
ENSEMBLE	2,518	15,842	165,716	381,182	540,418	124,321	254,231	1,970,841	972,098	547,835	3,869,326	149 866	4,019,192	3	

En ajoutant au total indiqué ci-dessus, de 4,019,192 francs, la recette de la ligne du Nord, d'environ 600,000 francs, et celle des autres lignes, Lyon à la Méditerranée, Montereau à Troyes, etc., etc., on obtiendrait le chiffre porté au tableau n° 10, qui, comparé à la recette de 1853, signale une augmentation d'environ 7 p. 0/0.

Les lignes sur lesquelles la recette s'est particulièrement accrue en 1854 sont celles de l'Est, de l'Ouest et de Lyon; la recette de la ligne d'Orléans a, au contraire, diminué.

En ne s'attachant qu'aux produits du transport des chevaux et bestiaux, qui, d'ailleurs, domine tous les autres,

L'augmentation de la recette a été sur la ligne de l'Est	d'environ	160,000 fr.	ou de	100 p. 0/0.
———— de l'Ouest	—	200,000	ou de	70
———— de Lyon	—	70,000	ou de	33
La diminution de la recette a été sur la ligne d'Orléans	d'environ	200,000 fr.	ou de	9 p. 0/0.

A ne s'arrêter qu'à l'année 1854, nous trouvons pour le transport des chevaux et bestiaux les résultats suivants :

Le produit du transport des chevaux et bestiaux représente à lui seul 95 p. 0/0 de la recette totale des accessoires de la petite vitesse.

Le poids du bétail transporté peut être évalué à 180,000 tonnes.

En tenant compte de la distance parcourue, c'est environ 30,000,000 de tonnes transportées à 1 kilomètre et 7,000 tonnes à la distance entière.

La recette provenant de ces transports est d'environ 4,500,000 francs, et l'on ne saurait estimer à moins de 10,000,000 de francs la dépense qu'il eût fallu faire pour les effectuer autrement que par chemin de fer.

Plus de la moitié de ces transports et recettes est afférente à la ligne de Paris à Orléans, qui, en effet, traverse la Touraine, l'Anjou et la Bretagne, le Poitou et le Limousin, le Nivernais et le Berri.

§ V. RECETTES DIVERSES.

On comprend sous le titre de recettes diverses toutes celles qui ne sont pas classées dans les catégories précédemment indiquées.

Parmi les sommes qui y sont comprises, il en est qui ne se rapportent qu'indirectement à l'exploitation; quelques-unes même en sont tout à fait indépendantes.

Si on prend pour exemple les recettes diverses de l'année 1853, dont le détail est indiqué au tableau n° 19, et qui s'élèvent à 8,402,139 francs, elles se décomposent comme suit, eu égard à la nature des recettes :

45 p. 0/0 environ proviennent de causes fortuites ou passagères, savoir : 1,507,894 francs payés à la ligne de Saint-Germain, pour droit de gare et parcours et pour bénéfices d'ateliers, par les compagnies de Rouen et de l'Ouest, et plus de 2,300,000 francs attribués à la ligne de Lyon comme produit de placement de fonds. — La première de ces recettes ne se reproduira plus à partir de 1856, à raison de la fusion des diverses lignes de l'Ouest. — La seconde, qui est due au produit des fonds destinés à la construction du chemin de Lyon, aurait pu être complétement distraite du produit de l'exploitation.

18 p. 0/0, ou 1,545,943 francs, proviennent des placements des fonds des recettes de l'exploitation pour les compagnies de l'Est, de Rouen, d'Orléans, de Lyon et du Grand-Central (ligne de Rhône et Loire). C'est environ 1 1/2 p. 0/0 de la recette totale de l'exploitation de ces lignes et 3 1/2 p. 0/0 du produit net.

13 p. 0/0, ou 1,083,709 francs, sont afférents aux lignes du Nord, de l'Est, de Rouen, d'Orléans, de Lyon et de Rhône et Loire, et représentent les produits du domaine de ces chemins, tels que

loyers pour logements et buffets, mise en valeur des terrains non occupés pour le service de l'exploitation, etc.

5 p. o/o, ou 427,485 francs, sont attribués au produit du factage et du camionnage sur les lignes de Rouen, d'Orléans, de Lyon et de Rhône et Loire. Sur cette somme, la ligne d'Orléans est comprise pour 324,717 francs et celle de Rhône et Loire pour 77,934.

Le reste, ou 19 p. o/o, provient d'éléments divers qu'il serait trop long de détailler.

A un autre point de vue, la recette de 8,402,139 francs se décompose comme suit entre les diverses lignes.

56 p. o/o sont attribués aux lignes de Lyon et de Saint-Germain, dont 45 dus aux causes fortuites et passagères que nous avons signalées.

Les 44 centièmes complémentaires sont attribués, savoir :

13 à la ligne d'Orléans;
9 ———— de Rhône et Loire;
8 ———— de Rouen, le Havre et Dieppe;
6 ———— de l'Est;
3 ———— du Nord;
2 ———— de l'Ouest;

Enfin, 3 aux autres lignes non mentionnées.

CHAPITRE II.

MOUVEMENT DU MATÉRIEL ET DÉPENSE D'EXPLOITATION.

L'unité de moyen de transport sur les chemins de fer est représentée par un train, comme elle est représentée sur les voies navigables par le bateau, sur les routes par la voiture.

Les documents qui servent à apprécier sommairement le mouvement du matériel et les dépenses d'exploitation afférents à une ligne sont, dès lors, avec la longueur de la ligne, le parcours total des trains et la dépense totale d'exploitation. Toutefois, la comparaison directe de ces deux derniers nombres, d'une ligne à l'autre, ne donne que d'une manière confuse une idée des différences qui existent entre ces deux lignes dans le nombre moyen de trains par jour ramenés à la distance entière, et dans la dépense occasionnée par le transport d'un train.

Les deux tableaux suivants donnent par ligne, et pour les années 1853 et 1854, la fréquentation diurne en trains, colonnes 6, 7 et 8; les dépenses annuelles d'exploitation par kilomètre, colonne 10; par kilomètre et par unité de fréquentation, colonne 11; enfin, la dépense occasionnée par le transport d'un train sur un kilomètre, colonne 12.

Tab. A n.

EXPLOITATION EN 1853.

DÉSIGNATION DES LIGNES.	LONGUEUR moyenne exploitée.	PARCOURS TOTAL DES TRAINS.			FRÉQUENTATOIN DIURNE EN TRAINS ou nombre de trains par jour ramenés à la distance entière.			DÉPENSES D'EXPLOITATION ANNUELLES			par KILOMÈTRE parcouru par un train.
		VOYAGEURS.	MARCHANDISES.	ENSEMBLE.	Voyageurs.	Marchandises.	Ensemble.	pour la ligne entière.	par kilomètre.	par kilomètre et par train sur la distance entière.	
1	2	3	4	5	6	7	8	9	10	11	12
	kil.	kil.	kil.	kil.				fr.	fr.	fr.	fr. c.
Saint-Germain	25	301,261	"	301,261	33 ,0	"	33 ,0	1,057,746	42,310	1,282	3 51
Rhône et Loire	150	326,691	1,089,512	1,416,203	5 ,9	19 ,8	25 ,7	4,051,360	27,009	982	2 86
Nord	707	3,417,533	2,370,196	5,787,729	13 ,2	9 ,2	22 ,4	13,390,608	18,940	845	2 31
Ouest	151	945,999	193,408	1,139,407	17 ,2	3 ,5	20 ,7	3,547,045	23,490	1,134	3 11
Paris à Lyon	383	1,959,524	905,716	2,865,240	14 ,0	6 ,5	20 ,5	7,064,956	18,446	900	2 46
Est : Paris à Strasbourg	624	2,620,573	1,784,570	4,405,143	11 ,5	7 ,8	19 ,3	11,957,071	19,162	993	2 71
Rouen, Havre et Dieppe	282	1,089,755	1,013,103	2,102,858	10 ,6	8 ,3	18 ,9	7,873,272	27,919	1,477	3 74
Orléans et prolongemts.	1,010	3,216,648	2,154,883	5,371,531	8 ,7	5 ,8	14 ,5	17,214,434	17,044	1,175	3 20
Lyon à la Méditerranée	294	930,150	564,612	1,494,762	8 ,6	5 ,3	13 ,9	4,054,934	13,792	992,	2 71
Alsace	162	509,425	244,991	754,416	8 ,5	4 ,2	12 ,7	2,009,599	12,405	977	2 66
Montereau à Troyes	100	301,100	3,200	304,300	8 ,2	0 ,1	8 ,3	821,887	8,219	990	2 70
Bordeaux à la Teste	53	88,828	7,208	96,036	4 ,6	0 ,3	4 ,9	307,974	5,811	1,186	3 20
La France entière	3,978	15,848,610	10,397,053	26,245,663	10 ,9	7 ,2	18 ,1	73,954,696	18,591	1,027	2 82

Tab. A o.

EXPLOITATION EN 1854.

DÉSIGNATION DES LIGNES.	LONGUEUR MOYENNE exploitée.	PARCOURS TOTAL DES TRAINS.			FRÉQUENTATION DIURNE EN TRAINS ou nombre de trains par jour ramenés à la distance entière.			DÉPENSES D'EXPLOITATION.			
								ANNUELLES			par kilomètre parcouru par un train.
		VOYAGEURS.	MARCHANDISES.	ENSEMBLE.	Voyageurs.	Marchandises.	Ensemble.	pour la ligne entière.	par kilomètre.	par kilomètre et par train sur la distance entière.	
1	2	3	4	5	6	7	8	9	10	11	12
	kil.	kil.	kil.	kil.				fr.	fr.	fr.	fr. c.
Saint-Germain.	30	438,771	"	438,771	40 ,1	"	40 ,1	1,483,956	49,465	1,234	3 38
Rhône et Loire.	150	322,051	1,111,591	1,434,542	5 ,9	20 ,3	26 ,2	5,038,550	33,590	1,282	3 51
Nord.	707	3,595,984	3,228,960	6,824,944	13 ,9	12 ,5	26 ,4	16,114,375	22,792	863	2 36
Ouest.	209	1,089,097	317,106	1,406,203	14 ,3	4 ,1	18 ,4	4,374,432	20,930	1,137	3 11
Paris à Lyon.	443	2,556,464	1,117,923	3,674,387	15 ,8	6 ,9	22 ,7	9,358,477	21,125	930	2 55
Est (Montereau compris)	927	3,017,276	3,226,955	6,244,231	8 ,9	9 ,5	18 ,4	15,879,488	17,130	931	2 54
Rouen, Havre et Dieppe.	282	1,438,852	770,024	2,208,876	14 ,0	7 ,5	21 ,5	7,157,173	25,380	1,180	3 24
Orléans et prolongem[ts].	1,139	4,524,376	2,233,823	6,758,199	10 ,9	5 ,4	16 ,3	20,547,470	18,040	1,106	3 04
Lyon à la Méditerranée.	358	1,203,997	595,152	1,799,149	9 ,2	4 ,6	13 ,8	5,417,050	15,131	1,096	3 01
Bordeaux à la Teste. . . .	67	123,644	79,986	203,630	5 ,1	3 ,2	8 ,3	626,814	9,355	1,127	3 08
La France entière.	4,348	18,491,765	12,806,832	31,298,597	11 ,7	8 ,2	19 ,9	87,091,053	20,030	1,007	2 78

L'on a vu les rapports frappants qui lient le chiffre de la fréquentation diurne avec l'importance du matériel affecté à son exploitation, avec le coût de ce matériel, avec le nombre d'agents attachés à l'exploitation. La relation qui existe entre ce même chiffre, col. 8, et la dépense d'exploitation par kilomètre, colonne 10, n'est pas moins frappante.

Les tableaux qui précèdent montrent, en effet, que le chiffre de la colonne 10 est sensiblement proportionnel au chiffre de la colonne 8. Ainsi, pour les lignes de Montereau à Troyes, de Lyon à la Méditerranée et de l'Est, dont la fréquentation diurne était en 1853 respectivement de 8, 14, et 19, la dépense d'exploitation par kilomètre a été de 8,000, 14,000 et 19,000 francs, indiquant ainsi une dépense moyenne de 1,000 francs par année pour un kilomètre et par unité de fréquentation, et de 2 fr. 80 c. pour le prix du transport d'un train à un kilomètre.

Comparés entre eux, ces mêmes tableaux font ressortir à l'avantage de l'année 1854 une augmentation dans la fréquentation diurne en trains de un dixième, et une diminution dans la dépense d'exploitation de 2 p. o/o.

Ces réflexions nous conduisent à diviser ce chapitre en quatre paragraphes.

Dans le premier, nous exposerons sommairement quelques considérations générales sur le mouvement du matériel et les dépenses d'exploitation pendant l'époque qui nous précède.

Les deux paragraphes suivants seront consacrés à l'analyse du mouvement du matériel et des dépenses d'exploitation, particulièrement au point de vue des renseignement recueillis pour l'année 1853, tableaux 17 et 20.

Le quatrième paragraphe fera ressortir les déductions qui résultent du rapprochement des documents recueillis dans les deux précédents.

§ Ier. CONSIDÉRATIONS GÉNÉRALES.

On ne possède que bien peu de renseignements pour suivre d'une manière précise, et pour l'ensemble du réseau, les progrès réalisés dans l'exploitation des chemins de fer en ce qui touche le mouvement du matériel et les dépenses d'exploitation. Toutefois, en généralisant les conclusions partielles auxquelles conduisent quelques renseignements isolés, on peut les résumer comme suit :

1° La fréquentation diurne en trains augmente sur chaque partie du réseau, et, depuis 1849, elle augmente même d'une manière continue pour l'ensemble du réseau, malgré la moindre importance des lignes ajoutées chaque année (art. 18 du tableau S);

2° Le chargement moyen des trains augmente (art. 21 et 22 du tableau S);

3° La vitesse moyenne des trains a de beaucoup augmenté : il suffit, pour s'en convaincre, de consulter ses souvenirs;

4° Le matériel destiné à l'exploitation paraît rendre annuellement plus de services : en ce qui concerne les locomotives, ce fait est confirmé par les chiffres de la col. 19, tabl. 23, page 152; le parcours moyen, en 1853, dépasse de 47 p. o/o le parcours moyen en 1849;

5° La dépense occasionnée par le transport d'un train, à un kilomètre, diminue malgré l'augmentation du chargement et de la vitesse.

Les progrès réalisés sur l'ensemble du réseau se manifestent d'une manière plus évidente, sur les diverses lignes qui le composent, lorsqu'on en suit pendant plusieurs années l'exploitation. Nous pouvons citer à ce sujet de nombreux exemples qui confirmeraient les conclusions générales que nous venons d'énoncer. Nous nous arrêterons à un petit nombre, et seulement en ce qui concerne l'augmentation de la fréquentation diurne, l'accroissement de la vitesse, la diminution de la dépense occasionnée par un train.

La fréquentation diurne en trains a été respectivement :

En 1844, 1847 et 1851, de 9,8; 10,2; 13,4 sur la ligne de Strasbourg à Bâle.
———— et 1853, de 16,1; 23,7; 27,3 ———— de Paris à Rouen.
En 1844 et 1851, de 16,2 et 22,9 sur la ligne de Paris à Orléans et Corbeil.
———— de 27,2 et 40,1 ———— de Paris à Saint-Germain.
En 1847 et 1854, de 13,3 et 39,8 ———— du Nord (ligne principale).

En comparant les trains express, en 1847 et 1854, on trouve que la durée du trajet était respectivement :

De Paris à Bruxelles,	11 h. 20 m.	et 6 h. 40 m. ;	temps gagné,	4 h.	40 m.	ou 40 p. o/o.
———— au Havre,	6 35	et 5 05	————	1	30	ou 23
———— à Orléans,	3 00	et 2 30	————	0	30	ou 17
D'Orléans à Tours,	3 00	et 2 34	————	0	26	ou 14
De Strasbourg à St-Louis,	4 34	et 3 50	————	0	44	ou 16

La dépense moyenne occasionnée par le parcours d'un train sur un kilomètre a été respectivement :

En 1843 et 1853, de $3^{f}\ 15^{c}$ et $2^{f}\ 72^{c}$ sur la ligne de Strasbourg à Bâle.
1844 et 1854, de 3 71 et 3 38 ———— de Paris à Saint-Germain.
1847 et 1854, de 3 83 et 3 04 ———— d'Orléans.
1847 et 1854, de 4 40 et 2 36 ———— du Nord.

La cause de l'augmentation de la fréquentation diurne en trains doit être attribuée au développement du trafic. L'accroissement de la vitesse est due aux améliorations introduites dans l'établissement de la voie et du matériel. Enfin, la diminution de la dépense moyenne occasionnée par le parcours d'un train sur un kilomètre est due à plusieurs causes : en ce qui touche la traction, elle est due à l'économie notable obtenue dans la quantité de combustible consommé ; en ce qui touche les autres natures de dépenses, elle doit être attribuée à l'abaissement des frais généraux, qui résulte de l'extension du réseau de chaque compagnie et de l'augmentation relative de la circulation des trains.

§ II. MOUVEMENT DU MATÉRIEL.

Le tableau n° 17, relatif au mouvement du matériel, comprend le mouvement des trains, le mouvement des machines et celui des véhicules de la grande et de la petite vitesse. Les considérations qui suivent seront présentées dans le même ordre.

Mouvement des trains.

On a donné dans les tableaux précédents la fréquentation diurne en trains sur les diverses lignes composant le réseau : il ne faut pas confondre ce chiffre avec le nombre des trains, qui est généralement plus considérable, chaque train ne parcourant pas toute l'étendue de la ligne sur laquelle il circule. Le nombre total des trains et le parcours moyen d'un train varient d'une ligne à l'autre, comme l'indique le tableau n° 17 pour l'année 1853.

Ainsi, le nombre moyen de trains par jour, qui a été de 4 pour la ligne de Bordeaux à la Teste, a été de 169 pour la ligne du Nord, et de 880 environ pour tout le réseau.

Le parcours moyen d'un train, de 10 kilomètres sur la ligne d'Orsay, s'est élevé à 200 kilomètres sur la ligne de l'Est, et il n'est en moyenne que de 75 kilomètres.

La fréquentation diurne en trains, de même que le nombre de voyageurs circulant par jour sur une ligne, ne donne qu'une moyenne, chaque section de chemin étant généralement soumise à une fréquentation diurne en trains beaucoup plus considérable aux abords de Paris que sur les sections qui en sont éloignées.

Pour n'en citer qu'un exemple, la fréquentation diurne en trains a été, en 1854 :

Sur les diverses sections de la ligne du Nord, de.................... 26
Sur la section de Paris à Creil et à Amiens, elle a été de............ 52
Sur les sections d'Amiens aux frontières de terre, de................ 31
Sur celles de Lille à Calais et Dunkerque, de........................ 13
Sur celle de Creil à Saint-Quentin, de............................... 13
Sur celle d'Amiens à Boulogne, de.................................... 17
Enfin, aux abords de Paris, elle a dépassé........................... 55

A un autre point de vue, cette fréquentation se partage en deux parts, suivant qu'il s'agit du transport des voyageurs ou de celui des marchandises. Les lignes de Saint-Germain et d'Orsay n'ont point de trains de marchandises; celles de Versailles n'en ont qu'exceptionnellement pour le service de la ligne de Paris à Rennes, tandis que, pour la ligne de Rhône et Loire, les trains de marchandises entrent, dans le parcours total, pour 80 p. o/o.

Pour les grandes lignes telles que l'Est, le Nord, Orléans, le parcours des trains de marchandises représente 40 p. o/o du parcours total des trains : c'est la moyenne du réseau entier. On remarquera que, pour l'époque que nous étudions, la ligne de Lyon, qui n'aboutissait alors qu'à Châlons, ne pouvait avoir de ce côté le développement qu'elle tend à prendre aujourd'hui. Il en est de même pour la ligne de l'Ouest, qui s'arrêtait à la Loupe.

Le tableau n° 17 donne, pour chaque ligne, la vitesse moyenne des diverses classes de trains; cette vitesse varie :

Pour les trains express...	de 50k à l'heure	(ligne de Lyon)......	à 72k	(ligne du Nord);
——— directs....	de 41........	(ligne de l'Ouest).....	à 60	(*idem*);
——— omnibus..	de 36........	(*idem*)...............	à 45	(ligne de l'Est);
——— mixtes....	de 12........	(ligne de Rhône et Loire)	à 35	(*idem*);
——— marchandses	de 12........	(*idem*)...............	à 35	(*idem*).

Ces données ont changé depuis sur quelques lignes, et notamment sur la ligne de Lyon, dont les trains express ont aujourd'hui une vitesse de 70 kilomètres à l'heure.

Mouvement des locomotives.

Un train en marche est conduit par une locomotive et exceptionnellement par deux, de sorte que le parcours des locomotives est plus considérable que le parcours des trains; cette différence s'accroît encore par les manœuvres de gares; elle est en totalité d'environ 1[illegible] p. o/o.

Si le parcours du train dépasse 200 kilomètres, la locomotive qui le conduit ne l'accompagne pas généralement sur la totalité de son parcours; elle fait l'office de relayeur sur une distance qui peut varier de 80 à 200 kilomètres au plus, allant ainsi d'un dépôt de machines à un autre dépôt, d'où elle repart, en général, après un temps d'arrêt de quelques heures, en remorquant un train de sens contraire pour revenir au dépôt auquel elle est attachée.

Le lendemain, elle reprend son service, et continue ainsi pendant un nombre de jours variant de 3 à 8, après quoi elle est soumise à une révision qui peut entraîner soit un simple nettoyage soit des réparations de petit ou de gros entretien.

Lorsqu'une machine n'est pas arrêtée par de grosses réparations, elle peut, dans une année parcourir de 40,000 à 70,000 kilom. et servir 200 à 250 jours.

Le tableau n° 17 indique par ligne le parcours moyen annuel des locomotives, qui est de 22,208k pour les machines à voyageurs, de 26,285k pour les machines à marchandises, enfin de 23,567k pour la moyenne générale.

Cette différence à l'avantage du service annuel des machines à marchandises se retrouve généralement; elle est en moyenne de 18 p. o/o.

Le tableau n° 20 donne, également par ligne, la consommation en coke, qui est, par kilomètre arcouru, de 7 kilogrammes pour les machines à voyageurs; de 10k ou 43 p. o/o en plus pour les achines à marchandises, et en moyenne générale de 8 kilog.

Quant à la consommation d'eau, elle peut être évaluée, en moyenne, à 50 kilogrammes par kiomètre parcouru.

Mouvement des véhicules de la grande vitesse.

En divisant le parcours total des voitures à voyageurs et celui des waggons de service par le arcours total des trains, on trouve pour quotients les chiffres 6,8 et 2,2.

Ces chiffres indiqueraient que la composition moyenne d'un train de voyageurs serait de 9 véicules, dont 6,8 voitures à voyageurs et 2,2 waggons de service, si, d'une part, les trains de voyaeurs ne contenaient jamais de waggons de marchandises et si, d'une autre part, les trains de archandises ne transportaient jamais de matériel de la grande vitesse.

En fait, les trains de voyageurs dits mixtes transportent des waggons de marchandises, et il rrive quelquefois que du matériel de la grande vitesse est ramené à vide par des trains de archandises. Il faut attribuer à ces causes les différences qui existent entre la composition des ains, telle qu'elle est signalée au tableau n° 17, pour chaque ligne, et la composition théorique ui serait déduite comme nous venons de le dire. Ces différences sont d'ailleurs peu sensibles général.

La composition moyenne des trains de voyageurs indiquée au tableau 17 donne lieu aux rearques suivantes :

Le nombre total des véhicules est compris entre 8,34 et 10,77 pour les lignes du Nord, de Est, de Rouen, d'Orléans, de Lyon et de Lyon à la Méditerranée, comprenant ensemble plus de p p. o/o du réseau. Il est inférieur à 8,34 pour les lignes qui ne comportent qu'un faible mouveent de voyageurs, et pour les lignes de banlieue dans les trains desquelles il n'entre qu'un wagn de service et pas de waggons de marchandises. Il est exceptionnellement supérieur à 11 sur les nes du Havre et de Dieppe, à raison de la proportion considérable des waggons de marchandises.

Le nombre des voitures à voyageurs est généralement compris entre 5 et 7; toutefois, il n'est ar exception que de 3,40 pour la ligne de Montereau à Troyes. Sur la ligne de Lyon, qui comorte un grand mouvement de voyageurs, il n'est que de 5,16. Mais la capacité des véhicules de ette ligne étant supérieure à celle des véhicules des autres lignes, il en résulte une compensation u moins équivalente.

La composition moyenne d'un train de voyageurs, bien que variant peu d'une année à l'autre t d'une ligne à l'autre, ne donne aucune idée de la composition réelle des diverses natures de ains, qui sont express, directs ou mixtes, et dont le chargement est très-variable. Nous royons inutile d'insister sur ce point, et nous nous bornerons à rappeler que l'article 18 de ordonnance du 15 novembre 1846 fixe à 24 le nombre maximum de véhicules qui doit entrer ans un train de voyageurs; que ce maximum est assez souvent atteint; mais que, d'un autre té, les trains express contiennent le plus souvent un nombre de voitures au-dessous de la oyenne.

Le tableau n° 17 donne, également par ligne, le parcours moyen annuel des voitures à voyageurs, qui est de 29,975 kilomètres pour le réseau, et celui des waggons de service, qui est de 21,018 kilomètres.

Pour les voitures à voyageurs, cette moyenne est sensiblement atteinte ou dépassée sur les lignes de grand parcours, telles que celles du Nord, de Rouen, le Havre et Dieppe, Lyon à la Méditerranée, d'Orléans et de Paris à Lyon. Sur ces deux dernières lignes, la moyenne dépasse 35,000k; elle varie de 19,000k à 21,000k pour les lignes du Midi et du Grand-Central; enfin, elle est au-dessous de 15,000k sur les lignes de petit parcours ou de banlieue, l'Ouest, Montereau à Troyes, Orsay, Saint-Germain, Anzin.

Les variations que présente, d'une ligne à l'autre, la moyenne du parcours annuel des waggons de service ne donne lieu à aucune observation intéressante.

Mouvement des véhicules de la petite vitesse.

Pour terminer cet exposé du mouvement du matériel, il reste à présenter, sur le mouvement des véhicules de la petite vitesse, quelques observations analogues à celles que nous avons produites sur celui des véhicules de la grande vitesse.

Le tableau n° 17 indique, par ligne, le nombre moyen de waggons de marchandises attelés à un train de petite vitesse.

Ce nombre ne descend au-dessous de 25 que sur quelques lignes d'une importance secondaire, telles que Bordeaux à la Teste, Montereau à Troyes, ligne d'Alsace, etc., composant ensemble au plus 1/10e du réseau.

Il varie de 25 à 30 sur toutes les autres lignes, à l'exception de la ligne de Lyon à la Méditerranée, sur laquelle il atteint 41.

On peut évaluer à 28 la moyenne générale applicable à tout le réseau.

L'ordonnance du 15 novembre 1846 n'a pas prévu de maximum pour le nombre de véhicules attelés à un train de marchandises, et, sur quelques lignes, ce nombre a atteint et dépassé 60, 70 et 80.

Le tableau n° 17 indique, également par ligne, le parcours moyen d'un waggon de marchandises. Ce parcours n'est qu'exceptionnellement au-dessous de 10,000k; il atteint 21,511k sur la ligne d'Orléans, et il est en moyenne, pour tout le réseau, de 13,656k.

§ III. DÉPENSE D'EXPLOITATION.

La division qu'on a cru devoir adopter pour la dépense d'exploitation est suffisamment indiquée au tableau n° 20 pour qu'il soit inutile d'entrer ici dans de plus grands développements. Ce tableau donne, pour chaque ligne, la décomposition de la dépense d'exploitation, par chapitre et par article. Quelques lacunes ont empêché de résumer ce travail par la décomposition générale de la dépense consacrée en 1853 à l'exploitation de tout le réseau.

Ces lacunes sont si peu nombreuses, et s'appliquent d'ailleurs à une si faible portion du réseau, qu'il a paru que l'on pouvait étendre, sans erreur sensible, à tout le réseau les résultats constatés sur des longueurs qui en représentent de 80 à 95 centièmes: c'est ainsi que le tableau suivant a été rédigé.

abl. A p.

NATURE DES DÉPENSES.		NUMÉROS D'ORDRE.	DÉPENSES D'EXPLOITATION EN 1853 — TOTALES sur 3,978 kilomètres.		PAR KILOMÈTRE.		PAR KILOMÈTRE et pour un train par jour.		PAR KILOMÈTRE parcouru par un train.		PROPORTION P. o/o dans LA DÉPENSE TOTALE		PROPORTION POUR o/o de la dépense de chaque article dans la dépense totale du chapitre.	
CHAPITRES.	ARTICLES.		Par article.	Par chapitre.	Par article.	Par chapitre.	Par article.	Par chapitre.	Par article.	Par chapitre.	de la dépense de chaque article.	de la dépense de chaque chapitre.		
1	2	3	4	5	6	7	8	9	10	11	12	13	14	
CHAPITRE Ier. Administration.	Personnel de l'administration centrale.	1	1,500,134	3,966,501	392	997	22	55	0 06	0 15	2 11	5 36	39	100
	Frais de bureaux et généraux, imprimés, publicité, etc.	2	550,307		140		8		0 02		0 75		14	
	Loyers, contributions, etc.	3	1,243,384		313		17		0 05		1 68		32	
	Assurances	4	314,710		79		4		0 01		0 43		8	
	Dépenses diverses	5	291,966		73		4		0 01		0 39		7	
CHAPITRE II. Exploitation, mouvement et trafic.	Personnel du service central	6	1,060,028	16,045,240	419	4,033	23	223	0 06	0 61	2 25	21 70	10	100
	Frais de bureaux et généraux, impressions et billets	7	1,161,569		292		16		0 05		1 57		7	
	Personnel des gares et stations	8	9,564,498		2,404		133		0 36		12 93		60	
	Éclairage, chauffage et dépenses diverses des gares et stations	9	1,728,498		434		24		0 07		2 34		11	
	Personnel des trains	10	1,609,531		420		25		0 06		2 26		10	
	Éclairage et dépenses diverses des trains	11	255,116		64		4		0 01		0 35		2	
CHAPITRE III. Traction et entretien du matériel.	Personnel et dépenses diverses du service central	12	643,722	28,981,939	162	7,286	9	403	0 03	1 11	0 87	39 19	2	100
	Mécaniciens, chauffeurs	13	4,029,175		1,013		56		0 15		5 45		14	
	Personnel des dépôts	14	977,022		246		14		0 04		1 32		3	
	Dépenses diverses des dépôts et des machines	15	1,379,095		347		19		0 05		1 87		5	
	Combustible consommé par les machines	16	9,256,500		2,327		129		0 35		12 52		32	
	Alimentation	17	453,334		114		6		0 02		0 61		2	
	Entretien des machines et des tenders	18	7,062,920		1,775		98		0 27		9 55		24	
	Entretien des voitures et des waggons. Graissage des voitures et des waggons	19, 20	5,179,271		1,302		72		0 20		7 00		18	
CHAPITRE IV. Surveillance et entretien de la voie.	Personnel et dépenses diverses du service central	21	1,074,128	11,007,439	270	2,767	15	153	0 04	0 42	1 45	14 88	10	100
	Surveillance de la voie	22	3,024,086		760		42		0 11		4 09		27	
	Entretien de la voie	23	5,918,948		1,488		82		0 23		8 00		54	
	Entretien des bâtiments. Entretien du télégraphe électrique et des signaux	24, 25	990,277		249		14		0 04		1 34		9	
CHAPITRE V. Dépenses diverses et d'ordre.	Impôt du dixième sur les voyageurs	26	2,902,176	13,953,577	730	3,508	40	193	0 11	0 53	3 93	18 87	21	100
	Subventions aux correspondances omnibus, factage et camionnage	27	3,868,708		973		54		0 15		5 23		28	
	Droits de parcours et d'usage des stations	28	1,094,747		275		15		0 04		1 48		8	
	Participation des employés aux bénéfices de l'exploitation	29	2,041,430		513		28		0 08		2 76		14	
	Dépenses diverses et non classées	30	4,046,516		1,017		56		0 15		5 47		29	
	ENSEMBLE			73,954,696		18,591		1,027		2 82		100 00		

A l'aide de ce tableau, on peut se faire une idée générale de la part de chaque nature de dépenses dans la dépense totale d'exploitation.

La comparaison des chiffres qu'il fournit, avec les chiffres correspondants que le tableau n° 20 donne ou permet de calculer pour chaque ligne, sert, en outre, à mettre en évidence les conditions diverses de dépenses dans lesquelles s'opère l'exploitation de ces lignes; elle peut aussi éveiller l'attention sur les causes anormales qui pourraient provoquer ces différences.

Pour ne pas descendre à la discussion de chaque article, on se bornera à présenter par chapitre quelques observations générales, en s'attachant spécialement aux chiffres des colonnes 10 et 11, qui donnent la dépense par kilomètre parcouru par un train. Il sera facile de les rapporter, si on le désire, aux chiffres des autres colonnes, qui s'en déduisent par une simple opération arithmétique.

Frais d'administration.

La dépense pour frais d'administration centrale, qui est moyennement de 0f15 par kilomètre parcouru par un train, varie de 12 à 14 centimes pour les lignes du Nord, de l'Est et d'Orléans, dont l'étendue pour chacune dépasse 700k; elle atteint 16 centimes sur la ligne de Paris à Lyon, de 400k; elle dépasse ce chiffre sur les autres lignes dont l'étendue est moindre; enfin, elle s'élève à 49 centimes sur la ligne de Saint-Germain, qui ne comprend que 25 kilomètres.

Il est, en effet, dans la nature de ces dépenses de décroître avec l'étendue de la ligne; et maintenant que la longueur du réseau augmente rapidement, et que, de plus, il se trouve réparti, pour sa presque totalité, entre huit compagnies, on doit s'attendre à un abaissement du chiffre moyen de 0f,15.

La part du personnel dans la dépense d'administration s'élève en moyenne à 39 p. 0/0; elle ne descend qu'exceptionnellement au-dessous de 30 p. 0/0 et ne dépasse 40 p. 0/0 que pour les lignes d'Alsace et de l'Ouest.

Frais d'exploitation (mouvement et trafic).

La dépense de l'exploitation proprement dite, comprenant le mouvement et le trafic, est, en moyenne, de 61 centimes par kilomètre parcouru par un train. Généralement, elle s'abaisse ou s'élève suivant que, sur la ligne que l'on considère, la circulation kilométrique en trains est plus ou moins forte. Ainsi elle est :

De 48c	sur la ligne de Saint-Germain, dont la fréquentation diurne en trains est de	33
52	——— de Rhône et Loire	26
54	——— du Nord	22
55	——— de Paris à Lyon	21
61	sur le réseau entier	18
63	sur la ligne d'Orléans	15
82	——— de Montereau à Troyes	8
83	——— de Bordeaux à la Teste	5

Les lignes sur lesquelles la moyenne s'écarte sensiblement de cette loi sont celles de l'Ouest, de Lyon à la Méditerranée, de Rouen, le Havre et Dieppe.

Les traitements et salaires des divers agents du mouvement et du trafic représentent en moyenne plus de 80 p. 0/0 des dépenses affectées à ce service, et plus de 17 p. 0/0 de la dépense totale de l'exploitation.

Frais de traction et d'entretien du matériel.

La dépense moyenne de la traction et de l'entretien du matériel est de 1 fr. 11 c. par kilomètre parcouru par un train. Elle est de 91 centimes à 1 fr. 10 c., sur la plupart des lignes du réseau comprenant ensemble 3,280k; elle dépasse 1 fr. 10 c. sur les lignes de l'Ouest (1f 14), d'Anzin (1f 23), de Saint-Germain (1f 27), d'Orsay (1f 28), de Rhône et Loire (1f 37), du Midi et du chemin de Ceinture (1f 60 et 2f 32).

En dehors de ces exceptions, motivées soit sur les conditions de la voie et sur la prédominance des trains de marchandises, soit sur le peu d'étendue des lignes, qui occasionne de grandes pertes de temps et de combustible, on doit encore citer les lignes de Rouen, du Havre et de Dieppe, sur lesquelles les dépenses de traction s'élèvent de 1f44 à 1f72; mais on sait que, pour ces lignes, ces chiffres indiquent les sommes payées à un entrepreneur en exécution d'un contrat, et non le coût réel de la traction.

Sur la dépense de la traction, 19 p. 0/0 sont attribués au personnel; 32 p. 0/0 au combustible;

42 p. o/o à l'entretien du matériel, y compris les salaires des ouvriers; 7 p. o/o pour les dépenses diverses de l'alimentation.

Frais de surveillance et d'entretien de la voie.

La dépense moyenne de la surveillance et de l'entretien de la voie est de 42 centimes par kilomètre parcouru par un train. Sur un ensemble de lignes comprenant 3,368k, elle s'écarte peu de ces chiffres, variant de 36 à 47 centimes.

Cette dépense dépasse 47 centimes sur les lignes d'Orsay (48c), de Rhône et Loire (50c), de Lyon à la Méditerranée (56c), d'Anzin (57c), de Bordeaux à la Teste (60c), de Saint-Germain (74c), de Ceinture (1f 33).

La prédominance des trains de marchandises et les conditions de la voie peuvent motiver la moyenne supérieure des lignes de Rhône et Loire. Quant à la compagnie de Saint-Germain, dont la moyenne atteint 74 c., on sait qu'en dehors de la voie qu'elle exploite elle surveille et entretient les voies des lignes de Rouen et de Versailles aux abords de Paris.

Les dépenses de ce chapitre peuvent se décomposer en surveillance de la voie, 31 p. o/o; entretien de la voie, 60 p. o/o; surveillance et entretien des bâtiments et du télégraphe, 9 p. o/o.

Dépenses diverses.

Les limites dans lesquelles se meuvent les dépenses diverses, suivant les lignes que l'on étudie, ne permettent pas de donner aucun sens précis à une moyenne déduite d'éléments aussi différents entre eux, et dont quelques-uns sont ou fortuits, ou passagers, ou spéciaux à diverses compagnies.

La moyenne générale, qui est de 53 centimes par kilomètre parcouru par un train, n'est dépassée que sur les lignes de Rouen, de l'Ouest et d'Orléans, où elle est respectivement de 87, 62 et 99 centimes. A cette occasion, il convient de faire remarquer que, sur les 87 centimes attribués à la ligne de Rouen, 63 sont dus à la redevance payée à la compagnie de Saint-Germain pour droit de gare et de parcours, redevance qui doit cesser après la fusion; — Que sur les 62 centimes attribués à la ligne de l'Ouest, la redevance payée à la ligne de Saint-Germain figure également pour 40 centimes; — Qu'enfin, sur les 99 centimes attribués à la ligne d'Orléans, 44 centimes sont dus, savoir : 36 centimes aux dépenses résultant de la participation des employés aux bénéfices de l'exploitation, et 8 centimes à des dépenses d'exercices clos.

La décomposition des dépenses diverses indiquées au tableau A p montre que, si l'on déduisait de la moyenne générale la part attribuée aux articles 28 et 29, qui présentent un caractère tout à fait spécial, elle serait réduite de 12 centimes ou 22 p. o/o.

On doit ajouter que la part due à l'impôt du dixième sur les produits de la grande vitesse doit, par suite de l'application de la loi du 14 juillet 1855, s'élever au triple, au moins, de la valeur qu'elle avait en 1853 et dépasser 2,000 francs par kilomètre.

§ IV. DOCUMENTS DIVERS ET RAPPROCHEMENTS.

En rapprochant les dépenses d'exploitation affectées au personnel, aux locomotives et véhicules, au nombre des agents, locomotives et véhicules, on peut établir le traitement moyen des agents, ainsi que la dépense moyenne occasionnée par les locomotives et véhicules.

Personnel.

Les articles 1, 6, 8, 10, 13 et 22 du tableau A p donnent la dépense affectée au traitement de 8,862 agents, savoir :

Administration centrale....	762 agents.	Dépense totale :	1,560,134f, ci pour un	2,047
Service central de l'exploiton.	885	————	1,666,028	1,883
Service des gares et stations.	9,499	————	9,564,498	1,007
Service des trains.........	1,347	————	1,669,531	1,239
Mécaniciens et chauffeurs...	1,818	————	4,029,175	2,216
Surveillance de la voie.....	4,551	————	3,024,086	664
Ensemble........	18,862		23,513,452	1,141

Les articles 12, 14, 18, 19, 20, 21 et 23 du même tableau A p comprennent la dépense affectée aux traitements et salaires des agents de la traction et de la voie, qui ne figurent pas ci-dessus, et qui sont au nombre de 12,831.

Mais comme ils comprennent en outre d'autres dépenses, il est difficile de faire ressortir d'une manière précise la part des traitements et salaires. Le montant total de ces articles est de 20,856,911f. On estime que la part du personnel est d'environ 70 p. o/o dans cette dépense, soit 14,600,000f, ce qui porterait le traitement moyen à un chiffre sensiblement égal au traitement moyen indiqué plus haut.

En résumé, les traitements et salaires entreraient dans la dépense totale pour une somme dépassant 36,000,000f, c'est-à-dire pour plus de moitié.

En se reportant à la division du personnel en trois classes, telle que nous l'avons établie page LXXI, on estime que le traitement moyen peut être évalué comme il suit :

Pour la 1re classe, à.. 10,000f

Pour la 2e classe, à.. 1,600

Pour la 3e classe, à.. 740

Ces évaluations font, du reste, ressortir la dépense totale à environ 36,000,000f, chiffre déjà indiqué.

Locomotives. En réunissant les divers documents relatifs aux locomotives, on peut établir comme suit le travail et la dépense annuels pour l'ensemble des locomotives et pour une seule, en ayant égard au nombre des locomotives employées, qui était de 1,122.

Parcours dans l'année......	Total.....	28,799,423 kilom.	Pour une, ci...	23,567k
Consommation de coke.....	————	227,515 tonnes.	————	186t
———— d'eau.......	————	1,727,965 tonnes.	————	1,414t
Dépense en combustible....	————	9,256,500 francs.	————	7,574f
———— en alimentation....	————	453,334 francs.	————	371f
———— d'entretien (tenders compris).......	————	7,062,920 francs.	————	5,779f

Véhicules. Les dépenses pour l'entretien des véhicules n'étant pas classées suivant les diverses natures de véhicules, on ne peut citer ici que des chiffres applicables au nombre total des véhicules, qui est de 26,660.

Parcours de tous les véhicules :	434,776,889k	Ci pour un :	16,310k
Dépense totale d'entretien....	5,179,271f	————	194f

CHAPITRE III.

RÉSULTATS ÉCONOMIQUES ET FINANCIERS

L'étude à laquelle nous nous sommes livrés dans les chapitres précédents nous permet de résumer, comme suit, les conditions moyennes dans lesquelles s'est accomplie l'exploitation des chemins de fer en 1853.

Les divers trains de voyageurs s'effectuent dans les conditions moyennes suivantes :

1° Ils contiennent un nombre de voitures à voyageurs de................ 6,8
2° ——————— de waggons de service, de.............. 2,2
3° ——————— de waggons de marchandises.............. Mémoire.
4° Le nombre des voyageurs qui y ont pris place est, par train, de....... 128
5° Le nombre moyen des voyageurs contenus dans le train est de......... 72
6° La recette due aux transports de la grande vitesse est, par kilomètre, de.. 5f,88
7° La recette due aux transports des voyageurs, *idem*.................. 4f,84
8° La recette due aux transports des accessoires de la grande vitesse, *idem*... 1f,04
9° Le tarif moyen du transport d'un voyageur à un kilomètre........... 6c,6

Les divers trains de marchandises s'effectuent dans les conditions moyennes suivantes :

10° Ils contiennent un nombre de waggons de marchandises de.......... 28
11° Le nombre moyen de tonnes contenues dans le train est de........... 78
12° Le nombre moyen de tonnes de bétail transportées par le train est approximativement de.. 1
13° La recette due aux transports de la petite vitesse est, par kilomètre, de.. 6f,83
14° La recette due aux transports des marchandises, *idem*................ 6f,39
15° La recette due aux transports des accessoires de la petite vitesse, *idem*... 0f,44
16° Le tarif moyen du transport d'une tonne à un kilomètre est de........ 8c,2

Chaque kilomètre est parcouru en moyenne chaque jour :

17° Par un nombre de trains de voyageurs, de......................... 10,7
18° ——————— de marchandises ou de service, de.......... 7,4
19° ——————— de toute nature......................... 18,1

20° La recette moyenne d'un train quelconque est, par kilomètre, de..... 6f,46
21° La dépense moyenne d'un train quelconque est, par kilomètre, de..... 2f,82
22° Le rapport moyen de la dépense à la recette est de.................. 43 p. 0/0.

Les divers articles indiqués ci-dessus ont été déjà reproduits et discutés antérieurement, et nous n'avons plus à nous arrêter qu'aux résultats économiques et financiers que leur examen comparé met en évidence.

§ Ier. RAPPORT DU MOUVEMENT DU MATÉRIEL AU TRAFIC.

La composition moyenne d'un train de voyageurs donne lieu aux observations suivantes, eu égard au matériel qui y entre et au nombre de voyageurs qu'il transporte.

La quantité de véhicules qu'il remorque est de beaucoup au-dessous du maximum fixé par l'article 18 de l'ordonnance réglementaire du 15 novembre 1846; ce maximum est de 24 voitures.

La quantité de voyageurs, qui est en moyenne de 72, s'éloigne encore davantage du nombre de voyageurs qu'un train peut conduire, et qui, dans plusieurs circonstances, a dépassé 800.

Chaque véhicule remorqué n'a en moyenne que 10 à 11 places occupées, tandis que, d'après le tableau n° 14, sa capacité est de 33 places.

La composition moyenne d'un train de marchandises donne lieu à des observations analogues.

Le nombre moyen de waggons dont il se compose est de 28, et l'on pourrait citer un assez grand nombre de trains en ayant remorqué plus du double, et jusqu'à 70 et 80.

La charge moyenne utile est de 79 tonnes; elle peut, dans plusieurs circonstances, dépasser 200 tonnes.

Enfin, la capacité moyenne d'un waggon est de plus de 5 tonnes 1/2, d'après les chiffres fournis par le tableau n° 14, et son chargement moyen n'atteint pas 3 tonnes.

Ces écarts entre la composition d'un train que l'on peut appeler à chargement complet, et la composition moyenne d'un train, se retrouvent plus ou moins considérables sur toutes les lignes.

Sur les lignes de Paris à Lyon, de Rouen au Havre, de Paris à Rouen et de Paris à Saint-Germain, le nombre moyen des places occupées dans un train de voyageurs s'est élevé aux chiffres de 76, 81, 88 et 109.

Quant au rapport du nombre des places occupées au nombre des places offertes, ce rapport, qui est, en moyenne, de 33 p. 0/0, s'élève à 47 p. 0/0 sur la ligne de Paris à Rouen.

Le chargement moyen d'un train de marchandises a dépassé 100 tonnes sur les lignes du Havre et de Lyon à la Méditerranée, mais on trouve toujours un écart notable entre le chargement complet d'un waggon et son chargement moyen.

Ces exemples montrent que, même en s'attachant aux lignes qui, sous ce rapport, semblent plus favorisées, le chargement moyen d'un train, en matériel et en trafic, s'écarte considérablement de ce que l'on peut appeler un chargement complet. Bien que d'une année à l'autre le chargement moyen d'un train augmente, cette augmentation est très-lente, et, quel que soit le temps pendant lequel elle se prolonge, il y aura toujours entre ces deux termes une différence considérable. Plusieurs causes, d'ailleurs, s'opposent à ce chargement complet. — Les voyageurs et les marchandises sont sollicités par la fréquence et la régularité des transports; il faut donc que le nombre des trains dépasse de beaucoup les besoins moyens. De plus, bien que le mouvement des voyageurs dans un sens soit sensiblement le même que dans l'autre sens, en prenant les résultats annuels, il s'en faut de beaucoup qu'il en soit ainsi train pour train. — Ainsi, si nous prenons les lignes de banlieue un jour de grandes eaux à Versailles, dans la journée, les trains partent de Paris pleins et reviennent presque vides, et le contraire a lieu le soir, etc. — Quant aux marchandises, on a déjà vu combien était inégal leur mouvement dans les deux sens.

Pour compléter ces appréciations, il conviendrait de déterminer quel est le rapport du poids mort au poids utile. A cet égard, l'on peut faire les observations suivantes.

Dans une voiture à voyageurs dont toutes les places sont occupées, le rapport du poids mort au poids utile varie de 1 1/2 à 4, suivant la classe de la voiture et la ligne dont on étudie le matériel. La moyenne de ce rapport peut être portée à 2, sans distinction de classe.

Dans un waggon de marchandises à chargement complet, ce rapport descend de 1 à moins de 1/2; il peut être porté en moyenne à 1/2.

Le chargement incomplet des véhicules élève considérablement le rapport du poids mort au poids utile, qui serait de près de 6 en moyenne pour les trains de voyageurs, et de 2 environ pour les trains de marchandises; et cela, sans comprendre au poids mort le moteur lui-même, c'est-à-dire la locomotive et son tender.

§ II. — RAPPORT DE LA DÉPENSE A LA RECETTE.

On a déjà vu que la dépense occasionnée par le parcours d'un train sur un kilomètre était sensiblement constante, quels que fussent, dans les limites habituelles, la nature du train, voyageurs ou marchandises, le nombre de véhicules attelés, enfin le chargement de ces véhicules.

Il n'en est pas de même de la recette, qui dépend tout à fait du chargement du train et du tarif appliqué aux transports.

Ainsi, un produit de 12 francs environ par kilomètre peut être également obtenu :

Par un train de 900 militaires à 1/4 du tarif;
Par un train express de 100 voyageurs;
Par un train omnibus de 200 voyageurs;
Par un train mixte de 100 voyageurs et de 70 tonnes;
Par un train de marchandises de 150 tonnes.

Dans ces divers cas, le rapport de la dépense à la recette descendrait entre 20 et 25 p. o/o.

Le rapport de la dépense à la recette s'abaisse donc ou s'élève, sur une ligne, suivant que sur cette ligne le produit moyen d'un train s'élève ou s'abaisse.

L'étude des résultats de l'exploitation en 1853 montre que les lignes sur lesquelles la fréquentation diurne en trains est la plus forte, sont celles qui donnent le plus faible rapport de la dépense à la recette; ainsi ce rapport a été de :

34 p. o/o	sur la ligne de Saint-Germain....	Fréquentation diurne en trains.	33
38	du Nord..........	*Idem*....................	22
46	d'Orléans..........	*Idem*....................	15
57	d'Alsace............	*Idem*....................	13
60	de Montereau à Troyes.	*Idem*....................	8
95	de Bordeaux à la Teste.	*Idem*....................	5

La même relation se fait remarquer lorsque l'on considère les diverses sections d'un même chemin. Ainsi, d'après le compte rendu de la compagnie du Nord pour l'exercice 1854, tandis que le rapport de la dépense à la recette a été de 40 pour o/o sur la ligne entière, pour une fréquentatio diurne en trains de 26, il a été :

De 34 p. o/o sur la section de Paris à Amiens........... Fréqon diurne en trains. 52
De 38 p. o/o sur la section d'Amiens aux frontières de terre. *Idem*.............. 32
De 52 p. o/o sur la section de Lille à Calais et Dunkerque. *Idem*.............. 13
De 54 p. o/o sur la section de Creil à Saint-Quentin...... *Idem*.............. 13

Il est évident qu'on ne saurait attribuer à ces rapports un caractère absolu. Ils peuvent être en effet, troublés par des circonstances qu'il serait trop long de détailler ici, notamment p l'influence des tarifs, la nature du trafic, la simplification de la direction, l'abaissement l'élévation du nombre des trains dans un rapport qui ne serait pas justifié par le trafic de ligne.

Ainsi, pour la ligne du Nord, sur la section d'Amiens à Boulogne, dont la fréquentation diur en trains est de 17, le rapport de la dépense s'est élevé à 60 p. o/o.

Pour la ligne de Bordeaux à la Teste, en 1854, le rapport de la dépense à la recette s'est éle à 117, au lieu de 95 en 1853, bien que le nombre des trains ait augmenté, ou, pour mieux dire par la raison même qu'on l'a augmenté au delà des besoins du trafic.

§ III. — PRODUIT NET.

La différence entre la recette brute et la dépense constitue le produit net, et le but de l'admi nistration des compagnies est de diriger leur exploitation de manière à obtenir le maximum produit net.

Si le mouvement général qui s'opère sur une ligne par chemin de fer n'augmentait pas p suite de l'abaissement des tarifs et de la multiplicité des trains, le maximum de produit ne s'obtiendrait, en appliquant les tarifs maximums et en ne faisant circuler sur chaque ligne q le nombre de trains justement nécessaires pour effectuer les transports.

Il n'en est point ainsi : le trafic augmente avec l'abaissement des tarifs et avec la fréquen des voyages, et c'est en combinant ces deux faits dans une juste proportion qu'il faut cherche le maximum de produit net.

Jusqu'à ce jour, c'est principalement par l'abaissement des tarifs que les compagnies sollicitent les marchandises, et c'est principalement par la fréquence des voyages qu'elles sollicitent le voyageurs.

Telle est la cause qui, surtout en ce qui concerne le transport des voyageurs, occasionne un écart si considérable entre le chargement moyen d'un train et son chargement complet, écart qui diminue avec l'accroissement du trafic.

En effet, si faible que soit le trafic, il n'existe pas de ligne exploitée à moins de quatre trains par jour, ce qui suppose un départ matin et soir de chaque extrémité. Pour peu que le trafic prenne de l'importance, huit trains sont établis, ce qui suppose dans les mêmes circonstances deux départs au lieu d'un, l'un de grande vitesse et l'autre de petite vitesse. Mais, les huit trains établis, les facilités de communication deviennent déjà assez grandes pour qu'il n'y ait intérêt à en augmenter le nombre que par suite d'un accroissement considérable de trafic.

Ces considérations expliquent pourquoi, sur les diverses lignes, le produit net est généralement utant plus considérable que la fréquentation diurne en trains est plus grande, et que le rapport de la dépense à la recette est plus faible. Ainsi, en reprenant les lignes déjà citées dans paragraphe précédent, le produit net est par kilomètre de :

83,463f	sur la ligne de Paris à Saint-Germain [1]	Fréqon diurne en trains	33
30,632	sur la ligne du Nord	*Idem*	22
17,044	sur la ligne d'Orléans	*Idem*	15
10,066	sur la ligne d'Alsace	*Idem*	13
7,508	sur la ligne de Montereau à Troyes	*Idem*	8
330	sur la ligne de Bordeaux à la Teste	*Idem*	5

De même sur le Nord; tandis que le produit net a été moyennement, en 1854, de 34,070 francs, tait de :

80,210f	sur la section de Paris à Amiens	Fréqon diurne en trains	52
43,400	sur la section d'Amiens aux frontières de terre	*Idem*	32
12,020	sur la section de Lille à Calais et Dunkerque	*Idem*	13
10,840	sur la section de Creil à Saint-Quentin	*Idem*	13

Cette correspondance entre l'importance du produit net et celle de la fréquentation diurne en ins ne se remarque pas seulement dans une même année pour des lignes différentes, mais core d'une année à l'autre pour une même ligne et pour le réseau.

Ainsi, tandis que pendant les années 1852, 1853, 1854 la fréquentation diurne en trains a é sur le Nord de 16, 23 et 26, le produit net a été par kilomètre de 26,086 francs, 30,632 fr. 34,059 francs; de même sur le réseau entier, aux chiffres de fréquentation de 15, 18 et 20, 1852, 1853 et 1854, correspondent des produits nets de 21,627, 24,591 et 26,415 francs.

Envisagé comme représentant la rémunération des capitaux consacrés à l'établissement des emins de fer, le produit net donne lieu à des observations d'une autre nature.

Le tableau n° 9 indique pour le réseau entier, et par chemin, quel a été chaque année, de 841 à 1854, le produit pour o/o, soit du capital de premier établissement, colonne 10, soit e la portion de ce capital à la charge des compagnies, colonne 11.

Par rapport au capital de premier établissement, ce produit a été :

En 1841, de 3,11 p. o/o en moyenne, dépassant 5 p. o/o sur une ligne seulement, représentant 57 kilomètres ou 11 p. o/o du réseau.

En 1847, de 6,39 p. o/o en moyenne, dépassant 5 p. o/o sur 8 lignes, représentant ensemble o5 kilomètres ou 52 p. o/o du réseau.

En 1854, de 6,58 p. o/o en moyenne, dépassant 5 p. o/o sur 7 lignes, représentant ensemble ,535 kilomètres ou 81 p. o/o du réseau.

Par rapport au capital de premier établissement fourni par les compagnies, il a été :

En 1841, de 3,11 p. o/o en moyenne, dépassant 5 p. o/o sur une ligne seulement, représentant 57 kilomètres ou 11 p. o/o du réseau.

[1] On doit toutefois faire observer que le chiffre de 83,463 francs comprend environ 40,000 francs provenant des redevances des lignes de Rouen et de l'Ouest.

En 1847, de 7,17 p. o/o en moyenne, dépassant 5 p. o/o sur 10 lignes, représentant ensemble 970 kilomètres ou 64 p. o/o du réseau.

En 1854, de 9 p. o/o en moyenne, dépassant 5 p. o/o sur 10 lignes, représentant ensemble 4,194 kilomètres ou 96 p. o/o du réseau.

Il résulte de cet exposé qu'au 31 décembre 1854, les 4 centièmes seulement du réseau ne donnaient qu'un produit insuffisant comme rémunération des capitaux qui y avaient été consacrés par les compagnies. Ces 4 centièmes se trouvaient répartis entre cinq lignes : les lignes de Ceinture, de Dieppe, d'Orsay, du Midi et d'Anzin.

Les capitaux consacrés à l'établissement des lignes de Ceinture et d'Anzin trouvaient leur rémunération dans d'autres entreprises. — La ligne de Dieppe est sortie de cette position fâcheuse par sa fusion dans la ligne de l'Ouest.

Quant à la ligne du Midi, il ne faut pas perdre de vue qu'elle est à son début comme exploitation, et qu'elle n'est pas encore reliée au réseau.

On doit, de plus, ajouter que l'intérêt ainsi calculé ne donne qu'une idée imparfaite des dividendes distribués aux actionnaires des compagnies à raison de la répartition du fonds social de ces compagnies, en obligations à intérêt fixe et actions comportant seules le dividende. — L'on peut évaluer que le dividende moyen du capital action s'est élevé, en 1841, 1847 et 1854, à environ 3 p. o/o, 8 p. o/o et 12 p. o/o.

Telle est, en considérant l'établissement des chemins de fer comme une simple opération financière, la situation des compagnies.

A ce même point de vue, il a paru intéressant de rechercher si les capitaux fournis par l'État pour venir en aide aux compagnies étaient restés complétement stériles pour lui ou, autrement, si dans les réserves que l'État a stipulées en retour il ne trouve pas une compensation pécuniaire comparable aux sacrifices qu'il a faits.

Jusqu'à ce jour, les bénéfices que l'État peut avoir retirés des chemins de fer ont été sans importance : mais à raison de l'application successive à toutes les compagnies des droits qu'il s'est réservés pour divers services publics, et aussi à raison de la mise à exécution de la loi du 14 juillet 1855, ces produits vont s'élever notablement.

Les subventions de l'État réalisées et à réaliser représentaient, au 30 juin 1855, une somme de 904,408,854 francs, soit 78,671 francs par kilomètre.

L'impôt du 1/10e sur les produits de la grande vitesse doit fournir à lui seul environ 2,000 fr. par kilomètre, ci 2,5 p. o/o.

La gratuité du service de la poste telle qu'elle est définie aux cahiers des charges, et considérée seulement dans les limites où l'Administration en use, ne saurait être estimée à moins de 5f,50 par kilomètre et par jour, soit 2,000 francs par année et par kilomètre, ci 2,5 p. o/o.

Il faut ajouter à ces avantages :

1° Les revenus éventuels à attendre des lignes pour lesquelles l'État s'est réservé une participation dans les bénéfices ;

2° L'application de tarifs réduits pour les transports de la guerre et de la marine, ainsi que pour le transport des prisonniers et des indigents;

3° L'accroissement des impôts directs à raison des propriétés bâties sur les chemins de fer;

4° L'accroissement des impôts indirects sous presque toutes les formes.

Enfin, on ne doit pas perdre de vue qu'aux termes des cahiers de charges, l'État entrera, à l'ex-
ation des concessions, en possession d'un capital de plus de trois milliards.

Ces avantages ne sont pas évidemment les services les plus importants que l'État retire de l'éta-
lissement des chemins de fer, mais, tels qu'ils sont, ils prouvent que, même au point de vue du
udget, les sacrifices du Gouvernement pour concourir à leur établissement ne sont pas sans
uelque compensation.

§ IV. — CONDITIONS ÉCONOMIQUES DES TRANSPORTS.

Les tarifs moyens perçus par kilomètre pour un voyageur et pour une tonne de marchandises
iquent les conditions moyennes des transports pour les voyageurs et les expéditeurs de
archandises.

Si on multiplie ces tarifs par le rapport de la dépense à la recette, le produit peut être con-
déré comme exprimant la dépense moyenne faite par la compagnie pour effectuer ce transport,
est-à-dire le prix de revient.

En opérant ainsi, et en prenant pour exemple les années 1851, 1853 et 1854, les moyennes
énérales des tarifs perçus et des prix de revient seraient indiquées comme suit :

Tarif moyen perçu par kilomètre pour le transport :
D'un voyageur........................ en 1851, 6c,9, en 1853, 6c,6, en 1854, 6c,1.

Tarif moyen perçu par kilomètre pour le transport :
D'une tonne........................ en 1851, 9c,7, en 1853, 8c,2, en 1854, 7c,6.

Prix de revient par kilomètre pour le transport :
D'un voyageur........................ en 1851, 3c,2, en 1853, 2c,8, en 1854, 2c,6.

Prix de revient par kilomètre pour le transport :
D'une tonne........................ en 1851, 4c,5, en 1853, 3c,5, en 1854, 3c,3.

Cet abaissement continu et simultané du tarif moyen perçu, et du prix de revient, se remarque
galement sur les diverses lignes du réseau. Et l'on peut s'en rendre compte, pour les années 1853
et 1854, à l'aide des tableaux A c et A k, qui donnent les tarifs moyens perçus, et du tableau
° 9, qui donne le rapport de la dépense à la recette.

Nous noterons seulement qu'en 1854, le tarif moyen perçu par kilomètre est descendu à 5c,7
ur la ligne d'Orléans, pour le transport d'un voyageur, et à 6c,7 sur la ligne du Nord, pour le
ansport d'une tonne, et que, de même, le prix de revient moyen du transport à 1 kilomètre
'est abaissé, sur la ligne de Paris à Lyon, à 2c pour un voyageur, et à 2c,4 pour une tonne de
archandises.

Ces chiffres sont loin d'ailleurs d'être l'expression minimum des tarifs et des prix de revient
uxquels les compagnies peuvent descendre dans des circonstances exceptionnelles, où le charge-
ent des trains serait à peu près complet.

En ce qui concerne les tarifs perçus, nous rappellerons qu'en 1850, des trains de plaisir ont été organisés, sur les lignes du Nord et de Paris au Havre, à des prix tels, que le tarif perçu par voyageur et par kilomètre s'abaissait à 0c,9 sur la 1re ligne, à 1c,1 sur la seconde;

En outre, les militaires sont transportés sur les chemins de fer à un tarif de 1c,4 par kilomètre;

Enfin, sur presque toutes les lignes, des marchandises sont transportées à moins de 4c par tonne et par kilomètre.

A l'égard des prix de revient, il suffit qu'un train contienne plus de 600 voyageurs pour que ce prix descende à environ 0c,5 par voyageur et par kilomètre.

Dans un train de marchandises comportant plus de 250 tonnes de poids utile, le prix de revient descend à environ 1c,2 par tonne et par kilomètre.

Sans doute, on ne saurait tirer de ces faits aucune conclusion pratique; mais ils constatent, d'une part, que si l'abaissement des tarifs devait être le signal d'un développement considérable du trafic, les compagnies auraient en général intérêt à l'appliquer; d'une autre part, que la puissance des chemins de fer comme moyen de transport est, pour ainsi dire, indéfinie et n'a d'autres bornes que celles qui lui sont assignées par le développement du trafic.

Il serait difficile, en ce qui concerne les tarifs moyens perçus et les prix de revient, de distinguer les classes des voyageurs et la nature des marchandises.

Pour les voyageurs, les tarifs indiqués par les cahiers des charges sont généralement appliqués, et les exceptions qui résultent des trains à prix réduit ne prennent, jusqu'à ce jour, qu'une faible part et du nombre des voyageurs et de la recette due à leur transport. On a déjà vu qu'il n'en était pas de même des marchandises; on ne peut sous ce rapport que renvoyer aux tarifs publiés par chaque compagnie, en faisant observer que des tarifs moins élevés sont consentis à certains expéditeurs, par des traités spéciaux et pour des marchandises déterminées, suivant l'importance et les exigences de ces transports.

Quant aux variations du prix de revient, elles ne peuvent s'apprécier qu'en considérant les trains à chargement complet, et alors elles dépendent de la vitesse du train et de la proportion de poids mort qu'entraîne avec elle la marchandise transportée.

Le poids brut que remorque un train à chargement complet peut être évalué:

A 400 tonnes pour la vitesse des convois de marchandises;

A 200 tonnes pour la vitesse des trains omnibus;

A 100 tonnes pour la vitesse des trains express.

Si le rapport du poids mort au poids utile transporté était le même dans les trois cas, les prix de revient seraient dans les rapports de 1 à 2 et à 4. On a vu dans un paragraphe précédent que ce rapport variait de 1/2 à 1 pour les marchandises, et que pour les voyageurs il peut être évalué en moyenne à 1,5 pour la 3e classe, à 2 pour la 2e classe, et à 3 pour la 1re classe; de sorte que, dans un même convoi, le transport d'une voiture de 1re classe, contenant 24 à 28 voyageurs, coûterait aussi cher que le transport d'une voiture de 3e classe, contenant de 40 à 50 voyageurs.

§ V. — COMPARAISON DES CHEMINS DE FER AVEC LES AUTRES VOIES DE COMMUNICATION.

La comparaison des chemins de fer avec les routes de terre et les voies navigables exigerait de longs développements qui ne doivent point trouver place ici. Nous nous bornerons à signaler les faits les plus saillants qui ressortent de cette comparaison.

La vitesse moyenne des transports peut être évaluée comme suit :

Pour les voyageurs et messageries ou marchandises à grande vitesse, elle est :

De 35k à 72k à l'heure sur les chemins de fer;
De 10k à 16k à l'heure sur les routes de terre pour les voitures publiques;
De 10k à 20k à l'heure sur les rivières desservies par des bateaux à vapeur.

De même, pour les transports de marchandises à petite vitesse, elle est :

De 15k à 30k à l'heure sur les chemins de fer;
De 3k à 4k à l'heure sur les routes de terre par les entreprises de roulage;
De 2k à 8k à l'heure sur les voies navigables.

Les tarifs perçus par kilomètre sont, en moyenne :

Sur les chemins de fer, de 6c à 6c,6 par voyageur et de 7c,6 par tonne;
Sur les routes de terre, de 10c à 12c par voyageur et de 20c par tonne;
Sur les voies navigables, de 3c à 5c par voyageur et de 3c à 5c par tonne.

Quant aux prix de revient par kilomètre, nous avons vu qu'ils étaient sur les chemins de fer tout à fait subordonnés à l'abondance du trafic, et que, dans l'état actuel des choses, ils étaient en moyenne de 2c,6 par voyageur et de 3c,3 par tonne, non compris la rémunération des capitaux de premier établissement, qui, limitée à 5 p. o/o, porterait ces prix à 3c,2 et à 4c,1. Sur les routes de terre, en supposant les diligences et les voitures de roulage marchant à chargement complet, les prix de revient ne peuvent que difficilement descendre au-dessous de 7c par voyageur et de 12c à 15c par tonne de marchandises. Enfin, sur les voies navigables, le prix de revient pourrait s'abaisser à 0c,2 pour un voyageur et à 0c,5 par tonne, si, dans le premier cas, le chargement du bateau à vapeur était complet, et si, dans le dernier cas, non-seulement le chargement était complet, mais si le prix de revient n'était pas augmenté par des droits de navigation qui peuvent le relever de 1c à 4c.

Ces conditions ainsi établies, il est facile de s'expliquer comment, depuis le développement des chemins de fer, il n'existe plus de services réguliers de messageries et de roulage que sur les lignes qui ne sont pas desservies par ces voies de communication. Encore ces services sont-ils pour la plupart destinés à venir en aide aux chemins de fer, pour les mettre en communication avec les pays qu'ils ne desservent pas directement.

Les transports de voyageurs par bateaux à vapeur ont considérablement diminué sur les rivières navigables dont le littoral est desservi par chemin de fer. Sur quelques-unes, les bateaux ont cessé leur service; sur d'autres, ils ne peuvent se maintenir qu'à l'aide de tarifs qui donnent à peine à l'entreprise une rémunération suffisante.

Quant à la masse des transports qui s'effectuent sur les voies navigables, elle ne paraît pas avoir été amoindrie par l'établissement des chemins de fer : si elle a diminué sur quelques lignes, elle a augmenté sur d'autres, et la moyenne générale constate un notable accroissement.

Toutefois, on aurait tort de conclure de ce fait que les chemins de fer n'ont apporté aucun trouble dans le service des voies navigables parallèles : une portion notable des transports qui s'effectuaient avant par la voie navigable s'est reportée sur le chemin de fer; et si d'autres transports ont compensé, ou plus que compensé le déficit, ils se composent en majeure partie des marchandises pour lesquelles la célérité des transports n'a aucun intérêt.

D'un autre côté, les transports ne se sont maintenus que par l'abaissement des tarifs, et quelquefois aussi par la diminution simultanée des droits de navigation, qui permettait à la batellerie de descendre le prix du fret.

Enfin, nous devons ajouter que, sur certaines lignes, le parcours sur chemin de fer étant en général moins long que par la voie navigable, les prix des transports peuvent descendre à un prix sensiblement égal à celui de la navigation; de sorte que, sans augmentation de prix, le chemin de fer apporte aux expéditeurs les avantages qui résultent d'un service régulier et beaucoup plus rapide.

Pour faire apprécier l'influence des chemins de fer sur le tonnage des voies navigables parallèles, nous citerons quelques faits.

Sur le canal de Bourgogne, le tonnage, ramené au parcours total, a été :

En 1847, de 202,688 tonnes;

En 1850, de 179,152 tonnes, année qui a précédé l'ouverture du chemin de fer entre Châlons et Paris;

En 1852, de 125,838 tonnes, année qui a suivi l'ouverture du chemin de fer entre Châlons et Paris;

En 1853, de 80,000 tonnes.

En 1854, le tonnage s'est relevé à 153,000 tonnes, mais à cette année correspond une réduction notable dans les droits de navigation.

Ainsi, sur cette ligne, l'abaissement des tarifs n'a pu reussir à rendre jusqu'ici au canal ce que la concurrence du chemin de fer lui avait enlevé. Entre la Roche et Dijon, la distance est de 160 kilomètres par le chemin de fer, et de 213 kilomètres par le canal de Bourgogne, et cette différence donne à la voie de fer un avantage réel.

Sur la basse Seine, le tonnage absolu des transports qui ont eu lieu entre Paris et Rouen a été de 592,624 tonnes en 1843, année de l'ouverture de la ligne de Paris à Rouen; l'année suivante, il n'était que de 396,695 tonnes, et, en 1847, il était de 368,393 tonnes. Toutefois, malgré ces faits, et par suite de la réduction des prix, le mouvement général des transports s'est accru.

C'est surtout dans la comparaison des arrivages à Paris qu'on peut reconnaître la marche et le caractère de la répartition des transports entre les deux voies rivales.

Pendant les deux dernières années écoulées, ces arrivages ont été :

Par les voies navigables, de... 2,192,886 tonnes en 1853, et de 2,235,975 tonnes en 1854.
Par les chemins de fer, de.... 1,251,795 tonnes en 1853, et de 1,888,962 tonnes en 1854[1].

Ainsi, tandis que sur les voies navigables l'accroissement du tonnage à destination de Paris a été de 2 p. 0/0, il a été de plus de 50 p. 0/0 sur les chemins de fer.

[1] Y compris le tonnage des marchandises transportées au delà de Paris par le chemin de Ceinture, tonnage qui peut être évalué à environ 100,000 tonnes en 1853 et 100,000 tonnes en 1854.

Le rapprochement des résultats obtenus en 1854 donne lieu aux observations suivantes :

Le nombre de tonnes transportées par les chemins de fer représente 86 p. 0/0 du nombre de tonnes transportées par les voies navigables.

Les arrivages par la basse Seine sont de 1,140,323 tonnes, les arrivages correspondants par les lignes du Nord et de Rouen sont de 943,393 tonnes; rapport, 88 p. 0/0.

Les arrivages par la haute Seine sont de 826,869 tonnes, les arrivages correspondants par les lignes de l'Est, de Lyon et d'Orléans sont de 864,794 tonnes; rapport, 105 p. 0/0.

Le tonnage total est complété, pour les voies navigables, par 268,783 tonnes provenant de la vallée de l'Ourcq, et pour les chemins de fer, par 80,775 tonnes provenant de la ligne de l'Ouest.

Si dans les arrivages à Paris l'on distrait des transports par voie navigable les combustibles, la charpente et les matériaux de construction, il reste :

En 1843, 621,984 tonnes sur 2,177,184 tonnes, ou 28 p. 0/0;
En 1853, 454,694 tonnes sur 2,192,886 tonnes, ou 21 p. 0/0;
En 1854, 362,388 tonnes sur 2,235,975 tonnes, ou 16 p. 0/0.

Si l'on fait la même déduction sur les transports par les chemins de fer, il reste 1,200,000 tonnes environ, représentant près de 70 p. 0/0. du tonnage total.

Si l'on se réfère aux recherches faites par M. Minard, inspecteur général des ponts et chaussées, pour apprécier quel a été le mouvement des marchandises sur les voies navigables en 1850 et 1853, on peut faire les rapprochements qui suivent entre ce mouvement et celui qui a eu lieu sur les chemins de fer.

Le nombre de tonnes ramené au parcours total a été :

En 1850, de 132,500 tonnes sur les chemins de fer, et de 130,000 tonnes sur les voies navigables; rapport, 98 p. 0/0.

En 1853, de 204,394 tonnes sur les chemins de fer, et de 160,000 tonnes sur les voies navigables; rapport, 80 p. 0/0.

En 1854, de 262,922 tonnes sur les chemins de fer.

En résumé, la circulation kilométrique des marchandises sur les voies navigables est de beaucoup inférieure à celle qui a lieu sur les chemins de fer, et l'écart entre les chiffres qui la représentent augmente chaque année, bien que des deux côtés la masse des transports augmente.

Lorsque les deux voies rivales mettent en communication les mêmes régions de provenance et de destination, les faits que nous venons d'exposer pourront donner une idée de la répartition des transports; répartition que bien des circonstances peuvent modifier, et plus particulièrement les tarifs, la nature des marchandises transportées, l'intérêt plus ou moins grand qui s'attache à la rapidité des voyages, etc.

Quelle que soit la nature des transports, le réseau des chemins de fer présente sur celui des voies navigables un avantage marqué pour les longs parcours, en ce sens que les trajets peuvent toujours s'y effectuer sans rompre charge, tandis que, dans l'état actuel des choses, le réseau des voies navigables peut être assimilé à un réseau de chemins de fer composé de plusieurs sections présentant une largeur de voie différente.

Si l'établissement des chemins de fer n'avait eu pour conséquence que le déplacement des transports, en les enlevant aux routes de terre et en partie aux voies navigables, les services rendus n'auraient eu qu'une faible importance, et, d'ailleurs, ils eussent été acquis au prix de la gêne et des souffrances qui surgissent toujours de la suppression d'une industrie.

Il n'en est pas ainsi.

C'est à peine si les transports de voyageurs par voitures publiques ont diminué, à raison de la quantité considérable de voitures omnibus et de correspondances dont la création a été la conséquence de l'exploitation des chemins de fer. Sous leur influence, le mouvement cumulé a presque triplé de 1841 à 1854. Ainsi le parcours kilométrique des voyageurs par voitures publiques et par chemins de fer peut être évalué approximativement :

En 1841, à 633,000,000, dont 113,000,000 par chemins de fer, ou 18 p. 0/0;
En 1847, à 1,000,000,000, dont 444,000,000 par chemins de fer, ou 44 p. 0/0;
En 1853, à 1,600,000,000, dont 1,155,000,000 par chemins de fer, ou 74 p. 0/0;
En 1854, à 1,800,000,000, dont 1,372,000,000 par chemins de fer, ou 80 p. 0/0.

Le surcroît de développement donné aux transports agricoles et industriels alimente au moins autant l'industrie voiturière que ne le faisaient antérieurement les entreprises de roulage ordinaire et accéléré.

La somme des transports de voyageurs par bateaux à vapeur a augmenté de 1847 à 1854, bien que sur les lignes desservies par chemin de fer elle ait diminué.

Enfin, nous venons de voir que la masse des transports par voie navigable n'avait pas cessé de s'accroître.

Ces réflexions suffisent pour montrer quelle a été et quelle peut être l'influence des chemins de fer sur la prospérité publique. L'accroissement des transports de voyageurs multiplie les transactions et les échanges. Celui des transports de marchandises augmente la production, en augmentant les débouchés, et permet d'établir sur tous les marchés l'équilibre si désirable entre les prix de tous les produits, depuis les plus précieux jusqu'aux plus grossiers. N'oublions pas, d'ailleurs, les bienfaits que les chemins de fer apportent à l'agriculture et aux grands centres de population, en rendant possibles, par la rapidité du voyage, les transports à grande distance du laitage, de la viande abattue, et en général de toutes les denrées fraîches, fruits, légumes, etc. Pour citer un exemple, le rayon d'approvisionnement de Paris s'est étendu à plus de 240 kilomètres pour le laitage, à plus de 300 kilomètres pour la viande abattue, à toute distance pour la plupart des fruits, légumes, etc.

CHAPITRE IV.

COMPARAISON AVEC LES ÉTATS ÉTRANGERS.

A part de légères différences, soit dans la vitesse, soit dans le mode de surveillance, soit dans quelques détails accessoires, l'exploitation des divers réseaux présente une remarquable uniformité, grâce à laquelle les chemins de fer sont devenus des voies de communications vraiment internationales. Aussi, le but de ce chapitre est moins de comparer les conditions suivant lesquelles s'exerce l'exploitation des chemins de fer dans les divers États, que de rapprocher les résultats principaux de cette exploitation. Ces rapprochements n'offrent d'intérêt qu'autant qu'ils sont relatifs à des États situés en Europe, et dont le réseau a acquis une importance notable. Les observations générales qui vont suivre ne s'appliquent qu'à la comparaison des divers réseaux de France, de la Belgique, de la Grande-Bretagne, de la Prusse, de l'Autriche, de l'État de Bade et des divers États d'Allemagne.

Le tableau n° 23 donne les principaux documents relatifs à l'exploitation des chemins de fer pendant quelques années antérieures à 1854. Il donne lieu de constater que pendant les dernières années écoulées, et plus spécialement de 1851 à 1853, il s'est manifesté une augmentation continue dans la recette brute et dans le produit net par kilomètre.

Comparés aux résultats obtenus en 1851, ceux de 1853 accusent un accroissement par kilomètre qui est :

Pour la France, de........... 32 p. 0/0 sur la recette brute et de 39 p. 0/0 sur le prod. net;
Pour la Belgique, de.......... 20 ——— 28 p. 0/0;
Pour la Prusse, de........... 23 ——— 18 p. 0/0;
Pour les div. États d'Allemagne, de. 22 ——— 31 p. 0/0;
Pour la Grande-Bretagne, de... 9 ——— 8 p. 0/0;
Pour l'État de Bade, de........ 29 ——— 8 p. 0/0.

Les documents recueillis pour l'Autriche en 1851 s'appliquent à une portion restreinte du réseau dont l'exploitation était particulièrement avantageuse. Leur comparaison avec les résultats de 1853, qui portent sur une étendue beaucoup plus considérable, ne peut donner lieu à aucun rapprochement utile.

Les résultats relatifs à l'exploitation en 1853 sont consignés avec plus de détails au tableau n° 24. Ils permettent de comparer pour une même année quelle est la situation respective de ces réseaux, eu égard soit à l'opération financière qui se rattache à leur exploitation, soit à l'importance des transports qui s'effectuent sur chacun d'eux, soit enfin aux conditions économiques de ces transports. Nous exposons les faits les plus saillants qui ressortent de cet examen, en prenant pour terme de comparaison les résultats obtenus en France.

La recette brute par kilomètre a été :

En France, de.................. 43,182f.
Dans la Grande-Bretagne, de....... 37,403;........ rapport, 88 p. 0/0.
Dans les États divers d'Allemagne, de. 17,751;........ rapport, 41 p. 0/0.
Dans les autres États, de.......... 20,306 à 30,709; rapports, 47 à 71 p. 0/0.

Le produit net par kilomètre a été :

En France, de..................	24,591.	
Dans la Grande-Bretagne, de.......	20,572;.......	rapport, 83 p. 0/0.
Dans les États divers d'Allemagne, de	8,506;.......	rapport, 34 p. 0/0.
Dans les autres États, de..........	10,110 à 15,073;	rapports, 41 à 61 p. 0/0.

Le produit p. 0/0 du capital d'établissement a été :

En France, de..................	6f,26.	
En Belgique, de..................	5f,56;........	rapport, 89 p. 0/0.
Dans la Grande-Bretagne, de.......	3f,75;........	rapport, 60 p. 0/0.
Dans les autres États, de..........	4f,16 à 5f,50;..	rapports, 66 à 88 p. 0/0.

La circulation kilométrique par jour en voyageurs, ou le nombre de voyageurs par jour, ramené à la distance entière, a été :

En France, de..................	795.	
En Belgique, de..................	673;..........	rapport, 84 p. 0/0.
Dans les États divers d'Allemagne, de	379;..........	rapport, 47 p. 0/0.
Dans les autres États, de..........	395 à 585;....	rapports, 49 à 73 p. 0/0.

De même, le nombre de tonnes par jour, ramené à la distance entière, a été :

En France, de..................	560.	
En Autriche, de..................	493;........	rapport, 88 p. 0/0.
Dans les États divers d'Allemagne, de	199;..........	rapport, 35 p. 0/0.
Dans l'État de Bade et en Prusse, de	235 et 347;.....	rapports, 42 et 62 p. 0/0.

On ne connaît pas les chiffres afférents aux réseaux de la Grande-Bretagne et de la Belgique, qu'on a lieu de présumer moindres qu'en France.

Le tarif moyen perçu par voyageur et par kilomètre a été :

En France, de..................	6c,6.	
Dans l'État de Bade, de...........	4c,6;..........	rapport, 70 p. 0/0.
Dans la Grande-Bretagne, de.......	8c,3;..........	rapport, 125 p. 0/0.
Dans les autres États..............	5c,3 à 6c,5;.....	rapport, 80 à 98 p. 0/0.

Le tarif moyen perçu par tonne et par kilomètre a été :

En France, de..................	8c,2.	
En Autriche, de..................	10c,5;........	rapport, 128 p. 0/0.
Dans les États divers d'Allemagne, de	13c,2;.........	rapport, 160 p. 0/0.
Dans l'État de Bade et en Prusse, de..	10c,7 et 12c,1;..	rapports, 130 et 147 p. 0/0.

Les tarifs moyens perçus en Belgique et dans la Grande-Bretagne ne sont pas connus; tout fait présumer qu'ils sont plus élevés qu'en France.

Le rapport de la dépense à la recette a été :

En France, de........................ 43 p. o/o.
Dans la Grande-Bretagne, de............. 45 p. o/o;..... rapport, 104 p. o/o.
En Autriche, de........................ 57 p. o/o;..... rapport, 133 p. o/o.
Dans les autres États, de................ 49 à 52 p. o/o; rapports, 113 à 120 p. o/o.

La dépense par kilomètre parcouru par un train a été :
En France, de................................ 2f,82.
Dans l'État de Bade, de...................... 2f,18;....... rapport, 78 p. o/o.
En Belgique, de.............................. 2f,22;....... rapport, 80 p. o/o.
En Prusse et dans les divers États d'Allemagne, de. 2f,49 et 2f,57; rapports, 89 et 92 p. o/o.
Elle a été de 4 fr. 62 cent. en Autriche, à raison de circonstances exceptionnelles. Bien qu'elle e soit pas connue pour la Grande-Bretagne, on doit présumer qu'elle est au-dessous de 2 fr. 57 c.

On ne saurait préciser d'une manière exacte quelles sont les causes qui amènent pour la rance un excédant de dépense variant de 25 à 63 centimes par kilomètre parcouru par un train; outefois on rappellera : que l'acquisition des matières premières, coke, fer et fonte, exige plus de épenses en France; que, la Grande-Bretagne exceptée, le prix de la main-d'œuvre y est généraleent plus élevé et la vitesse moyenne des transports plus grande; qu'enfin, pour la France, on compris dans les frais d'exploitation des dépenses qui ne s'y rapportent qu'indirectement et qui, amenées au kilomètre parcouru par un train, représentent environ 30 centimes.

Malgré ce désavantage marqué, au point de vue des dépenses d'exploitation, on est étonné de oir le rapport de la dépense à la recette moindre en France, que dans les autres pays, ce qui est û à ce que les trains y sont en moyenne plus chargés.

En combinant les tarifs moyens perçus avec le rapport de la dépense et la recette, on obtient qu'on peut appeler le prix de revient des transports, qui sont en France comme il a été dit :

De 2c,6 pour le transport d'un voyageur à un kilomètre;

De 3c,3 pour le transport d'une tonne à un kilomètre.

En faisant la même opération sur les autres réseaux, on reconnaît que le prix de revient pour e transport d'un voyageur à un kilomètre ne descend pas au-dessous[1] de 2c,7, États divers d'Almagne, et s'élève à 3c,7, Grande-Bretagne; et que de même le prix de revient du transport une tonne à un kilomètre ne descend pas au-dessous de 5c,4, État de Bade, et s'élève à 6c,9, tats divers d'Allemagne.

Tels sont les faits qu'il nous a paru utile d'exposer; ils nous conduisent aux conclusions suiantes :

1° Les résultats de l'exploitation des chemins de fer des divers réseaux européens pendant es trois années de 1851 à 1853 signalent un progrès continu : ce progrès dépasse en France lui des autres pays;

2° Considérés comme une opération financière, les chemins de fer ont donné en France, en 853, le maximum de recette et de produit net par kilomètre, et l'intérêt maximum eu égard au pital de premier établissement;

[1] Excepté toutefois sur le réseau badois, où ce prix de revient descend à 2c,3.

3° Considérés comme voie de transport, c'est sur les chemins de fer de France que la circulation a été le plus considérable et en voyageurs et en marchandises;

4° Enfin, considérés eu égard aux conditions économiques des transports, dont l'expression est donnée par le tarif moyen perçu et par le prix de revient moyen, c'est en France que le prix de revient est le plus faible pour les voyageurs; il l'est également pour les marchandises, l'état de Bade excepté. Quant au tarif moyen perçu, c'est encore en France qu'il est le plus faible pour les marchandises, mais, pour les transports de voyageurs, il est plus élevé que dans les autres pays, la Grande-Bretagne exceptée.

On termine ici ces observations : elles suffisent pour montrer que la France, longtemps devancée par les États voisins, a déjà ressaisi, en ce qui concerne l'exploitation des chemins de fer, la place qui lui est assignée dans l'Europe civilisée, et tend également à faire cesser l'infériorité dans laquelle elle se trouve encore eu égard à l'étendue de son réseau.

APPENDICE.

APPENDICE.

CAHIER DES CHARGES DU CHEMIN DE FER DE PARIS A LYON PAR LE BOURBONNAIS.

La reproduction de ce cahier des charges, ainsi qu'il a été dit au second paragraphe de la deuxième section, est destinée à faire ressortir les conditions générales applicables à toutes les concessions.

Pour atteindre ce but, il a paru utile d'en présenter les diverses clauses dans un ordre différent de celui qui a été suivi dans la promulgation. On a, de plus, indiqué en caractères italiques ce qui est spécial à la concession dont il s'agit.

1° CLAUSES RELATIVES À L'ÉTABLISSEMENT [1].

Détermination des points principaux du tracé. *Le chemin de fer de Nevers à Moret et Corbeil se composera d'un tronc commun dirigé de Nevers vers Montargis, et d'une bifurcation se raccordant, d'une part, au chemin de fer de Paris à Orléans, à ou près de Corbeil, et, de l'autre, au chemin de fer de Paris à Lyon, à ou près Moret. (Art. Ier, § 1.).*

Le chemin de fer de Roanne à Lyon franchira le faîte qui sépare la vallée de la Loire de celle du Rhône et aboutira à Lyon, en un point qui sera déterminé par l'Administration. (Art. 1er, § 3.)

L'embranchement de Saint-Germain-des-Fossés à Vichy se détachera de la ligne du Guétin à Clermont, avant le passage de l'Allier, et se portera sur Vichy en suivant la vallée de l'Allier. Les points de départ et d'arrivée seront déterminés par l'Administration. (Art. 1er, § 5.)

Limites du rayon des courbes et des pentes et rampes [2]. Les alignements devront se rattacher suivant des courbes dont le rayon minimum est fixé à *cinq cents mètres* (500m); et, dans le cas de ce rayon minimum, les raccordements devront, autant que possible, s'opérer sur des paliers horizontaux.

Le maximum des pentes et rampes du tracé n'excédera pas *dix millimètres par mètre;* il pourra être porté à *quatorze millimètres par mètre* dans quelques cas rares et exceptionnels, et avec l'approbation spéciale de l'Administration; toutefois, sur les courbes d'un rayon de *cinq cents mètres*, les déclivités ne devront pas dépasser *cinq millimètres par mètre.*

La *Société* aura la faculté de proposer aux dispositions de cet article, comme à celles de l'article précédent, *et spécialement pour la section de Roanne à Lyon par Tarare,* les modifications dont l'expérience pourra indiquer l'utilité ou la convenance; mais ces modifications ne pourront être exécutées que moyennant l'approbation préalable et le consentement formel de l'Administration supérieure. *(Art. 62.)*

Souterrains . . . . Les percées ou souterrains dont l'exécution sera nécessaire auront au moins huit mètres (8m) de largeur entre les pieds-droits au niveau des rails, et cinq mètres cinquante centimètres (5m,50) de hauteur sous clef, à partir de la surface du chemin; et la distance verticale entre l'intrados et le dessus des rails extérieurs de chaque voie sera au moins de quatre mètres trente centimètres (4m,30).

Si les terrains dans lesquels les souterrains seront ouverts présentaient des chances d'éboulement ou de filtration, la Société sera tenue de prévenir ou d'arrêter ce danger par des ouvrages solides et imperméables. *(Art. 18.)*

Les puits d'aérage et de construction des souterrains ne pourront avoir leur ou-

[1] Il paraît inutile de rappeler que les clauses relatives à l'établissement se trouvaient restreintes ou annulées lorsque les concessions avaient pour objet des lignes exécutées ou à exécuter par l'État, en partie ou en totalité.

[2] Voir à la page XLVIII.

verture sur aucune voie publique, et, là où ils seront ouverts, ils seront entourés d'une margelle en maçonnerie de deux mètres (2^m) de hauteur. *(Art. 19.)*

Ouvrages d'art.

Les ponts à construire à la rencontre des routes impériales et départementales, et des rivières ou canaux de navigation et de flottage, seront en maçonnerie ou en fer.

Ils pourront aussi être construits avec travées en bois et piles et culées en maçonnerie; mais il sera donné à ces piles et culées l'épaisseur nécessaire pour qu'il soit possible ultérieurement de substituer aux travées en bois soit des travées en fer, soit des arches en maçonnerie. *(Art. 12.)*

Dispositions à prendre à la rencontre des routes, chemins et cours d'eau.

A moins d'obstacles locaux, dont l'appréciation appartiendra à l'Administration, le chemin de fer, à la rencontre des routes impériales ou départementales, devra passer soit au-dessus, soit au-dessous de ces routes.

Les croisements de niveau seront tolérés pour les chemins vicinaux, ruraux ou particuliers. *(Art. 8.)*

Lorsque le chemin de fer devra passer au-dessus d'une route impériale ou départementale, ou d'un chemin vicinal, l'ouverture du pont ne sera pas moindre de huit mètres (8^m) pour la route impériale, de sept mètres (7^m) pour la route départementale, de cinq mètres (5^m) pour le chemin vicinal de grande communication, et de quatre mètres (4^m) pour le simple chemin vicinal. La hauteur sous clef, à partir de la chaussée de la route, sera de cinq mètres (5^m) au moins; pour les ponts en charpente, la hauteur sous poutre sera de quatre mètres trente centimètres ($4^m,30$) au moins; la largeur entre les parapets sera au moins de huit mètres (8^m), et la hauteur de ces parapets de quatre-vingts centimètres ($0^m,80$) au moins. *(Art. 9.)*

Lorsque le chemin de fer devra passer au-dessous d'une route impériale ou départementale, ou d'un chemin vicinal, la largeur entre les parapets du pont qui supportera la route ou le chemin sera fixée au moins à huit mètres (8^m) pour la route impériale, à sept mètres (7^m) pour la route départementale, à cinq mètres (5^m) pour le chemin vicinal de grande communication, et à quatre mètres (4^m) pour le chemin vicinal.

L'ouverture du pont entre les culées sera au moins de huit mètres (8^m), et la distance verticale entre l'intrados et le dessus des rails ne sera pas moindre de quatre mètres trente centimètres ($4^m,30$). *(Art. 10.)*

Lorsque le chemin traversera une rivière, un canal ou un cours d'eau, le pont aura la largeur de voie et la hauteur de parapets fixés à l'art. 9.

Quant à l'ouverture du débouché et à la hauteur sous clef au-dessus des eaux, elles seront déterminées par l'Administration, dans chaque cas particulier, suivant les circonstances locales. *(Art. 11.)*

S'il y a lieu de déplacer les routes existantes, la déclivité des pentes ou rampes sur les nouvelles directions ne pourra excéder trois centimètres ($0^m,03$) par mètre pour les routes impériales et départementales, et cinq centimètres ($0^m,05$) pour les chemins vicinaux.

L'Administration restera libre, toutefois, d'apprécier les circonstances qui pourraient motiver une dérogation à la règle précédente. *(Art. 13.)*

Les ponts à construire à la rencontre des routes impériales et départementales et des rivières ou canaux de navigation et de flottage, ainsi que les déplacements des routes impériales et départementales, ne pourront être entrepris qu'en vertu de projets approuvés par l'Administration supérieure.

Le préfet du département, sur l'avis de l'ingénieur en chef des ponts et chaussées, et après les enquêtes d'usage, pourra autoriser les déplacements des chemins vicinaux et la construction des ponts à la rencontre de ces chemins et des cours d'eau non navigables ni flottables. *(Art. 14.)*

Dans le cas où des routes impériales ou départementales, ou des chemins vicinaux, ruraux ou particuliers, seraient traversés à leur niveau par le chemin de fer, les rails ne pourront être élevés au-dessus ou abaissés au-dessous de la surface de ces routes de plus de trois centimètres ($0^m,03$). Les rails et le chemin de fer devront, en outre, être disposés de manière à ce qu'il n'en résulte aucun obstacle à la circulation.

Des barrières seront tenues fermées de chaque côté du chemin de fer, partout où cette mesure sera jugée nécessaire par l'Administration.

Un gardien, payé par la Société, sera constamment préposé à la garde et au service de ces barrières. *(Art. 15.)*

La Société sera tenue de rétablir et d'assurer à ses frais l'écoulement de toutes les eaux dont le cours serait arrêté, suspendu ou modifié par les travaux dépendant de l'entreprise.

Les aqueducs qui seront construits à cet effet sous les routes impériales ou départementales seront en maçonnerie ou en fer. *(Art. 16.)*

A la rencontre des rivières flottables ou navigables, la Société sera tenue de prendre toutes les mesures et de payer tous les frais nécessaires pour que le service de la navigation et du flottage n'éprouve ni interruption ni entrave pendant l'exécution des travaux.

La même condition est expressément obligatoire, pour la Société, à la rencontre des routes impériales et départementales et autres chemins publics; à cet effet, des routes et ponts provisoires seront construits par les soins et aux frais de la Société, partout où cela sera jugé nécessaire.

Avant que les communications existantes puissent être interceptées, les ingénieurs des localités devront reconnaître et constater si les travaux provisoires présentent une solidité suffisante et s'ils peuvent assurer le service de la circulation.

Un délai sera fixé pour la durée et l'exécution de ces travaux provisoires. *(Art. 17.)*

Dispositions à prendre pour les ouvrages situés dans la zone des servitudes militaires.

Les ouvrages qui seraient situés dans le rayon des places et dans la zone des servitudes, et qui, aux termes des règlements actuels, devraient être exécutés par les officiers du génie militaire, le seront par des agents de la Société, mais sous le contrôle et la surveillance de ces officiers, et conformément aux projets particuliers qui auront été préalablement approuvés par les Ministres de la guerre et des travaux publics.

La même faculté pourra être accordée, par exception, pour les travaux sur le terrain militaire occupé par les fortifications, toutes les fois que le Ministre de la guerre jugera qu'il n'en peut résulter aucun inconvénient pour la défense. *(Art. 24.)*

Dispositions à prendre pour les ouvrages situés à la rencontre des mines ou carrières en exploitation.

Si la ligne du chemin de fer traverse un sol déjà concédé pour l'exploitation d'une mine, l'Administration déterminera les mesures à prendre pour que l'établissement du chemin de fer ne nuise pas à l'exploitation de la mine, et, réciproquement, pour que, le cas échéant, l'exploitation de la mine ne compromette pas l'existence du chemin de fer.

Les travaux de consolidation à faire dans l'intérieur de la mine, à raison de la traversée du chemin de fer, et tous les dommages résultant de cette traversée pour les concessionnaires de la mine, seront à la charge de la Société. *(Art. 25.)*

Si le chemin de fer doit s'étendre sur des terrains renfermant des carrières, ou les traverser souterrainement, il ne pourra être livré à la circulation avant que les excavations qui pourraient en compromettre la solidité n'aient été remblayées ou consolidées. L'Administration déterminera la nature et l'étendue des travaux qu'il conviendra d'entreprendre à cet effet, et qui seront d'ailleurs exécutés par les soins et aux frais de la Société. *(Art. 26.)*

Matériaux de construction [1]......

La Société pourra employer dans la construction du chemin de fer les maté-

[1] Clauses introduites dans les cahiers des charges à partir de 1837 (concession de Mulhouse à Thann), pour la 1re phrase; la 2e phrase n'a été introduite qu'à partir de 1840 (concession de Paris à Orléans).

riaux communément en usage dans les travaux publics de la localité; toutefois les têtes de voûtes, les angles, socles, couronnements, extrémités de radiers seront autant que possible, en pierre de taille. Dans les localités où il n'existera pas de pierre de taille, l'emploi de la brique ou du moellon dit d'appareil sera toléré. *(Art. 20, § 1er.)*

Conditions de la voie et du profil en travers[1].

Les terrains seront acquis et les travaux d'art seront exécutés immédiatement pour deux voies; les terrassements pourront être exécutés et les rails pourront être posés pour une voie seulement, sauf l'établissement d'un certain nombre de gares d'évitement.

Sur l'embranchement de *Saint-Germain-des-Fossés à Vichy*, les terrains pourront n'être acquis et les ouvrages d'art établis que pour une seule voie.

La Société concessionnaire sera tenue, d'ailleurs, d'établir la deuxième voie sur chacune des lignes concédées, lorsque *la recette brute s'élèvera à* dix-huit *mille francs (18,000 fr.) par kilomètre.*

L'excédant de largeur acquis par la Société concessionnaire ne pourra être employé qu'à l'établissement de cette seconde voie. *(Art. 4.)*

La largeur du chemin de fer en couronne est fixée, pour une voie, à quatre mètres cinquante centimètres (4m,50). Sur les points où deux voies seront établies, la largeur est fixée à huit mètres trente centimètres (8m,30) en couronne dans les parties en levée, et à sept mètres quarante centimètres (7m,40) dans les tranchées et les rochers, entre les parapets des ponts et dans les souterrains.

La largeur de la voie, entre les bords intérieurs des rails, devra être d'un mètre quarante-quatre centimètres à un mètre quarante-cinq centimètres. La distance entre les deux voies, dans les parties où elles seront établies, sera au moins égale à un mètre quatre-vingts centimètres, mesurée entre les faces extérieures des rails de chaque voie. La largeur des accotements, ou, en d'autres termes, la largeur entre les faces extérieures des rails extrêmes et l'arête extérieure du chemin, sera au moins égale à un mètre cinquante centimètres (1m,50) dans les parties en levée, et à un mètre (1m) dans les tranchées et les rochers, entre les parapets des ponts et dans les souterrains. *(Art. 5.)*

Rails[2]........................

Les rails et autres éléments constitutifs de la voie de fer devront être de bonne qualité et propres à remplir leur destination. Le poids des rails sera au moins de *trente-cinq kilogrammes* par mètre courant sur les voies de circulation, et de *trente kilogrammes* dans le cas où la Société voudrait poser des rails sur longrines.

Pour l'embranchement de *Saint-Germain-des-Fossés à Vichy*, les poids ci-dessus fixés pourront être réduits, sur la demande de la Société. *(Art. 20, §§ 2 et 3.)*

Clôture du chemin de fer.......

Le chemin de fer sera clôturé et séparé des propriétés particulières par des murs ou des haies, ou des poteaux avec lisses.

Les barrières fermant les communications particulières s'ouvriront sur les terres, et non sur le chemin de fer. *(Art. 37.)*

Présentation des projets par la compagnie : approbation de ces projets par l'Administration.

La Société devra soumettre à l'Administration supérieure, *de trois mois en trois mois :* 1° à dater de l'homologation de la convention, *pour le chemin de fer de Nevers à Moret et Corbeil;* 2° *à dater de dix-huit mois, après l'homologation de ladite convention, pour le chemin de fer de Roanne à Lyon, et* par section de *20 kilomètres* au moins, rapportés sur un plan à l'échelle d'un cinq-millième, les tracés définitifs des chemins de fer, en se conformant aux indications des articles précédents;

[1] Cet article est naturellement modifié pour les concessions de chemins de fer qui doivent être établis à deux voies. A part quelques variations, quant à la rédaction, les obligations imposées à la compagnie sont les mêmes. Les dimensions de la voie n'ont été indiquées d'une manière explicite qu'à partir de 1835 (concession de Paris à Saint-Germain). Voir les pages XLVII et XLVIII.

[2] Le premier cahier des charges qui fasse mention du poids des rails est celui de la concession de Marseille à Avignon (1843). Le poids minimum fixé est de 30 kilogrammes. Il n'est fait mention des rails sur longrines dans les cahiers des charges qu'à partir de 1851 (concession de Lyon à Avignon).

elle indiquera sur ce plan, sans préjudice des dispositions de l'article 7 ci-après, la position et le tracé des gares de stationnement et d'évitement, ainsi que les lieux de chargement et de déchargement.

A ce même plan devront être joints un profil en long suivant l'axe du chemin de fer, un certain nombre de profils en travers, le tableau des pentes et rampes, et un devis explicatif comprenant la description des ouvrages.

Le projet de tracé définitif de l'embranchement de Saint-Germain-des-Fossés à Vichy devra être présenté par la Société deux ans avant l'époque fixée pour l'achèvement des travaux; il sera disposé suivant la forme indiquée dans les deux paragraphes qui précèdent.

En cours d'exécution, la Société aura la faculté de proposer les modifications qu'elle pourrait juger utile d'introduire; mais ces modifications ne pourront être exécutées que moyennant l'approbation préalable et le consentement formel de l'Administration supérieure. *(Art. 3.)*

ixation du nombre, de l'étendue et de l'emplacement des gares.

Le nombre, l'étendue et l'emplacement des gares d'évitement seront déterminés par l'Administration, la Société préalablement entendue.

Indépendamment des gares d'évitement, la Société sera tenue d'établir, pour le service des localités traversées par le chemin de fer ou situées dans le voisinage de ce chemin, des gares ou ports secs destinés tant aux stationnements qu'aux chargements et aux déchargements, et dont le nombre, l'emplacement et la surface seront déterminés par l'Administration, après enquête préalable. *(Art. 7.)*

élai assigné à la compagnie pour le commencement des travaux.

Si, dans le délai d'une année, à dater de l'homologation de la convention, la Société ne s'est pas mise en mesure de commencer les travaux qu'elle est chargée d'exécuter, et si elle ne les a pas effectivement commencés, elle sera déchue de plein droit de la concession du chemin de fer, et sans qu'il y ait lieu à aucune mise en demeure ni notification quelconque. *(Art. 32.)*

uvoirs conférés à la compagnie pour l'exécution des travaux.

Tous les terrains destinés à servir d'emplacement au chemin de fer et à toutes ses dépendances, telles que gares de croisement et de stationnement, lieux de chargement et de déchargement, ainsi qu'au rétablissement des communications déplacées ou interrompues, et de nouveaux lits des cours d'eau, seront achetés et payés par la société.

La Société est substituée aux droits, comme elle est soumise à toutes les obligations qui dérivent, pour l'Administration, de la loi du 3 mai 1841. *(Art. 21.)*

L'entreprise étant d'utilité publique, la Société est investie de tous les droits que les lois et règlements confèrent à l'Administration elle-même pour les travaux de l'État. Elle pourra, en conséquence, se procurer par les mêmes voies les matériaux de remblai et d'empierrement nécessaires à la construction et à l'entretien du chemin de fer; elle jouira, tant pour l'extraction que pour le transport et le dépôt des terres et matériaux, des privilèges accordés par les mêmes lois et règlements aux entrepreneurs de travaux publics, à la charge par elle d'indemniser à l'amiable les propriétaires des terrains endommagés, ou, en cas de non-accord, d'après les règlements arrêtés par le conseil de préfecture, sauf recours au Conseil d'État, sans que, dans aucun cas, elle puisse exercer de recours à cet égard contre l'Administration. *(Art. 22.)*

Les indemnités pour occupation temporaire ou détérioration de terrain, pour chômage, modification ou destruction d'usines, pour tout dommage quelconque résultant des travaux, seront supportées et payées par la Société. *(Art. 23.)*

ntrôle et surveillance de l'Administration.

Pendant la durée des travaux qu'elle effectuera par des moyens et des agents à son choix, la Société sera soumise au contrôle et à la surveillance de l'Administration. Ce contrôle et cette surveillance auront pour objet d'empêcher la Société de s'écarter des dispositions qui lui sont prescrites par le présent cahier des charges. *(Art. 27.)*

Les frais de visite, de surveillance et de réception des travaux seront supportés par la Société. Ces frais seront imputés sur la somme que la Compagnie est tenue de verser annuellement à la caisse centrale du Trésor, conformément à l'art. 59 ci-a[illegible]

En cas de non versement dans le délai fixé, le préfet rendra un rôle exécutoire, et le montant en sera recouvré comme en matière de contributions publiques. *(Art. 31.)*

Interdiction du travail les dimanches et jours fériés [1].

La Société se soumettra, dans l'exécution du chemin de fer, aux dispositions des circulaires de l'Administration des travaux publics des 20 mars 1849 et 10 novembre 1851, portant interdiction du travail les dimanches et jours fériés. *(Art. 56.)*

Délai assigné à la Compagnie pour l'achèvement des travaux [2].

Ce chemin (*de Nevers à Corbeil et à Moret*) devra être exécuté dans un délai de *six ans*, de manière qu'à l'expiration de ce délai il soit entièrement terminé et mis en exploitation dans toutes ses parties. *(Art. 1er, § 2.)*

Ce chemin (*de Roanne à Lyon*) devra être exécuté dans un délai de *huit ans*; toutefois, il ne pourra, en aucun cas, être exploité que cinq ans après l'achèvement de la ligne de *Saint-Germain-des-Fossés à Roanne*. *(Art. 1er, § 4.)*

Cet embranchement (*de Saint-Germain-des-Fossés à Vichy*) devra également être exécuté dans un délai de *huit* ans. *(Art. 1er, § 6.)*

Faute par la Société d'avoir entièrement exécuté et terminé les travaux à sa charge dans les délais fixés, faute aussi par elle d'avoir rempli les diverses obligations qui lui sont imposées par le présent cahier des charges, elle encourra la déchéance, et il sera pourvu à la continuation et à l'achèvement des travaux, comme à l'exécution des autres engagements contractés par la Société, par le moyen d'une adjudication qu'on ouvrira sur les clauses du présent cahier des charges, et sur une mise à prix des ouvrages déjà construits, des matériaux approvisionnés et des portions de chemin déjà mises en exploitation.

La Société évincée recevra de la nouvelle Société la valeur que la nouvelle adjudication aura déterminée.

Si l'adjudication ouverte n'amène aucun résultat, une seconde adjudication tentée sur les mêmes bases, après un délai de six mois, et, si cette seconde tentative reste encore sans résultat, la Société sera définitivement déchue de tous droits à la concession, et les portions de chemin déjà exécutées, ou qui seraient mises en exploitation, deviendront immédiatement la propriété de l'État.

En cas d'interruption partielle ou totale de l'exploitation du chemin de fer, l'Administration prendra immédiatement, aux frais et risques de la Société, les mesures nécessaires pour assurer provisoirement le service.

Si, dans les trois mois de l'organisation du service provisoire, la Société n'a pas valablement justifié des moyens de reprendre et de continuer l'exploitation, et si elle ne l'a pas effectivement reprise, la déchéance pourra être prononcée par le Ministre des travaux publics.

[1] L'insertion de cette clause paraît pour la première fois dans le cahier des charges qui est annexé à la concession du chemin de Paris à Lyon, en date du 5 janvier 1852.

[2] Nous citons ici quelques exemples des délais accordés pour d'anciennes concessions. On trouvera dans le tableau n° 26 les limites du délai assigné aux concessions plus récentes :

Sept ans, Andrezieux à Roanne (67 kil., 1828).

Six ans, Strasbourg à Bâle (139 kil., 1838); embranchement de Metz à Saarbruck (122 kil., 1845).

Cinq ans et demi, Saint-Étienne à Lyon (57 kil., 1826).

Cinq ans, Saint-Étienne à la Loire (18 kil., 1823); Alais à Beaucaire (72 kil., 1833); Mulhouse à Thann (21 kil., 1837); Bordeaux à la Teste (53 kil., 1837); Paris à Orléans et Corbeil (133 kil., 1840); Paris à Rouen (131 kil., 1840); Rouen au Havre (92 kil., 1842); Amiens à Boulogne (123 kil., 1844), et Marseille à Avignon (129 kil., 1843).

Quatre ans, Paris à Saint-Germain (19 kil., 1835); Alais à la Grand'Combe (17 kil., 1836); Montereau à Troyes (100 kil., 1845).

Trois ans, Montpellier à Cette (27 kil., 1836); Paris à Versailles (rive droite et rive gauche (19 et 17 kil., 1837); embranchement de Lille à Calais et à Dunkerque (145 kil., 1845); embranchement de Creil à Saint-Quentin (102 kil., 1845), et Dieppe à Fécamp (71 kil., 1845).

Deux ans, Paris à Sceaux (11 kil., 1844).

Les dispositions de l'article qui précède, ainsi que celles du présent article, ne seront point applicables au cas où le retard ou la cessation des travaux, ou l'interruption de l'exploitation, proviendrait de force majeure régulièrement constatée. *(Art. 33.)*

Réception des travaux.........

A mesure que les travaux seront terminés sur des parties du chemin de fer, de manière que ces parties puissent être livrées à la circulation, il sera procédé à leur réception par un ou plusieurs commissaires que l'Administration désignera; le procès-verbal du ou des commissaires délégués ne sera valable qu'après homologation de l'Administration supérieure.

Après cette homologation, la Société pourra mettre en service lesdites parties du chemin de fer, et y percevoir les droits de péage et les prix de transport ci-après déterminés.

Toutefois, ces réceptions partielles ne deviendront définitives que par la réception générale et définitive du chemin de fer. *(Art. 28.)*

État des lieux................

Après l'achèvement total des travaux, la Société fera faire à ses frais un bornage contradictoire et un plan cadastral du chemin de fer et de ses dépendances; elle fera dresser, également à ses frais et contradictoirement avec l'Administration, un état descriptif des ponts, aqueducs et autres ouvrages d'art qui auront été établis conformément aux conditions du présent cahier des charges.

Une expédition dûment certifiée des procès-verbaux de bornage, du plan cadastral et de l'état descriptif sera déposée, aux frais de la Société, dans les archives de l'Administration des ponts et chaussées. *(Art. 29.)*

Contribution foncière...........

La contribution foncière sera établie en raison de la surface des terrains occupés par le chemin de fer et par ses dépendances; la cote en sera calculée, comme pour les canaux, conformément à la loi du 25 avril 1803.

Les bâtiments et magasins dépendant de l'exploitation du chemin de fer seront assimilés aux propriétés bâties dans la localité, et la Société devra également payer toutes les contributions auxquelles ils pourront être soumis. *(Art. 34, §§ 1 et 2.)*

Entretien.....................

Le chemin de fer et toutes ses dépendances seront constamment entretenus en bon état, et de manière que la circulation soit toujours facile et sûre.

L'état dudit chemin et de ses dépendances sera reconnu annuellement, et plus souvent, en cas d'urgence ou d'accident, par un ou plusieurs commissaires que désignera l'Administration.

Les frais d'entretien et ceux de réparation, soit ordinaires, soit extraordinaires, resteront entièrement à la charge de la Société.

Pour ce qui concerne cet entretien et ces réparations, la Société demeure soumise au contrôle et à la surveillance de l'Administration.

Si le chemin de fer, une fois achevé, n'est pas constamment entretenu en bon état, il y sera pourvu d'office, à la diligence de l'Administration et aux frais de la Société. Le montant des avances faites sera recouvré par des rôles que le préfet du département rendra exécutoires. *(Art. 30.)*

2° CLAUSES RELATIVES À L'EXPLOITATION.

Détermination par l'Administration des mesures nécessaires pour assurer la police, l'exploitation et la conservation des chemins de fer.

Des règlements d'Administration publique, rendus après que la Société aura été entendue, détermineront les mesures et les dispositions nécessaires pour assurer la police, l'exploitation et la conservation du chemin de fer et des ouvrages qui en dépendent.

Toutes les dépenses qu'entraînera l'exécution de ces mesures et de ces dispositions resteront à la charge de la Société.

La Société sera tenue de soumettre à l'approbation de l'Administration les règlements de toute nature qu'elle fera pour le service et l'exploitation du chemin de fer.

Les règlements dont il s'agit dans les deux paragraphes précédents seront obligatoires pour la Société et pour toutes celles qui obtiendraient ultérieurement l'autorisation d'établir des lignes de chemin de fer, d'embranchement ou de prolongement, et, en général, pour toutes les personnes qui emprunteraient l'usage du chemin de fer. *(Art. 35.)*

Matériel roulant[1]..............

Les machines locomotives seront construites sur les meilleurs modèles connus; elles devront consumer leur fumée et devront satisfaire, d'ailleurs, à toutes les conditions prescrites ou à prescrire par le Gouvernement pour la mise en circulation de cette classe de machines.

Les voitures de voyageurs devront également être du meilleur modèle; elles seront toutes suspendues sur ressorts et garnies de banquettes.

Il y en aura de trois classes au moins.

Les voitures de la première classe seront couvertes, garnies et fermées à glaces;

Celles de la deuxième classe seront couvertes, fermées à glaces et auront des banquettes rembourrées;

Celles de la troisième classe seront couvertes et fermées à vitres.

Les places seront numérotées dans les voitures de troisième classe, comme dans celles de première et de seconde classe.

Les voitures de toutes les classes devront remplir les conditions réglées ou à régler pour les voitures qui servent au transport des personnes.

Les waggons de marchandises et de bestiaux et les plates-formes seront de bonne et solide construction. *(Art. 36.)*

Composition et vitesse des trains..

L'Administration déterminera par des règlements spéciaux, la Société entendue, le minimum et le maximum de vitesse des convois de voyageurs et de marchandises, et des convois spéciaux des postes, ainsi que la durée du trajet.

Dans chaque convoi, la Société aura la faculté de placer des voitures spéciales pour lesquelles les prix seront réglés par l'Administration, sur la proposition de la Société; mais il est expressément stipulé que le nombre de places à donner dans ces voitures n'excédera pas le cinquième du nombre total des places du convoi.

A moins d'autorisation spéciale et révocable de l'Administration, tout convoi régulier de voyageurs devra contenir, en quantité suffisante, des voitures de toute classe destinées aux personnes qui se présenteront dans les bureaux du chemin de fer. *(Art. 38, §§ 5, 6 et 7.)*

Perception des tarifs[2]...........

Pour indemniser la Société des travaux et dépenses qu'elle s'engage à faire par le présent cahier des charges, et sous la condition expresse qu'elle en remplira exactement toutes les obligations, le Gouvernement lui accorde, pour un laps de quatre-vingt-dix-neuf années, à dater de l'époque fixée par l'art. 1er ci-dessus pour l'achèvement des travaux de la ligne de Roanne à Lyon, par Tarare, l'autorisation de percevoir les droits de péage et les prix de transport ci-après déterminés.

Il est expressément entendu que les prix de transport ne seront dus à la Société qu'autant qu'elle effectuerait elle-même ce transport à ses frais et par ses propres moyens.

La perception aura lieu par kilomètre, sans égard aux fractions de distance; ainsi un kilomètre entamé sera payé comme s'il avait été parcouru. Néanmoins, pour toute distance parcourue moindre de six kilomètres, le droit sera perçu comme pour six kilomètres entiers.

[1] Les premiers cahiers des charges ne prescrivaient aucunes conditions pour les voitures.

En 1836 (concession de Montpellier à Cette), on distingue seulement deux espèces de voitures, l'une couverte et fermée; la deuxième découverte et non fermée;

De 1840 à 1843, trois classes de voitures suspendues sur ressorts : la première couverte et fermée, la deuxième couverte seulement;

En juillet 1843 (concession de Marseille à Avignon), la 3e doit être couverte;

De 1844 à 1851, on exige de plus que les voitures de 2e classe aient des banquettes rembourrées, et que celles de troisième classe soient fermées avec rideaux. Enfin, à partir de 1851, les voitures de 3e classe doivent être fermées à vitres.

[2] Le tableau donné pour les tarifs est semblable à celui des dernières concessions; les tarifs des concessions antérieures n'en diffèrent qu'exceptionnellement. Voir à ce sujet la page LIV.

Voir en outre l'observation de la note précédente au sujet de la nature des voitures de diverses classes affectées au transport des voyageurs.

			PRIX de péage.	PRIX de transport.	TOTAL.
Par tête et par kilomètre.	Voyageurs, non compris l'impôt du 10e sur le prix des places.	Voitures couvertes, garnies et fermées à glaces (1re classe)...........	0f 067	0f 033	0f 10
		Voitures couvertes, fermées à glaces et à banquettes rembourrées (2e cl.).	0 050	0 025	0 075
		Voitures couvertes et fermées à vitres (3e classe).................	0 037	0 018	0 055
	Bestiaux........	Bœufs, vaches, taureaux, chevaux, mulets, bêtes de trait...........	0 07	0 03	0 10
		Veaux et porcs..	0 025	0 015	0 04
		Moutons, brebis, agneaux, chèvres..............................	0 01	0 01	0 02
Par tonne et par kilomètre.	Poissons........	Huîtres et poissons frais, à la vitesse des voyageurs.................	0 30	0 20	0 50
	Marchandises....	1re CLASSE. — Fontes moulées, fer et plomb ouvrés, cuivre et autres métaux ouvrés ou non, vinaigres, vins, boissons, spiritueux, huiles, cotons, lainages, bois de menuiserie, de teinture et autres bois exotiques, sucres, cafés, drogues, épiceries, denrées coloniales et objets manufacturés......................................	0 10	0 08	0 18
		2e CLASSE. — Blés, grains, farines, légumes farineux, sels, chaux et plâtres, charbon de bois, bois à brûler (dit *de corde*), perches, chevrons, planches, madriers, bois de charpente, marbres en bloc, pierres de taille, bitumes, fontes brutes, fer en barres ou en feuilles, plomb en saumons..	0 09	0 07	0 16
		3e CLASSE. — Pierre à chaux et à plâtre, moellons, meulières, cailloux, sable, argile, tuiles, briques, ardoises, pavés et matériaux de toute espèce pour la construction et la réparation des routes...........	0 08	0 06	0 14
		Houille, marne, cendres, fumier et engrais.........................	0 06	0 04	0 10
Par pièce et par kilomètre.	Waggon, chariot vide, pouvant porter de 3 à 6 tonnes..................		0 09	0 06	0 15
	Au-dessus de 6 tonnes..		0 12	0 08	0 20
	Locomotive pesant de 12 à 18 tonnes (ne traînant pas de convoi)................		1 80	1 20	3 00
	Locomotive au-dessus de 18 tonnes (*idem*)..................................		2 25	1 50	3 75
	Tender de 7 à 10 tonnes (*idem*)...		0 90	0 60	1 50
	Tender au-dessus de 10 tonnes (*idem*)......................................		1 35	0 90	2 25
	(Les machines locomotives seront considérées et taxées comme ne remorquant pas de convoi, lorsque le convoi remorqué, soit en voyageurs, soit en marchandises, ne comportera pas un péage au moins égal à celui qui serait perçu sur la machine locomotive avec son allége marchant sans rien traîner. Le prix à payer pour un waggon chargé ne pourra jamais être inférieur à celui à payer pour un waggon marchant à vide.)				
	Voiture à deux ou à quatre roues, à un fond et à une seule banquette dans l'intérieur........		0 15	0 10	0 25
	Voiture à quatre roues, à deux fonds et à deux banquettes dans l'intérieur...............		0 18	0 14	0 32
	(Le tarif sera double si le transport a lieu à la vitesse des voyageurs. Dans ce cas, deux personnes pourront, sans supplément de tarif, voyager dans les voitures à une banquette, et trois dans les voitures à deux banquettes. Les voyageurs excédant ce nombre payeront le prix des places de 2e classe.)				

Le poids de la tonne est de mille kilogrammes; les fractions de poids ne seront comptées que par centième de tonne : ainsi, tout poids compris entre zéro et dix kilogrammes payera comme dix kilogrammes; entre dix et vingt kilogrammes, il payera comme vingt kilogrammes; entre vingt et trente, il payera comme trente kilogrammes, etc. *(Art. 38, §§ 1, 2, 3 et 4.)*

pplication des tarifs...........

— *Toutefois, tant que sur l'embranchement de Saint-Germain-des-Fossés à Vichy la recette brute n'aura pas atteint 12,000 francs par kilomètre, la Société est autorisée à percevoir sur ledit embranchement, pour les voyageurs de première classe et pendant la saison des eaux, un tarif double du tarif ci-dessus fixé.* (Clause insérée dans le tableau du tarif.)

Dans le cas où le prix de l'hectolitre de blé s'élèverait sur le marché régulateur de Gray à 20 francs ou au-dessus, le Gouvernement pourra exiger de la Société que le tarif du transport des blés, grains, farines et légumes farineux, péage compris, soit réduit de moitié et ne puisse s'élever, au maximum, qu'à huit centimes (0,08c) par tonne et par kilomètre. *(Art. 38, § 8.)*[1]

[1] Réserve introduite depuis peu d'années dans les cahiers des charges

Les marchandises qui, sur la demande des expéditeurs, seraient transportées avec la vitesse des voyageurs payeront à raison de trente-six centimes la tonne. *(Art. 38, § 9.)*

Les chevaux et bestiaux, dans le cas indiqué au paragraphe précédent, payeront le double des taxes portées au tarif. *(Art. 38, § 10.)*

Tout voyageur dont le bagage ne pèsera pas plus de trente kilogrammes n'aura à payer, pour le port de ce bagage, aucun supplément du prix de sa place. *(Art. 39.)* [1].

Les denrées, marchandises, effets, animaux et autres objets non désignés dans le tarif précédent seront rangés, pour les droits à percevoir, dans les classes avec lesquelles ils auraient le plus d'analogie.

Les assimilations de classes pourront être provisoirement réglées par la Société; elles seront soumises immédiatement à l'Administration, qui prononcera définitivement. *(Art. 40.)*

Les prix de transport déterminés au tarif ne sont point applicables :

1° Aux denrées et objets qui ne sont pas nommément énoncés dans le tarif, et qui, sous le volume d'un mètre cube, ne pèsent pas deux cents kilogrammes (200^k);

2° A l'or et à l'argent, soit en lingots, soit monnayés ou travaillés; au plaqué d'or ou d'argent, au mercure et au platine, ainsi qu'aux bijoux, pierres précieuses et autres valeurs;

3° Et, en général, à tous paquets, colis ou excédants de bagage pesant isolément moins de cinquante kilogrammes.

Toutefois, les prix de transport déterminés au tarif sont applicables à ces paquets, colis ou excédants de bagages, quoique emballés à part, s'il font partie d'envois pesant ensemble au delà de cinquante kilogrammes d'objets expédiés par une même personne à une même personne, et d'une même nature, tels que sucres, cafés, etc.

Le bénéfice de la disposition énoncée dans le paragraphe précédent ne peut être invoqué par les entrepreneurs de messagerie et de roulage et autres intermédiaires de transport, à moins que les articles de transport par eux envoyés ne soient réunis en un seul colis [2].

Dans les trois cas ci-dessus spécifiés, les prix de transport seront arrêtés annuellement par l'Administration, sur la proposition de la Société.

Au-dessus de cinquante kilogrammes, quelle que soit la distance parcourue, le prix de transport d'un colis ne pourra être taxé à moins de quarante centimes (0^f,40). *(Art. 43.)*

Prix hors classe applicables aux transports facultatifs.

Les droits de péage et les prix de transport déterminés au tarif ne sont point applicables à toute masse indivisible pesant plus de trois mille kilogrammes (3,000^k).

Néanmoins, la Société ne pourra se refuser à transporter les masses indivisibles pesant de trois mille à cinq mille kilogrammes; mais les droits de péage et les prix de transports seront augmentés de moitié.

La Société ne pourra être contrainte à transporter les masses indivisibles pesant plus de cinq mille kilogrammes (5,000^k).

Si, nonobstant la disposition qui précède, la Société transporte des masses indivisibles pesant plus de cinq mille kilogrammes, elle devra, pendant trois mois au moins, accorder les mêmes facilités à tous ceux qui en feraient la demande. *(Art. 41.)*

[1] Le poids des bagages a été successivement fixé à 15^k, 20^k, 30^k; voir notamment les cahiers des charges :

De Paris à Saint-Germain .... 15^k en 1835.
De Marseille à Avignon .... 20 en 1843.
De Paris à Sceaux .... 30 en 1844.

[2] Disposition introduite dans les cahiers des charges des dernières concessions.

Le poids du chargement des waggons appartenant à d'autres compagnies, et admis à circuler sur les chemins de fer de *Nevers à Moret et Corbeil* et de *Roanne à Lyon*, pourra atteindre, sans augmentation de tarif, la limite du poids que la Société adopte pour ses propres chargements. *(Art. 42.)*

Réduction des taxes............

Dans le cas où la Société jugerait convenable, soit pour le parcours total, soit pour les parcours partiels de la voie de fer, d'abaisser au-dessous des limites déterminées par le tarif les taxes qu'elle est autorisée à percevoir, les taxes abaissées ne pourront être relevées qu'après un délai de trois mois au moins pour les voyageurs, et d'un an pour les marchandises.

Tous changements apportés dans les tarifs seront annoncés un mois d'avance par des affiches. Ils devront, d'ailleurs, être homologués par des décisions de l'Administration supérieure, prises sur la proposition de la Société, et rendues exécutoires dans chaque département par des arrêtés du préfet.

La perception des taxes devra se faire par la Société indistinctement et sans aucune faveur. Dans le cas où la Société aurait accordé à un ou plusieurs expéditeurs une réduction sur l'un des prix portés au tarif, avant de la mettre à exécution, elle devra en donner connaissance à l'Administration, et celle-ci aura le droit de déclarer la réduction, une fois consentie, obligatoire vis-à-vis de tous les expéditeurs et applicable à tous les articles d'une même nature. La taxe ainsi réduite ne pourra, comme pour les autres réductions, être relevée avant un délai d'un an.

Les réductions ou remises accordées à des indigents ne pourront, dans aucun cas, donner lieu à l'application de la disposition qui précède.

En cas d'abaissement des tarifs, la réduction portera proportionnellement sur le péage et le transport. *(Art. 38, §§ 11, 12, 13, 14 et 15.)*

Conditions des transports........

Au moyen de la perception des droits et des prix réglés ainsi qu'il vient d'être dit, et sauf les exceptions stipulées au présent cahier des charges, la Société contracte l'obligation d'exécuter constamment, avec soin, exactitude et célérité, et sans tour de faveur, le transport des voyageurs, bestiaux, denrées, marchandises et matières quelconques qui lui seront confiés. Les bestiaux, denrées, marchandises et matières quelconques seront transportés dans l'ordre de leur numéro d'enregistrement.

Toute expédition de marchandise dont le poids, sous un même emballage, excédera vingt kilogrammes sera constatée, si l'expéditeur le demande, par une lettre de voiture, dont un exemplaire restera aux mains de la Société et l'autre aux mains de l'expéditeur.

La même constatation sera faite, sur la demande de l'expéditeur, pour tout paquet ou ballot pesant au moins vingt kilogrammes, dont la valeur aura été préalablement déclarée.

La Société sera tenue d'expédier les marchandises dans les deux jours qui suivront la remise. Toutefois, si l'expéditeur consent à un plus long délai, il jouira d'une réduction, d'après un tarif approuvé par le ministre des travaux publics.

Les frais accessoires non mentionnés au tarif, tels que ceux de chargement, de déchargement et d'entrepôt dans les gares et magasins du chemin de fer, seront fixés annuellement par un règlement qui sera soumis à l'approbation de l'Administration supérieure.

Les expéditeurs ou destinataires resteront libres de faire eux-mêmes et à leurs frais le factage et le camionnage de leurs marchandises, et la Société n'en sera pas moins tenue, à leur égard, de remplir les obligations énoncées au paragraphe premier du présent article.

Dans le cas où la Société consentirait, pour le factage et le camionnage des marchandises, des arrangements particuliers à un ou à plusieurs expéditeurs, elle sera tenue, avant de les mettre à exécution, d'en informer l'Administration, et ces arrangements profiteront également à tous ceux qui lui en feraient la demande. *(Art. 44.)*

A moins d'une autorisation spéciale de l'Administration, il est interdit à la Société, sous les peines portées par l'article 419 du Code pénal, de faire, directement ou indirectement, avec des entreprises de transport de voyageurs ou de marchandises, par terre ou par eau, sous quelque dénomination ou forme que ce puisse être, des arrangements qui ne seraient pas consentis en faveur de toutes les entreprises desservant les mêmes routes.

Les règlements d'administration publique rendus en exécution de l'article 35 ci-dessus prescriront toutes les mesures nécessaires pour assurer la plus complète égalité entre les diverses entreprises de transport, dans leurs rapports avec le service du chemin de fer. *(Art. 45.)*

Franchises dévolues à certains fonctionnaires.

Les fonctionnaires et agents chargés de l'inspection, du contrôle et de la surveillance du chemin de fer seront transportés gratuitement dans les voitures de la Société.

La même faculté est accordée aux agents des contributions indirectes et à ceux de l'administration des douanes chargés de la surveillance du chemin de fer, dans l'intérêt de la perception de l'impôt. *(Art. 47.)*

Transports militaires[1]..........

Les militaires ou marins voyageant en corps, aussi bien que les militaires ou marins voyageant isolément pour cause de service, envoyés en congé limité ou en permission, ou rentrant dans leurs foyers après libération, ne seront assujettis, eux et leurs bagages, qu'au quart de la taxe du tarif ci-dessus fixé.

Si le Gouvernement avait besoin de diriger des troupes et un matériel militaire ou naval sur l'un des points desservis par la ligne du chemin de fer, la Société serait tenue de mettre immédiatement à sa disposition, et à moitié de la taxe du tarif, tous les moyens de transport établis pour l'exploitation du chemin de fer. *(Art. 46.)*

Transport des dépêches[2]........

Le service des lettres et dépêches sera fait comme il suit :

1° A chacun des trains de voyageurs et de marchandises circulant aux heures ordinaires de l'exploitation, la Société sera tenue de réserver gratuitement deux compartiments spéciaux d'une voiture de deuxième classe et un espace équivalent pour recevoir les lettres, les dépêches et les agents nécessaires au service des postes, le surplus de la voiture restant à la disposition de la Société.

2° Si le volume des dépêches ou la nature du service rend insuffisante la capacité de deux compartiments à deux banquettes, de sorte qu'il y ait lieu de substituer une voiture spéciale aux waggons ordinaires, le transport de cette voiture sera également gratuit.

Lorsque la Société voudra changer les heures de départ de ses convois ordinaires, elle sera tenue d'en avertir l'administration des postes quinze jours à l'avance.

3° Un train spécial régulier, dit *train journalier de la poste*, sera mis gratuitement, chaque jour, à l'aller et au retour, à la disposition du ministre des finances, pour le transport des dépêches sur toute l'étendue de la ligne.

4° L'étendue du parcours, les heures de départ et d'arrivée, soit de jour, soit de nuit, la marche et les stationnements de ce convoi, seront réglés par le ministre de l'agriculture, du commerce et des travaux publics et le ministre des finances, la Société entendue.

5° Indépendamment de ce train, il pourra y avoir tous les jours, à l'aller et au retour, un ou plusieurs convois spéciaux, dont la marche sera réglée comme il est dit ci-dessus. La rétribution payée à la Société, pour chaque convoi, ne pourra excéder soixante et quinze centimes par kilomètre parcouru pour la première voiture, et vingt-cinq centimes pour chaque voiture en sus de la première.

[1] Voir pour les modifications successives apportées à la rédaction de cet article les divers cahiers des charges, et notamment : celui de Paris à Saint-Germain (1835); celui de Mulhouse à Thann (1837); celui de Paris à Sceaux (1844); celui du Mans à Mézidon (1852).

[2] Voir pour les modifications successives apportées à la rédaction de cet article les divers cahiers de charges, et notamment : celui de Mulhouse à Thann (1837); celui de Marseille à Avignon (1843); celui de Paris à Sceaux (1844); celui de Versailles à Rennes (1851).

6° La Société pourra placer dans les convois spéciaux de la poste des voitures de toutes classes, pour le transport, à son profit, des voyageurs et des marchandises.

7° La Société ne pourra être tenue d'établir des convois spéciaux ou de changer les heures du départ, la marche ou le stationnement de ces convois, qu'autant que l'administration l'aura prévenue, par écrit, quinze jours à l'avance.

8° Néanmoins, toutes les fois qu'en dehors des services réguliers, l'administration requerra l'expédition d'un convoi extraordinaire, soit de jour, soit de nuit, cette expédition devra être faite immédiatement, sauf l'observation des règlements de police. Le prix sera ultérieurement réglé, de gré à gré, ou à dire d'experts, entre l'administration et la Société.

9° L'administration des postes fera construire à ses frais les voitures qu'il pourra être nécessaire d'affecter spécialement au transport et à la manutention des dépêches, tant sur les convois ordinaires que sur les convois spéciaux. Elle réglera la forme et les dimensions de ces voitures, sauf l'approbation, par le ministre de l'agriculture, du commerce et des travaux publics, des dispositions qui intéressent la régularité et la sécurité de la circulation, la Société entendue. Elles seront montées sur châssis et sur roues. Leur poids ne dépassera pas huit mille kilogrammes, chargement compris. L'administration des postes fera entretenir à ses frais ses voitures spéciales; toutefois, l'entretien des châssis et des roues sera à la charge de la Société.

10° La Société ne pourra réclamer aucune augmentation des prix ci-dessus indiqués lorsqu'il sera nécessaire d'employer des plates-formes au transport des malles-postes ou des voitures spéciales en réparation.

11° La vitesse moyenne des convois spéciaux mis à la disposition de l'administration des postes ne pourra être moindre de quarante kilomètres à l'heure, temps d'arrêt compris. Toutefois, l'administration pourra consentir une vitesse moindre, soit en raison des pentes, soit à raison des courbes à parcourir, ou bien exiger une plus grande vitesse dans le cas où la Société obtiendrait plus tard, dans la marche de son service, une vitesse supérieure.

12° La Société sera tenue de transporter gratuitement, par tous les convois de voyageurs, tout agent des postes chargé d'une mission ou d'un service accidentel, et porteur d'un ordre de service régulier délivré à Paris par le directeur général des postes. Il sera accordé à l'agent des postes en mission une place de voiture de deuxième classe, ou de première classe, si le convoi ne comporte pas de voiture de deuxième classe.

13° La Société sera tenue de fournir, à chacun des points extrêmes de la ligne, ainsi qu'aux principales stations intermédiaires, qui seront désignés par l'administration des postes, un emplacement sur lequel l'administration pourra faire construire des bureaux de poste ou d'entrepôt des dépêches et des hangars, pour le chargement et le déchargement des malles-postes. Les dimensions de cet emplacement seront, au maximum, de soixante-quatre mètres carrés dans les gares des départements, et du double à Paris.

14° La valeur locative du terrain ainsi fourni par la Société lui sera payée de gré à gré ou à dire d'experts.

15° La position sera choisie de manière que les bâtiments qui y seront construits aux frais de l'administration des postes ne puissent entraver en rien le service de la Société.

16° L'administration se réserve le droit d'établir à ses frais, sans indemnité, mais aussi sans responsabilité pour la Société, tous poteaux ou appareils nécessaires à l'échange des dépêches sans arrêt de train, à la condition que ces appareils, par leur nature ou leur position, n'apportent pas d'entrave aux différents services de la ligne ou des stations.

17° Les employés chargés de la surveillance du service, les agents préposés à l'échange ou à l'entrepôt des dépêches, auront accès dans les gares ou stations pour l'exécution de leur service, en se conformant aux règlements de police intérieure de la Société. *(Art. 48.)*

Transport des prisonniers [1] ....

La Société sera tenue, à toute réquisition, de faire partir par convoi ordinaire les waggons ou voitures cellulaires employés au transport des prévenus, accusés ou condamnés.

Les waggons et les voitures employés au service dont il s'agit seront construits aux frais de l'État ou des départements, et leurs formes et dimensions déterminées de concert par le ministre de l'intérieur et par le ministre de l'agriculture, du commerce et des travaux publics, la Société entendue.

Les employés de l'Administration, gardiens, gendarmes et prisonniers placés dans les waggons ou voitures cellulaires, ne seront assujettis qu'à la moitié de la taxe du tarif ci-dessus fixé pour la dernière classe.

Le transport des waggons et des voitures sera gratuit.

Dans le cas où l'Administration voudrait, pour le transport des prisonniers, faire usage des waggons ordinaires de la Société, cette dernière serait tenue de mettre à sa disposition un ou plusieurs compartiments de voitures de deuxième classe à deux banquettes. Le prix de location en serait fixé à raison de 0 fr. 20 cent. par compartiment et par kilomètre. *(Art 49.)*

Télégraphie électrique [2] ....

Le Gouvernement se réserve la faculté de faire, le long des voies, toutes les constructions, de poser tous les appareils nécessaires à l'établissement d'une ligne télégraphique électrique; il se réserve aussi le droit de faire toutes les réparations et de prendre toutes les mesures propres à assurer le service de la ligne télégraphique, sans nuire au service du chemin de fer.

Sur la demande de l'administration des lignes télégraphiques, il sera réservé, dans les gares des villes et des localités qui seront désignées ultérieurement, le terrain nécessaire à l'établissement de maisonnettes destinées à recevoir le bureau télégraphique et son matériel.

La Société concessionnaire sera tenue de faire garder par ses agents les fils et les appareils des lignes télégraphiques, de donner aux employés télégraphiques connaissance de tous les accidents qui pourraient survenir, et de leur en faire connaître les causes. En cas de rupture du fil télégraphique, les employés de la Société auront à raccrocher provisoirement les bouts séparés, d'après les instructions qui leur seront données à cet effet.

Les agents de la télégraphie voyageant pour le service de la ligne électrique auront le droit de circuler gratuitement dans les voitures du chemin de fer.

En cas de rupture du fil télégraphique ou d'accidents graves, une locomotive sera mise immédiatement à la disposition de l'inspecteur télégraphique de la ligne pour le transporter sur le lieu de l'accident, avec les hommes et les matériaux nécessaires à la réparation. Ce transport sera gratuit, et il devra être effectué dans des conditions telles, qu'il ne puisse entraver en rien la circulation publique.

Dans le cas où des déplacements de fils, appareils ou poteaux deviendraient nécessaires, par suite de travaux exécutés sur le chemin, ces déplacements auraient lieu, aux frais de la Société, par les soins de l'administration des lignes télégraphiques.

La Société pourra être autorisée, et au besoin requise, par le ministre de l'agriculture, du commerce et des travaux publics, d'établir à ses frais les fils et appareils télégraphiques destinés à transmettre les signaux nécessaires pour la sûreté et la régularité de son exploitation.

Elle pourra, avec l'autorisation du ministre de l'intérieur, se servir des poteaux

[1] Voir pour les modifications et additions successives les divers cahiers des charges, et notamment celui de Marseille à Avignon (1843), et celui de Paris à Sceaux (1844). Il n'est pas question de cette clause dans les cahiers des charges antérieurs à 1843.

[2] La clause relative à la télégraphie électrique ne figure pas dans les cahiers des charges antérieurs à 1845. Voir pour les modifications et additions successives celui du Nord (septembre 1845), celui de l'Ouest (juillet 1851), les cahiers des charges de 1855.

de la ligne télégraphique de l'État, lorsqu'une semblable ligne existera le long de la voie.

Un règlement d'administration publique déterminera les conditions d'établissement et d'emploi de ces appareils télégraphiques, ainsi que l'organisation, aux frais de la Société, du contrôle de ce service par les agents de l'État. *(Art. 50.)*

Impôt sur le prix des places [1]..... L'impôt dû au Trésor sur le prix des places ne sera prélevé que sur la partie du tarif correspondant au prix du transport des voyageurs. *(Art 34, § 3.)*

Surveillance de l'exploitation..... Il sera institué près de la Société un ou plusieurs inspecteurs commissaires, spécialement chargés de surveiller les opérations de ladite Société, pour tout ce qui ne rentre pas dans les attributions des ingénieurs de l'État.

Le traitement de ces commissaires restera à la charge de la Société.

Pour y pourvoir et acquitter en même temps les frais mis à sa charge en vertu des articles 31 et 35 ci-dessus, la Société sera tenue de verser, chaque année, à la caisse centrale du Trésor, une somme de cent vingt francs (120 francs) par kilomètre de chemin de fer concédé. Toutefois, cette somme sera réduite à cinquante francs (50 francs) par kilomètre pour les sections non encore livrées à l'exploitation. Dans lesdites sommes, n'est pas comprise celle qui sera déterminée, en exécution de l'article 50 ci-dessus, pour frais de contrôle du service télégraphique de la Société par les agents de l'État.

Dans le cas où la Société ne verserait par ladite somme aux époques qui seront fixées, le préfet rendra un rôle exécutoire, et le montant en sera recouvré comme en matière de contributions publiques. *(Art. 59.)*

3° CLAUSES DIVERSES.

urée de la concession [2]........ Pour indemniser la Société des travaux et dépenses qu'elle s'engage à faire par le présent cahier des charges, et sous la condition expresse qu'elle en remplira exactement toutes les obligations, le Gouvernement lui accorde, pour un laps de quatre-vingt-dix-neuf années, à partir de l'époque fixée par l'article 1er ci-dessus pour l'achèvement des travaux de la ligne *de Roanne à Lyon, par Tarare*, l'autorisation de percevoir les droits de péage et les prix de transport ci-après déterminés. *(Art. 38, § 1er.)*

Concours financier de l'État [3].....

Partage des bénéfices [4].......... Les dispositions de l'article 9 du cahier des charges annexé au décret de concession du chemin de fer de *Paris à Lyon*, concernant le partage des bénéfices entre 'État et la compagnie au delà de 8 p. 0/0, déjà étendues par le décret du 20 avril 1854 aux nouvelles lignes ajoutées à la première concession, s'appliqueront également à la participation de la compagnie du chemin de fer de *Paris à Lyon* dans la Société nouvelle.

En conséquence, après le 5 janvier 1871, le partage commencera dès que les produits nets des lignes exploitées par la compagnie du chemin de *Paris à Lyon*, y compris sa participation dans la Société nouvelle, excéderont 8 p. 0/0 du capital total employé par elle à l'établissement de ces lignes.

[1] Cet article se trouve modifié en vertu des articles 3 et 4 de la loi du 14 juillet 1855, ainsi conçus :
« Art. 3. A dater du 1er août 1855, le dixième dû au Trésor public sur le prix des places des voyageurs transportés par les chemins de fer sera calculé sur le prix total des places.
Il sera, en outre, perçu au profit du Trésor public un dixième du prix payé aux compagnies de chemins de fer pour le transport à grande vitesse des marchandises et objets de toute nature.
Les tarifs des compagnies seront accrus du montant des taxes nouvelles résultant du présent article.
Art. 4. A partir de la même époque, la loi du 8 juillet 1838 sera et demeurera abrogée.
[2] Le texte de la 2e section, 3e §, pour les variations dans la durée des concessions.
[3] Le cahier des charges qui a été pris pour type dans ce travail ne contient pas de disposition de ce genre, l'État n'ayant accordé aucun concours financier dans la concession à laquelle il s'applique. Il a paru d'ailleurs superflu de donner un texte pris dans un autre cahier des charges; les faits relatifs au concours de l'État dans l'exécution des chemins de fer sont exposé au 3 § de la 2e section.
[4] Les lignes auxquelles cette clause est appliquée sont mentionnées page LIII.

Les dispositions des actes de concession du chemin de fer *Grand-Central de France*, relatives au partage des bénéfices au delà de 8 p. o/o du capital dépensé par la compagnie, après l'ouverture de toutes les lignes concédées, sont également étendues à sa participation dans la Société nouvelle. En conséquence, le capital de la compagnie comprendra la part lui incombant dans la Société nouvelle, et le produit net comprendra sa participation dans les bénéfices de ladite Société. *(Art. 65.)*

Rachat facultatif par l'État.......

A toute époque, après l'expiration des quinze premières années à dater du délai fixé par l'article 1er ci-dessus, le Gouvernement aura la faculté de racheter la concession entière du chemin de fer. Pour régler le prix du rachat, on relèvera les produits nets annuels obtenus par la Société pendant les sept années qui auront précédé celle où le rachat sera effectué : on en déduira les produits nets des deux plus faibles années, et l'on établira le produit net moyen des cinq autres années.

Ce produit net moyen formera le montant d'une annuité qui sera due et payée à la Société pendant chacune des années restant à courir sur la durée de la concession.

Dans aucun cas, le montant de l'annuité ne sera inférieur au produit net de la dernière des sept années prises pour terme de comparaison.

La Société recevra, en outre, dans les trois mois qui suivront le rachat, les remboursements auxquels elle aurait droit à l'expiration de la concession, selon l'art. 51 ci-après. *(Art. 51.)*

Mesures à prendre à l'expiration de la concession.

A l'époque fixée pour l'expiration de la présente concession, et par le fait seul de cette expiration, le Gouvernement sera subrogé à tous les droits de la Société dans la propriété des terrains et des ouvrages désignés au plan cadastral mentionné dans l'article 29.

Il entrera immédiatement en jouissance du chemin de fer, de toutes ses dépendances et de tous ses produits.

La Société sera tenue de remettre en bon état d'entretien le chemin de fer, les ouvrages qui le composent et ses dépendances, telles que gares, lieux de chargement et de déchargement, établissements aux points de départ et d'arrivée, maisons de gardes et de surveillants, bureaux de perception, machines fixes, et en général tous autres objets immobiliers qui n'auront pas pour destination distincte et spéciale le service des transports.

Dans les cinq dernières années qui précéderont le terme de la concession, le Gouvernement aura le droit de saisir les revenus du chemin de fer, et de les employer à rétablir en bon état le chemin et toutes ses dépendances, si la Société ne se mettait pas en mesure de satisfaire pleinement et entièrement à cette obligation.

Quant aux objets mobiliers, tels que machines locomotives, waggons, chariots, voitures, matériaux, combustibles et approvisionnements de tous genres, et objets immobiliers non compris dans l'énumération précédente, l'État sera tenu de les prendre à dire d'experts, si la Société le requiert; et, réciproquement, si l'État le requiert, la Société sera tenue de les céder, également à dire d'experts.

Toutefois, l'État ne sera tenu de reprendre que les approvisionnements nécessaires à l'exploitation du chemin pendant six mois. *(Art. 52.)*

Réserves pour la concession de lignes de fer en embranchement ou prolongement [1].

Le Gouvernement se réserve expressément le droit d'accorder de nouvelles concessions de chemins de fer s'embranchant sur le chemin qui fait l'objet du présent cahier des charges, ou qui seraient établis en prolongement du même chemin.

La Société ne pourra mettre aucun obstacle à ces embranchements, ni réclamer,

[1] Aucune réserve dans les cahiers des charges antérieurs à 1837. Voir, pour les rédactions successivement adoptées :
Le cahier des charges de Bordeaux à la Teste (décembre 1837);
Celui de Strasbourg à Bâle (mars 1838);
Celui de Marseille à Avignon (juillet 1843);
Celui de Paris à Sceaux (septembre 1844).

à l'occasion de leur établissement, aucune indemnité quelconque, pourvu qu'il n'en résulte aucun obstacle à la circulation, ni aucuns frais particuliers pour la Société.

Les compagnies concessionnaires de chemins de fer d'embranchement ou de prolongement auront la faculté, moyennant les tarifs ci-dessus déterminés, et l'observation des règlements de police et de service établis ou à établir, de faire circuler leurs voitures, waggons et machines sur les chemins de fer qui font l'objet de la présente concession, pour lesquels cette faculté sera réciproque à l'égard desdits embranchements et prolongements.

Dans le cas où les diverses compagnies ne pourraient s'entendre entre elles sur l'exercice de cette faculté, le Gouvernement statuerait sur les difficultés qui s'élèveraient entre elles à cet égard.

Dans le cas où une compagnie d'embranchement ou de prolongement joignant les lignes qui font l'objet de la présente concession n'userait pas de la faculté de circuler sur ces lignes, comme aussi dans celui où la Société concessionnaire de ces dernières lignes ne voudrait pas circuler sur les prolongements et embranchements, les compagnies seraient tenues de s'arranger entre elles, de manière que le service de transport ne soit jamais interrompu aux points extrêmes des diverses lignes.

Celle des compagnies qui sera dans le cas de se servir d'un matériel qui ne serait pas sa propriété payera une indemnité en rapport avec l'usage et la détérioration de ce matériel. Dans le cas où les compagnies ne se mettraient pas d'accord sur la quotité de l'indemnité ou sur les moyens d'assurer la continuation du service sur toute la ligne, le Gouvernement y pourvoirait d'office et prescrirait toutes les mesures nécessaires.

La Société pourra être assujettie, par les décrets qui seront ultérieurement rendus pour l'exploitation de chemins de fer de prolongement ou d'embranchement joignant celui qui lui est concédé, à accorder aux compagnies de ces chemins une réduction de péage ainsi calculée :

1° Si le prolongement ou l'embranchement n'a pas plus de 100 kilomètres, dix pour cent (10 p. 0/0) du prix perçu par la Société :

2° Si le prolongement ou l'embranchement excède 100 kilomètres, quinze pour cent (15 p. 0/0) ;

3° Si le prolongement ou l'embranchement excède 200 kilomètres, vingt pour cent (20 p. 0/0) ;

4° Si le prolongement ou l'embranchement excède 300 kilomètres, vingt-cinq pour cent (25 p. 0/0). *(Art. 55.)*

Réserves pour la construction de routes, canaux ou chemins de fer.

Dans le cas où le Gouvernement ordonnerait ou autoriserait la construction de routes impériales, départementales ou vicinales, de canaux ou de chemins de fer qui traverseraient le chemin de fer qui fait l'objet de la présente concession, la Société ne pourra mettre aucun obstacle à ces traversées; mais toutes dispositions seront prises pour qu'il n'en résulte aucun obstacle à la construction ou au service du chemin de fer, ni aucuns frais pour la Société. *(Art. 53.)*

Toute exécution ou toute autorisation ultérieure de route, de canal, de chemin de fer, de travaux de navigation, dans la contrée où est situé le chemin de fer concédé en vertu du présent cahier des charges, ou dans toute autre contrée voisine ou éloignée, ne pourra donner ouverture à aucune indemnité au profit de la Société. *(Art. 54.)*

Dispositions relatives au personnel de la compagnie [1].

Les agents et gardes que la Société établira, soit pour opérer la perception des droits, soit pour la surveillance et la police du chemin de fer et des ouvrages qui en dépendent, pourront être assermentés, et seront, dans ce cas, assimilés aux gardes champêtres. *(Art. 57.)*

[1] Disposition introduite dans les cahiers des charges à partir de 1851, en ce qui concerne le § 2 relatif aux anciens militaires.

Un règlement d'administration publique désignera, la Société entendue, les emplois dont la moitié devra être réservée aux anciens militaires de l'armée de terre et de mer libérés du service. *(Art. 58.)*

Extension des clauses de la concession aux concessions antérieures[1].

Le tarif porté à l'article 38 du présent cahier des charges, les dispositions dudit article 38, relatif à l'abaissement du tarif des grains dans le cas qui y est prévu, ainsi que celles des articles 42, 43, 46, 48, 49, 50 et 59, seront applicables aux sections de Juvisy à Corbeil et de Nevers à Roanne, cédées à la Société par la compagnie du chemin de fer de Paris à Orléans.

Les dispositions du tarif porté à l'article 38, relatif aux objets tarifés par pièce et par kilomètre, et celles des articles 42, 43, 48, 49, 50 et 59, seront également applicables à la section de Roanne à Lyon, par Saint-Étienne, cédée à la Société par la compagnie du chemin de fer Grand-Central de France.

La durée de la concession fixée par l'article 38 ci-dessus est applicable aux sections de Juvisy à Corbeil, de Nevers à Roanne et de Roanne à Lyon, par Saint-Étienne. (Art. 64.)

Dispositions relatives à la constitution de la compagnie.

La Société devra faire élection de domicile à *Paris*.

Dans le cas de non-élection de domicile, toute notification ou signification à elle adressée sera valable lorsqu'elle sera faite au secrétariat général de la préfecture *de la Seine. (Art. 60.)*

La Société *formée entre les trois compagnies* est autorisée à réunir, par émission d'obligations, le capital nécessaire à l'exécution des chemins de fer qui lui sont concédés.

L'émission de ces obligations ne pourra être faite qu'en vertu d'une autorisation du ministre de l'agriculture, du commerce et des travaux publics, qui en déterminera l'époque, le mode et la forme, et qui fixera les époques et les quotités des versements successifs jusqu'à complète libération.

La Société aura la faculté de verser en compte courant au Trésor les sommes provenant des appels de fonds sur les obligations; les intérêts de ce compte courant seront réglés tous les six mois, au taux de 4 p. o/o par an.

Les fonds versés au Trésor seront toujours à la disposition de la Société pour l'exécution des travaux, mais ils ne pourront être retirés qu'avec l'autorisation du ministre de l'agriculture, du commerce et des travaux publics. *(Art. 2.)*

Dispositions diverses...........

Les contestations qui s'élèveraient entre la Société et l'Administration, au sujet de l'exécution ou de l'interprétation des clauses du présent cahier des charges, seront jugées administrativement par le conseil de préfecture du département *de la Seine*, sauf recours au Conseil d'État. *(Art. 61.)*

Les conventions à passer par le ministre de l'agriculture, du commerce et des travaux publics, en exécution du présent acte, devront être réglées par des décrets de l'Empereur. *(Art. 62.)*

Le présent cahier des charges et les conventions et actes qui y sont annexés ne seront passibles que du droit fixe d'un franc. *(Art. 63.)*

[1] Bien que cet article soit spécial, il donne une idée des dispositions de l'Administration à étendre aux concessions antérieures les clauses introduites dans les cahiers des charges les plus récents.

TABLEAUX STATISTIQUES.

PREMIÈRE SÉRIE.

RELEVÉS SUCCESSIFS.

TABLEAU N° 1.

RELEVÉ CHRONOLOGIQUE

DES CHEMINS DE FER CONCÉDÉS OU ENTREPRIS PAR L'ÉTAT

ANTÉRIEUREMENT À LA CONCESSION.

DATES DES DÉCISIONS. — LONGUEURS. — 1823 À 1855 (30 JUIN).

RÉSUMÉ.

…ATION des …NNÉES.	SITUATION, AU 31 DÉCEMBRE DE CHAQUE ANNÉE. DES CONCESSIONS.			DES LIGNES ENTREPRISES PAR L'ÉTAT antérieurement à la concession.			DU RÉSEAU ENTIER.			OBSERVATIONS.
	Accroissement dans l'année.	Diminution dans l'année pour concessions abandonnées ou rachetées.	Situation au 31 décembre.	Accroissement dans l'année.	Diminution dans l'année par suite de concessions.	Situation au 31 décembre.	Accroissement dans l'année.	Diminution dans l'année.	Situation au 31 décembre. (A)	
1	2	3	4	5	6	7	8	9	10	11
	kil.	kil.	kil.	kil.	kil.	kil.	kil.	kil.	kil.	
…	18	″	18	″	″	″	18	″	18	
…	57	″	75	″	″	″	57	″	75	
…	67	″	142	″	″	″	67	″	142	
…	50	50	142	″	″	″	50	50	142	
…	72	″	214	″	″	″	72	″	214	
…	34	″	248	″	″	″	34	″	248	
…	44	″	292	″	″	″	44	″	292	
…	110	″	402	″	″	″	110	″	402	
…	624	″	1,026	″	″	″	624	″	1,026	
…	″	454	572	″	″	″	″	454	572	
…	233	″	805	79	″	79	312	″	884	
…	1	″	806	″	″	79	1	″	885	
…	92	″	898	2,018	″	2,097	2,110	″	2,995	
…	137	″	1,035	″	120	1,977	17	″	3,012	
…	880	″	1,915	698	626	2,049	952	″	3,964	
…	2,174	″	4,089	″	1,691	358	483	″	4,447	
…	859	″	4,948	302	″	660	1,161	″	(a) 5,608	
…	″	906	4,042	″	″	660	″	906	4,702	
…	11	512	3,541	526	11	1,175	14	″	4,716	
…	″	″	3,541	″	″	1,175	″	″	4,716	
…	″	″	3,541	″	″	1,175	″	″	4,716	
…	377	″	3,918	234	358	1,051	253	″	4,969	
…	2,982	″	6,900	″	1,037	14	1,945	″	6,914	
…	1,960	″	8,860	″	14	″	1,946	″	8,860	
…	353	″	9,213	″	″	″	353	″	9,213	
… (à 30 juin).	2,283	″	11,496	″	″	″	2,283	″	(c) 11,496	
	13,418	1,922		3,857	3,857		12,906	1,410		
	Différence : 11,496			Différence : 0.			Différence : 11,496			

(A) Les longueurs attribuées aux lignes concédées, mais non exécutées, ne pouvant pas être arrêtées définitivement, les totaux de la colonne 10, principalement pour les dernières années, ne doivent être considérés que comme approximatifs.

(a) Non compris 1,137 kilomètres pour les lignes dont la concession était autorisée mais non encore réalisée au 31 décembre 1846, savoir :

1° Paris à Cherbourg	317k
2° Serquigny à Rouen	56
3° Le Mans à Caen	139
4° Chartres à Alençon	137
5° Saint-Dizier à Gray	158
6° Dijon à Mulhouse	231
7° Auxonne à Gray	35
8° Dôle à Salins	39
9° Rognac à Aix	25
	1,137

Ce qui portait le total des lignes classées à 6,745 kilomètres.

(c) Y compris 289 kilomètres dont l'exécution est subordonnée à la réalisation de subventions locales. — Sections d'Argentan à Granville et à la ligne de Chartres (Compagnie de l'Ouest).

Relevé chronologique des chemins de fer concédés ou entrepris par l'État antérieurement à la concession.

ANNÉES.	NUMÉROS D'ORDRE.	DATE ET NATURE DES DÉCISIONS.	DÉSIGNATION DES LIGNES.	DÉSIGNATION DES COMPAGNIES CONCESSIONNAIRES.	LONGUEURS partielles. (*)	ACCROISSEMENT du réseau pendant l'année.	LONGUEURS CONCÉDÉES AU 31 DÉCEMBRE: entreprises par l'État antérieurement à la concession.	concédées définitivement.	ensemble ou longueur du réseau.
1	2	3	4	5	6	7	8	9	10
					kil.	kil.	kil.	kil.	kil.
1823.	1	Ord. du 26 février.	Saint-Étienne à Andrezieux	Saint-Étienne à la Loire	18	18	″	18	18
1826.	2	Ord. du 7 juin	Saint-Étienne à Lyon	Saint-Étienne à Lyon	57	57	″	75	75
1828.	3	Ord. du 27 août	Andrezieux à Roanne	La Loire	67	67	″	142	142
1831.	4	Ord. du 21 août	Toulouse à Montauban	Toulouse à Montauban 50k (a)	″	″	″	142	142
1833.	5	Loi du 29 juin	Alais à Beaucaire	Alais à Beaucaire	72	72	″	214	214
1835.	6	Loi du 9 juillet	Paris à Saint-Germain	Paris à Saint-Germain	19	34	″	248	248
	7	Ord. du 24 octobre	Abscon à Denain	Mines d'Anzin	6				
	8	*Idem*	Saint-Waast à Denain	*Idem*	9				
1836.	9	Ord. du 12 mai	Alais à la Grand'Combe	Alais à la Grand'Combe	17	44	″	292	292
	10	Loi du 9 juillet	Montpellier à Cette	Montpellier à Cette	27				
1837.	11	Ord. du 24 mai	Asnières à Versailles (r. d.)	Paris à Versailles (r. d.)	19	110	″	402	402
	12	*Idem*	Paris à Versailles (r. g.)	Paris à Versailles (r. g.)	17				
	13	Loi du 17 juillet	Mulhouse à Thann	Mulhouse à Thann	21				
	14	Ord. du 15 déc.	Bordeaux à la Teste	Bordeaux à la Teste	53				
1838.	15	Loi du 6 mars	Strasbourg à Bâle	Strasbourg à Bâle	139	624	″	1,026	1,026
	16	Loi du 6 juillet	Paris au Havre et embts sur Elbeuf et Louviers	Paris à la mer	240				
	17	Loi du 7 juillet	Paris à Orléans et embts sur Corbeil, Pithiviers et Arpajon	Paris à Orléans et embts	100				
	18	Loi du 9 juillet	Lille à Dunkerque	Lille à Dunkerque	85				
1839.	19	Loi du 26 juillet	Résiliation de la concession du chemin de Lille à Dunkerque (n° 18) 85k		″	(b) ″	″	572	572
	20	Loi du 1er août	Résiliation de la concession du chemin de Paris à la mer (n° 16) 240k		″				
	21	Loi du 1er août	Réduction de la concess. du ch. de Paris à Orléans et embts à la ligne de Paris à Orléans (n° 17) 129k		″				
1840.	22	Loi du 15 juillet	Juvisy à Orléans	Paris à Orléans et Corbeil	102	312	79	805	884
	23	*Idem*	Colombes à Rouen	Paris à Rouen	131				
	24	*Idem*	Montpellier à Nîmes	Néant (l'État antérieurem' à la concess.)	52				
	25	*Idem*	Lille et Valenciennes à la frontière belge	*Idem*	27				
1841.	26	Ord. du 31 janvier	Saint-Waast à Anzin	Mines d'Anzin	1	1	79	806	885
1842.	27	Loi du 11 juin	Rouen au Havre	Rouen au Havre	92	2,110	2,097	808	2,905
	28	*Idem*	Paris à Lille et Valenciennes	Néant (l'État antérieurem' à la concess.)	310				
	29	*Idem*	Paris à Strasbourg	*Idem*	502				
	30	*Idem*	Paris à Lyon	*Idem*	512				
	31	*Idem*	Avignon à Marseille	*Idem*	120				
	32	*Idem*	Orléans à Bordeaux	*Idem*	461				
	33	*Idem*	Orléans à Vierzon et Bourges	*Idem*	113				
1843.	34	Ord. du 2 avril	Montrambert à Saint-Étienne	Saint-Étienne à Lyon	8	17	1,977	1,035	3,012
	35	Loi du 24 juillet	Avignon à Marseille	Avignon à Marseille { Avignon à Marseille (reprise) / Embt de Beaucaire et de la Joliette	-120 (c) / 9				
1844.	36	Loi du 20 juillet	Tours à Nantes	Néant (l'État antérieurem' à la concess.)	195	952	2,049	1,915	3,064
	37	*Idem*	Versailles à Rennes	*Idem*	338				
	38	*Idem*	Lille à Calais et Dunkerque	*Idem*	145				
	39	Ord. du 6 sept.	Paris à Sceaux	Paris à Sceaux	11				
	40	Ord. du 24 octobre	Amiens à Boulogne	Amiens à Boulogne	123				
	41	*Idem*	Orléans à Châteauroux et au bec d'Allier	Centre { Orléans à Vierzon et Bourges (reprise) / Bourges au bec d'Allier et Vierzon à Châteauroux	-113 (d) / 118				
	42	*Idem*	Orléans à Bordeaux	Orléans à Bordeaux (reprise)	-461 (e)				
	43	Ord. du 1er novemb.	Montpellier à Nîmes	Montpellier à Nîmes (reprise)	-52 (f)				
	44	Ord. du 2 novemb.	Ligne atmosphérique	Paris à Saint-Germain	2				

OBSERVATIONS (11) — partly hidden by the binding:

(*) Les longueurs portées en petits caractères [illegible] faisant double emploi [illegible] les totaux portés aux colonnes [illegible] 10. Elles [illegible] longueurs des [illegible] colonne 8 à [illegible] quement.

(a) Concession [illegible]

(b) 636 kilom. [illegible] des lignes concédées.

(c) Les 120 kil. [illegible] doivent être ajoutés [illegible] sions et retranchés [illegible] entreprises par l'État.

(d) Les 113 kilom. d'Orléans et Bourges doivent [illegible] cessions, et retranchés [illegible] entreprises par l'État.

(e) Les 461 kil. [illegible] doivent être ajoutés [illegible] sions et retranchés [illegible] entreprises par l'État.

(f) Les 52 kil. [illegible] doivent être ajoutés [illegible] sions et retranchés [illegible] entreprises par l'État.

Relevé chronologique des chemins de fer concédés ou entrepris par l'État antérieurement à la concession.

ANNÉES.	NUMÉROS D'ORDRE.	DATE ET NATURE DES DÉCISIONS.	DÉSIGNATION DES LIGNES.	DÉSIGNATION DES COMPAGNIES CONCESSIONNAIRES.	LONGUEURS partielles.	ACCROISSEMENT du réseau pendant l'année.	entreprises par l'État antérieurement à la concession.	concédées définitivement.	ensemble ou longueur du réseau.
1	2	3	4	5	6	7	8	9	10
					kil.	kil.	kil.	kil.	kil.
		Ord. du 25 janvier	Montereau à Troyes	Montereau à Troyes	100	483	338	4,089	4,447
		Ord. du 3 mars	Vireux à la frontière	Entre Sambre et Meuse (Cie Belge)	2				
		Ord. du 10 sept.	Paris à la frontière belge et embranchts	Nord. (Reprise.)	(a) -482				
		Idem	Fampoux à Hazebrouck	Fampoux à Hazebrouck	54				
		Ord. du 18 sept.	Malaunay à Dieppe et Fécamp	Dieppe et Fécamp	71				
		Ord. du 27 nov.	Paris à Strasbourg et embranchements	Paris à Strasbourg { Paris à Strasbourg. (Reprise.) / Embt de Metz et de Reims	(b) -502 / 152				
		Idem	Tours à Nantes	Tours à Nantes { Tours à Nantes. (Reprise.) / Voies des quais	(c) -195 / 2				
		Ord. du 21 déc.	Paris à Lyon	Paris à Lyon. (Reprise.)	(d) -512				
		Ord. du 29 déc.	Creil à Saint-Quentin	Creil à Saint-Quentin	102	1,161	600	4,048	5,608
		Ord. du 10 janvier	Asnières à Argenteuil	Asnières à Argenteuil	4				
		Ord. du 11 juin	Lyon à Avignon et Grenoble	Lyon à Avignon	333				
		Loi du 21 juin	Châteauroux à Limoges; du bec d'Allier à Clermont et embranchement de Nevers	Néant (l'État antérieurem' à la concession) { Du bec d'Allier à Clermont et de Châteauroux à Limoges / Embranchement de Nevers	291 / 11				
		Idem	Bordeaux à Cette	Bordeaux à Cette	470				
		Ord. du 1er juillet	Embranchement de Castres [illegible]	*Idem*	50				
		Ord. du 8 octobre	Abscon à Somain	Mines d'Anzin	3				
		Ord. du 1er avril	Fus. de la comp. de Creil à St-Quentin dans celle du Nord	Nord	″	(n) ″	660	4,042	4,702
			Concessions abandonnées (nos 49, 50, 57 et 58), 926 kilomètres		″				
		Arrêté du 27 février	Bourg-la-Reine à Orsay	Néant (l'État antérieurem' à la concess.)	14	14	1,175	3,541	4,716
		Déc. du 17 août	Rachat par l'État du ch. de Paris à Lyon		(e) -512				
		Conv. du 9 déc.	La Guêtin à Nevers	Centre. (Reprise.)	(f) -11				
					″	″	1,175	3,541	4,716
					″	″	1,175	3,541	4,716
		Déc. du 16 juillet	Versailles à Rennes	Ouest (Fusion.) (s) { Versailles à Rennes. (Reprise.) / Raccordement de Viroflay	-316 / 2	253	1,051	3,918	4,968
		Loi du 8 août	Lyon à Avignon	Néant (l'État antérieurem' à la concess.)	234				
		Déc. du 11 déc.	Ceinture	Les cinq compagnies { de Paris à Rouen, du Nord, de l'Est, de Lyon et d'Orléans	17				
		Déc. du 5 janvier	Lyon à Avignon	Lyon à Avignon. (Reprise.)	(j) -234	1,045	14	6,900	6,914
		Déc. du 5 janvier	Paris à Lyon	Paris à Lyon. (Reprise.)	(k) -512				
		Déc. du 12 février	Dijon à Besançon et embranchement	Dijon à Besançon	(l) 125				
		Idem	Dôle à Salins	Salins de l'Est	39				
		Déc. du 19 février	St-Quentin à Erquelines, La Fère à Reims, etc.	Nord. (Fusion.) (m)	(n) 205				
		Déc. du 25 février	Strasbourg à Wissembourg	Strasbourg à Bâle	59				
		Déc. du 25 mars	Metz à Thionville	Paris à Strasbourg	30				
		Déc. du 26 mars	Blesme à Gray	Blesme à Gray	175				
		Déc. du 27 mars	Graissessac à Béziers	Graissessac à Béziers	53				
		Idem	La Guêtin à Clermont et Roanne, etc.	Paris à Orléans (Fusion.) (o) { Bec d'Allier à Clermont, Châteauroux à Limoges / Saint-Germain à Roanne, Poitiers à la Rochelle, etc.	(p) -291 / (q) 291				
		Loi du 8 juillet	Marseille à Toulon, Rognac à Aix	Lyon à la Méditerranée. (Fusion.) (r)	(s) 93				
		Idem	Mézidon au Mans	Ouest	139				
		Idem	Mantes à Caen et Cherbourg	Paris à Caen et Cherbourg	317				
		Déc. du 25 juillet	Provins aux Ormes	Provins aux Ormes	12				
		Déc. du 15 août	Les Batignolles à Auteuil	Paris à Saint-Germain	7				
		Déc. du 24 août	Bordeaux à Cette	Midi	470				

OBSERVATIONS (11)

(a) Les 482 kilom. de Paris à la frontière belge et embranchements doivent être ajoutés au total des concessions et retranchés du total des lignes entreprises par l'État.

(b) Les 502 kilom. de Paris à Strasbourg doivent être ajoutés au total des concessions et retranchés du total des lignes entreprises par l'État.

(c) Les 195 kilom. de Tours à Nantes doivent être ajoutés au total des concessions et retranchés du total des lignes entreprises par l'État.

(d) Les 512 kilom. de Paris à Lyon doivent être ajoutés au total des concessions et retranchés du total des lignes entreprises par l'État.

(e) 926 kilom. à retrancher du total des lignes concédées et de l'ensemble du réseau.

(f) 512 kilom. de Paris à Lyon à retrancher du total des concessions et à ajouter au total des lignes entreprises par l'État.

(g) 11 kilom. de Guêtin à Nevers, à ajouter au total des concessions et à retrancher du total des lignes entreprises par l'État.

(h) Fusion dans la compagnie de l'Ouest des compagnies :
1° De Paris à Versailles (r. d.);
2° De Paris à Versailles (r. g.).

(i) 316 kilom. de Versailles à Rennes doivent être retranchés du total des lignes entreprises par l'État et ajoutés au total des concessions.

(j) 234 kilomètres de Lyon à Avignon doivent être retranchés du total des lignes entreprises par l'État, et ajoutés au total des concessions.

(k) 512 kilom. de Paris à Lyon doivent être déduits du total des lignes entreprises par l'État et ajoutés au total des concessions.

(l) Dijon à Besançon ... 90k
Embranchᵗ d'Auxonne ... 35
Total: 125

(m) Fusion dans la compagnie du Nord de la compagnie d'Amiens à Boulogne.

(n) St-Quentin à Erquelines .. 67k
Busigny au Cateau ... 38
La Fère à Reims ... 90
Total: 205

(o) Fusion dans la compagnie d'Orléans des compagnies : 1° du Centre ; 2° d'Orléans à Bordeaux ; 3° de Tours à Nantes.

(p) 291 kilom. du bec d'Allier à Clermont et de Châteauroux à Limoges à déduire du total des lignes entreprises par l'État et à ajouter au total des concessions.

(q) Saint-Germain-des-Fossés à Roanne ... 65k
Poitiers à la Rochelle et Rochefort ... 156
Total: 221

(r) Fusion dans la compagnie de Lyon à la Méditerranée des compagnies : 1° des chemins du Gard ; 2° de Montpellier à Cette ; 3° de Marseille à Avignon ; 4° de Montpellier à Nîmes.

(s) Marseille à Toulon ... 68k
Rognac à Aix ... 25
Total: 93

Relevé chronologique des chemins de fer concédés ou entrepris par l'État antérieurement à la conces

ANNÉES.	NUMÉROS D'ORDRE.	DATE ET NATURE DES DÉCISIONS.	DÉSIGNATION DES LIGNES.	DÉSIGNATION DES COMPAGNIES CONCESSIONNAIRES.	LONGUEURS partielles.	ACCROISSEMENT du réseau(s) pendant l'année.	LONGUEURS CUMULÉES au 31 décembre : entreprises par l'État antérieurement à la concession.	concédées définitivement.	ensemble ou longueur du réseau.
1	2	3	4	5	6	7	8	9	10
					kil.	kil.	kil.	kil.	kil.
1853.	84	Déc. du 24 mars..	Embranchts de Bayonne et de Perpignan.	Midi	(A) 252	1,946	"	8,860	8,860
	85	Déc. du 21 avril...	Clermont à Lempdes	Grand-Central	(B) 314				
	86	Déc. du 30 avril...	Lyon à Genève et embranchements	Lyon à Genève	(C) 214				
	87	*Idem*	Bourg-la-Reine à Orsay	Paris à Orsay. (Reprise.)	-14 (D)				
	88	Déc. du 7 mai	Saint-Rambert à Grenoble	Saint-Rambert à Grenoble	98				
	89	Déc. du 17 mai	Reconstruction des lignes nos 1, 2 et 3.	Rhône et Loire. (Fusion.) (E)	"				
	90	Déc. du 20 juillet..	Reims à Mézières et Sedan, Creil à Beauv.	Ardennes et Oise	(F) 143				
	91	Déc. du 13 août...	Paris à Creil, déviation de Cambrai	Nord	(G) 51				
	92	Déc. du 17 août...	Tours au Mans, Nantes à Saint-Nazaire.	Paris à Orléans	(H) 146				
	93	*Idem*	Besançon à Belfort	Dijon à Besançon	90				
	94	*Idem*	Embranchement d'Auxerre	Paris à Lyon	20				
	95	*Idem*	Paris à Mulhouse, etc	Paris à Strasbourg. (Fusion.) (I)	(J) 618				
	96	Déc. du 1er sept...	Fusion dans la comp. du Midi de la comp. de la Teste.	Midi	"				
	97	Déc. du 26 déc...	Fusion dans le G.-Central de la comp. de Rh. et Loire.	Grand-Central	"				
1854.	98	Déc. du 4 mars...	Carmaux à Alby	Carmaux à Alby	18	353	"	9,213	9,213
	99	Déc. du 20 avril...	Strasbourg à Kehl	Est. (Fusion.) (K)	6				
	100	*Idem*	Chalon et Bourg à Dôle	Paris à Lyon. (Fusion.) (L)	176				
	101	Déc. du 7 juin....	Bességes à Alais	Bességes à Alais	30				
	102	Déc. du 19 août...	Hautmont à la frontière belge	Hautmont à la frontière	8				
	103	*Idem*	Agde à Pézénas et prolongement	Midi	25				
	104	Déc. du 17 oct....	Noyelles à Saint-Valery	Nord	5				
	105	*Idem*	Montluçon à Moulins et embt sur Bézénet.	Montluçon à Moulins	85				
1855 (du 1er janv. au 30 juin)	106	Déc. du 7 avril (O).	Lisieux à Honfleur ... 36 Serquigny à Rouen ... 56 Argentan à Granville ... 152 ——— à la ligne de Chartres (M) ... 137 Le Mans à Angers ... 105 Rennes à Brest ... 249 Rennes à Saint-Malo ... 74 Rennes à Redon ... 72	Ouest. (Fusion.) (N)	(O) 881	(O) 2,283	"	11,496	(S) 11,496
	107	Déc. du 7 avril (P).	Saint-Étienne à Lempdes ... 173 Lempdes au Lot et à Périgueux ... 331 Limoges à Périgueux ... 101 Périgueux à Agen ... 135 Marcillac à Rodez ... 24	Grand-Central	764				
	108	Déc. du 7 avril (Q).	Paris à Lyon par le Bourbonnais. { Corbeil à Nevers ... 218 Moret à Montargis ... 51 Roanne à Lyon ... 75 Embranchement de Vichy .. 9	Les trois compagnies du Grand-Central, de Paris à Lyon et de Paris à Orléans.	353				
	109	Déc. du 20 juin (R).	Savenay à Redon ... 50 Redon à Quimper et Châteaulin ... 199 Embranchement sur Napoléonville ... 36	Paris à Orléans	285				

(s) Non compris les chemins exclusivement industriels dont le tableau suivant donne la situation successive.

ANNÉES.	NUMÉROS D'ORDRE.	DATE ET NATURE des DÉCISIONS.	DÉSIGNATION DES LIGNES.	LONGUEURS partielles.	par année.	au 31 décembre.
1830.	1	Ord. du 7 avril....	Épinac au canal de Bourgogne	29	29	29
1834.	2	Ord. du 16 octobre.	Long-Rocher au canal du Loing	3	3	32
1835.	3	Ord. du 14 sept...	Montbrison à Montrond	16	16	48
1836.	4	Ord. du 6 juin....	Villers-Cotterets au port aux Perches	9	9	57
1837.	5	Ord. du 26 déc....	Le Creuzot au canal du Centre	10	10	67
1841.	6	Ord. du 12 sept...	Decize au canal du Nivernais	7	7	74
1844.	7	Ord. du 16 février.	Commentry au canal du Berry	16	16	90
1848.	8	....	Concession abandonnée (no 3) ... *16 kil.*	"	"	74
1850.	9	Déc. du 8 octobre..	Mines d'Aniche à Somain	2	2	76
1853.	10	Déc. du 27 juillet..	Mines du Sorbier au chemin de Saint-Étienne	3	3	79
1854.	11	Déc. du 28 octobre.	Usine de Bourdon au Grand-Central	4	5	84
	12	Déc. du 24 nov...	Mines de Montieux à la Loire	1		
1855. (au 30 juin)	13	Déc. du 14 mars...	Prolongements du chemin de Commentry (no 7)	2	5	89
	14	Déc. du 24 mars...	Gare de Saint-Ouen au chemin de Ceinture	3		

OBSERVATIONS.

11

(A) Lamothe à Bayonne et de-Marsan ......
Narbonne à Perpignan..

(B) Clermont à Lempdes..
Coutras à Périgueux..
Montauban au Lot et

(C) Lyon à la frontière sui
Ambérieux à Mâcon...

(D) Les 14 kilomètres de Reine à Orsay doivent être total des lignes entreprises ajoutés au total des concessi

(E) Fusion dans la compag et Loire des compagnies : 1º Étienne à Andrézieux ; 2º de à Lyon ; 3º d'Andrezieux

(F) Reims à Charleville..
Mézières à Sedan.....
Creil à Beauvais......

(G) Déviation de Cambrai
Paris à Creil.......

(H) Tours au Mans.......
Nantes à Saint-Nazaire..

(I) Fusion dans la compag à Strasbourg des compagnies ... tereau à Troyes; 2º de Blu

(J) Paris à Mulhouse.....
Embranch. de Coulo
Nancy à Gray.......
Paris à Vincennes, etc.

(K) Fusion dans la compa de la compagnie de Strasbo

(L) Fusion dans la compag Lyon de la compagnie de Dijon

(M) Variante : Argentan à Caen (70 kilom.).

(N) Fusion dans la com chemins de l'Ouest des com Paris à Saint-Germain, de Paris de Rouen au Havre, de Die camp, de l'Ouest et de Paris Cherbourg.

(O) Dont 289 kilomètres à la réalisation de souscrip (sections d'Argentan à Gran la ligne de Chartres).

(P) Par suite du même d mètres sont repris par le G sur la compagnie du chemin et 150 kilomètres sont ab compagnie syndicale des trois Orléans, Lyon et Grand-Cen rence, 85 kilomètres à retran semble des concessions faites Central.

(Q) Par suite du même décret lomètres sont ajoutés aux faites à la compagnie syndi 178 kilomètres repris sur la d'Orléans et 150 kilomètres compagnie du Grand-Central.

(R) Par suite du même d lomètres sont distraits de la Paris à Orléans pour être r voir : 178 kilomètres sur la syndicale des trois chemins, Lyon et Grand-Central (Juvisy et Nevers à Roanne) et 65 k la compagnie du Grand-Cen Germain-des-Fossés à Cl

TABLEAU N° 2.

PARTIE DU RÉSEAU LIVRÉE A L'EXPLOITATION.

RELEVÉ CHRONOLOGIQUE DES OUVERTURES.

DATES. — LONGUEURS. — 1828 A 1855 (30 JUIN).

RÉSUMÉ.

…GNATION ANNÉES.	LONGUEUR EXPLOITÉE							LONGUEUR MOYENNE exploitée pendant l'année entière. (A)	OBSERVATIONS.
	PAR ANNÉE				TOTALE AU 31 DÉCEMBRE				
	par l'État. Accroissement.	par l'État. Diminution par suite de concessions.	par les compagnies.	par l'État et les compagnies.	par l'État.	par les compagnies.	par l'État et les compagnies.		
1	2	3	4	5	6	7	8	9	10
	kil.	kil.	kil.	kil.	kil.	kil.	kil.	kil.	
....	//	//	18	18	//	18	18	5	(A) On doit faire remarquer que dans les chiffres de cette colonne il y a double emploi pour les parcours communs exploités par des compagnies différentes (notamment de Paris à Asnières et à Colombes). C'est à cette raison qu'il faut attribuer la différence en excès de la colonne 9 sur la colonne 8 (années 1844 et 1845).
....	//	//	15	15	//	33	33	23	
....	//	//	21	21	//	54	54	44	
....	//	//	21	21	//	75	75	65	
....	//	//	67	67	//	142	142	137	
....	//	//	19	19	//	161	161	150	
....	//	//	15	15	//	176	176	165	
....	//	//	67	67	//	243	243	216	
....	//	//	187	187	//	430	430	303	
....	//	//	139	139	//	569	569	517	
....	27	//	1	28	27	570	597	580	
....	//	//	230	230	27	800	827	763	
....	//	//	2	2	27	802	829	847	
....	//	27	79	52	//	881	881	901	
....	//	//	439	439	//	1,320	1,320	1,137	
....	//	//	510	510	//	1,830	1,830	1,537	
....	//	//	392	392	//	2,222	2,222	2,034	
....	338	//	301	639	338	2,523	2,861	2,508	
....	//	//	152	152	338	2,675	3,013	2,962	
....	118	73	500	545	383	3,175	3,558	3,299	
....	//	383	097	314	//	3,872	3,872	3,694	
....	//	//	191	191	//	4,063	4,063	3,978	
....	//	//	599	599	//	4,662	4,662	4,348	
(au 30 juin)....	//	//	313	313	//	4,975	4,975	//	

RELEVÉ CHRONOLOGIQUE DES OUVERTURES.

ANNÉES.	NUMÉROS D'ORDRE.	DATES.	DÉSIGNATION DES LIGNES OU SECTIONS OUVERTES.	DÉSIGNATION DES COMPAGNIES CONCESSIONNAIRES.	LONGUEURS LIVRÉES À L'EXPLOITATION par LIGNE.	par ANNÉE.	TOTAL au 31 déc. de chaque année.	LONGUEUR moyenne exploitée pendant l'année entière (y compris les parcours communs).	OBSERVATIONS.
1	2	3	4	5	6	7	8	9	10
					kil.	kil.	kil.	kil.	
1828.	1	1er octobre...	Saint-Étienne à Andrezieux..........	Saint-Étienne à la Loire............	18	18	18	5	
1830.	2	*Idem*........	Rive-de-Gier à Givors............	Saint-Étienne à Lyon............	15	15	33	23	
1832.	3	Avril........	Givors à Lyon............	*Idem*............	21	21	54	44	
1833.	4	*Idem*........	Rive-de-Gier à Saint-Étienne.........	*Idem*............	21	21	75	65	
1834.	5	Février.....	Andrezieux à Roanne............	La Loire............	67	67	142	137	
1837.	6	26 août.....	Paris au Pecq............	Paris à Saint-Germain............	19	19	161	150	
1838.	7	21 octobre...	Abscon à Saint-Waast............	Mines d'Anzin............	15	15	176	165	
1839.	8	Mars.......	Montpellier à Cette............	Montpellier à Cette............	27	67	243	216	
	9	2 août.......	Asnières à Versailles............	Paris à Versailles (rive droite)........	19				
	10	12 septembre.	Mulhouse à Thann............	Mulhouse à Thann............	21				
1840.	11	19 août.....	Alais à Beaucaire............	Mines de la Grand'Combe et ch. du Gard.	72	187	430	303	
	12	10 septembre.	Paris à Versailles............	Paris à Versailles (rive gauche)........	17				
	13	20 septembre.	Paris à Corbeil............	Paris à Orléans et Corbeil............	31				
	14	18 octobre...	Benfeld à Colmar............	Strasbourg à Bâle............	39				
	15	25 octobre...	Mulhouse à Saint-Louis............	*Idem*............	28				
1841.	16	....	Alais à la Grand'Combe et embranchts..	Mines de la Grand'Combe et ch. du Gard.	17	139	569	517	
	17	1er mai......	Kœnigshoffen à Benfeld............	Strasbourg à Bâle............	27				
	18	7 juillet.....	Bordeaux à la Teste............	Bordeaux à la Teste............	53				
	19	15 août.....	Colmar à Mulhouse............	Strasbourg à Bâle............	42				
1842.	20	....	Saint-Waast à Anzin............	Mines d'Anzin............	1	28	597	580	(1) Exploitées p[ar l'État] jusqu'en 1845.
	21	Novembre...	Lille et Valenciennes à la frontière (1)..	Néant. (L'État antérnt à la concession.).	27				
1843.	22	5 mai.......	Juvisy à Orléans............	Paris à Orléans et Corbeil............	102	230	827	763	
	23	9 mai.......	Colombes à Saint-Sever............	Paris à Rouen............	128				
1844.	24	26 mars.....	Kœnigshoffen à Strasbourg (extra-muros).	Strasbourg à Bâle............	1	2	829	847	
	25	13 juin.....	Saint-Louis à la frontière............	*Idem*............	1				
1845.	26	9 janvier....	Montpellier à Nimes............	Montpellier à Nimes............	52	52	881	901	

RELEVÉ CHRONOLOGIQUE DES OUVERTURES.

NUMÉROS D'ORDRE. 2	DATES. 3	DÉSIGNATION DES LIGNES OU SECTIONS OUVERTES. 4	DÉSIGNATION DES COMPAGNIES CONCESSIONNAIRES. 5	LONGUEURS LIVRÉES À L'EXPLOITATION par LIGNE. 6	par ANNÉE. 7	TOTAL au 31 déc. de chaque année. 8	LONGUEUR moyenne exploitée pendant l'année entière (y compris les parcours communs). 9	OBSERVATIONS. 10
				kil.	kil.	kil.	kil.	
27	Janvier	Montaud à Saint-Étienne	Saint-Étienne à Lyon	3				
28	2 avril	Orléans à Tours	Orléans à Bordeaux	115				
29	20 juin	Paris à Lille et à Valenciennes	Nord	310	439	1,320	1,137	
30	23 juin	Paris à Sceaux	Paris à Sceaux	11				
31	....	Entrée dans Strasbourg	Strasbourg à Bâle	1				
32	15 mars	Amiens à Abbeville	Amiens à Boulogne	44				
33	22 mars	Rouen (demi-traversée) au Havre	Rouen au Havre	92				
34	*Idem*	Demi-trav. de Rouen, depuis Sotteville	Paris à Rouen	3				
35	14 avril	Chemin atmosph. (Vésinet à St-Germain)	Paris à Saint-Germain	(1) 2				(1) Embranchement atmosphérique du Vésinet à la terrasse, ci ... 3k 5 A dédoire : partie abandonnée du Vésinet au Pecq ... 1 5 RESTE ... 2 0
36	20 juillet	Orléans à Vierzon et Bourges	Centre	113	510	1,830	1,537	
37	18 octobre	Saint-Chamas à Rognonas	Marseille à Avignon	67				
38	21 octobre	Creil à Compiègne	Nord	33				
39	1er novembre	Saint-Chamas au Pas-des-Lanciers	Marseille à Avignon	30				
40	15 novembre	Vierzon à Châteauroux	Centre	60				
41	21 novembre	Abbeville à Neufchâtel	Amiens à Boulogne	65				
42	15 janvier	Marseille au Pas-des-Lanciers	Marseille à Avignon	18				
43	10 avril	Montereau à Troyes	Montereau à Troyes	100				
44	17 avril	Neufchâtel à Boulogne	Amiens à Boulogne	14				
45	20 juin	Abscon à Somain	Mines d'Anzin	3	392	2,222	2,034	
46	1er août	Malaunay à Dieppe	Dieppe et Fécamp	51				
47	1er septembre	Lille à St-Pierre-lès-Cal^s et à Dunkerque	Nord	142				
48	20 décembre	Tours à Saumur	Tours à Nantes	64				
49	3 janvier	Melun à Montereau (2)	Néant. (L'État antér^nt à la concession.)	35				(2) Exploitation par la compagnie de Montereau jusqu'au 12 août suivant.
50	20 février	Compiègne à Noyon	Nord	23				
51	5 mars	Rognonas à Avignon	Marseille à Avignon	5				
52	20 mai	Bourges à Nérondes	Centre	36				
53	5 juillet	Paris à Meaux	Paris à Strasbourg	45				
54	12 juillet	Versailles à Chartres (3)	Néant. (L'État antér^nt à la concession.)	73				(3) Exploitation par l'État jusqu'en 1851.
55	1er août	Saumur à Angers	Tours à Nantes	44	639	2,861	2,508	
56	12 août	Paris à Melun et Montereau à Tonnerre (4)	Néant. (L'État antér^nt à la concession.)	162				(4) Exploité par l'État (y compris Melun à Montereau) jusqu'en 1852.
57	20 août	Saint-Pierre-lès-Calais à Calais	Nord	3				
58	26 août	Meaux à Épernay	Paris à Strasbourg	97				
59	2 septembre	Dijon à Chalon (5)	Néant. (L'État antér^nt à la concession.)	68				(5) Exploité par l'État jusqu'en 1852.
60	21 octobre	Noyon à Chauny	Nord	17				
61	10 novembre	Épernay à Châlons	Paris à Strasbourg	31				
62	1er janvier	Chauny à Tergnier-la-Fère	Nord	7				
63	23 mai	Tergnier à Saint-Quentin	*Idem*	22				
64	10 juillet	Metz à Nancy	Paris à Strasbourg	(6) 57	152	3,013	2,962	(6) Frouard à Nancy ... 9 *Idem* à Metz ... 48 TOTAL ... 57
65	5 septembre	Châlons à Vitry	*Idem*	33				
66	5 octobre	Nérondes à Nevers	Centre	33				

RELEVÉ CHRONOLOGIQUE DES OUVERTURES.

ANNÉES.	NUMÉROS D'ORDRE.	DATES.	DÉSIGNATION DES LIGNES OU SECTIONS OUVERTES.	DÉSIGNATION DES COMPAGNIES CONCESSIONNAIRES.	LONGUEURS LIVRÉES À L'EXPLOITATION par LIGNE.	par ANNÉE.	TOTAL au 31 déc. de chaque année.	LONGUEUR moyenne exploitée pendant l'année entière (y compris les parcours communs).	OBSERVATIONS
1	2	3	4	5	6	7	8	9	10
					kil.	kil.	kil.	kil.	
1851.	67	1er janvier...	Montaud à Montrambert...........	Saint-Étienne à Lyon.............	5				
	68	28 avril.....	Asnières à Argenteuil...............	Saint-Germain.....................	4				
	69	27 mai.....	Vitry à Bar-le-Duc................	Paris à Strasbourg................	49				
	70	29 mai......	Sarrebourg à Strasbourg...........	*Idem*.............................	71				
	71	22 juin.....	Tonnerre à Dijon (1)...............	Néant. (L'État antért à la concession.).	118				
	72	15 juillet....	Tours à Poitiers..................	Orléans à Bordeaux..............	101	545	3,558	3,299	(1) Exploité par l'État 1852.
	73	24 juillet...	Metz à Saint-Avold................	Paris à Strasbourg................	50				
	74	21 août.....	Angers à Nantes...................	Tours à Nantes....................	87				
	75	15 novembre.	Bar-le-Duc à Commercy...........	Paris à Strasbourg................	40				
	76	16 novembre.	Saint-Avold à Forbach............	*Idem*.............................	20				
1852.	77	19 juin.....	Commercy à Frouard..............	Paris à Strasbourg................	50				
	78	17 juillet....	Traversée du Rhône et raccordements..	Marseille à Avignon...............	6				
	79	20 juillet....	Raccordement de Viroflay...........	Ouest..............................	2				
	80	12 août.....	Nancy à Sarrebourg................	Paris à Strasbourg................	77	314	3,872	3,694	
	81	7 septembre..	Chartres à la Loupe................	Ouest..............................	36				
	82	20 septembre.	Bordeaux à Angoulême.............	Paris à Orléans....................	132				
	83	16 novembre.	Forbach à la frontière prussienne.....	Paris à Strasbourg................	4				
	84	12 décembre.	Ceinture (1re section)..............	Les 5 Cies { de Paris à Rouen, du Nord, de l'Est, de Lyon et d'Orléans..........	7				
1853.	85	15 mai......	Le Guétin à Moulins................	Paris à Orléans....................	51				
	86	18 juillet....	Poitiers à Angoulême...............	*Idem*.............................	113	191	4,063	3,978	
	87	22 août.....	Moulins à Varennes................	*Idem*.............................	27				
1854.	88	1er janvier...	Prolongement sur les quais de Nantes..	Paris à Orléans....................	2				
	89	15 février...	Blesme à Saint-Dizier..............	Est................................	17				
	90	16 février...	La Loupe à Nogent-le-Rotrou........	Ouest..............................	24				
	91	25 mars.....	Ceinture (2e section)...............	Les 5 Cies { de Paris à Rouen, du Nord, de l'Est, de Lyon et d'Orléans..........	10				
	92	2 mai.......	Les Batignolles à Auteuil...........	Paris à Saint-Germain.............	7				
	93	*Idem*........	Châteauroux à Argenton............	Paris à Orléans....................	31				
	94	1er juin.....	Nogent-le-Rotrou au Mans..........	Ouest..............................	63				
	95	5 juin......	Épernay à Reims...................	Est................................	30	599	4,662	4,348 (3)	
	96	19 juin.....	Varennes à Saint-Germain-des-Fossés..	Paris à Orléans....................	13				
	97	29 juin.....	Avignon à Valence..................	Lyon à la Méditerranée............	126				
	98	10 juillet....	Chalon à Vaise.....................	Paris à Lyon.......................	125				
	99	24 juillet....	Vireux à la frontière belge (2)........	Entre Sambre et Meuse (compie belge).	2				(2) Exploitation belge.
	100	29 juillet....	Bourg-la-Reine à Orsay............	Paris à Orsay......................	14				
	101	16 septembre.	Metz à Thionville..................	Est................................	30				
	102	12 novembre.	Lamothe à Dax.....................	Midi...............................	105				
1855 (au 30 juin).	103	26 mars.....	Dax à Bayonne.....................	Midi...............................	50				
	104	16 avril.....	Lyon à Valence.....................	Lyon à la Méditerranée............	108				
	105	7 mai.......	Saint-Germain-des-Fossés à Clermont..	Grand-Central......................	65	313	4,975	"	
	106	31 mai......	Bordeaux à Langon.................	Midi...............................	43				
	107	25 juin.....	Dijon à Dôle.......................	Paris à Lyon.......................	47				

(3) Non compris les chemins exclusivement industriels dont le tableau suivant donne la situation successive.

ANNÉES.	NUMÉROS d'ordre.	DÉSIGNATION DES LIGNES.	LONGUEURS livrées à l'exploitation partielles.	par année.	au 31 décem.
1	2	3	4	5	6
			kil.	kil.	kil.
1835.	1	Épinac au canal de Bourgogne............	29	29	29
1839.	2	Montrond à Montbrison..................	16	25	54
	3	Villers-Cotterets au port aux Perches.......	9		
1840.	4	Le Creuzot au canal du Centre............	10	10	64
1841.	5	Long-Rocher au canal du Loing...........	3	3	67
1844.	6	Decize au canal du Nivernais.............	7	7	74
1846.	7	Commentry à Montluçon.................	16	16	90
1848.	8	Concession abandonnée (n° 2), *16 kilom*...	"	"	74

SÉRIE.

TABLEAU N° 3.

SITUATION SUCCESSIVE DU RÉSEAU

(PRINCIPALES DISPOSITIONS CONSTITUTIVES)

AU 31 DÉCEMBRE DE CHAQUE ANNÉE. — 1823 A 1855 (30 JUIN).

SITUATION SUCCESSIVE DU RÉSEAU, au 31 déc. de chaque année. — 1823 à 1855 (30 juin).

1° RÉSEAU ENTIER.

ANNÉES.	Longueur totale du réseau.	Des concessions : Non concédée mais entreprise par l'État antérieurement à la concession	Concédée définitivement : à perpétuité	à 99 ans	au-dessous de 99 ans	Longueur totale concédée	De l'exploitation : livrée à l'exploitation	non livrée à l'exploitation	Du mode de construction : par les ingénieurs de l'État	par les compagnies avec le concours des ingénieurs de l'État	par les compagnies sans le concours des ingénieurs de l'État	Des dépenses : avec les fonds du Trésor antérieurement à la concession	par les compagnies avec subvention en argent ou en travaux non remboursables	sans subvention	Importance du réseau par rapport au pays : Nombre de kilomètres pour 1 million d'habitants	Nombre de kilomètres pour 1 myriam. carré	Nombre de départements traversés	Longueur moyenne par département	OBSERVATIONS.
1	2	3	4	5	6	7	8	9	10	11	12	13	14	15	16	17	18	19	20
	kil.	kil.	kil.	kil.	kil.	kil.	kil.	kil.	kil.	kil.	kil.	kil.	kil.	kil.	kil.	kil.	kil.	kil.	
1823..	18	″	18	″	″	18	″	18	″	″	18	″	″	18	1	0 003	1	18	
1825..	75	″	75	″	″	75	″	75	″	″	75	″	″	75	2	0 014	2	38	
1828..	142	″	142	″	″	142	18	124	″	″	142	″	″	142	5	0 027	2	71	
1830..	142	″	142	″	″	142	33	109	″	″	142	″	″	142	5	0 027	2	71	
1832..	142	″	142	″	″	142	54	88	″	″	142	″	″	142	4	0 027	2	71	
1833..	214	″	214	″	″	214	75	139	″	″	214	″	″	214	7	0 042	3	71	
1834..	214	″	214	″	″	214	142	72	″	″	214	″	″	214	7	0 042	3	71	
1835..	248	″	214	34	″	248	142	106	″	″	248	″	″	248	8	0 048	6	41	
1836..	292	″	214	78	″	292	142	150	″	″	292	″	″	292	9	0 057	7	42	
1837..	402	″	214	135	53	402	161	241	″	″	402	″	″	402	12	0 077	9	44	
1838..	1,026	″	214	274	538	1,026	176	850	″	″	1,026	″	″	1,026	31	0 196	15	68	
1839..	572	″	214	274	84	572	243	329	″	″	572	″	″	572	17	0 110	10	57	
1840..	884	79	214	538	53	805	430	454	79	″	805	79	″	805	27	0 169	14	63	
1841..	885	79	214	539	53	806	569	316	79	″	806	79	″	806	26	0 169	14	63	
1842..	2,995	2,097	214	539	145	898	597	2,398	2,097	″	898	2,097	92	806	88	0 574	35	85	
1843..	3,012	1,977	214	547	274	1,035	827	2,185	1,977	″	1,035	1,977	221	814	89	0 577	35	86	
1844..	3,964	2,049	214	549	1,152	1,915	829	3,135	2,049	744	1,171	2,049	967	968	117	0 760	42	94	
1845..	4,447	358	214	549	3,326	4,089	881	3,566	358	2,330	1,759	358	1,694	2,395	131	0 852	43	99	
1846..	5,608	660	214	552	4,182	4,948	1,320	4,288	660	2,320	2,628	660	2,164	2,784	159	1 075	57	98	
1847..	4,702	660	214	552	3,276	4,042	1,830	2,872	660	2,320	1,722	660	1,694	2,348	134	0 901	50	94	
1848..	4,716	1,175	214	552	2,775	3,541	2,222	2,494	1,175	1,819	1,722	1,175	1,705	1,836	134	0 904	50	94	
1849..	4,716	1,175	214	552	2,775	3,541	2,861	1,855	1,175	1,819	1,722	1,175	1,705	1,836	134	0 904	50	94	
1850..	4,716	1,175	214	552	2,775	3,541	3,013	1,703	1,175	1,819	1,722	1,175	1,705	1,836	134	0 904	50	94	
1851..	4,969	1,051	214	929	2,775	3,918	3,558	1,411	1,051	2,194	1,724	1,051	2,080	1,838	140	0 952	52	95	
1852..	6,914	14	142	6,526	233	6,900	3,872	3,042	14	3,266	3,634	14	4,235	2,665	194	1 323	63	110	
1853..	8,860	″	″	8,691	169	8,860	4,063	4,797	″	3,270	5,584	″	4,813	4,047	240	1 608	69	128	
1854..	9,213	″	″	9,044	169	9,213	4,662	4,551	″	3,276	5,937	″	4,813	4,400	250	1 705	69	134	
1855.. (au 30 juin).	11,496	″	″	11,494	2	11,496	4,975	6,521	″	3,072	8,424	″	6,743	4,753	323	2 205	77	149	

2° PARTIE DU RÉSEAU LIVRÉE A L'EXPLOITATION.

ANNÉES.	Longueur totale livrée à l'exploitation au 31 décembre.	Longueur moyenne exploitée dans l'année.	De l'exploitation : Longueur exploitée par l'État.	Longueur exploitée par les compagnies.	Du mode de construction : par l'État seul.	par l'État et les compagnies.	par les compagnies seules.	Des dépenses de construction : avec les fonds de l'État.	par les compagnies avec subvention en argent ou en travaux non remboursables.	par les compagnies sans subvention.	De la voie : à deux voies.	à une seule voie.	Importance du réseau exploité par rapport au pays : Nombre de kilomètres pour 1 million d'habitants.	Nombre de kilomètres pour 1 myriam. carré.	Nombre de départements traversés.	Longueur moyenne par département.	OBSERVATIONS.
1	2	3	4	5	6	7	8	9	10	11	12	13	14	15	16	17	18
	kil.	kil.	kil.	kil.	kil.	kil.	kil.	kil.	kil.	kil.	kil.	kil.	kil.	kil.	kil.	kil.	
1823..	″	″	″	″	″	″	″	″	″	″	″	″	″	″	″	″	
1825..	″	″	″	″	″	″	″	″	″	″	″	″	″	″	″	″	
1828..	18	5	″	18	″	″	18	″	″	18	″	18	1	0 003	1	18	
1830..	33	23	″	33	″	″	33	″	″	33	15	18	1	0 006	2	17	
1832..	54	44	″	54	″	″	54	″	″	54	36	18	2	0 010	2	27	
1833..	75	65	″	75	″	″	75	″	″	75	57	18	2	0 014	2	38	
1834..	142	137	″	142	″	″	142	″	″	142	57	85	4	0 027	2	71	
1835..	142	142	″	142	″	″	142	″	″	142	57	85	4	0 027	2	71	
1836..	142	142	″	142	″	″	142	″	″	142	57	85	4	0 027	2	71	
1837..	161	150	″	161	″	″	161	″	″	161	76	85	5	0 031	4	40	
1838..	176	165	″	176	″	″	176	″	″	176	76	100	5	0 034	5	35	
1839..	243	216	″	243	″	″	243	″	″	243	95	148	7	0 047	7	35	
1840..	430	303	″	430	″	″	430	″	″	430	234	196	13	0 083	9	48	
1841..	569	517	″	569	″	″	569	″	″	569	296	273	17	0 110	10	57	
1842..	597	580	27	570	27	″	570	27	″	570	323	274	18	0 115	10	60	
1843..	827	703	27	800	27	″	800	27	″	800	553	274	24	0 159	14	59	
1844..	829	847	27	802	27	″	802	27	″	802	555	274	24	0 160	14	59	
1845..	881	901	″	881	″	79	802	″	52	829	607	274	26	0 170	14	63	
1846..	1,320	1,137	″	1,320	″	504	816	″	167	1,153	1,032	288	38	0 254	19	69	
1847..	1,830	1,587	″	1,830	″	677	1,153	″	531	1,299	1,542	288	52	0 358	22	83	
1848..	2,222	2,034	″	2,222	″	741	1,481	″	613	1,609	1,780	442	63	0 425	25	89	
1849..	2,861	2,508	338	2,523	338	904	1,619	338	871	1,652	2,410	451	81	0 548	31	92	
1850..	3,013	2,962	338	2,675	338	1,069	1,606	338	946	1,729	2,560	453	86	0 577	34	89	
1851..	3,558	3,299	383	3,175	383	1,490	1,685	383	1,367	1,808	2,925	633	100	0 662	37	96	
1852..	3,872	3,604	″	3,872	″	2,175	1,697	″	2,058	1,814	3,100	772	109	0 742	40	97	
1853..	4,063	3,978	″	4,063	″	2,366	1,697	″	2,249	1,814	3,197	866	114	0 779	42	97	
1854..	4,662	4,348	″	4,662	″	2,672	1,990	″	2,790	1,872	3,881	781	131	0 893	48	97	
1855.. (au 30 juin).	4,975	″	″	4,975	″	2,737	2,238	″	3,056	1,919	4,039	936	140	0 953	52	95	

3° RÉPARTITION DU NOMBRE DES CONCESSIONS ET DES LONGUEURS CONCÉDÉES, SUIVANT LE MODE DE CONCESSION.

ANNÉES.	NOMBRE DE CONCESSIONS							LONGUEURS CORRESPONDANTES AUX CONCESSIONS.							OBSERVATIONS.
	DIRECTES.	PAR ADJUDICATION PUBLIQUE.					TOTAL.	DIRECTES.	PAR ADJUDICATION PUBLIQUE.					TOTAL.	
		Le rabais portant sur les tarifs.	Le rabais portant sur la durée de la concession	L'enchère portant sur la redevance à payer.	Le rabais portant sur la subvention de l'État.	ENSEMBLE.			Le rabais portant sur les tarifs.	Le rabais portant sur la durée de la concession	L'enchère portant sur la redevance à payer.	Le rabais portant sur la subvention de l'État.	ENSEMBLE.		
1	2	3	4	5	6	7	8	9	10	11	12	13	14	15	16
1823	1	″	″	″	″	″	1	18	″	″	″	″	″	18	
1826	″	1	″	″	″	1	1	″	57	″	″	″	57	57	
1828	″	1	″	″	″	1	1	″	67	″	″	″	67	67	
1831 (A)	″	″	″	″	″	″	″	″	″	″	″	″	″	″	(A) Non compris la concession de Toul Montauban, restée sans effet.
1833	″	1	″	″	″	1	1	″	72	″	″	″	72	72	
1835	3	″	″	″	″	″	3	34	″	″	″	″	″	34	
1836	2	″	″	″	″	″	2	44	″	″	″	″	″	44	
1837	1	2	1	″	″	3	4	21	36	53	″	″	89	110	
1838 (B)	2	″	″	″	″	″	2	170	″	″	″	″	″	170	(B) Non compris les concessions abandon Paris à la mer et de Lille à Dunkerque.
1839	″	″	″	″	″	″	″	″	″	″	″	″	″	″	
1840	2	″	″	″	″	″	2	233	″	″	″	″	″	233	
1841	1	″	″	″	″	″	1	1	″	″	″	″	″	1	
1842	1	″	″	″	″	″	1	92	″	″	″	″	″	92	
1843	2	″	″	″	″	″	2	137	″	″	″	″	″	137	
1844	2	″	3	1	″	4	6	13	″	815	52	″	867	880	
1845 (C)	1	″	6	″	″	6	7	2	″	1,606	″	″	1,606	1,608	(C) Non compris la concession de Fam Hazebrouck, abandonnée en 1847, et la con de Paris à Lyon, ligne rachetée par l'État 1848.
1846 (D)	2	″	″	″	″	″	2	7	″	″	″	″	″	7	(D) Non compris les concessions de Lyon à gnon et embranchement, de Bordeaux à Ce de l'embranchement de Castres, abandon 1847.
1847	″	″	″	″	″	″	″	″	″	″	″	″	″	″	
1848	1	″	″	″	″	″	1	11	″	″	″	″	″	11	
1849	″	″	″	″	″	″	″	″	″	″	″	″	″	″	
1850	″	″	″	″	″	″	″	″	″	″	″	″	″	″	
1851	2	″	″	″	″	″	2	377	″	″	″	″	″	377	
1852	15	″	″	″	1	1	16	2,748	″	″	″	234	234	2,982	
1853	11	″	″	″	″	″	11	1,960	″	″	″	″	″	1,960	
1854	8	″	″	″	″	″	8	353	″	″	″	″	″	353	
1855	4	″	″	″	″	″	4	2,283	″	″	″	″	″	2,283	
TOTAUX	61	5	10	1	1	17	78	8,504	232	2,474	52	234	2,992	11,496	

DÉVELOPPEMENT DES LIGNES DE CHEMINS DE FER CONCÉDÉES PAR VOIE D'ADJUDICATION PUBLIQUE.

(On a jugé inutile de donner pour les lignes concédées directement un tableau semblable à celui présenté ci-dessous pour les lignes concédées par adjudication publique; il suffit, pour en avoir le détail, de se reporter au tableau n° 1, opérant par exclusion.)

LE RABAIS PORTANT SUR LES TARIFS. (Colonnes 3 et 10.)

ANNÉES.	NOMBRE de concessions.	DÉSIGNATION des lignes concédées.	LONGUEURS
			kil.
1826.	1	Saint-Étienne à Lyon	57
1828.	1	Andrezieux à Roanne	67
1833.	1	Alais à Beaucaire	72
1837.	2	Paris à Versailles (r. d.)	19
		Paris à Versailles (r. g.)	17
	5	TOTAUX	232

LE RABAIS PORTANT SUR LA DURÉE DE LA CONCESSION. (Col. 4 et 11.)

ANNÉES.	NOMBRE de concessions.	DÉSIGNATION des lignes concédées.	LONGUEURS
			kil.
1837.	1	Bordeaux à la Teste	53
1844.	3	Amiens à Boulogne	123
		Orlns à Châteaur. et au b. d'Allier	231
		Orléans à Bordeaux	461
1845.	6	Montereau à Troyes	100
		Nord et embranchements	482
		Dieppe et Fécamp	71
		Paris à Strasbourg	654
		Tours à Nantes	197
		Creil à Saint-Quentin	102
	10	TOTAUX	2,474

L'ENCHÈRE PORTANT SUR LA REDEVANCE À PAYER. (Colonnes 5 et 12.)

ANNÉES.	NOMBRE de concessions.	DÉSIGNATION des lignes concédées.	LONGUEURS
			kil.
1844.	1	Montpellier à Nîmes	52
	1	TOTAUX	52

LE RABAIS PORTANT SUR LA SUBVENTION DE L'ÉTAT. (Colonnes 6 et 13.)

ANNÉES.	NOMBRE de concessions.	DÉSIGNATION des lignes concédées.
1852.	1	Lyon à Avignon
	1	TOTAUX

ANNEXE AU TABLEAU N° 3.

SITUATION SUCCESSIVE DU RÉSEAU.

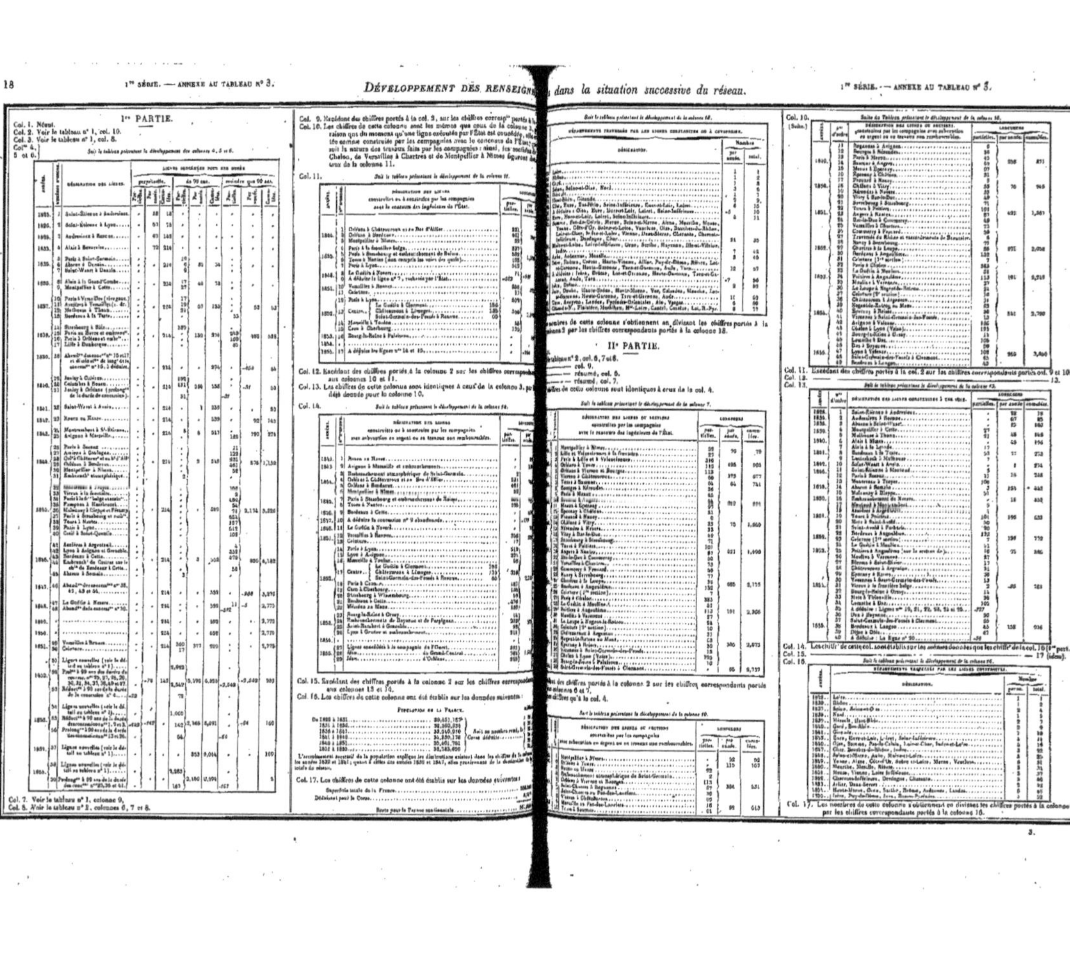

Ire PARTIE.

Col. 1. Néant.
Col. 2. Voir le tableau n° 1, col. 10.
Col. 3. Voir le tableau n° 1, col. 8.
Col. 4, 5 et 6. Suit le tableau présentant le développement des colonnes 4, 5 et 6.

Col. 7. Voir le tableau n° 1, colonne 9.
Col. 8. Voir le tableau n° 2, colonnes 6, 7 et 8.

Col. 9. Excédant des chiffres portés à la col. 3, sur les chiffres correspondants portés à la col. 8.
Col. 10. Les chiffres de cette colonne sont les mêmes que ceux de la colonne 3, à raison que du moment qu'une ligne exécutée par l'État est concédée, elle est comme construite par les compagnies avec le concours de l'État.

Col. 11. Suit le tableau présentant le développement de la colonne 11.

Col. 12. Excédant des chiffres portés à la colonne 2 sur les chiffres correspondants aux colonnes 10 et 11.
Col. 13. Les chiffres de cette colonne sont identiques à ceux de la colonne 3, déjà donnée pour la colonne 10.
Col. 14. Suit le tableau présentant le développement de la colonne 14.

Col. 15. Excédant des chiffres portés à la colonne 2 sur les chiffres correspondants aux colonnes 13 et 14.
Col. 16. Les chiffres de cette colonne ont été établis sur les données suivantes :

Col. 17. Les chiffres de cette colonne ont été établis sur les données suivantes :

IIe PARTIE.

Col. 11. Excédant des chiffres portés à la col. 2 sur les chiffres correspondants portés col. 9 et 10.

Col. 17. Les nombres de cette colonne s'obtiennent en divisant les chiffres portés à la colonne 2 par les chiffres correspondants portés à la colonne 16.

SITUATION SUCCESSIVE DES COMPAGNIES[1]

AU 31 DÉCEMBRE DE CHAQUE ANNÉE.

1823 A 1855 (30 JUIN).

RÉSUMÉ.

...ATION ...s. 1	NOMBRE DE COMPAGNIES — créées dans l'année. 2	NOMBRE DE COMPAGNIES — abandonnées dans l'année. 3	NOMBRE DE COMPAGNIES — fusionnées dans l'année. 4	NOMBRE DE COMPAGNIES — restant au 31 décembre. 5	RÉPARTITION DU NOMBRE TOTAL DES COMPAGNIES AU POINT DE VUE du concours de l'État — avec subvent^n en argent ou en travaux non remboursables. 6	du concours de l'État — sans subvention. 7	de la durée de la concession — à perpétuité. 8	de la durée de la concession — à 99 ans. 9	de la durée de la concession — pour une durée moindre que 99 ans. 10	de leur situation — ayant tout leur réseau exploité. 11	de leur situation — n'ayant qu'une partie de leur réseau exploité. 12	de leur situation — n'ayant encore aucune partie livrée à l'exploitation. 13	LONGUEUR CONCÉDÉE AU 31 DÉCEMBRE. Total. 14	LONGUEUR CONCÉDÉE — Minimum par compagnie. 15	LONGUEUR CONCÉDÉE — Maximum par compagnie. 16	LONGUEUR EXPLOITÉE AU 31 DÉCEMBRE. Total. 17	LONGUEUR EXPLOITÉE — Minimum par compagnie. 18	LONGUEUR EXPLOITÉE — Maximum par compagnie. 19	OBSERVATIONS. 20
......	1	»	»	1	»	1	1	»	»	»	»	1	18	18	18	»	»	»	
......	1	»	»	2	»	2	2	»	»	»	»	2	75	18	57	»	»	»	
......	1	»	»	3	»	3	3	»	»	1	»	2	142	18	67	18	18	18	
......	»	»	»	3	»	3	3	»	»	1	1	1	142	18	67	33	15	18	
......	1	1	»	3	»	3	3	»	»	1	1	1	142	18	67	33	15	18	
......	»	»	»	3	»	3	3	»	»	1	1	1	142	18	67	54	18	36	
......	1	»	»	4	»	4	4	»	»	2	»	2	214	18	72	75	18	57	
......	»	»	»	4	»	4	4	»	»	3	»	1	214	18	72	142	18	67	
......	2	»	»	6	»	6	4	2	»	3	»	3	248	15	72	142	18	67	
......	2	»	»	8	»	8	4	4	»	3	»	5	292	15	72	142	18	67	
......	4	»	1	11	»	11	4	6	1	4	»	7	402	15	89	161	18	67	
......	4	»	»	15	»	15	4	7	4	5	»	10	1,026	15	240	176	15	67	
......	»	2	»	13	»	13	4	7	2	8	»	5	572	15	139	243	15	67	
......	1	»	»	14	»	14	4	9	1	9	3	2	805	15	139	430	15	72	
......	»	»	»	14	»	14	4	9	1	10	3	1	806	16	139	569	15	136	
......	1	»	»	15	1	14	4	9	2	11	2	2	898	16	139	597	16	136	
......	1	»	»	16	2	14	4	9	3	11	3	2	1,035	16	139	827	16	136	
......	5	»	»	21	6	15	4	9	8	10	4	7	1,915	11	461	829	16	138	
......	9	»	»	30	8	22	4	9	17	11	5	14	4,089	2	654	881	16	138	
......	3	»	»	33	9	24	4	9	20	11	7	15	4,948	2	654	1,320	11	337	
......	»	3	1	29	8	21	4	9	16	15	7	7	4,042	2	654	1,830	11	370	
......	»	1	»	28	8	20	4	9	15	18	7	3	3,541	2	654	2,222	11	512	
......	»	»	»	28	8	20	4	9	15	18	8	2	3,541	2	654	2,861	11	555	
......	»	»	1	27	8	19	4	9	14	19	7	1	3,541	2	654	3,013	11	584	
......	2	»	2	27	10	17	4	9	14	10	6	2	3,918	2	654	3,558	11	584	
......	9	»	8	28	11	17	3	20	5	10	10	8	6,900	2	1,545	3,872	7	918	
......	5	»	7	26	14	12	»	23	3	4	13	9	8,860	2	1,691	4,063	7	1,109	
......	4	»	2	28	13	15	»	25	3	8	9	11	9,213	2	1,781	4,662	2	1,155	
...3)	2	»	6	24	11	13	»	23	1	5	8	11	11,496	2	2,059	4,975	2	1,220	

la désignation de compagnie à toute entreprise de chemin de fer, en raison de la généralité du terme, bien que quelques lignes ne soient pas administrées par des compagnies

Trois lignes (Anzin à Somain, Dôle à Salins, Viroux à la frontière) font partie d'entreprises plus considérables.
Deux lignes (Ceinture et Paris à Lyon par le Bourbonnais) appartiennent en commun à diverses compagnies principales.
Deux enfin (Hautmont à la frontière et Carmaux à Alby) sont entre les mains de simples concessionnaires.

SITUATION SUCCESSIVE DES COMPAGNIES [illegible] à 1855 (30 juin).

Années	N° d'ordre	Date et nature des décisions	Désignation première des compagnies	Situation, par compagnie, des concessions au 31 décembre de chaque année (1823 … 1855 au 30 juin)	Nature des concessions : Durée	Avec ou sans subvention	N°	Désignation des attributaires ou des compagnies restant au 30 juin 1855
1	2	3	4	5 à 62	63	64	65	66
1823.	1	Ord. du 26 fév.	Saint-Étienne à la Loire	[illegible]	Perpétuelle.	»	1	Fusion dans la Cie n° 58.
1826.	2	Ord. du 7 juin.	Saint-Étienne à Lyon	[illegible]	Perpétuelle.	»	2	Idem.
1828.	3	Ord. du 27 août.	La Loire (Andrézieux à Roanne)	[illegible]	Perpétuelle.	»	3	Idem.
1831.	4	Ord. du 21 août.	Toulouse à Montauban	[illegible]	»	»	4	Concession restée sans effet.
1833.	5	Loi du 29 juin.	Alais à Beaucaire	[illegible]	Perpétuelle.	»	5	Fusion dans la Cie n° 8.
1835.	6	Loi du 9 juillet.	Paris à Saint-Germain	[illegible]	Mixte (¹).	Subv. (¹)	6	Fusion dans la Cie n° 58.
	7	Ord. du 24 oct.	Mines d'Anzin (St-Waast à Denain et Abscon)	[illegible]	99 ans.	»	7	Mines d'Anzin.
1836.	8	Ord. du 12 mai.	Mines de la Grd-Combe et ch. de fer du Gard (Alais à la Grd-Combe)	[illegible]	Mixte (²).	»	8	Fusion dans la Cie n° 40.
	9	Loi du 9 juillet.	Montpellier à Cette	[illegible]	99 ans.	»	9	Idem.
1837.	10	Ord. du 24 mai.	Paris à Versailles (rive gauche)	[illegible]	99 ans.	»	10	Fusion dans la Cie n° 58.
	11	Idem.	Paris à Versailles (rive droite)	[illegible]	99 ans.	»	11	Idem.
	12	Loi du 17 juillet.	Mulhouse à Thann	[illegible]	99 ans.	»	12	Mulhouse à Thann.
	13	Ord. du 15 déc.	Bordeaux à la Teste	[illegible]	Inf. à 99 ans (³)	»	13	Fusion dans la Cie n° 48.
1838.	14	Loi du 6 mars.	Strasbourg à Bâle	[illegible]	99 ans.	Subv. (²)	14	Fusion dans la Cie n° 31.
	15	Loi du 6 juillet.	Paris à la mer	[illegible]	Inf. à 99 ans (⁴)	»	15	Concession abandonnée.
	16	Loi du 7 juillet.	Paris à Orléans et embranchements	[illegible]	Mixte (⁵).	Subv. (³)	16	Paris à Orléans et prolongements.
	17	Loi du 9 juillet.	Lille à Dunkerque	[illegible]	Inf. à 99 ans (⁶)	»	17	Concession abandonnée.
1840.	18	Loi du 15 juillet.	Paris à Rouen	[illegible]	99 ans.	»	18	Fusion dans la Cie n° 58.
	18 bis	Idem.	L'État (antérieurement aux concessions)	[illegible]	»	»	18 bis	»
1842.	19	Loi du 11 juin.	Rouen au Havre	[illegible]	Inf. à 99 ans (⁷)	Subv.	19	Fusion dans la Cie n° 58.
1843.	20	Loi du 24 juillet.	Avignon à Marseille	[illegible]	Inf. à 99 ans (⁸)	Subv.	20	Fusion dans la Cie n° 40.
1844.	21	Ord. du 6 sept.	Paris à Sceaux	[illegible]	Mixte (⁹).	Subv. (⁴)	21	Paris à Orsay.
	22	Ord. du 24 oct.	Amiens à Boulogne	[illegible]	Inf. à 99 ans (¹⁰)	»	22	Fusion dans la Cie n° 28.
	23	Idem.	Centre	[illegible]	Inf. à 99 ans (¹¹)	Subv.	23	Fusion dans la Cie n° 16.
	24	Idem.	Orléans à Bordeaux	[illegible]	Inf. à 99 ans (¹²)	Subv.	24	Idem.
	25	Ord. du 1er oct.	Montpellier à Nîmes	[illegible]	Inf. à 99 ans (¹³)	Subv.	25	Fusion dans la Cie n° 40.
1845.	26	Ord. du 25 janv.	Montereau à Troyes	[illegible]	Mixte (¹⁴).	»	26	Fusion dans la Cie n° 31.
	27	Ord. du 8 mars.	Cie belge d'entre S. et Meuse (Vireux à la frre)	[illegible]	Inf. à 99 ans (¹⁵)	»	27	Cie belge d'entre Sambre et Meuse.
	28	Ord. du 16 sept.	Nord	[illegible]	Mixte (¹⁶).	»	28	Nord.
	29	Idem.	Fampoux à Hazebrouck	[illegible]	Inf. à 99 ans (¹⁷)	»	29	Concession abandonnée.
	30	Ord. du 18 sept.	Dieppe et Fécamp	[illegible]	Inf. à 99 ans (¹⁸)	»	30	Fusion dans la Cie n° 58.
	31	Ord. du 27 nov.	Paris à Strasbourg	[illegible]	Mixte (¹⁹).	Subv.	31	Est.
	32	Idem.	Tours à Nantes	[illegible]	Inf. à 99 ans (²⁰)	Subv.	32	Fusion dans la Cie n° 16.
	33	Ord. du 21 déc.	Paris à Lyon	[illegible]	Inf. à 99 ans (²¹)	»	33	Concession rachetée par l'État.
	34	Ord. du 20 déc.	Creil à Saint-Quentin	[illegible]	Inf. à 99 ans (²²)	»	34	Fusion dans la Cie n° 28.
1846.	35	Ord. du 10 janv.	Asnières à Argenteuil	[illegible]	Inf. à 99 ans (²³)	»	35	Fusion dans la Cie n° 6.
	36	Ord. du 11 juin.	Lyon à Avignon	[illegible]	Inf. à 99 ans (²⁴)	»	36	Concession abandonnée.
	37	Loi du 21 juin.	Bordeaux à Cette	[illegible]	Inf. à 99 ans (²⁵)	Subv.	37	Idem.
1851.	38	Déc. du 26 juill.	Ouest	[illegible]	99 ans.	Subv.	38	Fusion dans la Cie n° 58.
	39	Déc. du 11 déc.	Ceinture	[illegible]	99 ans.	Subv.	39	Ceinture.
1852.	40	Déc. du 3 janv.	Lyon à Avignon	[illegible]	99 ans.	Subv.	40	Lyon à la Méditerranée.
	41	Déc. du 5 janv.	Paris à Lyon	[illegible]	99 ans.	Subv.	41	Paris à Lyon.
	42	Déc. du 12 fév.	Dijon à Besançon	[illegible]	99 ans.	»	42	Fusion dans la Cie n° 41.
	43	Idem.	Salines de l'Est (Dôle à Salins)	[illegible]	99 ans.	»	43	Salines de l'Est.
	44	Déc. du 26 mars.	Blesme à Gray	[illegible]	99 ans.	»	44	Fusion dans la Cie n° 31.
	45	Déc. du 29 mars.	Graissessac à Béziers	[illegible]	99 ans.	»	45	Graissessac à Béziers.
	46	Loi du 8 juillet.	Paris à Caen et Cherbourg	[illegible]	99 ans.	Subv.	46	Fusion dans la Cie n° 58.
	47	Déc. du 26 juill.	Provins aux Ormes	[illegible]	99 ans.	»	47	Provins aux Ormes.
	48	Déc. du 24 août.	Midi	[illegible]	99 ans.	Subv.	48	Midi.
1853.	49	Déc. du 21 avril.	Grand-Central	[illegible]	99 ans.	Subv. (⁵)	49	Grand-Central.
	50	Déc. du 30 avril.	Lyon à Genève	[illegible]	99 ans.	Subv.	50	Lyon à Genève.
	51	Déc. du 7 mai.	Saint-Rambert à Grenoble	[illegible]	99 ans.	Subv.	51	Saint-Rambert à Grenoble.
	52	Déc. du 17 mai.	Jonction du Rhône et Loire	[illegible]	99 ans.	»	52	Fusion dans la Cie n° 49.
	53	Déc. du 20 juill.	Ardennes et Oise	[illegible]	99 ans.	»	53	Ardennes et Oise.
1854.	54	Déc. du 4 mars.	Carmaux à Alby	[illegible]	99 ans.	»	54	Carmaux à Alby.
	55	Déc. du 7 juin.	Bessèges à Alais	[illegible]	99 ans.	»	55	Bessèges à Alais.
	56	Déc. du 19 août.	Hautmont à la frontière belge	[illegible]	99 ans.	»	56	Hautmont à la frontière.
	57	Déc. du 17 oct.	Montluçon à Moulins	[illegible]	99 ans.	»	57	Montluçon à Moulins.
1855 (au 30 juin).	58	Déc. du 7 avril.	Ouest (nouveau)	[illegible]	99 ans.	Subv.	58	Ouest (nouveau).
	59	Idem.	Paris à Lyon par le Bourbonnais	[illegible]	99 ans.	»	59	Paris à Lyon par le Bourbonnais.
			LONGUEUR TOTALE DU RÉSEAU	[illegible] … 1855 (au 30 juin) : 11,606 / 4,919				
			LONGUEUR TOTALE DU RÉSEAU CONCÉDÉ	[illegible] … 1855 (au 30 juin) : 11,566 / 4,975				

NOTES RELATIVES À LA COLONNE 63.

(¹) 19k à 99 ans jusqu'au 2 novembre 1834.
21k à 99 ans, du 2 nov. 1834 au 31 déc. 1839.
21k à 99 ans, } 6k à 50 ans, } du 1er janv. 1850 au 18 août 1852.
20k à 99 ans, } 6k à 50 ans, } à partir du 18 août 1852.

(²) 17k à 99 ans jusqu'au 17 juillet 1837.
17k à 99 ans } 72k à perpét. } à partir du 17 juillet 1837.

(³) 34 ans, 8 mois, 22 jours jusqu'au 15 juin 1841.
70 ans à partir du 15 juin 1841.

(⁴) 43 ans.

(⁵) 168k à 70 ans jusqu'au 1er août 1839.
31k à 70 ans, du 1er août 1839 au 15 juillet 1840.
133k à 99 ans à partir du 15 juillet 1840.

(⁶) 79 ans.

(⁷) 97 ans.

(⁸) 33 ans.

(⁹) 11k à 50 ans jusqu'au 20 avril 1853.
23k à 99 ans à partir du 20 avril 1853.

(¹⁰) 98 ans 11 mois.

(¹¹) 39 ans 11 mois.

(¹²) 27 ans 258 jours jusqu'au 6 août 1850.
50 ans à partir du 6 août 1850.

(¹³) 12 ans.

(¹⁴) 75 ans jusqu'au 27 mars 1852.
99 ans à partir du 27 mars 1852.

(¹⁵) 84 ans.

(¹⁶) 482k à 38 ans jusqu'au 1er avril 1847.
582k à 38 ans……… } 101k à 24 ans 330 jours } jusqu'au 10 février 1852.
A partir du 10 février 1852, 99 ans pour le tout.

(¹⁷) 37 ans 318 jours.

(¹⁸) 96 ans.

(¹⁹) Jusqu'au 25 mars 1852, 43 ans 288 jours sur 652k.
A partir du 25 mars 1852, 99 ans pour le tout.

(²⁰) 34 ans 15 jours jusqu'au 6 août 1850.
50 ans à partir du 6 août 1850.

(²¹) 41 ans 90 jours.

(²²) 25 ans 235 jours.

(²³) 50 ans.

(²⁴) 44 ans 208 jours.

(²⁵) 66 ans 6 mois.

NOTES RELATIVES À LA COLONNE 64.

(¹) A partir de 1844.
(²) A partir de 1852.
(³) A partir de 1850.
(⁴) A partir de 1853.
(⁵) Depuis 1855 seulement.

ANNEXE AU TABLEAU N° 4.

DÉVELOPPEMENT,

PAR COMPAGNIE,

DES CHIFFRES PORTÉS AUX COLONNES D'ORDRE IMPAIR N°s 5 A 61

(LONGUEURS CONCÉDÉES AU 31 DÉCEMBRE DE CHAQUE ANNÉE)

ET DES CHIFFRES PORTÉS AUX COLONNES D'ORDRE PAIR N°s 6 A 62

(LONGUEURS LIVRÉES A L'EXPLOITATION AU 31 DÉCEMBRE DE CHAQUE ANNÉE).

ACCROISSEMENTS SUCCESSIFS PAR COMPAGNIE

DES LONGUEURS CONCÉDÉES.					DES LONGUEURS LIVRÉES À L'EXPLOITATION.						
Numéro d'ordre du tabl. n° 1.	Date et nature des décisions.	Désignation des lignes concédées.	Longueur partielle.	Longueur cumulée.	Désignation de l'année.	Numéro d'ordre du tabl. n° 2.	Date des livraisons successives.	Désignation des parties livrées à l'exploitation.	Longueur partielle.	Longueur cumulée.
			kil.	kil.					kil.	kil.
1° Compagnie du chemin de Saint-Étienne à la Loire. (Fusion le 17 mai 1853 dans la compagnie n° 52.)										
1	Ord. du 26 février	Saint-Étienne à Andrezieux	18	18	1828..	1	1er octobre	Saint-Étienne à Andrezieux	18	18
2° Compagnie du chemin de Saint-Étienne à Lyon. (Fusion le 17 mai 1853 dans la compagnie n° 52.)										
2	Ord. du 7 juin	Saint-Étienne à Lyon	57	57	1830..	2	1er octobre	Rive-de-Gier à Givors	15	15
34	Ord. du 2 avril	Montrambert à Saint-Étienne	8	65	1832..	3	Avril	Givors à Lyon	21	36
					1833..	4	Avril	Rive-de-Gier à Saint-Étienne	21	57
					1845..	27	Janvier	Montaud à Saint-Étienne	3	60
					1851..	67	1er janvier	Montaud à Montrambert	5	65
3° Compagnie du chemin de la Loire. (Fusion le 17 mai 1853 dans la compagnie n° 52.)										
3	Ord. du 27 août	Andrezieux à Roanne	67	67	1834..	5	Février	Andrezieux à Roanne	67	67
4° Compagnie de Toulouse à Montauban. (Concession restée sans effet.)										
4	Ord. du 21 août	Toulouse à Montauban (pour mémoire)	50	50	»	»	....	....	»	»
5° Compagnie du chemin d'Alais à Beaucaire. (Fusion en 1837 dans la compagnie n° 8.)										
5	Loi du 29 juin	Alais à Beaucaire	72	72	»	»	....	....	»	»
6° Compagnie du chemin de Paris à Saint-Germain. (Fusion le 7 avril 1855 dans la compagnie n° 58.)										
6	Loi du 9 juillet	Paris au Pecq	19	19	1837..	6	26 août	Paris au Pecq	19	19
44	Ord. du 2 novembre	Le Vésinet à Saint-Germain (ligne atmosphérique)	2	21	1847..	35	14 avril	Le Vésinet à Saint-Germain	2	21
»	....	Fusion de la compagnie n° 35	4	25	1851..	68	28 avril	Asnières à Argenteuil	4	25
82	Décret du 18 août	Les Batignolles à Auteuil	7	32	1854..	92	2 mai	Les Batignolles à Auteuil	7	32
7° Compagnie des mines d'Anzin.										
7 et 8	Ord. du 24 octobre	Saint-Waast à Denain et Abscon	15	15	1838..	7	21 octobre	Abscon à Saint-Waast	15	15
26	Ord. du 31 janvier	Saint-Waast à Anzin	1	16	1842..	20	....	Saint-Waast à Anzin	1	16
59	Ord. du 8 octobre	Abscon à Somain	3	19	1848..	45	20 juin	Abscon à Somain	3	19
8° Compagnie des mines de la Grand'Combe et des chemins du Gard. (Fusion le 8 juillet 1852 dans la compagnie n° 40.)										
9	Ord. du 12 mai	Alais à la Grand'Combe	17	17	1840..	11	19 août	Alais à Beaucaire	72	72
»	....	Fusion de la compagnie n° 5	72	89	1841..	16	....	Alais à la Grand'Combe et embranchement	17	89
9° Compagnie du chemin de Montpellier à Cette. (Fusion le 8 juillet 1852 dans la compagnie n° 40.)										
10	Loi du 9 juillet	Montpellier à Cette	27	27	1839..	8	Mars	Montpellier à Cette	27	27
10° Compagnie du chemin de Paris à Versailles, r. g. (Fusion le 16 juillet 1851 dans la compagnie n° 38.)										
12	Ord. du 24 mai	Paris à Versailles (r. g.)	17	17	1840..	12	10 septembre	Paris à Versailles (r. g.)	17	17
11° Compagnie du chemin de Paris à Versailles, r. d. (Fusion le 16 juillet 1851 dans la compagnie n° 38.)										
11	Ord. du 24 mai	Asnières à Versailles (r. d.)	19	10	1839..	9	2 août	Asnières à Versailles (r. d.)	19	19
12° Compagnie du chemin de Mulhouse à Thann.										
13	Loi du 17 juillet	Mulhouse à Thann	21	21	1839..	10	12 septembre	Mulhouse à Thann	21	21
13° Compagnie du chemin de Bordeaux à la Teste. (Fusion le 1er septembre 1853 dans la compagnie n° 48.)										
14	Ord. du 15 décembre	Bordeaux à la Teste	53	53	1841..	18	7 juillet	Bordeaux à la Teste	53	53
14° Compagnie du chemin de Strasbourg à Bâle. (Fusion le 20 avril 1854 dans la compagnie n° 31.)										
15	Loi du 6 mars	Strasbourg à Bâle	139	139	1840..	14	18 octobre	Benfeld à Colmar	39	»
73	Déc. du 25 février	Strasbourg à Wissembourg	59	198	1840..	15	25 octobre	Mulhouse à Saint-Louis	28	67
					1841..	17	1er mai	Kœnigshoffen à Benfeld	27	»
					1841..	19	15 août	Colmar à Mulhouse	42	136
					1844..	24	26 mars	Kœnigshoffen à Strasbourg (extra-muros)	1	»
					1844..	25	13 juin	Saint-Louis à la frontière	1	138
					1847..	31	....	Entrée dans Strasbourg	1	139

Développement par compagnie.

ACCROISSEMENTS SUCCESSIFS PAR COMPAGNIE

Des longueurs concédées.						Des longueurs livrées à l'exploitation.				
Désignation de l'année.	Numéro d'ordre du tabl. n° 1.	Date et nature des décisions.	Désignation des lignes concédées.	Longueur partielle.	Longueur cumulée.	Désignation de l'année.	Numéro d'ordre du tabl. n° 2.	Date des livraisons successives.	Désignation des parties livrées à l'exploitation.	Longueur partielle.
				kil.	kil.					kil.
			15° Compagnie du chemin de Paris à la mer. (Concession abandonnée en 1839.)							
1838..	16	Loi du 6 juillet	Paris au Havre et embranchts sur Elbeuf et Louviers.	240	240	″	″			″
			16° Compagnie du chemin d'Orléans et prolongements.							
1838..	17	Loi du 7 juillet	Paris à Orléans et embranchements	160	160	1840..	13	20 septembre	Paris à Corbeil	31
1839..	21	Loi du 1er août	Réduction de la concess. à la ligne de Paris à Corbeil.	-129	81	1843..	22	5 mai	Juvisy à Orléans	102
1840..	22	Loi du 15 juillet	Juvisy à Orléans	102	133	1852..	″		Fusion des compagnies n°s 23, 24 et 32	655
1852..	77	Décret du 27 mars	Le Guétin à Clermont et à Roanne, etc	512	″	1852..	82	20 septembre	Bordeaux à Angoulême	132
1852..	77	Décret du 27 mars	Fusion des compagnies n°s 23, 24 et 32	900	1,545	1853..	85	15 mai	Le Guétin à Moulins	51
1853..	92	Décret du 17 août	Tours au Mans et Nantes à Saint-Nazaire	146	1,691	1853..	86	18 juillet	Poitiers à Angoulême	113
			Savenay à Redon 50			1853..	87	22 août	Moulins à Varennes	27
1855..	109	Décret du 20 juin	Redon à Quimper et Châteaulin 199 — 285			1854..	88	1er janvier	Prolongement sur les quais de Nantes	2
			Embranchement sur Napoléonville 36	″		1854..	93	2 mai	Châteauroux à Argenton	31
			À déduire : Sections abandonnées aux compagnies n°s 49 et 59 243			1854..	96	19 juin	Varennes à Saint-Germain-des-Fossés	13
									À déduire : Sections abandonnées à la Cie n° 59. Juvisy à Corbeil 11	
			Reste	42	1,733				Nevers à Saint-Germain-des-Fossés 102	113
			17° Compagnie de Lille à Dunkerque. (Concession abandonnée en 1839.)							
1838..	18	Loi du 9 juillet	Lille à Dunkerque	85	85	″	″			″
			18° Compagnie du chemin de Paris à Rouen. (Fusion le 7 avril 1855 dans la compagnie n° 58.)							
1840..	23	Loi du 15 juillet	Colombes à Rouen	131	131	1843..	23	9 mai	Colombes à Saint-Sever	128
						1847..	34	22 mars	Demi-traversée de Rouen	3
			19° Compagnie du chemin de Rouen au Havre. (Fusion le 7 avril 1855 dans la compagnie n° 58.)							
1842..	27	Loi du 11 juin	Rouen au Havre	92	92	1847..	33	22 mars	Rouen (demi-traversée) au Havre	92
			20° Compagnie du chemin d'Avignon à Marseille. (Fusion le 8 juillet 1852 dans la compagnie n° 40.)							
1843..	35	Loi du 24 juillet	Avignon à Marseille et embranchements	129	129	1847..	37	18 octobre	Saint-Chamas à Rognonas	67
						1847..	39	1er novembre	Saint-Chamas au Pas-des-Lanciers	36
						1848..	42	15 janvier	Marseille au Pas-des-Lanciers	18
						1849..	51	5 mars	Rognonas à Avignon	5
			21° Compagnie du chemin de Paris à Orsay.							
1844..	39	Ord. du 6 septembre	Paris à Sceaux	11	11	1846..	30	23 juin	Paris à Sceaux	11
1853..	87	Décret du 30 avril	Bourg-la-Reine à Orsay	14	25	1854..	100	29 juillet	Bourg-la-Reine à Orsay	14
			22° Compagnie du chemin d'Amiens à Boulogne. (Fusion le 19 février 1852 dans la compagnie n° 28.)							
1844..	40	Ord. du 24 octobre	Amiens à Boulogne	123	123	1847..	32	15 mars	Amiens à Abbeville	44
						1847..	41	21 novembre	Abbeville à Neufchâtel	65
						1848..	44	17 avril	Neufchâtel à Boulogne	14
			23° Compagnie du chemin du Centre. (Fusion le 27 mars 1852 dans la compagnie n° 16.)							
1844..	41	Ord. du 24 octobre	Orléans à Châteauroux et au bec d'Allier	231	231	1847..	36	20 juillet	Orléans à Vierzon et Bourges	113
1848..	64	Convention du 9 déc.	Le Guétin à Nevers	11	242	1847..	40	15 novembre	Vierzon à Châteauroux	60
						1849..	52	20 mai	Bourges à Nérondes	36
						1850..	66	5 octobre	Nérondes à Nevers	33
			24° Compagnie du chemin d'Orléans à Bordeaux. (Fusion le 27 mars 1852 dans la compagnie n° 16.)							
1844..	42	Ord. du 24 octobre	Orléans à Bordeaux	461	461	1846..	28	2 avril	Orléans à Tours	115
						1851..	72	15 juillet	Tours à Poitiers	101
			25° Compagnie du chemin de Montpellier à Nîmes. (Fusion le 8 juillet 1852 dans la compagnie n° 40.)							
1844..	43	Ord. du 1er novembre	Montpellier à Nîmes	52	52	1845..	26	9 janvier	Montpellier à Nîmes	55
			26° Compagnie du chemin de Montereau à Troyes. (Fusion le 17 août 1853 dans la compagnie n° 31.)							
1845..	45	Ord. du 25 janvier	Montereau à Troyes	100	100	1848..	43	10 avril	Montereau à Troyes	100
			27° Compagnie belge d'entre Sambre et Meuse.							
1845..	46	Ord. du 8 mars	Vireux à la frontière belge	2	2	1854..	99	24 juillet	Vireux à la frontière belge	2
			28° Compagnie du chemin du Nord.							
1845..	47	Ord. du 10 septembre	Paris à la frontière belge et embranchements	482	482	1845..	″	10 septembre	Lille et Valenciennes à la frontière (rep. sur l'État)	27
1847..	60	Ord. du 1er avril	Fusion de la compagnie n° 34	102	584	1846..	29	20 juin	Paris à Lille et à Valenciennes	319
1852..	72	Décret du 19 février	Saint-Quentin à Erquelines, La Fère à Reims, etc.	205	″	1847..	38	21 octobre	Creil à Compiègne	33
1852..	72	Décret du 19 février	Fusion de la compagnie n° 22	123	912	1848..	47	1er septembre	Lille à Saint-Pierre-lès-Calais et à Dunkerque	102
1853..	91	Décret du 13 août	Paris à Creil et déviation de Cambrai	51	963	1849..	50	26 février	Compiègne à Noyon	25
1854..	104	Décret du 17 octobre	Noyelles à Saint-Valery	5	968	1849..	57	20 août	Saint-Pierre-lès-Calais à Calais	3
						1849..	62	21 octobre	Noyon à Chauny	17
						1850..	60	1er janvier	Chauny à Tergnier-la-Fère	7
						1850..	63	23 mai	Tergnier à Saint-Quentin	22
						1852..	″		Fusion de la compagnie n° 22	123

Développement par compagnie.

ACCROISSEMENTS SUCCESSIFS PAR COMPAGNIE

DES LONGUEURS CONCÉDÉES.					DES LONGUEURS LIVRÉES À L'EXPLOITATION.					
Numéro d'ordre du tabl. n° 1.	Date et nature des décisions.	Désignation des lignes concédées.	Longueur partielle.	Longueur cumulée.	Désignation de l'année.	Numéro d'ordre du tabl. n° 2.	Date des livraisons successives.	Désignation des parties livrées à l'exploitation.	Longueur partielle.	Longueur cumulée.
			kil.	kil.					kil.	kil.
29e Compagnie du chemin de Fampoux à Hazebrouck. (Concession abandonnée en 1847.)										
48	Ord. du 10 septembre...	Fampoux à Hazebrouck..............	54	54	»	»	....	....	»	»
30e Compagnie des chemins de Dieppe et Fécamp. (Fusion le 7 avril 1855 dans la compagnie n° 58.)										
49	Ord. du 18 septembre..	Malaunay à Dieppe et Fécamp..............	71	71	1848..	46	1er août..............	Malaunay à Dieppe..............	51	51
31e Compagnie des chemins de l'Est.										
50	Ord. du 27 novembre...	Paris à Strasbourg et embranchements..........	654	654	1849..	53	5 juillet..............	Paris à Meaux..............	45	»
74	Décret du 25 mars.....	Metz à Thionville..............	30	684	1849..	58	26 août..............	Meaux à Épernay..............	97	»
95	Décret du 17 août.....	Paris à Mulhouse, etc..............	618	»	1849..	61	10 novembre..............	Épernay à Châlons..............	31	173
95	Décret du 17 août.....	Fusion des compagnies nos 26 et 44..........	275	1,577	1850..	64	10 juillet..............	Metz à Nancy..............	57	»
99	Décret du 20 avril.....	Strasbourg à Kehl..............	6	»	1850..	65	5 septembre..............	Châlons à Vitry..............	33	263
99	Décret du 20 avril.....	Fusion de la compagnie n° 14..............	198	1,781	1851..	69	27 mai..............	Vitry à Bar-le-Duc..............	49	»
					1851..	70	29 mai..............	Sarrebourg à Strasbourg..............	71	»
					1851..	73	24 juillet..............	Metz à Saint-Avold..............	50	»
					1851..	75	15 novembre..............	Bar-le-Duc à Commercy..............	40	»
					1851..	76	16 novembre..............	Saint-Avold à Forbach..............	20	493
					1852..	77	19 juin..............	Commercy à Frouard..............	50	»
					1852..	80	12 août..............	Nancy à Sarrebourg..............	77	»
					1852..	83	16 novembre..............	Forbach à la frontière prussienne..............	4	624
					1853..	»	....	Fusion de la compagnie n° 26..............	100	724
					1854..	89	15 février..............	Blesme à Saint-Dizier..............	17	»
					1854..	»	....	Fusion de la compagnie n° 14..............	139	»
					1854..	93	5 juin..............	Épernay à Reims..............	30	»
					1854..	101	16 septembre..............	Metz à Thionville..............	30	940
32e Compagnie du chemin de Tours à Nantes. (Fusion le 27 mars 1852 dans la compagnie n° 16.)										
51	Ord. du 27 novembre...	Tours à Nantes..............	197	197	1848..	48	20 décembre..............	Tours à Saumur..............	64	64
					1849..	55	1er août..............	Saumur à Angers..............	44	108
					1851..	74	21 août..............	Angers à Nantes..............	87	195
33e Compagnie du chemin de Paris à Lyon. (Concession rachetée par l'État en 1848.)										
52	Ord. du 21 décembre....	Paris à Lyon..............	512	512	»	»	....	....	»	»
34e Compagnie du chemin de Creil à Saint-Quentin (Fusion le 1er avril 1847 dans la compagnie n° 28.)										
53	Ord. du 29 décembre....	Creil à Saint-Quentin..............	102	102	»	»	....	....	»	»
35e Compagnie du chemin d'Asnières à Argenteuil. (Fusion en 1850 dans la compagnie n° 6.)										
54	Ord. du 10 janvier.....	Asnières à Argenteuil..............	4	4	»	»	....	....	»	»
36e Compagnie du chemin de Lyon à Avignon. (Concession abandonnée en 1847.)										
55	Ord. du 11 juin.......	Lyon à Avignon et embranchement sur Grenoble..	332	332	»	»	....	....	»	»
37e Compagnie du chemin de Bordeaux à Cette. (Concession abandonnée en 1847.)										
57	Loi du 21 juin.........	Bordeaux à Cette..............	470	»	»	»	....	....	»	»
58	Ord. du 1er juillet......	Embranchement de Castres..............	50	520						
38e Compagnie du chemin de l'Ouest. (Fusion le 7 avril 1855 dans la compagnie n° 58.)										
65	Décret du 16 juillet....	Versailles à Rennes et embranchement de Viroflay..	360	»	1851..	»	....	Versailles à Chartres (reprise sur l'État)..........	73	»
65	Décret du 16 juillet....	Fusion des compagnies nos 10 et 11..............	36	396	1851..	»	....	Fusion des compagnies nos 10 et 11..............	36	109
79	Loi du 8 juillet........	Mézidon au Mans..............	139	535	1852..	79	20 juillet..............	Raccordement de Viroflay..............	2	»
					1852..	81	7 septembre..............	Chartres à la Loupe..............	36	147
					1854..	90	16 février..............	La Loupe à Nogent-le-Rotrou..............	24	»
					1854..	94	1er juin..............	Nogent-le-Rotrou au Mans..............	63	234
39e Compagnie du chemin de Ceinture.										
67	Décret du 11 décembre..	Ceinture..............	17	17	1852..	84	12 décembre..............	De la gare de Rouen à celle du Nord..............	7	7
					1854..	91	25 mars..............	De la gare du Nord à celle d'Orléans..............	10	17
40e Compagnie du chemin de Lyon à la Méditerranée.										
68	Décret du 3 janvier.....	Lyon à Avignon..............	234	»	1852..	»	....	Fusion des compagnies nos 8, 9, 20 et 25..............	288	»
78	Loi du 8 juillet........	Marseille à Toulon, Rognac à Aix..............	93	»	1852..	78	17 juillet..............	Traversée du Rhône et raccordements..............	6	294
78	Loi du 8 juillet........	Fusion des compagnies nos 8, 9, 20 et 25.......	297	624	1854..	97	29 juin..............	Avignon à Valence..............	126	420
					1855..	104	16 avril..............	Lyon à Valence..............	108	528
41e Compagnie du chemin de Paris à Lyon.										
69	Décret du 5 janvier.....	Paris à Lyon..............	512	512	1852..	»	5 janvier..............	Paris à Chalon (reprise sur l'État)..............	383	383
94	Décret du 17 août......	Embranchement d'Auxerre..............	20	532	1854..	98	10 juillet..............	Chalon à Lyon (Vaise)..............	125	508
100	Décret du 20 avril.....	Chalon et Bourg à Dôle..............	176	»	1855..	107	25 juin..............	Dijon à Dôle..............	47	551
100	Décret du 20 avril.....	Fusion de la compagnie n° 42..............	215	923						
42e Compagnie du chemin de Dijon à Besançon. (Fusion le 20 avril 1854 dans la compagnie n° 41.)										
70	Décret du 12 février....	Dijon à Besançon et embranchement d'Auxonne...	125	125	»	»	....	....	»	»
93	Décret du 17 août......	Besançon à Belfort..............	90	215	»	»	....	....	»	»
43e Compagnie des salines de l'Est.										
1	Décret du 12 février....	Dôle à Salins..............	39	39	»	»	....	....	»	»

DÉVELOPPEMENT PAR COMPAGNIE.

ACCROISSEMENTS SUCCESSIFS PAR COMPAGNIE

DES LONGUEURS CONCÉDÉES.						DES LONGUEURS LIVRÉES À L'EXPLOITATION.				
Désignation de l'année.	Numéro d'ordre du tabl. n° 1.	Date et nature des décisions.	Désignation des lignes concédées.	Longueur partielle.	Longueur cumulée.	Désignation de l'année.	Numéro d'ordre du tabl. n° 2.	Date des livraisons successives.	Désignation des parties livrées à l'exploitation.	Longueur partielle.
				kil.	kil.					kil.
44° Compagnie du chemin de Blesme à Gray. (Fusion le 17 août 1853 dans la compagnie n° 31.)										
1852..	75	Décret du 26 mars.....	Blesme à Gray...........................	175	175	»	»	....	....	»
45° Compagnie du chemin de Graissessac à Béziers.										
1852..	76	Décret du 27 mars......	Graissessac à Béziers..........................	53	53	»	»	....	....	»
46° Compagnie du chemin de Paris à Cherbourg. (Fusion le 7 avril 1855 dans la compagnie n° 58.)										
1852..	80	Loi du 8 juillet........	Mantes à Caen et Cherbourg..................	317	317	»	»	....	....	»
47° Compagnie du chemin de Provins aux Ormes.										
1852..	81	Décret du 28 juillet....	Provins aux Ormes........................	12	12	»	»	....	....	»
48° Compagnie des chemins du Midi.										
1852..	83	Décret du 24 août......	Bordeaux à Cette..........................	470	470	1853..	»	....	Fusion de la compagnie n° 13..................	53
1853..	84	Décret du 24 mars......	Embranchements de Bayonne et de Perpignan....	252	»	1854..	102	12 novembre..........	Lamothe à Dax..........................	105
1853..	96	Décret du 1er septembre.	Fusion de la compagnie n° 13...............	53	775	1855..	103	26 mars..............	Dax à Bayonne..........................	50
1854..	103	Décret du 19 août......	Agde à Pézénas et prolongement..............	25	800	1855..	106	31 mai...............	Bordeaux à Langon..........................	43
49° Compagnie du Grand-Central.										
1853..	85	Décret du 21 avril......	Clermont à Lempdes, etc..................	314	»	1853..	»	....	Fusion de la compagnie n° 52..................	150
1853..	97	Décret du 26 décembre..	Fusion de la compagnie n° 52................	150	464	1855..	105	7 mai..............	Section de Saint-Germain-des-Fossés à Clermont, reprises sur la compagnie n° 16..............	65
1855..	107	Décret du 7 avril......	Saint-Étienne au Lot et à Périgueux.. 504k; Limoges à Agen.............. 236; Marcillac à Rodez.............. 24 } 764k	»					À DÉDUIRE : Section de Lyon à Roanne et embranchement abandonnés à la compagnie n° 59.....	150
1855..	107	Décret du 7 avril.......	Saint-Germain à Clermont, reprise sur la compagnie n° 16...................... 65							
			829							
			À DÉDUIRE : Sections abandonnées à la compagnie n° 59...................... 150							
			RESTE................	679	1,143					
50° Compagnie du chemin de Lyon à Genève.										
1853..	86	Décret du 30 avril.....	Lyon à Genève et embranchement...............	214	214	»	»	....	....	»
51° Compagnie du chemin de Saint-Rambert à Grenoble.										
1853..	88	Décret du 7 mai.......	Saint-Rambert à Grenoble......................	98	98	»	»	....	....	»
52° Compagnie de jonction du Rhône et Loire. (Fusion le 26 décembre 1853 dans la compagnie n° 49.)										
1853..	89	Décret du 17 mai......	Fusion des cies nos 1, 2 et 3. (Pour mémoire.)...	150	150	1853..	»	....	Fusion des compagnies nos 1, 2 et 3. (Pour mémoire.)	150
53° Compagnie des Ardennes et de l'Oise.										
1853..	90	Décret du 20 juillet....	Reims à Mézières et Sedan, Creil à Beauvais.....	143	143	»	»	....	....	»
54° Compagnie du chemin de Carmaux à Alby.										
1854..	98	Décret du 4 mars......	Carmaux à Alby..........................	18	18	»	»	....	....	»
55° Compagnie du chemin de Bességes à Alais.										
1854..	101	Décret du 7 juin.......	Bességes à Alais..........................	30	30	»	»	....	....	»
56° Compagnie du chemin de Hautmont à la frontière belge.										
1854..	103	Décret du 19 août......	Hautmont à la frontière belge..................	8	8	»	»	....	....	»
57° Compagnie du chemin de Montluçon à Moulins.										
1854..	105	Décret du 17 octobre....	Montluçon à Moulins et embranchement sur Bézenet.	85	85	»	»	....	....	»
58° Compagnie des chemins de l'Ouest.										
1855..	106	Décret du 7 avril......	Lisieux à Honfleur.................. 36k; Serquigny à Rouen.................. 56; Argentan à Granville.................. 152; Argentan à la ligne de Chartres.......... 137; Le Mans à Angers.................. 105; Rennes à Brest.................. 249; Rennes à Saint-Malo.................. 74; Rennes à Redon.................. 72	881		1855..	»	....	Fusion des compagnies nos 6, 18, 19, 30 et 38..	540
1855..	106	Décret du 7 avril.......	Fusion des compagnies nos 6, 18, 19, 30, 38 et 46.	1,178	2,059					
59° Compagnie du chemin de Paris à Lyon par le Bourbonnais.										
1855..	108	Décret du 7 avril......	Corbeil à Nevers.................. 218; Moret à Montargis.................. 51; Roanne à Lyon.................. 75; Embranchement sur Vichy.............. 9	353	»	1855..	»	....	Reprise sur la compagnie n° 16 des sections de Juvisy à Corbeil et de Nevers à Saint-Germain-des-Fossés..............................	113
1855..	108	Décret du 7 avril.......	Section de Juvisy à Corbeil et de Nevers à Roanne (reprises sur la compagnie n° 16)........ 178; Lignes de Rhône et Loire (reprises sur la compagnie n° 49).................. 150	328	681				Reprise sur la compagnie n° 49 des lignes de Rhône et Loire..............................	150

TABLEAU N° 5.

SITUATION SUCCESSIVE

DES CAPITAUX ENGAGÉS PAR L'ÉTAT, LES COMPAGNIES, LES DÉPARTEMENTS, COMMUNES ET DIVERS.

1823 A 1854.

Situation successive des capitaux engagés par l'État, les compagnies, les départements, communes et divers.

Années.	Longueurs du réseau.	Total des capitaux engagés par l'État, les compagnies, les départemts, communes et divers, par année.	Total … cumulés au 31 décembre.	Par l'État. Allocations ou crédits généraux ou budgétaires. Études.	Prêts.	Subventions en argent.	Subventions en travaux. Crédits généraux.	Crédits budgétaires.	Total.	À déduire : pour remboursements à faire par les compagnies.	par les départemts, communes et divers.	pour non-emploi.	Total.	Par les compagnies. Emprunts particuliers.	Prêts de l'État.	Rentrées diverses.	Total.	Par les départements, communes et divers. vis-à-vis de l'État.	vis-à-vis des compagnies.	Total.
1	2	3	4	5	6	7	8	9	10	11	12	13	14	17	18	19	20	21	22	23
1823.	18	″	1,000,000	″	″	″	″	″	″	″	″	″	″	″	″	″	1,000,000	″	″	″
1824.	18	″	1,000,000	″	″	″	″	″	″	″	″	″	″	″	″	″	1,000,000	″	″	″
1825.	18	″	1,000,000	″	″	″	″	″	″	″	″	″	″	″	″	″	1,000,000	″	″	″
1826.	75	10,000,000	11,000,000	″	″	″	″	″	″	″	″	″	″	″	″	″	11,000,000	″	″	″
1827.	75	6,000,000	17,000,000	″	″	″	″	″	″	″	″	″	″	″	″	″	17,000,000	″	″	″
1828.	142	″	17,000,000	″	″	″	″	″	″	″	″	″	″	″	″	″	17,000,000	″	″	″
1829.	142	″	17,000,000	″	″	″	″	″	″	″	″	″	″	″	″	″	17,000,000	″	″	″
1830.	142	″	17,000,000	″	″	″	″	″	″	″	″	″	″	″	″	″	17,000,000	″	″	″
1831.	142	″	17,000,000	″	″	″	″	″	″	″	″	″	″	″	″	″	17,000,000	″	″	″
1832.	142	″	17,000,000	″	″	″	″	″	″	″	″	″	″	″	″	″	17,000,000	″	″	″
1833.	214	5,500,000	22,500,000	500,000	″	″	″	″	500,000	″	″	″	″	″	″	″	22,000,000	″	″	″
1834.	214	1,000,000	23,500,000	500,000	″	″	″	″	500,000	″	″	″	″	″	″	″	23,000,000	″	″	″
1835.	248	8,000,000	31,500,000	500,000	″	″	″	″	500,000	″	″	″	″	″	″	″	31,000,000	″	″	″
1836.	252	8,000,000	30,500,000	500,000	″	″	″	″	500,000	″	″	″	″	″	″	″	30,000,000	″	″	″
1837.	402	34,650,000	74,150,000	550,000	6,000,000	″	″	″	6,550,000	6,000,000	″	″	6,000,000	″	6,000,000	″	73,000,000	″	″	″
1838.	1,026	84,950,000	159,100,000	600,000	11,000,000	″	″	″	11,600,000	11,000,000	″	″	11,000,000	10,000,000	11,000,000	″	158,500,000	″	″	″
1839.	572	4,050,000	163,150,000	650,000	11,000,000	″	″	″	11,650,000	11,000,000	″	″	11,000,000	14,000,000	11,000,000	″	162,500,000	″	″	″
1840.	886	110,850,130	274,000,130	700,000	41,600,000	″	24,000,000	″	66,300,000	41,600,000	″	″	41,600,000	34,200,130	41,600,000	″	249,300,130	″	″	″
1841.	885	49,870	274,050,000	750,000	41,600,000	″	24,000,000	″	66,350,000	41,600,000	″	″	41,600,000	34,200,130	41,600,000	″	249,300,130	″	″	″
1842.	2,995	182,028,293	456,078,293	2,301,063	55,600,000	8,000,000	148,500,000	″	214,401,063	55,000,000	″	″	55,000,00[illegible]	48,177,230	55,600,000	″	297,277,230	″	″	″
1843.	3,012	32,035,364	488,113,837	2,331,597	55,600,000	45,000,000	118,500,000	″	221,431,597	55,600,000	″	″	55,600,00[illegible]	52,432,260	55,600,000	″	322,282,260	″	″	″
1844.	3,964	455,487,499	943,601,336	2,331,597	55,600,000	46,800,000	427,235,000	″	531,966,597	55,600,000	″	″	55,600,00[illegible]	56,884,759	55,600,000	″	467,234,759	″	″	″
1845.	4,447	523,420,575	1,467,021,931	2,496,597	55,600,000	46,800,000	452,135,000	″	557,031,597	152,126,043	908,957	15,000,000	168,035,[illegible]	[illegible]63,690,377	55,600,000	70,000	1,075,916,377	908,957	1,200,000	2,108,957
1846.	5,808	444,520,052	1,911,541,983	2,615,597	55,600,000	61,800,000	579,035,000	″	699,051,597	152,126,043	908,957	15,000,000	168,035,[illegible]	[illegible]75,066,420	56,600,000	100,000	1,378,416,420	908,957	1,200,000	2,108,957
1847.	4,792	*272,751,007*	1,638,790,976	2,736,597	58,600,000	65,800,000	597,635,000	″	724,771,597	159,126,043	908,957	34,000,000	194,035,[illegible]	[illegible]02,184,759	58,600,000	4,410,663	1,105,945,422	908,957	1,200,000	2,108,957
1848.	4,716	*93,029,845*	1,545,761,131	2,786,597	58,600,000	65,800,000	603,635,000	81,242,158	812,063,755	159,126,043	908,957	34,000,000	194,035,[illegible]	[illegible]21,539,773	58,600,000	4,753,640	925,643,419	908,957	1,200,000	2,108,957
1849.	4,716	13,409,659	1,559,190,790	2,786,597	58,600,000	65,800,000	615,856,000	81,010,900	824,053,497	160,126,043	908,957	34,000,000	195,035,[illegible]	[illegible]22,884,750	58,600,000	4,926,577	927,163,336	908,957	1,200,000	2,108,957
1850.	4,716	61,572,118	1,620,762,908	2,786,597	58,600,000	65,800,000	609,856,000	83,570,075	869,613,272	160,126,043	908,957	34,000,000	195,035,[illegible]	[illegible]39,106,317	58,600,000	5,019,362	944,075,679	908,957	1,200,000	2,108,957
1851.	4,969	11,676,548	1,632,439,456	2,786,597	58,600,000	65,800,000	661,456,000	110,734,722	899,377,319	163,126,043	908,957	34,000,000	198,035,[illegible]	[illegible]18,088,759	58,600,000	6,039,419	925,958,178	908,957	1,200,000	2,108,957
1852.	4,916	550,676,969	2,181,372,493	2,786,597	58,600,000	182,800,000	680,456,000	165,368,624	1,088,211,221	305,990,675	6,158,957	49,811,256	361,960,[illegible]	[illegible]86,370,425	58,600,000	11,986,678	1,430,213,103	6,158,957	12,760,000	18,908,957
1853.	8,860	476,854,400	2,658,226,893	2,786,597	58,600,000	222,100,000	680,456,000	169,516,294	1,135,458,891	305,990,675	6,158,957	49,811,256	361,960,[illegible]	[illegible]16,317,560	58,600,000	21,852,333	1,867,810,833	6,158,957	12,750,000	18,908,957
1854.	9,213	130,873,436	2,789,100,329	2,786,597	58,600,000	222,100,000	680,456,000	172,123,014	1,136,065,611	305,990,661	6,158,957	49,811,256	361,960,[illegible]	[illegible]70,732,397	58,600,000	28,990,018	1,996,101,515	6,158,957	12,735,000	18,893,957

OBSERVATIONS.

(1) Par les villes de Lille et de Douai et par divers particuliers (chemin du Nord).

(2) Crédit non employé pour le chemin du Nord.

(3) Le total de la colonne 19, pour 1845, est inférieur à celui de 1844 par suite de la concession du chemin du Nord, concession qui a mis à la charge de la compagnie toutes les avances faites ou à faire pour ce chemin. [illegible]

[illegible]

TABLEAU N° 6.

SITUATION SUCCESSIVE

DES CAPITAUX DÉPENSÉS PAR L'ÉTAT, LES COMPAGNIES, LES DÉPARTEMENTS, LES COMMUNES ET DIVERS.

1823 A 1854.

SITUATION SUCCESSIVE DES CAPITAUX DÉPENSÉS par les compagnies, les départements et divers, sur les lignes en exploitation et en construction. — 1823 à 1854.

ANNÉES.	LONGUEURS du RÉSEAU.	DÉPENSE TOTALE PAR L'ÉTAT, les compagnies et divers		DÉPENSES OU AVANCES DE [illegible] les prêts.							DÉPENSES DES COMPAGNIES			DÉPENSES des DÉPARTEMENTS, COMMUNES et divers.	OBSERVATIONS.
		PAR ANNÉE.	cumulée au 31 décembre.	ÉTUDES.	SUBVENTIONS.	TRAVAUX remboursables.	TRAVAUX non remboursables.	[illegible]	à déduire pour remboursements effectués (pour travaux).	TOTAL restant au compte de l'État.	en TRAVAUX.	en REMBOURSEMENT sur les travaux.	TOTAL.		
1	2	3	4	5	6	7	8	9	10	11	12	13	14	15	16
	kil.	fr.	fr.	fr.	fr.	fr.		fr.	fr.	fr.	fr.	fr.	fr.	fr.	
1823	18	300,000	300,000	»	»	»	[illegible]	[illegible]	»	»	300,000	»	30,0000	»	[1] Par la ville du Havre.
1824	18	500,000	800,000	»	»	»	[illegible]	[illegible]	»	»	800,000	»	800,000	»	[2] Idem.
1825	18	200,000	1,000,000	»	»	»	[illegible]	[illegible]	»	»	1,000,000	»	1,000,000	»	[3] Par la ville du Havre ... 300,000f — de Saint-Germain ... 30,500. Total ... 330,500
1826	75	500,000	1,500,000	»	»	»	[illegible]	[illegible]	»	»	1,500,000	»	1,500,000	»	
1827	75	500,000	2,000,000	»	»	»	[illegible]	[illegible]	»	»	2,000,000	»	2,000,000	»	[4] Par la ville du Havre ... 300,000 — de Saint-Germain ... 51,260. Total ... 351,260
1828	142	300,000	2,300,000	»	»	»	[illegible]	[illegible]	»	»	2,300,000	»	2,300,000	»	
1829	142	1,000,000	3,300,000	»	»	»	[illegible]	[illegible]	»	»	3,300,000	»	3,300,000	»	[5] Par la ville du Havre ... 400,000 — de Saint-Germain ... 72,500. Total ... 472,500
1830	142	2,138,718	5,438,718	»	»	»	[illegible]	[illegible]	»	»	5,438,718	»	5,438,718	»	
1831	142	3,030,437	8,469,155	»	»	»	[illegible]	[illegible]	»	»	8,469,155	»	8,469,155	»	[6] Par la ville du Havre ... 500,000 — de Saint-Germain ... 93,750. Total ... 593,750
1832	142	1,554,545	10,023,700	»	»	»	[illegible]	[illegible]	»	»	10,023,700	»	10,023,700	»	
1833	214	7,086,907	17,110,607	102,600	»	»	[illegible]	[illegible]	»	102,600	17,008,007	»	17,008,007	»	[7] Par la ville du Havre ... 600,000 — de Saint-Germain ... 115,000. Total ... 715,000
1834	214	3,817,039	20,927,646	380,375	»	»	[illegible]	[illegible]	»	380,375	20,547,271	»	20,547,271	»	
1835	248	6,216,931	27,144,577	480,107	»	»	[illegible]	[illegible]	»	480,107	26,664,470	»	26,664,470	»	[8] Par la ville du Havre ... 700,000 — de Saint-Germain ... 136,250. Total ... 836,250
1836	292	7,950,278	35,094,855	500,000	»	»	[illegible]	[illegible]	»	500,000	34,594,855	»	34,594,855	»	
1837	402	18,686,742	53,781,597	549,419	»	»	[illegible]	[illegible]	»	549,419	53,232,178	»	53,232,178	»	[9] Total ci-contre ... 1,818,038,579. Déduisant le montant des dépenses faites pour études (col. 5) ... 3,337,053. Total égal à celui de la col. 9 du tableau n° 11 ... [illegible]
1838	1,026	21,903,031	75,684,628	599,332	»	»	[illegible]	[illegible]	»	599,332	75,085,296	»	75,085,296	»	
1839	572	26,785,300	102,469,928	642,466	»	»	[illegible]	[illegible]	»	642,466	101,827,462	»	101,827,462	»	[10] Par la ville du Havre ... 750,000 — de Saint-Germain ... 157,500. Par le départemt de la Seine (à l'État) ... 100,000; Par la ville de Bercy (idem) ... 25,000; — d'Ivry (idem) ... 25,000 } 150,000. Total ... 1,057,500
1840	884	39,477,424	141,947,352	692,215	»	»	[illegible]	[illegible]	»	762,855	141,184,497	»	141,184,497	»	
1841	885	36,679,141	178,626,493	741,349	»	»	[illegible]	[illegible]	»	3,228,740	175,397,753	»	175,397,753	»	[11] Total ci-contre ... 2,161,597,775. Déduisant le montant des dépenses faites pour études (col. 5) ... 3,500,123. Total égal à celui de la col. 5 du tableau n° 11 ... 2,158,097,652
1842	2,095	52,257,946	230,884,421	1,355,369	»	»	[illegible]	[illegible]	»	13,510,458	217,373,963	»	217,373,963	»	
1843	3,012	65,932,774	296,817,195	2,026,035	»	»	[illegible]	[illegible]	»	47,126,130	249,691,065	»	249,691,065	»	[12] Les dépenses faites pour études sont plus élevées que les capitaux engagés pour ces dépenses (voir le tableau n° 5), par la raison que, depuis quelques années, les sommes employées pour cet usage ont été prélevées sur les fonds des travaux, tandis que précédemment les études étaient faites à l'aide de fonds spéciaux.
1844	3,964	84,559,401	381,376,596	2,241,705	5,200	»	[illegible]	[illegible]	»	56,182,777	275,193,819	»	275,193,819	»	
1845	4,447	134,204,874	495,581,470	2,471,445	23,853,045	77,387,404	[illegible]	[illegible]	25,200,000	136,797,893	330,483,577	25,200,000	358,083,577	[9] 100,000	[13] Les dépenses de la colonne 15 sont les mêmes qu'en 1853, à l'exception du solde de la subvention d'un million accordée par la ville du Havre à la compagnie de ce nom, lequel solde montant à 250,000 francs payé en 1854.
1846	5,508	194,162,780	589,744,250	2,577,277	42,668,027	91,874,722	[illegible]	[illegible]	37,200,000	210,420,008	441,924,242	37,200,000	479,124,242	[9] 200,000	
1847	4,702	276,847,475	966,591,725	2,636,163	46,812,822	97,140,117	[illegible]	[illegible]	45,558,750	281,452,417	639,250,558	45,558,750	684,809,308	[9] 330,000	
1848	4,716	174,456,287	1,141,047,082	2,664,187	48,613,893	98,050,080	[illegible]	[illegible]	45,558,750	423,255,104	668,889,558	48,558,750	717,441,808	[9] 351,250	
1849	4,716	129,994,963	1,271,042,045	2,670,225	48,532,731	99,460,391	[illegible]	[illegible]	60,558,750	491,658,502	718,353,173	60,558,750	778,911,923	[9] 472,300	
1850	4,715	102,728,460	1,373,771,388	2,678,225	48,727,711	99,815,655	[illegible]	[illegible]	72,558,750	542,404,971	758,153,914	72,558,750	830,712,664	[9] 593,750	
1851	4,959	89,948,575	1,463,719,960	2,687,755	48,767,269	103,155,685	[illegible]	[illegible]	82,743,288	570,454,564	800,777,108	82,743,288	883,520,396	[9] 715,000	
1852	6,014	117,288,508	1,581,008,568	2,741,442	54,720,033	237,002,085	[illegible]	[illegible]	133,733,860	573,369,330	873,069,128	133,733,860	1,006,802,988	[9] 839,250	
1853	5,890	237,030,011	[11] 1,818,038,579	3,337,053	76,037,063	238,749,532	[illegible]	[illegible]	169,936,793	595,134,427	1,052,079,850	169,776,793	1,221,856,652	[10] 1,057,300	
1854	9,213	343,558,196	[11] 2,161,597,775	[12] 3,500,123	122,888,360	258,749,599	[illegible]	[illegible]	203,093,520	630,079,815	1,326,366,934	203,843,520	1,530,210,460	[13] 1,307,000	

TABLEAU N° 7.

PARTIE DU RÉSEAU LIVRÉE A L'EXPLOITATION.

RELEVÉ SUCCESSIF,

PAR CHEMIN,

DES DÉPENSES DE PREMIER ÉTABLISSEMENT.

1841 A 1854.

RÉSUMÉ.

…ÉES.	LONGUEURS TOTALES livrées au 31 décembre.	SOMMES TOTALES DÉPENSÉES			PAR KILOMÈTRE			RAPPORT p. o/o de la dépense de l'État à la dépense totale.	OBSERVATIONS.
		par L'ÉTAT.	par LES COMPAGNIES.	ENSEMBLE.	par L'ÉTAT.	par les COMPAGNIES.	ENSEMBLE.		
1	2	3	4	5	6	7	8	9	10
	kilom.	fr.	fr.	fr.	fr.	fr.	fr.		
....	569	"	165,397,753	165,397,753	"	290,681	290,681	"	
....	597	"	182,373,962	182,373,962	"	305,484	305,484	"	
....	827	9,194,511	249,036,669	258,231,180	11,117	301,132	312,249	3 56	
....	829	10,219,888	257,656,711	267,876,599	12,327	310,804	323,131	3 81	
....	881	13,868,016	278,131,830	291,999,846	15,741	315,700	331,441	4 74	
....	1,320	14,423,953	383,363,293	397,787,246	10,927	290,426	301,353	3 62	
....	1,830	68,673,690	561,909,363	630,583,053	37,526	307,054	344,580	10 89	
....	2,222	110,500,810	687,086,063	797,586,873	49,730	309,219	358,949	13 85	
....	2,861	309,492,947	780,502,498	1,089,995,445	108,176	272,807	380,983	28 39	
....	3,013	339,510,335	818,140,484	1,157,650,819	112,681	271,537	384,218	29 32	
....	3,558	461,489,939	887,209,087	1,348,699,026	129,705	249,356	379,061	34 21	
....	3,872	414,307,967	1,084,405,665	1,498,713,632	107,001	280,064	387,065	27 64	
....	4,063	425,734,096	1,169,964,762	1,595,698,858	104,783	287,956	392,739	26 68	
....	(¹) 4,660	508,657,109	1,360,667,827	1,869,324,936	109,154	291,988	401,142	27 21	(¹) Non compris 2k de Vireux à la frontière, exploités par une compagnie belge.

RELEVÉ SUCCESSIF, par chemin, des dépenses de premier établissement.

COMPAGNIES.	ANNÉES.	LIGNES OU SECTIONS.	LONGUEURS TOTALES livrées au 31 décembre.	SOMMES TOTALES DÉPENSÉES par l'État.	par les compagnies.	ensemble.	PAR KILOMÈTRE par l'État.	par les compagnies.	ensemble.	RAPPORT p. % de la dépense de l'État à la dépense totale.	OBSERVATIONS.
1	2	3	4	5	6	7	8	9	10	11	12
			kilom.	fr.	fr.	fr.	fr.	fr.	fr.		
Nord.	1843...	Lille et Valenciennes à la frontière....	27	9,194,511	"	9,194,511	340,537	"	340,537	100 00 (*)	(*) Non [illegible]
	1844...	Idem.	27	10,219,888	"	10,219,888	378,514	"	378,514	100 00 (*)	
	1845...	Idem.	27	"	10,814,361	10,814,361	"	400,532	400,532	"	
	1846...	Paris à la frontière.	337	"	105,178,689	105,178,689	"	312,102	312,102	"	
	1847...	Ligne principale et embranchements...	370	"	142,047,464	142,047,464	"	383,912	383,912	"	
	1848...	Idem.	512	"	179,190,094	179,190,094	"	349,982	349,982	"	
	1849...	Idem.	555	"	192,473,304	192,473,304	"	346,798	346,798	"	
	1850...	Idem.	584	"	197,219,816	197,219,816	"	337,705	337,705	"	
	1847...	Amiens à Neufchâtel.	109	"	30,441,870	30,441,870	"	279,283	279,283	"	
	1848...	Amiens à Boulogne.	123	"	37,911,498	37,911,498	"	308,223	308,223	"	
	1849...	Idem.	123	"	38,308,992	38,308,992	"	311,455	311,455	"	
	1850...	Idem.	123	"	38,212,978	38,212,978	"	310,674	310,674	"	
	1851...	Nord et Boulogne.	707	"	236,716,737	236,716,737	"	334,818	334,818	"	
	1852...	Idem.	707	"	240,375,841	240,375,841	"	339,994	339,994	"	
	1853...	Idem.	707	"	250,382,279	250,382,279	"	354,147	354,147	"	
	1854...	Idem.	707	"	255,138,200	255,138,200	"	360,874	360,874	"	
Anzin à Somain.	1841...	Saint-Waast à Abscon.	15	"	2,500,000	2,500,000	"	166,666	166,666	"	
	1842...	Anzin à Abscon.	16	"	2,500,000	2,500,000	"	156,250	156,250	"	
	1843...	Idem.	16	"	2,500,000	2,500,000	"	156,250	156,250	"	
	1844...	Idem.	16	"	2,500,000	2,500,000	"	156,250	156,250	"	
	1845...	Idem.	16	"	2,500,000	2,500,000	"	156,250	156,250	"	
	1846...	Idem.	16	"	2,650,000	2,650,000	"	165,625	165,625	"	
	1847...	Idem.	16	"	2,793,202	2,793,202	"	174,575	174,575	"	
	1848...	Anzin à Somain.	19	"	2,928,409	2,928,409	"	154,126	154,126	"	
	1849...	Idem.	19	"	3,035,938	3,035,938	"	159,786	159,786	"	
	1850...	Idem.	19	"	3,035,938	3,035,938	"	159,786	159,786	"	
	1851...	Idem.	19	"	3,054,876	3,054,876	"	160,783	160,783	"	
	1852...	Idem.	19	"	3,080,383	3,080,383	"	162,125	162,125	"	
	1853...	Idem.	19	"	2,237,570	2,237,570	"	117,767	117,767	"	
	1854...	Idem.	19	"	2,282,461	2,282,461	"	120,129	120,129	"	
Ceinture.	1853...	De la gare de Rouen à celle du Nord....	7	"	1,007,108	1,907,108	"	272,444	272,444	"	
	1854...	De la gare de Rouen à celle d'Orléans.	17	7,709,602	5,928,502 (*)	13,638,104	453,500	348,735	802,241	56 53	(*) Y compris [illegible]

RELEVÉ SUCCESSIF, par chemin, des dépenses de premier établissement.

COMPAGNIES.	ANNÉES.	LIGNES OU SECTIONS.	LONGUEURS TOTALES livrées au 31 décembre.	SOMMES TOTALES DÉPENSÉES par l'État.	par les compagnies.	ensemble.	PAR KILOMÈTRE par l'État.	par les compagnies.	ensemble.	RAPPORT p. % de la dépense de l'État à la dépense totale.	OBSERVATIONS.
1	2	3	4	5	6	7	8	9	10	11	12
			kilom.	fr.	fr.	fr.	fr.	fr.	fr.		
	1841...	Strasbourg à Bâle.	136	"	41,182,106	41,182,106	"	302,809	302,809	"	
	1842...	Idem.	136	"	41,274,093	41,274,093	"	303,485	303,485	"	
	1843...	Idem.	136	"	43,483,119	43,483,119	"	319,728	319,728	"	
	1844...	Idem.	138	"	43,599,608	43,599,608	"	315,939	315,939	"	
	1845...	Idem.	138	"	43,673,602	43,673,602	"	316,475	316,475	"	
	1846...	Idem.	138	"	43,790,433	43,790,433	"	317,321	317,321	"	
	1847...	Idem.	139	"	44,231,393	44,231,393	"	318,212	318,212	"	
	1848...	Idem.	139	"	44,187,734	44,187,734	"	317,897	317,897	"	
	1849...	Idem.	139	"	43,609,716	43,609,716	"	313,738	313,738	"	
	1850...	Idem.	139	"	43,644,729	43,644,729	"	313,990	313,990	"	
	1851...	Idem.	139	"	43,723,740	43,723,740	"	314,559	314,559	"	
	1852...	Idem.	139	"	43,947,861	43,947,861	"	316,171	316,171	"	
	1853...	Idem.	139	"	43,996,593	43,996,593	"	316,522	316,522	"	
	1841...	Mulhouse à Thann.	21	"	2,600,000	2,600,000	"	123,809	123,809	"	
	1842...	Idem.	21	"	2,869,096	2,869,096	"	136,623	136,623	"	
	1843...	Idem.	21	"	2,869,096	2,869,096	"	136,623	136,623	"	
	1844...	Idem.	21	"	2,869,096	2,869,096	"	136,623	136,623	"	
	1845...	Idem.	21	"	2,869,096	2,869,096	"	136,623	136,623	"	
	1846...	Idem.	21	"	2,869,096	2,869,096	"	136,623	136,623	"	
	1847...	Idem.	21	"	2,869,096	2,869,096	"	136,623	136,623	"	
	1848...	Idem.	21	"	2,869,096	2,869,096	"	136,623	136,623	"	
	1849...	Idem.	21	"	2,869,096	2,869,096	"	136,623	136,623	"	
	1850...	Idem.	21	"	2,869,096	2,869,096	"	136,623	136,623	"	
	1851...	Idem.	21	"	2,869,096	2,869,096	"	136,623	136,623	"	
	1852...	Idem.	21	"	2,869,096	2,869,096	"	136,623	136,623	"	
	1853...	Idem.	21	"	2,869,096	2,869,096	"	136,623	136,623	"	
	1854...	Idem.	21	"	2,869,096	2,869,096	"	136,623	136,623	"	
	1848...	Montereau à Troyes.	100	"	21,611,491	21,611,491	"	216,114	216,114	"	
	1849...	Idem.	100	"	21,782,289	21,782,289	"	217,822	217,822	"	
	1850...	Idem.	100	"	21,866,115	21,866,115	"	218,661	218,661	"	
	1851...	Idem.	100	"	21,888,283	21,888,283	"	218,882	218,882	"	
	1852...	Idem.	100	"	22,110,141	22,110,141	"	221,101	221,101	"	
	1853...	Idem.	100	"	22,143,428	22,143,428	"	221,434	221,434	"	
	1849...	Paris à Châlons.	173	49,208,162	32,858,481	82,156,643	284,960	189,985	474,945	59 99	
	1850...	Paris à Vitry et Metz à Nancy.	263	57,274,807	57,741,195	115,016,002	217,775	219,547	437,322	49 79	
	1851...	Paris à Strasbourg et embranchements.	493	71,588,344	91,874,208	163,462,552	145,200	186,357	331,566	43 79	
	1852...	Idem.	624	100,947,535	121,677,889	222,625,424	161,774	194,996	356,770	45 34	
	1853...	Idem.	624	103,983,182	142,334,598	246,317,880	166,559	228,181	394,740	42 19	
	1854...	Idem.	940 (*)	113,302,208	246,795,889	360,098,097 (*)	120,534	262,548	383,082	31 46	(*) Non compris Mulhouse à Thann.

RELEVÉ SUCCESSIF, par chemin, des dépenses de premier établissement.

COMPAGNIES.	ANNÉES.	LIGNES OU SECTIONS.	LONGUEURS TOTALES livrées au 31 décembre.	SOMMES TOTALES DÉPENSÉES par l'État.	SOMMES TOTALES DÉPENSÉES par les compagnies.	SOMMES TOTALES DÉPENSÉES ensemble.	PAR KILOMÈTRE par l'État.	PAR KILOMÈTRE par les compagnies.	PAR KILOMÈTRE ensemble.	RAPPORT p. % de la dépense de l'État à la dépense totale.
1	2	3	4	5	6	7	8	9	10	11
			kilom.	fr.	fr.	fr.	fr.	fr.	fr.	
PARIS À St-GERMAIN.	1841...	Paris au Pecq	19	″	13,843,571	13,843,571	″	728,609	728,609	″
	1842...	Idem	19	″	14,295,150	14,295,150	″	752,324	752,324	″
	1843...	Idem	19	″	14,701,809	14,701,809	″	773,779	773,779	″
	1844...	Idem	19	″	14,940,445	14,940,445	″	786,339	786,339	″
	1845...	Idem	19	″	15,006,104	15,006,104	″	789,795	789,795	″
	1846...	Idem	19	″	15,515,463	15,515,463	″	816,656	816,656	″
	1847...	Paris à Saint-Germain	21	1,350,000	20,840,803	22,190,803	64,285	992,848	1,057,133	6 07
	1848...	Idem	21	1,790,500	20,691,820	22,482,320	85,261	985,324	1,070,585	7 96
	1849...	Idem	21	1,790,500	20,763,703	22,554,203	85,261	988,747	1,074,008	7 93
	1850...	Idem	21	1,790,500	21,094,785	22,885,285	85,261	1,004,513	1,089,774	7 82
	1851...	Paris à Saint-Germain et Argenteuil	25	1,790,500	21,296,573	23,087,073	71,620	851,863	923,483	7 75
	1852...	Idem	25	1,790,500	22,338,502	24,129,002	71,620	893,540	965,160	7 42
	1853...	Idem	25	1,790,500	25,698,326	27,488,826	71,620	1,027,933	1,099,553	6 51
	1854...	Paris à St-Germain, Argenteuil et Auteuil	32	1,790,500	31,486,567	33,277,067	55,953	983,955	1,039,908	5 38
PARIS À ROUEN.	1843...	Colombes à Rouen	128	″	45,971,318	45,971,318	″	359,150	359,150	″
	1844...	Idem	128	″	50,921,405	50,921,405	″	397,823	397,823	″
	1845...	Idem	128	″	52,887,964	52,887,964	″	413,109	413,109	″
	1846...	Idem	128	″	54,423,241	54,423,241	″	425,181	425,181	″
	1847...	Idem	131	″	64,876,398	64,876,398	″	495,239	495,239	″
	1848...	Idem	131	″	66,873,514	66,873,514	″	510,484	510,484	″
	1849...	Idem	131	″	67,057,377	67,057,377	″	511,888	511,888	″
	1850...	Idem	131	″	67,222,303	67,222,303	″	513,148	513,148	″
	1851...	Idem	131	″	67,278,993	67,278,993	″	513,580	513,580	″
	1852...	Idem	131	″	67,389,827	67,389,827	″	514,426	514,426	″
	1853...	Idem	131	″	67,792,960	67,792,960	″	517,503	517,503	″
	1854...	Idem	131	″	68,594,301	68,594,301	″	523,620	523,620	″
ROUEN AU HAVRE.	1847...	Rouen au Havre	92	7,500,000	49,060,316	56,560,316	81,521	533,264	614,785	13 26
	1848...	Idem	92	7,950,000	49,991,165	57,941,165	86,413	543,382	629,795	13 72
	1849...	Idem	92	7,950,000	50,041,671	57,991,671	86,413	543,931	630,344	13 70
	1850...	Idem	92	8,000,000	50,264,438	58,264,438	86,956	546,332	633,308	13 73
	1851...	Idem	92	8,000,000	50,259,603	58,259,603	86,956	546,300	633,256	13 73
	1852...	Idem	92	8,000,000	50,298,236	58,298,236	86,956	546,719	633,675	13 72
	1853...	Idem	92	8,000,000	50,347,858	58,347,858	86,956	547,259	634,215	13 71
	1854...	Idem	92	8,000,000	50,447,985	58,447,985	86,956	548,348	635,304	13 69
DIEPPE ET FÉCAMP.	1848...	Rouen à Dieppe	51	″	13,152,478	13,152,478	″	257,891	257,891	″
	1849...	Idem	51	″	13,969,630	13,969,630	″	273,914	273,914	″
	1850...	Idem	51	″	13,846,002	13,846,002	″	271,490	271,490	″
	1851...	Idem	51	″	14,118,034	14,118,034	″	276,824	276,824	″
	1852...	Idem	51	″	14,090,811	14,090,811	″	276,290	276,290	″
	1853...	Idem	51	″	14,110,210	14,110,210	″	276,671	276,671	″
	1854...	Idem	51	″	14,169,407	14,169,407	″	277,831	277,831	″

RELEVÉ SUCCESSIF, par chemin, des dépenses de premier établissement.

ANNÉES.	LIGNES OU SECTIONS.	LONGUEURS TOTALES livrées au 31 décembre.	SOMMES TOTALES DÉPENSÉES par l'État.	SOMMES TOTALES DÉPENSÉES par les compagnies.	SOMMES TOTALES DÉPENSÉES ensemble.	PAR KILOMÈTRE par l'État.	PAR KILOMÈTRE par les compagnies.	PAR KILOMÈTRE ensemble.	RAPPORT p. % de la dépense de l'État à la dépense totale.	OBSERVATIONS.
2	3	4	5	6	7	8	9	10	11	12
		kilom.	fr.	fr.	fr.	fr.	fr.	fr.		
1841...	Versailles (rive droite)	19	″	16,062,851	16,062,851	″	845,413	845,413	″	
1842...	Idem	19	″	16,227,280	16,227,280	″	854,067	854,067	″	
1843...	Idem	19	″	16,380,821	16,380,821	″	862,148	862,148	″	
1844...	Idem	19	″	16,439,603	16,439,603	″	864,821	864,821	″	
1845...	Idem	19	″	16,513,661	16,513,661	″	869,140	869,140	″	
1846...	Idem	19	″	16,495,288	16,495,288	″	868,173	868,173	″	
1847...	Idem	19	″	16,539,210	16,539,210	″	870,484	870,484	″	
1848...	Idem	19	″	16,553,656	16,553,656	″	871,245	871,245	″	
1849...	Idem	19	″	16,608,582	16,608,582	″	874,135	874,135	″	
1850...	Idem	19	″	16,633,855	16,633,855	″	875,466	875,466	″	
1851...	Idem	19	″	16,834,604	16,834,604	″	886,036	886,036	″	
1841...	Versailles (rive gauche)	17	″	15,729,152	15,729,152	″	925,243	925,243	″	
1842...	Idem	17	″	15,769,913	15,769,913	″	927,642	927,642	″	
1843...	Idem	17	″	15,776,622	15,776,622	″	928,036	928,036	″	
1844...	Idem	17	″	16,394,197	16,394,197	″	964,364	964,364	″	
1845...	Idem	17	″	16,677,088	16,677,088	″	981,005	981,005	″	
1846...	Idem	17	″	16,710,613	16,710,613	″	982,977	982,977	″	
1847...	Idem	17	″	16,748,580	16,748,580	″	985,210	985,210	″	
1848...	Idem	17	″	16,876,684	16,876,684	″	992,746	992,746	″	
1849...	Idem	17	″	16,999,589	16,999,589	″	999,975	999,975	″	
1850...	Idem	17	″	17,076,972	17,076,972	″	1,004,527	1,004,527	″	
1851...	Idem	17	″	17,076,972	17,076,972	″	1,004,527	1,004,527	″	
1849...	Versailles à Chartres	73	25,735,640	″	25,735,640	352,543	″	352,543	100 00 [1]	[1] Non concédé.
1850...	Idem	73	27,754,408	″	27,754,408	380,198	″	380,198	100 00 [1]	
1851...	Idem	73	27,997,182	″	27,997,182	383,523	″	383,523	100 00 [1]	
1852...	Paris à la Loupe et à Versailles (r. d. et r. g.)	147	33,273,416	48,968,679	82,242,095	226,349	333,120	559,469	40 45	
1853...	Idem	147	33,641,953	51,486,243	85,128,196	228,857	350,246	579,103	39 52	
1854...	Paris au Mans et à Versailles (r. d. et r. g.)	234	42,611,984	67,852,782	110,464,766	182,103	289,969	472,072	38 57	
1846...	Paris à Sceaux	11	″	5,117,767	5,117,767	″	465,251	465,251	″	
1847...	Idem	11	″	5,167,151	5,167,151	″	469,741	469,741	″	
1848...	Idem	11	″	5,167,151	5,167,151	″	469,741	469,741	″	
1849...	Idem	11	″	5,169,928	5,169,928	″	469,993	469,993	″	
1850...	Idem	11	″	5,225,557	5,225,557	″	475,051	475,051	″	
1851...	Idem	11	″	5,225,591	5,225,591	″	475,054	475,054	″	
1852...	Idem	11	″	5,235,710	5,235,710	″	475,973	475,973	″	
1853...	Idem	11	″	5,180,081	5,180,081	″	470,916	470,916	″	
1854...	Paris à Sceaux et à Orsay	25	2,893,685	6,304,553	9,198,238	115,747	252,182	367,929	31 46	

RELEVÉ SUCCESSIF, par chemin, des dépenses de premier établissement.

COMPAGNIES.	ANNÉES.	LIGNES OU SECTIONS.	LONGUEURS TOTALES livrées au 31 décembre.	SOMMES TOTALES DÉPENSÉES par l'État.	SOMMES TOTALES DÉPENSÉES par les compagnies.	SOMMES TOTALES DÉPENSÉES ensemble.	PAR KILOMÈTRE par l'État.	PAR KILOMÈTRE par les compagnies.	PAR KILOMÈTRE ensemble.	RAPPORT p. % de la dépense de l'État à la dépense totale.	OBSERVATIONS.
1	2	3	4	5	6	7	8	9	10	11	12
			kilom.	fr.	fr.	fr.	fr.	fr.	fr.		
Orléans	1841...	Paris à Corbeil	31	"	20,000,000	20,000,000	"	645,161	645,161	"	
	1842...	Idem	31	"	33,333,293	33,333,293	"	1,075,267	1,075,267	"	
	1843...	Paris à Orléans et Corbeil	133	"	49,921,134	49,921,134	"	375,346	375,346	"	
	1844...	Idem	133	"	50,041,631	50,041,631	"	376,252	376,252	"	
	1845...	Idem	133	"	55,062,822	55,062,822	"	414,006	414,006	"	
	1846...	Idem	133	"	55,391,070	55,391,070	"	416,474	416,474	"	
	1847...	Idem	133	"	58,086,036	58,086,036	"	436,752	436,752	"	
	1848...	Idem	133	"	59,075,938	59,075,938	"	444,180	444,150	"	
	1849...	Idem	133	"	59,356,713	59,356,713	"	446,291	446,291	"	
	1850...	Idem	133	"	59,746,610	59,746,510	"	449,222	449,222	"	
	1851...	Idem	133	"	59,650,163	59,650,163	"	448,572	448,572	"	
	1847...	Orléans à Tours	115	16,160,670	17,897,315	34,060,985	140,505	155,628	296,233	47 46	
	1848...	Idem	115	16,350,594	19,263,712	35,623,306	142,257	167,510	309,787	46 92	
	1849...	Idem	115	16,427,276	19,857,681	36,284,957	142,846	172,675	315,521	45 27	
	1850...	Idem	115	16,553,210	21,294,238	37,847,448	143,941	185,167	329,108	43 73	
	1851...	Orléans à Poitiers	216	35,745,454	31,674,774	67,420,228	165,488	146,642	312,130	53 01	
	1847...	Orléans à Bourges et à Châteauroux	173	29,201,824	23,517,450	52,719,274	168,796	135,939	304,735	55 39	
	1848...	Idem	173	31,228,730	27,966,476	59,195,206	180,512	161,656	342,168	52 75	
	1849...	Orléans à Nérondes et à Châteauroux	200	35,648,244	29,978,123	65,626,367	178,565	143,436	314,001	56 31	
	1850...	Orléans à Nevers et à Châteauroux	242	40,838,343	30,359,470	80,197,813	206,944	125,452	331,396	62 14	
	1851...	Idem	242	51,159,397	30,609,081	81,828,478	211,402	126,732	338,134	62 52	
	1849...	Tours à Angers	108	20,001,140	21,308,664	41,309,804	185,198	197,302	382,498	48 41	
	1850...	Idem	108	21,304,530	22,675,695	43,980,225	197,264	209,960	407,224	48 44	
	1851...	Tours à Nantes	195	43,506,540	32,319,032	75,825,572	223,110	165,738	388,848	57 37	
	1852...	Orléans et prolongements	918	162,381,617	181,561,288	343,942,900	176,888	197,779	374,665	47 21	
	1853...	Idem	1,109	170,173,268	223,537,430	393,710,698	153,448	201,566	355,014	43 22	
	1854...	Idem	1,155	177,816,608	260,544,458	438,361,066	153,954	225,579	379,533	40 56	
Paris à Lyon	1849...	Paris à Tonnerre et Dijon à Chalon	265	98,350,737	16,432,228	114,782,965	371,135	62,008	433,143	85 68 (¹)	(¹) [illegible]
	1850...	Idem	265	102,350,737	16,432,228	118,782,965	386,229	62,008	448,237	86 16 (¹)	
	1851...	Paris à Chalon	383	167,011,597	24,708,555	191,720,152	436,062	64,513	500,575	87 11 (¹)	
	1852...	Idem	383	53,011,597	141,994,173	195,005,770	138,411	370,742	509,153	27 18	
	1853...	Idem	383	53,011,597	145,624,458	198,636,055	138,411	380,221	518,632	26 68	
	1854...	Paris à Lyon (Vaise)	508	61,046,964	183,247,605	244,294,569	120,171	360,724	480,895	24 99	

RELEVÉ SUCCESSIF, par chemin, des dépenses de premier établissement.

COMPAGNIES.	ANNÉES.	LIGNES OU SECTIONS.	LONGUEURS TOTALES livrées au 31 décembre.	SOMMES TOTALES DÉPENSÉES par l'État.	SOMMES TOTALES DÉPENSÉES par les compagnies.	SOMMES TOTALES DÉPENSÉES ensemble.	PAR KILOMÈTRE par l'État.	PAR KILOMÈTRE par les compagnies.	PAR KILOMÈTRE ensemble.	RAPPORT p. % de la dépense de l'État à la dépense totale.	OBSERVATIONS.
1	2	3	4	5	6	7	8	9	10	11	12
			kilom.	fr.	fr.	fr.	fr.	fr.	fr.		
	1848...	Rognonas à Marseille	115	38,673,093	35,242,505	73,915,598	336,287	306,457	642,744	52 38	
	1849...	Avignon à Marseille	120	39,592,231	40,028,962	79,621,193	329,935	333,574	663,509	49 73	
	1850...	Idem	120	39,937,210	43,053,240	82,990,450	332,810	358,777	691,587	48 81	
	1851...	Idem	120	39,976,768	45,727,007	85,703,775	333,140	381,058	714,198	46 64	
	1841...	Montpellier à Cette	27	"	3,691,987	3,691,987	"	136,740	136,740	"	
	1842...	Idem	27	"	3,830,577	3,830,577	"	141,873	141,873	"	
	1843...	Idem	27	"	3,890,475	3,890,475	"	144,091	144,091	"	
	1844...	Idem	27	"	4,001,756	4,001,756	"	148,213	148,213	"	
	1845...	Idem	27	"	4,001,756	4,001,756	"	148,213	148,213	"	
	1846...	Idem	27	"	4,295,467	4,295,467	"	159,091	159,091	"	
	1847...	Idem	27	"	4,406,044	4,406,044	"	163,186	163,186	"	
	1848...	Idem	27	"	4,449,141	4,449,141	"	164,783	164,783	"	
	1849...	Idem	27	"	4,526,730	4,526,730	"	167,656	167,656	"	
	1850...	Idem	27	"	4,672,091	4,672,091	"	173,040	173,040	"	
	1851...	Idem	27	"	4,884,034	4,884,034	"	180,890	180,890	"	
	1845...	Montpellier à Nîmes	52	13,865,016	606,458	14,473,474	266,692	11,643	278,336	95 81	(¹) Donné à bail par l'État.
	1846...	Idem	52	14,423,953	847,075	15,271,028	277,383	16,289	293,672	94 45	
	1847...	Idem	52	14,452,196	1,194,151	15,646,347	277,926	22,964	300,890	92 36	
	1848...	Idem	52	14,498,893	1,390,314	15,889,207	278,824	26,736	305,560	91 25	
	1849...	Idem	52	14,699,017	1,420,539	16,119,556	282,673	27,318	309,991	91 18	
	1850...	Idem	52	14,706,410	1,445,730	16,152,140	282,815	27,802	310,617	91 05	
	1851...	Idem	52	14,709,157	1,458,102	16,167,259	282,868	28,040	310,908	90 98	
	1841...	Gard	89	"	17,050,896	17,050,896	"	191,695	191,695	"	
	1842...	Idem	89	"	16,974,582	16,974,582	"	190,725	190,725	"	
	1843...	Idem	89	"	17,465,802	17,465,802	"	196,245	196,245	"	
	1844...	Idem	89	"	17,673,437	17,673,437	"	198,577	198,577	"	
	1845...	Idem	89	"	18,223,914	18,223,914	"	204,763	204,763	"	
	1846...	Idem	89	"	18,778,532	18,778,532	"	210,994	210,994	"	
	1847...	Idem	89	"	18,914,368	18,914,368	"	212,521	212,521	"	
	1848...	Idem	89	"	18,932,631	18,932,631	"	212,726	212,726	"	
	1849...	Idem	89	"	19,152,344	19,152,344	"	215,195	215,195	"	
	1850...	Idem	89	"	19,216,299	19,216,299	"	215,913	215,913	"	
	1851...	Idem	89	"	19,388,531	19,388,531	"	217,287	217,287	"	
	1852...	Lyon à la Méditerranée	294	54,903,313	73,979,864	128,883,177	186,746	251,632	438,378	42 60	
	1853...	Idem	294	55,183,596	75,395,155	130,578,751	187,698	256,447	444,145	42 26	
	1854...	Idem	420	81,935,558	112,930,172	194,865,730	195,084	268,881	463,965	42 05	
	1841...	Saint-Étienne à Andrezieux	18	"	2,327,190	2,327,190	"	129,288	129,288	"	
	1842...	Idem	18	"	2,365,218	2,365,218	"	131,401	131,401	"	
	1843...	Idem	18	"	2,470,030	2,470,030	"	137,224	137,224	"	
	1844...	Idem	18	"	2,747,454	2,747,454	"	152,636	152,636	"	
	1845...	Idem	18	"	2,820,828	2,820,228	"	156,712	156,712	"	
	1846...	Idem	18	"	3,010,266	3,010,266	"	167,237	167,237	"	
	1847...	Idem	18	"	3,305,685	3,305,685	"	183,649	183,649	"	
	1848...	Idem	18	"	3,375,360	3,375,360	"	187,520	187,520	"	
	1849...	Idem	18	"	3,389,955	3,389,955	"	188,331	188,331	"	
	1850...	Idem	18	"	3,409,218	3,409,218	"	189,401	189,401	"	
	1851...	Idem	18	"	3,436,272	3,436,272	"	190,904	190,904	"	
	1852...	Idem	18	"	3,446,780	3,446,780	"	191,599	191,599	"	

Relevé successif, par chemin, des dépenses de premier établissement.

COMPAGNIES.	ANNÉES.	LIGNES OU SECTIONS.	LONGUEURS TOTALES livrées au 31 décembre.	SOMMES TOTALES DÉPENSÉES			PAR KILOMÈTRE			RAPPORT p. % de la dépense de l'État à la dépense totale.	OBSERVATIONS.
				PAR L'ÉTAT.	par LES COMPAGNIES.	ENSEMBLE.	par L'ÉTAT.	par les COMPAGNIES.	ENSEMBLE.		
1	2	3	4	5	6	7	8	9	10	11	12
			kilom.	fr.	fr.	fr.	fr.	fr.	fr.		
GRAND-CENTRAL. (Suite.)	1841...	Saint-Étienne à Lyon	57	″	17,500,000	17,500,000	″	307,017	307,017	″	
	1842...	*Idem*	57	″	18,000,000	18,000,000	″	315,789	315,789	″	
	1843...	*Idem*	57	″	18,270,644	18,270,644	″	320,537	320,537	″	
	1844...	*Idem*	57	″	19,459,442	19,459,442	″	341,394	341,394	″	
	1845...	*Idem*	57	″	19,911,864	19,911,864	″	349,331	349,331	″	
	1846...	*Idem*	57	″	20,872,247	20,872,247	″	366,179	366,179	″	
	1847...	*Idem*	57	″	21,182,873	21,182,873	″	371,629	371,629	″	
	1848...	*Idem*	57	″	21,513,746	21,513,746	″	377,434	377,434	″	
	1849...	*Idem*	57	″	21,536,550	21,536,550	″	377,834	377,834	″	
	1850...	*Idem*	57	″	21,612,501	21,612,501	″	379,166	379,166	″	
	1851...	*Idem*	57	″	21,788,125	21,788,125	″	382,248	382,248	″	
	1852...	*Idem*	57	″	21,858,182	21,858,182	″	383,476	383,476	″	
	1846...	Embranchement de Montrambert	3	″	399,913	399,913	″	133,304	133,304	″	
	1847...	*Idem*	3	″	399,549	399,549	″	133,183	133,183	″	
	1848...	*Idem*	3	″	402,116	402,116	″	134,038	134,038	″	
	1849...	*Idem*	3	″	402,473	402,473	″	134,158	134,158	″	
	1850...	*Idem*	3	″	402,473	402,473	″	134,158	134,158	″	
	1851...	*Idem*	8	″	1,380,837	1,380,837	″	172,605	172,605	″	
	1852...	*Idem*	8	″	1,380,972	1,380,972	″	172,621	172,621	″	
	1841...	Andrezieux à Roanne	67	″	8,900,000	8,900,000	″	132,836	132,836	″	
	1842...	*Idem*	67	″	9,000,935	9,000,935	″	134,342	134,342	″	
	1843...	*Idem*	67	″	9,409,325	9,409,325	″	140,437	140,437	″	
	1844...	*Idem*	67	″	10,123,271	10,123,271	″	151,093	151,003	″	
	1845...	*Idem*	67	″	10,608,364	10,608,364	″	158,333	158,333	″	
	1846...	*Idem*	67	″	11,051,686	11,051,686	″	164,950	164,950	″	
	1847...	*Idem*	67	″	11,502,677	11,502,677	″	171,681	171,681	″	
	1848...	*Idem*	67	″	11,616,670	11,616,670	″	173,383	173,383	″	
	1849...	*Idem*	67	″	11,710,977	11,710,977	″	174,790	174,790	″	
	1850...	*Idem*	67	″	12,013,323	12,013,323	″	179,303	179,303	″	
	1851...	*Idem*	67	″	12,050,146	12,050,146	″	179,853	179,853	″	
	1852...	*Idem*	67	″	12,096,331	12,096,331	″	180,542	180,542	″	
	1853...	Jonction de Rhône et Loire	150	″	38,882,852	38,882,852	″	259,219	259,219	″	
	1854...	*Idem*	150	″	38,882,852	38,882,852	″	259,219	259,219	″	
MIDI	1841...	Bordeaux à la Teste	53	″	4,000,000	4,000,000	″	75,471	75,471	″	
	1842...	*Idem*	53	″	5,933,816	5,933,816	″	111,958	111,958	″	
	1843...	*Idem*	53	″	5,926,472	5,926,472	″	111,820	111,820	″	
	1844...	*Idem*	53	″	5,945,366	5,945,366	″	112,176	112,176	″	
	1845...	*Idem*	53	″	5,955,548	5,955,548	″	112,369	112,369	″	
	1846...	*Idem*	53	″	5,966,447	5,966,447	″	112,574	112,574	″	
	1847...	*Idem*	53	″	5,878,532	5,878,532	″	110,915	110,915	″	
	1848...	*Idem*	53	″	5,852,664	5,852,664	″	110,427	110,427	″	
	1849...	*Idem*	53	″	5,852,263	5,852,263	″	110,420	110,420	″	
	1850...	*Idem*	53	″	5,853,589	5,853,589	″	110,445	110,445	″	
	1851...	*Idem*	53	″	5,857,028	5,857,028	″	110,510	110,510	″	
	1852...	*Idem*	53	″	5,903,104	5,903,104	″	111,379	111,379	″	
	1853...	*Idem*	53	″	5,988,417	5,988,417	″	112,989	112,989	″	
	1854...	Bordeaux à la Teste et à Dax	158	11,550,000	13,192,997	24,742,997	73,101	83,499	156,600	46 68	

PARTIE DU RÉSEAU LIVRÉE A L'EXPLOITATION.

RELEVÉ SUCCESSIF,

PAR CHEMIN,

DES RECETTES, DÉPENSES ET PRODUIT NET D'EXPLOITATION.

1841 A 1854.

RÉSUMÉ.

ANNÉES.	LONGUEUR TOTALE livrée à l'exploitation au 31 décembre	LONGUEUR MOYENNE exploitée pendant l'année entière.	SOMMES TOTALES.			PAR KILOMÈTRE.			RAPPORT p. o/o de la dépense à la recette.	OBSERVATIONS.
			RECETTE.	DÉPENSE.	PRODUIT NET.	RECETTE.	DÉPENSE.	PRODUIT NET.		
1	2	3	4	5	6	7	8	9	10	11
	kilom.	kilom.	fr.	fr.	fr.	fr.	fr.	fr.		
1..........	569	517	13,289,107	8,615,070	4,674,037	25,704	16,664	9,040	65	
1..........	597	580	14,512,894	9,517,510	4,995,384	25,022	16,409	8,613	66	
....	827	763	21,566,409	11,623,959	9,942,450	28,265	15,234	13,031	54	
....	829	847	28,967,759	14,721,319	14,246,440	34,200	17,381	16,819	51	
....	881	901	32,603,963	16,135,652	16,468,311	36,186	17,909	18,277	49	
....	1,320	1,137	42,017,328	20,341,495	21,675,833	36,955	17,891	19,064	48	
....	1,830	1,537	66,341,907	32,466,411	33,875,496	43,164	21,124	22,040	49	
....	2,222	2,034	62,278,073	35,589,124	26,688,949	30,618	17,497	13,121	57	
....	2,861	2,508	76,583,088	39,701,817	36,881,271	30,536	15,830	14,706	52	
....	3,013	2,962	97,521,443	46,667,964	50,853,479	32,924	15,756	17,168	48	
....	3,558	3,299	108,269,552	49,701,371	58,568,181	32,819	15,065	17,754	46	
....	3,872	3,694	137,294,062	57,403,839	79,890,223	37,166	15,539	21,627	42	
....	4,063	3,978	171,779,666	73,954,696	97,824,970	43,182	18,591	24,591	43	
....	(1) 4,660	(1) 4,348	201,946,158	87,091,053	114,855,105	46,445	20,030	26,415	43	(1) Non compris 2 kilomètres de Givet à la frontière, construits et exploités par une compagnie belge.

RELEVÉ SUCCESSIF, par chemin, des recettes, dépenses et produit net d'exploitation.

COMPAGNIES. 1	ANNÉES. 2	LIGNES OU SECTIONS. 3	LONGUEUR livrée à l'exploitation au 31 déc. 4	LONGUEUR moyenne exploitée pendant l'année entière. 5	SOMMES TOTALES. Recette. 6	SOMMES TOTALES. Dépense. 7	SOMMES TOTALES. Produit net. 8	PAR KILOMÈTRE. Recette. 9	PAR KILOMÈTRE. Dépense. 10	PAR KILOMÈTRE. Produit net. 11	RAPPORT p. % de la dépense à la recette. 12	OBSERVATIONS. 13
			kilom.	kilom.	fr.	fr.	fr.	fr.	fr.	fr.		NOTA. Les [illegible]
NORD.	1843...	Lille et Valenciennes à la frontière.	27	27	218,143	383,004	»	8,080	14,185	»	175	
	1844...	*Idem*.	27	27	436,149	504,741	»	16,154	18,694	»	115	
	1845...	*Idem*.	27	27	450,404	445,807	4,597	16,681	16,511	170	98	
	1846...	Paris à la frontière.	337	234	6,154,381	2,740,590	3,413,791	24,230	10,790	13,440	44	
	1847...	Ligne principale et embranchem^{ts}.	370	343	16,826,308	7,258,930	9,567,369	40,057	21,163	27,894	41	
	1848...	*Idem*.	512	418	17,328,332	8,466,034	8,862,298	41,455	20,254	21,201	48	
	1849...	*Idem*.	555	536	19,442,788	8,543,062	10,899,726	36,274	15,939	20,335	43	
	1850...	*Idem*.	584	575	24,111,690	9,946,094	14,165,596	41,933	17,298	24,635	41	
	1847...	Amiens à Neufchâtel	109	43	683,004	418,917	264,087	15,884	9,742	6,142	61	
	1848...	Amiens à Boulogne.	123	120	1,697,307	1,084,360	612,947	14,144	9,036	5,108	63	
	1849...	*Idem*.	123	124	1,825,569	1,276,347	549,222	14,722	10,293	4,429	69	
	1850...	*Idem*.	123	124	1,981,506	1,347,765	633,741	15,980	10,869	5,111	67	
	1851...	Nord et Boulogne.	707	708	27,374,827	11,260,161	16,114,666	38,665	15,904	22,761	41	
	1852...	*Idem*.	707	708	30,112,946	11,502,360	18,610,586	42,532	16,246	26,286	38	
	1853...	*Idem*.	707	(*) 707	35,047,710	13,390,608	21,657,102	49,572	18,940	30,632	38	(*) Longueur [illegible]
	1854...	*Idem*.	707	707	40,194,145	16,114,375	24,079,770	56,851	22,792	34,059	40	
ANZIN À SOMAIN.	1841...	Saint-Waast à Abscon	15	15	82,231	108,136	»	5,482	7,209	»	131	
	1842...	Anzin à Abscon	16	16	90,840	119,832	»	5,677	7,489	»	131	
	1843...	*Idem*.	16	16	89,938	97,365	»	5,621	6,085	»	108	
	1844...	*Idem*.	16	16	105,806	91,811	13,995	6,613	5,738	875	85	
	1845...	*Idem*.	16	16	119,861	92,824	27,037	7,491	5,801	1,690	74	
	1846...	*Idem*.	16	16	118,415	93,507	24,908	7,401	5,844	1,557	78	
	1847...	*Idem*.	16	16	123,760	77,380	46,380	7,735	4,836	2,899	62	
	1848...	Anzin à Somain.	19	18	120,297	99,708	20,589	6,683	5,539	1,144	82	
	1849...	*Idem*.	19	19	123,699	115,726	7,973	6,510	6,091	419	93	
	1850...	*Idem*.	19	19	124,800	108,683	16,117	6,568	5,721	847	86	
	1851...	*Idem*.	19	19	141,519	138,520	2,999	7,448	7,290	158	97	
	1852...	*Idem*.	19	19	202,391	191,606	10,685	10,647	10,083	562	94	
	1853...	*Idem*.	19	19	283,896	195,594	88,302	14,942	10,294	4,648	69	
	1854...	*Idem*.	19	19	315,797	284,008	31,789	16,621	14,948	1,673	90	
CEINTURE.	1853...	De la gare de Rouen à celle du Nord.	7	7	146,897	110,751	36,146	20,985	15,822	5,163	75	
	1854...	De la g. de Rouen à celle d'Orléans.	17	15	595,960	357,832	238,128	39,731	23,856	15,875	60	

RELEVÉ SUCCESSIF, par chemin, des recettes, dépenses et produit net d'exploitation.

ANNÉES. 2	LIGNES OU SECTIONS. 3	LONGUEUR livrée à l'exploitation au 31 déc. 4	LONGUEUR moyenne exploitée pendant l'année entière. 5	SOMMES TOTALES. Recette. 6	SOMMES TOTALES. Dépense. 7	SOMMES TOTALES. Produit net. 8	PAR KILOMÈTRE. Recette. 9	PAR KILOMÈTRE. Dépense. 10	PAR KILOMÈTRE. Produit net. 11	RAPPORT p. % de la dépense à la recette. 12	OBSERVATIONS. 13
		kilom.	kilom.	fr.	fr.	fr.	fr.	fr.	fr.		
1841...	Strasbourg à Bâle	136	101	1,180,216	802,943	377,273	11,685	7,950	3,735	68	
1842...	*Idem*.	136	136	1,847,060	1,406,086	440,974	13,581	10,339	3,242	76	
1843...	*Idem*.	136	136	2,104,562	1,522,811	581,751	15,475	11,198	4,277	72	
1844...	*Idem*.	138	137	2,481,594	1,572,845	908,749	18,115	11,480	6,633	63	
1845...	*Idem*.	138	138	2,303,798	1,554,382	749,416	16,694	11,264	5,430	67	
1846...	*Idem*.	138	138	2,447,616	1,534,713	912,903	17,736	11,121	6,615	62	
1847...	*Idem*.	139	139	2,497,556	1,654,856	842,700	17,968	11,906	6,062	66	
1848...	*Idem*.	139	139	1,959,775	1,475,176	484,599	14,099	10,613	3,486	75	
1849...	*Idem*.	139	139	2,141,780	1,305,220	836,560	15,408	9,390	6,018	60	
1850...	*Idem*.	139	139	2,260,414	1,281,002	979,412	16,262	9,216	7,046	56	
1851...	*Idem*.	139	139	2,294,792	1,265,657	1,029,135	16,509	9,105	7,404	55	
1852...	*Idem*.	139	139	2,736,207	1,482,522	1,253,685	19,685	10,666	9,019	54	
1853...	*Idem*.	139	141	3,348,144	1,889,227	1,458,917	23,745	13,398	10,347	56	
1841...	Mulhouse à Thann.	21	21	64,468	27,339	37,129	3,070	1,302	1,768	42	
1842...	*Idem*.	21	21	185,277	78,043	107,234	8,823	3,717	5,106	42	
1843...	*Idem*.	21	21	178,519	74,518	104,001	8,501	3,549	4,952	41	
1844...	*Idem*.	21	21	160,863	67,755	93,108	7,660	3,226	4,434	42	
1845...	*Idem*.	21	21	170,713	71,884	98,829	8,129	3,423	4,706	42	
1846...	*Idem*.	21	21	170,531	71,914	98,617	8,121	3,424	4,697	42	
1847...	*Idem*.	21	21	169,581	71,397	98,184	8,075	3,400	4,675	42	
1848...	*Idem*.	21	21	118,785	49,475	69,310	5,656	2,356	3,300	41	
1849...	*Idem*.	21	21	134,261	58,011	76,250	6,393	2,762	3,631	43	
1850...	*Idem*.	21	21	156,804	102,365	54,439	7,467	4,875	2,592	65	
1851...	*Idem*.	21	21	161,319	105,565	55,754	7,682	5,027	2,655	65	
1852...	*Idem*.	21	21	184,367	116,979	67,388	8,779	5,570	3,209	63	
1853...	*Idem*.	21	21	202,951	120,372	82,579	9,664	5,733	3,931	59	
1848...	Montereau à Troyes.	100	73	425,000	598,386	»	5,822	8,197	»	140	
1849...	*Idem*.	100	(*) 121	1,104,171	986,885	117,286	9,125	8,156	969	89	(*) Y compris l'exploitation provisoire de la section de [illegible]
1850...	*Idem*.	100	100	1,259,696	870,095	389,601	12,597	8,701	3,896	69	
1851...	*Idem*.	100	100	1,212,527	781,568	430,959	12,125	7,816	4,309	64	
1852...	*Idem*.	100	100	1,270,041	750,786	519,255	12,700	7,508	5,192	59	
1853...	*Idem*.	100	100	1,374,425	821,888	552,537	13,744	8,219	5,525	60	
1849...	Paris à Châlons.	173	61	1,518,618	1,155,667	362,951	24,895	18,945	5,950	76	
1850...	Paris à Vitry et Metz à Nancy.	263	211	6,007,418	3,325,342	2,682,076	28,471	15,760	12,711	55	
1851...	Paris à Strasbourg et embranchem^{ts}	403	364	8,713,201	4,408,639	4,304,562	23,937	12,112	11,825	50	
1852...	*Idem*.	624	550	16,164,837	7,487,137	8,677,700	29,389	13,613	15,776	46	
1853...	*Idem*.	624	624	25,824,059	11,957,071	13,866,988	41,384	19,162	22,222	46	
1854...	*Idem*.	961	927	35,506,214	15,879,488	19,626,726	38,302	17,130	21,172	44	

RELEVÉ SUCCESSIF, par chemin, des recettes, dépenses et produit net d'exploitation.

COMPAGNIES.	ANNÉES.	LIGNES OU SECTIONS.	LONGUEUR livrée à l'exploitation au 31 déc.	LONGUEUR moyenne exploitée pendant l'année entière.	SOMMES TOTALES. Recette.	SOMMES TOTALES. Dépense.	SOMMES TOTALES. Produit net.	PAR KILOMÈTRE. Recette.	PAR KILOMÈTRE. Dépense.	PAR KILOMÈTRE. Produit net.	RAPPORT p. % de la dépense à la recette.	OBSERVATIONS.
1	2	3	4	5	6	7	8	9	10	11	12	13
			kilom.	kilom.	fr.	fr.	fr.	fr.	fr.	fr.		
PARIS À St-GERMAIN.	1841...	Paris au Pecq	19	19	(*) 1,472,774	579,713	893,061	77,514	30,511	47,003	30	(*) Y compris les recettes des chemins [illegible] et de Versailles (r. d.)
	1842...	Idem	19	19	1,407,349	618,314	789,035	74,071	32,543	41,528	43	
	1843...	Idem	19	19	1,490,094	634,520	855,574	78,426	33,396	45,030	42	
	1844...	Idem	19	19	1,660,368	700,572	959,796	87,388	36,872	50,516	42	
	1845...	Idem	19	19	1,951,641	646,500	1,304,541	102,586	34,026	68,560	33	
	1846...	Idem	19	19	2,080,224	685,433	1,394,791	109,485	36,075	73,410	32	
	1847...	Paris à Saint-Germain	21	20	2,098,184	833,376	1,264,808	104,000	41,660	63,240	38	
	1848...	Idem	21	21	1,390,720	735,317	655,403	66,225	35,015	31,210	52	
	1849...	Idem	21	21	1,764,435	746,825	1,017,610	84,021	35,563	48,458	42	
	1850...	Idem	21	21	1,970,329	841,728	1,128,601	93,825	40,082	53,743	42	
	1851...	Paris à Saint-Germain et Argenteuil	25	24	2,202,093	854,452	1,347,641	91,753	35,602	56,151	39	
	1852...	Idem	25	25	2,471,974	980,484	1,491,490	98,879	39,219	59,660	39	
	1853...	Idem	25	25	3,144,335	1,057,746	2,086,589	125,773	42,310	83,463	34	
	1854...	Paris à St-Germ., Argent. et Auteuil	32	30	3,350,991	1,483,956	1,867,035	111,700	49,465	62,235	44	
PARIS À ROUEN.	1843...	Paris à Rouen	128	89	3,424,156	1,077,832	2,346,324	38,473	12,110	26,363	31	
	1844...	Idem	128	137	6,558,482	2,613,776	3,944,706	47,872	19,079	28,793	39	
	1845...	Idem	128	137	7,391,633	3,078,491	4,313,142	53,953	22,471	31,482	41	
	1846...	Idem	128	137	8,407,777	3,645,932	4,761,845	61,370	26,612	34,758	43	
	1847...	Idem	131	138	10,032,700	4,214,589	5,818,111	72,701	30,541	42,160	42	
	1848...	Idem	131	139	6,669,217	3,407,675	3,261,542	47,980	24,516	23,464	51	
	1849...	Idem	131	139	8,247,565	3,594,679	4,652,886	59,335	25,861	33,474	43	
	1850...	Idem	131	139	9,105,702	3,581,206	5,524,496	65,509	25,765	39,744	39	
	1851...	Idem	131	139	9,063,052	3,542,805	5,520,247	65,202	25,488	39,714	39	
	1852...	Idem	131	139	10,149,460	3,835,235	6,314,225	73,018	27,592	45,426	37	
	1853...	Idem	131	139	11,673,949	5,053,422	6,620,527	83,985	36,356	47,629	43	
	1854...	Idem	131	139	11,815,331	4,754,649	7,060,682	85,002	34,206	50,796	40	
ROUEN AU HAVRE.	1847...	Rouen au Havre	92	86	3,461,400	1,793,137	1,668,263	40,248	20,850	19,398	51	
	1848...	Idem	92	92	2,672,755	1,757,160	915,595	29,051	19,099	9,952	65	
	1849...	Idem	92	92	3,446,858	1,778,830	1,668,028	37,465	19,335	18,130	51	
	1850...	Idem	92	92	3,618,743	1,671,351	1,947,392	39,334	18,166	21,168	46	
	1851...	Idem	92	92	3,624,619	1,774,042	1,850,577	39,406	19,283	20,213	48	
	1852...	Idem	92	92	4,107,432	1,812,088	2,295,344	44,646	19,697	24,949	44	
	1853...	Idem	92	92	5,043,658	2,214,710	2,828,948	54,822	24,074	30,748	44	
	1854...	Idem	92	77 (*)	4,242,960	1,780,247	2,462,713	55,105	23,120	31,983	42	(*) Exploitation [illegible] commencé à l'[illegible]
DIEPPE ET FÉCAMP.	1848...	Rouen à Dieppe	51	34	331,134	264,278	66,856	9,739	7,773	1,966	79	
	1849...	Idem	51	51	767,626	540,707	226,919	15,051	10,602	4,449	70	
	1850...	Idem	51	51	784,726	528,671	256,055	15,387	10,366	5,021	67	
	1851...	Idem	51	51	617,424	401,967	215,457	12,106	7,881	4,225	65	
	1852...	Idem	51	51	875,375	542,936	332,639	17,168	10,646	6,522	62	
	1853...	Idem	51	51	881,507	605,140	276,367	17,284	11,865	5,419	69	
	1854...	Idem	51	51	858,629	262,277	236,352	16,835	12,201	4,634	72	

RELEVÉ SUCCESSIF, par chemin, des recettes, dépenses et produit net d'exploitation.

COMPAGNIES.	ANNÉES.	LIGNES OU SECTIONS.	LONGUEUR livrée à l'exploitation au 31 déc.	LONGUEUR moyenne exploitée pendant l'année entière.	SOMMES TOTALES. Recette.	SOMMES TOTALES. Dépense.	SOMMES TOTALES. Produit net.	PAR KILOMÈTRE. Recette.	PAR KILOMÈTRE. Dépense.	PAR KILOMÈTRE. Produit net.	RAPPORT p. % de la dépense à la recette.	OBSERVATIONS.
1	2	3	4	5	6	7	8	9	10	11	12	13
			kilom.	kilom.	fr.	fr.	fr.	fr.	fr.	fr.		
	1841...	Versailles (rive droite)	19	23	1,424,253	986,867	437,396	61,924	42,907	19,017	69	
	1842...	Idem	19	23	1,306,275	778,320	527,955	56,794	33,840	22,954	57	
	1843...	Idem	19	23	1,411,555	809,215	602,340	61,372	35,183	26,189	55	
	1844...	Idem	19	23	1,432,015	814,757	617,258	62,261	35,424	26,837	56	
	1845...	Idem	19	23	1,447,208	767,701	679,507	62,922	33,378	29,544	53	
	1846...	Idem	19	23	1,488,877	781,010	707,867	64,734	33,957	30,777	52	
	1847...	Idem	19	23	1,383,305	860,329	522,976	60,144	37,406	22,738	62	
	1848...	Idem	19	23	893,841	664,676	229,165	38,862	28,899	9,963	74	
	1849...	Idem	19	23	1,261,849	660,210	601,639	54,863	28,705	26,158	52	
	1850...	Idem	19	23	1,385,184	712,789	672,395	60,225	30,991	29,234	51	
	1851...	Idem	19	23	1,575,774	845,758	730,016	68,512	36,772	31,740	53	
	1841...	Versailles (rive gauche)	17	17	1,217,655	1,103,226	114,429	71,627	64,896	6,731	80	
	1842...	Idem	17	17	932,502	863,667	68,835	54,853	50,804	4,049	92	
	1843...	Idem	17	17	860,715	607,467	253,248	50,630	35,733	14,897	70	
	1844...	Idem	17	17	889,901	588,018	301,883	52,347	34,589	17,758	66	
	1845...	Idem	17	17	798,709	617,044	181,665	46,983	36,297	10,686	77	
	1846...	Idem	17	17	949,132	688,310	260,822	55,831	40,489	15,342	74	
	1847...	Idem	17	17	853,348	614,805	238,543	50,197	36,165	14,032	72	
	1848...	Idem	17	17	817,990	566,473	251,517	48,117	33,322	14,795	69	
	1849...	Idem	17	17	(*) 854,944	639,068	215,876	50,291	37,592	12,699	74	(*) Y compris la redevance du chemin de Paris à Rouen.
	1850...	Idem	17	17	(*) 1,166,663	482,308	684,355	68,627	28,371	40,256	41	
	1851...	Idem	17	17	(*) 1,173,998	497,997	676,001	69,059	29,294	39,765	42	
	1849...	Paris à Chartres	73	42	689,162	414,976	274,186	16,408	9,880	6,528	62	
	1850...	Idem	73	88	1,919,680	1,054,878	864,802	21,814	11,987	9,827	55	
	1851...	Idem	73	88	2,283,608	1,105,917	1,177,691	25,950	12,567	13,383	48	
	1852...	Paris à la Loupe et à Vers. (r. d. et r. g.)	147	128	5,294,372	2,893,641	2,400,731	41,362	22,607	18,755	54	
	1853...	Idem	147	151	6,605,248	3,547,045	3,058,203	43,743	23,490	20,253	54	
	1854...	Paris au Mans et à Vers. (r. d. et r. g.)	234	209	8,063,744	4,374,432	3,689,312	38,582	20,930	17,652	54	
	1846...	Paris à Sceaux	11	6	179,339	123,591	55,748	29,889	20,598	9,291	68	
	1847...	Idem	11	11	316,909	284,348	32,561	28,810	25,850	2,960	89	
	1848...	Idem	11	11	243,492	254,119	"	22,136	23,102	"	104	
	1849...	Idem	11	11	241,305	290,633	"	21,937	26,421	"	120	
	1850...	Idem	11	11	285,461	283,846	1,615	25,951	25,804	147	99	
	1851...	Idem	11	11	280,876	275,337	5,539	25,534	25,031	503	97	
	1852...	Idem	11	11	291,148	291,403	"	26,468	26,401	"	100	
	1853...	Idem	11	11	337,745	297,464	40,281	30,704	27,042	3,662	88	
	1854...	Paris à Sceaux et à Orsay	25	17	404,106	451,428	"	23,771	26,555	"	112	

RELEVÉ SUCCESSIF, par chemin, des recettes, dépenses et produit net d'exploitation.

COMPAGNIES.	ANNÉES.	LIGNES OU SECTIONS.	LONGUEUR livrée à l'exploitation au 31 déc.	LONGUEUR moyenne exploitée pendant l'année entière.	SOMMES TOTALES. RECETTE.	SOMMES TOTALES. DÉPENSE.	SOMMES TOTALES. PRODUIT NET.	PAR KILOMÈTRE. RECETTE.	PAR KILOMÈTRE. DÉPENSE.	PAR KILOMÈTRE. PRODUIT NET.	RAPPORT p. % de la dépense à la recette.	OBSERVATIONS.
1	2	3	4	5	6	7	8	9	10	11	12	13
			kilom.	kilom.	fr.	fr.	fr.	fr.	fr.	fr.		
	1841...	Paris à Corbeil	31	31	1,172,086	789,788	382,298	37,809	25,477	12,332	67	
	1842...	*Idem*	31	31	1,200,938	656,117	544,821	38,740	21,165	17,576	54	
	1843...	Paris à Orléans et Corbeil	133	98	4,263,439	1,976,747	2,286,692	43,505	20,171	23,334	46	
	1844...	*Idem*	133	133	6,901,786	2,770,513	4,131,273	51,893	20,831	31,062	40	
	1845...	*Idem*	133	133	7,890,204	3,012,093	4,878,111	59,325	22,647	36,678	38	
	1846...	*Idem*	133	133	9,625,126	3,667,068	5,958,058	72,369	27,572	44,797	38	
	1847...	*Idem*	133	133	10,843,086	4,417,320	6,425,766	81,527	33,213	48,314	41	
	1848...	*Idem*	133	133	9,700,972	4,658,459	5,042,513	72,939	35,026	37,913	48	
	1849...	*Idem*	133	133	10,619,536	4,332,881	6,286,655	79,846	32,578	47,268	41	
	1850...	*Idem*	133	133	10,453,023	3,949,192	6,503,831	78,594	29,693	48,901	37	
	1851...	*Idem*	133	133	10,978,907	3,888,378	7,090,529	82,549	29,236	53,313	35	
	1847...	Orléans à Tours	115	115	3,885,215	2,183,740	1,701,475	33,784	18,789	13,995	56	
	1848...	*Idem*	115	115	4,130,764	2,418,286	1,712,478	35,920	21,029	14,891	58	
	1849...	*Idem*	115	115	3,786,403	2,396,252	1,390,151	32,924	20,836	12,088	63	
ORLÉANS	1850...	*Idem*	115	115	3,925,630	2,111,026	1,814,604	34,136	18,357	15,779	53	
	1851...	Orléans à Poitiers	216	162	4,155,067	2,143,064	2,011,903	25,648	13,229	12,419	51	
	1847...	Orléans à Bourges et à Châteauroux	173	59	1,478,825	854,629	624,196	25,065	14,485	10,580	57	
	1848...	*Idem*	173	173	3,019,175	1,966,191	1,052,984	17,452	11,365	6,087	65	
	1849...	Orléans à Nérondes et à Châteauroux	209	195	3,447,789	1,877,143	1,570,646	17,681	9,626	8,055	54	
	1850...	Orléans à Nevers et à Châteauroux	242	217	3,838,525	1,728,803	2,109,722	17,689	7,967	9,722	45	
	1851...	*Idem*	242	242	4,334,309	2,133,954	2,200,355	17,910	8,818	9,092	49	
	1849...	Tours à Angers	108	57	647,238	621,062	26,176	13,355	10,898	2,459	81	
	1850...	*Idem*	108	108	1,679,514	1,395,177	284,337	15,551	12,918	2,633	83	
	1851...	Tours à Nantes	195	140	1,988,790	1,303,180	685,610	14,206	9,308	4,898	65	
	1852...	Orléans et prolongements	918	827	27,618,782	10,943,430	16,675,352	33,395	13,233	20,163	39	
	1853...	*Idem*	1,109	1,010	37,339,653	17,214,434	20,125,219	36,969	17,044	19,925	46	
	1854...	*Idem*	1,156	1,139	46,732,028	20,547,470	26,184,558	41,029	18,040	22,989	44	
	1849...	Paris à Tonnerre et Dijon à Chalon	265	98	2,431,066	1,265,766	1,165,300	24,758	12,987	11,771	52	
	1850...	*Idem*	265	265	7,959,400	3,831,977	4,127,423	30,035	14,460	15,575	48	
	1851...	Paris à Chalon	383	327	12,446,481	5,022,775	7,423,706	38,063	15,360	22,703	40	
PARIS À LYON.	1852...	*Idem*	383	383	20,373,372	6,555,592	13,817,780	53,194	17,116	36,078	32	
	1853...	*Idem*	383	383	23,395,225	7,064,956	16,330,269	61,084	18,446	42,638	33	
	1854...	Paris à Lyon (Valse)	508	443	27,512,619	9,358,477	18,154,142	62,105	21,125	40,980	34	

RELEVÉ SUCCESSIF, par chemin, des recettes, dépenses et produit net d'exploitation.

COMPAGNIES.	ANNÉES.	LIGNES OU SECTIONS.	LONGUEUR livrée à l'exploitation au 31 déc.	LONGUEUR moyenne exploitée pendant l'année entière.	SOMMES TOTALES. RECETTE.	SOMMES TOTALES. DÉPENSE.	SOMMES TOTALES. PRODUIT NET.	PAR KILOMÈTRE. RECETTE.	PAR KILOMÈTRE. DÉPENSE.	PAR KILOMÈTRE. PRODUIT NET.	RAPPORT p. % de la dépense à la recette.	OBSERVATIONS.
1	2	3	4	5	6	7	8	9	10	11	12	13
			kilom.	kilom.	fr.	fr.	fr.	fr.	fr.	fr.		
	1848...	Rognonas à Marseille	115	114	1,794,099	1,586,718	207,381	15,738	13,919	1,819	88	
	1849...	Avignon à Marseille	120	119	2,857,409	1,672,907	1,184,502	24,012	14,058	9,954	58	
	1850...	*Idem*	120	120	3,391,414	1,908,747	1,482,667	28,262	15,906	12,356	56	
	1851...	*Idem*	120	120	3,554,797	2,127,151	1,427,646	29,623	17,726	11,897	59	
	1841...	Montpellier à Cette	27	28	286,910	180,358	106,562	10,247	6,442	3,805	62	
	1842...	*Idem*	27	28	430,086	275,353	154,733	15,360	9,834	5,526	64	
	1843...	*Idem*	27	28	471,590	291,025	180,565	16,842	10,394	6,448	61	
	1844...	*Idem*	27	28	458,664	317,711	140,953	16,381	11,347	5,034	69	
	1845...	*Idem*	27	28	536,377	381,429	154,948	19,156	13,622	5,534	71	
	1846...	*Idem*	27	28	633,624	398,650	234,974	22,629	14,237	8,392	62	
	1847...	*Idem*	27	28	660,273	440,982	219,291	23,581	15,749	7,832	66	
	1848...	*Idem*	27	28	431,267	339,036	92,231	15,402	12,108	3,294	78	
	1849...	*Idem*	27	28	454,313	304,827	149,486	16,225	10,886	5,339	66	
	1850...	*Idem*	27	28	487,164	306,001	181,263	17,398	10,925	6,473	62	
	1851...	*Idem*	27	28	496,723	301,775	194,948	17,740	10,778	6,962	60	
	1845...	Montpellier à Nîmes	52	53	676,341	469,624	206,717	12,761	8,861	3,900	69	
	1846...	*Idem*	52	53	924,425	546,033	378,392	17,442	10,302	7,140	59	
	1847...	*Idem*	52	53	1,016,155	571,997	444,158	19,173	10,792	8,381	56	
	1848...	*Idem*	52	53	803,950	518,023	285,927	15,169	9,774	5,395	64	
	1849...	*Idem*	52	53	856,878	502,250	354,628	16,167	9,476	6,691	58	
	1850...	*Idem*	52	53	1,002,255	603,764	398,491	18,910	11,392	7,518	60	
	1851...	*Idem*	52	53	979,891	556,888	423,003	18,489	10,507	7,982	56	
	1841...	Gard	89	93	1,460,266	840,266	620,000	15,701	9,035	6,666	57	
	1842...	*Idem*	89	93	1,606,291	846,502	759,609	17,272	9,103	8,169	52	
	1843...	*Idem*	89	93	1,972,456	955,856	1,016,600	21,209	10,278	10,931	48	
	1844...	*Idem*	89	93	2,189,912	1,041,350	1,148,562	23,547	11,197	12,350	47	
	1845...	*Idem*	89	93	2,500,156	1,207,890	1,292,266	26,883	12,988	13,895	48	
	1846...	*Idem*	89	93	2,288,829	1,145,161	1,143,668	24,611	12,314	12,297	50	
	1847...	*Idem*	89	93	2,614,770	1,280,403	1,334,367	28,115	13,767	14,348	48	
	1848...	*Idem*	89	93	2,140,184	996,780	1,143,404	23,012	10,718	12,294	46	
	1849...	*Idem*	89	93	1,848,628	973,061	875,567	19,877	10,463	9,414	52	
	1850...	*Idem*	89	93	2,184,570	1,018,134	1,166,436	23,490	10,948	12,542	46	
	1851...	*Idem*	89	93	2,174,607	1,020,267	1,154,340	23,383	10,971	12,412	46	
	1852...	Lyon à la Méditerranée	294	294	8,365,693	3,920,116	4,445,577	28,262	13,244	15,018	46	
	1853...	*Idem*	294	294	8,973,995	4,054,934	4,919,061	30,524	13,792	16,732	44	
	1854...	*Idem*	420	358	11,896,984	5,417,050	6,479,934	33,232	15,131	18,100	46	
	1841...	Saint-Étienne à Andrezieux	18	18	436,526	319,563	116,963	24,251	17,753	6,498	73	
	1842...	*Idem*	18	18	469,352	348,091	121,261	26,075	19,338	6,737	74	
	1843...	*Idem*	18	18	437,815	331,240	106,575	24,323	18,402	5,921	75	
	1844...	*Idem*	18	18	516,896	403,562	113,334	28,716	22,420	6,296	78	
	1845...	*Idem*	18	18	592,425	427,400	165,025	32,913	23,744	9,169	72	
	1846...	*Idem*	18	18	621,381	437,702	183,679	34,521	24,317	10,204	70	
	1847...	*Idem*	18	18	690,210	472,524	217,686	35,345	26,251	12,094	68	
	1848...	*Idem*	18	18	401,199	297,763	103,436	22,289	16,542	5,747	78	
	1849...	*Idem*	18	18	459,128	281,382	177,746	25,507	15,632	9,875	61	
	1850...	*Idem*	18	18	512,914	297,669	215,245	28,495	16,537	11,958	58	
	1851...	*Idem*	18	18	437,096	275,280	162,416	24,316	15,293	9,023	63	
	1852...	*Idem*	18	18	498,676	302,582	196,094	27,704	16,810	10,894	64	

RELEVÉ SUCCESSIF, par chemin, des recettes, dépenses et produit net d'exploitation.

COMPAGNIES.	ANNÉES.	LIGNES OU SECTIONS.	LONGUEUR livrée à l'exploitation au 31 déc.	LONGUEUR moyenne exploitée pendant l'année entière.	SOMMES TOTALES. RECETTE.	SOMMES TOTALES. DÉPENSE.	SOMMES TOTALES. PRODUIT NET.	PAR KILOMÈTRE. RECETTE.	PAR KILOMÈTRE. DÉPENSE.	PAR KILOMÈTRE. PRODUIT NET.	RAPPORT p. o/o de la dépense à la recette.	OBSERVATIONS.
1	2	3	4	5	6	7	8	9	10	11	12	13
			kilom.	kilom.	fr.	fr.	fr.	fr.	fr.	fr.		
GRAND-CENTRAL. (Suite.)	1841...	Saint-Étienne à Lyon...........	57	57	3,906,558	2,374,879	1,531,679	68,536	41,664	26,872	61	
	1842...	*Idem*..........................	57	57	4,287,050	2,878,422	1,408,628	75,211	50,498	24,713	67	
	1843...	*Idem*..........................	57	57	3,824,050	2,197,957	1,626,093	67,088	38,560	28,528	57	
	1844...	*Idem*..........................	57	57	4,219,495	2,498,441	1,721,054	74,026	43,832	30,194	59	
	1845...	*Idem*..........................	57	57	4,686,465	2,560,635	2,125,830	82,218	44,923	37,295	54	
	1846...	*Idem*..........................	57	57	4,761,935	2,918,280	1,843,655	83,543	51,198	32,345	61	
	1847...	*Idem*..........................	57	57	5,214,326	3,102,892	2,111,434	91,479	54,436	37,043	58	
	1848...	*Idem*..........................	57	57	4,144,693	2,558,710	1,585,983	72,714	44,890	27,824	61	
	1849...	*Idem*..........................	57	57	4,469,455	2,492,031	1,977,424	78,411	43,720	34,691	55	
	1850...	*Idem*..........................	57	57	4,742,100	2,523,210	2,218,890	83,194	44,266	38,928	53	
	1851...	*Idem*..........................	57	57	4,757,864	2,671,633	2,086,231	83,471	46,871	36,600	56	
	1852...	*Idem*..........................	57	57	5,064,482	2,654,551	2,409,931	88,850	46,571	42,279	52	
	1846...	Embranchement de Montrambert.	3	3	32,894	13,058	19,836	10,965	4,353	6,612	39	
	1847...	*Idem*..........................	3	3	83,749	28,637	55,112	27,916	9,546	18,370	30	
	1848...	*Idem*..........................	3	3	96,891	28,962	67,929	32,297	9,654	22,643	30	
	1849...	*Idem*..........................	3	3	95,330	31,221	64,109	31,777	10,407	21,370	29	
	1850...	*Idem*..........................	3	3	117,934	42,327	75,607	39,311	14,109	25,202	35	
	1851...	*Idem*..........................	8	9	180,162	101,046	79,116	20,018	11,227	8,701	56	
	1852...	*Idem*..........................	8	9	244,191	150,074	94,117	27,132	16,675	10,457	61	
	1841...	Andrezieux à Roanne...........	67	68	428,958	383,537	45,421	6,308	5,640	668	89	
	1842...	*Idem*..........................	67	68	487,814	432,872	54,942	7,174	6,366	808	88	
	1843...	*Idem*..........................	67	68	549,585	438,605	110,980	8,082	6,450	1,632	80	
	1844...	*Idem*..........................	67	68	684,889	513,646	171,243	10,072	7,554	2,518	75	
	1845...	*Idem*..........................	67	68	824,365	563,200	261,165	12,123	8,282	3,841	68	
	1846...	*Idem*..........................	67	68	879,035	618,772	260,263	12,927	9,100	3,827	70	
	1847...	*Idem*..........................	67	68	1,167,348	816,865	350,483	17,169	12,013	5,156	70	
	1848...	*Idem*..........................	67	68	769,594	592,145	177,449	11,317	8,708	2,609	76	
	1849...	*Idem*..........................	67	68	838,278	609,787	228,491	12,327	8,967	3,360	72	
	1850...	*Idem*..........................	67	68	863,182	605,942	257,240	12,694	8,911	3,783	70	
	1851...	*Idem*..........................	67	68	822,431	653,072	169,359	12,095	9,605	2,490	80	
	1852...	*Idem*..........................	67	68	1,022,937	756,512	266,425	15,043	11,125	3,918	73	
	1853...	Jonction de Rhône et Loire......	150	150	7,830,815	4,051,360	3,779,455	52,205	27,009	25,196	52	
	1854...	*Idem*..........................	150	150	9,920,342	5,038,550	4,881,792	66,136	33,590	32,546	51	
MIDI........	1841...	Bordeaux à la Teste............	53	26	156,196	118,455	37,741	4,556	3,105	1,451	68	
	1842...	*Idem*..........................	53	53	262,060	215,801	46,259	4,944	4,071	873	82	
	1843...	*Idem*..........................	53	53	269,792	225,797	43,995	5,090	4,260	830	83	
	1844...	*Idem*..........................	53	53	270,939	221,821	49,118	5,112	4,185	927	81	
	1845...	*Idem*..........................	53	53	264,263	238,748	25,515	4,986	4,505	481	90	
	1846...	*Idem*..........................	53	53	253,789	231,771	22,018	4,788	4,373	415	91	
	1847...	*Idem*..........................	53	53	241,889	214,349	27,540	4,564	4,044	520	88	
	1848...	*Idem*..........................	53	53	176,620	205,194	//	3,332	3,871	//	116	
	1849...	*Idem*..........................	53	53	186,947	214,341	//	3,527	4,044	//	114	
	1850...	*Idem*..........................	53	53	225,002	207,972	17,030	4,245	3,924	321	92	
	1851...	*Idem*..........................	53	53	242,208	244,523	//	4,570	4,614	//	100	
	1852...	*Idem*..........................	53	53	245,284	233,805	11,479	4,628	4,411	217	81	
	1853...	*Idem*..........................	53	53	325,454	307,974	17,480	6,141	5,811	330	95	
	1854...	Bordeaux à la Teste et à Dax.....	158	67	536,308	626,814	//	8,005	9,355	//	117	

PARTIE DU RÉSEAU LIVRÉE A L'EXPLOITATION.

RELEVÉ SUCCESSIF,

PAR CHEMIN,

DU RAPPORT DU PRODUIT NET DE L'EXPLOITATION A LA DÉPENSE DE PREMIER ÉTABLISSEMENT.

1841 A 1854.

RÉSUMÉ.

ANNÉES.	LONGUEUR		DÉPENSE DE PREMIER ÉTABLISSEMENT (par kilomètre)			PRODUIT NET de l'exploitation dans l'année par kilomètre.	PRODUIT P. 0/0 DU CAPITAL de premier établissement		PRODUIT DE L'IMPÔT PRÉLEVÉ sur le transport des voyageurs par chemins de fer		OBSERVATIONS.
	LIVRÉE à l'exploitation au 31 décembre.	MOYENNE exploitée dans l'année.	PAR L'ÉTAT.	par LES COMPAGNIES.	TOTALE.		TOTAL.	afférent aux compagnies.	TOTAL.	par kilomètre.	
1	2	3	4	5	6	7	8	9	10	11	12
	kilom.	kilom.	fr.	fr.	fr.	fr.			fr.	fr.	
…………	569	517	"	290,681	290,681	9,040	3 11	3 11	316,741	612	
…………	597	580	"	305,484	305,484	8,613	2 81	2 81	313,649	540	
…………	827	763	11,117	301,132	312,249	13,031	4 17	4 32	501,216	656	
…………	829	847	12,327	310,804	323,131	16,819	5 20	5 41	665,364	785	
…………	881	901	15,741	315,700	331,441	18,277	5 54	5 78	679,247	753	
…………	1,320	1,137	10,927	290,426	301,353	19,064	6 32	6 56	850,205	747	
…………	1,830	1,537	37,526	307,054	344,580	22,040	6 39	7 17	1,136,221	739	
…………	2,222	2,034	49,730	309,219	358,949	13,121	3 65	4 24	1,094,720	538	
…………	2,861	2,508	108,176	272,807	380,983	14,706	3 86	5 39	1,407,976	561	
…………	3,013	2,962	112,681	271,537	384,218	17,168	4 46	6 32	1,903,275	642	
…………	3,558	3,299	129,705	249,356	379,061	17,754	4 68	7 11	2,125,514	644	
…………	3,872	3,604	107,001	280,064	387,065	21,627	5 58	7 72	2,469,564	668	
…………	4,063	3,978	104,783	287,956	392,739	24,591	6 26	8 57	2,855,183	717	(1) Non compris 2 kilomètres de Vireux à la frontière, construits et exploités par une compagnie belge.
…………	(1) 4,660	(1) 4,348	109,154	291,988	401,142	26,415	6 58	9 00	3,098,756	713	

Relevé successif, par chemin, du rapport du produit net d'exploitation à la dépense de premier établissement.

COMPAGNIES.	ANNÉES.	LIGNES OU SECTIONS.	LONGUEUR livrée à l'exploitation au 31 décemb.	LONGUEUR moyenne exploitée dans l'année.	DÉPENSE DE PREMIER ÉTABLISSEMENT (par kilomètre) par l'État.	par les compagnies.	totaux.	PRODUIT NET de l'exploitation dans l'année par kilomètre.	PRODUIT P. 0/0 DU CAPITAL de premier établissement: total.	afférent aux compagnies.	OBSERVATIONS.
1	2	3	4	5	6	7	8	9	10	11	12
			kilom.	kilom.	fr.	fr.	fr.	fr.			
	1843...	Lille et Valenciennes à la frontière....	27	27	340,537	"	340,537	"	"	"	Nota. Les diffé[illegible]
	1844...	*Idem*	27	27	378,514	"	378,514	"	"	"	
	1845...	*Idem*	27	27	"	400,532	400,532	170	0 04	0 04	
	1846...	Paris à la frontière	337	254	"	312,102	312,102	13,440	4 30	4 30	
	1847...	Ligne principale et embranchements..	370	343	"	383,912	383,912	27,894	7 26	7 26	
	1848...	*Idem*	512	415	"	349,982	349,982	21,201	6 05	6 05	
	1849...	*Idem*	585	536	"	345,798	345,798	20,335	5 86	5 86	
	1850...	*Idem*	584	575	"	337,705	337,705	24,635	7 29	7 29	
NORD.......	1847...	Amiens à Neufchâtel	109	43	"	279,283	279,283	6,142	2 19	2 19	
	1848...	Amiens à Boulogne	123	120	"	308,223	308,223	5,108	1 65	1 65	
	1849...	*Idem*	123	124	"	311,455	311,455	4,429	1 42	1 42	
	1850...	*Idem*	123	124	"	310,674	310,674	5,111	1 64	1 64	
	1851...	Nord et Boulogne	707	708	"	334,818	334,818	22,761	6 79	6 79	
	1852...	*Idem*	707	708	"	339,994	339,994	26,286	7 73	7 73	
	1853...	*Idem*	707	707	"	354,147	354,147	30,632	8 64	8 64	
	1854...	*Idem*	707	707	"	360,874	380,874	34,050	9 43	9 43	
	1841...	Saint-Waast à Abscon	15	15	"	166,666	166,666	"	"	"	
	1842...	Anzin à Abscon	16	15	"	156,250	156,250	"	"	"	
	1843...	*Idem*	16	16	"	156,250	156,250	"	"	"	
	1844...	*Idem*	16	16	"	156,250	156,250	875	0 56	0 56	
	1845...	*Idem*	16	16	"	156,250	156,250	1,690	1 08	1 08	
	1846...	*Idem*	16	16	"	165,625	165,625	1,557	0 94	0 94	
ANZIN À SOMAIN.	1847...	*Idem*	16	16	"	174,575	174,575	2,899	1 66	1 66	
	1848...	Anzin à Somain	19	18	"	154,126	154,126	1,144	0 74	0 74	
	1849...	*Idem*	19	19	"	150,786	150,786	419	0 25	0 25	
	1850...	*Idem*	19	19	"	159,786	159,786	847	0 53	0 53	
	1851...	*Idem*	19	19	"	160,783	160,783	158	0 09	0 09	
	1852...	*Idem*	19	19	"	162,125	162,125	562	0 34	0 34	
	1853...	*Idem*	19	19	"	117,767	117,767	4,648	3 94	3 94	
	1854...	*Idem*	19	19	"	120,129	120,129	1,673	1 39	1 39	
	1853...	De la gare de Rouen à celle du Nord...	7	7	"	272,444	272,444	5,163	1 89	1 89	
CEINTURE....	1854...	De la gare de Rouen à celle d'Orléans..	17	15	453,506	348,735	802,241	15,875	1 98	4 55	

Relevé successif, par chemin, du rapport du produit net d'exploitation à la dépense de premier établissement.

ANNÉES.	LIGNES OU SECTIONS.	LONGUEUR livrée à l'exploitation au 31 décemb.	LONGUEUR moyenne exploitée dans l'année.	DÉPENSE DE PREMIER ÉTABLISSEMENT (par kilomètre) par l'État.	par les compagnies.	totaux.	PRODUIT NET de l'exploitation dans l'année par kilomètre.	PRODUIT P. 0/0 DU CAPITAL de premier établissement: total.	afférent aux compagnies.	OBSERVATIONS.
2	3	4	5	6	7	8	9	10	11	12
		kilom.	kilom.	fr.	fr.	fr.	fr.			
1841...	Strasbourg à Bâle	136	101	"	302,809	302,809	3,735	1 23	1 23	
1842...	*Idem*	136	136	"	303,485	303,485	3,242	1 06	1 06	
1843...	*Idem*	136	136	"	319,728	319,728	4,272	1 33	1 33	
1844...	*Idem*	138	137	"	315,039	315,989	6,633	2 09	2 09	
1845...	*Idem*	138	138	"	316,475	316,475	5,430	1 71	1 71	
1846...	*Idem*	138	138	"	317,321	317,321	6,615	2 08	2 08	
1847...	*Idem*	139	139	"	318,212	318,212	6,069	1 90	1 90	
1848...	*Idem*	139	139	"	317,897	317,897	3,486	1 09	1 09	
1849...	*Idem*	139	139	"	313,738	313,738	6,018	1 91	1 91	
1850...	*Idem*	139	139	"	313,990	313,990	7,040	2 24	2 24	
1851...	*Idem*	139	139	"	314,559	314,559	7,404	2 35	2 35	
1852...	*Idem*	139	139	"	316,171	316,171	9,019	2 85	2 85	
1853...	*Idem*	139	141	"	316,522	316,522	10,347	3 26	3 26	
1841...	Mulhouse à Thann	21	21	"	123,809	123,809	1,768	1 34	1 34	
1842...	*Idem*	21	21	"	136,623	136,623	5,106	3 73	3 73	
1843...	*Idem*	21	21	"	136,623	136,623	4,952	3 62	3 62	
1844...	*Idem*	21	21	"	136,623	136,623	4,434	3 24	3 24	
1845...	*Idem*	21	21	"	136,623	136,623	4,700	3 44	3 44	
1846...	*Idem*	21	21	"	136,623	136,623	4,697	3 43	3 43	
1847...	*Idem*	21	21	"	136,623	136,623	4,675	3 42	3 42	
1848...	*Idem*	21	21	"	136,623	136,623	3,300	2 41	2 41	
1849...	*Idem*	21	21	"	136,623	136,623	3,631	2 66	2 66	
1850...	*Idem*	21	21	"	136,623	136,623	2,592	1 90	1 90	
1851...	*Idem*	21	21	"	136,623	136,623	2,655	1 94	1 94	
1852...	*Idem*	21	21	"	136,623	136,623	3,209	2 34	2 34	
1853...	*Idem*	21	21	"	136,623	136,623	3,931	2 87	2 87	
1848...	Montereau à Troyes	100	73	"	215,114	215,114	"	"	"	
1849...	*Idem*	100	(*) 121	"	217,892	217,892	969	0 44	0 44	(*) Y compris l'exploitation provisoire de la section de Melun à Montereau.
1850...	*Idem*	100	100	"	218,661	218,661	3,896	1 78	1 78	
1851...	*Idem*	100	100	"	218,882	218,882	4,309	1 96	1 96	
1852...	*Idem*	100	100	"	221,101	221,101	5,192	2 34	2 34	
1853...	*Idem*	100	100	"	221,434	221,434	5,525	2 49	2 49	
1849...	Paris à Châlons	173	61	284,960	189,985	474,945	5,950	1 25	3 13	
1850...	Paris à Vitry et Metz à Nancy	263	211	217,775	219,547	437,322	12,711	2 90	5 78	
1851...	Paris à Strasbourg et embranchement..	493	364	145,209	186,357	331,566	11,825	3 56	6 34	
1852...	*Idem*	624	550	161,774	194,996	356,770	15,776	4 42	8 09	
1853...	*Idem*	624	624	166,559	228,181	394,740	22,222	5 63	9 73	
1854...	*Idem*	(*) 961	(*) 927	117,900	(*) 259,797	377,697	21,172	5 60	8 14	(*) Y compris Mulhouse à Thann, ce chemin se trouvant confondu dans l'exploitation de la ligne de l'Est.

RELEVÉ SUCCESSIF, par chemin, du rapport du produit net d'exploitation à la dépense de premier établissement.

COMPAGNIES.	ANNÉES.	LIGNES OU SECTIONS.	LONGUEUR livrée à l'exploitation au 31 décemb.	LONGUEUR moyenne exploitée dans l'année.	DÉPENSE DE PREMIER ÉTABLISSEMENT (par kilomètre) par l'État.	par les compagnies.	totale.	PRODUIT NET de l'exploitation dans l'année par kilomètre.	PRODUIT P. 0/0 DU CAPITAL de premier établissement total.	afférent aux compagnies.	OBSERVATIONS.
1	2	3	4	5	6	7	8	9	10	11	12
			kilom.	kilom.	fr.	fr.	fr.	fr.			
Paris à St-Germain.	1841...	Paris au Pecq	19	19	»	728,609	728,609	47,003	6 45	6 45	
	1842...	Idem	19	19	»	752,324	752,324	41,523	5 51	5 51	
	1843...	Idem	19	19	»	773,779	773,779	45,030	5 81	5 81	
	1844...	Idem	19	19	»	786,330	786,330	50,515	6 42	6 42	
	1845...	Idem	19	19	»	780,795	780,795	68,600	8 69	8 69	
	1846...	Idem	19	19	»	816,656	816,656	73,410	8 99	8 99	
	1847...	Paris à Saint-Germain	21	20	84,285	999,848	1,057,133	63,240	5 95	6 37	
	1848...	Idem	21	21	85,261	985,324	1,070,585	31,210	2 91	3 16	
	1849...	Idem	21	21	85,261	988,747	1,074,008	48,458	4 51	4 90	
	1850...	Idem	21	21	85,261	1,004,513	1,089,774	53,745	4 93	5 13	
	1851...	Paris à Saint-Germain et Argenteuil	25	24	71,620	851,863	923,483	50,151	5 08	6 59	
	1852...	Idem	25	25	71,620	893,540	965,160	59,660	6 18	6 67	
	1853...	Idem	25	25	71,620	1,027,933	1,099,553	83,403	7 59	8 11	
	1854...	Paris à St-Germain, Argenteuil et Auteuil	32	30	55,953	933,065	1,039,008	62,235	5 98	6 32	
Paris à Rouen.	1843...	Paris à Rouen	128	89	»	359,150	359,150	26,363	7 34	7 34	
	1844...	Idem	128	137	»	397,823	397,823	28,793	7 23	7 23	
	1845...	Idem	128	137	»	413,109	413,109	31,482	7 62	7 62	
	1846...	Idem	128	137	»	425,181	425,181	34,758	8 17	8 17	
	1847...	Idem	131	138	»	495,239	495,239	42,160	8 51	8 51	
	1848...	Idem	131	139	»	510,484	510,484	23,464	4 59	4 59	
	1849...	Idem	131	139	»	511,888	511,888	33,474	6 54	6 54	
	1850...	Idem	131	139	»	513,148	513,148	39,744	7 74	7 74	
	1851...	Idem	131	139	»	513,580	513,580	39,714	7 73	7 73	
	1852...	Idem	131	139	»	514,426	514,426	45,426	8 83	8 83	
	1853...	Idem	131	139	»	517,503	517,503	47,629	9 20	9 20	
	1854...	Idem	131	139	»	523,020	523,020	50,706	9 70	9 70	
Rouen au Havre.	1847...	Rouen au Havre	92	86	81,521	533,264	614,785	19,398	3 15	3 63	
	1848...	Idem	92	92	86,413	543,382	629,795	9,932	1 58	1 83	
	1849...	Idem	92	92	86,413	543,931	630,344	18,130	2 87	3 33	
	1850...	Idem	92	92	86,956	546,352	633,308	21,168	3 34	3 87	
	1851...	Idem	92	92	86,956	546,300	633,256	20,213	3 19	3 69	
	1852...	Idem	92	92	86,956	546,719	633,675	24,949	3 94	4 50	
	1853...	Idem	92	92	86,956	547,259	634,215	30,748	4 84	5 62	
	1854...	Idem	92	92	86,956	548,348	635,304	31,083	5 03	5 83	
Dieppe et Fécamp.	1848...	Rouen à Dieppe	51	34	»	257,891	257,891	1,986	0 76	0 76	
	1849...	Idem	51	51	»	273,914	273,914	4,449	1 62	1 62	
	1850...	Idem	51	51	»	271,490	271,490	5,021	1 85	1 85	
	1851...	Idem	51	51	»	276,824	276,824	4,225	1 52	1 52	
	1852...	Idem	51	51	»	276,200	276,200	6,522	2 36	2 36	
	1853...	Idem	51	51	»	276,671	276,671	5,419	1 96	1 96	
	1854...	Idem	51	51	»	277,831	277,831	4,634	1 66	1 66	
	1841...	Versailles (rive droite)	19	23	»	845,413	845,413	19,017	2 24	2 24	
	1842...	Idem	19	23	»	854,067	854,067	22,054	2 68	2 68	
	1843...	Idem	19	23	»	862,146	862,146	26,189	3 03	3 03	
	1844...	Idem	19	23	»	864,821	864,821	26,837	3 10	3 10	
	1845...	Idem	19	23	»	869,140	869,140	29,544	3 39	3 39	
	1846...	Idem	19	23	»	868,173	868,173	30,777	3 54	3 54	
	1847...	Idem	19	23	»	870,484	870,484	22,738	2 61	2 61	
	1848...	Idem	19	23	»	871,245	871,245	9,963	1 14	1 14	
	1849...	Idem	19	23	»	874,135	874,135	26,158	2 99	2 99	
	1850...	Idem	19	23	»	875,466	875,466	29,234	3 34	3 34	
	1851...	Idem	19	23	»	886,036	886,036	31,740	3 58	3 58	
	1841...	Versailles (rive gauche)	17	17	»	925,243	925,243	6,731	0 72	0 72	
	1842...	Idem	17	17	»	927,642	927,642	4,049	0 43	0 43	
	1843...	Idem	17	17	»	928,036	928,036	14,897	1 60	1 60	
	1844...	Idem	17	17	»	964,364	964,364	17,758	1 84	1 84	
	1845...	Idem	17	17	»	981,005	981,005	10,686	1 09	1 09	
	1846...	Idem	17	17	»	982,977	982,977	15,342	1 56	1 56	
	1847...	Idem	17	17	»	985,210	985,210	14,032	1 42	1 42	
	1848...	Idem	17	17	»	992,745	992,745	14,795	1 49	1 49	
	1849...	Idem	17	17	»	999,975	999,975	12,699	1 27	1 27	
	1850...	Idem	17	17	»	1,004,527	1,004,527	40,856	4 07	4 07	
	1851...	Idem	17	17	»	1,004,527	1,004,527	39,765	3 96	3 96	
	1849...	Paris à Chartres	73	42	352,543	»	352,543	6,523	1 85	»	
	1850...	Idem	73	88	380,198	»	380,198	9,827	2 58	»	
	1851...	Idem	73	88	383,523	»	383,523	13,383	3 49	»	
	1852...	Paris à la Loupe et à Versailles (r. d. et r. g.)	147	128	226,349	333,120	559,469	18,755	3 35	5 53	
	1853...	Idem	147	151	228,857	350,246	579,103	20,253	3 49	5 77	
	1854...	Paris au Mans et à Versailles (r. d. et r. g.)	234	209	182,103	289,069	472,072	17,652	3 74	6 09	
	1846...	Paris à Sceaux	11	6	»	465,251	465,251	9,201	1 98	1 98	
	1847...	Idem	11	11	»	469,741	469,741	2,960	0 63	0 63	
	1848...	Idem	11	11	»	469,741	469,741	»	»	»	
	1849...	Idem	11	11	»	469,993	469,993	»	»	»	
	1850...	Idem	11	11	»	475,051	475,051	147	0 03	0 03	
	1851...	Idem	11	11	»	475,054	475,054	505	0 10	0 10	
	1852...	Idem	11	11	»	475,073	475,073	»	»	»	
	1853...	Idem	11	11	»	470,916	470,916	3,662	0 77	0 77	
	1854...	Paris à Sceaux et à Orsay	25	17	115,747	252,182	367,929	»	»	»	

RELEVÉ SUCCESSIF, par chemin, du rapport du produit net d'exploitation à la dépense de premier établissement.

LIGNES.	ANNÉES.	SECTIONS.	LONGUEUR livrée à l'exploitation au 31 décemb.	LONGUEUR moyenne exploitée dans l'année.	DÉPENSE DE PREMIER ÉTABLISSEMENT (par kilomètre) par l'État.	par les compagnies.	totale.	PRODUIT net de l'exploitation dans l'année par kilomètre.	PRODUIT P. 0/0 DU CAPITAL de premier établissement total.	afférent aux compagnies.	OBSERVATIONS.
1	2	3	4	5	6	7	8	9	10	11	12
			kilom.	kilom.	fr.	fr.	fr.	fr.			
Orléans	1841...	Paris à Corbeil	31	31	»	645,161	645,161	12,332	1 91	1 91	
	1842...	*Idem*	31	31	»	1,075,267	1,075,267	17,575	1 63	1 63	
	1843...	Paris à Orléans et Corbeil	133	98	»	375,346	375,346	23,334	6 22	6 22	
	1844...	*Idem*	133	133	»	376,252	376,252	31,062	5 28	5 28	
	1845...	*Idem*	133	133	»	414,006	414,006	36,678	8 86	8 86	
	1846...	*Idem*	133	133	»	416,474	416,474	44,707	10 75	10 75	
	1847...	*Idem*	133	133	»	436,752	436,752	48,314	11 00	11 00	
	1848...	*Idem*	133	133	»	444,180	444,180	37,913	8 53	8 53	
	1849...	*Idem*	133	133	»	446,291	446,291	47,208	10 58	10 56	
	1850...	*Idem*	133	133	»	449,222	449,222	48,901	10 88	10 88	
	1851...	*Idem*	133	133	»	448,572	448,572	53,313	11 88	11 88	
	1847...	Orléans à Tours	115	115	140,605	155,628	296,233	13,995	4 72	8 98	
	1848...	*Idem*	115	115	142,237	157,510	309,767	14,891	4 81	8 80	
	1849...	*Idem*	115	115	142,846	172,675	315,521	12,068	3 83	7 00	
	1850...	*Idem*	115	115	143,941	185,167	329,108	15,779	4 79	8 52	
	1851...	Orléans à Poitiers	216	162	165,488	146,642	312,130	12,410	3 98	8 47	
	1847...	Orléans à Bourges et à Châteauroux	173	59	168,706	136,030	304,735	10,580	3 47	7 79	
	1848...	*Idem*	173	173	186,512	161,656	348,168	6,087	1 78	3 70	
	1849...	Orléans à Nérondes et à Châteauroux	200	195	170,565	143,436	314,001	8,055	2 50	5 61	
	1850...	Orléans à Nevers et à Châteauroux	242	217	205,944	125,452	331,396	0,722	2 93	7 75	
	1851...	*Idem*	242	242	211,402	126,732	338,134	9,092	2 69	7 17	
	1849...	Tours à Angers	108	57	185,196	197,302	382,498	2,459	0 64	1 24	
	1850...	*Idem*	108	108	197,264	209,960	407,224	2,633	0 64	1 25	
	1851...	Tours à Nantes	195	140	223,110	165,738	388,848	4,898	1 26	2 95	
	1852...	Orléans et prolongements	916	837	176,886	197,779	374,665	20,163	5 38	10 19	
	1853...	*Idem*	1,100	1,010	153,448	201,566	355,014	19,025	5 64	9 88	
	1854...	*Idem*	1,155	1,139	153,954	225,579	379,533	22,980	.0 05	10 19	
Paris à Lyon.	1849...	Paris à Tonnerre et Dijon à Chalon	265	90	371,135	62,008	433,143	11,771	2 71	» (*)	(*) Exploité par l'…
	1850...	*Idem*	265	265	380,229	68,008	448,237	15,575	3 47	» (*)	
	1851...	Paris à Chalon	383	327	436,062	64,513	500,575	22,703	4 53	» (*)	
	1852...	*Idem*	383	383	138,411	370,742	509,156	36,078	7 08	0 73	
	1853...	*Idem*	383	383	138,411	380,221	518,632	42,638	8 24	11 21	
	1854...	Paris à Lyon (Vaise)	506	443	120,171	360,724	480,895	40,980	8 52	11 36	

LIGNES.	ANNÉES.	LIGNES OU SECTIONS.	LONGUEUR livrée à l'exploitation au 31 décemb.	LONGUEUR moyenne exploitée dans l'année.	DÉPENSE DE PREMIER ÉTABLISSEMENT (par kilomètre) par l'État.	par les compagnies.	totale.	PRODUIT net de l'exploitation dans l'année par kilomètre.	PRODUIT P. 0/0 DU CAPITAL de premier établissement total.	afférent aux compagnies.	OBSERVATIONS.
1	2	3	4	5	6	7	8	9	10	11	12
			kilom.	kilom.	fr.	fr.	fr.	fr.			
	1848...	Rognonas à Marseille	116	114	336,287	306,457	642,744	1,819	0 28	0 59	
	1849...	Avignon à Marseille	120	119	320,035	333,574	663,509	9,954	1 50	2 97	
	1850...	*Idem*	120	120	332,810	355,777	691,587	12,356	1 78	3 44	
	1851...	*Idem*	120	120	333,140	381,058	714,198	11,897	1 66	3 12	
	1841...	Montpellier à Cette	27	28	»	136,740	136,740	3,805	2 78	2 78	
	1842...	*Idem*	27	28	»	141,873	141,873	5,526	3 88	3 88	
	1843...	*Idem*	27	28	»	144,091	144,091	6,445	4 47	4 47	
	1844...	*Idem*	27	28	»	148,213	148,213	5,034	3 39	3 39	
	1845...	*Idem*	27	28	»	148,213	148,213	5,534	3 73	3 73	
	1846...	*Idem*	27	28	»	150,091	150,091	8,302	5 27	5 27	
	1847...	*Idem*	27	28	»	163,186	163,186	7,832	4 79	A 79	
	1848...	*Idem*	27	28	»	164,783	164,783	3,294	1 99	1 99	
	1849...	*Idem*	27	28	»	167,656	167,656	5,339	3 18	3 18	
	1850...	*Idem*	27	28	»	173,040	173,040	6,473	3 74	3 74	
	1851...	*Idem*	27	28	»	180,800	180,800	6,962	3 84	3 84	
	1845...	Montpellier à Nîmes	52	53	266,892	11,843	278,335	3,900	1 40	» (*)	(*) Donné à bail par l'État
	1846...	*Idem*	52	53	277,383	16,289	293,672	7,140	2 43	»	
	1847...	*Idem*	52	53	277,926	22,964	300,890	8,381	2 78	»	
	1848...	*Idem*	52	53	278,824	26,736	305,560	5,398	1 73	»	
	1849...	*Idem*	52	53	282,673	27,318	309,991	6,691	2 15	»	
	1850...	*Idem*	52	53	282,815	27,802	310,617	7,518	2 42	»	
	1851...	*Idem*	52	53	282,868	28,040	310,908	7,982	2 53	»	
	1841...	Gard	89	93	»	191,095	191,095	6,666	3 47	3 47	
	1842...	*Idem*	89	93	»	190,725	190,725	8,169	4 28	4 28	
	1843...	*Idem*	89	93	»	196,245	196,245	10,931	5 57	5 57	
	1844...	*Idem*	89	93	»	198,077	198,577	12,350	6 21	6 21	
	1845...	*Idem*	89	93	»	204,763	204,763	13,895	6 78	6 78	
	1846...	*Idem*	89	93	»	210,994	210,994	12,297	5 82	5 82	
	1847...	*Idem*	89	93	»	212,521	212,521	14,348	6 75	6 75	
	1848...	*Idem*	89	93	»	212,720	212,720	12,294	5 77	5 77	
	1849...	*Idem*	89	93	»	215,195	215,195	9,414	4 37	4 37	
	1850...	*Idem*	89	93	»	215,913	215,913	12,542	5 81	5 81	
	1851...	*Idem*	89	93	»	217,287	217,267	12,412	5 71	5 71	
	1852...	Lyon à la Méditerranée	294	294	186,746	251,632	438,378	15,018	3 42	5 96	
	1853...	*Idem*	294	294	187,698	256,447	444,145	16,732	3 76	6 52	
	1854...	*Idem*	420	358	195,084	268,881	463,965	18,100	3 90	6 73	
	1841...	Saint-Étienne à Andrezieux	18	18	»	129,288	129,288	6,498	5 02	5 02	
	1842...	*Idem*	18	18	»	131,401	131,401	6,737	5 12	5 12	
	1843...	*Idem*	18	18	»	137,224	137,224	5,921	4 31	4 31	
	1844...	*Idem*	18	18	»	152,636	152,636	6,296	4 12	4 12	
	1845...	*Idem*	18	18	»	156,712	156,712	9,160	5 85	5 85	
	1846...	*Idem*	18	18	»	167,237	167,237	10,204	6 10	6 10	
	1847...	*Idem*	18	18	»	183,649	183,649	12,094	6 58	6 58	
	1848...	*Idem*	18	18	»	187,520	187,520	5,747	3 06	3 06	
	1849...	*Idem*	18	18	»	188,331	188,331	9,875	5 24	5 24	
	1850...	*Idem*	18	18	»	189,401	189,401	11,058	5 31	5 31	
	1851...	*Idem*	18	18	»	190,904	190,904	9,023	4 72	4 72	
	1852...	*Idem*	18	18	»	191,599	191,599	10,894	5 68	5 68	

Relevé successif, par chemin, du rapport du produit net d'exploitation à la dépense de premier établisse

COMPAGNIES.	ANNÉES.	LIGNES OU SECTIONS.	LONGUEUR livrée à l'exploitation au 31 décemb.	LONGUEUR moyenne exploitée dans l'année.	DÉPENSE DE PREMIER ÉTABLISSEMENT (par kilomètre) par l'État.	DÉPENSE DE PREMIER ÉTABLISSEMENT (par kilomètre) par les compagnies.	DÉPENSE DE PREMIER ÉTABLISSEMENT (par kilomètre) totale.	PRODUIT NET de l'exploitation dans l'année par kilomètre.	PRODUIT P. 0/0 DU CAPITAL de premier établissement total.	PRODUIT P. 0/0 DU CAPITAL de premier établissement afférent aux compagnies	OBSERVATIO[NS]
1	2	3	4	5	6	7	8	9	10	11	12
			kilom.	kilom.	fr.	fr.	fr.	fr.			
Grand-Central. (Suite.)	1841...	Saint-Étienne à Lyon	57	57	//	307,017	307,017	26,872	8 75	8 75	
	1842...	Idem	57	57	//	315,789	315,789	24,713	7 82	7 82	
	1843...	Idem	57	57	//	320,537	320,537	28,528	8 90	8 90	
	1844...	Idem	57	57	//	341,394	341,394	30,194	8 84	8 84	
	1845...	Idem	57	57	//	349,331	349,331	37,295	10 67	10 67	
	1846...	Idem	57	57	//	366,179	366,179	32,345	8 83	8 83	
	1847...	Idem	57	57	//	371,629	371,629	37,043	9 97	9 97	
	1848...	Idem	57	57	//	377,434	377,434	27,824	7 37	7 37	
	1849...	Idem	57	57	//	377,834	377,834	34,691	9 18	9 18	
	1850...	Idem	57	57	//	379,166	379,166	38,928	10 27	10 27	
	1851...	Idem	57	57	//	382,248	382,248	36,600	9 57	9 57	
	1852...	Idem	57	57	//	383,476	383,476	42,279	11 02	11 02	
	1846...	Embranchement de Montrambert	3	3	//	133,304	133,304	6,612	4 96	4 96	
	1847...	Idem	3	3	//	133,183	133,183	18,370	13 79	13 79	
	1848...	Idem	3	3	//	134,038	134,038	22,643	16 89	16 89	
	1849...	Idem	3	3	//	134,158	134,158	21,370	15 92	15 92	
	1850...	Idem	3	3	//	134,158	134,158	25,202	18 78	18 78	
	1851...	Idem	8	9	//	172,605	172,605	8,791	5 08	5 08	
	1852...	Idem	8	9	//	172,621	172,621	10,457	6 05	6 05	
	1841...	Andrezieux à Roanne	67	68	//	132,836	132,836	668	0 50	0 50	
	1842...	Idem	67	68	//	134,342	134,342	808	0 60	0 60	
	1843...	Idem	67	68	//	140,437	140,437	1,632	1 16	1 16	
	1844...	Idem	67	68	//	151,093	151,093	2,518	1 66	1 66	
	1845...	Idem	67	68	//	158,333	158,333	3,841	2 42	2 42	
	1846...	Idem	67	68	//	164,950	164,950	3,827	2 32	2 32	
	1847...	Idem	67	68	//	171,681	171,681	5,156	3 00	3 00	
	1848...	Idem	67	68	//	173,383	173,383	2,609	1 50	1 50	
	1849...	Idem	67	68	//	174,790	174,790	3,360	1 92	1 92	
	1850...	Idem	67	68	//	179,303	179,303	3,783	2 11	2 11	
	1851...	Idem	67	68	//	179,853	179,853	2,490	1 38	1 38	
	1852...	Idem	67	68	//	180,542	180,542	3,918	2 17	2 17	
	1853...	Jonction de Rhône et Loire	150	150	//	259,219	259,219	25,196	9 71	9 71	
	1854...	Idem	150	150	//	259,219	259,219	32,546	12 55	12 55	
Midi	1841...	Bordeaux à la Teste	53	26	//	75,471	75,471	1,451	1 92	1 92	
	1842...	Idem	53	53	//	111,958	111,958	873	0 78	0 78	
	1843...	Idem	53	53	//	111,820	111,820	830	0 75	0 75	
	1844...	Idem	53	53	//	112,176	112,176	927	0 81	0 81	
	1845...	Idem	53	53	//	112,369	112,369	481	0 43	0 43	
	1846...	Idem	53	53	//	112,574	112,574	415	0 36	0 36	
	1847...	Idem	53	53	//	110,915	110,915	520	0 47	0 47	
	1848...	Idem	53	53	//	110,427	110,427	//	//	//	
	1849...	Idem	53	53	//	110,420	110,420	//	//	//	
	1850...	Idem	53	53	//	110,445	110,445	321	0 29	0 29	
	1851...	Idem	53	53	//	110,510	110,510	//	//	//	
	1852...	Idem	53	53	//	111,379	111,379	217	0 19	0 10	
	1853...	Idem	53	53	//	112,989	112,989	330	0 29	0 29	
	1854...	Bordeaux à la Teste et à Dax	158	67	73,101	83,499	156,600	//	//	//	

TABLEAU N° 10.

PARTIE DU RÉSEAU LIVRÉE A L'EXPLOITATION.

RELEVÉ SUCCESSIF

DU MOUVEMENT ET DE LA RECETTE PAR CATÉGORIE.

1841 A 1854.

RELEVÉ SUCCESSIF DU MOUVEMENT ET DE LA RE[...]TÉGORIE (1841 à 1854).

ANNÉES. 1	LONGUEUR TOTALE livrée à l'exploitation au 31 décembre. 2	LONGUEUR MOYENNE exploitée pendant l'année entière. 3	MOUVEMENT. Voyageurs. 4	MOUVEMENT. Marchandises. 5	RECETTES TOTALES. Grande vitesse. Voyageurs (y compris l'impôt du 10e). 6	Grande vitesse. Accessoires. (a) 7	Grande vitesse. Total. 8	Petite vitesse. Marchandises. (b) 9	Petite vitesse. Accessoires. (c) 10	Petite vitesse. Total. 11	Recettes diverses. (d) 12	RECETTES PAR KILOMÈTRE. Grande vitesse. [...]soires. 15	Grande vitesse. Total. 16	Petite vitesse. Marchandises. 17	Petite vitesse. Accessoires. 18	Petite vitesse. Total. 19	Recettes diverses. 20	Total. 21	PROPORTION POUR 0/0 DES RECETTES. Grande vitesse. Voyageurs. 22	Grande vitesse. Accessoires. 23	Grande vitesse. Total. 24	Petite vitesse. Marchandises. 25	Petite vitesse. Accessoires. 26	Petite vitesse. Total. 27	Recettes diverses. 28	Total. 29	OBSERVATIONS. 30
	kil.	kil.	voyag.	tonn.	fr.	fr.	fr.	fr.	fr.	fr.	fr.	fr.	fr.	fr.	fr.	fr.	fr.	fr.										
1841	569	517	6,378,666	1,039,703	7,882,100	317,935	8,200,035	4,052,262	4,292	4,056,554	432,456	[illegible]	13,864	8,908	9	9,007	836	25,704	59 32	2 39	61 71	35 01	0 03	35 04	3 25	100	(a) Voir le tableau n° 19, chapitre II. (b) Marchandises, houille et coke (tableau n° 19, chapitre III). (c) Voir le tableau n° 19, chapitre III, moins les articles indiqués par la note B. (d) Voir le tableau n° 19, chapitre IV.
1842	597	580	6,207,936	1,478,391	8,121,404	441,402	8,562,806	5,419,625	22,294	5,441,919	308,079	[illegible]	14,763	9,344	39	9,383	876	25,022	55 96	3 04	59 00	37 34	0 16	37 50	3 50	100	
1843	827	703	7,351,883	1,533,573	13,197,877	1,108,656	14,306,533	6,448,714	60,267	6,508,981	750,893	[illegible]	18,750	8,452	79	8,531	984	28,265	61 20	5 14	66 34	29 90	0 28	30 18	3 48	100	
1844	820	847	8,139,488	1,937,135	16,437,489	1,540,776	17,978,265	9,467,387	200,306	9,667,693	1,381,801	[illegible]	21,225	11,178	236	11,414	1,561	34,200	56 74	5 32	62 06	32 68	0 69	33 37	4 57	100	
1845	881	901	8,865,118	2,312,618	17,222,231	2,348,387	19,570,618	11,204,653	239,641	11,444,294	1,589,051	[illegible]	21,721	12,436	265	12,701	1,764	36,186	52 82	7 20	60 02	34 37	0 73	35 10	4 88	100	
1846	1,320	1,137	10,424,766	2,526,753	22,227,835	3,549,047	25,776,882	13,707,913	464,454	14,172,367	2,068,679	[illegible]	22,671	12,056	409	12,465	1,819	36,955	52 90	8 45	61 35	32 62	1 11	33 73	4 92	100	
1847	1,830	1,537	12,777,923	3,596,773	31,050,875	6,606,042	37,656,917	23,138,074	1,933,316	25,071,390	3,613,860	[illegible]	24,500	15,054	1,258	16,312	2,352	43,164	46 80	9 96	56 76	34 88	2 91	37 79	5 45	100	
1848	2,222	2,034	11,907,425	2,921,198	29,485,790	7,265,418	36,751,208	19,960,532	2,141,973	22,102,505	3,494,360	[illegible]	18,058	9,813	1,053	10,866	1,684	30,618	47 34	11 67	59 01	32 05	3 44	35 49	5 50	100	
1849	2,561	2,508	14,811,665	3,418,504	37,003,138	8,044,216	45,047,354	25,242,733	2,759,751	28,002,484	2,633,330	[illegible]	18,322	10,084	1,101	11,165	1,049	30,536	48 33	11 67	60 00	32 95	3 61	36 56	3 44	100	
1850	3,013	2,992	18,741,415	4,271,057	49,390,032	10,368,134	59,758,166	30,991,048	3,451,279	34,442,327	3,390,630	[illegible]	20,175	10,463	1,165	11,628	1,121	32,924	50 58	10 63	61 28	31 78	3 54	35 32	3 40	100	
1851	3,556	3,299	19,935,309	4,627,189	55,285,889	10,822,132	66,108,021	35,658,384	3,348,750	38,907,134	3,104,397	[illegible]	20,639	10,806	1,015	11,821	959	32,819	51 06	10 00	61 06	32 93	3 09	36 02	2 92	100	
1852	3,872	3,694	22,639,993	5,377,834	65,648,090	13,455,896	79,103,986	48,342,916	3,976,771	52,319,687	5,870,589	[illegible]	21,414	13,087	1,076	14,163	1,589	37,166	47 82	9 80	57 62	35 21	2 90	38 11	4 27	100	
1853	4,063	3,978	24,885,320	7,172,652	76,022,108	16,343,589	92,365,697	66,502,097	4,508,733	71,010,830	6,405,139	[illegible]	23,319	15,717	1,134	17,851	2,112	43,182	44 26	9 51	53 77	38 71	2 63	41 34	4 89	100	
1854	(e) 4,600	(e) 4,348	28,070,458	8,864,501	83,707,721	18,520,937	102,228,658	86,753,123	4,834,538	91,587,661	8,120,639	[illegible]	23,511	19,952	1,112	21,064	1,870	46,445	41 46	9 18	50 64	42 92	2 40	45 32	4 04	100	(e) Non compris 2 kilomètres de Vireux à la frontière, construits et exploités par une compagnie belge.

DEUXIÈME SÉRIE.

SITUATION FINANCIÈRE

AU 31 DÉCEMBRE 1853 ET AU 31 DÉCEMBRE 1854.

SÉRIE.

TABLEAU N° 11.

DÉPENSES FAITES ET A FAIRE PAR L'ÉTAT,

LES COMPAGNIES, LES DÉPARTEMENTS, LES COMMUNES ET DIVERS

POUR LA CONSTRUCTION DES CHEMINS DE FER CONCÉDÉS

AU 31 DÉCEMBRE 1853 ET AU 31 DÉCEMBRE 1854.

DÉPENSES FAITES ET À FAIRE APPROXIMATIVEMENT par l'État, les compagnies, les départements, les communes et divers pour la construction des chemins de fer concédés au 31 décembre 1853.

Numéros d'ordre (1)	Désignation des réseaux (2)	Longueurs concédées (3)	Dépenses, par l'État, les compagnies et divers, faites et à faire approximativement (a) (4)	faites au 31 décembre 1853 (b) (5)	Dépenses faites et à faire (approx.) — Par l'État — À titre provisoire — Prêts (6)	Travaux remboursables (7)	Total (8)	Subventions — en argent (9)	en travaux non remboursables (10)	Total (11)	Par les compagnies — Travaux et matériel (12)	Remboursements à l'État pour travaux (13)	Total (14)	Par les départements, les communes et divers — en remboursement pour travaux — à l'État (15)	aux compagnies (16)
		kil.	fr.	fr.	fr.	fr.	fr.	fr.	fr.	fr.	fr.	fr.	fr.	fr.	fr.
1	Nord	968	320,189,837	262,849,924	»	80,098,150	80,098,150	»	43,063	43,063	231,048,697	80,098,150	323,737,883	928,037(¹)	1,500,[illegible]
2	Ardennes { Reims à Mézières / Creil à Beauvais }	143	25,000,000	»	»	»	»	»	»	»	20,000,000	»	20,000,000	»	»
3	Amiens à Boulogne	19	2,237,370	2,237,370	»	»	»	»	»	»	2,237,370	»	2,237,370	»	»
4	Vireux à la frontière	2	400,000	»	»	»	»	»	»	»	400,000	»	400,000	»	»
5	Est	1,377	494,015,484	288,227,874	2,000,000(²)	817,500(³)	2,817,500	»	122,382,500	122,382,500(⁴)	371,632,984	»	371,632,984	»	»
6	Mulhouse à Thann	21	2,840,000	2,899,896	»	»	»	»	»	»	2,850,000	»	2,850,000	»	»
7	Strasbourg à Bâle	196	58,098,553	47,150,929	12,000,000	»	12,000,000	3,000,000	»	3,000,000	55,170,553	817,000	55,970,553	»	»
8	Paris à Saint-Germain	35	32,004,712	20,945,849	»	»	»	1,500,000	»	1,500,000	30,454,712	»	30,454,712	»	350,000(⁵)
9	Paris à Rouen	131	67,792,900	67,792,900	18,000,000	»	18,000,000	»	»	»	67,792,900	»	67,792,900	»	»
10	Rouen au Havre	92	60,000,000	56,347,858	10,000,000	»	10,000,000	8,000,000	»	8,000,000	50,000,000	»	50,000,000	»	1,000,000(⁶)
11	Dieppe et Fécamp	71	18,000,000	14,255,716	»	»	»	»	»	»	18,000,000	»	18,000,000	»	»
12	Ouest	335	191,732,980	103,567,321	3,800,000(⁷)	6,000,000(⁸)	9,800,000	12,600,000	15,000,000	27,600,000	102,732,980	3,000,000	105,732,980	3,100,000	»
13	Paris à Caen et Cherbourg	317	82,600,000	13,804,065	»	3,700,000(⁹)	3,700,000	13,800,000	16,500,000	30,300,000	48,000,000	»	48,000,000	3,700,000	»
14	Paris à Orléans	1,691	580,000,415	420,651,721	»	16,000,000	16,000,000	»	217,930,000	217,930,000(¹⁰)	319,110,415	16,000,000	335,110,415	»	3,600,[illegible]
15	Paris à Lyon	520	296,180,751	238,532,180	»	122,600,000(¹¹)	122,600,000	»	81,016,964(¹²)	81,016,964	107,180,787	122,600,000	229,180,787	»	»
16	Dijon à Besançon	215	47,600,000	14,366,185	»	»	»	»	»	»	47,600,000	»	47,600,000	»	»
17	Dôle à Salins	39	7,000,000	1,069,700	»	»	»	»	»	»	7,000,000	»	7,000,000	»	»
18	Lyon à Genève	214	62,200,000	612,175	»	»	»	15,000,000	»	15,000,000	46,950,000	»	46,950,000	»	250,000(¹³)
19	Lyon à la Méditerranée	631	280,308,090	175,230,251(¹⁴)	6,000,000(¹⁵)	11,126,197(¹⁶)	17,126,197	90,000,000	35,171,900	125,171,900	143,011,003	11,126,197	154,137,200	»	1,000,000(¹⁷)
20	Saint-Rambert à Grenoble	65	32,000,000	308,850	»	»	»	7,000,000	»	7,000,000	25,000,000	»	25,000,000	»	»
21	Grand-Central	435	158,892,855	45,812,889	4,000,000(¹⁸)	»	4,000,000	»	»	»	155,892,857	»	154,892,855	»	»
22	Midi	331	160,000,000	6,705,161	»	»	»	51,500,000(¹⁹)	»	51,500,000	118,000,000	»	118,000,000	»	»
23	Bordeaux à la Teste	52	5,988,417	5,988,417	»	»	»	»	»	»	5,988,417	»	5,988,417	»	»
24	Graissessac à Béziers	55	18,000,000	590,989	»	»	»	»	»	»	18,000,000	»	18,000,000	»	»
25	Ceinture	17	13,418,213	10,518,293	»	5,307,080	5,307,080	»	7,352,373	7,229,373	648,220	5,337,680	6,006,000	150,000(²⁰)	»
26	Paris à Orsay	24	10,105,609	7,085,759	»	»	»	800,000	2,105,609	2,905,609	7,200,000	»	7,200,000	»	»
27	Provins aux Ormes	12	1,000,000	»	»	»	»	»	»	»	1,000,000	»	1,000,000	»	»
	Totaux	8,580	3,645,513,689	1,511,784,328	56,600,000	253,396,533	312,109,532	203,300,000	567,321,401	771,021,401(²¹)	2,611,181,866	247,396,575	2,858,572,441	6,108,930	11,730,[illegible]

Numéros d'ordre	Désignation des réseaux	Dépenses faites — Par l'État — À titre provisoire — Prêts — à déduire remboursement déduit (19)	Différence remboursable (20)	Travaux remboursables — Montant effectif (21)	À déduire remboursement effectués (22)	Différence restant engagée provisoirement (23)	Subventions — en argent (24)	en travaux non remboursables (25)	Total (26)	Par les compagnies — Travaux et matériel (27)	Remboursement à l'État pour travaux (28)	En intérêts divers (29)	Total (30)	Par les départements, les communes et divers — en remboursement pour travaux — à l'État (31)	aux compagnies (32)	Total (33)
		fr.	fr.	fr.	fr.	fr.	fr.	fr.	fr.	fr.	fr.	fr.	fr.	fr.	fr.	fr.
1	Nord	»	»	80,098,150	76,898,750	3,199,400	»	43,063	43,063	163,569,085	76,898,750	»	237,667,436	»	»	»
2	Ardennes	»	»	»	»	»	»	»	»	»	»	»	»	»	»	»
3	Amiens à Boulogne	»	»	»	»	»	»	»	»	2,237,370	»	»	2,237,370	»	»	»
4	Vireux à la frontière	»	»	»	»	»	»	»	»	»	»	»	»	»	»	»
5	Est	1,000,000	2,000,000	817,500	817,500	»	»	195,704,307	195,704,307	276,529,044	»	»	472,233,351	»	»	»
6	Mulhouse à Thann	»	»	»	»	»	»	»	»	2,880,000	»	»	2,899,696	»	»	»
7	Strasbourg à Bâle	»	12,000,000	»	»	»	750,000	»	750,000	45,582,709	817,500	»	45,400,929	»	»	»
8	Paris à Saint-Germain	»	»	»	»	»	1,700,300	»	1,700,300	28,000,842	»	»	30,000,812	»	357,500(²²)	357,500
9	Paris à Rouen	1,533,415	16,096,931	»	»	»	»	»	»	65,854,307	»	1,537,063	67,792,900	»	»	»
10	Rouen au Havre	»	10,000,000	»	»	»	8,000,000	»	8,000,000	37,213,380	»	2,212,976	39,997,858	»	726,000(²³)	726,000
11	Dieppe et Fécamp	»	»	»	»	»	»	»	»	13,983,000	»	271,009	14,253,716	»	»	»
12	Ouest	»	5,000,000	3,000,000	3,000,000	»	»	53,762,028	53,762,028	53,801,683	3,000,000	»	56,804,683	»	»	»
13	Paris à Caen et Cherbourg	»	»	»	»	»	2,000,000	53,286	2,030,296	11,785,120	»	28,256	11,763,376	»	»	»
14	Paris à Orléans	»	»	16,000,000	8,000,000	8,000,000	»	201,552,389	201,552,389	201,801,185	8,000,000	1,318,200	217,119,385	»	»	»
15	Paris à Lyon	»	»	122,600,000	71,983,353	50,616,647	»	61,016,964	61,016,964	55,901,699	71,983,353	»	188,874,366	»	»	»
16	Dijon à Besançon	»	»	»	»	»	»	»	»	13,793,665	»	468,520	14,266,185	»	»	»
17	Dôle à Salins	»	»	»	»	»	»	»	»	1,069,700	»	»	1,069,700	»	»	»
18	Lyon à Genève	»	»	»	»	»	»	»	»	292,175	»	320,000	612,175	»	»	»
19	Lyon à la Méditerranée	1,000,000	»	1,496,107	4,698,580(²⁴)	(²⁵) À déduire : 3,252,233	63,296,303	14,758,766	78,050,100	89,811,009	4,600,320	8,441,509	100,613,123	»	»	»
20	Saint-Rambert à Grenoble	»	»	»	»	»	»	»	»	166,892	»	141,008	308,800	»	»	»
21	Grand-Central	»	4,000,000	»	»	»	»	»	»	40,412,281	»	2,001,656	43,973,880	»	»	»
22	Midi	»	»	»	»	»	900,000	»	900,000	5,723,568	»	82,713	6,605,161	»	»	»
23	Bordeaux à la Teste	»	»	»	»	»	»	»	»	5,988,417	»	»	5,988,417	»	»	»
24	Graissessac à Béziers	»	»	»	»	»	»	»	»	481,786	»	118,000	599,989	»	»	»
25	Ceinture	»	»	5,307,080	5,307,080	»	»	5,102,934	5,102,934	27,605	5,337,680	»	5,395,285	150,000	»	150,000
26	Paris à Orsay	»	»	»	»	»	200,000	2,105,609	2,305,609	5,010,092	»	169,386	5,186,081	»	»	»
27	Provins aux Ormes	»	»	»	»	»	»	»	»	»	»	»	»	»	»	»
	Totaux	153,473	50,296,027	238,746,532	169,996,703	68,829,150(²⁶)	79,937,969	435,167,032	563,014,625	1,032,309,810	169,776,708	19,870,016	1,221,856,052	150,000	997,500	1,053,500

Nord. — (¹) Colonne 15. Par la ville de Lille. Par la ville de Douai. Par divers pour travaux faits pour leur compte. Par divers pour sommes payées en trop par le Trésor. Total. — (¹) Colonne 16. Par le département du Nord. Par la ville de Cambrai. Par la compagnie du chemin de fer des Ardennes. Total.

Est. — (²) Colonne 6. Prêt fait à la compagnie du chemin de fer de Montereau à Troyes acquis par celle de l'Est. (³) Colonne 7. Par la compagnie de Strasbourg à Bâle, pour sa part des terrains et des travaux de la gare commune de Strasbourg. (⁴) Colonne 11. On aurait réduit ces dépenses de quelques millions; en outre, ces dépenses devront être diminuées de la valeur des rails et coussinets cédés à la compagnie par l'État. [illegible]

Paris (Saint-Germain). — (⁵) Colonne 16. Par la ville de Saint-Germain (pour l'embranchement atmosphérique). Par la ville des Batignolles (pour le chemin d'Auteuil). Par la ville de Neuilly (pour le chemin d'Auteuil). Total. — Colonne 32. Par la ville de Saint-Germain.

Rouen au Havre. — (⁶) Colonne 16. Par la ville du Havre.

Ouest. — (⁷) Colonne 6. Prêt fait à la compagnie du chemin de fer de Paris à Versailles (rive gauche), acquis par la compagnie de l'Ouest. (⁸) Colonne 7. Par la compagnie, pour matériel cédé par l'État (non compris une somme peu importante pour approvisionnements). Par le département du Calvados. Par la ville de Caen. Total.

* Par suite de la déclaration de la compagnie, en date du 21 avril 1854, par laquelle elle renonce à l'exécution de l'embranchement sur Neuilly, cette ville se trouve exonérée de son engagement.
(a) Le chiffre inscrit dans la colonne 4 est égal à la somme des chiffres correspondants portés aux colonnes 11, 14 et 17.
(b) Le chiffre inscrit dans la colonne 5 est égal à la somme des chiffres correspondants portés aux colonnes 23, 26, 30 et 33.

Paris à Caen et Cherbourg. — (⁹) Colonne 7. Pour la 1re section (de Mantes à Caen). Par le département de l'Eure. Par la ville de Cherbourg. — d'Évreux. — de Bernay. — de Lisieux. Par le département du Calvados. — de la Manche. Pour la 2e section (de Caen à Cherbourg). Total.

(¹⁰) Colonne 11. Cette dépense sera réduite de quelques millions en raison des économies probables. (¹¹) Colonne 16. Par les départements de la Vienne, des Deux-Sèvres, de la Charente-Inférieure et plusieurs villes de ces départements. (¹²) Colonne 7. Savoir : 8,000,000 pour la première compagnie concessionnaire et 114,600,000 pour la 2e, représentant le prix d'acquisition. Colonne 10. Y compris 60,800,000 francs représentant le capital du prix d'acquisition fait par l'État en 1848 de ce chemin. Colonne 12. Par le Gouvernement sarde. Colonne 5. Les dépenses faites par l'État et les compagnies ont été diminuées d'une somme de 3,237,333 francs qui a été versée au Trésor par la compagnie et qui figure à ce titre dans les colonnes 21 et 22, mais qui n'avait pas jusqu'à cette époque reçu aucun emploi de la part de l'État. Colonne 6. Prêt fait à la compagnie du Gard et remboursé avant la fusion de ce chemin avec celui de Lyon à la Méditerranée. Colonne 7. Savoir : 1° 1,080,000 francs pour canaux et travaux en 1846 à la compagnie de Marseille à Avignon; 2° 410,107 francs pour canaux et travaux en 1851 et 1852, remboursables par la compagnie de Lyon à Avignon; 3° 9,700,000 francs à verser au Trésor pour l'embranchement de Marseille à Toulon. Colonne 16. Par la ville d'Aix, payable par tiers, au fur et à mesure de l'avancement des travaux. Colonne 22. Y compris la somme de 3,252,233 francs versée au Trésor par la compagnie à valoir sur la subvention de 9,500,000 francs pour l'embranchement de Marseille à Toulon. Colonne 23. Les remboursements faits par la compagnie divisent, au 31 décembre 1853, dépassaient ses dépenses faites par l'État de 3,252,233 francs. Colonne 6. Prêt fait à la compagnie du chemin de fer d'Andrézieux à Roanne, acquis par celle du Grand-Central. Colonne 9. Non compris la jouissance pendant 99 ans du canal latéral à la Garonne et de ses dépendances. Colonne 15. Par le département de la Seine. Par la ville de Bercy. — d'Ivry. Total.

(²¹) Colonne 11. Cette somme totale de 771,021,401 francs sera probablement réduite de quelques millions par suite des économies que l'on espère réaliser sur les dépenses des chemins de l'Est et d'Orléans. (²⁶) Colonne 23. Déduction faite d'une somme de 3,252,233 francs. (Voir la note 25.)

DÉPENSES FAITES ET À FAIRE APPROXIMATIVEMENT par l'État, les compagnies, les départ[ements, les comm]unes et divers pour la construction des chemins de fer au 31 décembre 1854.

Numéros d'ordre	Désignation des chemins	Longueurs concédées	Dépenses par l'État, les compagnies et divers : faites et à faire approximativement (a)	Dépenses par l'État, les compagnies et divers : faites au 31 décembre 1854 (b)	Dépenses faites et à faire (approximativement) — Par l'État — À titre provisoire : Prêts	À titre provisoire : Travaux remboursables	À titre provisoire : Total	Subventions : en argent	Subventions : en travaux non remboursables	Subventions : Total	Par les compagnies : Travaux et matériel	Par les compagnies : Remboursement à l'État pour travaux	Par les compagnies : Total	Par les dép[artements]… en rembours[ement]… : à l'État	…	…	…	…
1	2	3	4	5	6	7	8	9	10	11	12	13	14	15	16	17	18	19
		kil.	fr.	fr.	fr.	fr.	fr.	fr.	fr.	fr.	fr.	fr.	fr.	fr.	fr.			fr.
1	Nord	968	300,160,847	278,804,486	.	60,068,155	60,068,155	.	43,685	43,685	234,848,667	60,060,106	323,727,806	806,081	[illegible]			.
2	Hautmont à la frontière belge	8	2,300,000*	.	.	.	.	.	.	.	2,500,000	.	2,500,000	.				.
3	Anzin à Somain	19	2,282,467	2,960,401	.	.	.	.	.	.	2,282,461	.	2,282,461	.				.
4	Ardennes … { Reims à Mézières / Creil à Beauvais }	143	25,000,000*	.	.	.	.	.	.	.	25,000,000	.	29,000,000	.				.
5	Entre Sambre et Meuse (Vireux à la Fre)	9	1,115,600*	1,115,600	.	.	.	.	.	.	1,115,600	.	1,115,600	.				.
6	Est	1,781	650,656,912	583,306,187	16,000,000*	417,500*	16,417,500	3,090,800*	122,288,500*	125,389,300	536,466,012	417,500	521,283,819	.				[illegible]
7	Mulhouse à Thann	21	2,860,090	2,868,000	.	.	.	.	.	.	2,800,090	.	2,800,990	.				.
8	Provins aux Ormes	17	1,650,000*	.	.	.	.	.	.	.	1,600,000	.	1,600,000	.				.
9	Paris à Saint-Germain et embranchemt.	30	35,030,000	33,137,085	.	.	.	1,800,000	.	1,800,000	34,000,000*	.	34,000,000	.	[illegible]			.
10	Paris à Rouen	137	66,364,307	66,364,301	15,000,000	.	15,000,000	.	.	.	63,394,301	.	68,394,301	.				[illegible]
11	Rouen au Havre	92	50,000,080	58,447,085	10,000,000	.	10,000,000	8,000,000	.	8,000,000	50,000,000	.	50,000,000	.	[illegible]			.
12	Rouen à Dieppe et Fécamp	71	18,006,900	14,427,653	.	.	.	.	.	.	18,000,000	.	18,300,000	.				.
13	Ouest	359	104,732,980	127,207,911	5,000,000*	4,400,000*	9,400,000	10,000,000*	77,080,000	87,680,000	102,732,980	3,000,000	105,732,980	1,400,000				.
14	Paris à Caen et Cherbourg	317	86,000,000	27,457,813	.	3,700,000*	3,700,000	13,500,000*	16,800,000*	30,300,000	45,000,000	.	48,000,000	3,700,000				.
15	Paris à Orsay	25	10,165,689	9,210,725	.	.	.	805,800	2,105,000	2,905,800	7,200,000	.	7,200,000	.				.
16	Orléans et prolongements	1,601	640,517,235	485,529,000	.	10,000,000	10,000,000	.	247,050,000*	247,050,000	318,357,235	18,000,000	336,357,235	.	[illegible]			.
17	Montluçon à Moulins et embranchemt.	85	22,500,000*	.	.	.	.	.	.	.	22,000,000	.	22,000,000	.				.
18	Paris à Lyon	925	608,542,177	232,189,121	.	122,000,000*	122,000,000	.	64,046,064*	61,046,064	225,795,213	122,000,000	347,795,213	.				.
19	Dôle à Salins	30	7,000,000	4,951,579	.	.	.	.	.	.	7,000,000	.	7,000,000	.				.
20	Lyon à Genève	144	47,080,000	4,187,084	.	.	.	15,000,000*	.	15,000,000	30,000,000*	.	30,000,000	.	[illegible]			.
21	Lyon à la Méditerranée	486	307,366,734	215,211,469*	6,000,000*	11,196,197*	17,196,197	90,000,000*	55,171,000*	155,171,000	150,969,337	11,196,197	171,005,734	.	[illegible]			[illegible]
22	Bessèges à Alais	30	4,000,000*	.	.	.	.	.	.	.	6,000,000	.	4,000,000	.				.
23	Saint-Rambert à Grenoble	95	32,000,000	1,111,601	.	.	.	7,000,000	.	7,000,000	25,000,000	.	25,000,000	.				.
24	Grand-Central	461	168,892,852	61,493,048	4,000,000*	.	4,000,000	.	.	.	156,582,852*	.	156,880,852	.				.
25	Carmaux à Alby	16	3,000,000*	.	.	.	.	.	.	.	3,000,000	.	3,000,000	.				.
26	Midi	747	160,500,000	48,362,502	.	.	.	31,500,000*	.	31,500,000	119,000,000	.	118,000,000	.				.
27	Bordeaux à la Teste	53	5,988,417	5,988,417	.	.	.	.	.	.	5,988,417	.	5,988,417	.				.
28	Graissessac à Béziers	55	16,000,000	4,764,913	.	.	.	.	.	.	16,000,000	.	16,000,000	.				.
29	Ceinture	17	15,850,236	13,080,938	.	5,507,786	5,507,786	.	7,700,530	7,700,536	2,342,254	5,337,786	8,000,000	150,000*				.
	Totaux	9,913	3,262,345,916	2,136,087,859	58,000,000	253,699,398	319,149,398	203,500,000	567,908,530	771,408,754	2,744,634,064	237,309,081	2,402,245,395	6,166,017	[illegible]			[illegible]

Numéros d'ordre	Désignation des chemins	Dépenses faites — Par l'État — Différence remboursable	Travaux remboursables : Montant effectif	Travaux remboursables : À déduire pour remboursements effectués	Travaux remboursables : Différence restant engagée provisoirement	En subventions : en argent	En subventions : en travaux non remboursables	En subventions : Total	Par les compagnies : Travaux et matériel	Par les compagnies : Remboursement à l'État pour travaux	Par les compagnies : En intérêts divers	Par les compagnies : Total	Par les départements, communes et divers, en remboursement pour travaux : à l'État	… : aux compagnies	… : Total
1	2	20	21	22	23	24	25	26	27	28	29	30	31	32	33
		fr.	fr.	fr.	fr.	fr.	fr.	fr.	fr.	fr.	fr.	fr.	fr.	fr.	fr.
1	Nord	.	90,976,155	78,858,730	11,139,425	.	43,685	43,685	158,852,216	78,858,730	.	237,581,006*	.	.	.
2	Hautmont à la frontière belge	.	.	.	.	.	.	.	.	.	.	.	.	.	.
3	Anzin à Somain	.	.	.	.	.	.	.	2,382,461	.	.	2,382,461	.	.	.
4	Ardennes	.	.	.	.	.	.	.	.	.	.	.	.	.	.
5	Entre Sambre et Meuse	.	.	.	.	.	.	.	1,115,600	.	.	1,115,600	.	.	.
6	Est	15,000,000	417,500	417,500	.	750,000	111,466,075	112,216,075	570,456,382	417,500	.	571,563,952	.	.	.
7	Mulhouse à Thann	.	.	.	.	.	.	.	2,869,006	.	.	2,869,006	.	.	.
8	Provins aux Ormes	.	.	.	.	.	.	.	.	.	.	.	.	.	.
9	Paris à Saint-Germain et embranchemt.	.	.	.	.	1,790,000	.	1,790,800	53,760,582*	.	.	53,760,585	.	157,500*	157,500
10	Paris à Rouen	5,156,184	.	.	.	.	.	.	56,680,306	.	1,967,903	58,654,801*	.	.	.
11	Rouen au Havre	10,000,000	.	.	.	8,000,000	.	8,000,000	47,105,708	.	2,332,278	49,447,986	.	1,000,000	1,000,000
12	Rouen à Dieppe et Fécamp	.	.	.	.	.	.	.	18,077,334	.	360,209	18,437,533	.	.	.
13	Ouest	3,000,000	3,000,000	3,000,000	.	.	55,227,747	55,227,747	67,848,309	3,000,000	1,334,575	72,183,964	.	.	.
14	Paris à Caen et Cherbourg	.	.	.	.	10,250,000	.	10,250,000	16,307,843	.	900,000	17,207,843	.	.	.
15	Paris à Orsay	.	.	.	.	800,000	2,105,600	2,905,600	5,107,818	.	196,736	5,304,554	.	.	.
16	Orléans et prolongements	.	10,000,000	13,333,333	2,666,667	.	216,091,925	216,091,925	340,356,234	18,333,333	6,521,000	365,209,568*	.	.	.
17	Montluçon à Moulins et embranchemt.	.	.	.	.	.	.	.	.	.	.	.	.	.	.
18	Paris à Lyon	.	122,000,000	61,153,333	27,416,667	.	61,046,064	61,046,064	109,742,157	93,583,333	.	203,325,490*	.	.	.
19	Dôle à Salins	.	.	.	.	.	.	.	4,717,418	.	234,161	4,951,579	.	.	.
20	Lyon à Genève	.	.	.	.	.	.	.	3,147,084	.	1,040,080	4,187,084	.	.	.
21	Lyon à la Méditerranée	.	1,406,197	7,892,864*	À déduire : 6,486,667	86,187,810*	14,153,760	100,341,610	113,962,652	7,892,864	9,921,503	130,696,306*	.	.	.
22	Bessèges à Alais	.	.	.	.	.	.	.	.	.	.	.	.	.	.
23	Saint-Rambert à Grenoble	.	.	.	.	.	.	.	778,001	.	333,800	1,111,667	.	.	.
24	Grand-Central	4,000,000	.	.	.	.	.	.	57,271,709	.	4,221,270	61,493,045	.	.	.
25	Carmaux à Alby	.	.	.	.	.	.	.	.	.	.	.	.	.	.
26	Midi	.	.	.	.	10,000,000	.	11,069,000	32,131,470	.	691,299	33,322,588	.	.	.
27	Bordeaux à la Teste	.	.	.	.	.	.	.	5,988,417	.	.	5,988,417	.	.	.
28	Graissessac à Béziers	.	.	.	.	.	.	.	4,851,712	.	403,200	4,764,913	.	.	.
29	Ceinture	.	5,507,725	5,067,748	.	.	7,790,130	7,790,130	479,136	4,851,346	.	5,760,362	150,000*	.	150,000
	Totaux	38,316,410	238,740,508	209,203,066	31,150,672*	129,656,806	406,695,961	551,853,669	[illegible]	253,845,560	29,137,585	1,688,210,460	150,000	1,157,500	1,307,500

(a) Le chiffre inscrit dans la colonne 4 est égal à la somme des chiffres correspondants portés aux colonnes 11, 14 et 17.
(b) Le chiffre inscrit dans la colonne 5 est égal à la somme des chiffres correspondants portés aux colonnes 25, 26, 30 et 33.

NOTA. Les chiffres marqués d'un astérisque sont l'objet de notes explicatives.

NOTES EXPLICATIVES.

NOTES EXPLICATIVES.

NORD.

Col. 15. — Par la ville de Lille........ 600,000f
——— de Douai........ 300,000
Par divers pour travaux faits pour leur compte........ 4,989
——— pour sommes payées en trop par le Trésor........ 3,968

TOTAL ci-contre........ 908,957

Col. 16. — Par le département du Nord........ 1,000,000
Par la ville de Cambrai........ 1,000,000
Par la compagnie du chemin de fer des Ardennes........ 2,500,000

TOTAL ci-contre........ 4,500,000

Col. 30. — Non compris 10,230,448 fr. restant à rembourser en capital au Trésor et 1,180,000 fr. dépensés pour le chemin de Ceinture.

HAUTMONT.

Col. 4. — Dépense approximative.

ARDENNES.

Col. 4. — Dépense approximative, y compris 2,500,000 fr. à payer à la compagnie du Nord.

ENTRE SAMBRE ET MEUSE.

Col. 4. — Dépense approximative.

EST.

Col. 6. — Savoir : 12,600,000 fr. montant du prêt fait à la compagnie de Strasbourg à Bâle et 3,000,000 fr. prêtés à la compagnie de Montereau à Troyes.

Col. 7. — Part contributive de la compagnie de Strasbourg à Bâle dans les terrains et travaux de la gare de Strasbourg.

Col. 9. — Subvention accordée à la compagnie de Strasbourg à Bâle pour le prolongement sur Wissembourg.

Col. 10. — En ajoutant à cette somme (122,382,500 fr.) les 817,500 fr. portés dans la colonne 7, on retrouve le total des crédits accordés pour la construction de ce chemin (123,200,000 fr.). Ce chiffre ne sera pas atteint, par suite des économies que l'on espère réaliser.

Col. 30. — Dépenses faites au 31 décembre 1853 sur les chemins de Strasbourg, de Montereau, de Metz à Thionville, de Reims et de Blesme à Saint-Dizier........ 175,532,964f 14c
Dépenses faites en 1854 sur les parties livrées à l'exploitation, non compris 7,302,518 fr. 33 cent. pour intérêts, etc........ 28,417,506 35
Dépenses faites sur le chemin de Strasbourg à Bâle au moment de la fusion........ 43,996,593 00
——— sur l'embrancht de Wissembourg avant la fusion.. 2,403,706 00
Idem sur les concessions nouvelles par la compagnie de l'Est...... 20,932,742 89

TOTAL ci-contre........ 271,283,512 38

PROVINS AUX ORMES.

Col. 4. — Dépense approximative.

PARIS A SAINT-GERMAIN.

Col. 12. Chiffre approximatif, la compagnie n'ayant fourni aucun renseignement.

Col. 16. Par la ville de Saint-Germain pour l'embranchement atmosphérique...... 200,000f
——— des Batignolles pour le chemin d'Auteuil........ 35,000

TOTAL ci-contre........ 235 000

Col. 27. — La compagnie n'ayant pas fourni pour 1854 des renseignements suffisants, on a dû ajouter aux dépenses constatées pour 1853 le montant des dépenses faites en 1854. Les dépenses se décomposent ainsi :
1° Construction du chemin et dépendances (V. R. du 30 mars 1854). 16,225,412f 22c
2° Différence entre le chiffre porté au rapport pour la construction de l'embranchement atmosphérique et la dépense réelle, provenant du bénéfice réalisé sur le placement de 5,985 actions........ 2,954,712 00
3° Actif mobilier et immobilier........ 8,888,423f 38c
Dont à déduire :
Pour propriétés et terrains réalisables... 2,761,793f 83c
Pour construction dans Paris........ 1,241,068 17
Pour carrière de la Folie........ 331,359 19
Pour coke, huile, graisse, etc........ 32,257 50
TOTAL........ 4,366,478 69
RESTE........ 4,521,944 69
4° Dépenses pour travaux en cours d'exécution........ 4,298,773 59
TOTAL des dépenses au 31 décembre 1853.. 28,000,842 50
Ajoutant pour l'année 1854 le chiffre des dépenses, montant à....... 5,788,241 10
TOTAL ci-contre........ 33,789,083 60

Col. 32. — De la ville de Saint-Germain.

PARIS A ROUEN.

Col. 30. — Non compris 1,181,134 fr. 20 cent. dépensés pour le chemin de Ceinture.

ROUEN AU HAVRE.

Col. 16. — Par la ville du Havre.

OUEST.

Col. 6. — Prêt fait à la compagnie de Versailles (r. g.) à la charge de la compagnie de l'Ouest.

Col. 7. — Par la compagnie pour matériel cédé à elle par l'État........ 3,000,000f
Par le département du Calvados (pr embr. du Mans à Mézidon) 1,000,000f }
Par la ville de Caen........(*idem*)........ 400,000 } 1,400,000

TOTAL ci-contre........ 4,400,000

Col. 9. — L'État accorde à la compagnie de l'Ouest une subvention de 14,000,000 fr. pour l'embranchement du Mans à Mézidon ; mais il lui est tenu compte, ainsi qu'on l'a vu dans la note précédente, d'une somme de 1,400,000 fr. remboursée par les localités intéressées à la construction de cet embranchement.

PARIS A CAEN ET CHERBOURG.

Col. 7. — 1re SECTION (de Mantes à Caen) :
Par le département de l'Eure........ 1,500,000f
Par la ville de Conches........ 20,000
——— d'Évreux........ 100,000
——— de Beaumont-le-Roger........ 20,000
——— de Bernay........ 60,000
Par le département du Calvados........ 500,000
} 2,200,000f
2e SECTION (de Caen à Cherbourg) :
Par le département du Calvados........ 500,000
——— de la Manche........ 1,000,000
} 1,500,000

TOTAL ci-contre........ 3,700,000

Col. 9. — En ajoutant à ces 13,800,000 fr. une somme de 2,200,000 fr. remboursable par les localités intéressées, on trouve le montant de la subvention accordée à la compagnie 16,000,000 fr.)

Col. 10. — En ajoutant à ces 16,500,000 fr. une somme de 1,500,000 fr. remboursable par les localités intéressées, on trouve le montant approximatif des travaux à la charge de l'État pour la 2e section de ce chemin (de Caen à Cherbourg).

PARIS A ORLÉANS.

Col. 10. — On espère réduire ces dépenses de quelques millions, en raison des économies probables.

Col. 16. — Par les départements de la Vienne, des Deux-Sèvres, de la Charente-Inférieure et plusieurs villes de ces départements.

Col. 30. — 1re section. — De Paris à Orléans avant la fusion... 58,388,535f 47c
2e — Du Centre........ 30,669,355 00
3e — D'Orléans à Bordeaux........ 40,487,345 66
4e — De Tours à Nantes........ 33,374,895 78
TOTAL des dépenses au moment de la fusion.. 162,920,131f 91c
TOTAL des dépenses faites par la compagnie depuis la fusion 103,280,436 76
TOTAL ci-contre........ 266,200,568 67*

* Non compris 1,181,000 fr. dépensés pour le chemin de Ceinture.

MONTLUÇON A MOULINS.

Col. 4. — Dépense approximative.

PARIS A LYON.

Col. 7. — Savoir : 8,000,000 fr. par la première compagnie concessionnaire et 114,000,000 fr. par la deuxième, représentant le prix d'acquisition de la dernière concession.

Col. 10. — Y compris 60,800,000 fr. représentant le prix d'acquisition fait par l'État, en 1848, de ce chemin.

Col. 30. — Non compris 1,180,000 fr. dépensés pour le chemin de Ceinture.

LYON A GENÈVE.

Col. 9. — Par une convention toute récente, cette subvention sera payée par tiers : le premier tiers en deux payements semestriels égaux, le 1er janvier et le 1er juillet 1855 ; le deuxième tiers, le 15 janvier 1857, et le troisième tiers, le 15 janvier 1858.

Col. 12. — Le capital à dépenser par la compagnie, qui ne devait s'élever d'après le rapport du 29 avril 1854 qu'à 45,250,000 francs, se trouve porté dans le dernier rapport en date du 30 avril 1855, non compris 17 millions de subvention, à 50 millions, par suite des charges supplémentaires imposées à la compagnie : 1° par la construction de la gare de Genève et l'entrée dans cette ville ; 2° par les dépenses de la traversée de Lyon et du raccordement avec le chemin de fer de Lyon à la Méditerranée.

Col. 16. — Par le Gouvernement suisse, payable par tiers : le premier, après l'achèvement des travaux d'art et des terrassements sur le territoire français ; le deuxième, lors de l'ouverture et de la mise en exploitation de la ligne entière de Lyon à Genève ; le troisième, un an après le payement du deuxième.

LYON A LA MÉDITERRANÉE.

Col. 5. — Les dépenses faites sont, en réalité, supérieures à ce chiffre de 6,466,667 francs par suite de ce que, l'État ayant reçu pareille somme de la compagnie pour les travaux de l'embranchement de Marseille à Toulon qu'il n'a pas commencé, cette somme vient atténuer d'autant les dépenses faites par l'État, et s'élevant à 100,941,619 francs.

Col. 6. — Prêt fait à la compagnie de la Grand'Combe.

Col. 7. — 1° 1,000,000 fr. pour avances en travaux, en 1849, à la compagnie de Marseille à Avignon ; 2° 426,197 fr. pour avances en travaux, en 1851 et 1852, remboursables par la compagnie de Lyon à Avignon ; 3° 9,700,000 fr. à verser au Trésor pour l'embranchement de Marseille à Toulon.

Col. 9. — Savoir : 49,000,000 fr. pour le chemin de Lyon à Avignon et 41,000,000 fr. pour le chemin de Marseille à Avignon, dont 9,000,000 fr. pour acquisition de terrains.

Col. 10. — Savoir : 20,300,000 fr. pour la construction de l'embranchement de Marseille à Toulon et 14,471,000 fr. pour la section de Montpellier à Nîmes.

Col. 16. — Par la ville d'Aix, payable par tiers au fur et à mesure de l'avancement des travaux.

Col. 19. — Remboursés avant la réunion du chemin du Gard à celui de Lyon à la Méditerranée.

Col. 22. — Y compris les deux tiers de 9,700,000 fr. payés par la compagnie pour l'embranchement de Marseille à Toulon.

Col. 23. — L'État n'ayant fait aucune dépense au 31 décembre 1854 sur l'embranchement de Marseille à Toulon, les remboursements faits par la compagnie sont supérieurs de 6,466,667 fr. aux travaux remboursables à cette époque.

Col. 24. — Y compris 28/30 de la subvention de 49,000,000 fr. ; le reste de la dépense représente les dépenses de la section de Marseille à Avignon.

Col. 30. — Dépenses faites au moment de la fusion par les anciennes compagnies, savoir :
1° Pour la section de Marseille à Avignon........ 47,315,848f 14c
2° ——— du Gard........ 19,396,218 21
3° ——— de Montpellier à Cette........ 4,956,496 89
4° ——— de Montpellier à Nîmes........ 1,336,141 70
73,004,704f 94c
Dépenses faites par la nouvelle compagnie, déduction faite des 28/30 de la subvention de 49,000,000 francs........ 57,891,803 11
TOTAL ÉGAL........ 130,896,508 05

NOTA. La dépense de la compagnie est affaiblie d'un 30e de la subvention de 49,000,000 fr., par suite de ce qu'au moment de sa reddition du compte elle n'avait touché que 27/30 au lieu de 28/30 qui se trouvent déduits.

BESSÉGES A ALAIS.

Col. 4. — Dépense approximative.

GRAND-CENTRAL.

Col. 6. — Prêt fait à la compagnie du chemin de fer d'Andrezieux à Roanne.

Col. 30. — Y compris une somme de 38,882,851 fr. 79 cent., montant des dépenses faites sur les chemins de Rhône et Loire au moment de leur fusion, savoir :
Sur le chemin de Saint-Étienne à Lyon........ 22,122,110f 48c
——— de Saint-Étienne à Andrezieux........ 3,421,958 34
——— d'Andrezieux à Roanne........ 11,945,828 75
——— de Montaud et de Montrambert........ 1,392,954 22
TOTAL ÉGAL........ 38,882,851f 79c

La différence entre ce chiffre et celui de 61,493,048 fr. représente le montant des dépenses faites par la compagnie du Grand-Central.

CARMAUX A ALBY.

Col. 4. — Dépense approximative.

MIDI.

Col. 9. — Non compris la jouissance, pendant 99 ans, du canal latéral à la Garonne et de ses dépendances.

CEINTURE.

Col. 31. — Par le département de la Seine........ 100,000f
Par la commune de Bercy........ 25,000
——— d'Ivry........ 25,000
TOTAL ci-contre........ 150,000

TOTAUX.

Col. 5. — Cette somme est, en réalité, de 6,466,667 francs au-dessous de ce qui a été dépensé au 31 décembre 1854, par suite de ce qui a été dit pour le chemin de Lyon à la Méditerranée. (Voir la note relative à la colonne n° 5 de ce chemin.)

Col. 11. — Cette somme totale de 771,408,754 francs sera probablement atténuée de quelques millions par suite des économies que l'on espère réaliser sur la construction de quelques chemins, et notamment sur ceux de l'Est et d'Orléans.

Col. 23. — La somme totale à recouvrer pour les travaux, portée dans cette colonne, doit être augmentée de 6,466,667 francs, par suite de ce qui a été dit pour le chemin de Lyon à la Méditerranée. (Voir la note relative à la colonne n° 23 de ce chemin.)

TABLEAU N° 12.

SITUATION FINANCIÈRE

DES COMPAGNIES DE CHEMINS DE FER

AU 31 DÉCEMBRE 1853 ET AU 31 DÉCEMBRE 1854.

SITUATION FINANCIÈRE DES COMPAGNIES DE CHEMINS DE FER au 31 décembre 1853.

RENSEIGNEMENTS DIVERS SUR LES CAPITAUX RÉALISÉS.

Numéros d'ordre.	Désignation des compagnies.	Capitaux (capital social, emprunts, prêts de l'État, subventions et ressources diverses) engagés.	Capitaux réalisés.	Capital social. Montant nominal.	Capital social. Montant réalisé.	Nombre d'actions.	Taux d'émission.	Intérêt fixe.	Versements effectués par action.	Nombre d'actions amorties.	Emprunts par obligations. Montant de l'émission.	Montant réalisé.	Nombre d'obligations.	Taux d'émission.	Taux de remboursement.	Intérêt fixé.	Versements effectués par obligations.
1	2	3	4	5	6	7	8	9	10	11	12	13	14	15	16	17	18
		fr.	fr.	fr.	fr.		fr.		fr.			fr.		fr.	fr.	fr.	fr.
1	Nord	227,031,500	223,451,500	160,000,000	160,000,000	400,000	400	4 p. 0/0	400	Néant.	68,451,560	63,451,560	135,303	Divers.	Divers.	Divers.	Tout.
2	Ardennes { Reims à Mézières. Creil à Beauvais.	·	·	·	·	·	·	·	·	·	·	·	·	·	·	·	·
3	Mines d'Anzin (Anzin à Somain)	2,027,870	2,027,570	·	·	·	·	·	·	·	·	·	·	·	·	·	·
4	Entre Sambre et Meuse (Vireux à la frontière)	·	·	·	·	·	·	·	·	·	·	·	·	·	·	·	·
5	Est	304,734,600	304,734,600	250,000,000	150,000,000	(1re émission) 250,000 (2e émission) 250,000	500 / 500	4 p. 0/0 / 4 p. 0/0	500 / 160	·	51,734,000	51,734,000	106,534	Divers.	Divers.	Divers.	Tout.
6	Mulhouse à Thann	3,000,000	3,000,000	2,000,000	2,000,000	5,200	500	·	500	·	400,000	400,000	400	1,000	1,000	50	Tout.
7	Strasbourg à Bâle	54,216,530	50,968,930	20,100,000	27,400,000	54,000	540	4 p. 0/0	360	230	13,022,500	13,052,580	22,170	Divers.	Divers.	Divers.	Tout.
8	Paris à Saint-Germain	28,501,112	30,408,372	15,500,000	13,500,000	30,000	250	5 p. 0/0	250	·	14,080,000	14,080,000	14,338	Divers.	1,250	50	Tout.
9	Paris à Rouen	68,000,000	65,000,000	36,000,000	36,000,000	72,000	500	5 p. 0/0	500	215	11,000,000	11,000,000	14,750	Divers.	1,250	Divers.	Tout.
10	Rouen au Havre	50,000,000	38,750,000	20,000,000	20,000,000	40,000	500	4 p. 0/0	500	·	20,000,000	20,000,000	20,000	1,000	1,250	Divers.	Tout.
11	Dieppe et Fécamp	15,000,000	15,300,000	15,000,000	15,300,000	30,000	500	4 p. 0/0	425	·	·	·	·	·	·	·	·
12	Ouest	109,810,720	60,560,722	35,000,000	17,500,000	70,000	500	4 p. 0/0	250	·	45,322,000	30,412,000	59,929	Divers.	Divers.	Divers.	Divers.
13	Paris à Caen et Cherbourg	40,000,000	17,000,000	30,000,000	15,000,000	60,000	500	4 p. 0/0	250	·	·	·	·	·	·	·	·
14	Paris à Orléans	325,958,143	321,221,585	150,000,000	150,000,000	300,000	500	3 p. 0/0	500	1,034	71,000,000	70,898,750	172,921	Divers.	Divers.	Divers.	Tout.
15	Paris à Lyon	205,488,000	131,345,000	120,000,000	60,000,000	240,000	500	5 p. 0/0	250	·	80,000,000	65,120,000	88,169	1,050	1,250	50	Tout.
16	Dijon à Besançon	16,221,770	11,844,770	16,600,000	11,620,000	33,200	500	4 p. 0/0	350	·	·	·	·	·	·	·	·
17	Salines de l'Est (Dôle à Salins)	·	·	·	·	·	·	·	·	·	·	·	·	·	·	·	·
18	Lyon à Genève	57,215,518	19,215,418	40,000,000	15,000,000	80,000	500	4 p. 0/0	200	·	·	·	·	·	·	·	·
19	Lyon à la Méditerranée	279,001,000	225,258,603	40,500,000	22,500,000	90,000	450	4 p. 0/0	250	·	128,375,000	128,375,000	309,355	500	Divers.	Divers.	Tout.
20	Saint-Rambert à Grenoble	22,000,000	10,000,000	25,000,000	10,000,000	50,000	500	4 p. 0/0	200	·	·	·	·	·	·	·	·
21	Grand-Central	105,502,000	102,702,000	90,000,000	36,000,000	180,000	500	4 p. 0/0	200	·	109,702,000	106,702,000	221,264	Divers.	Divers.	Divers.	Tout.
22	Midi	118,500,000	34,400,000	67,000,000	33,500,000	134,000	500	4 à 10 p. 0/0	250	·	·	·	·	·	·	·	·
23	Bordeaux à la Teste	6,000,000	6,099,556	5,000,000	5,000,000	10,000	500	·	500	·	1,000,000	996,500	941	106,227	1,250	50	Tout.
24	Graissessac à Béziers	16,145,730	7,315,130	15,000,000	7,500,000	30,000	500	4 p. 0/0	250	·	·	·	·	·	·	·	·
25	Culoz	5,463,851	5,463,851	·	·	·	·	·	·	·	·	·	·	·	·	·	·
26	Paris à Orsay	8,000,000	7,322,500	3,000,000	3,000,000	6,000	500	·	500	·	4,200,000	4,122,500	7,000	Divers.	Divers.	Divers.	Tout.
27	Provins aux Ormes	1,650,000	330,000	1,650,000	330,000	3,300	500	5 p. 0/0	100	·	·	·	·	·	·	·	·
	TOTAUX	2,687,669,532	1,568,120,282	1,171,290,000	814,450,000	2,465,780	·	·	·	1,879	616,117,860	503,463,316	[illegible]	·	·	·	·

Numéros d'ordre.	Désignation des compagnies.	[…]alisé.	Prêts de l'État. Taux de l'intérêt.	Durée de l'amortissement.	Annuité.	Remboursements effectués.	Subventions de l'État. Montant nominal.	Montant réalisé.	Autres que celles de l'État. Montant nominal.	Montant réalisé.	Ressources diverses.	Avances de l'État en travaux. Totales.	Remboursements effectués.	Emprunts autorisés non à émettre.	Garantie de l'État. Taux.	Maximum garanti. Annuité.	Capital.	Part de l'État dans les bénéfices au delà de 8 p. 0/0.	Situation des fonds de réserve de prévoyance ou de renouvellement.	Cours des actions pendant l'année. Maximum.	Minimum.
1	2	22	23	24	25	26	27	28	29	30	31	32	33	34	35	36	37	38	39	40	41
		fr.			fr.	fr.	fr.	fr.	fr.	fr.	fr.	fr.	fr.	fr.		fr.	fr.		fr.	fr. c.	fr. c.
1	Nord	·	·	·	·	·	·	·	4,800,000	·	·	89,083,108	76,808,760	50,250,000	·	·	·	·	·	918 00	780 00
2	Ardennes	·	·	·	·	·	·	·	·	·	·	·	·	·	·	·	·	·	·	·	·
3	Mines d'Anzin	·	·	·	·	·	·	·	·	·	2,027,250	·	·	·	·	·	·	·	·	·	·
4	Entre Sambre et Meuse	·	·	·	·	·	·	·	·	·	·	·	·	·	·	·	·	·	·	·	·
5	Est	[illegible]	4 p. 0/0	3 ans.	1,000,000	1,000,000	·	·	·	·	·	·	·	·	·	·	·	1/2	·	1,030 00	715 00
6	Mulhouse à Thann	·	·	·	·	·	·	·	·	·	·	·	·	·	·	·	·	1/2	·	·	·
7	Strasbourg à Bâle	[illegible]	4 p. 0/0	41 ans.	641,561	·	3,800,000	700,000	·	·	101,410	817,500	817,500	·	·	·	·	·	·	525 00	327 50
8	Paris à Saint-Germain	·	·	·	·	·	1,800,000	1,790,196	250,000	127,000	2,050,712	·	·	·	·	·	·	·	·	925 00	818 75
9	Paris à Rouen	[illegible]	3 p. 0/0	27 ans.	1,020,188	1,353,413	·	·	·	·	·	·	·	·	·	·	·	·	·	1,792 50	785 00
10	Rouen au Havre	[illegible]	3 p. 0/0	40 ans.	250,000	·	8,000,000	8,000,000	1,600,000	750,000	·	·	·	·	·	·	·	·	·	582 50	426 00
11	Dieppe et Fécamp	·	·	·	·	·	·	·	·	·	·	·	·	·	·	·	·	·	·	380 00	308 00
12	Ouest	[illegible]	3 p. 0/0	60 ans.	Encore indéterminée.	·	14,050,000	·	·	·	1,197,782	3,000,000	3,000,000	17,500,000	4 p. 0/0	3,000,000	75,000,000	1/2	·	819 00	515 00
13	Paris à Caen et Cherbourg	·	·	·	·	·	16,000,000	2,000,000	·	·	·	·	·	18,000,000	4 p. 0/0	1,440,000	36,000,000	1/2	·	450 00	500 00
14	Paris à Orléans	·	·	·	·	·	·	·	4,000,000	·	238,142	10,000,000	8,000,000	75,000,000	4 p. 0/0	6,000,000	150,000,000	·	·	1,270 00	950 00
15	Paris à Lyon	·	·	·	·	·	·	·	·	·	3,163,000	121,000,000	11,063,323	·	4 p. 0/0	6,000,000	200,000,000	1/2	·	980 00	455 00
16	Dijon à Besançon	·	·	·	·	·	·	·	·	·	214,770	·	·	·	1 et 3 p. 0/0	320,000	22,100,000	1/2	·	600 00	502 50
17	Salines de l'Est	·	·	·	·	·	·	·	·	·	·	·	·	·	4 p. 0/0	288,000	7,000,000	1/2	·	·	·
18	Lyon à Genève	·	·	·	·	·	15,000,000	·	2,000,000	·	245,818	·	·	4,000,000	3 p. 0/0	1,300,000	40,000,000	1/2	·	582 00	468 50
19	Lyon à la Méditerranée	·	·	·	Remboursés avant le terme.	3,000,000	50,000,000	63,200,000	1,000,000	·	3,119,000	1,202,337	1,209,330	·	4 à 5 p. 0/0	4,975,000	149,375,000	1/2	·	856 00	800 00
20	Saint-Rambert à Grenoble	·	·	·	·	·	7,000,000	·	·	·	·	·	·	·	3 p. 0/0	750,000	25,000,000	1/2	·	·	·
21	Grand-Central	·	·	·	·	·	·	·	·	·	·	·	·	·	4 p. 0/0	3,600,000	90,000,000	1/2	·	565 00	500 00
22	Midi	·	·	30 ans.	201,077	·	31,500,000	900,000	·	·	·	·	·	60,000,000	4 p. 0/0	4,780,000	119,600,000	1/2	·	615 00	520 00
23	Bordeaux à la Teste	·	·	·	·	·	·	·	·	·	·	·	·	·	·	·	·	·	·	·	·
24	Graissessac à Béziers	·	·	·	·	·	·	·	·	·	115,382	·	·	·	·	·	·	1/2	·	535 00	457 50
25	Culoz	·	·	·	·	·	·	·	·	·	5,463,851	5,237,126	5,237,768	·	·	·	·	·	·	·	·
26	Paris à Orsay	·	·	·	·	·	560,000	250,000	·	·	·	·	·	·	3 p. 0/0	126,000	4,200,000	1/2	·	270 00	120 00
27	Provins aux Ormes	·	·	·	·	·	·	·	·	·	·	·	·	·	·	·	·	·	·	·	·
	TOTAUX	·	·	·	·	8,353,473	237,250,000	78,327,603	13,700,000	901,500	21,353,533	[illegible]	[illegible]	221,950,000	·	27,356,000	931,375,000	·	·	·	·

SITUATION FINANCIÈRE DES COMPA[illegible]EMINS DE FER au 31 décembre 1854.

RENSEIGNEMENTS [illegible] ET RÉALISÉS.

Numéros d'ordre	Désignation des compagnies (2)	Longueurs concédées (3)	Capitaux engagés et réalisés : engagés (a) (4)	réalisés (b) (5)	Capital social : montant nominal (6)	réalisé (7)	Nombre d'actions (8)	Taux d'émission (9)	Intérêt fixe (10)	Versements effectués par action (11)	Nombre d'actions amorties (12)
		kil.									
1	Nord	966	250,931,347	246,421,317	160,000,000	160,000,000	400,000	400	4 p. 0/0	400	Néant.
2	Rothschild et comp. (Montereau à la Cr...)	5	•	•	•	•	•	•	•	•	•
3	Mines d'Anzin (Anzin à Somain)	19	2,989,361	2,282,461	•	•	•	•	•	•	•
4	Ardennes : Reims ; Creil à Beauvais	143	•	•	•	•	•	•	•	•	•
5	Entre Sambre et Meuse (Vireux à la fr.)	2	•	•	•	•	•	•	•	•	•
6	Est	1,761	480,283,800	287,655,520	250,000,000	187,500,000	1re émission, 250,000 ; 2e émission, 250,000	500 / 500	4 p. 0/0	500 / 350	Néant. / Néant.
7	Mulhouse à Thann	21	3,000,000	3,000,000	2,000,000	2,000,000	3,200	500	•	500	233
8	Provins aux Ormes	12	1,050,000	330,000	1,200,000	330,000	3,300	500	5 p. 0/0	100	Néant.
9	Paris à Saint-Germain et embranchements	30	32,480,712	32,400,712	15,500,000	15,500,000	34,000	250	6 p. 0/0	200	Néant.
10	Paris à Rouen	131	86,000,000	75,782,000	36,000,000	36,000,000	72,000	500	5 p. 0/0	500	Néant.
11	Rouen au Havre	99	50,000,000	58,000,000	20,000,000	20,000,000	40,000	500	5 p. 0/0	500	Néant.
12	Rouen à Dieppe et Fécamp	73	18,000,000	15,300,000	18,000,000	15,300,000	36,000	500	4 p. 0/0	425	Néant.
13	Ouest	582	108,713,002	74,713,002	35,000,000	21,000,000	70,000	500	4 p. 0/0	300	Néant.
14	Paris à Caen et Cherbourg	317	46,000,000	31,750,000	30,000,000	15,000,000	60,000	500	4 p. 0/0	325	Néant.
15	Paris à Orsay	25	8,000,000	7,920,800	5,000,000	5,000,000	9,000	500	divers.	500	Néant.
16	Orléans et prolongements	1,494	261,106,304	244,796,301	150,000,000	150,000,000	300,000	500	5 p. 0/0	500	1,575
17	Montluçon à Moulins et embranchement	85	•	•	•	•	•	•	•	•	•
18	Paris à Lyon	512	224,836,171	182,686,171	132,500,000	98,750,000	265,000	500	5 p. 0/0	350	Néant.
19	Salines de l'Est (Dôle à Salins)	39	•	•	•	•	•	•	•	•	•
20	Lyon à Genève	214	57,081,982	28,841,002	60,000,000	20,000,000	80,000	500	4 p. 0/0	250	Néant.
21	Lyon à la Méditerranée	696	271,838,274	219,290,235	60,500,000	22,500,000	90,000	450	4 p. 0/0	230	Néant.
22	Bességes à Alais	30	•	•	•	•	•	•	•	•	•
23	Saint-Rambert à Grenoble	68	32,128,865	27,688,085	25,000,000	12,500,000	50,000	500	4 p. 0/0	250	Néant.
24	Grand-Central	461	283,702,000	155,702,000	90,000,000	45,000,000	180,000	500	4 p. 0/0	250	Néant.
25	Carmaux à Albi	18	•	•	•	•	•	•	•	•	•
26	Midi	797	118,500,000	61,950,000	67,000,000	46,000,000	134,000	500	5 p. 0/0	250	Néant.
27	Bordeaux à la Teste	58	6,000,000	5,000,000	5,000,000	5,000,000	10,000	500	•	500	Néant.
28	Graissessac à Béziers	52	18,363,900	9,363,900	18,000,000	9,000,000	36,000	500	4 p. 0/0	250	Néant.
29	Ceinture	17	5,827,680	5,827,680	•	•	•	•	•	•	•
	Totaux	9,213	2,215,624,441	1,726,152,409	1,357,700,000	882,350,000	2,391,500	•	•	•	1,808

Numéros d'ordre	Emprunts par obligations : montant de l'émission (13)	montant réalisé (14)	Nombre d'obligations (15)	Taux d'émission (16)	Taux du remboursement (17)	Intérêt fixe (18)	Versements effectués par obligation (19)	[illegible] (20–21)	Prêts de l'État : taux de l'intérêt	Durée de l'amortissement	Annuité (26)	Remboursements effectués (27)	Subventions de l'État : montant nominal (28)	montant réalisé (29)	Subventions autres que celles de l'État : montant nominal (30)	montant réalisé (31)	Ressources diverses (32)
1	86,421,317	86,421,317	227,303	Divers.	Divers.	Divers.	Tot.	•	•	•	•	•	•	•	4,500,000	•	•
2	•	•	•	•	•	•	•	•	•	•	•	•	•	•	•	•	•
3	•	•	•	•	•	•	•	•	•	•	•	•	•	•	•	•	2,989,461
4	•	•	•	•	•	•	•	•	•	•	•	•	•	•	•	•	•
5	•	•	•	•	•	•	•	•	•	•	•	•	•	•	•	•	•
6	140,863,300	93,808,100	278,343	Divers.	Divers.	Divers.	Divers.	[illegible]	4 p. 0/0	Diverses.	Diverses.	2,000,000	8,000,000	750,000	•	•	•
7	400,000	400,000	400	1,000f	1,000f	50f	Tot.	•	•	•	•	•	•	•	•	•	•
8	•	•	•	•	•	•	•	•	•	•	•	•	•	•	•	•	•
9	14,000,000	14,000,000	14,358	Divers.	1,250f	50f	Tot.	•	•	•	•	•	1,160,000	1,190,560	235,000	137,500	2,054,712
10	22,000,000	21,782,000	22,350	Divers.	1,250f	Divers.	Tot.	[illegible]	3 p. 0/0	29 ans.	1,020,186	12,565,356	•	•	•	•	•
11	20,000,000	20,000,000	20,000	1,000f	1,250f	Divers.	Tot.	[illegible]	3 p. 0/0	40 ans.	250,000	•	8,000,000	8,000,000	1,000,000	1,000,000	•
12	•	•	•	•	•	•	•	•	•	•	•	•	•	•	•	•	•
13	47,292,000	47,227,000	81,922	Divers.	Divers.	Divers.	Tot.	[illegible]	3 p. 0/0	80 ans.	Somme indéterminée.	Néant.	14,000,000	•	•	•	1,891,002
14	•	•	•	•	•	•	•	•	•	•	•	•	16,000,000	12,950,000	•	•	•
15	9,200,000	4,129,500	7,200	Divers.	Divers.	Divers.	Tot.	•	•	•	•	•	800,000	800,000	•	•	•
16	106,748,750	93,745,752	202,227	Divers.	Divers.	Divers.	Divers.	•	•	•	•	•	•	•	4,000,000	•	447,581
17	•	•	•	•	•	•	•	•	•	•	•	•	•	•	•	•	•
18	80,000,000	80,000,000	80,000	1,050f	1,250f	50f	Tot.	•	•	•	•	•	•	•	•	•	9,838,171
19	•	•	•	•	•	•	•	•	•	•	•	•	•	•	•	•	•
20	•	•	•	•	•	•	•	•	•	•	•	•	15,000,000	•	2,000,000	•	941,092
21	128,370,000	128,370,000	309,323	Divers.	Divers.	Divers.	Tot.	[illegible]	•		Rembourséε par la fusion	6,000,000	90,000,000	46,157,609	1,080,000	•	5,163,573
22	•	•	•	•	•	•	•	•	•	•	•	•	•	•	•	•	•
23	•	•	•	•	•	•	•	•	•	•	•	•	7,000,000	•	•	•	188,835
24	109,702,000	109,702,000	207,204	Divers.	Divers.	Divers.	Tot.	[illegible]	3 p. 0/0	30 ans.	206,075	Néant.	•	•	•	•	•
25	•	•	•	•	•	•	•	•	•	•	•	•	•	•	•	•	•
26	•	•	•	•	•	•	•	•	•	•	•	•	31,300,000	15,050,000	•	•	•
27	1,000,000	900,500	981	1000,30	1,250f	50f	Tot.	•	•	•	•	•	•	•	•	•	•
28	•	•	•	•	•	•	•	•	•	•	•	•	•	•	•	•	863,990
29	•	•	•	•	•	•	•	•	•	•	•	•	•	•	•	•	5,827,680
Totaux	778,760,507	700,368,603	1,625,000	•	•	•	•	[illegible]	•	•	•	20,263,856	287,100,000	120,225,350	11,735,000	1,157,500	25,990,948

DOCUMENTS DIVERS.

Numéros d'ordre	Avances de l'État en travaux : totales (33)	Remboursements effectués (34)	[illegible] à émettre (35)	Garantie de l'État : taux (36)	Maximum garanti : annuité (37)	Maximum garanti : capital (38)	Partage dans les bénéfices (39)	Cours des actions : maximum (40)	Cours des actions : minimum (41)
1	55,083,798	36,858,750	27,260,163	•	•	•	•	895 00	606 25
2	•	•	•	•	•	•	•	•	•
3	•	•	•	•	•	•	•	•	•
4	•	•	•	•	•	•	•	•	•
5	•	•	•	•	•	•	•	•	•
6	817,500	817,500	•	•	•	•	1/2	850 00 / 602 50	665 00 / 600 00
7	•	•	•	•	•	•	•	300 00	250 00
8	•	•	•	•	•	•	•	•	•
9	•	•	•	•	•	•	•	900 00	535 00
10	•	•	•	•	•	•	•	1,065 00	795 00
11	•	•	•	•	•	•	•	610 00	385 00
12	•	•	•	•	•	•	•	325 00	250 00
13	8,000,000	3,000,000	15,300,000	4 p. 0/0	3,000,000	75,000,000	1/2	682 50	538 75
14	•	•	15,000,000	4 p. 0/0	1,440,000	36,000,000	1/2	560 00	390 00
15	•	•	•	3 p. 0/0	128,000	4,900,000	1/2	210 00	150 00
16	16,000,000	13,333,333	43,500,000	4 p. 0/0	6,000,000	150,000,000	•	1,250 00	1,005 00
17	•	•	•	•	•	•	•	•	•
18	122,000,000	91,583,333	80,000,000	4 et 5 p. 0/0	8,529,000	237,360,000	1/2	1,097 50	755 00
19	•	•	•	4 p. 0/0	280,000	7,000,000	1/2	•	•
20	•	•	5,000,000	3 p. 0/0	2,600,000	88,000,000	1/2	517 50	435 00
21	1,486,197	7,892,864	51,090,000	4 et 5 p. 0/0	9,675,000	150,375,000	1/2	557 50	815 00
22	•	•	•	•	•	•	•	•	•
23	•	•	•	3 p. 0/0	750,000	25,000,000	1/2	468 00	430 00
24	•	•	•	4 p. 0/0	3,625,000	90,500,000	1/2	520 50	375 00
25	•	•	•	•	•	•	•	•	•
26	•	•	51,000,000	4 p. 0/0	4,780,000	116,000,000	1/2	630 00	475 00
27	•	•	•	•	•	•	•	270 00	200 00
28	•	•	•	•	•	•	•	485 00	415 00
29	5,357,716	5,357,715	•	•	•	•	•	•	•
Totaux	227,090,011	203,843,506	215,260,153	•	47,254,000	931,375,000	•	•	•

(a) Le chiffre inscrit dans la colonne 4 est égal à la somme des chiffres portés colonnes 5, 13, 22, 28, 30 et 32.

(b) Le chiffre inscrit dans la colonne 5 est égal à la somme des chiffres portés colonnes 7, 14, 23, 29, 31 et 32.

Nota. Les chiffres marqués d'un astérisque sont l'objet de notes explicatives.

NOTES EXPLICATIVES.

NORD.

Col. 9. — Le taux primitif était de 500 francs.

1re SÉRIE.

Col. 15. — 1° 75,000 obligations produisant 15 fr. d'intérêt, remboursables en 75 ans à 500 fr., représentant le prix d'acquisition du chemin d'Amiens à Boulogne, ci.. 37,500,000f 00c

2° 2,363 oblig. de 500 fr. réalisées en 1848 par la Cie d'Amiens à Boulogne, produisant 20 fr. d'int., remb. à 500 fr. en 16 années à partir de 1853, aujourd'hui à la charge de la Cie du Nord....... 1,181,500 00

2e SÉRIE.

3° 75,000 oblig. de 500 fr. émises en 1852 à 335 fr. par la Cie du Nord, produisant 15 fr. d'int., remb. à 500 fr. en 74 ans à partir de 1853 (produit net, déduction faite de l'escompte)...... 24,750,000 00

3e SÉRIE.

4° 75,000 oblig. de 500 fr. émises en 1854 à 325 francs, produisant 15 fr. d'int., remb. à 500 fr., en 78 ans à partir de 1854 (prod. net, déd. faite de l'esc., etc.) 22,989846 90

TOTAL.. 227,363 oblig. ayant produit (col. 13 et 14).. 86,421,346 90

Col. 21. — Savoir : 850 oblig. sur le 1er empr., 105 sur le 2e, 577 sur le 3e et 294 sur le 4e.

HAUTMONT A LA FRONTIÈRE BELGE.

Col. 4. — Le chemin est construit par une compagnie belge.

ARDENNES.

Col. 4. — Compagnie non encore constituée.

ENTRE SAMBRE ET MEUSE.

Col. 4. — Le chemin est construit par une compagnie étrangère.

EST.

Col. 15. — 1° 50,000 oblig. émises à 500 fr. en 1852 et en 1853, produisant 25 fr. d'int., et remb. à 650 fr. en 99 ans à partir de 1854 (10,000 obligations restant à émettre sont en portefeuille) ci.... 25,000,000f

2° 16,000 oblig. de 500 fr. produisant 25 fr. d'int., remb. à 650 fr. en 99 ans, remises en échange des 32,000 actions de la Cie du chemin de Blesme à Gray, acheté par la Cie de l'Est et sur lesquelles actions 250f seulement avaient été appelés, ci.... 8,000,000

3° 62,828 oblig. de 500 fr. produisant 25 fr. d'int., remb. à 650 fr., représentant le prix d'acquisition du chemin de Strasbourg à Bâle, lesdites remises en échange des 84,000 actions de cette Cie, dans la proportion de 3 oblig. pour 4 actions, ci.... 31,414,000

4° 125,000 oblig. de 500 fr. émises en 1854 à 480 fr., remb. à 650 fr. en 94 ans à partir de 1856, produisant 25 fr. d'int. Ces oblig. sont en partie émises pour solder les bons de remboursement du chemin de Montereau à Troyes, ci. 60,000,000

5° 2,775 oblig. émises en 1843 à 1,100 fr. par la Cie de Bâle, produisant 50 fr. d'int., et remb. à 1,250 fr. en 47 ans à partir de 1845.... 3,052,000

6° 20,000 oblig. émises en 1852 à 500 fr. par la même Cie, produisant 25 fr. d'int., et remb. à 625 fr. en 50 ans (4,000 oblig. restant à émettre sont en portefeuille), ci.... 10,000,000

7° 3,300 oblig. émises en 1852 à 975 fr. par la Cie de Montereau à Troyes, produisant 50 fr. d'int., remb. à 1,250 fr. en 75 ans à partir de...., ci.... 3,217,500

TOTAL.. 279,903 oblig. devant produire (col. 13), ci.. 140,683,500

dont à déduire, pour 375 fr. restant à recevoir en 1855 sur les 125,000 oblig. de 1854, soit.... 46,875,000

TOTAL réalisé (col. 14)........ 93,808,500

Col. 21. — Savoir : 56 oblig. sur le 1er empr., 15 sur le 2e, 253 sur le 5e et 15 sur le 7e.

Col. 26. — Savoir : 629,285 fr. 90 cent. y compris les intérêts pour l'annuité du remboursement du prêt fait à la Cie de Bâle, et 1,020,000 fr., intérêts compris, pour l'annuité du remboursement du prêt fait à la Cie de Montereau à Troyes.

Col. 27. — Montant de 2 annuités du prêt de 3 millions fait à la Cie de Montereau.

MULHOUSE A THANN.

Col. 10. — Pas d'intérêt fixe, mais les dividendes sont variables.

PROVINS AUX ORMES.

Col. 2. — Par délibération en date du 29 mars 1855, la Cie anonyme a prononcé la dissolution de la société, la Cie de l'Est devenant acquéreur de ce chemin. Le premier versement de 100 fr. fait par les actionnaires leur sera restitué avec les intérêts échus.

PARIS A SAINT-GERMAIN.

Col. 6. — Le capital primitif n'était que de 9 millions, au moyen de 18,000 actions de 500 fr., plus 2,000 coupons de fondation ; mais, par décret du 17 septembre 1852, la Cie a été autorisée à modifier ses statuts et à porter à 54,000 le nombre de ses actions, parmi lesquelles 18,000 devaient être réparties entre les porteurs de 2,000 coupons de fondation, à la charge par les détenteurs de verser à la caisse sociale 250 fr. par action, soit 4,500,000 fr.

Col. 15. — 1° 12,000 oblig. de 1,000 fr. émises en 1842, produisant 50 fr. d'int., remb. à 1,250 fr. en 50 années à partir du 1er janvier 1844. (Cet emprunt fut émis en remplacement de ceux de 1833 et de 1840, et dans le but d'augmenter les ressources disponibles de la Cie, ci... 12,000,000f

2° 2,348 oblig. émises en moyenne à 851 fr. 78 c. en 1849, produisant 50 fr. d'int. et remb. à 1,250 fr. en 92 ans à partir du 1er janvier 1850.... 2,000,000

TOTAL.. 14,348 oblig. ayant produit (col. 13 et 14).... 14,000,000

Col. 21. — 985 oblig. sur l'empr. de 1842 et 115 sur celui de 1849.

Col. 32. — Bénéfice réalisé sur le placement de 5,985 actions.

PARIS A ROUEN.

Col. 15. — 1° 6,000 oblig. émises en 1845 à 1,000 fr., produisant 40 fr. d'int. et remb. à 1,250 fr. en 75 ans à partir du 1er juillet 1846.... 6,000,000f

2° 5,000 oblig. émises en 1847 à 1,000 fr., produisant 50 fr. d'int. et remb. à 1,250 fr. en 78 ans à partir du 1er décembre 1848

A reporter.. 11,000 obligations.... 6,000,000

Report.. 11,000 .... 6,000,000f

1re émission).... 5,000,000f

3° 3,750 oblig. émises en 1849 à 800f produisant 50 fr. d'int., et remb. à 1,250 fr. à partir du 1er décembre 1849 (2e émission).... 3,000,000 } 8,000,000

4° 18,000 oblig. émises en 1854 à 1,000 fr., produisant 50 fr. d'int. et remb. à 1,250 fr. en 85 ans à partir du 1er déc. 1854, ci.. 18,000,000

TOTAL.... 32,750 oblig. devant produire (col. 13)...... 32,000,000

dont à déduire 10,218 oblig. de l'empr. de 1854 restées en portefeuille, soit.... 10,218,000

TOTAL réalisé (col. 14)........ 21,782,000

Col. 21. — 218 oblig. sur l'empr. de 1845, 80 sur celui de 1847, 53 sur celui de 1849 et 27 sur celui de 1854.

Col. 26. — Capital et intérêts.

Col. 27. — 1° Au 31 décembre 1853, en 3 annuités.... 1,303,472f 74c

2° Remboursement par l'État pour les dévastations de février.... 436,085f 98c

Payé à la Cie de Cherbourg à valoir sur les 16 millions de sub. 10,250,000 00

Annuité du solde à l'État.... 555,698 57 } 11,242,383 55

TOTAL ci-dessus.... 12,545,856 29

ROUEN AU HAVRE.

Col. 15. — 1° 10,000 oblig. de 1,000 fr. réalisées en 1845, produisant 50 fr. d'intérêt, remb. à 1,250 fr. en 78 ans à partir du 1er mars 1847.... 10,000,000f

2° 5,000 oblig. de 1,000 fr. réalisées en 1847, produisant 50 fr. d'int., remb. à 1,250f en 78 ans à partir du 1er mars 1850.... 5,000,000

3° 5,000 oblig. de 1,000 fr. réalisées en 1848, produisant 60 fr. d'int., remb. à 1,250 fr. en 87 ans à partir du 1er janvier 1850.. 5,000,000

TOTAL.... 20,000 obligations ayant produit (col. 13 et 14). 20,000,000

Col. 21. — 157 obligations sur le 1er emprunt, 67 sur le 2e et 19 sur le 3e.

Col. 23. — A partir de 1857.

OUEST.

Col. 15. — 1° 11,936 oblig. de 1,000 fr., produisant 50 fr. d'intérêt, remb. à 1,250 fr. en 50 ans à partir de 1853, représentant le prix d'acquisition du chemin de Versailles (r. d.), les dépenses du raccordement de Viroflay, des gares de Paris, des Batignolles, ci.... 11,936,000f

2° 3,100 oblig. de 1,000 fr., produisant 50 fr. d'int., remb. à 1,250 fr. en 50 ans à partir de 1853; ces oblig. ont été créées pour convertir celles de Versailles (r. g.).... 3,100,000

3° 2,002 oblig. de 1,000 fr., reste d'un empr. contracté en 1849 par la Cie de Versailles (r. d.). Ces oblig., produisant 50 fr. d'int. et remb. intégralement au 1er juillet 1859, n'ont pas accepté la conversion proposée de 1842 à 1843 par la Cie de la rive droite, et représentent, pour celle de l'Ouest, une charge de.... 2,002,000

4° 4,684 oblig. de 1,000 fr., produisant 50 fr. d'int. et remb. à partir de 1854. Ces oblig., créées en 1843 principalement pour remplacer celles qui avaient été délivrées en 1839 par la Cie de la rive droite, représentent, pour celle de l'Ouest, une charge de.... 4,684,000

5° 20,000 oblig. de 300 fr. créées par la Cie de l'Ouest, produisant 15 fr. d'int. et représentant le prix d'acquisition du chemin de Versailles (r. g.). Ces oblig., remb. à 400 fr. en 86 ans à partir de 1854, au moyen d'une annuité de 300,000 fr., plus 14,000 fr. pour l'amortissement du capital, représentent, pour la Cie de l'Ouest, une charge de.... 6,000,000

6° 17,500 oblig. émises en 1853 à 1,050 fr., produisant 50 fr. d'int. et remb. à 1,250f à partir de 1854 (non compris la prime).... 17,500,000

7° 2,000 oblig. émises en 1854, produisant 50 fr. d'int., remb. à 1,250 fr.... 2,000,000

TOTAL.... 61,222 oblig. ayant prod. en totalité (col. 13 et 14) 47,222,000

Col. 21. — Savoir : 159 oblig. sur le 1er emp., 41 sur le 2e, 514 sur le 3e, 99 sur le 4e, 73 sur le 5e et 114 sur le 6e.

Col. 26. — A dater de la mise en exploitation du chemin.

Col. 33. — Pour matériel cédé par l'État.

Col. 38. — Savoir : 35 millions sur le capital et 40 millions sur les emp.

PARIS A CAEN ET CHERBOURG.

Col. 29. — Savoir : 2 millions reçus directement du Trésor et 10,250,000 fr. par l'intermédiaire de la Cie de Rouen.

Col. 38. — Savoir : Pour la 1re section (de Paris à Caen), 21,600,000 fr. sur le capital et 14,400,000 fr. sur les emp. La garantie d'int. pour la 2e section, dans la proportion de 2/5 pour les oblig. et de 3/5 pour le capital social, n'est pas encore déterminée.

PARIS A ORSAY.

Col. 13. — Avec une garantie de l'État de 3 p. 0/0 pendant 50 ans. Les 7,200 oblig. se divisent en 2 séries : la 1re comprend un emp. de 3 millions créé au moyen de 6,000 oblig. de 500 fr., remb. en 50 années et produisant 20 fr. d'int.; la 2e, un emp. de 1,200 oblig. de 1,000 fr., remb. à 1,250 fr. en 50 ans et produisant 50 fr. d'int.

ORLÉANS ET PROLONGEMENTS.

Col. 11. — Savoir : 509 au 1er janvier 1853, 525 au 1er janvier 1854, 541 au 1er janvier 1855.

Col. 15. — 1° 8,888 oblig. émises en 1843 à 1,125 fr., produisant 50 fr. d'intérêt et remb. à 1,250 fr. en 46 ans, par tirages successifs, à partir du 1er janvier 1844. 9,999,000

2° 13,333 oblig. émises en 1848 à 750 fr., produisant 50 fr. d'int. et remb. à 1,250f pendant la durée de la concession.... 9,999,750

3° 150,000 oblig. émises en 1852 à 340 fr., produisant 15 fr. d'int. et remb. à 500 fr. pendant la concession.... 51,000,000

4° 130,000 oblig. émises en 1854 à 275 fr., produisant 15 fr. d'int. et remb. à 500 fr. à partir du 1er janvier 1855.... 35,750,009

TOTAL.. 302,221 oblig. devant produire (col. 13).... 106,748,750

Déduisant le montant de ce qui restait à réaliser, soit 100 fr. sur 130,000 oblig., ci.... 13,000,000

TOTAL réalisé (col. 14)........ 93,748,750

Col. 21. — 806 oblig. sur le 1er, 120 sur le 2e, 271 sur le 3e et 235 sur le 4e.

Col. 38. — Portant sur le capital social seulement.

MONTLUÇON A MOULINS.

Col. 4. — Compagnie non encore constituée.

PARIS A LYON.

Col. 20. — A partir de 1856.

Col. 32. — 1° 5,370,000 fr. réalisés sur les 33,200 actions de Dijon échangées contre 25,000 actions de Paris à Lyon ; 2° 3, provenant de la prime obtenue sur le placement de l'emp.

C.33,34. — Y compris 8 millions remboursés en 1845 par l'ancienne

Col. 38. — 1° 200 millions pour la ligne de Paris à Lyon ; 2° 21,2 pour l'embranchement de Dijon à Besançon (capital social

DÔLE A SALINS.

Col. 4. — Cie non encore constituée.

Col. 38. — Capital social ou emprunt.

LYON A GENÈVE.

Col. 38. — Capital social et emprunt.

LYON A LA MÉDITERRANÉE.

Col. 6,8. — Se décomposant comme suit :

1° 70,000 actions de 500 fr. libérées à 450 fr., soit. 31,5

2° 20,000 actions attribuées aux porteurs d'éventualités, moyennant 200 fr. par action, soit...... 4,

3° Versements des liquidations de l'ancienne Cie de Lyon à Avignon, provenant de la moitié du cautionnement restitué par l'État.... 5,

TOTAL.... 40,

Col. 15. — 1° 182,333 oblig. produisant 15 fr. d'int. garantis par l'É dant 50 ans, remb. en 99 ans à 500 fr. Ce montant du prix d'acquisition des chemins Marseille à Avignon, du Gard, de Montpellier et de Montpellier à Cette, présentent pour Lyon à la Méditerranée une charge de... 88,3

2° 60,000 oblig. de 500 fr. échangées par la Cie contre 30,000 oblig. de 1,000 fr. émises par la Cie de Marseille à Avignon. Ces nouvelles oblig. produisent 25 fr. d'int. garantis par l'État pendant 99 ans à partir du 1er avril 1855, et sont remb. à 625 fr. pendant la même période. Elles ont produit.... 30,

3° 60,000 oblig. de 500 fr. émises en 1852, produisant 25 fr. d'intérêt garantis par l'État pendant 50 ans à partir du 3 avril 1855, et sont remb. à 625 fr. pendant la même période.... 30,

Sur ces 60,000 oblig., 16,000 ont été échangées contre 8,000 oblig. de 1,000f fr. émises par la Cie de Lyon à Avignon.

TOTAL.. 302,333 oblig. ayant produit (col. 13 et 14)... 128,3

Col. 35. — Avec la garantie de l'État à 4 p. 0/0 pendant 50 ans.

C.37,38. — 3,975,000 fr. représentent le montant de la garantie à 4 et 3 millions celui de la garantie à 5 p. 0/0.

BESSÉGES A ALAIS.

Col. 4. — Cie non encore constituée.

SAINT-RAMBERT A GRENOBLE.

Col. 28. — En 5 payements semestriels égaux à partir du 1er janvier

Col. 38. — Capital social ou emprunt.

GRAND-CENTRAL.

Col. 15. — 1° 102,614 oblig. émises par la Cie de Rhône et Loire en des actions des anciennes Cies des ch. de fer Étienne à Lyon et de Saint-Étienne à la le prix de cession de ces deux chemins. Ces duisant 25 fr d'int. garantis par l'État, en 99 ans à partir du 1er janvier 1853, taux de 5 p. 0/0, représ. un capital de. 51,

2° 63,643 oblig. de 500 fr. émises par la Cie de Rhône et Loire, produisant 15 fr. d'int. garantis par l'État, remb. en 99 ans à partir du 1er janv. 1853. Sur ce nombre, 11,600 ont été remises à la Cie d'Andrézieux à Roanne comme représ. le prix de cession dudit ch. et 52,043 sont destinées à la conversion et au rachat des titres d'emp. des anciennes Cies. L'int. de ces 63,643 oblig., calculé à 5 p. 0/0, produit un capital de...... 19,

3° 131,007 oblig. de 500 fr. émises par la Cie du Grand-Central, produisant 15 fr. d'int. annuel, remb. à 500 fr. en 99 ans à partir du 1er janv. 1854. Ces oblig., qui représentent : 1° la plus-value de l'apport de la Cie des ch. de jonction de Rhône et Loire ; 2° l'emp. de 30 millions contracté conformément à l'article 1er du cahier des charges annexé au décret du 26 décembre 1853 pour la rectification des ch. de la section de Rhône et Loire, calculées au taux de 5 p. 0/0, produisent un capital de.... 39

TOTAL.... 297,264 oblig. ayant produit (col. 13 et 14).. 109,3

Col. 21. — 176 sur la 1re série, 219 sur la 2e et 223 sur la 3e.

Col. 25. — A partir du 27 mars 1859.

Col. 26. — Capital et intérêts compris, calculés à 3 p. 0/0.

Col. 37. — Représentant le prix d'acquisition des chemins de Rhône La garantie de l'État ne porte qu'une durée de 50 ans 1er janvier 1853 et de la manière suivante, savoir : pour 1853, elle n'est que de 3,197,000 fr.; 1854, 3,305,000 3,413,000 fr.; 1856, 3,531,000 fr.; 1857 et suiv., 3,

CARMAUX A ALBY.

Col. 4. — Cie non encore constituée.

MIDI.

Col. 28. — 1° 35 millions pour la ligne principale, payables en 20 p égaux au fur et à mesure de l'avancement des travaux; 2° 16, pour les embranchements de Bordeaux à Bayonne et de à Perpignan, payables par dixième.

Col. 29. — 7/10 de la subv. de 10,500,000 fr. et 2/20 de la subv. de

Col. 35. — Avec la garantie de l'État pendant 50 ans d'un minimum à 4 p. 0/0, et de l'amortissement également calculé à 4 pour la même durée.

C.37,38. — Pour capital social, 2,080,000 fr.; pour l'emprunt, 2,

BORDEAUX A LA TESTE.

Col. 20. — De 1844 à 1893. — Aujourd'hui à la charge de la Cie du

CEINTURE.

Col. 4,5. — La totalité des versements effectués par les 5 Cies concessi s'élève à 5,000,000 fr., tandis que l'on n'a fait 5,827,080 fr. La différence entre ces deux chiffres déficit d'exploitation des années 1853 et 1854. Les 5,8 précités ont été employés, soit à rembourser l'État de soit à payer des travaux exécutés par le syndicat.

TOTAUX.

Col. 28. — Si l'on compare le chiffre 207,100,000 fr. à celui du tableau n° 11 (203,500,000 f.), on trouve une différence de 3, qui s'explique par ce fait que l'État, réellement engagé compagnies pour la première de ces sommes, doit recevoir lités intéressées à la construction de l'embranchement Meudon et du chemin de Cherbourg celle de 3,600, sorte qu'il n'aura, en définitive, à débourser que 203,

TROISIÈME SÉRIE.

ÉTUDES SUR 1853.

LIGNES LIVRÉES A L'EXPLOITATION.

CONDITIONS D'ÉTABLISSEMENT.

RÉSUMÉ.

DÉSIGNATION DES CHEMINS.	LONGUEURS livrées à l'exploitation au 31 déc.	RÉPARTITION P. 0/0 À DIVERS POINTS DE VUE DE LA LONGUEUR LIVRÉE À L'EXPLOITATION. Nombre de voies.		Paliers, pentes et rampes.	Pentes et rampes			Alignements droits et courbes.	Courbes de rayon			NATURE DE LA VOIE. RAILS.			SUPPORTS transversaux.		POIDS des coussinets		RENSEIGNEMENTS DIVERS PAR MYRIAMÈTRE EXPLOITÉ.					
		A deux voies ou plus.	A une voie.	Paliers.	égales ou inférieures à 0m,005	de 0m,005 exclusivement à 0m,01 inclusivement.	supérieures à 0m,01.	Alignements droits.	égal ou supérieur à 1,000m	de 1,000m exclusivement à 500m inclusivement.	inférieur à 500m.	Forme.	Poids par mètre courant	Longueur.	Forme.	Espacement moyen.	de joints.	intermédiaires.	Superficie de terrains occupés.	Nombre de passages à niveau.	Nombre de stations pour voyageurs et marchandises.	Nombre de dépôts de machines.	Nombre de remises de voitures.	Nombre de prises d'eau.
2	3	4	5	6	7	8	9	10	11	12	13	14	15	16	17	18	19	20	21	22	23	24	25	26
	kil.																							
Nord	707	100	»	28	70	2	»	69	23	8	»	D. CH.	30 et 37	4 50 à 6 00	T. et T.P.	0 75 à 1 13	10 00 à 12 50	8 25 à 10 30	36 3	7 9	1 2	0 3	0 2	0 5
Anzin à Somain	19	»	100	5	58	37	»	74	11	15	»	D. CH.	30 et 37	4 50 et 5 00	T.	1 13	13 00	8 50	15 8	12 0	2 1	1 0	1 0	2 1
Est, Paris à Strasbourg	624	89	11	25	71	4	»	62	21	17	»	D. CH.	37 50	4 50	T.	1 13	12 50	10 30	34 5	4 8	1 2	0 4	0 5	0 5
Strasbourg à Bâle	139	100	»	18	82	»	»	80	18	1	1	D. CH.	25 00	4 50	T.	0 90	11 00	8 50	17 0	18 0	2 0	0 1	»	0 4
Mulhouse à Thann	21	»	100	33	5	62	»	81	10	9	»	D. CH.	20 00	4 50	T.	0 90	11 00	8 50	»	11 0	1 0	»	»	»
Montereau à Troyes	100	»	100	13	87	»	»	79	19	2	»	D. CH.	30 00	5 00	T.	1 00	10 80	7 80	37 0	4 0	1 4	0 4	0 4	0 6
Paris à Saint-Germain	25	84	16	30	48	8	8	60	20	16	4	D. CH.	30 00	4 50	T. et L.	1 13	12 00	9 25	26 4	5 6	3 6	0 4	0 4	1 2
Paris à Rouen	131	100	»	27	73	»	»	58	37	5	»	D. CH.	36 00	4 80	T.	1 20	10 00	9 50	33 5	3 1	1 3	0 4	0 7	0 9
Rouen au Havre	92	100	»	15	55	30	»	51	42	7	»	D. CH.	36 00	4 80	T.	1 20	10 00	9 50	38 2	3 5	1 4	0 5	0 8	0 8
Dieppe et Fécamp	51	»	100	4	61	27	8	51	35	14	»	D. CH.	36 00	4 80	T.	1 20	10 00	9 50	39 0	5 3	1 0	0 4	0 4	0 6
Ouest	147	100	»	17	54	28	1	67	19	14	»	D. CH.	30 et 37 50	4 50 et 5 00	T.	0 90 et 1 00	De 10 38 à 14 70		26 5	2 9	1 9	0 1	0 5	0 7
Paris à Orsay	11	»	100	9	55	9	27	36	9	18	37	D. CH.	32 00	4 50	T.	»	9 70	8 72	23 6	7 3	4 5	0 9	0 9	0 9
Orléans et prolongements	1,109	69	31	23	72	5	»	71	24	5	»	D. CH.	30 à 35 83	4 50 à 6 00	T.	0 90 à 1 20	9 20 à 12 75	8 50 à 9 25	31 4	6 0	1 3	0 2	0 3	0 5
Paris à Lyon	383	100	»	20	72	8	»	64	36	»	»	D. CH.	37 50	5 00	T.	1 00	14 29	10 64	52 3	6 1	1 2	0 3	0 2	0 5
Lyon à la Méditerranée	294	69	31	18	72	7	3	59	23	14	4	D. CH.	31 25 à 35	4 80	T.	1 15 à 1 25	11 et 12	10 00 à 11 00	38 7	5 4	2 1	0 1	0 1	1 1
Grand-Central (Rhône et Loire) (A)	150	37	63	4	40	29	27	65	6	17	12	S. CH. D. CH.	13 à 30	5 00 et 4 00	D. et T.	0 65 et 0 90	6 00 à 12 50	4 à 10	15 6	17 2	2 0	0 5	0 6	1 2
Midi (Bordeaux à la Teste)	53	»	100	17	83	»	»	85	15	»	»	S. CH.	20 00	3 60	T.	0 90	7 00	5 00	18 0	17 7	2 3	0 4	0 2	0 6
Ceinture	7	»	100	14	43	43	»	43	14	14	29	D. CH.	36 00	5 00	T. P.	1 00	11 50	9 50	17 1	10 0	»	»	»	»
TOTAUX ET MOYENNES	4,063	79	21	22	70	7	1	67	24	8	1								33 9	6 8	1 4	0 3	0 3	0 6

DÉVELOPPEMENT DES RENSEIGNEMENTS RELATIFS AUX CHEMINS Nos 1, 3, 7, 11, 13, 15 ET 16.

Désignation	3	4	5	6	7	8	9	10	11	12	13	14	15	16	17	18	19	20	21	22	23	24	25	26
Ligne principale	337	100	»	23	77	»	»	66	27	7	»	D. CH.	30 00						35 9	8 4	1 2			
Creil à Saint-Quentin	102	100	»	17	83	»	»	69	28	3	»	D. CH.	30 00	4 50 à 6 00	T. et T.P.	0 75 à 1 13	10 90 à 12 50	8 25 à 10 30	38 1	4 9	1 1	0 3	0 2	0 5
Lille à Calais et Dunkerq.	145	100	»	32	64	4	»	78	17	5	»	D. CH.	37 00						37 6	8 5	1 2			
Amiens à Boulogne	123	100	»	44	48	8	»	64	13	23	»	D. CH.	30 00						34 1	8 7	1 0			
Ligne principale	502	100	»	27	68	5	»	62	25	13	»	D. CH.	37 50	4 50	T.	1 13	12 50	10 30	32 2	4 8	1 2	0 4	0 5	0 5
Frouard à Sarrebruck	122	43	57	15	85	»	»	61	7	32	»	D. CH.	37 50	4 50	T.	1 13	12 50	10 30	43 6		1 3			
Paris au Vésinet	17	100	»	42	58	»	»	71	29	»	»	D. CH.	30 00	4 50	T. et L.	1 13	12 00	9 25	32 3	3 5	2 9	0 6	0 6	0 6
Embrt atmosphérique	4	100	»	25	20	8	47	12	»	76	12	D. CH.	30 00	4 50	T. et L.	1 13	12 00	9 25	»	»	5 0	»	»	2 5
Asnières à Argenteuil	4	»	100	25	25	50	»	75	10	15	»	D. CH.	30 00	4 50	T.	1 13	12 00	9 25	27 5	20 0	5 0	»	»	2 5
Viroflay à la Loupe	111	100	»	22	41	36	1	72	11	17	»	D. CH.	37 50	5 00	T.	1 00	14 70	10 82	27 1	1 8	1 1	0 3	0 5	0 8
Versailles (r. g.)	17	100	»	»	94	6	»	53	47	»	»	D. CH.	30 00	4 50	T.	0 90	10 38		25 3	12 4	4 1	»	»	»
Versailles (r. d.)	19	100	»	5	95	»	»	58	37	5	»	D. CH.	30 00	4 50	T.	0 90	11 05		25 3	1 0	4 2	0 5	1 0	1 0
Paris à Orléans et Corbeil	133	100	»	26	69	5	»	68	27	5	»	D. CH.	30 00	4 50	T.	0 90	12 75	9 20	20 7	7 6	1 8	0 4	0 5	0 6
Centre	320	72	28	21	67	12	»	68	27	4	1	D. CH.	35 83	5 50	T.	1 10	12 23	9 25	23 2	4 7	1 1	0 2	0 3	0 4
Orléans à Bordeaux	461	46	54	23	74	3	»	72	22	6	»	D. CH.	33 00	5 et 6	T.	1 20	11 à 12	8 50 et 9 00	35 1	6 2	1 2	0 2	0 1	0 4
Tours à Nantes	195	100	»	23	77	»	»	78	18	4	»	D. CH.	34 00	5 00	T.	1 00	9 20	9 20	37 5	5 7	1 5	0 2	0 3	0 4
Marseille à Avignon	126	100	»	18	79	3	»	70	15	14	1	D. CH.	35 00	4 80	T.	»	12 00	10 00	50 8	4 3	1 9	0 1	0 1	5 5
Lignes du Gard	89	26	74	15	56	19	10	42	22	25	11	D. CH.	31 25	4 80	T.	1 15 et 1 25	11 00	10 50	32 2	5 2	1 9	0 2	0 1	1 5
Montpellier à Nîmes	52	100	»	12	88	»	»	54	40	6	»	D. CH.	32 50	4 80	T.	1 15 et 1 20	11 00	10 60	32 1	5 8	3 1	0 2	0 2	1 3
Montpellier à Cette	27	»	100	37	63	»	»	70	30	»	»	D. CH.	33 89	4 80	T.	1 15 et 1 25	12 00	11 00	10 3	11 1	1 5	»	»	1 1
St-Étienne à Andrezieux	18	5	95	11	17	39	33	66	»	»	34	S. CH.	19 00	5 00	D. et T.	0 65	6 00	4 00	13 9	16 6	2 2	0 5	1 1	1 6
Saint-Étienne à Lyon	57	95	5	2	32	33	33	40	9	38	7	D. CH.	30 00	4 50	D. et T.	0 90	12 50	10 00	14 0	24 9	2 6	0 5	0 9	1 2
Embrt de Montrambert	8	»	100	»	38	12	50	75	»	»	25	S. CH.	19 00	5 00	D. et T.	0 65	6 00	4 00	12 5	15 0	»	1 2	»	1 2
Andrezieux à Roanne	67	»	100	4	55	24	17	78	6	6	10	S. et D. CH.	13 et 23	5 00	D. et T.	0 65	6 et 8	4 25 et 6 25	17 9	11 2	1 6	0 4	0 4	1 0

Col. 14. D. CH. signifie double champignon.
S. Ch. —— simple champignon.

Colonne 17. T. signifie traverses.
—— T. P. signifie traverses Pouillet.
—— L. signifie longrines.
—— D. signifie dés.

(A) Cette ligne, qui se trouve dans des conditions exceptionnelles, doit être reconstruite entièrement, aux termes du décret du 17 mai 1853.

CONDI[illegible]BLISSEMENT.

	NATURE DES ÉLÉMENTS CONSTATÉS.	NORD. Résultats partiels.	NORD. Totaux.	ANZIN À SOMAIN. Résultats partiels.	ANZIN À SOMAIN. Totaux.	EST. — PARIS À STRASBOURG. Résultats partiels.	EST. — PARIS À STRASBOURG. Totaux.	ALSACE. STRASBOURG À BÂLE. Résultats partiels.	ALSACE. STRASBOURG À BÂLE. Totaux.	ALSACE. [illegible] Résultats partiels.
CHAPITRE Ier. Longueur.	Longueur totale en exploitation ... Kilom.	»	707	»	19	»	624	»	190	»
	Longueur moyenne exploitée dans l'année ... Idem.	»	707	»	19	»	624	»	161	»
	Longueur en exploitation à une voie ... Idem.	»	0 380	»	18 267	»	70 090	»	6 700	»
	——— à deux voies ... Idem.	»	780 409	»	»	»	553 236	»	151 807	»
	——— à trois voies ... Idem.	»	»	»	»	»	»	»	»	»
	——— à quatre voies ... Idem.	»	»	»	»	»	»	»	»	»
	Développement des voies accessoires ... Idem.	»	186 386	»	3 930	»	112 609	»	11 209	»
CHAPITRE II. Pentes et courbes.	Longueur des paliers ... Mètres.	»	104 185	»	7 006	»	185 030	»	25 172	»
	——— des pentes et rampes de 0m à 2mm par mètre incl. Idem.	605 106	......	11 950	......	443 229	......	113 395	......	715
	——— de 2 à 10 idem incl. Idem.	16 819	511 010	6 202	17 251	28 977	468 206	»	113 305	13 077
	——— au-dessus de 10 ... Idem.	»	......	»	......	»	......	»	......	»
	——— des alignements droits ... Idem.	»	451 903	»	13 354	»	359 704	»	111 760	»
	——— des courbes d'un rayon inférieur à 250m incl. Idem.	0 323	......	»	......	»	......	»	......	»
	——— des courbes d'un rayon de 250 à 500m incl. Idem.	6 872	228 801	»	5 003	»	236 532	0 409	29 737	»
	——— de 500 à 1,000m incl. Idem.	58 780	......	2 334	......	105 690	......	3 470	......	1 510
	——— égales ou sup. à 1,000m. Idem.	161 296	......	2 475	......	131 532	......	24 017	......	1 424
	Rayon de courbure minimum ... Idem.	»	235	»	500	»	306	»	319	»
CHAPITRE III. Hauteurs, largeurs et surfaces.	Hauteur minimum des ouvrages d'art au-dessus du rail. Mètres.	»	4 30	»	4 50	»	4 30	»	4 25	»
	Largeur entre les pieds-droits des ouvrages d'art ... Idem.	»	7 40	4 60. — 5 00 et 7 40.		»	7 46	»	6 00	»
	Largeur de la voie entre les axes longitudinaux des rails. Idem.	1 510 et 1 511.		»	1 505	»	1 500	»	1 508	»
	——— entre les bords intérieurs des rails. Idem.	»	1 445	»	1 440	»	1 440	»	1 445	»
	Largeur de l'entre-voie entre les bords extérieurs des rails. Idem.	1 80. — 1 94. — 2 14.		»	1 94	»	1 80	»	1 80	»
CHAPITRE IV. Voie de fer.	Système de supports ...	T. — TF.		T.		T.		V.		L.
	Rails. forme ...	D. CH.		D. CH.		D. CH.		D. CH.		
	—— poids par mètre courant ... Kilogr.	36 et 37.		30 et 37.		»	37 50	»	25 00	»
	—— longueur ... Mètres.	4 50. — 5 00. — 6 00.		4 50 et 5 00.		»	4 56	»	4 50	»
	Espacement moyen des supports transversaux ... Idem.	1 13.— 1 00.— 0 90.— 0 75.		»	1 13	»	1 13	»	6 00	»
	Poids des coussinets de joint ... Kilogr.	10 90. — 11 70. — 12 90.		»	13 60	»	12 50	»	11 00	»
	——— intermédiaires ... Idem.	8 20. — 8 96. — 10 20.		»	5 50	»	10 80	»	8 36	»
CHAPITRE V. Renseignements divers.	Surface des terrains occupés ... Hectares.	»	2,864	»	30	»	2,150	»	235	»
	Nombre de passages à niveau. avec maison de garde ...	472	564	3	23	269	362	3	231	71
	——— sans maison de garde ...	93	......	20	......	90	......	240	......	2
	Nombre de stations pour voyageurs et marchandises ...	»	86	»	4	»	77	»	28	»
	——— de dépôts de machines ...	»	16	»	2	»	95	»	1	»
	——— de remises de voitures ...	»	17	»	2	»	60	»	»	»
	——— de prises d'eau ...	»	34	»	3	»	99	»	6	»

NATURE DES ÉLÉMENTS CONSTATÉS.	[...] À TROYES. Totaux.	PARIS À SAINT-GERMAIN. Résultats partiels.	PARIS À SAINT-GERMAIN. Totaux.	PARIS À ROUEN. Résultats partiels.	PARIS À ROUEN. Totaux.	ROUEN AU HAVRE. Résultats partiels.	ROUEN AU HAVRE. Totaux.	DIEPPE ET FÉCAMP. Résultats partiels.	DIEPPE ET FÉCAMP. Totaux.	OUEST. Résultats partiels.	OUEST. Totaux.	PARIS À ORSAY. Résultats partiels.	PARIS À ORSAY. Totaux.	ORLÉANS ET PROLONGEMENTS. Résultats partiels.	ORLÉANS ET PROLONGEMENTS. Totaux.
Longueur totale en exploitation	12	»	23	»	134	»	98	»	51	»	137	»	13	»	1 109
Longueur moyenne exploitée dans l'année	106	»	23	»	130	»	92	»	51	»	131	»	13	»	1 010
Longueur en exploitation à une voie	40 253	»	4 230	»	»	»	»	»	50 198	»	»	»	16 516	»	338 211
——— à deux voies	»	»	16 109	»	130 106	»	91 261	»	»	»	146 680	»	»	»	760 933
——— à trois voies	»	»	»	»	»	»	»	»	»	»	»	»	»	»	»
——— à quatre voies	»	»	4 384	»	»	»	»	»	»	»	»	»	»	»	»
Développement des voies accessoires	10 350	»	11 784	»	30 580	»	29 370	»	12 608	»	22 388	»	0 396	»	150 214
Longueur des paliers	12 769	»	9 189	»	34 611	»	13 837	»	1 680	»	28 961	»	0 028	»	356 632
——— des pentes et rampes de 0m à 2mm par mètre incl.	......	12 081	......	95 657	......	30 858	......	30 582	......	78 730	......	5 309	......	396 454	......
——— de 2 à 10 idem incl.	65 857	1 653	13 508	»	33 537	20 796	77 624	14 300	48 936	41 061	121 195	1 079	9 588	54 966	651 392
——— au-dessus de 10	......	1 609	......	»	......	»	......	3 654	......	1 365	......	3 024	......	»	......
——— des alignements droits	18 969	»	15 492	»	70 085	»	48 290	»	95 554	»	68 868	»	4 403	»	791 880
——— des courbes d'un rayon inférieur à 250m incl.	......	»	......	»	......	»	......	»	......	»	......	2 230	......	532	......
——— des courbes d'un rayon de 250 à 500m incl.	10 715	0 923	9 194	»	34 483	»	42 927	»	24 642	»	47 198	1 339	6 215	2 491	310 136
——— de 500 à 1,000m incl.	......	3 505	......	5 516	......	5 690	......	6 305	......	35 597	......	1 636	......	12 900	......
——— égales ou sup. à 1,000m	......	4 736	......	46 869	......	37 307	......	18 247	......	27 621	......	9 550	......	280 939	......
Rayon de courbure minimum	600	»	300	»	776	»	750	»	500	»	700	»	25	»	395
Hauteur minimum des ouvrages d'art au-dessus du rail	4 40	»	5 21	»	4 25	»	4 30	»	4 30	»	4 30	»	4 50	»	4 30
Largeur entre les pieds-droits des ouvrages d'art	7 18	»	7 50	»	7 40	»	7 46	»	7 46	»	7 et 7 80	»	7 60	»	7 40
Largeur de la voie entre les axes longitudinaux des rails	1 510	»	1 500	»	1 500	»	1 500	»	1 500	»	1 500	»	1 500	1 506. — 1 505. — 1 510.	
——— entre les bords intérieurs des rails	1 430	»	1 440	»	1 440	»	1 440	»	1 440	»	1 430	»	1 769	1 440. — 1 450. — 1 460.	
Largeur de l'entre-voie entre les bords extérieurs des rails	»	»	1 74	»	1 80	»	1 80	»	1 80	»	1 74 et 1 76	»	»	1 86.–2 08.–2 11.–2 14.–2 29.	
Système de supports		T. et L.		T.		T.		T.		T.		T.		T.	
Rails. forme		D. CH.		D. CH.		D. CH.		D. CH.		D. CH.		D. CH.		D. CH.	
—— poids par mètre courant	30 00	»	30 00	»	36 00	»	36 00	»	30 00	30 et 37 50.		»	32 00	36 à 38 85.	
—— longueur	5 00	»	4 50	»	4 80	»	4 80	»	4 86	4 50 et 5 00.		»	4 86	4 50 à 6 00.	
Espacement moyen des supports transversaux	1 00	»	1 13	1 30 / 1 10	1 20	1 30 / 1 10	1 20	1 30 / 1 10	1 20	0 90 et 1 00.		»	»	0 96 à 1 20.	
Poids des coussinets de joint	10 00	»	12	»	10 00	»	10 00	»	10 00	10 38.–10 82.–11 05.–14 70.		»	9 10	9 20 à 12 75.	
——— intermédiaires	7 60	»	9 25	»	9 50	»	9 50	»	6 80	......		»	8 72	8 50 à 9 25.	
Surface des terrains occupés	330	»	60	»	439	»	352	»	198	»	891	»	26	»	3,455
Nombre de passages à niveau. avec maison de garde	45	4	16	21	42	31	32	36	27	20	48	»	6	583	847
——— sans maison de garde	......	10	......	7	......	1	......	1	......	25	......	4	......	214	......
Nombre de stations pour voyageurs et marchandises	18	»	9	»	17	»	18	»	3	»	38	»	5	»	163
——— de dépôts de machines	4	»	1	»	5	»	5	»	2	»	4	»	2	»	28
——— de remises de voitures	4	»	1	»	10	»	7	»	2	»	8	»	1	»	27
——— de prises d'eau	3	»	3	»	11	»	7	»	3	»	11	»	1	»	80

CONDITIONS D'ÉTABLISSEMENT.

	NATURE DES ÉLÉMENTS CONSTATÉS.		PARIS À LYON.		LYON À LA MÉDITERRANÉE.		GRAND-CENTRAL. — RHÔNE ET LOIRE.		MIDI. — (BORDEAUX À LA TESTE.)		CEINTURE.	
			RÉSULTATS partiels.	TOTAUX.	RÉSULTATS partiels.	TOTAUX.	RÉSULTATS partiels.	TOTAUX.	RÉSULTATS partiels.	TOTAUX.	RÉSULTATS partiels.	TOTAUX.
CHAPITRE Ier. Longueur.	Longueur totale en exploitation	Kilom.	″	383	″	294	″	150	″	53	″	7
	Longueur moyenne exploitée dans l'année	Idem.	″	383	″	294	″	150	″	53	″	7
	Longueur en exploitation à une voie	Idem.	″	″	″	92 354	″	94 653	″	52 804	″	6 13[illegible]
	——— à deux voies	Idem.	″	382 857	″	201 621	″	55 708	″	″	″	″
	——— à trois voies	Idem.	″	″	″	″	″	″	″	″	″	″
	——— à quatre voies	Idem.	″	″	″	″	″	″	″	″	″	″
	Développement des voies accessoires	Idem.	″	94 773	″	65 427	″	51 802	″	5 557	″	1
CHAPITRE II. Pentes et courbes.	Longueur des paliers	Mètres.	″	74 238	″	52 858	″	5 895	″	8 904	″	0 70[illegible]
	——— des pentes et rampes de 0m à 5mm par mètre inclt.	Idem.	276 659		212 355		60 154		43 400		2 339	
	——— de 5 à 10 idem inclt.	Idem.	31 960	308 619	20 762	241 117	44 068	144 466	″	43 400	3 086	5 4[illegible]
	——— au-dessus de 10	Idem.	″		8 000		40 244		″		″	
	——— des alignements droits	Idem.	″	242 586	″	172 159	″	96 746	″	44 098	″	2 0[illegible]
	——— des courbes d'un rayon inférieur à 250m exclt.	Idem.	″		1 223		8 533		″		″	
	——— des courbes d'un rayon de 250 à 500m exclt.	Idem.	″	140 271	11 254	121 816	9 779	53 615	0 119	8 206	1 535	3 15[illegible]
	——— de 500 à 1,000m exclt.	Idem.	1 334		41 977		26 234		″		1 476	
	——— égal ou supr à 1,000m	Idem.	138 937		67 362		9 069		8 087		140	
	Rayon de courbure minimum	Idem.	″	500	″	200	″	48	″	500	″	300
CHAPITRE III. Hauteurs, largeurs et surfaces.	Hauteur minimum des ouvrages d'art au-dessus du rail.	Mètres.	″	5 60	″	4 20	″	4 20	″	″	″	[illegible]
	Largeur entre les pieds-droits des ouvrages d'art	Idem.	″	7 40		7 80. — 8 00.		6 00, 5 00 et 3 50	″	″	″	[illegible]
	Largeur de la voie entre les axes longitudinaux des rails.	Idem.	″	1 510		1 500. — 1 514.	″	1 495	″	1 500	″	1[illegible]
	——— entre les bords intérieurs des rails	Idem.	″	1 450		1 436. — 1 450.	″	1 445	″	1 440	″	1[illegible]
	Largeur de l'entre-voie entre les bords extérieurs des rails.	Idem.	″	2 16		1 74. — 1 94.	″	1 00	″	″	″	[illegible]
CHAPITRE IV. Voie de fer.	Système de supports			T.		T.		D et T.		T.		T. P.
	Rails, forme			D. CH.		D. CH.		S. CH. et D. CH.		S. CH.		D. CH.
	——— poids par mètre courant	Kilogr.	″	37 50		31 25. — 32 50. — 33 89. 35 00.		13 00, 23 00, 30 00 et 19 00	″	20 00	″	[illegible]
	——— longueur	Mètres.	″	5 00		4 80.		5 00 et 4 60.	″	3 60	″	[illegible]
	Espacement moyen des supports transversaux	Idem.	″	1 00		1 15. — 1 20. — 1 25.	″	0 65 et 0 90.	″	0 90	″	[illegible]
	Poids des coussinets de joint	Kilogr.	″	14 29		11 00. — 12 00.		8 00, 6 00 et 12 50.	″	7 00	″	[illegible]
	——— intermédiaires	Idem.	″	0 64		10 00. — 10 40. 10 45. — 10 50. — 10 55. 10 80. — 11 00.		6 25, 4 35, 4 00 et 10 00.	″	5 00	″	[illegible]
CHAPITRE V. Renseignements divers.	Surface des terrains occupés	Hectares.	″	2,005	″	1,139	″	235	″	95	″	[illegible]
	Nombre de passages à niveau : avec maison de garde		225	235	96	160	59	259	1	94	5	[illegible]
	——— sans maison de garde		10		64		200		93		2	
	Nombre de stations pour voyageurs et marchandises		″	44	″	60	″	30	″	12	″	[illegible]
	——— de dépôts de machines		″	10	″	4	″	8	″	2	″	[illegible]
	——— de remises de voitures		″	9	″	3	″	10	″	1	″	[illegible]
	——— de prises d'eau		″	19	″	31	″	18	″	3	″	[illegible]

MATÉRIEL ROULANT.

RÉSUMÉ.

DÉSIGNATION DES CHEMINS.	LONGUEURS totales exploitées.	NOMBRE ET NATURE DES VÉHICULES — SUR LA LONGUEUR ENTIÈRE. Machines locomotives.	Voitures et waggons. Voitures à voyag^rs.	Waggons de service.	Waggons à march^ses.	Ensemble.	TOTAL général.	PAR MYRIAMÈTRE. Machines locomotives.	Voitures et waggons. Voitures à voyag^rs.	Waggons de service.	Waggons à march^ses.	Ensemble.	TOTAL général.	PROPORTION P. 0/0 DE CHAQUE NATURE DE VÉHICULE. Machines locomotives.	Voitures et waggons. Voitures à voyag^rs.	Waggons de service.	Waggons à march^ses.	Ensemble.	TOTAL général.
2	3	4	5	6	7	8	9	10	11	12	13	14	15	16	17	18	19	20	21
	kil.																		
....	707	253	662	330	4,674	5,666	5,919	3 58	9 27	4 67	65 70	79 64	83 22	4	11	6	79	96	100
...à Somain....................	19	11	18	4	444	466	477	5 70	10 00	2 10	230 00	242 10	247 80	2	4	1	93	98	100
...à Strasbourg..................	624	180	619	307	3,342	4,268	4,448	2 88	9 92	4 92	53 56	68 40	71 28	4	14	7	75	96	100
...bourg à Bâle.............. 139 ...bouse à Thann................ 21	160	32	85	33	295	413	445	2 00	5 31	2 06	18 44	25 81	27 81	7	19	8	66	93	100
...à Troyes....................	100	16	70	14	83	167	183	1 60	7 00	1 40	8 30	16 70	18 30	9	39	7	45	91	100
...à Saint-Germain................	25	24	142	14	153	309	333	10 00	57 00	5 60	61 00	123 60	133 60	7	43	4	46	93	100
...à Rouen...................... 131 ...au Havre.................... 92 ...pe et Fécamp.................. 51	274	94	273	201	1,343	1,817	1,911	3 43	9 96	7 34	49 01	66 31	69 74	5	14	11	70	95	100
....	147	63	377	70	476	923	986	4 28	25 64	4 76	32 38	62 79	67 07	7	38	7	48	93	100
...à Orsay......................	11	7	39	3	3	45	52	6 36	35 45	2 72	2 72	40 89	47 25	13	75	6	6	87	100
...et prolongements...............	1,109	250	620	310	2,730	3,660	3,910	2 25	5 59	2 79	24 59	32 97	35 22	7	16	8	69	93	100
...à Lyon.......................	383	140	284	204	1,929	2,417	2,557	3 65	7 41	5 32	50 36	63 09	66 74	6	11	8	75	94	100
...à la Méditerranée...............	294	74	258	108	1,779	2,145	2,219	2 53	8 84	3 70	60 93	73 47	76 00	4	11	5	80	96	100
...Central (Rhône et Loire)..........	150	66	104	53	4,055	4,212	4,278	4 20	7 00	3 50	270 00	280 50	284 70	1	3	1	95	99	100
...(Bordeaux à la Teste)............	53	12	36	7	109	152	164	2 27	6 79	1 32	20 56	28 67	30 94	8	22	4	65	92	100
...ture..........................	7	»	»	»	»	»	(1) »	»	»	»	»	»	»	»	»	»	»	»	»
TOTAUX et MOYENNES............	4,063	(2) 1,222	(3) 3,587	(4) 1,658	(5) 21,415	(6) 26,660	27,882	3 01	8 83	4 08	52 70	65 61	68 62	4	13	6	77	96	100

OBSERVATIONS.

(1) Le chemin de Ceinture ne possède pas de matériel roulant ; le service est fait par le matériel des chemins du Nord, de l'Est, de Lyon et d'Orléans.

(2) Le nombre total des machines locomotives se décompose comme suit :

...ines à voyageurs à roues indépendantes	602	soit p. 0/0	49 2
mixtes ou à quatre roues accouplées	210		17 2
...ines à marchandises	389		31 8
de gare	21		1 8
TOTAUX	1,222		100 0

(3) Le nombre total des voitures à voyageurs se décompose comme suit :

...ures de luxe et salons	21	soit p. 0/0	0 6
de 1re classe	693		19 3
mixtes de 1re et 2e classe	243		6 8
de 2e classe	1,334		37 2
mixtes de 2e et 3e classe	5		0 2
de 3e classe	1,291		35 9
TOTAUX	3,587		100 0

(4) Le nombre total des waggons de service se décompose comme suit :

...aggons à bagages	821	soit p. 0/0	49 5
et allèges pour la poste	47		2 8
écuries	288		17 4
...ucks à équipages	298		18 0
à diligences	86		5 2
...aggons de secours	77		4 6
....	41		2 5
TOTAUX	1,658		100 0

(5) Le nombre total des waggons à marchandises se décompose comme suit :

Waggons à marchandises fermés, à bestiaux, etc	4,833	soit p. 0/0	22 6
—— tombereaux ou à bords élevés	2,041		9 6
—— plats ou plates-formes	3,284		15 3
—— à houille	6,681		31 2
—— à coke	1,635		7 6
—— à bois	251		1 2
—— à pierres	207		1 0
Trucks à maringottes, à charbon de bois, etc	876		4 1
Waggons à lait	79		0 5
—— bergeries à deux étages	141		0 6
—— à poisson	75		0 3
—— divers	363		1 6
—— à ballast	949		4 4
TOTAUX	21,415		100 0

(6) Capacité du matériel :

Nombre de places disponibles pour	les voyageurs de 1re classe	18,540	118,482
	—— de 2e classe	48,532	
	—— de 3e classe	51,410	
Idem	pour les chevaux		834
	pour les voitures de poste		269
Capacité en tonnes des waggons à bagages et autres waggons de service		7,365	129,390
—— à marchandises		122,035	

MA[…]T.

	NATURE DES VÉHICULES.	NORD. Longueur totale en exploitation : 707 kilomètres. Résultats partiels.	NORD. Totaux.	ANZIN À SOMAIN. Longueur totale en exploitation : 19 kilomètres. Résultats partiels.	ANZIN À SOMAIN. Totaux.	EST. Paris à Strasbourg. Longueur totale en exploitation : 624 kilomètres. Résultats partiels.	EST. Totaux.	ALSACE. Strasbourg à Bâle et Mulhouse à Thann. Longueur totale en exploitation : Strasbourg à Bâle […] Mulhouse à Thann […] Résultats partiels.	[…] TROYES. Totaux.	PARIS À St-GERMAIN. Longueur totale en exploitation : 23 kilomètres. Résultats partiels.	PARIS À St-GERMAIN. Totaux.	PARIS À ROUEN, AU HAVRE ET À DIEPPE. Longueur totale en exploitation : Paris à Rouen ... 131k, Rouen au Havre ... 92, Dieppe et Fécamp .. 51 = 274k. Résultats partiels.	PARIS À ROUEN. Totaux.	OUEST. Longueur totale en exploitation : 147 kilomètres. Résultats partiels.	OUEST. Totaux.	PARIS À ORSAY. Longueur totale en exploitation : 11 kilomètres. Résultats partiels.	PARIS À ORSAY. Totaux.	ORLÉANS ET PROLONGEMENTS. Longueur totale en exploitation : 1,309 kilomètres. Résultats partiels.	ORLÉANS. Totaux.	PARIS À LYON. Longueur totale en exploitation : 303 kilomètres. Résultats partiels.	PARIS À LYON. Totaux.
CHAPITRE Ier. Machines locomotives.	Machines à voyageurs à roues indépendantes	149		"		91		24		21		55		22		7		140		45	
	——— mixtes ou à quatre roues accouplées	13	252	5	11	14	180	"	16	1	24	"	91	35	63	"	7	22	236	50	149
	Machines à marchandises	98		6		75		6		"		36		6		1		72		45	
	——— de gare	2		"		"		"		2		"		"		"		"		"	
CHAPITRE II. Voitures à voyageurs.	Voitures de luxe et salons	6		"		1		"		"		"		1		3		6		1	
	——— de 1re classe	149		2		54		37		31		37		63		1		127		85	
	——— mixtes de 1re et 2e classe	48		2		43		9		3		6		8		15		34		19	
	——— de 2e classe	103	562	2	18	200	582	27	79	108	142	145	253	221	377	"	39	206	630	96	284
	——— mixtes de 2e et 3e classe	3		"		"		"		"		"		2		"		"		"	
	——— de 3e classe	263		12		284		55		"		65		88		20		257		110	
CHAPITRE III. Waggons de service.	Waggons à bagages	170		3		150		14		6		122		32		3		140		71	
	——— et allèges pour la poste	8		"		2		3		"		4		2		"		21		6	
	——— écuries	65		"		40		"		1		30		9		"		62		40	
	Trucks à équipages	54	330	"	4	46	267	10	13	3	14	27	201	14	70	"	3	61	312	50	204
	——— à diligences	5		"		3		3		"		10		12		"		"		30	
	Waggons de secours	17		1		9		1		1		14		1		"		28		5	
	Divers	5		"		17		"		3		"		"		"		"		"	
CHAPITRE IV. Waggons à marchandises.	Waggons à marchandises fermés, à bestiaux, etc.	753		"		850		61		"		35		299		"		1,677		718	
	——— tombereaux ou à bords élevés	76		54		81		"		"		224		15		"		380		415	
	——— plats ou plates-formes	363		14		1,186		"		12		116		55		"		542		161	
	——— à houille	2,027		289		618		149		"		46		"		"		"		2	
	——— à coke	702		6		21		51		"		"		"		"		72		"	
	——— à bois	106		96		"		"		"		40		"		"		"		"	
	——— à pierres	150	4,578	"	486	"	3,245	"	11	"	153	57	1,343	"	475	"	1	"	3,250	"	1,929
	Trucks à marinquines, à charbon de bois, etc.	34		"		304		"		"		32		25		"		315		306	
	Waggons à lait	23		"		"		"		"		16		12		"		14		12	
	——— bergeries à deux étages	30		"		71		"		"		"		"		"		60		3	
	——— à poisson	50		"		"		"		"		22		"		"		"		"	
	——— divers	64		19		1		"		"		"		"		"		"		"	
	——— à ballast	189		8		113				141		34		69		1		190		296	
	NOMBRE TOTAL des voitures et waggons		5,600		466		4,203		121		309		1,817		933		46		3,550		2,417
CHAPITRE V. Proportion par myriamètre.	Machines locomotives à voyageurs	2 15	3 58	2 50	5 70	1 95	2 88	1 60	1 10	5 08	10 00	2 05	3 33	3 16	4 16	6 36	6 36	1 55	2 93	2 48	3 65
	——— à marchandises et de gare	1 42		3 10		1 26		0 37		1 90		1 28		0 40		"		0 70		1 17	
	Voitures de voyageurs	9 27		10 00		9 92		5 94		57 60		5 08		24 07		35 46		5 50		7 41	
	Waggons de service	4 87	79 94	2 10	262 16	4 92	66 45	2 03	11 10	6 00	123 60	7 12	64 42	4 66	61 18	2 72	60 30	2 19	31 97	5 30	63 09
	——— de marchandises	58 10		250 60		58 90		16 91		55 05		47 63		31 55		2 72		24 59		50 30	
CHAPITRE VI. Capacité du matériel.	Nombre de places disponibles pour les voyageurs de 1re classe	4,812		36		2,136		402		504		1,226		2,084		120		3,222		1,996	
	——— de 2e classe	7,320	21,664	66	456	5,803	20,696	778	178	5,164	7,071	4,020	7,845	6,523	11,524	380	1,339	6,863	16,071	4,150	11,656
	——— de 3e classe	9,819		312		11,360		1,920		"		2,200		2,910		690		6,450		5,509	
	Idem pour les chevaux	"	135	"	"	"	267	"		"	2	"	"	"	37	"	"	165		"	120
	——— pour les voitures de poste	"	80	"	"	"	46	"		"	1	"	"	"	14	"	"	64		"	59
	Capacité en tonnes des waggons à bagages et autres waggons de service	1,616	37,142	20	2,360	1,593	24,387	66		5	1,178	560	9,413	584	13,150	0	0	683	17,177	1,460	14,489
	Capacité en tonnes des waggons de marchandises	35,325		2,250		22,592		1,425		1,173		8,801		2,600		"		16,494		9,090	

MATÉRIEL ROULANT.

	NATURE DES VÉHICULES.	LYON À LA MÉDITERRANÉE. Longueur totale en exploitation : 294 kilomètres. Résultats partiels.	Totaux.	GRAND CENTRAL. RHÔNE ET LOIRE. Longueur totale en exploitation : 150 kilomètres. Résultats partiels.	Totaux.	MIDI. BORDEAUX À LA TESTE. Longueur totale en exploitation : 53 kilomètres. Résultats partiels.	Totaux.	CEINTURE. Longueur totale en exploitation : 7 kilom. Résultats partiels.
CHAPITRE Ier. Machines locomotives.	Machines à voyageurs à roues indépendantes	27		4		9		»
	— mixtes ou à quatre roues accouplées	18	74	37	66	1	12	»
	Machines à marchandises	23		16		»		»
	— de gare	6		9		2		»
CHAPITRE II. Voitures à voyageurs.	Voitures de luxe et salons	3		»		»		»
	— de 1re classe	23		16		8		»
	— mixtes de 1re et 2e classe	41	258	18	104	»		»
	— de 2e classe	31		70		16	36	»
	— mixtes de 2e et 3e classe	»		»		»		»
	— de 3e classe	160		»		12		»
CHAPITRE III. Waggons de service.	Waggons à bagages	50		21		6		»
	— et allèges pour la poste	»		»		»		»
	— écuries	10		»		»		»
	Trucks à équipages	23	108	13	53	»	7	»
	— à diligences	21		»		»		»
	Waggons de secours	4		1		»		»
	Divers	»		18		1		»
CHAPITRE IV. Waggons à marchandises.	Waggons à marchandises fermés, à bestiaux, etc.	311		»		9		»
	— tombereaux ou à bords élevés	198		141		36		»
	— plats ou plates-formes	425		247		8		»
	— à houille	794		2,506		»		»
	— à coke	»		833		1		»
	— à bois	»		41		»		»
	— à pierres	»	1,779	»	4,055	»	109	»
	Trucks à mafingottes, à charbon de bois, etc.	48		22		»		»
	Waggons à lait	»		»		»		»
	— bergeries à deux étages	3		»		»		»
	— à poisson	»		»		»		»
	— divers	»		265		»		»
	— à ballast	»		»		55		»
	NOMBRE TOTAL des voitures et waggons		2,145		4,212		152	
CHAPITRE V. Proportion par myriamètre.	Machines locomotives à voyageurs	1 30	2 53	1 00	4 20	1 88	2 27	»
	— à marchandises et de gare	1 23		3 20		0 39		»
	Voitures de voyageurs	8 84		7 00		6 70		»
	Waggons de service	3 70	73 47	3 50	280 50	1 32	28 67	»
	— de marchandises	60 93		270 00		20 56		»
CHAPITRE VI. Capacité du matériel.	Nombre de places disponibles pour les voyageurs de 1re classe	900		482		192		»
	— de 2e classe	2,234	9,880	1,802	2,374	480	1,152	»
	— de 3e classe	6,746		»		480		»
	Idem pour les chevaux	»	30	»	»	»	»	»
	pour les voitures de poste	»	23	»	»	»	»	»
	Capacité en tonnes des waggons à bagages et autres waggons de service	425	8,798	159	13,135	21	348	»
	Capacité en tonnes des waggons de marchandises	8,373		12,976		327		»

DÉPENSES D'ÉTABLISSEMENT.

RÉSUMÉ.

NOMS DES CHEMINS.	LONGUEUR en exploitation.	DÉPENSES TOTALES.	DÉPENSES par KILOMÈTRE.	RÉPARTITION PAR CHAPITRE ET PAR KILOMÈTRE DE LA DÉPENSE DE PREMIER ÉTABLISSEMENT. CHAP. 1. Frais généraux.	CHAP. 2. Intérêts.	CHAP. 3. Terrains.	CHAP. 4. Terrass^ts, ouvrages d'art courants.	CHAP. 5. Ouvrages d'art exceptionnels.	CHAP. 6. Clôtures du chemin.	CHAP. 7. Bâtiments.	CHAP. 8. Mobilier.	CHAP. 9. Voie de fer.	CHAP. 10. Accessoires de la voie.	CHAP. 11. Alimentation des machines.	CHAP. 12. Télégraphie.	CHAP. 13. Matériel roulant.
2	3	4	5	6	7	8	9	10	11	12	13	14	15	16	17	18
Nord	707k	250,382,279	354,147	12,338	883	47,346	(A) 63,421	4,069	(B) 6,934	33,468	(c) 8,453	113,918	6,668	1,112	102	(c) 55,425
Amiens à Somain	19	2,237,570	117,767	10,526	(B) «	15,342	10,109	1,300	1,674	(A) 7,948	368	(A) 50,289	(B) «	(B) «	316	19,895
Est, Paris à Strasbourg	624	246,317,880	394,740	17,099	«	53,228	91,442	27,268	(B) 4,606	(A) 28,094	2,448	114,499	5,247	1,691	303	48,815
Strasbourg à Bâle	139	43,996,593	316,522	«	«	«	«	«	Ligne construite à forfait.			«	«	«	«	«
Mulhouse à Thann	21	2,860,096	136,623	«	«	«	«	«	*Idem.*			«	«	«	«	«
Montereau à Troyes	100	22,143,428	221,434	9,253	0,830	26,617	39,600	47,263	(B) «	9,519	(A) 3,387	(A) 59,018	(B) «	(B) «	(B) «	16,947
Paris à Saint-Germain	25	27,488,826	1,099,553	(B) 30,908	(B) «	(B) 83,249	(B) 154,404	(A) 304,638	(B) 683	(B) 260,239	(c) 49,091	(c) 123,639	(B) 4,494	(B) «	(B) «	(B) 88,208
Paris à Rouen	131	67,702,960	517,503	14,102	16,179	43,706	47,596	173,825	(B) «	40,822	3,496	(A) 110,655	(B) «	8,357	152	58,613
Rouen au Havre	92	58,347,858	634,215	35,998	24,480	103,280	83,971	112,760	(B) «	90,040	2,492	(A) 140,608	2,933	(B) «	(B) «	67,653
Dieppe et Fécamp	51	14,110,210	276,671	18,852	14,908	35,556	59,485	83,171	(B) «	19,183	591	(A) 42,910	(c) 2,015	(B) «	(B) «	«
Ouest	147	85,128,196	579,103	32,516	(B) «	(A) 61,330	193,796	(B) 1,359	(B) 2,409	(B) 92,929	10,282	(A) 111,404	(B) 5,903	(B) 1,124	(B) «	65,961
Paris à Orsay	11	5,180,081	470,916	45,550	15,426	96,267	(A) 113,231	«	(B) «	64,525	10,681	(A) 55,639	(B) «	(B) «	(B) «	69,589
Orléans et prolongements	1,109	393,710,698	355,014	20,840	3,894	33,109	102,435	32,709	7,472	23,162	3,153	(A) 90,073	3,735	802	(B) 104	33,526
Paris à Lyon	383	198,636,055	518,632	14,775	«	68,903	(A) 198,203	(B) «	(B) «	(A) 41,476	(A) 4,013	(A) 131,671	(B) «	8,910	(B) «	50,681
Lyon à la Méditerranée	294	130,578,751	444,145	«	«	«	«	«	Voir les détails portés ci-dessous.			«	«	«	«	«
Grand-Central (Rhône et Loire)	150	38,882,652	259,219	10,279	14,877	42,290	35,009	41,981	1,785	(A) 12,315	(B) 1,332	(A) 56,473	(B) 71	(B) 4,508	(B) 38	38,261
Midi (Bordeaux à la Teste)	53	5,988,417	112,089	«	«	«	«	«	Ligne construite à forfait.			«	«	«	«	«
Ceinture	7	1,907,108	272,444	7,829	«	91,325	109,396	«	5,100	«	«	57,700	1,094	«	«	«
TOTAUX	4,063	1,595,698,858	392,739													

DÉVELOPPEMENT DES RENSEIGNEMENTS RELATIFS AUX CHEMINS N°s 1, 3, 7, 11, 13, 15 ET 16.

NOMS DES CHEMINS.	3	4	5	6	7	8	9	10	11	12	13	14	15	16	17	18
Ligne principale	337k	150,545,155	447,521	12,697	(B) «	55,073	(A) 71,884	2,283	(B) 7,797	55,052	(c) 13,924	127,772	8,408	1,723	116	(c) 91,322
Creil à Saint-Quentin	102	24,550,525	240,779	4,852	(B) «	39,657	(A) 47,148	«	(B) 4,876	8,745	(B) 3,529	105,374	3,148	369	42	(c) 23,039
Lille à Calais et Dunkerque	145	38,245,687	263,763	8,354	(B) «	40,241	(A) 57,321	«	(B) 5,692	8,840	(c) 3,834	109,337	4,455	414	144	(c) 25,131
Amiens à Boulogne	123	37,031,912	301,072	22,366	5,076	41,378	(A) 61,513	17,154	(B) 7,808	24,328	(c) 3,109	89,485	7,503	893	69	(c) 20,390
Ligne principale	502	212,399,940	423,107	19,193	«	57,431	89,866	30,767	(B) 5,148	(A) 28,883	2,678	120,923	5,526	1,922	311	60,469
Frouard à Sarrebruck	122	33,917,940	278,016	8,485	«	35,933	97,925	12,869	(B) 2,374	(A) 24,846	1,542	88,068	4,103	742	270	859
Paris au Vésinet	17	20,674,598	1,216,153	40,174	(B) «	115,944	222,941	(A) 72,798	(B) «	381,849	(A) 72,193	(A) 13,927	(B) 6,609	(B) «	(B) «	(B) 129,718
Embranch^t atmosphérique	4	6,378,399	1,594,600	«	(B) «	«	(B) «	1,594,600	(B) «	(B) «	(B) «	(B) «	(B) «	(B) «	(B) «	«
Asnières à Argenteuil	4	435,829	108,957	(B) 22 432	(B) «	(B) 27,544	17,524	«	4,266	3,632	(B) «	(A) 33,559	(B) «	(B) «	(B) «	«
Viroflay à la Loupe	111	49,395,214	445,003	13,398	(B) «	42,177	(A) 119,529	(B) 1,798	3,309	90,272	10,310	107,135	7,674	1,489	(B) «	38,912
Versailles (r. g.)	17	18,019,141	1,059,949	138,061	(B) «	177,419	(A) 525,269	(B) «	(B) «	(B) «	15,250	(A) 91,027	(B) «	(B) «	(B) «	112,923
Versailles (r. d.)	19	17,713,841	932,307	49,709	(B) «	69,346	(A) 331,144	(B) «	(B) «	139,014	5,073	(A) 154,569	331	(B) «	(B) «	181,961
Paris à Orléans et Corbeil	133	61,231,317	460,386	14,945	7,254	68,979	101,369	«	2,391	61,537	8,429	(A) 123,302	6,970	2,271	(B) «	62,947
Centre	320	100,096,480	312,802	15,395	1,411	21,174	102,641	43,134	6,831	11,075	1,770	82,142	2,442	813	63	22,951
Orléans à Bordeaux	461	150,764,365	327,039	20,369	5,887	26,181	89,723	40,249	8,013	18,445	2,561	78,265	3,059	540	102	32,745
Tours à Nantes	105	81,618,536	418,557	34,909	964	44,609	132,882	20,087	8,481	26,500	3,233	108,339	5,249	403	247	32,664
Marseille à Avignon	126	88,910,808	705,641	40,564	24,763	78,604	130,967	201,811	10,181	42,968	6,315	100,970	5,934	1,518	50	51,996
Lignes du Gard	89	20,176,525	226,702	8,583	(B) «	19,709	(A) 93,261	(B) «	10	(A) 9,772	(B) «	(A) 64,060	(B) «	798	(B) «	30,509
Montpellier à Nîmes	52	16,217,444	311,874	10,135	«	33,668	52,567	26,920	5,302	(A) 46,552	(B) «	(A) 92,377	1,716	(A) 6,099	(B) «	36,538
Montpellier à Cette	27	5,273,074	195,332	«	«	«	«	«	Ligne construite à forfait.			«	«	«	«	«
Saint-Étienne à Andrezieux	18	3,421,958	190,109	6,218	389	29,255	40,502	12,559	405	7,328	(A) 2,706	(A) 56,560	(B) «	(B) «	(B) «	34,137
Saint-Étienne à Lyon	57	22,122,111	388,107	4,964	17,544	76,748	28,947	87,915	3,772	23,070	(A) 2,640	(A) 78,947	(B) «	(B) «	101	62,559
Embranch^t de Montrambert	8	1,392,954	174,119	8,771	«	27,043	45,849	24,066	2,882	(A) 3,929	(B) «	42,676	1,320	17,583	«	«
Andrezieux à Roanne	67	11,945,829	178,296	16,072	18,277	18,298	37,396	12,945	334	4,741	10	(A) 38,978	(B) «	7,994	(B) «	23,251

…partition des dépenses par kilomètre (col. 6 à 18) présente de nombreuses lacunes, et de plus les chiffres affectés à chaque nature de dépenses ne sont pas exempts d'erreur par omission ou par excès. Les compagnies n'ont pu, en …nir les documents demandés que dans la forme où elles les possédaient elles-mêmes, forme qui ne se prêtait pas ou se prêtait difficilement aux divisions établies.

…affecté de la lettre (A) tous les chiffres qui sont présumés pécher par excès.
(B) ———————— par omission.
(c) tous les chiffres qui paraissent entachés d'erreurs qu'il serait trop long de préciser.

DÉP[…]BLISSEMENT.

	NATURE DES DÉPENSES.	NORD. Longueur en exploitation : 707 kilomètres.		ANZIN À SOMAIN. Longueur en exploitation : 19 kilomètres.		EST. Paris à Strasbourg. Longueur en exploitation : 624 kilomètres.		ALSACE. Strasbourg à Bâle. Longueur en exploitation : 139 kilomètres.		ALSACE. Mul[…] Longueur en […]	[…] à Troyes. […] exploitation […]	PARIS À SAINT-GERMAIN. Longueur en exploitation : 25 kilomètres.		PARIS À ROUEN. Longueur en exploitation : 131 kilomètres.		ROUEN AU HAVRE. Longueur en exploitation : 92 kilomètres.		DIEPPE ET FÉCAMP. Longueur en exploitation : 51 kilomètres.		OUEST. Longueur en exploitation : 147 kilomètres.		PARIS À ORSAY. Longueur en exploitation : 11 kilomètres.		ORLÉANS ET PROLONGEMENTS. Longueur en exploitation : 1,109 kilomètres.	
		Résultats partiels.	Totaux.	Résultats partiels.	Totaux.	Résultats partiels.	Totaux.	Résultats partiels.	Totaux.	Résultats partiels.	Totaux.	Résultats partiels.	Totaux.	Résultats partiels.	Totaux.	Résultats partiels.	Totaux.	Résultats partiels.	Totaux.	Résultats partiels.	Totaux.	Résultats partiels.	Totaux.	Résultats partiels.	Totaux.
Chapitre Ier. Frais généraux.	Frais d'études, frais et charges de la concession	»		»		416,108		»		»		»		»		972,301		46,335		»		»		5,286,823	
	Administration, direction et conduite des travaux	»	5,723,526	»	280,000	8,459,104	10,636,120	»	»	»	923,316	»	772,683	»	1,847,301	1,112,877	3,311,793	684,356	961,441	»	4,170,861	376,346	501,146	16,088,724	23,111,296
	Frais divers	»		»		1,710,858		»		»		»		»		1,229,555		230,750		»		125,690		1,841,749	
Chapitre II.	Intérêts payés pendant la construction	»	624,212	»	»	»	»	»	»	»	382,984	»	»	»	2,119,493	»	2,232,278	»	760,290	»	»	»	169,685	»	4,315,290
Chapitre III. Terrains.	Acquisition de terrains	»	35,472,891	»	207,360	31,613,026	33,214,050	»	»	»	3,661,753	»	2,081,226	»	5,723,455	»	9,581,791	»	1,313,378	»	9,015,391	»	1,038,936	»	35,738,246
	Frais accessoires, indemnités, frais judiciaires	»		»		1,371,033		»		»		»		»		»		»		»		»		»	
Chapitre IV. Terrassements et ouvrages courants.	Terrassements, y compris les travaux de consolidation	»	44,835,600	186,200	192,070	»	57,050,090	»	»	»	3,360,800	1,083,376	3,880,009	»	6,235,116	»	7,725,230	»	3,033,714	»	26,485,630	721,384	1,042,542	85,000,601	113,696,539
	Ouvrages d'art courants	»		5,870		»		»		»		1,906,724		»		»		»		»		321,158		28,509,935	
Chapitre V. Ouvrages d'art exceptionnels.	Ponts sur rivières navigables	1,096,717		»		4,736,607		»		»		»		»		»		»		»		»		15,244,160	
	Viaducs	»	2,577,139	24,700	24,700	2,179,724	17,916,142	»	»	»	4,726,267	»	7,616,903	»	22,772,684	»	16,372,922	»	4,941,711	»	199,034	»	»	10,384,141	36,274,030
	Souterrains	909,415		»		10,660,311		»		»		»		»		»		»		199,864		»		10,566,879	
Chapitre VI. Clôtures du chemin.	Clôtures sèches et vives	3,013,060		17,000		1,829,465		»		»		9,764		»		»		»		183,497		»		»	
	Maisons de gardes et de cantonniers	1,888,195	4,800,755	6,000	31,800	733,363	2,874,604	»	»	»	»	»	17,066	»	»	»	»	»	»	183,844	367,311	»	»	»	9,385,747
	Passages à niveau	»		13,800		318,076		»		»		7,002		»		»		»		»		»		»	
Chapitre VII. Bâtiments.	Gares et stations	»	22,643,289	»	151,060	»	17,558,511	»	»	»	921,000	5,593,800	6,900,263	»	5,347,639	»	4,283,605	»	978,331	»	13,060,645	»	760,777	19,861,605	25,657,154
	Ateliers et remises de matériel	»		»		»		»		»		677,103		»		»		»		»		»		6,085,549	
Chapitre VIII. Mobilier.	Mobilier des gares et stations	»	3,077,045	»	1,800	693,421	1,187,212	»	»	»	538,722	237,360	1,227,260	»	457,010	»	229,256	»	30,129	»	1,311,464	38,541	117,492	1,285,167	3,496,726
	Outillage des ateliers et dépôts	»		»		538,197		»		»		989,910		»		»		»		»		69,951		2,211,533	
Chapitre IX. Voie de fer.	Ballast	14,925,121		»		14,151,614		»		»		»		»		»		»		»		»		15,069,132	
	Rails, coussinets, chevillettes, traverses, longrines, etc.	66,312,163	86,548,284	»	983,800	53,178,063	71,397,300	»	»	»	5,802,815	»	5,090,985	»	14,455,832	»	12,935,965	»	2,183,429	»	16,370,420	»	612,624	79,698,771	99,636,854
	Pose de la voie	»		»		4,061,613		»		»		»		»		»		»		»		»		5,272,661	
Chapitre X. Accessoires de la voie.	Plaques tournantes	3,631,680		»		2,174,277		»		»		»		»		»		»		»		»		2,447,738	
	Changements et croisements de voie	1,489,200	4,715,120	»	»	680,282	3,274,130	»	»	»	»	»	112,355	»	»	»	269,612	»	102,779	»	557,791	»	»	1,299,842	4,142,063
	Signaux fixes	393,948		»		321,336		»		»		»		»		»		»		»		»		396,703	
	Outillage de la voie	361,281		»		142,533		»		»		112,355		»		»		»		»		»		267,656	
Chapitre XI. Alimentation des machines.	Machines à vapeur et pompes à bras	»		»		148,516		»		»		»		»		»		»		»		»		»	
	Grues hydrauliques	»	786,473	»	»	906,386	1,055,101	»	»	»	»	»	»	»	1,094,336	»	»	»	»	»	165,326	»	»	»	489,311
	Réservoirs, tuyaux, puits et prises d'eau	»		»				»		»		»		»		»		»		»		»		»	
Chapitre XII.	Télégraphe électrique. (Poteaux, fils et pose des appareils.)	»	72,707	»	5,600	»	180,258	»	»	»	»	»	»	»	10,070	»	»	»	»	»	»	»	»	»	115,561
Chapitre XIII. Matériel roulant.	Machines, locomotives et tenders	»	39,166,118	»	378,000	»	30,468,236	»	»	»	1,681,053	»	2,285,206	»	7,078,493	»	3,464,071	»	»	»	9,890,128	»	785,476	18,180,220	37,180,021
	Voitures et waggons	»		»		»		»		»		»		»		»		»		»		»		18,993,801	
Totaux des dépenses sans division de chapitres		»	»	»	»	»	»	»	43,996,505	»	»	»	»	»	»	»	»	»	»	»	»	»	»	»	»
	Totaux		250,589,279		2,237,570		246,317,830		43,996,505		21,145,495		27,488,820		67,709,569		58,347,958		14,110,916		55,196,196		5,150,061		353,710,698
	Dépenses par kilomètre		354,347		117,767		394,720		316,522		121,434		1,099,553		317,508		634,315		276,671		379,109		476,918		335,684

DÉPENSES D'ÉTABLISSEMENT.

NATURE DES DÉPENSES.		PARIS À LYON. Longueur en exploitation : 383 kilomètres. Résultats partiels.	PARIS À LYON. Totaux.	LYON À LA MÉDITERRANÉE. Longueur en exploitation : 294 kilomètres. Résultats partiels.	LYON À LA MÉDITERRANÉE. Totaux.	GRAND-CENTRAL. Rhône et Loire. Longueur en exploitation : 150 kilomètres. Résultats partiels.	GRAND-CENTRAL. Totaux.	MIDI. Bordeaux à la Teste. Longueur en exploitation : 53 kilomètres. Résultats partiels.	MIDI. Totaux.	CEINTURE. Longueur en exploitati[on] 7 kilomètres. Résultats partiels.	CEINTURE. Tot[aux]
CHAPITRE Ier. Frais généraux.	Frais d'études, frais et charges de la concession	″		″		″		″		″	
	Administration, direction et conduite des travaux	″	5,658,802	″	″	″	1,541,846	″	″	″	
	Frais divers	″		″		″		″		″	
CHAPITRE II.	Intérêts payés pendant la construction	″	″	″	″	″	2,231,567	″	″	″	
CHAPITRE III. Terrains.	Acquisition de terrains	23,117,306	26,389,970	″	″	″	6,343,505	″	″	632,596	63
	Frais accessoires, indemnités, frais judiciaires	3,272,664		″		″		″		6.685	
CHAPITRE IV. Terrassements et ouvrages courants.	Terrassements, y compris les travaux de consolidation	″	75,912,126	″	″	5,251,326	5,251,326	″	″	423,500	76
	Ouvrages d'art courants	″		″		″		″		342,265	
CHAPITRE V. Ouvrages d'art exceptionnels.	Ponts sur rivières navigables	″		″		5,203,714		″		″	
	Viaducs	″	″	″	″	1,093,373	6,297,087	″	″	″	
	Souterrains	″		″		″		″		″	
CHAPITRE VI. Clôtures du chemin.	Clôtures sèches et vives	″		″		″		″		6,000	
	Maisons de gardes et de cantonniers	″	″	″	″	″	267,701	″	″	23,000	
	Passages à niveau	″		″		″		″		6,700	
CHAPITRE VII. Bâtiments.	Gares et stations	″	15,885,239	″	″	″	1,847,242	″	″	″	
	Ateliers et remises de matériel	″		″		″		″		″	
CHAPITRE VIII. Mobilier.	Mobilier des gares et stations	″	1,536,978	″	″	″	199,862	″	″	″	
	Outillage des ateliers et dépôts	″		″		″		″		″	
CHAPITRE IX. Voie de fer.	Ballast	″		″		″		″		86,300	
	Rails, coussinets, chevillettes, traverses, longrines	″	50,429,714	″	″	″	8,471,037	″	″	305,000	40
	Pose de la voie	″		″		″		″		12,600	
CHAPITRE X. Accessoires de la voie.	Plaques tournantes	″		″		″		″		″	
	Changements et croisements de voie	″	″	″	″	″	10,505	″	″	7,657	
	Signaux fixes	″		″		″		″		″	
	Outillage de la voie	″		″		″		″		″	
CHAPITRE XI. Alimentation des machines.	Machines à vapeur et pompes à bras	″		″		″		″		″	
	Grues hydrauliques	″	3,412,501	″	″	″	676,298	″	″	″	
	Réservoirs, tuyaux, puits et prises d'eau	″		″		″		″		″	
CHAPITRE XII.	Télégraphe électrique. (Poteaux, fils et pose des appareils.)	″	″	″	″	″	5,740	″	″	″	
CHAPITRE XIII. Matériel roulant.	Machines, locomotives et tenders	″	19,410,725	″	″	″	5,730,076	″	″	″	
	Voitures et waggons	″		″		″		″		″	
TOTAL des dépenses sans division de chapitres		″	″	″	130,578,751	″	″	″	5,988,417	″	
TOTAUX			198,636,055		130,578,751		38,882,852		5,988,417		1,90
DÉPENSES par kilomètre			518,632		444,145		259,219		112,989		27

ANNEXE AU TABLEAU N° 15.

DÉVELOPPEMENTS

RELATIFS

AUX DÉPENSES D'ÉTABLISSEMENT DES CHEMINS DE FER DU NORD, DE L'EST, DE L'OUEST ET D'ORLÉANS.

Développement relatif aux dépenses d'établiss[ement du che]min de fer du Nord, au 31 décembre 1853.

NATURE DES DÉPENSES.		DÉPENSES DE L'ÉTAT. Ligne principale. Longueur 337k. Résultats partiels.	DÉPENSES DE L'ÉTAT. Ligne principale. TOTAUX.	[DÉPENSES D]E LA COMPAGNIE. Ligne principale. Longueur 337k. Résultats partiels.	Ligne principale. TOTAUX.	Creil à Saint-Q[…]. Longueur 3[…]. Résultats partiels.	Creil à Saint-Q[…]. TOTAUX.	[…]ais et Dunkerque. [Lon]gueur 163k. Résultats partiels.	[…]ais et Dunkerque. TOTAUX.	Amiens à Boulogne. Longueur 123k. Résultats partiels.	Amiens à Boulogne. TOTAUX.	Total. Longueur 707k. Résultats partiels.	Total. TOTAUX.	DÉPENSES DE L'ÉTAT ET DE LA COMPAGNIE. Longueur 707k. Résultats partiels.	DÉPENSES DE L'ÉTAT ET DE LA COMPAGNIE. TOTAUX.	OBSERVATIONS.
Chapitre Iᵉʳ. Frais généraux.	Frais d'études, frais et charges de la concession	»		»		»				»		»		»		
	Administration, direction et conduite des travaux	»	»	»	4,360,276ᶠ	»			1,211,337ᶠ	»	2,751,032ᶠ	»	8,723,526ᶠ	»	8,723,526ᶠ	
	Frais divers	»		»		»				»		»		»	»	
Chapitre II. — Intérêts payés pendant la construction		»	»	»	»	»			»	»	624,214	»	624,214	»	624,214	
Chapitre III. Terrains.	Acquisition de terrains	»		»	18,504,518	3,692,302ᶠ			5,834,814	4,389,032ᶠ	5,080,516	»	33,473,821	»	33,473,821ᶠ	
	Frais accessoires, indemnités, frais judiciaires	»	»	»		352,581				500,484		»		»		
Chapitre IV. Terrassements et ouvrages courants.	Terrassements, y compris les travaux de consolidation	»		»	24,153,062	»			8,311,510	3,473,830	7,566,031	»	44,839,694	»	44,839,694	
	Ouvrages d'art courants	»	»	»		»				3,092,212		»		»	»	
Chapitre V. Ouvrages d'art exceptionnels.	Ponts sur rivières navigables	»		767,217ᶠ		»				1,919,500		1,986,717ᶠ		1,986,717ᶠ		
	Viaducs	»	»	»	767,217	»			»	890,415	2,100,015	890,415	2,877,132	890,415	2,877,132	
	Souterrains	»		»		»				»		»		»		
Chapitre VI. Clôtures du chemin.	Clôtures sèches et vives	»		1,560,595		378,790				530,403		3,033,960		3,033,960		
	Maisons de gardes et de cantonniers	»	»	1,059,066	2,619,661	118,511			823,390	410,000	960,403	1,868,795	4,902,755	1,868,795	4,902,755	
	Passages à niveau	»		»		Compris dans les ouvrages d'art.				»		Compris dans les ouvrages d'art.		Compris dans les ouvrages d'art.		
Chapitre VII. Bâtiments.	Gares et stations	»	(¹) 952,042ᶠ	»	17,545,083	»			1,281,785	»	2,992,351	»	22,711,247	»	23,663,289	
	Ateliers et remises de matériel	»		»		»				»		»		»		
Chapitre VIII. Mobilier.	Mobilier des gares et stations	»	»	»	4,678,547	»			350,000	»	382,500	»	5,077,047	»	5,077,047	
	Outillage des ateliers et dépôts	»		»		»				»		»		»		
Chapitre IX. Voie de fer.	Ballast et pose des voies	»		3,258,283		2,626,006				3,236,509		14,228,121		14,228,121		
	Rails, coussinets, chevillettes, traverses, longrines, etc.	»	»	39,673,238	42,931,521	8,122,140			15,833,828	7,768,218	11,000,727	66,312,163	80,540,284	66,312,163	80,540,284	
	Pose de la voie	»		Compris dans le ballast.		Compris dans le ballast.				»		Compris dans le ballast.		Compris dans le ballast.		
Chapitre X. Accessoires de la voie.	Plaques tournantes	»		1,550,600		199,260				398,800		2,431,600		2,431,600		
	Changements et croisements de voie	»	»	854,900	2,825,132	96,100			648,037	310,600	922,844	1,499,200	4,715,129	1,499,200	4,715,129	
	Signaux fixes	»		293,500		14,323				39,195		393,045		393,045		
	Outillage de la voie	»		124,832		11,493				176,349		391,381		391,381		
Chapitre XI. Alimentation des machines.	Machines à vapeur et pompes à feu	»		»		»				»		»		»		
	Grues hydrauliques	»	»	»	378,865	»			50,074	»	109,859	»	786,473	»	786,473	
	Réservoirs, tuyaux, puits et prises d'eau	»		»		»				»		»		»		
Chapitre XII. — Télégraphe électrique. (Poteaux, fils et pose des appareils.)		»	»	»	39,113	»			20,912	»	8,500	»	72,797	»	72,797	
Chapitre XIII. Matériel roulant.	Machines, locomotives et tenders	»	»	»	30,064,118	»			3,544,000	»	2,508,000	»	39,186,118	»	39,186,118	
	Voitures et waggons	»		»		»				»		»		»		
Total des dépenses sur les parties livrées à l'exploitation			952,042		149,593,113				38,245,687		37,031,912		249,430,237		250,382,279	
Par kilomètre			2,830		444,501				263,763		301,072		352,801		354,147	

RÉCAPITULATION.

Dépenses par l'État	952,042ᶠ
Dépenses par la Compagnie	249,430,237
Dépenses par l'État et la Compagnie	250,382,279

(¹) Y compris 900,000 francs à rembourser par les villes de Lille et de Douai et 8,957 francs par divers particuliers. Il ne reste réellement à la charge de l'État qu'une dépense de 43,085 francs, représentant les travaux de la station provisoire de Saint-Sauveur.

DÉVELOPPEMENT RELATIF AUX DÉPENSES D'ÉTABLISSE[MENT DU CHE]MIN DE FER DE L'EST, au 31 décembre 1853.

NATURE DES DÉPENSES.		DÉPENSES [DE L'ÉTAT].												DÉPENSES DE LA COMPAGNIE.						ENSEMBLE.	
		ABORDS DE LA GARE DE PARIS.		1ʳᵉ SECTION. Longueur 98ᵏ.		2ᵉ SECTION. Longueur 152ᵏ.		3ᵉ SECTION. Longueur 194ᵏ.		4ᵉ SECTION. Longueur 58ᵏ.		TOTAL. Longueur 502ᵏ.		LIGNE PRINCIPALE. Longueur 502ᵏ.		EMBRANCHEMENT de Frouard à Sarrebruck. Longueur 122ᵏ.		TOTAL. Longueur 624ᵏ.		Longueur 624 kilomètres.	
		Résultats partiels.	TOTAUX.	Résultats partiels.	TOTAUX.	Résultats partiels.	TOTAUX.	Résultats partiels.	TOTAUX.	Résultats partiels.	TOTAUX.	Résultats partiels.	TOTAUX.	Résultats partiels.	TOTAUX.	Résultats partiels.	TOTAUX.	Résultats partiels.	TOTAUX.	Résultats partiels.	TOTAUX.
CHAPITRE Iᵉʳ. Frais généraux.	Frais d'études, frais et charges de la concession	»		95,109		15,200		195,373		10,209		416,169		»		»		»		416,169	
	Administration, direction et conduite des travaux	»	»	277,854	1,873,956	570,302	668,287	301,099	978,929	383,671	537,477	3,163,442	3,737,080	4,291,210	5,897,750	1,085,448	1,095,126	5,310,658	6,992,915	8,483,104	10,670,120
	Frais divers	»		»		16,089		9,452		17,107		157,062		1,606,539		5,714		1,613,953		1,776,654	
CHAPITRE II. — Intérêts payés pendant la construction		»	»	»	»	»	»	»	»	»	»	»	»	»	»	»	»	»	»	»	»
CHAPITRE III. Terrains.	Acquisition de terrains	»		35,993,183	19,914,817	3,972,102	4,120,454	2,392,910	4,981,089	3,559,066	3,836,083	22,970,816	27,841,892	760,142	958,773	4,122,268	4,383,794	4,883,410	5,372,563	31,849,026	33,214,659
	Frais accessoires, indemnités, frais judiciaires	»	»	281,734		148,352		68,971		277,310		863,875		198,651		260,525		459,156		1,371,633	
CHAPITRE IV. Terrassements et ouvrages courants.	Terrassements, y compris les travaux de consolidation	»		10,330,865	14,887,180	6,077,950	9,153,167	3,778,349	20,890,751	1,854,952	2,799,345	35,381,321	46,859,365	»	930,121	»	11,034,915	»	12,197,336	»	57,056,099
	Ouvrages d'art courants	»	»	5,052,880		3,075,217		1,332,602		941,045		17,790,259		»		»		»		»	
CHAPITRE V. Ouvrages d'art exceptionnels.	Ponts sur rivières navigables	»		1,485,363		1,772,831		»		»		3,266,697		»		1,570,000		1,570,000		4,776,697	
	Viaducs	»	»	»	1,841,296	»	5,615,150	»	6,668,503	87,155	985,542	2,176,734	15,045,142	»	»	»	1,570,000	»	1,570,000	2,176,734	17,015,142
	Souterrains	»		406,033		3,042,316		738,302		686,337		10,862,311		»		»		»		16,962,311	
CHAPITRE VI. Clôtures du chemin.	Clôtures sèches et vives	»		»		40,142		71,225		»		156,784		1,412,048		263,608		1,703,621		1,829,405	
	Maisons de gardes et de cantonniers	»	»	102,256	139,650	224,704	315,767	153,768	361,922	300,115	146,550	733,363	1,173,445	»	1,419,015	»	289,008	»	1,701,021	733,363	2,874,664
	Passages à niveau	»		37,602		60,931		80,081		37,635		218,036		»		»		»		218,076	
CHAPITRE VII. Bâtiments.	Gares et stations	407,300	407,362	2,216,062	5,087,308	651,123	1,717,812	633,965	1,617,348	1,018,151	1,062,563	6,067,429	10,683,398	»	3,895,951	»	2,051,256	»	6,627,213	»	17,330,611
	Ateliers et remises de matériel	»		2,777,566		1,096,689		15,381		36,412		3,693,906		»		»		»		»	
CHAPITRE VIII. Mobilier.	Mobilier des gares et stations	»		»		»		»		3,450		3,450		524,365		59,106		629,971		663,421	
	Outillage des ateliers et dépôts	»	»	»	»	»	»	»	»	»	3,450	»	3,450	701,152	1,226,017	132,975	182,061	834,127	1,404,098	834,127	1,527,548
CHAPITRE IX. Voie de fer.	Rails	»		»		»		»		8,750		8,750		11,250,556		2,918,656		14,178,398		14,187,014	
	Coussinets, chevillettes, traverses, longrines, etc.	»	»	»	»	»	»	»	»	106,040	148,618	136,063	148,618	54,825,346	66,303,739	8,170,323	10,744,233	63,058,661	71,306,978	63,178,963	71,447,590
	Pose de la voie	»		»		»		»		5,874		5,874		3,790,315		305,968		4,076,726		4,061,613	
CHAPITRE X. Accessoires de la voie.	Plaques tournantes	»		»		»		»		43,394		43,394		1,813,036		298,305		2,080,081		2,128,277	
	Changements et croisements de voie	»	»	»	»	»	»	»	»	5,252	43,875	6,282	49,876	561,491	2,721,905	145,309	896,547	696,800	3,324,368	696,367	3,274,430
	Signaux fixes	»		»		»		»		»		»		204,767		56,696		261,336		261,336	
	Outillage de la voie	»		»		»		»		»		»		115,690		26,863		142,533		142,533	
CHAPITRE XI. Alimentation des machines.	Machines à vapeur et pompes à bras	»		»		»		»		»		»		337,680		10,653		148,315		185,312	
	Grues hydrauliques	»	»	»	13,560	»	35,060	»	3,360	»	8,606	»	77,186	»	887,561	79,350	90,343	»	977,904	»	1,055,181
	Réservoirs, tuyaux, puits et prises d'eau	»		13,560		35,060		15,920		8,606		77,186		749,609		»		829,580		906,766	
CHAPITRE XII. — Télégraphe électrique. (Poteaux, fils et pose des appareils.)		»	»	»	»	»	»	»	»	»	»	»	»	»	130,260	»	32,676	»	159,936	»	159,936
CHAPITRE XIII. Matériel roulant.	Machines, locomotives et tenders	»		»		»		»		»		»		»	30,305,431	»	164,927	»	30,460,358	»	30,460,358
	Voitures et wagons	»	»	»		»		»		»		»		»		»		»		»	
Totaux			407,362		30,453,082		37,425,437		48,377,086		9,380,196		103,033,182 (*)		102,466,758		33,917,940		142,384,698		245,317,880
Dépenses par kilomètre					461,760		146,958		136,614		160,858		207,036		216,059		278,015		228,180		394,720

R[ÉSUMÉ.]

Dépenses, par l'État, sur la ligne principale .... 103,033,182ᶠ (*)

Dépenses, par la Compagnie, sur la ligne principale .... 102,466,758ᶠ } 142,384,698

Dépenses, par la Compagnie, sur l'embranchement de Sarrebruck .... 33,917,940 }

Dépenses par l'État et par les Compagnies 245,317,880

(*) Y compris : 1° 817,560 fr. remboursés par la compagnie de Strasbourg à Bâle, pour sa part dans les dépenses [...] ag. et 138,416 fr. 68 cent. à rembourser par celle de l'Est pour matériaux cédés (voir chapitres VII, IX et X de la 5ᵉ section) ; 2° 829,533 fr. 63 cent. payés pour frais de personnel sur les fonds de la 1ʳᵉ section de budget [...] les sections livrées à l'exploitation ; total, 942,120 fr. 55 cent.

DÉVELOPPEMENT RELATIF AUX DÉPENSES D'ÉTABLIS[SEMENT DU CHE]MIN DE FER DE L'OUEST, au 31 décembre 1853.

	NATURE DES DÉPENSES.	DÉPENSES DE L'ÉTAT. PARIS À LA LOUPE. Longueur 111k.		DÉPENSES DE LA COMPAGNIE. VERSAILLES (rive gauche). Longueur 17k.		VERSAILLES (rive droite) À LA LOUPE. Longueur 111k.		TOTAL. Longueur 147k.		ENSEMBLE. Longueur 11[illegible]k.	
		Résultats partiels.	TOTAUX.	Résultats partiels.	TOTAUX.	Résultats partiels.	TOTAUX.	Résultats partiels.	TOTAUX.	Résultats partiels.	TOTAUX.
CHAPITRE Ier. Frais généraux.	Frais d'études, frais et charges de la concession	″		″		″		″		″	
	Administration, direction et conduite des travaux	″	475,241	″	2,347,045	″	1,011,959	″	4,304,620	″	4,779,861
	Frais divers	″		″		″		″		″	
CHAPITRE II.	Intérêts payés pendant la construction	″	″	″	″	″	″	″	″	″	″
CHAPITRE III. Terrains.	Acquisition de terrains	″	4,661,801	″	3,016,126	″	″	″	4,333,700	″	9,015,591
	Frais accessoires, indemnités, frais judiciaires	″		″		″		″		″	
CHAPITRE IV. Terrassements et ouvrages courants.	Terrassements, y compris les travaux de consolidation	7,208,600	12,516,726	5,751,133	8,929,561	2,459,358	750,000	″	15,971,308	″	26,488,036
	Ouvrages d'art courants	5,308,126		3,178,428		3,832,189		″		″	
CHAPITRE V. Ouvrages d'art exceptionnels.	Ponts sur rivières navigables	″		″		″		″		″	109,654
	Viaducs	″	199,654	″	″	″	″	″	″	199,654	
	Souterrains	190,654		″		″		″		183,467	
CHAPITRE VI. Clôtures du chemin.	Clôtures sèches et vives	183,467		″		″	″	″	″	183,844	367,311
	Maisons de gardes et de cantonniers	183,844	367,311	″	″	″		″		″	
	Passages à niveau	″		″		″		″			
CHAPITRE VII. Bâtiments.	Gares et stations	″	4,780,927	″	″	1,732,973	5,238,430	″	8,879,717	″	13,660,644
	Ateliers et remises de matériel	″		″		905,390		″			
CHAPITRE VIII. Mobilier.	Mobilier des gares et stations	″	1,058,996	″	259,261	″	85,421	″	452,468	″	1,511,464
	Outillage des ateliers et dépôts	″		″		″		″			
CHAPITRE IX. Voie de fer.	Ballast	″		″		″	3,348,204	″	7,832,462	″	16,376,420
	Rails, coussinets, chevillettes, traverses, longrines, etc.	″	8,543,958	″	1,347,435	″		″			
	Pose de la voie	″		″		″		″		″	
CHAPITRE X. Accessoires de la voie.	Plaques tournantes	″		″		″		″		″	
	Changements et croisements de voie	″	851,020	″	″	″	″	″	15,781	″	867,701
	Signaux fixes	″		″		15,781		″		″	
	Outillage de la voie	″		″		″		″		″	
CHAPITRE XI. Alimentation des machines.	Machines à vapeur et pompes à bras	″		″		″	″	″	″	″	165,326
	Grues hydrauliques	″	165,326	″	″	″		″		″	
	Réservoirs, tuyaux, puits et prises d'eau	″		″		″		″		″	″
CHAPITRE XII.	Télégraphe électrique. (Poteaux, fils et pose des appareils.)	″	″	″	″	″	″	″	″	″	″
CHAPITRE XIII. Matériel roulant.	Machines, locomotives et tenders	″	″	1,020,400	1,919,693	″	4,310,239	″	9,606,188	″	9,606,188
	Voitures et waggons	″		899,293		″		″			
	TOTAL		33,641,952		18,019,141		15,753,262		51,485,244		85,128,196
	Dépenses par kilomètre		303,081		1,059,940		141,922		350,247		579,103

OBSERVATIONS.

RÉCAPITULATION.

Dépenses par l'État	33,641,952f
Dépenses par la Compagnie	51,486,244
TOTAL	85,128,196

Développement relatif aux dépenses d'établissement du chemin de fer d'Orléans et prolongements, au 31 décembre 1853.

Chapitres	Nature des dépenses	Section de Paris à Orléans et Corbeil. Longueur 135k. Dépenses de la Compagnie. Résultats partiels.	Totaux.	Section du Centre. Longueur 320k. Dépenses de l'État. Résultats partiels.	Totaux.	Dépenses de la Compagnie. Résultats partiels.	Totaux.	Total. Résultats partiels.	Totaux.
Chapitre Ier. Frais généraux.	Frais d'études, frais et charges de la concession	1,103,000		251,285		409,067		661,293	
	Administration, direction et conduite des travaux	864,700	1,967,700	2,261,043	2,865,870	1,031,600	1,910,867	3,792,643	4,925,287
	Frais divers	»		532,401		»		532,401	
Chapitre II.	Intérêts payés pendant la construction	»	964,800	»	»	»	451,400	»	451,400
Chapitre III. Terrains.	Acquisition de terrains	»	9,274,100	6,517,002	6,089,774	94,939	94,939	6,607,651	6,776,718
	Frais accessoires, indemnités, frais judiciaires	»		168,212		»		168,212	
Chapitre IV. Terrassements et ouvrages courants.	Terrassements, y compris les travaux de consolidation	3,926,000	13,481,000	22,069,267	32,311,115	»	634,196	22,693,387	32,965,235
	Ouvrages d'art courants	4,555,000		9,241,848		»		9,241,848	
Chapitre V. Ouvrages d'art exceptionnels.	Ponts sur rivières navigables	»		7,698,303		139,916		7,838,219	
	Viaducs	»	»	1,036,344	13,663,967	»	139,916	1,036,344	13,803,883
	Souterrains	»		4,928,320		»		4,928,320	
Chapitre VI. Clôtures du chemin.	Clôtures sèches et vives	318,000		»		601,387		601,387	
	Maisons de gardes et de cantonniers	»	318,000	1,288,597	1,493,737	15,000	709,387	1,248,597	2,203,124
	Passages à niveau	»		205,140		»		205,140	
Chapitre VII. Bâtiments.	Gares et stations	6,361,000	6,184,400	3,152,240	3,663,680	167,856	128,388	3,990,076	3,582,068
	Ateliers et remises de matériel	1,023,000		511,460		30,532		541,992	
Chapitre VIII. Mobilier.	Mobilier des gares et stations	351,058	1,121,082	»	»	203,117	566,398	203,117	566,398
	Outillage des ateliers et dépôts	770,024		»		363,281		363,281	
Chapitre IX. Voie de fer.	Ballast	2,226,345		»		3,335,148		3,335,148	
	Rails, coussinets, chevillettes, traverses, longrines, etc.	13,525,516	16,298,181	»	»	21,892,337	26,485,547	21,892,337	26,485,547
	Pose de la voie	546,320		»		1,258,062		1,258,062	
Chapitre X. Accessoires de la voie.	Plaques tournantes	593,041		»		449,135		449,135	
	Changements et croisements de voie	359,617	927,099	»	»	172,707	781,342	172,707	781,342
	Signaux fixes	30,591		»		145,893		145,893	
	Outillage de la voie	»		»		13,607		13,607	
Chapitre XI. Alimentation des machines.	Machines à vapeur et pompes à bras	»		»		»		»	
	Grues hydrauliques	»	382,000	»	26,167	»	234,000	»	260,167
	Réservoirs, tuyaux, puits et prises d'eau	»		26,167		»		»	
Chapitre XII.	Télégraphe électrique. (Poteaux, fils et pose des appareils.)	»	»	»	»	»	20,200	»	20,200
Chapitre XIII. Matériel roulant.	Machines, locomotives et tenders	4,975,478	8,371,955	»		3,633,144	7,344,166	3,633,144	7,344,166
	Voitures et wagons	3,396,477		»		3,711,022		3,711,022	
	Totaux		61,231,517		60,738,110		39,340,379		100,096,590
	Dépenses par kilomètre		450,394		189,806		122,939		312,802

Chapitres	Nature des dépenses	Section d'Orléans à Bordeaux. Longueur 561k. Dépenses de la Compagnie. Résultats partiels.	Totaux.	Total. Résultats partiels.	Totaux.	Section de Tours à Nantes. Longueur 195k. Dépenses de l'État. Résultats partiels.	Totaux.	Dépenses de la Compagnie. Résultats partiels.	Totaux.	Total. Résultats partiels.	Totaux.	Ensemble. Longueur 1,106k. Dépenses de l'État. Résultats partiels.	Totaux.	Dépenses de la Compagnie. Résultats partiels.	Totaux.	Total. Résultats partiels.	Totaux.
Chapitre Ier. Frais généraux.	Frais d'études, frais et charges de la concession	314,51[illegible]		573,759		67,920		2,880,765		2,616,071		398,639		4,707,126		5,660,523	
	Administration, direction et conduite des travaux	3,601,8[illegible]	3,232,555	7,517,898	9,396,170	1,519,080	1,616,752	2,807,673	5,790,818	3,826,753	6,807,180	7,372,460	8,760,750	8,616,244	14,351,690	15,988,724	23,111,298
	Frais divers	990,420		1,273,592		38,756		»		35,736		685,577		983,172		1,821,740	
Chapitre II.	Intérêts payés pendant la construction	»	2,714,009	»	2,714,009	»	»	»	148,000	»	185,000	»	»	»	4,318,200	»	4,318,200
Chapitre III. Terrains.	Acquisition de terrains	10,702,1[illegible]	98,967	10,601,146	12,059,555	8,186,208	8,669,267	20,321	20,321	8,215,726	8,695,786	25,460,975	27,390,620	»	9,397,617	»	36,718,206
	Frais accessoires, indemnités, frais judiciaires	1,866,4[illegible]		1,958,410		483,062		»		483,062		1,939,681		»		»	
Chapitre IV. Terrassements et ouvrages courants.	Terrassements, y compris les travaux de consolidation	31,681,1[illegible]	»	31,684,107	41,302,358	20,770,341	25,870,828	16,765	35,108	20,787,166	25,911,946	76,489,716	99,650,311	6,570,635	14,150,278	83,060,001	113,800,539
	Ouvrages d'art courants	9,576,2[illegible]		9,628,251		5,100,407		24,393		5,124,840		24,026,595		4,579,393		28,500,938	
Chapitre V. Ouvrages d'art exceptionnels.	Ponts sur rivières navigables	6,179,5[illegible]		6,179,594		1,926,376		»		1,926,376		10,104,544		139,616		15,284,160	
	Viaducs	6,860,3[illegible]	»	6,860,681	18,555,198	2,478,166	3,916,948	»	»	2,478,166	3,916,948	10,380,141	36,135,364	»	139,616	10,384,141	36,274,980
	Souterrains	5,505,3[illegible]		5,505,925		212,406		»		212,406		10,646,079		»		10,646,079	
Chapitre VI. Clôtures du chemin.	Clôtures sèches et vives	»		2,325,000		40,407		644,383		681,810		40,407		3,976,730		»	
	Maisons de gardes et de cantonniers	1,501,5[illegible]	2,325,000	1,503,576	4,108,900	750,481	977,152	32,213	676,986	909,968	1,653,718	3,864,654	4,350,776	39,263	4,995,973	»	8,985,747
	Passages à niveau	240,1[illegible]		280,329		205,284						754,653					
Chapitre VII. Bâtiments.	Gares et stations	2,065,0[illegible]	5,331,658	5,562,581	8,603,152	2,650,304	3,201,391	1,551,094	1,806,213	4,187,398	5,167,235	8,085,349	10,203,267	11,518,209	15,480,857	19,601,555	25,467,136
	Ateliers et remises de matériel	466,2[illegible]		2,966,571		753,267		254,719		979,986		2,122,027		3,962,629		6,085,549	
Chapitre VIII. Mobilier.	Mobilier des gares et stations	»	1,150,815	440,801	1,180,815	»	»	285,191	628,441	285,191	628,441	»	»	1,285,167	3,496,726	1,285,167	3,496,726
	Outillage des ateliers et dépôts	»		755,014		»		343,250		343,250		»		2,211,569		2,211,569	
Chapitre IX. Voie de fer.	Ballast	»		8,500,000		»		2,045,689		2,045,689		»		15,009,152		15,009,152	
	Rails, coussinets, chevillettes, traverses, longrines, etc.	»	36,000,000	28,136,000	38,000,000	»	»	16,260,518	21,126,155	16,260,618	21,126,165	»	»	70,605,771	99,590,884	70,606,771	99,590,884
	Pose de la voie	»		1,436,000		»		1,919,999		1,919,999		»		5,272,081		5,272,081	
Chapitre X. Accessoires de la voie.	Plaques tournantes	»		925,000		»		349,986		349,986		»		2,447,732		2,447,732	
	Changements et croisements de voie	»	1,418,000	375,000	1,418,000	»	»	309,288	1,093,672	309,288	1,093,672	»	»	1,399,812	4,142,023	1,399,812	4,142,023
	Signaux fixes	»		60,000		»		70,379		70,379		»		316,763		316,763	
	Outillage de la voie	»		60,000		»		54,049		54,049		»		167,656		167,656	
Chapitre XI. Alimentation des machines.	Machines à vapeur et pompes à bras	»		»		»		16,252		16,252		»		19,252		»	
	Grues hydrauliques	»	233,380	»	248,500	»	2,500		76,144		78,644	»	45,167		645,144	»	689,311
	Réservoirs, tuyaux, puits et prises d'eau	15,5[illegible]		»		2,500		65,592		65,392		45,167		634,602		»	
Chapitre XII.	Télégraphe électrique. (Poteaux, fils et pose des appareils.)	»	47,162	»	47,162	»	»	»	46,170	»	46,170	»	»	»	115,561	»	115,561
Chapitre XIII. Matériel roulant.	Machines, locomotives et tenders	»	3,094,571	6,607,836	15,004,571	»		2,870,762	6,360,329	2,870,762	6,360,329	»		18,186,220	37,180,021	18,186,220	37,180,021
	Voitures et wagons	»		8,396,735		»		3,489,567		3,489,567		»		18,993,801		18,993,801	
	Totaux		16,787,022		155,764,325		44,429,753		37,107,367		81,518,333		186,173,252		207,537,456		393,710,708
	Dépenses par kilomètre		201,343		327,089		227,150		190,758		418,557		167,535		187,125		355,984

Dépenses par l'État 186,173,251f

Dépenses par la Compagnie 207,537,456

Dépenses par l'État et la Compagnie 393,710,707

PERSONNEL.

RÉSUMÉ.

DÉSIGNATION DES CHEMINS.	LONGUEUR LIVRÉE À L'EXPLOITATION.	RÉPARTITION DU PERSONNEL D'EXPLOITATION SUIVANT LA NATURE DU SERVICE. — SUR LA LONGUEUR ENTIÈRE. — Administration.	Mouvement et trafic. — Service central.	Service des gares.	Service des trains.	TOTAL.	Service de la traction.	Service de la voie.	TOTAL GÉNÉRAL.	PAR MYRIAMÈTRE. — Administration.	Mouvement et trafic. — Service central.	Service des gares.	Service des trains.	TOTAL.	Service de la traction.	Service de la voie.	TOTAL GÉNÉRAL.	PROPORTION P. 0/0. — SUIVANT LA NATURE DU SERVICE. — Administration.	Mouvement et trafic. — Service central.	Service des gares.	Service des trains.	TOTAL.	Service de la traction.	Service de la voie.	SUIVANT LA NATURE des employés. — Employés à l'année. — Hommes.	Femmes.	Ouvriers à la journée.
2	3	4	5	6	7	8	9	10	11	12	13	14	15	16	17	18	19	20	21	22	23	24	25	26	27	28	29
	kil.																										
Nord	707	61	126	1,730	293	2,149	2,110	1,757	6,077	0 9	1 8	24 4	4 1	30 3	29 8	24 9	85 9	1	2	28	5	35	35	29	57	7	36
Anzin à Somain	19	(1)	2	25	4	31	23	42	96	»	1 0	13 2	2 1	16 3	12 1	22 1	50 5	»	2	26	4	32	24	44	99	1	»
Est, Paris à Strasbourg	624	102	158	1,675	201	2,032	2,064	2,201	6,399	1 6	2 5	26 8	3 2	32 5	33 1	35 3	102 5	2	2	26	3	31	32	35	60	3	37
Strasbourg à Bâle	139	15	64	162	23	249	342	270	876	1 1	4 5	11 5	1 6	17 6	24 2	19 2	62 1	2	8	18	2	28	39	31	82	»	18
Mulhouse à Thann	21	(2)	(2)	14	2	16	(2)	19	35	»	»	6 7	0 9	7 6	»	9 0	16 6	»	»	40	6	46	»	54	68	3	29
Montereau à Troyes	100	28	10	151	12	173	95	110	406	2 8	1 0	15 1	1 2	17 3	9 5	11 0	40 6	7	2	37	3	42	24	27	76	»	24
Paris à Saint-Germain	25	12	3	75	11	89	210	73	384	4 8	1 2	30 0	4 4	35 6	84 0	29 2	153 6	3	1	19	3	23	55	19	98	2	»
Paris à Rouen	131	53	24	430	70	533	(4)	92	678	3 8	1 7	31 6	5 0	38 3	»	6 6	48 7	8	4	65	10	79	»	13	83	3	14
Rouen au Havre	92	36	(3)	239	(3)	239	(4)	69	344	4 0	»	25 9	»	25 9	»	7 5	37 4	11	»	69	»	69	»	20	73	6	21
Dieppe et Fécamp	51	23	(3)	53	(3)	53	(4)	53	129	4 5	»	10 4	»	10 4	»	10 4	25 3	18	»	41	»	41	»	41	75	18	7
Ouest	147	65	19	401	40	460	422	315	1,262	4 3	1 2	26 6	2 6	30 4	28 0	20 9	83 6	5	1	32	3	36	34	25	55	1	44
Paris à Orsay	11	8	6	28	6	40	81	36	165	7 3	5 5	25 4	5 5	36 4	73 6	32 7	150 0	5	4	17	4	25	49	21	46	4	50
Orléans et prolongements	1,109	152	319	2,843	338	3,500	2,632	2,203	8,487	1 4	2 9	25 6	3 0	31 6	23 7	19 9	76 5	2	4	33	4	41	31	26	62	7	31
Paris à Lyon	383	116	50	769	120	939	772	936	2,763	3 0	1 3	20 1	3 1	24 5	20 2	24 4	72 1	4	2	28	4	34	28	34	48	2	50
Lyon à la Méditerranée	294	34	64	667	48	779	817	622	2,252	1 2	2 2	22 7	1 6	26 5	27 7	21 2	76 6	1	3	30	2	35	36	28	68	4	28
Grand-Central (Rh. et Loire)	150	31	32	164	167	363	198	459	1,051	2 1	2 1	10 9	11 1	24 1	13 2	30 6	70 0	3	3	15	16	34	19	44	99	1	»
Midi (Bordeaux à la Teste)	53	10	5	58	9	72	70	69	221	1 9	1 0	10 9	1 7	13 6	13 2	13 0	41 7	5	2	26	4	32	32	31	65	1	34
Ceinture	7	16	5	6	3	14	(5)	38	68	22 9	7 1	8 5	4 3	19 9	»	54 3	97 1	24	7	9	4	20	»	56	71	»	29
TOTAUX et MOYENNES	4,063	762	885	9,499	1,347	11,731	9,836	9,364	(6) 31,693	1 9	2 2	23 4	3 3	28 9	24 2	23 1	78 7	2	3	30	4	37	31	30	63	4	33

OBSERVATIONS.

(1) Le chemin de fer d'Anzin n'a pas d'administrateurs spéciaux : l'exploitation est dirigée par la compagnie d'Anzin.

(2) L'administration, le service central du mouvement et le service de la traction du chemin de Mulhouse à Thann sont compris dans les services correspondants du chemin de Strasbourg à Bâle.

(3) Le personnel du chemin de Paris à Rouen est chargé du service central du mouvement et du service de la [...] sur les lignes du Havre et de Dieppe.

(4) La traction sur les chemins de Paris à Rouen, de Rouen au Havre et de Rouen à Dieppe est l'objet d'un [...] à forfait.

(5) La compagnie des chemins de l'Est est chargée de l'entreprise de la traction sur le chemin de fer de Ceinture.

(6) Qui se décomposent comme suit :

Fonctionnaires et employés à l'année	Hommes	19,876	21,291
	Femmes	1,415	
Ouvriers à la journée			10,402
TOTAL ÉGAL			31,693

NATURE DES EMPLOIS.	NORD. Longueur totale en exploitation : 707 kilomètres.		ANZIN À SOMAIN. Longueur totale en exploitation : 19 kilomètres.		EST. PARIS À STRASBOURG. Longueur totale en exploitation : 664 kilomètres.		ALSACE. STRASBOURG À BÂLE. Longueur totale en exploitation : 139 kilomètres.		ALSACE. MULHOUSE À … Longueur totale en exploitation : 21 kilomètres.	… À TROYES.	PARIS À St-GERMAIN. Longueur totale en exploitation : 25 kilomètres.		PARIS À ROUEN. Longueur totale en exploitation : 131 kilomètres.		ROUEN AU HAVRE. Longueur totale en exploitation : 92 kilomètres.		DIEPPE ET FÉCAMP. Longueur totale en exploitation : 53 kilomètres.		OUEST. Longueur totale en exploitation : 169 kilomètres.		PARIS À ORSAY. Longueur totale en exploitation : 11 kilomètres.		ORLÉANS ET PROLONGEMENTS. Longueur totale en exploitation : 1,100 kilomètres.	
	RÉSULTATS partiels.	TOTAUX.	RÉSULTATS partiels.	TOTAUX.	RÉSULTATS partiels.	TOTAUX.	RÉSULTATS partiels.	TOTAUX.	RÉSULTATS partiels.	TOTAUX.	RÉSULTATS partiels.	TOTAUX.	RÉSULTATS partiels.	TOTAUX.	RÉSULTATS partiels.	TOTAUX.	RÉSULTATS partiels.	TOTAUX.	RÉSULTATS partiels.	TOTAUX.	RÉSULTATS partiels.	TOTAUX.	RÉSULTATS partiels.	TOTAUX.
CHAPITRE Ier. Administration.																								
Administrateurs (non compris les membres des comités de direction, etc.)	17		»		18		7		»		7		12		5		6		15		»		19	
Comité de direction, administrateurs délégués, directeur et sous-directeur	9		»		7		»		»		2		»		»		»		1		3		6	
Secrétaire général, secrétaire du conseil d'administration	»	42	»		1	109	1	15	»	38	1	12	1	53	1	30		23	1	69	1	8	9	152
Chefs de division, de bureau de comptabilité, etc., caissiers	4		»		14		2		»		2								7		»		11	
Employés des bureaux	24		»		35		5		»		»		40		27		15		36		1		94	
Garçons de bureau, concierges et gens de service	7		»		7		2		»		»								3		1		13	
CHAPITRE II. Exploitation. (Mouvement et trafic.) — 1° Service central.																								
Directeur ou chef d'exploitation, sous-chefs d'exploitation, etc.	2		»		3		1		»		1		1		»		»		»		1		2	
Chefs et s.-chefs de mouvement, chefs du trafic, du matériel, inspect.rs	14		2		27		6		»		2		12		»		»		4		»		32	
Chefs de division, de bureau ou de section	6	120	»	2	6	158	8	64	»	19	»	3		24	»	»	»	»	2	10	»	6	18	329
Employés de bureau, comptables	91		»		114		47		»		»		12		»		»		12		4		238	
Garçons de bureau et gens de service	11		»		6		3		»		»				»		»		1		1		29	
2° Service des gares et stations.																								
Chefs et sous-chefs de gare et de station	98		»		135		31		2		12		26		10		6		38		4		212	
Receveurs de billets, ouvreurs à la grande vitesse, facteurs enregistrants, employés et comptables des gares de marchandises — Hommes	395		3		161		65		6		3		60		31		10		15		5		153	
— Femmes	31		»		12		»		1		5		1		1		1		6		1		15	
Facteurs, hommes d'équipe, tourneurs de plaques, etc., des gares de voyageurs et de marchandises — à l'année	232		»		513		»		»		26		200		81		21		164		9		213	
— à la journée	676	1,736	18	25	717	1,675	55	109	2	131		73	95	639	78	290	8	55	91	301	3	28	1,462	2,653
Facteurs de ville, arrondisseurs, camionneurs, etc.	109		»		15		»		»		2		6		2		»		2		1		164	
Contrôleurs, surveillants, portiers, surveill. de nuit, employés du télégr.	185		4		69		21		1		13		24		15		3		36		5		55	
Lampistes, graisseurs, balayeurs, employés à la salubrité	50		»		92		4		»		7		9		4		2		12		1		67	
Aiguilleurs	»		»		»		»		»		16		12		14		2		12		2		150	
3° Service des trains.																								
Sous-inspecteurs, contrôleurs de route	7		»		»		1		»		»		»		»		»		4		»		34	
Chefs de train, conducteurs-chefs	71	793	2	4	86	301	4	23	1	12	3	31	»	79	»	»	»	»	6	49	2	6	91	338
Conducteurs, gardes-freins	715		2		155		18		1		8		76		»		»		27		4		216	
CHAPITRE III. Traction et entretien du matériel.																								
Ingénieurs, sous-ingénieurs et inspecteurs	18		»		4		3		»		3		»		»		»		3		1		16	
Chefs de bureau, employés de bureau, gardes-magasins	91		»		57		9		»		10		»		»		»		37		2		91	
Garçons de bureau et gens de service	10		»		37		»		»		1		»		»		»		1		»		7	
Chefs et sous-chefs de dépôt, comptables et distributeurs des dépôts	19		»		20		4		»		1		»		»		»		16		»		43	
Ouvriers des dépôts, manœuvres, etc. — à l'année	»		6		»		»		»		4		»		»		»		»		»		112	
— à la journée	269	3,110	»	25	546	2,034	9	349	»	69		310	»	»	»	»	»	»	75	352	9	51	278	2,632
Mécaniciens, élèves mécaniciens, chauffeurs	424		10		383		46		»		29		»		»		»		64		10		362	
Chefs et ouvriers de petit entretien des voitures, visiteurs, nettoyeurs, etc.	131		2		»		73		»		45		»		»		»		99		1		221	
Graisseurs de route	»		»		132		»		»		»		»		»		»		»		»		94	
Chefs d'ateliers, contre-maîtres, comptables des ateliers	37		»		17		19		»		7		»		»		»		3		1		32	
Ouvriers des ateliers à la journée	1,172		»		866		179		»		169		»		»		»		181		63		1,375	
CHAPITRE IV. Surveillance et entretien de la voie.																								
Ingénieurs, sous-ingénieurs, architectes, inspecteurs, chefs de section	5		»		16		1		»		9		3		3		1		8		1		56	
Chefs de bureau, employés de bureau, comptables, etc.	81		»		65		4		»		»		»		»		»		5		»		42	
Garçons de bureau et gens de service	1		»		18		»		»		»		»		»		»		1		»		6	
Conducteurs, piqueurs et surveillants, etc.	91		3		80		13		1		24								30		2		30	
Gardes-lignes, gardes-barrières, pointeurs — Hommes	455	1,251	23	41	768	2,366	139	270		129	20	72	78	96	46	69	30	15	18	315	11	56	549	3,503
— Femmes	399		1		173		»						17		29		23		2		»		279	
Cantonniers, poseurs, ouvriers divers de l'entretien — à l'année	679		»		»						27		»		»		»		13		»		»	
— à la journée	110		16		1,363		115												179		18		690	
RÉCAPITULATION. Fonctionnaires et employés — Hommes	3,465		95		3,651		719		54		224		263		159		92		669		76		3,814	
— Femmes	430	6,077	1	96	188	6,195	»	876	1	186	10	564	56	678	21	341	23	120	16	1,240	6	145	565	8,497
Ouvriers à la journée	2,182		»		2,360		157		18		»		65		73		5		555		63		2,055	

PERSONNEL.

NATURE DES EMPLOIS.	PARIS À LYON. Longueur totale en exploitation : 383 kilomètres. Résultats partiels.	Totaux.	LYON À LA MÉDITERRANÉE. Longueur totale en exploitation : 294 kilomètres. Résultats partiels.	Totaux.	GRAND-CENTRAL, RHÔNE ET LOIRE. Longueur totale en exploitation : 150 kilomètres. Résultats partiels.	Totaux.	MIDI. BORDEAUX À LA TESTE. Longueur totale en exploitation : 53 kilomètres. Résultats partiels.	Totaux.	CEINTURE. Longueur totale en exploitation : 7 kilomètres. Résultats partiels.	Totaux.
Chapitre Ier. Administration.										
Administrateurs (non compris les membres des comités de direction, etc.).	15		22		9		5		10	
Comité de direction, administrateurs délégués, directeur et sous-directeur.	2		1		6		»		5	
Secrétaire général, secrétaire du conseil d'administration.	1	116	2	34	1	31	1	10	1	16
Chefs de division, de bureau de comptabilité, etc., caissier.	21		3		5		1		»	
Employés des bureaux.	56		4		6		2		»	
Garçons de bureau, concierges et gens de service.	21		2		4		1		»	
Chapitre II. Exploitation. (Mouvement et trafic.) — 1° Service central.										
Directeur ou chef d'exploitation, sous-chefs d'exploitation, etc.	2		1		3		1		1	
Chefs et s.-chefs de mouvt, chefs du trafic, du matériel, inspecteur.	2		9		»		1		»	
Chefs de division, de bureau ou de section.	11	50	4	64	2	32	»	5	1	5
Employés de bureau, comptables.	30		42		23		3		2	
Garçons de bureau et gens de service.	5		8		4		»		1	
2° Service des gares et stations.										
Chefs et sous-chefs de gare et de station.	69		38		18		13		4	
Receveurs de billets, receveurs à la grande vitesse, facteurs enregistrants, employés et comptables des gares de marchandises. — Hommes.	59		136		26		10		»	
— Femmes.	»		»		8		1		»	
Facteurs, hommes d'équipe, tourneurs de plaques, etc., des gares de voyageurs et de marchandises. — à l'année.	165		90		67		8		2	
— à la journée.	450	760	280	667	»	104	22	58	»	6
Facteurs de ville, sous-facteurs et camionneurs, etc.	»		19		35		2		»	
Contrôlrs, surveill., portiers, surveill. de nuit, employés du télégr.	11		88		4		»		»	
Lampistes, gaziers, balayeurs, employés à la salubrité.	15		16		6		2		»	
Aiguilleurs.	»		»		»		»		»	
3° Service des trains.										
Sous-inspecteurs, contrôleurs de route.	»		3		11		»		»	
Chefs de train, conducteurs-chefs.	37	120	15	48	32	167	»	9	»	3
Conducteurs, gardes-freins.	83		30		124		»		3	
Chapitre III. Traction et entretien du matériel.										
Ingénieurs, sous-ingénieurs et inspecteurs.	6		2		1		1		»	
Chefs de bureau, employés de bureau, gardes-magasin.	31		14		»		1		»	
Garçons de bureau et gens de service.	3		28		1		»		»	
Chefs et sous-chefs de dépôt, comptables et distributeurs des dépôts.	11		4		19		3		»	
Ouvriers des dépôts, manœuvres, etc. — à l'année.	17		18		»		4		»	
— à la journée.	»	772	30	817	»	108	4	70	»	
Mécaniciens, élèves mécaniciens, chauffeurs.	201		104		144		10		»	
Chefs et ouvriers du petit entretien des voitures, visiteurs, nettoyeurs, etc.	5		29		»		4		»	
Graisseurs de route.	45		14		»		»		»	
Chefs d'ateliers, contre-maîtres, comptables des ateliers.	16		24		31		1		»	
Ouvriers des ateliers à la journée.	437		550		2		42		»	
Chapitre IV. Surveillance et entretien de la voie.										
Ingénieurs, sous-ingénieurs, architectes, inspecteurs, chefs de section.	10		9		4		»		1	
Chefs de bureau, employés de bureau, comptables, etc.	11		4		4		3		»	
Garçons de bureau et gens de service.	1		1		»		»		»	
Conducteurs, piqueurs et surveillants, etc.	30		4		15		3		2	
Gardes-lignes, gardes-barrières, pontonniers. — Hommes.	368	936	99	622	139	459	27	60	7	
— Femmes.	40		80		»		»		»	
Cantonniers, poseurs, ouvriers divers de l'entretien. — à l'année.	»		105		297		28		8	
— à la journée.	476		320		»		8		20	
RÉCAPITULATION.										
Fonctionnaires et employés. — Hommes.	1,345		1,542		1,043		144		48	
— Femmes.	40	2,763	80	2,252	8	1,051	1	221	»	[illegible]
Ouvriers à la journée.	1,378		630		»		76		20	

MOUVEMENT DU MATÉRIEL.

	NATURE DES ÉLÉMENTS CONSTATÉS.		RÉSEAU ENTIER. Longueur moyenne exploitée : 8,978 kilomètres. Résultats partiels.	Totaux.	OBSERVATIONS.
Chapitre Ier. Mouvement des trains.	Nombre de trains de voyageurs		196,409	301,382	
	——— de marchandises		104,973		
	——— de ballast		〃	22,259	
	Parcours total des trains de voyageurs	Kil..	15,848,610	26,245,663	
	——— de marchandises	Idem.	10,397,053		
	——— de ballast et de matériaux	Idem.	〃	386,466	
	Nombre de trains par jour.	Voyageurs	528 7	818 6	
		Marchandises	289 9		
		Ballast et matériaux	〃	60 9	
	Parcours moyen d'un train.	Voyageurs. Kil..	80 7	86 5	
		Marchandises. Idem.	97 2		
		Ballast et matériaux. Idem.	〃	17 4	
Chapitre II. Mouvement des machines.	Parcours total des machines à voyageurs	Idem.	18,032,763	28,799,423	
	——— à marchandises et de gare	Idem.	10,766,660		
	Parcours annuel moyen	des machines à voyageurs. Idem.	22,208	23,567	
		des machines à marchandises. Idem.	26,285		
	Parcours journalier moyen	des machines à voyageurs. Idem.	60 8	64 6	
		des machines à marchandises. Idem.	72 0		
	Nombre de machines allumées par jour		〃	621	
Chapitre III. Mouvement des [voiture]s et waggons.	Kilomètres parcourus par les voitures de voyageurs		107,521,043	434,776,889	
	——— par les waggons de service		34,812,673		
	——— par les waggons de marchandises		292,443,173		
	——— par le matériel étranger		〃	10,424,219	
	Parcours annuel moyen des voitures et waggons	à voyageurs. Kil..	29,975	16,310	
		de service. Idem.	21,018		
		à marchandises. Idem.	13,656		
	Parcours journalier moyen des voitures et waggons	à voyageurs. Idem.	83 1	44 7	
		de service. Idem.	57 6		
		à marchandises. Idem.	37 4		
Chapitre IV. Composition des trains.	Composition moyenne d'un train de voyageurs.	Voitures de 1re classe	〃	〃	
		——— mixtes	〃		
		——— de 2e classe	〃		
		——— de 3e classe	〃		
		Waggons et bagages, à messagerie et à marchandises.	〃		
		Trucks, écuries et waggons à lait	〃		
		Waggons-poste	〃		
	Composition moyenne d'un train de marchandises (nombre de waggons).		〃	〃	
Chapitre V. [Vitesse] de marche.	Vitesse des trains express, en kilomètres à l'heure		〃	〃	
	——— directs, *idem*		〃		
	——— omnibus, *idem*		〃		
	——— mixtes, *idem*		〃		
	——— de marchandises, *idem*		〃		

MOUVEMENT DU MATÉRIEL.

NATURE DES ÉLÉMENTS CONSTATÉS.	NORD. Longueur moyenne exploitée : 707 kilomètres. Résultats partiels.	NORD. Totaux.	ANZIN À SOMAIN. Longueur moyenne exploitée : 19 kilomètres. Résultats partiels.	ANZIN À SOMAIN. Totaux.	EST. — Paris à Strasbourg. Longueur moyenne exploitée : 604 kilomètres. Résultats partiels.	EST. Totaux.	ALSACE. Strasbourg à Bâle. Longueur moyenne exploitée : 141 kilomètres. Résultats partiels.	ALSACE. Strasbourg à Bâle. Totaux.	ALSACE. Mulhouse à Thann. Longueur moyenne exploitée : 21 kilomètres. Résultats partiels.	… Troyes. Longueur moyenne exploitée : … Résultats.	PARIS À SAINT-GERMAIN. Longueur moyenne exploitée : 21 kilomètres. Résultats partiels.	PARIS À SAINT-GERMAIN. Totaux.	PARIS À ROUEN. Longueur moyenne exploitée : 135 kilomètres. Résultats partiels.	PARIS À ROUEN. Totaux.	ROUEN AU HAVRE. Longueur moyenne exploitée : 90 kilomètres. Résultats partiels.	ROUEN AU HAVRE. Totaux.	DIEPPE ET FÉCAMP. Longueur moyenne exploitée : 51 kilomètres. Résultats partiels.	DIEPPE ET FÉCAMP. Totaux.	OUEST. Longueur moyenne exploitée : 331 kilomètres. Résultats partiels.	OUEST. Totaux.	PARIS À ORSAY. Longueur moyenne exploitée : 14 kilomètres. Résultats partiels.	PARIS À ORSAY. Totaux.	ORLÉANS et prolongements. Longueur moyenne exploitée : 1,010 kilomètres. Résultats partiels.	ORLÉANS. Totaux.
CHAPITRE Ier. Mouvement des trains.																								
Nombre de trains de voyageurs	46,731	59,274	4,380	9,780	15,684	21,054	3,625	5,324	2,729	2,913	22,740	22,740	5,890	11,098	3,205	6,267	1,685	2,631	26,700	27,431	9,680	9,680	24,465	34,320
— de marchandises	12,899		5,400		5,370		2,020		247		·		5,208		3,062		946		1,641		·		9,855	
— de ballast	·	·	·	360	·	2,312	·	·	·	·	·	15,160	·	·	·	·	·	·	·	365	·	·	·	2,626
Parcours total des trains de voyageurs … Kil.	3,417,533	5,787,790	38,420	86,020	2,020,673	4,303,143	463,829	503,635	35,365	30,800	301,861	301,861	529,786	1,097,810	295,001	572,376	94,308	141,036	645,090	3,130,507	101,703	101,703	5,816,045	9,371,531
— de marchandises … Idem.	2,370,156		48,600		1,758,570		240,036		1,365		·		568,080		277,325		47,388		192,409		·		3,155,883	
— de ballast et de matériaux … Idem.	·	96,785	·	2,300	·	40,633	·	·	·	·	·	92,285	·	·	·	·	·	·	·	10,407	·	·	·	96,162
Nombre de trains par jour : Voyageurs	126 6	163 0	12 6	30	37 3	57 5	10 4	16 0	7 4	8 5	62 0	62 9	16 0	30 3	8 8	17 0	5 2	7 3	70 7	75 4	13 2	13 2	67 0	94
— Marchandises	36 5		18 0		20 2		5 6		0 7		·		14 3		8 2		2 6		4 7		·		27 0	
— Ballast et matériaux	·	·	·	1 0	·	5 9	·	·	·	·	·	42 6	·	·	·	·	·	·	·	0 8	·	·	·	3 5
Parcours moyen d'un train : Voyageurs … Kil.	35 5	98 5	9 0	9 0	193 9	200 7	128 0	118 4	13 1	100	13 2	13 2	119 5	126 6	92 2	92 4	55 0	50 9	36 5	41 5	10 5	10 5	151 9	156 5
— Marchandises … Idem.	121 1		9 0		242 1		118 7		20 1		·		132 1		92 5		50 6		117 6		·		221 6	
— Ballast et matériaux … Idem.	·	·	·	10 4	·	18 1	·	·	·	·	·	5 3	·	·	·	·	·	·	·	34 2	·	·	·	47 7
CHAPITRE II. Mouvement des machines.																								
Parcours total des machines à voyageurs … Idem.	3,807,050	6,422,733	30,430	89,030	3,508,687	5,286,363	405,450	697,516	35,588	38,557	273,857	335,972	467,611	1,089,981	322,736	728,036	178,507	403,089	863,310	1,107,802	1,823	101,823	4,039,384	6,000,531
— à marchandises et de gare … Idem.	2,620,783		58,600		1,780,805		291,037		5,737		62,035		619,370		405,310		224,552		204,342		·		1,961,807	
Parcours annuel moyen des machines à voyageurs … Idem.	21,875	25,380	7,684	8,002	30,344	29,728		19,693	23,720	8,000	12,411	13,070		17,096	23,700				36,080	18,334	16,543	16,543	23,005	24,006
— des machines à marchandises … Idem.	26,300		8,360		25,470			41,197			51,117			34,810					33,037		·		24,809	
Parcours journalier moyen des machines à voyageurs … Idem.	60 9	69 5	21 5	21 9	92 5	81 5		53 9	65 0	62 3	34 9	35 3		46 7	66 9				46 5	59 5	39 5	39 5	94 5	65 8
— des machines à marchandises … Idem.	71 8		22 2		68 8			112 9			85 2			94 5					93 3		·		69 2	
Nombre de machines allumées par jour	·	199	·	4	·	94		38		0	·	6			39				·	19	·	3	·	105
CHAPITRE III. Mouvement des voitures et waggons.																								
Kilomètres parcourus par les voitures de voyageurs	19,303,249		197,160		28,601,577		5,670,038		301,057		3,016,500		5,102,390		2,234,027		617,078		5,277,107		563,405		27,073,605	
— par les waggons de service	16,637,095	87,730,101	36,400	3,208,380	·	88,613,171	·	6,519,345	·	343,121	265,000	2,967,600	2,204,349	25,377,886	1,656,588	11,538,077	302,708		1,608,222	12,351,150	92,860	656,971	10,027,610	91,627,180
— par les waggons de marchandises	37,788,957		972,000		35,456,508		2,089,108		17,185		650,360		18,060,658		6,413,036		1,512,014	2,437,590	5,336,221		·		38,926,344	
— par le matériel étranger	·	8,818,254	·	·	·	2,231,270	·	2,030,077	·	243,961	·	·	·	297,814	·	175,903	·	1,760	·	·	·	·	·	·
Parcours annuel moyen des voitures et waggons : à voyageurs … Kil.	20,235		10,900		·			36,605			14,412			36,022					17,092		14,845		30,441	
— de service … Idem.	33,236	19,476	9,856	8,893	20,035	18,771		·	14,343	3,185	18,028	9,601		18,090	21,825				24,360	17,361	20,956	14,584	25,310	25,689
— à marchandises … Idem.	12,547		2,180		15,552			10,600			4,384			20,680					11,203		·		21,311	
Parcours journalier moyen des voitures et waggons : à voyageurs … Idem.	59 1		29 0		72 9			50 1			39 5			78,8					38 3		39 6		67	
— de service … Idem.	86 3	42 4	27 6	7 1	·	61 4		·	45 3	41 5	51 6	26 3		49,5	28,2				66 5	36 1	58 8	39 9	56	65 7
— à marchandises … Idem.	33 8		6 0		45 4			27 2			31 7			56,0					30 6		·		59	
CHAPITRE IV. Composition des trains.																								
Composition moyenne d'un train de voyageurs : Voitures de 1re classe	1 87		1 0		1 60						1 25		1 98		1 30		1 43		1 48		·		2 20	
— mixtes	0 41		·				7 85				·		2 13		0 04		0 21		0 11		2 0		·	
— de 2e classe	1 61		1 0								5 59		2 20		2 30		1 59		2 78		·		1 90	
— de 3e classe	1 76	5 77	3 0	6 6	7 74	6 61		16 32		3 40	·	7 07	1 94	10 90	2 32	11 65	1 53	14 21	1 21	7 58	5 6	5 0	2 54	10 22
Waggons à bagages, à messagerie et à marchandises	2 37		1 0				2 47		·		0 87		2 03		3 16		8 24		1 63		1 0		·	
Trucks, écuries et waggons à lait	0 51		·				·		·		·		1 02		0 11		0 21		0 25		·		3 48	
Waggons-poste	0 19		·		0 07		·		·		·		0 26		0 22		·		0 09		·		·	
Composition moyenne d'un train de marchandises (nombre de waggons)	·	20 40	·	20 00	·	27 67	·	21 28	·	15 65	·	·	·	20 67	·	28 51	·	24 27	·	25 97	·	·	·	27 35
CHAPITRE V. Vitesse de marche.																								
Vitesse des trains express, en kilomètres à l'heure	·	72	·	·	·	66	·	·	·	·	·	·	·	54	·	55	·	55	·	·	·	·	·	55 à 60
— directs, idem	·	60	·	·	·	56	·	·	·	71	·	36 à 38	·	·	·	·	·	·	·	41	·	·	·	45 à 50
— omnibus, idem	·	30 à 40	·	25	·	45	·	40	·	42	·	34 à 35	·	38	·	56	·	36	·	35	·	21	·	35 à 45
— mixtes, idem	·	25 à 32	·	20	·	30 à 35	·	33	·	·	·	·	·	·	·	·	·	·	·	20	·	·	·	·
— de marchandises, idem	·	20 à 28	·	20	·	25	·	25	·	17	·	·	·	25	·	26	·	22	·	22	·	·	·	25 à 30

MOUVEMENT DU MATÉRIEL.

		NATURE DES ÉLÉMENTS CONSTATÉS.	PARIS À LYON. — Longueur moyenne exploitée : 383 kilomètres.		LYON À LA MÉDITERRANÉE. — Longueur moyenne exploitée : 294 kilomètres.		GRAND-CENTRAL. — RHÔNE ET LOIRE. — Longueur moyenne exploitée : 150 kilomètres.		MIDI. — BORDEAUX À LA TESTE. — Longueur moyenne exploitée : 53 kilomètres.		CEINTURE. — Longueur moyenne expl[oitée] : 7 kilomètres.	
			RÉSULTATS partiels.	TOTAUX.	RÉSULTATS partiels.	TOTAUX.	RÉSULTATS partiels.	TOTAUX.	RÉSULTATS partiels.	TOTAUX.	RÉSULTATS partiels.	TOTA[UX].
CHAPITRE Ier. Mouvements des trains.		Nombre de trains de voyageurs	10,217	15,606	15,375	28,377	7,224	35,570	1,676	1,812	»	3,2
		—— de marchandises	5,389		13,002		28,346		136		3,280	
		—— de ballast		1,500		»		»	»	»	»	»
		Parcours total des trains de voyageurs ... Kil.	1,959,524	2,865,240	930,160	1,494,762	326,691	1,416,203	88,828	96,036	»	17,0
		—— de marchandises ... Idem.	905,716		564,612		1,089,512		7,208		17,054	
		—— de ballast et de matériaux ... Idem.		69,204		»		»	»	»	»	»
	Nombre de trains par jour.	Voyageurs	28 0	42 5	42 1	77 7	19 8	97 4	4 6	4 9	»	
		Marchandises	14 5		35 6		77 6		0 3		8 9	
		Ballast et matériaux		4 1		»		»	»	»	»	
	Parcours moyen d'un train.	Voyageurs ... Kil.	191 8	183 6	60	52 7	45 2	39 8	53 0	53 0	»	
		Marchandises ... Idem.	166 2		43 4		38 4		53 0		5 2	
		Ballast et matériaux ... Idem.		46 1		»		»	»	»	»	
CHAPITRE II. Mouvement des machines.		Parcours total des machines à voyageurs ... Idem.	2,011,622	3,052,091	956,707	1,595,158	324,991	1,259,511	97,716	105,644	»	17
		—— à marchandises et de gare ... Idem.	1,040,469		638,451		934,520		7,928		17,054	
	Parcours annuel moyen	des machines à voyageurs ... Idem.	21,175	21,801	21,260	21,556	7,027	19,083	9,772	8,804	»	
		des machines à marchandises ... Idem.	23,121		22,015		37,381		3,964		»	
	Parcours journalier moyen	des machines à voyageurs ... Idem.	58 0	59 7	58 2	59 0	21 7	52 2	26 8	24 1	»	
		des machines à marchandises ... Idem.	63 3		60 3		102 4		10 8		»	
		Nombre de machines allumées par jour	»	52	»	34	»	26	»	4	»	
CHAPITRE III. Mouvement des voitures et waggons.		Kilomètres parcourus par les voitures de voyageurs	10,104,400		7,760,250		1,988,501		755,038		»	
		—— par les waggons de service	6,842,343	47,556,290	»	30,849,196	294,480	29,807,045	111,035	916,529	»	
		—— par les waggons de marchandises	30,609,487		23,088,946		27,614,064		50,456		»	
		—— par le matériel étranger	»	507,902	»	»	»	»	»	»	»	221
	Parcours annuel moyen des voitures et waggons	à voyageurs ... Kil.	35,579		30,078		19,120		20,973		»	
		de service ... Idem.	33,541	19,700	»	14,881	5,556	7,098	15,862	6,030	»	
		à marchandises ... Idem.	15,868		12,235		6,810		462		»	
	Parcours journalier moyen des voitures et waggons.	à voyageurs ... Idem.	97 0		82 4		52 4		57 5			
		de service ... Idem.	91 0	53 9	»	39 4	38 4	19 4	43 4	16 5	»	
		à marchandises ... Idem.	43 4		33 5		18 7		1 3		»	
CHAPITRE IV. Composition des trains.	Composition moyenne d'un train de voyageurs.	Voitures de 1re classe	1 31		0 09		6 09		1 50		»	
		—— mixtes	0 14		2 63				»		»	
		—— de 2e classe	1 77		»		1 01		2 0		»	
		—— de 3e classe	1 94	10 77	2 99	8 34	»	7 10	5 0	9 75	»	
		Waggons à bagages, à messagerie et à marchandises	»		0 70		»		1 25		»	
		Trucks, écuries et waggons à lait	5 61		1 93		»		»		»	
		Waggons-poste	»				»		»		»	
		Compon moyenne d'un train de marchses (nombre de waggons).	»	29 77	»	40 89	»	25 15	»	7 0	»	
CHAPITRE V. Vitesse de marche.		Vitesse des trains express, en kilomètres à l'heure	»	50 à 55	»	»	»		»	»	»	
		—— directs, idem	»	45 à 50	»	44	»	16 à 32	»	42	»	
		—— omnibus, idem	»	40 à 45	»	35	»		»	38	»	
		—— mixtes, idem	»	30	»	14	»		»	35	»	
		—— de marchandises, idem	»	30	»	16	»	12 à 24	»	30	»	20

MOUVEMENT DES VOYAGEURS ET MARCHANDISES.

(1re PARTIE.)

	NATURE DES UNITÉS DE TRAFIC.				RÉSEAU ENTIER. — LONGUEUR MOYENNE exploitée : 3,978 kilomètres. Résultats partiels.	RÉSEAU ENTIER. Totaux.	RÉSULTATS CONSTATÉS SUR SEPT CHEMINS, savoir : Nord, Est, Paris à Rouen, Rouen au Havre, Ouest, Paris à Lyon et Lyon à la Méditerranée. Longueur : 2,890 kilomètres. Résultats partiels.	RÉSULTATS CONSTATÉS SUR SEPT CHEMINS. Totaux.	OBSERVATIONS.
…rme Ier. …vitesse. …ageurs.	Voyageurs à toute distance.	A prix complet.	1re classe		2,647,226		1,707,328		
			2e classe		9,727,156	23,860,827	5,681,249	15,507,619	
			3e classe		11,495,445		8,119,042		
		A prix réduit.	Trains de plaisir		382,305		350,431		
			Militaires, émigrants, etc.		433,188	815,493	388,881	739,312	
	Total				....	24,685,320	....	16,246,931	
	Voyageurs transportés à 1 kilomètre.	A prix complet.	1re classe		″		145,130,060		
			2e classe		″	″	223,990,712	752,880,311	
			3e classe		″		383,759,539		
		A prix réduit.	Trains de plaisir		″		27,512,470		
			Trains militaires, etc.		″	″	39,202,112	66,714,582	
	Total				....	″	....	819,594,893	
	Voyageurs transportés à la distance entière.	A prix complet			″	″	″	315,013	
		A prix réduit.	Trains de plaisir, etc.		″		15,511		
			Militaires, émigrants, etc.		″	″	16,403	27,914	
	Total				....	″	....	342,927	
…e II. …oires à la …itesse.	Bagages	Excédants taxés		Tonnes	″	″	″	″	
		Poids total enregistré		Idem	″				
	Articles de messageries, marchandises diverses, finances			Idem			59,745		
	Denrées alimentaires			Idem		264,152			
	Marée et poisson			Idem			133,205	192,950	
	Lait			Idem					
	Voitures			Nombre		″	″	3,189	
	Chevaux et bestiaux			Têtes		″	″	10,511	
	Chiens			Idem		″	″	37,143	
…e III. …itesse.	Céréales et farines			Tonnes	″				
	Vins, vinaigres et esprits			Idem	″				
	Huiles			Idem	″				
	Sucre brut et raffiné			Idem	″				
	Denrées coloniales			Idem	″				
	Cotons en balles			Idem	″		1,678,993		
	Fontes, fers et métaux			Idem	″	7,172,652		4,370,764	
	Matériaux de construction			Idem	″				
	Amendements et engrais			Idem	″				
	Bois de chauffage et charbon de bois			Idem	″				
	Houille			Idem	″				
	Coke			Idem	″		962,285		
	Marchandises diverses			Idem	″		1,729,486		
	Voitures			Nombre		″		″	
	Chevaux et mulets			Têtes		″		″	
	Bœufs et vaches			Idem		″		″	
	Veaux et porcs			Idem		″		″	
	Moutons			Idem		″		″	
	Nombre de tonnes de marchandises	à la descente			″	″		4,370,764	
		à la remonte			″				
	Nombre de tonnes de marchandises transportées à 1 kilomètre	à la descente			″	″		576,956,095	
		à la remonte			″				
	Nombre de tonnes de marchandises transportées à la distance entière	à la descente			″	″		241,405	
		à la remonte			″				
	Nombre de têtes de bétail	à 1 kilomètre			″	″		″	
		à la distance entière			″				

MOUVEMENT DES VOYAG[EURS ET DES] MARCHANDISES. (1re partie.)

NATURE DES UNITÉS DE TRAFIC.	NORD. Longueur moyenne exploitée : 707 kilomètres. Résultats partiels.	NORD. Totaux.	ANZIN À SOMAIN. Longueur moyenne exploitée : 18 kilomètres. Résultats partiels.	ANZIN À SOMAIN. Totaux.	EST. Paris à Strasbourg. Longueur moyenne exploitée : 624 kilomètres. Résultats partiels.	EST. Totaux.	ALSACE. Strasbourg à Bâle. Longueur moyenne exploitée : 141 kilomètres. Résultats partiels.	Strasbourg à Bâle. Totaux.	ALSACE. Mulh[ouse à Thann]. Longueur moyenne exploitée : 21 kil. Résultats partiels.	[Paris] à Troyes. Longueur moyenne exploitée : … kilomètres. Totaux.	PARIS À SAINT-GERMAIN. Longueur moyenne exploitée : 25 kilomètres. Résultats partiels.	PARIS À SAINT-GERMAIN. Totaux.	PARIS À ROUEN. Longueur moyenne exploitée : 130 kilomètres. Résultats partiels.	PARIS À ROUEN. Totaux.	ROUEN AU HAVRE. Longueur moyenne exploitée : 92 kilomètres. Résultats partiels.	ROUEN AU HAVRE. Totaux.	DIEPPE ET FÉCAMP. Longueur moyenne exploitée : 51 kilomètres. Résultats partiels.	DIEPPE ET FÉCAMP. Totaux.	OUEST. Longueur moyenne exploitée : 101 kilomètres. Résultats partiels.	OUEST. Totaux.	PARIS À ORSAY. Longueur moyenne exploitée : 11 kilomètres. Résultats partiels.	PARIS À ORSAY. Totaux.	ORLÉANS ET PROLONGEMENTS. Longueur moyenne exploitée : 1,010 kilomètres. Résultats partiels.	ORLÉANS. Totaux.
CHAPITRE Ier. Grande vitesse. Voyageurs. — Voyageurs à toute distance. — À prix complet. — 1re classe	455,100		4,175		217,427		97,800		15,347		313,254		145,279		96,720		23,017		395,081		29,819		388,669	
2e classe	1,990,801	4,561,001	8,172	160,538	542,350	2,441,235	250,000	707,039	43,906	163,845	2,103,356	2,444,660	300,006	977,024	222,079	507,814	55,899	176,380	2,386,190	3,704,839	124,319	666,702	236,631	2,889,892
3e classe	2,775,886		137,191		1,881,456		410,030		13,891		»		531,248		310,945		95,068		334,305		494,735		2,020,309	
À prix réduit. — Trains de plaisir	115,510	238,072	505	1,083	10,044	13,044	»	»	»	»	»	»	16,601	65,365	13,307	61,680	»	»	27,217	37,594	»	»	»	»
Militaires, émig., etc.	123,060		745		»		»		»		»		48,375		49,372		»		36,377		»		»	
TOTAL		4,749,613		171,151		2,450,877		707,039		153,845		2,444,660		1,042,359		669,003		176,380		3,792,433		669,962		2,888,392
Voyageurs transportés à 1 kilomètre. — À prix complet. — 1re classe	15,160,270		87,533		90,630,080		»		»		4,664,302		12,416,231		3,891,105		1,063,645		9,391,609		200,180		56,897,070	
2e classe	60,945,360	214,306,000	18,345	1,525,842	31,800,166	176,067,000	»	»	»	»	24,170,631	32,765,433	20,973,216	61,441,109	9,869,734	29,015,005	2,180,999	6,045,611	33,314,360	67,764,365	1,780,424	6,517,776	64,436,136	223,752,559
3e classe	95,225,364		1,414,710		112,860,626		»		»		»		28,051,307		11,605,271		2,870,272		15,024,236		4,533,172		124,436,278	
À prix réduit. — Trains de plaisir	17,554,060	27,874,000	7,812	14,517	1,115,349	1,115,349	»	»	»	»	»	»	1,617,610	8,049,027	1,212,614	3,062,900	»	»	405,845	2,053,501	»	»	»	»
Militaires, émig., etc.	10,320,060		6,705		»		»		»		»		6,725,017		1,850,315		»		2,328,705		»		»	
TOTAL		242,230,000		1,540,359		176,181,327		»		»		32,765,433		70,089,052		30,686,003		6,045,611		70,717,010		6,517,776		223,752,559
Voyageurs transportés à la distance entière. — À prix complet	»	363,170	»	60,307	»	290,105	»	»	»	»	»	1,311,166	»	442,023	»	290,030	»	170,494	»	416,779	»	462,134	»	321,437
À prix réduit. — Trains de plaisir	24,838	39,421	417	768	1,784	1,784	»	»	»	»	»	»	13,738	42,121	13,007	61,580	»	»	2,326	19,560	»	»	»	»
Militaires, émig., etc.	14,309		352		»		»		»		»		48,373		48,373		»		14,734		»		»	
TOTAL		392,611		61,075		289,349		»		»		1,311,340		584,144		351,610		170,601		605,330		462,134		321,437
CHAPITRE II. Accessoires de la grande vitesse. — Bagages. — Excédents taxés … Tonnes		3,177		»		2,015		»		»		»		»		»		»		»		»		»
Poids total enregistré … Idem	16,469		175		25,278		1,236		152		2,676		5,612		9,345		250		1,007		45		3,736	
Articles de messagerie, marchandises diverses, finances … Idem	28,578		19		16,078		7,025		995		»		14,505				400		1,508		98		28,367	
Denrées alimentaires … Idem		76,483	»	134		36,764	»	9,510	»	2,757	»	2,016	607	20,350	19,055	14,308	4	3,034	2,454	7,237	»	144	»	39,617
Marée et poissons … Idem	9,302		»		264		»		»		»		9,046				2,000		»		»		»	
Lait … Idem	20,033		»				»		»		»		»				»		1,347		»		13,600	
Voitures … Nombre		447	»	»	»	300		168		68		»	»	271	»	95	»	36	»	250	»	»	»	4,235
Chevaux et bestiaux … Têtes		2,341		104	»	553		4,202		100		»	»	413	»	4,272	»	95	»	481	»	»	»	4,331
Chiens … Idem		21,960		»	»	16,191		»		1,702	»	»	»	8,384	»	217	»	1,145	»	15,311	»	6,309	»	35,765
CHAPITRE III. Petite vitesse. — Céréales et farines … Tonnes	37,199		»		134,371		»		»		»		56,300		56,010		3,856		67,230		»		»	
Vins, vinaigres et esprits … Idem	43,796		»		28,550		»		»		»		50,634		46,542		17,056		»		»		»	
Huiles … Idem	30,780		»		»		»		»		»		7,370		8,131		1,229		»		»		»	
Sucre brut et raffiné … Idem	57,384		»		»		»		»		»		9,166		10,705		259		»		»		»	
Denrées coloniales … Idem	26,961		»		»		»		»		»		13,522		16,018		405		»		»		»	
Coton en balles … Idem	66,271		»		58,183		»		»		»		39,154		60,270		1,135		»		»		»	
Fontes, fers et aciers … Idem	195,180	1,176,572	»	267,084	70,816	815,156	»	175,365	»	43,517	»		45,475	451,704	37,304	437,152	1,961	97,232	2,618	188,502	»		»	764,383
Matériaux de construction … Idem			»		72,748		»		»		»		20,356		39,413		16,167		3,130		»		»	
Amendements et engrais … Idem	154,257		»		»		»		»		»		3,360		4,092		35		26,042		»		»	
Bois de chauffage et charbon de bois … Idem			»		»		»		»		»		155		3,320		3,263		2,395		»		»	
Houille … Idem	278,448		»		135,976		13,854		4,815		»		3,179		17,570		25,181		4,759		»		»	
Coke … Idem	90,920		179,730		25,045		»		»		»		791		176		4		»		»		»	
Marchandises diverses … Idem	215,135		67,892		314,302		265,347		24,355		»		101,582		126,325		90,634		85,068		»		»	
Voitures … Nombre		»		»	»	267	»	»		96	»	»	»	221	»	93	»	17	»	95	»	»	»	426
Chevaux et mulets … Têtes		»		»	»	»	»	»		279	»	»	»	5,889	»	221	»	27	»	1,136	»	»	»	4,005
Bœufs et vaches … Idem		»		»	»	3,491	»	»		1,634	»	»	»	4,102	»	332	»	183	»	27,766	»	»	»	102,936
Veaux et porcs … Idem		»		»	»	10,369	»	»		5,519	»	»	»	27,417	»	972	»	722	»	94,598	»	»	»	176,430
Moutons … Idem		»		»	»	45,822	»	»		18,207	»	»	»	5,601	»	3,672	»	761	»	30,051	»	»	»	269,829
Nombre de tonnes de marchandises. — à la descente	213,364	1,176,572	»		446,304	815,156	»		»		»		126,423	451,704	139,795	437,152	21,318	97,232	95,650	188,502	»		»	764,371
à la remonte	247,058		»		369,115		»		»		»		276,281		303,413		16,296		72,016		»		»	
Nombre de tonnes de marchandises transportées à 1 kilomètre. — à la descente	155,586,471	185,040,205	»			130,415,279	»		»		»		15,749,163	55,014,815	9,384,500	35,142,153	878,781	4,342,243	7,404,553	13,946,935	»		»	152,671,857
à la remonte	34,351,734		»				»		»		»		36,900,650		29,384,052		3,079,464		6,041,772		»		»	
Nombre de tonnes de marchandises transportées à la distance entière. — à la descente	101,180	283,656	»			925,419	»		»		»		134,820	385,999	191,062	322,130	21,113	66,250	99,406	95,460	»		»	151,456
à la remonte	75,376		»				»		»		»		251,120		201,068		75,140		12,124		»		»	
Nombre de têtes de bétail. — à 1 kilomètre	»	»	»	»	»	»	»	»	»	»	»	»	»	1,345,054	»	610,011	»	70,132	»	12,656,272	»	»	»	266,904,679
à la distance entière	»	»	»	»	»	»	»	»	»	»	»	»	»	21,873	»	3,779	»	1,235	»	65,146	»	»	»	150,259

MOUVEMENT DES VOYAGEURS ET MARCHANDISES. (1re partie.)

NATURE DES UNITÉS DE TRAFIC.	PARIS À LYON. Longueur moyenne exploitée : 383 kilomètres. Résultats partiels.	PARIS À LYON. Totaux.	LYON À LA MÉDITERRANÉE. Longueur moyenne exploitée : 294 kilomètres. Résultats partiels.	LYON À LA MÉDITERRANÉE. Totaux.	GRAND-CENTRAL. — RHÔNE ET LOIRE. Longueur moyenne exploitée : 150 kilomètres. Résultats partiels.	GRAND-CENTRAL. Totaux.	MIDI. — BORDEAUX À LA TESTE. Longueur moyenne exploitée : 53 kilomètres. Résultats partiels.	MIDI. Totaux.	CEINTURE. Longueur moyenne exploitée : 7 kilomètres. Résultats partiels.	CEINTURE. Totaux.
CHAPITRE Ier. Grande vitesse. Voyageurs.										
Voyageurs à toute distance. — À prix complet. — 1re classe	156,086	....	71,611	....	122,794	....	6,008	....	″	
2e classe	389,598	1,549,679	371,195	1,675,430	809,546	932,340	11,123	57,937	″	″
3e classe	1,003,995	....	1,232,624	....	″	....	40,806	....	″	
À prix réduit. — Trains de plaisir	135,528	....	32,028	....	″	....	31,000	....	″	
Militaires, émig., etc.	140,916	276,444	10,746	42,774	43,300	43,300	262	31,268	″	″
TOTAL	....	1,826,123	....	1,718,204	....	975,640	....	89,205	....	″
Voyageurs transportés à 1 kilomètre. — À prix complet. — 1re classe	29,680,715	....	4,605,471	....	....	....	311,197	....	″	″
2e classe	39,857,576	148,750,105	17,282,936	61,587,092	....	″	461,015	2,352,538	″	″
3e classe	79,211,814	....	39,698,635	....	....	....	1,580,326	....	″	
À prix réduit. — Trains de plaisir	4,531,836	....	726,762	....	....	....	1,243,282	....	″	″
Militaires, émig., etc.	14,606,751	19,138,587	574,450	1,301,212	....	″	9,275	1,252,557	″	″
TOTAL	....	167,888,692	....	62,888,304	....	26,893,544	....	3,605,095	....	″
Voyageurs transportés à la distance entière. — À prix complet	″	388,380	″	209,479	....	179,290	″	44,387	″	″
À prix réduit. — Trains de plaisir	11,832	....	2,472	....	....	....	23,458	....	″	″
Militaires, émig., etc.	38,138	49,970	1,953	4,425	....	″	175	23,633	″	″
TOTAL	....	438,350	....	213,904	....	179,290	....	88,020	....	″
CHAPITRE II. Accessoires de la grande vitesse.										
Bagages. — Excédants taxés. Tonnes.	″	3,081	″	″	....	″	″	″	″	″
Poids total enregistré. Idem.	14,501	....	4,310	....	10,243	....	80	....	″	
Articles de messageries, marchandises diverses, finances. Idem.	....	....	7,786	....		....	51	....	″	
Denrées alimentaires. Idem.	15,298	32,182	″	12,096	″	10,243	″	1,908	″	″
Marée et poisson. Idem.	....	....	″	....	″	....	1,777	....	″	
Lait. Idem.	2,383	....	″	....	″	....	″	....	″	
Voitures. Nombre.	....	965	″	622	″	″	″	″	″	″
Chevaux et bestiaux. Têtes.	....	1,304	″	694	″	″	″	150	″	″
Chiens. Idem.	....	15,418	″	13,123	″	....	....	″	....	″
CHAPITRE III. Petite vitesse.										
Céréales et farines. Tonnes.	76,035	....	″	....	″	....	″	....	″	
Vins, vinaigres et esprits. Idem.	48,569	....	″	....	″	....	″	....	″	
Huiles. Idem.	4,862	....	″	....	″	....	″	....	″	
Sucre brut et raffiné. Idem.	″	....	″	....	″	....	″	....	″	
Denrées coloniales. Idem.	″	....	″	....	″	....	″	....	″	
Cotons en balles. Idem.	2,830	....	″	....	″	....	″	....	″	
Fontes, fers et métaux. Idem.	32,742	450,091	″	871,353	″	1,219,588	″	21,704	″	157,81
Matériaux de construction. Idem.	37,534	....	″	....	″	....	″	....	″	
Amendements et engrais. Idem.	3,457	....	″	....	″	....	″	....	″	
Bois de chauffage et charbon de bois. Idem.	13,464	....	″	....	″	....	″	....	″	
Houille. Idem.	4,504	....	....	....	....	....	″	....	....	
Coke. Idem.	851	....	379,666	....	973,795	....	″	....	50,284	
Marchandises diverses. Idem.	225,242	....	491,687	....	245,793	....	″	....	101,530	
Voitures. Nombre.	″	332	″	124	″	″	″	″	″	″
Chevaux et mulets. Têtes.	″	3,890	″	241	″	″	″	″	″	″
Bœufs et vaches. Idem.	″	4,246	″	1,093	″	″	″	″	″	″
Veaux et porcs. Idem.	″	34,285	″	8,275	″	″	″	″	″	″
Moutons. Idem.	″	69,812	″	15,454	″	″	″	″	″	″
Nombre de tonnes de marchandises — à la descente	222,486	....	564,129	....	951,664	....	11,317	....	67,419	
à la remonte	227,605	450,091	307,224	871,353	267,924	1,219,588	10,387	21,704	90,394	157,813
Nombre de tonnes de marchandises transportées à 1 kilomètre — à la descente	43,291,064	....	28,669,498	....	41,484,858	....	401,923	....	376,749	
à la remonte	46,148,450	89,439,514	30,804,408	59,473,906	11,679,721	53,164,579	447,112	930,035	443,914	820,663
Nombre de tonnes de marchandises transportées à la distance entière — à la descente	113,031	....	97,515	....	276,566	....	9,281	....	53,821	
à la remonte	120,492	233,523	104,776	202,291	77,865	354,431	8,436	17,717	63,416	117,33
Nombre de têtes de bétail — à un kilomètre	″	13,766,262	″	1,557,970	″	″	″	4,500	″	″
à la distance entière	″	35,970	″	5,279	″	″	″	85	″	″

MOUVEMENT DES VOYAGEURS ET MARCHANDISES.

(2e PARTIE.)

NATURE DES ÉLÉMENTS CONSTATÉS.			RÉSEAU ENTIER. Longueur moyenne exploitée : 3,978 kilomètres. Résultats partiels.	RÉSEAU ENTIER. Totaux.	RÉSULTATS constatés sur 7 chemins; savoir : Nord, Est, Paris à Rouen, Rouen au Havre, Ouest, Paris à Lyon et Lyon à la Méditerranée. Longueur : 2,390 kilomètres. Résultats partiels.	RÉSULTATS (7 chemins). Totaux.	OBSERVATIONS.
CHAPITRE Ier. Charge utile du matériel.	Charge moyenne d'un train de voyageurs	Voyageurs à prix complet. 1re classe	″	″	13 35	69 27	
		Voyageurs à prix complet. 2e	″		20 61		
		Voyageurs à prix complet. 3e	″		35 31		
		A prix réduit	″		″	6 14	
		TOTAL	....	....	....	75 41	
		Bagages (tonne)	″	″	″	″	
		March. à gr. vitesse (*idem*)	″		″		
	Charge moyenne des véhicules dans les trains de voyageurs	Voitures de 1re classe	″	″	″	11 00	
		——— de 2e	″		″		
		——— de 3e	″		″		
		Waggons à bagages (tonnes)	″	″	″	″	
	Charge moyenne d'un train de marchandises	Marchandises (tonnes)	″	″	85 04	85 04	
		Chevaux et bestiaux (têtes)	″		″		
	Charge moyenne d'un waggon de marchandises	Tonnes	″	″	2 91	2 91	
		Têtes de bétail	″		″		
CHAPITRE II. Nombre moyen d'unités de trafic par jour.	Voyageurs	A prix complet. 1re classe	7,253	65,397	4,678	42,487	
		A prix complet. 2e	26,650		15,565		
		A prix complet. 3e	31,494		22,244		
		A prix réduit. Trains de plaisir	1,047	2,234	960	2,025	
		A prix réduit. Milit^res, émigr^ts, etc.	1,187		1,065		
		TOTAL	....	67,631	....	44,512	
	Marchandises à petite vitesse (tonnes)	Marchandises	″	19,651	9,338	11,974	
		Houille et coke	″		2,636		
	Têtes de bétail		″	″	″	″	
CHAPITRE III. Répartition des unités de trafic.	Répartition du nombre total des voyageurs à prix complet par classe de voitures	1re classe	11 03	100 (1)	11 01	100	(1)
		2e	40 57		36 64		
		3e	48 40		52 35		
	Répartition du nombre total des voyageurs à prix complet transportés à 1 kilomètre par classe de voitures	1re classe	″	100	19 28	100	
		2e	″		29 75		
		3e	″		50 97		
	Répartition du nombre total des voyageurs entre les diverses catégories	A prix complet	″	100	95 45	100	
		A prix réduit. Trains de plaisir	″		2 16		
		A prix réduit. Milit^res, émigr^ts, etc.	″		2 39		
	Répartition du nombre total des tonnes de marchandises dans les deux sens	Descente	″	″	58 34	100	
		Remonte	″		41 66		
	Répartition du nombre total des tonnes de marchandises transportées à 1 kilomètre dans les deux sens	Descente	″	″	″	100	
		Remonte	″		″		
CHAPITRE IV. Parcours moyen.	Voyageurs	A prix complet. 1re classe	″	″	85 00	48 55	
		A prix complet. 2e	″		39 43		
		A prix complet. 3e	″		47 27		
		A prix réduit. Trains de plaisir	″	″	78 51	90 24	
		A prix réduit. Milit^res, émigr^ts, etc.	″		100 81		
		MOYENNE TOTALE	....	″	....	49 83	
	Marchandises à petite vitesse (tonnes)	Descente	″	″	″	132 00	
		Remonte	″		″		

(1) Dans cette répartition figurent les chemins de banlieue et ceux de Rhône et Loire, qui n'ont que deux classes de voyageurs et dont la dernière est comprise dans la 2e de la récapitulation.

En éliminant ces chemins qui se présentent dans des conditions exceptionnelles, on a, sur une longueur totale de 3,756 kilomètres, les résultats suivants :

		NOMBRE effectif.	PROPORTION p^r 100.
Voyageurs	1re classe	1,623,219	9 38
	2e classe	4,175,708	24 15
	3e classe	11,495,445	66 47
		17,294,367	100 00

MOUVEMENT DES VOYAGE[…]CHANDISES. (2e partie.)

NATURE DES ÉLÉMENTS CONSTATÉS.	NORD. Longueur moyenne exploitée : 707 kilomètres. Résultats partiels.	NORD. Totaux.	ANZIN A SOMAIN. Longueur moyenne exploitée : 19 kilomètres. Résultats partiels.	ANZIN A SOMAIN. Totaux.	EST. Paris à Strasbourg. Longueur moyenne exploitée : 684 kilomètres. Résultats partiels.	EST. Totaux.	ALSACE. Strasbourg à Bâle. Longueur moyenne exploitée : 141 kilomètres. Résultats partiels.	Strasbourg à Bâle. Totaux.	ALSACE. Mulhouse à […]. Longueur moyenne […] 31 kilom[ètres]. Résultats partiels.	[…] Troyes. […] exploitée […]. Totaux.	PARIS A SAINT-GERMAIN. Longueur moyenne exploitée : 23 kilomètres. Résultats partiels.	PARIS A SAINT-GERMAIN. Totaux.	PARIS A ROUEN. Longueur moyenne exploitée : 130 kilomètres. Résultats partiels.	PARIS A ROUEN. Totaux.	ROUEN AU HAVRE. Longueur moyenne exploitée : 95 kilomètres. Résultats partiels.	ROUEN AU HAVRE. Totaux.	DIEPPE ET FÉCAMP. Longueur moyenne exploitée : 51 kilomètres. Résultats partiels.	DIEPPE ET FÉCAMP. Totaux.	OUEST. Longueur moyenne exploitée : 151 kilomètres. Résultats partiels.	OUEST. Totaux.	PARIS A ORSAY. Longueur moyenne exploitée : 11 kilomètres. Résultats partiels.	PARIS A ORSAY. Totaux.	ORLÉANS ET PROLONGEMENTS. Longueur moyenne exploitée : 1,010 kilomètres. Résultats partiels.	ORLÉANS. Totaux.
CHAPITRE Ier. Charge utile du matériel.																								
Charge moyenne d'un train de voyageurs. Voyageurs à prix complet. 1re classe	10 10		0 95		11 98		»		»		15 27		17 10		19 95		11 27		10 15		2 94		17 06	
— 2e	19 35	62 72	1 88	38 09	11 10	69 81	»	»	»	»	93 35	108 80	20 41	87 80	30 58	69 94	22 86	64 37	41 40	71 82	17 50	63 10	13 85	99 36
— 3e	27 30		35 60		43 55		»		»		»		40 94		37 25		30 10		19 00		41 60		38 08	
À prix réduit	»	3 15	»	0 62	»	9 42	»	»	»	»	»		»	12 56	»	10 25	»	»	»	3 12	»	»	»	»
Total		70 87		38 61		67 53		»		»		108 80		100 35		100 13		89 53		74 73		65 10		99 56
Bagages (tonnes)	0 60	1 25	0 45	0 45	1 30	2 40	»	»	»	»	»	0 12	0 32	4 00	0 67	4 62	0 15	2 80	0 07	0 28	»		»	3 16
Marchandises à gr. vitesse (idem)	1 35		»		1 10		»		»		»		3 66		3 95		2 01		0 21		»		»	
Charge moyenne des véhicules dans les trains de voyageurs. Voitures de 1re classe	30 30		0 90		»		»		»		»		»		7 63		1 88		»		3 05		7 70	
— de 2e	19 70	22 30	1 80	7 75	»	7 35	»	»	»	»	»	16 01	»	13 72	12 27	13 30	10 85	9 86	»	13 40		11 37	6 35	10 18
— de 3e	15 90		12 00		»		»		»		»		»		25 42		10 80		»		7 00		14 88	
Waggons à bagages (tonnes)	»	0 54	»		»	»	»		»	»	»	»	»	1 51	»	0 25	»	0 34	»	»	»	»	»	0 94
Charge moyenne d'un train de marchandises. Marchandises (tonnes)	»	56 18	»	»	»	18 12	»	»	»	»	»	»	»	92 32	»	107 05	»	99 19	»	72 00	»	»	»	70 75
Chevaux et bestiaux (têtes)	»	»	»	»	»	»	»	»	»	»	»	»	»	4 80	»	»	»	1 66	»	65 50	»	»	»	73 46
Charge moyenne d'un waggon de marchandises. Tonnes	»	3 22	»	»	»	9 80	»	»	»	»	»	»	»	3 00	»	3 62	»	2 50	»	2 38	»	»	»	2 58
Têtes de bétail	»	»	»		»	»	»	»	»	»	»	»	»	»	»	»	»	»	»	9 70	»	»	»	10 78
CHAPITRE II. Nombres moyens d'unités de trafic par jour.																								
Voyageurs. À prix complet. 1re classe	1,342		13		290		198		61		941		208		101		63		1,621		82		805	
— 2e	3,177	12,392	22	464	088	6,468	037	1,939	190	50	5,737	6,602	533	2,676	906	1,605	153	480	7,033	10,267	501	2,888	1,470	7,515
— 3e	7,613		430		5,165		1,124		201		»		1,447		466		264		1,027		1,246		5,560	
À prix réduit. Trains de plaisir	69	106	3	4	»	62	»	»	»		»		46	138	37	149	»	»	47	163	»		»	»
Militres, émigrants, etc.	63		1		»		»		»		»	»	132		130		»		50		»		»	
Total		12,610		468		6,729		1,939		50		6,098		2,857		1,634		484		10,380		1,232		7,505
Marchandises à petite vitesse (tonnes). Marchandises	2,211	3,233	160	658	1,369	2,233	461	504	94	77	»	»	1,329	1,338	3,094	1,197	175	206	429	462	»	»	»	2,002
Houille et coke	1,022		498		864		43		»		»		0		103		91		13		»		»	
Têtes de bétail	»	»	»	2	»	161	»	11	»	96	»	»	»	131	»	11	»	»	»	403	»	»	»	1,395
CHAPITRE III. Répartition des unités de trafic.																								
Répartition du nombre total des voyageurs à prix complet par classe de voitures. 1re classe	10 87		2 56		8 61		8 19		11 56		11 60		14 88		11 47		18 12		15 81		4 48		11 31	
— 2e	28 19	100	4 62	100	14 32	100	33 38	100	33 13	100	65 92	100	32 78	100	36 53	100	31 53	100	74 20	100	27 55	100	18 56	100
— 3e	61 74		92 72		77 07		57 88		55 31		»		54 34		51 90		51 95		9.09		67 97		70 11	
Répartition du nombre total des voyageurs à prix complet à 1 kilomètre par classe de voitures. 1re classe	21 80		2 45		17 54		»		»		14 05		20 21		15 98		17 34		18 10		4 86		23 37	
— 2e	30 70	100	5 00	100	18 92	100	»	»	»	»	85 95	100	33 16	100	38 02	100	36 30	100	56 36	100	27 71	100	19 86	100
— 3e	43 50		92 53		64 74		»		»		»		46 63		46 00		47 30		27 40		67 60		56 68	
Répartition du nombre total des voyageurs entre les diverses catégories. À prix complet	95 60		99 06		95 40		»		»		100 00		93 78		90 76		100 00		99 01		100 00		100 00	
À prix réduit. Trains de plaisir	2 50	100	0 50	100	0 60	100	»	»	»	100	»	100	1 63	100	2 02	100	»	100	0 45	100	»	100	»	100
Militres, émigrants, etc.	1 90		0 44		»		»		»		»		4 64		7 22		»		0 54		»		»	
Répartition du nombre total des tonnes de marchandises dans les deux sens. Descente	73 00	100	»		54 70	100	»	»	»		»	»	34 34	100	31 97	100	22 00	100	56 56	100	»	»	»	»
Remonte	27 00		»		45 30		»		»		»		65 66		68 33		78 00		43 29		»		»	
Répartition du nombre total des tonnes de march. transportées à 1 kilom. dans les deux sens. Descente	71 40	100	»	»	»	»	»	»	»		»	»	31 06	100	31 43	100	18 00	100	53 21	100	»	»	»	»
Remonte	28 60		»		»		»		»		»		65 94		68 57		81 00		46 79		»		»	
CHAPITRE IV. Parcours moyen.																								
Voyageurs. À prix complet. 1re classe	123 7		5 0		137 2		»		»	»	»		85 4		38 8		40 0		36 2		16 0		100 0	
— 2e	51 0	47 6	9 0	9 0	98 1	71 7	»	»	»	»	»	13 4	67 7	58 8	49 9	36 6	30 9	34 7	14 2	18 1	9 7	9 6	83 0	77 0
— 3e	33 5		9 5		60 2		»		»	»	»		53 9		34 8		30 0		49 7		9 6		61 4	
À prix réduit. Trains de plaisir	145 8	110 5	6 0	9 0	11 1	71 1	»	»	»	»	»	»	112 8	132 2	92 0		»	»	24 8	78 5	»	»	»	»
Militres, émigrants, etc.	25 9		9 6		»		»		»	»	»		130 0		92 0	82 0	»		124 6		»		»	
Moyenne totale		51 0		6 0		71 7		»		»		13 4		67 2		64 2		34 7		18 7		9 6		77 0
Marchandises à petite vitesse. Descente	146 9	161 0	»	»	»	171 0	»	»	»	»	»	»	120 6	121 1	66 3	48 1	40 0	46 6	77 2	62 4	»	»	»	184 0
Remonte	229 6		»		»		»		»	»	»		122 5		67 9		45 5		80 3		»		»	

MOUVEMENT DES VOYAGEURS ET MARCHANDISES. (2e partie.)

NATURE DES ÉLÉMENTS CONSTATÉS.			PARIS À LYON. Longueur moyenne exploitée : 583 kilomètres.		LYON À LA MÉDITERRANÉE. Longueur moyenne exploitée : 204 kilomètres.		GRAND-CENTRAL. — RHÔNE ET LOIRE. Longueur moyenne exploitée : 150 kilomètres.		MIDI. — BORDEAUX À LA TESTE. Longueur moyenne exploitée : 53 kilomètres.		CEINTURE. Longueur moyenne exp[loitée] : 7 kilomètres.	
			RÉSULTATS partiels.	TOTAUX.	RÉSULTATS partiels.	TOTAUX.	RÉSULTATS partiels.	TOTAUX.	RÉSULTATS partiels.	TOTAUX.	RÉSULTATS partiels.	TOT[AUX.]
CHAPITRE Ier. Charge utile du matériel.	Charge moyenne d'un train de voyageurs	Voyageurs à prix complet. 1re classe	15 15		4 96		»		3 50		»	
		Voyageurs à prix complet. 2e	20 34	75 91	18 58	66 22	»	»	5 19	26 48	»	
		Voyageurs à prix complet. 3e	40 42		42 68		»		17 79		»	
		A prix réduit	»	9 76	»	1 30	»	»	»	14 10	»	
		TOTAL		85 67		67 61		82 32		40 58		
		Bagages (tonnes)	»	»	0 28	0 79	»	1 42	0 05	0 17	»	
		Marchandises à gr. vit. (*idem*)	»		0 51		»		0 12		»	
	Charge moyenne des véhicules dans les trains de voyageurs	Voitures de 1re classe	12 98		»		»		2 38		»	
		——— de 2e	12 92	16 61	9 41	11 63	»	13 52	3 32	4 77	»	
		——— de 3e	24 50		14 33		»		8 60		»	
		Waggons à bagages (tonnes)	»	»	»	0 40	»	2 44	»	»	»	
	Charge moyenne d'un train de marchandises	Marchandises (tonnes)	»	84 40	»	105 33	»	48 80	»	»	»	
		Chevaux et bestiaux (têtes)	»	»	»	2 75	»	»	»	»	»	
	Charge moyenne d'un waggon de marchandises	Tonnes	»	2 94	»	2 57	»	1 93	»	2 00	»	
		Têtes de bétail	»	15 20	»	»	»	»	»	»	»	
CHAPITRE II. Nombre moyen d'unités de trafic par jour.	Voyageurs	A prix complet. 1re classe	428		196		336		16		»	
		A prix complet. 2e	1,067	4,246	1,017	4,590	2,218	2,554	81	158	»	
		A prix complet. 3e	2,751		3,377		»		111		»	
		A prix réduit. Trains de plaisir	371	757	88	117	»	118	86	86	»	
		A prix réduit. Milites, émigts, etc.	386		29		118		»		»	
		TOTAL		5,003		4,707		2,672		244		
	Marchandises à petite vitesse (tonnes)	Marchandises	1,218	1,233	1,347	2,387	673	3,341	69	69	278	
		Houille et coke	15		1,040		2,668		»		154	
	Têtes de bétail		»	297	»	»	»	»	»	0 5	»	
CHAPITRE III. Répartition des unités de trafic.	Répartition du nombre total des voyageurs à prix complet par classe de voitures	1re classe	10 07		4 28		13 17		10 37		»	
		2e	25 14	100	22 15	100	86 83	100	19 20	100	»	
		3e	64 79		73 57		»		70 43		»	
	Répartition du nombre total des voyageurs à prix complet à 1 kilomètre par classe de voitures	1re classe	19 95		7 48		»		13 23		»	
		2e	26 80	100	28 06	100	»	100	19 60	100	»	
		3e	53 25		64 46		»		67 17		»	
	Répartition du nombre total des voyageurs entre les diverses catégories	A prix complet	84 87		97 51		95 59		64 94		»	
		A prix réduit. Trains de plaisir	7 42	100	1 86	100	»	100	34 76	100	»	
		A prix réduit. Milites, émigts, etc.	7 71		0 63		4 41		0 30		»	
	Répartition du nombre total des tonnes de marchandises dans les deux sens	Descente	49 43	100	64 74	100	78 03	100	52 14	100	42 72	
		Remonte	50 57		35 26		21 97		47 86		57 28	
	Répartition du nombre total des tonnes de march. transportées à 1 kilom. dans les deux sens	Descente	48 41	100	48 20	100	78 03	100	52 38	100	45 91	
		Remonte	51 59		51 80		21 97		47 62		54 09	
CHAPITRE IV. Parcours moyen.	Voyageurs	A prix complet. 1re classe	190 0		64 3		»		51 7		»	
		A prix complet. 2e	102 0	96 0	46 0	36 8	»	»	41 5	40 6	»	
		A prix complet. 3e	79 0		32 2		»		38 7		»	
		A prix réduit. Trains de plaisir	33 0	69 2	22 7	30 4	»	»	40 1	40 0	»	
		A prix réduit. Milites, émigts, etc.	103 0		53 5		»		35 4		»	
		MOYENNE TOTALE		91 9		36 6		27 6		40 4		
	Marchandises à petite vitesse	Descente	194 9	199 0	50 4	68 3	43 6	43 6	43 5	43 3	5 6	
		Remonte	203 0		100 3		43 6		43 0		4 9	

RECETTES DE L'EXPLOITATION.

(1re PARTIE.)

NATURE DES UNITÉS DE TRAFIC.			RÉSEAU ENTIER. Longueur moyenne exploitée : 3,978 kilomètres. RÉSULTATS PARTIELS.	TOTAUX.	OBSERVATIONS.
CHAPITRE Ier. Grande vitesse. Voyageurs.	Voyageurs à prix complet.	1re classe	20,848,532f	72,346,130f	
		2e classe	22,379,072		
		3e classe	29,118,526		
	Trains de plaisir	1re classe	″	788,085	
		2e classe	″		
		3e classe	″		
	Militaires, etc.	1re classe	″	1,206,473	
		2e classe	″		
		3e classe	″		
	Trains spéciaux		″	51,428	
	Voyageurs sans division connue		″	1,629,992	
	TOTAL GÉNÉRAL des voyageurs		″	76,022,108	
CHAPITRE II. Accessoires de grande vitesse.	Excédants de bagages		13,324,847	16,343,589	
	Finances				
	Articles de messagerie et marchandises diverses				
	Denrées alimentaires				
	Marée et poisson				
	Lait				
	Voitures, chevaux et bestiaux		3,018,742		
	Chiens				
	Service de la poste				
CHAPITRE III. Petite vitesse. (Chargement et déchargement compris.)	Marchandises diverses		66,502,097	71,010,830	
	Houille et coke				
	Voitures et chevaux				
	Gros bétail (bœufs et vaches)				
	Veaux et porcs		4,508,733		
	Moutons, etc.				
	Transports militaires	Hommes en corps			
		Chevaux			
		Matériel			
	Magasinage				
CHAPITRE IV. Recettes diverses et d'ordre.	Location du matériel		″	8,403,139	
	Droit de gare et de parcours		″		
	Produits divers de l'exploitation		″		
	Factage et camionnage		″		
	Produits des domaines		″		
	Bénéfice d'ateliers, etc.		″		
	Produits divers		″		
	Placements de fonds		″		
	RECETTE BRUTE TOTALE			171,779,666	
	MONTANT DES DÉPENSES			73,954,696	
	PRODUIT NET			97,824,970	

RECETT[ES D'EXPL]OITATION. (1re partie.)

NATURE DES UNITÉS DE TRAFIC.	NORD. Longueur moyenne exploitée : 703 kilomètres.		ANZIN À SOMAIN. Longueur moyenne exploitée : 19 kilomètres.		EST. Paris à Strasbourg. Longueur moyenne exploitée : 921 kilomètres.		ALSACE. Strasbourg à Bâle. Longueur moyenne exploitée : 141 kilomètres.		ALSACE. Mulhouse [à Thann]. Longueur moyenne [exploitée] : 11 kil[omètres].	[...] TROYES. [Longueur moyenne] exploitée : [...]	PARIS À St-GERMAIN. Longueur moyenne exploitée : 25 kilomètres.		PARIS À ROUEN. Longueur moyenne exploitée : 136 kilomètres.		ROUEN AU HAVRE. Longueur moyenne exploitée : 95 kilomètres.		DIEPPE ET FÉCAMP. Longueur moyenne exploitée : 51 kilomètres.		OUEST. Longueur moyenne exploitée : 151 kilomètres.		PARIS À ORSAY. Longueur moyenne exploitée : 21 kilomètres.		ORLÉANS ET PROLONGEMENTS. Longueur moyenne exploitée : 1,580 kilomètres.	
	Résultats partiels.	Totaux.	Résultats partiels.	Totaux.	Résultats partiels.	Totaux.	Résultats partiels.	Totaux.	Résultats partiels.	Totaux.	Résultats partiels.	Totaux.	Résultats partiels.	Totaux.	Résultats partiels.	Totaux.	Résultats partiels.	Totaux.	Résultats partiels.	Totaux.	Résultats partiels.	Totaux.	Résultats partiels.	Totaux.
CHAPITRE Ier. Grande vitesse. Voyageurs. — Voyageurs à prix complet : 1re classe	5,994,816f		3,116		3,604,979f		387,361f		74,077f		353,630f		1,324,282f		393,808f		97,184f		954,805f		85,445f		6,488,941f	
2e classe	4,752,851	15,616,587f	4,091	64,310f	2,300,106	11,389,209f	634,450	1,300,713f	41,671	101,983f	1,233,356	1,587,337f	1,737,600	4,832,606f	694,035	1,720,174f	149,536	409,801f	2,070,639	4,601,380f	185,506	325,506f	3,353,033	15,631,930f
3e classe	4,970,150		16,780		5,085,000		507,932		10,671		»		1,767,308		632,279		162,281		3,076,543		134,601		6,590,346	
Trains de plaisir : 1re classe	39,017		»		»		»		»		»		»		2,515		»		»		»		»	
2e classe	122,177	315,565	»	318	27,380	82,772	»	»	»	»	»	»	92,317	38,043	8,255	71,901	»	»	»	25,201	»	»	»	»
3e classe	182,792		218		27,886		»		»		»		15,310		11,218		»		»		»		»	
Militaires, etc. : 1re classe	59,284		»		»		»		»		»		»		»		»		8,208		»		»	
2e classe	89,450	355,668	»	147	»	»	»	»	»	»	»	»	»	211,384	»	156,358	»	»	9,250	25,639	»	»	»	»
3e classe	185,874		147		»		»		»		»		»		»		»		15,094		»		»	
Trains spéciaux	»	»	»	»	»	»	»	»	»	»	»	»	»	97,092	»	17,774	»	5,093	»	»	»	»	»	»
Total général des voyageurs		15,297,519		65,184		11,485,041		1,320,313		101,983		1,587,337		5,150,739		2,018,677		414,804		4,657,913		325,500		15,652,910
CHAPITRE II. Accessoires de la grande vitesse. — Excédents de bagages	451,090		1,112		336,677		33,911		3,88[…]		»		105,404		63,085		9,815		160,045		2,444		363,800	
Finances			981		51,710														5,310					
Articles de messagerie et marchandises diverses	2,397,314		715				179,472		11,021		43,104		631,170		389,881		15,935		78,061		2,005		2,298,560	
Denrées alimentaires			»																43,967					
Marée et poissons	656,604	4,308,223	»	2,109	1,416,239	2,228,500	»	353,042	»	178,138	»	40,104	»	1,380,863	»	586,437	»	99,114	»	883,214	»	3,379	»	3,947,053
Lait	225,738		»				»		»		»		»		»		»		20,463		»		»	
Voitures, chevaux et bestiaux	196,600		»		69,004		32,880		11		»		37,686		6,321		2,130		25,075		»		272,568	
Chiens	33,096		40		29,015		»		»		»		9,236		4,798		603		5,275		670		45,336	
Service de la poste	306,978		»		264,817		64,156		1,180		5,600		204,305		93,532		27,375		»		»		658,371	
CHAPITRE III. Petite vitesse. (Chargement et déchargement compris.) — Marchandises diverses	11,517,711		38,802		10,178,022		1,262,472		18,745		»		4,312,607		2,441,305		303,714		1,150,962		»		13,781,398	
Houille et coke	2,684,841		156,030		1,323,109		86,282		4,681		»								25,416		»		»	
Voitures et chevaux			»		55,261				»				40,153						12,674		»		153,056	
Gros bétail (bœufs et vaches)			973						»				10,918						96,123		»		1,643,131	
Veaux et porcs	412,068	14,649,653	»	216,060	60,019	11,680,478	77,807	1,361,188	»	50,374	»	»	24,944	4,644,155	14,191	2,461,019	1,585	307,222	173,509	1,462,734	»	»	656,283	16,654,370
Moutons, etc.			69		31,116				»				4,682						18,515		»		416,128	
Transports militaires : Hommes en corps	»		»		»		»		»		»		»						»		»		»	
Chevaux	»		»		»		»		»		»		»		»		»		»		»		»	
Matériel	»		»		»		»		»		»		»		»		»		3,060		»		»	
Magasinage	36,294		»		11,084		1,475		12		»		20,024		6,285		2,806		»		»		»	
CHAPITRE IV. Recettes diverses et d'ordre. — Location de matériel			»		»				»				»		»				»				»	
Droit de gare et de parcours			»		»		»		»		1,878,705		»		»		117		»		6,547		»	
Produits divers de l'exploitation	156,984		»		»		»		»				»		8,319				41,966		»		»	
Factage et camionnage			»	452	»	404,960	»	121,633	»	3,850		1,307,808	15,903	885,172	»	49,025			»	201,087		6,317	324,717	1,003,199
Produits des domaines	63,000	282,509	»		105,780		»		»				332,578		»		»	117	»		»		154,853	
Déchets d'ateliers, etc.			»		»		»		»		431,880		»		»				»		»		»	
Produits divers	49,094		452		61,709		»		»				»		74,342		»		80,752		»		129,801	
Placements de fonds			»		351,456		»		»				240,287		»				11,169		»		877,080	
Recettes brutes totales		35,067,719		253,860		25,621,606		3,312,144		129,823		3,144,385		11,675,020		5,040,493		581,585		6,605,915		351,735		37,309,623
Montant des dépenses		13,959,668		135,564		11,097,271		1,589,527		66,887		1,657,745		6,035,422		2,214,710		305,148		3,147,643		327,485		17,214,486
Produit net		21,087,102		85,302		13,500,028		1,332,617		53,128		2,090,589		5,620,527		2,826,343		276,307		3,058,303		45,250		23,125,219

RECETTES DE L'EXPLOITATION. (1re partie.)

NATURE DES UNITÉS DE TRAFIC.		PARIS A LYON. — Longueur moyenne exploitée : 383 kilomètres.		LYON A LA MÉDITERRANÉE. — Longueur moyenne exploitée : 294 kilomètres.		GRAND-CENTRAL. — RHÔNE ET LOIRE. — Longueur moyenne exploitée : 150 kilomètres.		MIDI. — BORDEAUX À LA TESTE. — Longueur moyenne exploitée : 53 kilomètres.		CEINTURE. — Longueur moyenne exp[loitée] : 7 kilomèt[res].	
		RÉSULTATS partiels.	TOTAUX.	RÉSULTATS partiels.	TOTAUX.	RÉSULTATS partiels.	TOTAUX.	RÉSULTATS partiels.	TOTAUX.	RÉSULTATS partiels.	TOTA[UX].
CHAPITRE Ier. Grande vitesse. Voyageurs.	Voyageurs à prix complet — 1re classe	2,972,182f		468,902f		″		31,120f		″	
	Voyageurs à prix complet — 2e classe	3,075,602	10,449,383f	1,330,864	3,905,872f	″	″	35,130	145,266f	″	
	Voyageurs à prix complet — 3e classe	4,401,599		2,106,106		″		79,016		″	
	Trains de plaisir — 1re classe	29,780		4,940		″		9,390		″	
	Trains de plaisir — 2e classe	75,445	207,643	13,241	52,162	″	″	10,761	43,470	″	
	Trains de plaisir — 3e classe	102,418		33,981		″		23,319		″	
	Militaires, etc. — 1re classe	10,341		″		″		14		″	
	Militaires, etc. — 2e classe	24,764	404,496	″	13,096	″	″	13	312	″	
	Militaires, etc. — 3e classe	369,391		13,096		″		285		″	
	Trains spéciaux	″		″	″	″	″	″	549	″	
	Voyageurs sans division connue	″	″	″	″	″	1,629,992f	″	″	″	
	TOTAL GÉNÉRAL des voyageurs		11,061,522		3,971,130		1,629,992		189,597		
CHAPITRE II. Accessoires de la grande vitesse.	Excédants de bagages	286,241		191,055		29,557f		4,653		″	
	Finances	127,262		96,516						″	
	Articles de messagerie et marchandises diverses			236,455		224,340		4,740		″	
	Denrées alimentaires	1,408,167		″						″	
	Marée et poisson		2,070,518	″	583,197	″	272,346	30,560	41,953	″	
	Lait	32,146		″		″		″		″	
	Voitures, chevaux et bestiaux	166,767		39,649		″		″		″	
	Chiens	20,492		11,381		1,649		″		″	
	Service de la poste	29,443		8,141		16,800		2,000		″	
CHAPITRE III. Petite vitesse. (Chargement et déchargement compris.)	Marchandises diverses	6,829,692		2,942,068		1,329,012		93,904		146,897f	
	Houille et coke			1,324,174		3,815,660		″		″	
	Voitures et chevaux	105,950		5,184		″		″		″	
	Gros bétail (bœufs et vaches)	29,664		5,487		″		″		″	
	Veaux et porcs	40,721	7,051,213	10,937	4,387,167	″	5,149,342	″	93,904	″	1
	Moutons, etc.	38,061		7,030		″		″		″	
	Transports militaires — Hommes en corps	″		″		″		″		″	
	Transports militaires — Chevaux	″		″		″		″		″	
	Transports militaires — Matériel	″		59,176		″		″		″	
	Magasinage	7,125		33,111		4,070		″		″	
CHAPITRE IV. Recettes diverses et d'ordre.	Location du matériel	8,388		″		259,052		″		″	
	Droit de gare et de parcours	″		″		″		″		″	
	Produits divers de l'exploitation	380,155		″		″		″		″	
	Factage et camionnage	8,931	3,211,972	″	32,501	77,934	779,135	″	″	″	
	Produits des domaines	79,409		″		315,224		″		″	
	Bénéfice d'ateliers, etc.	″		″		″		″		″	
	Produits divers	(A) 2,360,089		32,501		66,925		″		″	
	Placements de fonds	375,000		″		60,000		″		″	
	RECETTE BRUTE TOTALE		23,395,225		8,973,995		7,830,815		325,454		1
	MONTANT DES DÉPENSES		7,064,956		4,054,934		4,051,360		307,974		1
	PRODUIT NET		16,330,269		4,919,061		3,779,455		17,480		

(A) Produit des placements de fonds appartenant au capital d'établissement.

RECETTES DE L'EXPLOITATION.

(2e PARTIE.)

	NATURE DES UNITÉS DE TRAFIC.		RÉSEAU ENTIER. Longueur moyenne exploitée : 3,978 kilomètres. Résultats partiels.	RÉSEAU ENTIER. Totaux.	RÉSULTATS CONSTATÉS SUR 16 CHEMINS, SAVOIR : Nord, Anzin, Est, Bâle, Mulhouse, Montereau, Saint-Germain, Rouen, le Havre, Dieppe, Ouest, Orsay, Orléans, Paris à Lyon, Lyon à la Méditerranée et Midi (Bordeaux à la Teste). Longueur... 3,821 kilomètres. Résultats partiels.	Totaux.	OBSERVATIONS.
...ns Ier. brutes	Recette brute par kilomètre de longueur exploitée.	Voyageurs	19,111	43,182	19,469	42,868	
		Accessoires de la grande vitesse	4,108		4,206		
		Petite vitesse	17,851		17,198		
		Divers	2,112		1,995		
	Recette brute par kilomètre parcouru par un train de voyageurs.	Voyageurs	4 79	6 09	4 78	6 07	
		Accessoires de la grande vitesse	1 03		1 03		
		Divers	0 27		0 26		
	Recette brute par kilomètre et par train de marchandises.	Houille et coke / Marchandises	6 39	7 23	6 59	7 48	
		Voitures et bestiaux / Divers	0 84	″	0 89		
	Recette brute par kilomètre et par train (voyageurs et marchandises)		″	6 54	″	6 60	
	Recette brute par jour.	Voyageurs	208,279	470,627	203,814	448,770	
		Accessoires de la grande vitesse	44,776		44,030		
		Petite vitesse	194,550		180,039		
		Divers	23,022		20,887		
II. ...tion ...ments ...la ...ite.	Proportion des éléments de la recette totale sur 1,000 francs.	Voyageurs	442 55	1,000	454 16	1,000	
		Accessoires de la grande vitesse	95 14		98 12		
		Petite vitesse	413 38		401 18		
		Divers	48 93		46 54		
	Répartition des recettes des voyageurs à prix complet par classe.	1re classe	″	″	28 66	100	
		2e classe	″		30 76		
		3e classe	″		40 58		
	Répartition (1) de la recette totale des voyageurs par catégories.	A prix complet	″	″	″	″	
		A prix réduit. Trains de plaisir	″		″		
		A prix réduit. Militaires	″		″		
	Répartition de la recette accessoire de la grande vitesse par éléments.	Bagages (excédant)	″	″	″	″	
		Finances	″		″		
		Marchandises	″		″		
		Denrées alimentaires	″		″		
		Marée	″		″		
		Lait	″		″		
		Voitures, chevaux et chiens	″		″		
		Service de la poste	″		″		
	Répartition de la recette de la petite vitesse, par éléments.	Marchandises diverses	″	″	″	″	
		Houille et coke	″		″		
		Voitures, bestiaux, etc	″		″		

(1) En opérant sur le réseau entier, déduction faite des chemins de banlieue et de ceux de Rhône et Loire qui n'ont que 2 classes de voyageurs, on a, sur une longueur totale de 3,756 kilom., les résultats suivants :

		SOMME effective.	PROPORTION pr 0/0.
Voyageurs	1re classe	19,767,539f	29 04
	2e classe	19,186,796	28 19
	3e classe	29,118,526	42 77
TOTAL		68,072,861	100 00

RECETTES D'EXPLOITATION. (2e partie.)

NATURE DES UNITÉS DE TRAFIC.		NORD. Longueur moyenne exploitée : 707 kilomètres. Résultats partiels.	NORD. Totaux.	ANZIN À SOMAIN. Longueur moyenne exploitée : 19 kilomètres. Résultats partiels.	ANZIN À SOMAIN. Totaux.	EST. Paris à Strasbourg. Longueur moyenne exploitée : 921 kilomètres. Résultats partiels.	EST. Totaux.	ALSACE. Strasbourg à Bâle. Longueur moyenne exploitée : 141 kilomètres. Résultats partiels.	ALSACE. Strasbourg à Bâle. Totaux.	ALSACE. Mulhouse… Résultats partiels.
Chapitre Ier. Recettes brutes. — Recette brute par kilomètre de longueur exploitée.	Voyageurs	27,386		2,481		16,509		10,340		1,895
	Accessoires de la grande vitesse	6,364	46,579	115	14,942	3,503	41,388	2,532	23,760	763
	Petite vitesse	20,721		11,379		18,720		9,542		2,144
	Divers	389		26		793		802		251
Recette brute par kilomètre parcouru par un train de voyageurs.	Voyageurs	4 61		1 65		4 36		3 56		1 22
	Accessoires de la grande vitesse	1 29	5 94	0 05	1 71	0 86	5 31	0 77	4 59	0 22
	Divers	0 05		0 01		0 10		0 26		[illegible]
Recette brute par kilomètre et par train de marchandises.	Houille et coke	1 15		3 22		0 74		0 26		1 21
	Marchandises	4 86	6 21	1 21	4 45	5 76	6 97	5 30	5 56	0 79
	Voitures et bestiaux	0 17		0 01		0 08		»		»
	Divers	0 05		0 01		0 14		»		0 01
Recette brute par kilomètre et par train (voyageurs et marchandises)		»	6 05		3 22		5 80		4 58	
Recette brute par jour.	Voyageurs	43,171		170		31,301		4,101		520
	Accessoires de la grande vitesse	11,096	96,021	6	778	5,002	70,730	875	9,175	15
	Petite vitesse	40,230		592		32,001		3,674		156
	Divers	774		1		1,316		236		11
Chapitre II. Proportion des éléments de la recette. — Proportion des éléments de la recette totale sur 1,000 francs.	Voyageurs	549 60		229 60		443 06		404 01		623 27
	Accessoires de la grande vitesse	124 35	1,000	7 70	1,000	86 84	1,000	126 95	1,000	81 77
	Petite vitesse	317 99		761 10		453 00		[illegible]		[illegible]
	Divers	8 06		1 60		18 00		29 81		3 44
Répartition des recettes des voyageurs à prix complet par classe.	1re classe	35 17		4 77		26 60		22 00		19 00
	2e classe	34 63	100	7 67	100	21 10	100	41 00	100	[illegible]
	3e classe	28 90		87 56		52 30		37 00		[illegible]
Répartition de la recette totale des voyageurs par catégories.	A prix complet	95 55		90 44		99 50		»		[illegible]
	A prix réduit. Trains de plaisir	2 19	100	9 34	100	0 50	100	»	»	»
	A prix réduit. Militaires	2 26		0 22		»		»		»
Répartition de la recette accessoire de la grande vitesse par éléments.	Bagages (excédants)	19 12		»		15 60		17 00		»
	Finances			11 92		5 70		»		25 00
	Marchandises	53 29		84 92				56 00		72 00
	Denrées alimentaires		100	»	100		100	»	100	»
	Marée	15 01		»		63 70		»		»
	Lait	3 82		»				»		»
	Voitures, chevaux et chiens	6 32		3 16		4 60		9 00		[illegible]
	Service de la poste	11 54		»		12 80		24 00		15 00
Répartition de la recette de la petite vitesse par éléments.	Marchandises diverses	78 50		27 35		87 10		60 00		[illegible]
	Houille et coke	13 27	100	72 50	100	11 50	100	5 00	100	13 0[illegible]
	Voitures, bestiaux, etc.	7 63		0 15		1 40		6 00		[illegible]

(*) Y compris 60,315 fr. représentant la redevance payée par les compagnies de Rouen et de l'Ouest.

NATURE DES UNITÉS DE TRAFIC.		…à Troyes. Totaux.	PARIS À SAINT-GERMAIN. Longueur moyenne exploitée : 23 kilomètres. Résultats partiels.	PARIS À SAINT-GERMAIN. Totaux.	PARIS À ROUEN. Longueur moyenne exploitée : 130 kilomètres. Résultats partiels.	PARIS À ROUEN. Totaux.	ROUEN AU HAVRE. Longueur moyenne exploitée : 92 kilomètres. Résultats partiels.	ROUEN AU HAVRE. Totaux.	DIEPPE ET FÉCAMP. Longueur moyenne exploitée : 51 kilomètres. Résultats partiels.	DIEPPE ET FÉCAMP. Totaux.	OUEST. Longueur moyenne exploitée : 131 kilomètres. Résultats partiels.	OUEST. Totaux.	PARIS À ORSAY. Longueur moyenne exploitée : 11 kilomètres. Résultats partiels.	PARIS À ORSAY. Totaux.	ORLÉANS ET PROLONGEMENTS. Longueur moyenne exploitée : 1,016 kilomètres. Résultats partiels.	ORLÉANS ET PROLONGEMENTS. Totaux.
Chapitre Ier. Recettes brutes. — Recette brute par kilomètre de longueur exploitée.	Voyageurs		55,404		31,130		20,855		8,134		30,642		29,826		16,497	
	Accessoires de la grande vitesse	13,794	1,264	125,375 (*)	9,215	23,063	6,300	54,222	1,944	17,284	1,876	43,743	498	30,706	3,909	39,929
	Petite vitesse		»		32,414		26,700		7,204		9,257		»		16,890	
	Divers		66,315		4,236		905		2		1,858		392		3,673	
Recette brute par kilomètre parcouru par un train de voyageurs.	Voyageurs		3 57		7 27		6 48		4 39		4 92		3 21		4 87	
	Accessoires de la grande vitesse	»	0 16	10 44	1 63	9 32	1 96	8 71	1 05	5 44	0 30	5 32	0 05	3 32	1 13	6 15
	Divers		5 61		0 42		0 27		»		0 10		0 06		0 15	
Recette brute par kilomètre et par train de marchandises.	Houille et coke		»								0 13		»			
	Marchandises		»		6 56	7 17	5 70	5 86	7 68	7 75	5 87	8 08	»		5 90	7 48
	Voitures et bestiaux	»	»		0 12		0 05		0 03		1 56		»	»	1 30	
	Divers		»		0 42		0 09		0 04		0 52		»		0 28	
Recette brute par kilomètre et par train (voyageurs et marchandises)		4 52		10 44 (*)		8 41		5 75		6 21		5 79		3 32		6 60
Recette brute par jour.	Voyageurs		4,349		14,136		5,857		1,137		12,760		803		40,860	
	Accessoires de la grande vitesse	3,763	134	8,613	3,300	31,063	1,890	15,818	273	2,415	770	18,097	14	835	10,815	102,300
	Petite vitesse		»		12,725		6,765		1,007		4,009		»		46,530	
	Divers		4,131		1,613		226		»		558		18		3,970	
Chapitre II. Proportion des éléments de la recette. — Proportion des éléments de la recette totale sur 1,000 francs.	Voyageurs		504 60		442 00		370 25		470 54		705 07		964 40		419 00	
	Accessoires de la grande vitesse	1,000	15 60	1,000	119 00	1,000	115 00	1,000	112 30	1,000	42 90	1,000	16 60	1,000	106 00	1,000
	Petite vitesse		»		398 00		480 70		416 75		221 45		»		446 00	
	Divers		479 80		50 00		16 65		0 81		30 58		19 00		29 00	
Répartition des recettes des voyageurs à prix complet par classe.	1re classe		25 00		27 41		22 99		23 77		10 79		2 00		35 87	
	2e classe	100	75 00	100	36 15	100	49 25	100	36 03	100	65 85	100	38 00	100	21 49	100
	3e classe		»		36 44		28 11		40 20		23 36		60 00		42 64	
Répartition de la recette totale des voyageurs par catégories.	A prix complet		100 00		91 50		98 40		98 54		98 89		»		100 00	
	A prix réduit. Trains de plaisir	100	»	100	0 76	100	1 16	100	»	100	0 40	100	»	»	»	100
	A prix réduit. Militaires		»		4 74		0 50		1 46		0 72		»		»	
Répartition de la recette accessoire de la grande vitesse par éléments.	Bagages (excédants)		»		15 00		14 90		9 91		39 38		46 00		14 28	
	Finances		»								1 87					
	Marchandises		»		65 06		67 61		69 56		27 77		41 00			
	Denrées alimentaires	100	»	»		100		100	»	100	15 31	100	»	100	69 76	100
	Marée		»				»		»		»		»			
	Lait		»		»		»		»		7 21		»			
	Voitures, chevaux et chiens		»		2 96		1 24		3 27		12 12		13 00		5 26	
	Service de la poste		»		16 00		16 25		27 56		»		»		10 66	
Répartition de la recette de la petite vitesse par éléments.	Marchandises diverses		»		97 00		99 17		98 98		77 98		»		82 75	
	Houille et coke	100	»	»		100		100		100	1 74	100	»	»		100
	Voitures, bestiaux, etc.		»		3 60		0 83		1 02		20 28		»		17 25	

(*) Y compris 5 fr. 61 c. représentant la redevance payée par les compagnies de Rouen et de l'Ouest.

RECETTES DE L'EXPLOITATION. (2e partie.)

NATURE DES UNITÉS DE TRAFIC.			PARIS À LYON. — Longueur moyenne exploitée : 383 kilomètres.		LYON À LA MÉDITERRANÉE. — Longueur moyenne exploitée : 294 kilomètres.		GRAND-CENTRAL. — RHÔNE ET LOIRE. — Longueur moyenne exploitée : 150 kilomètres.		MIDI. — BORDEAUX À LA TESTE. — Longueur moyenne exploitée : 53 kilomètres.		CEINTURE. — Longueur moyenne exploitée : 7 kilomètres.	
			RÉSULTATS partiels.	TOTAUX.	RÉSULTATS partiels.	TOTAUX.	RÉSULTATS partiels.	TOTAUX.	RÉSULTATS partiels.	TOTAUX.	RÉSULTATS partiels.	TOTAUX.
CHAPITRE Ier. Recettes brutes.	Recette brute par kilomètre de longueur exploitée.	Voyageurs	28,882		13,507		10,866		3,577		″	
		Accessoires de la grande vitesse	5,406	61,084 (1)	1,984	30,524	1,816	52,205	792	6,141		20,985
		Petite vitesse	18,410		14,922		34,329		1,772		20,985	
		Divers	8,386		111		5,194		″		″	
	Recette brute par kilomètre parcouru par un train de voyageurs.	Voyageurs	5 64		4 27		4 99		″		″	
		Accessoires de la grande vitesse	1 05	7 52	0 64	4 92	0 83	7 01	″	″	″	
		Divers	0 83		0 01		1 19		″		″	
	Recette brute par kilomètre et par train de marchandises.	Houille et coke	7 54		2 35		3 50		″		8 61	
		Marchandises			5 37		1 22		″			
		Voitures et bestiaux	0 24	9 55	0 05	7 79	0 01	5 08	″	″	″	8 6
		Divers	1 77		0 02		0 35		″		″	
	Recette brute par kilomètre et par train (voyageurs et marchandises)			(2) 8 16		6 00		5 52		3 38		8 6
	Recette brute par jour	Voyageurs	30,305		10,880		4,466		520		″	
		Accessoires de la grande vitesse	5,673	64,096	1,598	24,586	746	21,454	115	892	″	402
		Petite vitesse	19,318		12,019		14,108		257		402	
		Divers	8,800		89		2,134		″		″	
CHAPITRE II. Proportion des éléments de la recette.	Proportion des éléments de la recette totale sur 1,000 francs.	Voyageurs	472 83		442 52		208 15		582 00		″	
		Accessoires de la grande vitesse	88 50	1,000	64 98	1,000	34 78	1,000	129 00	1,000	″	1,000
		Petite vitesse	301 42		488 88		657 57		289 00		1,000 00	
		Divers	137 25		3 62		99 50		″		″	
	Répartition des recettes des voyageurs à prix complet par classe.	1re classe	28 45		12 01		″		21 42		″	
		2e classe	29 43	100	34 07	100	″	″	24 19	100	″	
		3e classe	42 12		53 92		″		54 39		″	
	Répartition de la recette totale des voyageurs par catégories.	À prix complet	94 47		98 36		″		76 81		″	
		À prix réduit. Trains de plaisir	1 88	100	1 81	100	″	″	23 02	100	″	
		À prix réduit. Militaires	3 65		0 33		″		0 17		″	
	Répartition de la recette accessoire de la grande vitesse par éléments.	Bagages (excédants)	14 81		″		10 85		″		″	
		Finances	6 14		16 55		82 37		″		″	
		Marchandises			73 81				22 39		″	
		Denrées alimentaires	68 01		″		″		″		″	
		Marée		100	″	100	″	100	72 84	100	″	
		Lait	1 56		″		″		″		″	
		Voitures, chevaux et chiens	8 05		8 75		0 61		″		″	
		Service de la poste	1 43		1 39		6 17		4 77		″	
	Répartition de la recette de la petite vitesse par éléments.	Marchandises diverses	96 85		69 17		25 82		100 00		100 00	
		Houille et coke			30 18	100	74 10	100	″	100		100
		Voitures, bestiaux, etc.	3 15		0 65		0 08		″		″	

(1) Y compris 7,142 francs pour intérêts produits par les fonds disponibles.

(2) Y compris 0 fr. 95 cent. *idem.*

RECETTES DE L'EXPLOITATION.

(3e PARTIE.)

NATURE DES ÉLÉMENTS CONSTATÉS.				RÉSEAU ENTIER. — Longueur moyenne exploitée : 3,978 kilomètres.		RÉSULTATS constatés sur sept chemins, savoir : Nord, Est, Paris à Rouen, Rouen au Havre, Ouest, Paris à Lyon et Lyon à la Méditerranée. Longueur : 2,390 kilomètres.		OBSERVATIONS.
				RÉSULTATS partiels.	TOTAUX.	RÉSULTATS partiels.	TOTAUX.	
ITRE III. uit moyen ne unité a distance.	Produit moyen d'un voyageur.	à prix complet.	1re classe	//	//	8f 45	3f 35	
			2e classe	//		2 92		
			3e classe	//		2 58		
		à prix réduit.	Trains de plaisir	//	//	2 12	2 64	
			Militaires, émigrants, etc.	//		3 10		
			MOYENNE TOTALE	....	3,08	....	3 32	
	Produit moyen des accessoires de la grande vitesse.		Bagages. (Excédants.)	//	//	//	//	
			Finances par 1,000 francs	//	//	//	//	
		Par tonne.	Marchand. et articles de messagerie.	//	//	//	//	
			Denrées alimentaires	//		//		
			Marée	//		//		
			Lait	//		//		
	Produit moyen des transports de marchandises.		Marchandises (Par tonne.)	//	9 27	//	10 28	
			Houille (*Idem.*)	//		//		
			Coke (*Idem.*)	//		//		
ITRE IV. moyen kilomètre.	Tarif moyen perçu d'un voyageur	à prix complet.	1re classe	//	//	0 0995	0 0690	
			2e classe	//		0 0740		
			3e classe	//		0 0545		
		à prix réduit.	Trains de plaisir	//	//	0 0215	0 0292	
			Militaires, émigrants, etc.	//		0 0308		
			MOYENNE TOTALE	....	//	....	0 0658	
	Tarif moyen perçu pour les accessoires de la grande vitesse.		Finances par 1,000 francs	//	//	//	//	
		Par tonne.	Marchand. et articles de messagerie.	//	//	//	//	
			Denrées alimentaires	//		//		
			Marée	//		//		
			Lait	//		//		
	Tarif moyen perçu des transports de marchandises.		Marchandises	//	//	//	0 0778	
			Houille	//		//		
			Coke	//		//		

RECETTES D'EXPLOITATION. (3e partie.)

NATURE DES ÉLÉMENTS CONSTATÉS.	NORD. Longueur moyenne exploitée : 707 kilomètres. Résultats partiels.	NORD. Totaux.	ANZIN À SOMAIN. Longueur moyenne exploitée : 10 kilomètres. Résultats partiels.	ANZIN À SOMAIN. Totaux.	EST. Paris à Strasbourg. Longueur moyenne exploitée : 484 kilomètres. Résultats partiels.	EST. Totaux.	ALSACE. Strasbourg à Bâle. Longueur moyenne exploitée : 141 kilomètres. Résultats partiels.	ALSACE. Strasbourg à Bâle. Totaux.	ALSACE. Mulhouse à Thann. Longueur moyenne exploitée : 21 kilomètres. Résultats partiels.
Chapitre III. Produit moyen d'une unité à toute distance.									
Produit moyen d'un voyageur — à prix complet — 1re classe	11 60		0 75		13 89		6 84		1 89
— 2e classe	5 70	2 36	0 60	0 38	7 01	4 03	2 55	2 16	1 02
— 3e classe	1 80		0 30		3 16		1 95		0 78
— à prix réduit — Trains de plaisir	2 85	2 92	0 25	0 22	»	1 56	»	»	»
— Militaires, émigrants, etc.	2 95		0 20		»				»
Moyenne totale		3 33		0 35		1 65		2 10	
Produit moyen des accessoires de grande vitesse — Bagages. (Excédants.)	»	85 20	»	»	»	116 61	»	»	»
— Finances par 1,000 francs			»	0 32	»	1 10	»	0 52	»
— Par tonne — Marchandises et articles de messagerie	61 26		19 05		»		19 01		13 08
— Denrées alimentaires		38 16	»	19 95	»	126 20	»	19 02	»
— Marée	98 80		»		»		»		»
— Lait	6 75		»		»		»		»
Produit moyen des transports de marchandises — Marchandises (Par tonne.)	14 20		6 87		13 33		7		1 68
— Houille (Idem.)	0 74	12 10	6 87	0 87	3 16	24 17	3	1 39	1 16
— Coke (Idem.)	11 93								»
Chapitre IV. Tarif moyen par kilomètre.									
Tarif moyen perçu d'un voyageur — à prix complet — 1re classe	0 0850		0 0820		0 1012		»		»
— 2e classe	0 0722	0 0702	0 0600	0 0824	0 0749	0 0645	»	»	»
— 3e classe	0 0535		0 0451		0 0524		»		»
— à prix réduit — Trains de plaisir	0 0105	0 0351	0 0279	0 0251	»	0 0361	»	»	»
— Militaires, émigrants, etc.	0 0344		0 0319		»		»		»
Moyenne totale		0 0501		0 0423		0 0635		»	
Tarif moyen perçu pour les accessoires de la grande vitesse — Finances par 1,000 francs	»	»	»	»	»	»	»	»	»
— Par tonne — Marchandises et articles de messagerie	0 500		0 535		»		»		»
— Denrées alimentaires	»		»	0 535	»	0 530	»	»	»
— Marée	0 320		»		»		»		»
— Lait	0 150		»		»		»		»
Tarif moyen perçu des transports de marchandises — Marchandises	0 0930		0 1000		»		»		»
— Houille	0 0385	0 0750	0 1000	0 1049	»	0 0825	»	»	»
— Coke	0 0482		0 1000		»		»		»

NATURE DES ÉLÉMENTS CONSTATÉS.	… À TROYES. … exploitée : … kilomètres. Totaux.	PARIS À SAINT-GERMAIN. Longueur moyenne exploitée : 23 kilomètres. Résultats partiels.	PARIS À SAINT-GERMAIN. Totaux.	PARIS À ROUEN. Longueur moyenne exploitée : 130 kilomètres. Résultats partiels.	PARIS À ROUEN. Totaux.	ROUEN AU HAVRE. Longueur moyenne exploitée : 92 kilomètres. Résultats partiels.	ROUEN AU HAVRE. Totaux.	DIEPPE ET FÉCAMP. Longueur moyenne exploitée : 51 kilomètres. Résultats partiels.	DIEPPE ET FÉCAMP. Totaux.	OUEST. Longueur moyenne exploitée : 151 kilomètres. Résultats partiels.	OUEST. Totaux.	PARIS À ORSAY. Longueur moyenne exploitée : 18 kilomètres. Résultats partiels.	PARIS À ORSAY. Totaux.	ORLÉANS ET PROLONGEMENTS. Longueur moyenne exploitée : 1,010 kilomètres. Résultats partiels.	ORLÉANS ET PROLONGEMENTS. Totaux.
Chapitre III. Produit moyen d'une unité à toute distance.															
Produit moyen d'un voyageur — à prix complet — 1re classe		6 27		9 00		3 25		4 34		4 81		0 60		14 60	
— 2e classe	3 01	0 59	0 55	5 18	4 90	5 15	2 25	2 57	2 38	0 93	1 72	0 57	0 46	4 26	5 40
— 3e classe		»		3 30		2 00		1 66		2 87		0 42		5 94	
— à prix réduit — Trains de plaisir	»	»	»	2 27	4 28	1 63	3 06	»	»	1 35	1 48	»	»	»	»
— Militaires, émigrants, etc.		»		4 09		3 28		»		1 60		»		»	
Moyenne totale	3 01		0 55		4 94		2 75		2 33		1 23		0 48		5 12
Produit moyen des accessoires de grande vitesse — Bagages. (Excédants.)	»	»	»	»	54 95	»	39 92	»	35 17	»	39 30	»	53 38	»	160 80
— Finances par 1,000 francs		»		»		»		»		0 85		»		»	
— Par tonne — Marchandises et articles de messagerie		18 30		48 10		30 80		20 00		56 16		22 27		65 21	
— Denrées alimentaires	»	»	18 30	»	48 10		30 80		20 00	17 89	26 77	»	22 27		65 21
— Marée		»		»		»				»		»			
— Lait		»		»		»		»		18 19		»			
Produit moyen des transports de marchandises — Marchandises (Par tonne.)		»		»		»		»		8 75		»		»	
— Houille (Idem.)	7 11	»	»	»	9 09	»	14 32	»	6 82	5 34	5 64	»	»	»	16 09
— Coke (Idem.)		»		»		»		»		»		»		»	
Chapitre IV. Tarif moyen par kilomètre.															
Tarif moyen perçu d'un voyageur — à prix complet — 1re classe		0 0723		0 1009		0 1050		0 0900		0 0710		0 0830		0 1000	
— 2e classe	»	0 0445	0 0164	0 0850	0 0788	0 0765	0 0710	0 0600	0 0671	0 0635	0 0670	0 0350	0 0507	0 0727	0 0699
— 3e classe		»		0 0519		0 0575		0 0500		0 0574		0 0449		0 0346	
— à prix réduit — Trains de plaisir	»	»	»	0 0202	0 0394	0 0477	0 0253	»	»	0 0544	0 0147	»	»	»	»
— Militaires, émigrants, etc.		»		0 0350		0 0307		»		0 0190		»		»	
Moyenne totale	»		0 0484		0 0736		0 0649		0 0671		0 0658		0 0507		0 0669
Tarif moyen perçu pour les accessoires de la grande vitesse — Finances par 1,000 francs	»	»	»	»	»	»	»	»	»	»	»	»	»	»	»
— Par tonne — Marchandises et articles de messagerie		»		0 418		0 485		0 430		»		»		»	
— Denrées alimentaires	»	»	»	»	0 419		0 458	»	0 472	»		»	»	»	0 383
— Marée		»		»		»		»		»		»		»	
— Lait		»		»		»		»		»		»		»	
Tarif moyen perçu des transports de marchandises — Marchandises		»		»		»		»		0 0829		»		»	
— Houille	»	»	»	»	0 081	»	0 0920	»	0 0896	0 0561	0 0737	»	»	»	0 0903
— Coke		»		»		»		»		»		»		»	

Recettes de l'exploitation. (3e partie.)

NATURE DES ÉLÉMENTS CONSTATÉS.				PARIS À LYON. Longueur moyenne exploitée : 383 kilomètres.		LYON À LA MÉDITERRANÉE. Longueur moyenne exploitée : 204 kilomètres.		GRAND-CENTRAL. RHÔNE ET LOIRE. Longueur moyenne exploitée : 150 kilomètres.		MIDI. BORDEAUX À LA TESTE. Longueur moyenne exploitée : 53 kilomètres.		CEINTURE. Longueur moyenne exploitée : 7 kilomètres.	
				Résultats partiels.	Totaux.	Résultats partiels.	Totaux.	Résultats partiels.	Totaux.	Résultats partiels.	Totaux.	Résultats partiels.	Totaux.
Chapitre III. Produit moyen d'une unité à toute distance.	Produit moyen d'un voyageur	à prix complet.	1re classe	18 40	…	6 55	…	»	…	5 14	…	»	
			2e classe	7 80	6 74	3 59	2 33	»	»	3 15	2 51	»	»
			3e classe	4 38	…	1 71	…	»	…	1 93	…	»	
		à prix réduit.	Trains de plaisir	1 53	2 21	1 63	1 52	»	»	1 40	1 40	»	»
			Militaires, émigrants, etc.	2 87	…	1 22	…	»	…	1 19	…	»	
			Moyenne totale	…	6 06	…	2 31	…	1 67	…	1 68	…	»
	Produit moyen des accessoires de grande vitesse.		Bagages. (Excédants.)	»	92 91	»	»	»	»	»	»	»	
			Finances par 1,000 francs	»	1 02	»	0 04	»	»	»	…	»	
		Par tonne...	March^ses et articles de messagerie	9 205	…	5 88	…	»	…	94 60	…	»	
			Denrées alimentaires	…	8 152	»	5 38	»	24 79	»	22 00	»	»
			Marée	»	…	»	…	»	…	17 25	…	»	
			Lait	1 349	…	»	…	»	…	»	…	»	
	Produit moyen des transports de marchandises		Marchandises	»	…	0 10	…	5 41	…	4 33	…	»	
			Houille	»	15 17	3 49	4 96	3 92	4 22	»	4 33	»	0 93
			Coke	»	…	…	…	…	…	»	…	»	
Chapitre IV. Tarif moyen par kilomètre.	Tarif moyen perçu d'un voyageur	à prix complet.	1re classe	0 1001	…	0 1018	…	»	…	0 1000	…	»	
			2e classe	0 0772	0 0702	0 0770	0 0634	»	»	0 0800	0 0617	»	»
			3e classe	0 0556	…	0 0531	…	»	…	0 0500	…	»	
		à prix réduit.	Trains de plaisir	0 0458	0 0320	0 0718	0 0501	»	»	0 0350	0 0349	»	»
			Militaires, émigrants, etc.	0 0277	…	0 0228	…	»	…	0 0330	…	»	
			Moyenne totale	…	0 0659	…	0 0631	…	0 0606	…	0 0524	…	»
	Tarif moyen perçu pour les accessoires de la grande vitesse.		Finances par 1,000 francs	»	»	»	»	»	»	»	»	»	
		Par tonne...	March^ses et articles de messagerie	»	…	0 584	…	»	…	»	…	»	
			Denrées alimentaires	»	»	»	0 584	»	»	»	»	»	»
			Marée	»	…	»	…	»	…	»	…	»	
			Lait	»	…	»	…	»	…	0 1000	…	»	
	Tarif moyen perçu des transports de marchandises		Marchandises	»	…	»	…	»	…	»	…	»	
			Houille	»	0 0764	»	0 0727	»	0 0970	»	0 1000	»	0 17
			Coke	»	…	»	…	»	…	»	…	»	

DÉPENSES DE L'EXPLOITATION.

(1re PARTIE.)

	NATURE DES DÉPENSES.	RÉSEAU ENTIER. Longueur moyenne exploitée : 3,978 kilomètres.		RÉSULTATS CONSTATÉS sur 6 chemins, savoir : Nord, Est, Ouest, Orléans, Paris à Lyon et Lyon à la Méditerranée. Longueur : 3,169 kilomètres.		OBSERVATIONS.
		RÉSULTATS partiels.	TOTAUX.	RÉSULTATS partiels.	TOTAUX.	
CHAPITRE Ier. Administration.	Personnel de l'administration centrale	"	3,966,501f	1,172,492f	2,980,956f	
	Frais de bureau et généraux, imprimés, publicité, etc.	"		418,083		
	Loyers, contributions, etc.	"		934,444		
	Assurances	"		236,515		
	Dépenses diverses	"		219,422		
CHAPITRE II. Exploitation, mouvement et trafic.	Personnel du service central	"	16,045,240	1,296,963	12,490,842	
	Frais de bureau et généraux, impressions et billets	"		904,254		
	Personnel des gares et stations	"		7,445,737		
	Éclairage, chauffage et dépenses diverses des gares et stations.	"		1,345,593		
	Personnel des trains	"		1,299,692		
	Éclairage et dépenses diverses des trains	"		198,603		
CHAPITRE III. Traction et entretien du matériel.	Personnel et dépenses diverses du service central	"	28,981,939	486,133	21,886,900	
	Mécaniciens, chauffeurs	"		3,042,796		
	Personnel des dépôts	"		738,518		
	Dépenses diverses des dépôts et des machines	"		1,041,480		
	Combustible consommé par les machines	"		6,990 427		
	Alimentation	"		342,354		
	Entretien des machines et des tenders	"		5,333,854		
	Entretien des voitures et des waggons	"		3,911,338		
	Graissage des voitures et des waggons	"				
CHAPITRE IV. [Surv]eillance et entretien de la voie.	Personnel et dépenses diverses du service central	"	11,007,439	844,748	8,656,801	
	Surveillance de la voie	"		2,378,293		
	Entretien de la voie	"		4,654,956		
	Entretien des bâtiments	"		778,804		
	Entretien du télégraphe électrique et des signaux	"				
CHAPITRE V. Dépenses diverses et d'ordre.	Impôt du dixième sur les voyageurs	"	13,953,577		11,213,549	
	Timbre pour lettres de voiture	"				
	Indemnités pour pertes d'effets, avaries et accidents	"				
	Détaxes, primes et remises de prix	"				
	Subventions aux correspces, omnibus, factage et camionnage	"				
	Location de matériel	"				
	Droits de parcours et d'usage des stations	"				
	Participation des employés aux bénéfices de l'exploitation	"				
	Dépenses diverses et non classées	"				
	Dépenses d'exercices clos	"				
	TOTAL GÉNÉRAL	.....	73,954,696	.....	57,229,048	

DÉPENSES D'EXPLOITATION. (1re partie.)

NATURE DES DÉPENSES.		NORD. Longueur moyenne exploitée : 707 kilomètres.		ANVIN À SOMAIN. Longueur moyenne exploitée : 39 kilomètres.		EST. Paris à Strasbourg. Longueur moyenne exploitée : 922 kilomètres.		ALSACE. Strasbourg à Bâle. Longueur moyenne exploitée : 141 kilomètres.		ALSACE. Mulhouse à Thann. Longueur moyenne exploitée : 21 kilomètres.	Montereau à Troyes. Longueur moyenne exploitée.	PARIS À SAINT-GERMAIN. Longueur moyenne exploitée : 23 kilomètres.		PARIS À ROUEN. Longueur moyenne exploitée : 139 kilomètres.		ROUEN AU HAVRE. Longueur moyenne exploitée : 92 kilomètres.		DIEPPE ET FÉCAMP. Longueur moyenne exploitée : 51 kilomètres.		OUEST. Longueur moyenne exploitée : 151 kilomètres.		PARIS À ORSAY. Longueur moyenne exploitée : 11 kilomètres.		ORLÉANS ET PROLONGEMENTS. Longueur moyenne exploitée : 1,010 kilomètres.	
		Résultats partiels.	Totaux.	Résultats partiels.	Totaux.	Résultats partiels.	Totaux.	Résultats partiels.	Totaux.	Résultats partiels.	Totaux.	Résultats partiels.	Totaux.	Résultats partiels.	Totaux.	Résultats partiels.	Totaux.	Résultats partiels.	Totaux.	Résultats partiels.	Totaux.	Résultats partiels.	Totaux.	Résultats partiels.	Totaux.
Chapitre Ier. Administration.	Personnel de l'administration centrale	266,166f		»		203,369f		158,030f		»		31,456f		50,000f		53,011f		»		153,007f		11,000f		223,811f	
	Frais de bureau et généraux, imprimés, publicité, etc.	97,199		»		58,708		9,023		»		30,140		63,457		33,925		»		31,372		409		177,916	
	Loyers, contributions, etc.	237,983	681,346f	»	»	236,785	639,160f		178,788f	»	66,000f	37,150	143,327f	80,021	241,330f	77,315	282,365f	»	»	98,392	232,155f	4,947	23,317f	251,509	750,339f
	Assurances	94,934		»		87,337		11,837		»		»		31,822		15,573		»		5,608		1,007		45,977	
	Dépenses diverses	78,032		»		82,109				»		24,873		14,800		9,941		»		13,949		8,301		60,098	
Chapitre II. Exploitation, mouvement et trafic.	Personnel du service central	280,193		»		337,554		44,689		»		»		175,871		»		»		47,465		6,900		306,539	
	Frais de bureau et généraux, impressions et billets	225,484		1,800f		130,962		8,806		»		»		57,507		80,880		9,891f		81,361		9,953		236,131	
	Personnel des gares et stations	1,901,047	3,113,557	12,000	22,500f	1,312,030	2,382,047	338,802	420,130	77,112f	910,304	81,227	165,540	645,387	1,088,403	378,040	501,917	102,004	186,686f	414,216	706,085	21,421	51,085	2,054,104	3,410,454
	Éclairage, chauffage et dépenses diverses des gares et stations	397,307		9,800		539,011		72,250		4,000		66,710		169,159		66,807		11,455		140,023		8,836		487,130	
	Personnel des trains	360,638		6,000		265,073		28,606		2,396		17,572		68,965		»		»		66,396		4,900		390,180	
	Éclairage et dépenses diverses des trains	85,401		500		97,091		8,400		225		»		»		»		»		9,730		800		»	
Chapitre III. Traction et entretien du matériel.	Personnel et dépenses diverses du service central	88,123		3,300		139,638		24,085		»		»		»		»		»		23,134		16,440		51,165	
	Mécaniciens, chauffeurs	339,570		28,000		690,418		98,150		8,189		97,744		»		»		»		172,319		13,780		716,060	
	Personnel des dépôts	142,686		5,030		106,898		30,780		3,634		»		»		»		»		16,507		»		549,000	
	Dépenses diverses des dépôts et des machines	321,739		5,116		266,501		778		62		»		»		»		»		127,974		1,053		223,270	
	Combustible consommé par les machines	1,408,980	5,078,356	26,003	106,200	1,558,687	4,809,428	217,220	553,897	21,039	277,722	146,709	384,271	»	2,178,335	»	988,617	»	901,550	300,741	1,205,927	33,630	180,153	1,910,140	5,051,510
	Alimentation	101,083		1,500		98,248		20,074		1,373		4,892		»		»		»		24,425		3,601		88,690	
	Entretien des machines et des tenders	1,403,970		»		1,385,023		121,998		11,058		70,070		»		»		»		298,920		69,080		1,171,930	
	Entretien des voitures et des waggons	1,380,490		33,088		384,814		88,923		4,715		45,802		»		»		»		166,610				828,440	
	Graissage des voitures et des waggons	84,630		5,800				16,575		1,002		9,327		»		»		»		7,095		2,007		212,900	
Chapitre IV. Surveillance et entretien de la voie.	Personnel et dépenses diverses du service central	231,080		1,000		209,074		21,212		2,003		36,317		»		»		»		51,800		2,460		168,685	
	Surveillance de la voie	464,270		20,880		715,074		80,059		6,331		»		98,121		»		»		56,406		14,375		679,149	
	Entretien de la voie	1,097,185	2,076,471		50,811	1,047,410	2,042,606	126,353	288,704	27,485	117,808	151,207	222,768	310,863	428,827	237,262	263,442	»	13,379	332,929	495,002	29,894	46,612	1,130,109	2,067,136
	Entretien des bâtiments	136,066		28,931		34,545		37,150		7,066		35,184		30,934		25,540		»		46,701		2,413		147,195	
	Entretien du télégraphe électrique et des signaux	»				9,585		3,955		170		»		3,820		»		»		7,256		»		3,264	
Chapitre V. Dépenses diverses et d'ordre.	Impôt du dixième sur les voyageurs	600,671		2,912		400,834		57,836		4,253		57,129		122,353		50,200		21,387		106,766		14,015		615,330	
	Timbres pour lettres de voiture	130,319		»		»		»		»		»		»		»		»		»		»		»	
	Indemnités pour pertes d'effets, avaries et accidents	136,847		»		138,859		6,689		374		»		18,082		11,455		2,452		32,963		»		383,063	
	Détaxes, primes et remises de prix	219,290		»		685,282		130,080		225		»		17,238		8,576		2,722		4,098		»		504,276	
	Subventions aux correspondances, omnibus, factage et camionnage	560,630	1,847,287	»	13,517	307,645	2,071,351	45,257	250,638	720	94,811	94,201	159,239	165,782	1,286,461	60,978	165,700	33,677	113,440	217,403	703,277	20,748	35,068	1,336,320	5,356,004
	Location de matériel	»		»		»		56,221		2,616		»		»		»		38,326		»		»		»	
	Droits de parcours et d'usage des stations	15,860		»		»		11,105		528		»		780,067		»		»		272,231		»		»	
	Participation des employés aux bénéfices de l'exploitation	»		»		75,000		»		»		»		»		»		»		»		»		3,000,430	
	Dépenses diverses et non classées	»		»		302,018		22,018		3,600		7,5 00		48,800		18,435		36,048		2,930		135		91,179	
	Dépenses d'exercices clos	99,502		11,204		»		35,134		493		»		»		»		»		»		»		368,348	
TOTAUX GÉNÉRAUX			13,208,608		193,334		11,097,071		1,880,327		321,567		1,033,726		5,058,192		2,214,710		605,140		3,047,045		297,465		17,211,452

DÉPENSES DE L'EXPLOITATION. (1re partie.)

	NATURE DES DÉPENSES.	PARIS A LYON. — Longueur moyenne exploitée : 383 kilomètres.		LYON A LA MÉDITERRANÉE. — Longueur moyenne exploitée : 294 kilomètres.		GRAND-CENTRAL. — RHÔNE ET LOIRE. — Longueur moyenne exploitée : 150 kilomètres.		MIDI. — BORDEAUX À LA TESTE. — Longueur moyenne exploitée : 53 kilomètres.		CEINTURE. — Longueur moyenne exploitée : 7 kilomètres.	
		RÉSULTATS partiels.	TOTAUX.	RÉSULTATS partiels.	TOTAUX.	RÉSULTATS partiels.	TOTAUX.	RÉSULTATS partiels.	TOTAUX.	RÉSULTATS partiels.	TOTAUX.
CHAPITRE Ier. Administration.	Personnel de l'administration centrale	260,540f	....	40,750f	....	44,640f	....	4,000f	....	5,894f	
	Frais de bureau et généraux, imprimés, publicité, etc.	117,252	....	»	....	4,094	....	600	....	»	
	Loyers, contributions, etc.	50,360	469,487f	39,863	138,267f	39,976	112,744f	»	5,211f	»	8,177f
	Assurances	26,326	....	24,833	....	5,632	....	611	....	»	
	Dépenses diverses	»	....	32,821	....	18,402	....	»	....	2,283	
CHAPITRE II. Exploitation, mouvement et trafic.	Personnel du service central	136,451	....	182,732	....	175,983	....	15,127	....	14,354	
	Frais de bureau et généraux, impressions et billets	171,793	....	45,531	....	57,132	....	1,064	....	404	
	Personnel des gares et stations	952,587	....	809,482	....	170,322	....	49,894	....	9,974	
	Éclairage, chauffage et dépenses diverses des gares et stations.	94,342	1,567,773	130,705	1,256,337	183,040	744,898	2,200	70,325	4,068	32,190
	Personnel des trains	192,600	....	62,378	....	158,412	....	9,840	....	3,390	
	Éclairage et dépenses diverses des trains	20,000	....	25,449	....	»	....	600	....	»	
CHAPITRE III. Traction et entretien du matériel.	Personnel et dépenses diverses du service central	114,094	....	»	....	....	....	6,500	....	»	
	Mécaniciens, chauffeurs	525,088	....	164,242	....	....	....	13,280	....	»	
	Personnel des dépôts	54,120	....	30,048	....	....	....	7,680	....	»	
	Dépenses diverses des dépôts et des machines	54,352	....	114,094	....	1,140,625	....	1,400	....	»	
	Combustible consommé par les machines	1,066,127	3,027,880	592,463	1,434,500	....	1,940,629	38,585	154,364	»	39,734
	Alimentation	39,450	....	29,021	....	....	....	4,200	....	»	
	Entretien des machines et des tenders	801,571	....	292,202	....	544,188	....	47,410	....	»	
	Entretien des voitures et des waggons	189,349	....	163,063	....	201,613	....	31,809	....	»	
	Graissage des voitures et des waggons	183,720	....	40,457	....	45,203	....	3,500	....	»	
CHAPITRE IV. Surveillance et entretien de la voie.	Personnel et dépenses diverses du service central	65,459	....	20,791	....	40,507	....	4,500	....	»	
	Surveillance de la voie	361,536	....	110,104	....	109,781	....	19,920	....	10,416	
	Entretien de la voie	391,256	1,131,552	650,968	842,944	547,897	715,759	20,300	58,107	12,519	22,93
	Entretien des bâtiments	313,301	....	53,305	....	17,574	....	5,476	....	»	
	Entretien du télégraphe électrique et des signaux	....	....	7,776	....	»	....	1,911	....	»	
CHAPITRE V. Dépenses diverses et d'ordre.	Impôt du dixième sur les voyageurs	387,276	....	162,213	....	66,456	....	6,651	....	»	
	Timbre pour lettres de voiture	»	....	»	....	»	....	»	....	»	
	Indemnités pour pertes d'effets, avaries et accidents	20,486	....	15,998	....	16,076	....	»	....	»	
	Détaxes, primes et remises de prix	»	....	45,990	....	»	....	»	....	»	
	Subventions aux correspondces, omnibus, factage et camionn.	451,502	868,264	138,967	382,796	206,914	537,330	»	10,967	»	7,11
	Location du matériel	»	....	»	....	314	....	»	....	4,379	
	Droits de parcours et d'usage des stations	»	....	»	....	»	....	»	....	»	
	Participation des employés aux bénéfices de l'exploitation	»	....	»	....	»	....	»	....	»	
	Dépenses diverses et non classées	»	....	10,628	....	247,570	....	4,316	....	281	
	Dépenses d'exercices clos	»	....	»	....	»	....	»	....	3,055	
	TOTAUX GÉNÉRAUX	....	7,064,956	....	4,054,934	....	4,051,360	....	307,974	....	110,7

DÉPENSES DE L'EXPLOITATION ET PRODUIT NET.

(2e PARTIE.)

NATURE DES ÉLÉMENTS CONSTATÉS.			RÉSEAU ENTIER. Longueur moyenne exploitée : 3,978 kilomètres.		RÉSULTATS CONSTATÉS sur 5 chemins, savoir : Nord, Est, Ouest, Orléans et Paris à Lyon. Longueur : 2,875 kilomètres.		OBSERVATIONS.
			RÉSULTATS partiels.	TOTAUX.	RÉSULTATS partiels.	TOTAUX.	
DÉPENSES.							
Chapitre V. Dépenses.	Dépenses par kilomètre de longueur exploitée	Administration	997	18,591	989	18,495	
		Exploitation	4,033		3,908		
		Traction et entretien du matériel	7,286		7,114		
		Surveillance et entretien de la voie	2,767		2,717		
		Divers	3,508		3,767		
	Dépenses par kilomètre parcouru par un train	Administration	0 151	2,817	0 145	2 717	
		Exploitation	0 611		0 574		
		Traction et entretien du matériel	1 104		1 045		
		Surveillance et entretien de la voie	0 419		0 400		
		Divers	0 532		0 553		
	Dépense moyenne par jour		″	202,615	″	145 682	
	Frais de traction par kilomètre et par machine	Frais généraux du service	″	″	0 022	0 761	
		Mécaniciens et chauffeurs	″		0 131		
		Personnel des dépôts	″		0 032		
		Dép. div. des dépôts et des machin.	″		0 042		
		Combustible consommé	″		0 290		
		Alimentation	″		0 014		
		Entretien des machines et tenders	″		0 230		
	Frais d'entretien des véhicules par kilomètre et par train	Entretien des voitures et waggons	″	″	″	0 011	
		Graissage	″		″		
	Coke consommé par kilomètre parcouru (en kilog.)	Machines à voyageurs	″	″	6 71	7 94	
		——— à marchandises	″		10 04		
Chapitre VI. Répartition des dépenses.	Répartition des dépenses par catégories	Administration	5 36	100	5 35	100	
		Exploitation	21 70		21 13		
		Traction et entretien du matériel	39 19		38 46		
		Surveillance et entretien de la voie	14 88		14 69		
		Divers	18 87		20 37		
PRODUIT NET.							
Chapitre VII. Produit net et rapport.	Produit net par kilomètre de longueur exploitée		″	24,591	″	26,100	
	——— parcouru par un train		″	3 72	″	3 83	
	Produit net par jour		″	268,012	″	222,021	
	Rapport du produit net et des dépenses à la recette brute	Produit net	56 95	100	58 52	100	
		Dépense	43 05		41 48		

DÉPENSES DE L'EXPLOITA[TION (2e p]artie) ET PRODUIT NET.

NATURE DES ÉLÉMENTS CONSTATÉS.		NORD. Longueur moyenne exploitée : 707 kilomètres. Résultats partiels.	NORD. Totaux.	ANZIN À SOMAIN. Longueur moyenne exploitée : 10 kilomètres. Résultats partiels.	ANZIN À SOMAIN. Totaux.	EST. PARIS À STRASBOURG. Longueur moyenne exploitée : 624 kilomètres. Résultats partiels.	EST. Totaux.	ALSACE. STRASBOURG À BÂLE. Longueur moyenne exploitée : 141 kilomètres. Résultats partiels.	STRASBOURG À BÂLE. Totaux.	ALSACE. MULHOUSE À THANN. Longueur moyenne exploitée : 21 kilomètres. Résultats partiels.
CHAPITRE V. Dépenses. — Dépenses par kilomètre de longueur exploitée	Administration	965		»		1,511		1,275		»
	Exploitation	4,668		1,257		3,817		3,082		1,085
	Traction et entretien du matériel	8,639	18,059	5,695	10,234	7,140	19,163	4,356	13,298	2,481
	Surveillance et entretien de la voie	2,237		2,653		3,275		2,035		1,795
	Divers	2,008		708		3,319		2,560		571
Dépenses par kilomètre parcouru par un train	Administration	0 177		»		0 143		0 208		»
	Exploitation	0 558		0 987		0 541		1 000		0 304
	Traction et entretien du matériel	0 661	2 318	1 230	2 222	1 036	2 716	0 920	2 723	0 584
	Surveillance et entretien de la voie	0 360		0 573		0 404		0 418		0 501
	Divers	0 316		0 159		0 470		0 514		2 178
Dépense moyenne par jour		»	36,687	»	535	»	32,790	»	5,170	»
Frais de traction par kilomètre et par machine	Frais généraux du service	0 014		»		0 024		0 034		»
	Mécaniciens et chauffeurs	0 117		»		0 158		0 327		0 138
	Personnel des dépôts	0 023		»		0 030		0 094		0 042
	Dépenses diverses des dépôts et des machines	0 037	0 470	»	»	0 052	0 760	0 003	0 774	0 081
	Combustible consommé	0 232		»		0 293		0 734		0 305
	Alimentation	0 016		»		0 011		0 030		0 052
	Entretien des machines et tenders	0 131		»		0 216		0 134		0 780
Frais d'entretien des véhicules par kilomètre et par train	Entretien des voitures et wagons	0 205	0 234	»	»	»	0 164	0 118	0 144	0 071
	Graissage	0 029		»		»		0 026		0 015
Coke consommé par kilomètre parcouru (en kilog.)	Machines à voyageurs	7 30	8 70	»		5 95	7 38	6 14	5 98	6,14
	— à marchandises	10 76		»		10 85		8 74		8 74
CHAPITRE VI. Répartition des dépenses. — Répartition des dépenses par catégories	Administration	8 69		»		5 30		9 60		»
	Exploitation	25 25		12 09		10 69		22 90		17 00
	Traction et entretien du matériel	42 40	100	55 31	100	42 66	100	34 00	100	42 00
	Surveillance et entretien de la voie	10 51		25 77		17 10		14 69		31 00
	Divers	12 76		6 56		17 30		19 06		10 00
CHAPITRE VII. Produit net et rapport.	Produit net par kilomètre de longueur exploitée	»	30,039	»	4,343	»	23,222	»	10,347	»
	— parcouru par un train	»	3 78	»	1 90		3 15	»	3 19	»
	Produit net par jour	»	98,334	»	262	»	37,091	»	3,091	»
Rapport du produit net et des dépenses à la recette brute	Produit net	61 80	100	31 10	100	53 70	100	48 37	100	61 00
	Dépense	38 20		68 90		46,30		55 63		39 00

Note: the Mulhouse à Thann totals column and the Montereau à Troyes partial results column are hidden in the binding gutter of the scan.

NATURE DES ÉLÉMENTS CONSTATÉS.		[MONTEREAU] À TROYES. Totaux.	PARIS À SAINT-GERMAIN. Longueur moyenne exploitée : 20 kilomètres. Résultats partiels.	PARIS À SAINT-GERMAIN. Totaux.	PARIS À ROUEN. Longueur moyenne exploitée : 130 kilomètres. Résultats partiels.	PARIS À ROUEN. Totaux.	ROUEN AU HAVRE. Longueur moyenne exploitée : 92 kilomètres. Résultats partiels.	ROUEN AU HAVRE. Totaux.	DIEPPE ET FÉCAMP. Longueur moyenne exploitée : 51 kilomètres. Résultats partiels.	DIEPPE ET FÉCAMP. Totaux.	OUEST. Longueur moyenne exploitée : 182 kilomètres. Résultats partiels.	OUEST. Totaux.	PARIS À ORSAY. Longueur moyenne exploitée : 11 kilomètres. Résultats partiels.	PARIS À ORSAY. Totaux.	ORLÉANS ET PROLONGEMENTS. Longueur moyenne exploitée : 1,010 kilomètres. Résultats partiels.	ORLÉANS. Totaux.
CHAPITRE V. Dépenses. — Dépenses par kilomètre de longueur exploitée	Administration		9,637		1,749		2,209		»		1,535		2,603		762	
	Exploitation		9,827		7,310		5,407		1,609		5,087		4,831		3,877	
	Traction et entretien du matériel	8,210	10,971	42,310	11,640	31,556	10,742	24,274	4,205	11,805	8,378	23,400	11,030	27,316	4,566	17,064 (²)
	Surveillance et entretien de la voie		8,011		3,071		2,363		1,489		3,279		4,457		2,016	
	Divers		6,309		8,260		1,607		2,872		4,808		3,181		5,233 (¹)	
Dépenses par kilomètre parcouru par un train	Administration		0 490		0 110		0 353		»		0 337		0 286		0 163	
	Exploitation		0 460		0 729		1 037		1 309		0 268		0 522		0 626	
	Traction et entretien du matériel	2 706	1 270	3 510	1 270	2 530	1 728	3 861	1 410	4 270	1 136	3 113	1 278	2 519	1 017	(²) 3 290
	Surveillance et entretien de la voie		0 740		0 310		0 410		0 528		0 424		0 479		0 385	
	Divers		0 530		0 870		0 289		0 810		0 018		0 344		0 095	
Dépense moyenne par jour		3,262	»	3,804	»	15,845	»	6,048	»	1,058	»	9,719	»	845	»	47,303
Frais de traction par kilomètre et par machine	Frais généraux du service		»		»		»		»		0 083		0 103		0 009	
	Mécaniciens et chauffeurs		0 339		»		»		»		0 150		0 131		0 131	
	Personnel des dépôts		»		»		»		»		0 010		»		0 004	
	Dépenses diverses des dépôts et des machines	0 789	»	1 060	»	»	»	»	»	»	0 111	0 913	0 010	0 924	0 008	0 764
	Combustible consommé		0 467		»		»		»		0 349		0 348		0 319	
	Alimentation		0 016		»		»		»		0 093		0 087		0 015	
	Entretien des machines et tenders		0 362		»		»		»		0 240		0 223		0 195	
Frais d'entretien des véhicules par kilomètre et par train	Entretien des voitures et wagons	0 130	0 130	0 100	»		»		»		0 167	0 130	0 013	0 019	0 233	0 262
	Graissage		0 030		»		»		»		0 009		0 004		0 039	
Coke consommé par kilomètre parcouru (en kilog.)	Machines à voyageurs		»		»		»		»		0 33	7 03	»		5 96	7 04
	— à marchandises		»		1		»		»		5 95				9 08	
CHAPITRE VI. Répartition des dépenses. — Répartition des dépenses par catégories	Administration		13 80		2 07		9 14		»		8 25		9 62		4 47	
	Exploitation		12 76		18 83		26 66		30 40		23 11		18 92		19 81	
	Traction et entretien du matériel	100	36 35	100	12 70	100	44 61	100	35 75	100	36.81	100	33 75	100	39 06	100
	Surveillance et entretien de la voie		21 86		9 70		11 86		12 12		13 56		16 46		12 02	
	Divers		15 09		29 80		7 48		23 71		19 65		11 30		31 65	
CHAPITRE VII. Produit net et rapport.	Produit net par kilomètre de longueur exploitée	4,508	»	38,863 (¹)	»	47,620	»	30,749	»	5,510	»	20,553	»	3,662	»	19,426
	— parcouru par un train	1 82	»	6 03(²)	»	4 78	»	4 92	»	1 96	»	2 08	»	2 60	»	3 75
	Produit net par jour	1,313	»	5,717	»	18,128	»	7,151	»	797	»	8,379	»	119	»	53,127
Rapport du produit net et des dépenses à la recette brute	Produit net	100	56 36	100	50 71	100	56 08	100	31 35	100	46 30	100	12 00	100	53 90	100
	Dépense		43 64		49 29		43 92		68 65		53 70		88 00		46 10	

(¹) Y compris 60,315 francs, représentant la redevance payée par les compagnies de Rouen et de l'Ouest.

(²) Y compris 5 fr. 91 cent., *idem*.

(¹) Y compris 1,034 francs, représentant la part des employés dans les bénéfices de l'exploitation.

(²) Y compris 0 fr. 27 cent. *idem*.

DÉPENSE DE L'EXPLOITATION (2e partie) *ET PRODUIT NET.*

NATURE DES ÉLÉMENTS CONSTATÉS.			PARIS A LYON. — Longueur moyenne exploitée : 383 kilomètres.		LYON A LA MÉDITERRANÉE. — Longueur moyenne exploitée : 204 kilomètres.		GRAND-CENTRAL. — RHÔNE ET LOIRE. — Longueur moyenne exploitée : 150 kilomètres.		MIDI. — BORDEAUX À LA TESTE. — Longueur moyenne exploitée : 53 kilomètres.		CEINTURE. — Longueur moyenne exploitée : 7 kilomètres.	
			RÉSULTATS partiels.	TOTAUX.	RÉSULTATS partiels.	TOTAUX.	RÉSULTATS partiels.	TOTAUX.	RÉSULTATS partiels.	TOTAUX.	RÉSULTATS partiels.	TOTAUX.
CHAPITRE V. Dépenses.	Dépenses par kilomètre de longueur exploitée	Administration	1,224		470		752		98		1,168	
		Exploitation	4,093		4,273		4,966		1,497		4,599	
		Traction et entretien du matériel	7,906	18,446	4,880	13,792	12,937	27,009	2,013	5,811	5,676	15,822
		Surveillance et entretien de la voie	2,955		2,867		4,772		1,006		3,277	
		Divers	2,268		1,302		3,582		207		1,102	
	Dépenses par kilomètre parcouru par un train	Administration	0 164		0 092		0 080		0 050		0 470	
		Exploitation	0 547		0 840		0 526		0 830		1 890	
		Traction et entretien du matériel	1 056	2 465	0 960	2 712	1 370	2 860	1 600	3 200	2 320	6 450
		Surveillance et entretien de la voie	0 395		0 564		0 505		0 600		1 330	
		Divers	0 303		0 256		0 379		0 120		0 450	
	Dépense moyenne par jour		»	19,355	»	11,109	»	11,100	»	844	»	383
	Frais de traction par kilomètre et par machine	Frais généraux du service	0 037		»				0 062		»	
		Mécaniciens et chauffeurs	0 172		0 103				0 125		»	
		Personnel des dépôts	0 018		0 024				0 072		»	
		Dépenses div. des dépôts et des mach.	0 018	0 869	0 072	0 771	0 913	1 345	0 013	1 124	»	»
		Combustible consommé	0 349		0 371				0 365		»	
		Alimentation	0 013		0 018				0 039		»	
		Entretien des machines et tenders	0 262		0 183		0 432		0 448		»	
	Frais d'entretien des véhicules par kilomètre et par train	Entretien des voitures et waggons	0 062	0 122	0 109	0 136	0 160	0 196	0 330	0 360	»	»
		Graissage	0 060		0 027		0 036		0 030		»	
	Coke consommé par kilomètre parcouru (en kilog.)	Machines à voyageurs	7 85	8 75	10 31	12 43	»	»	»	»	»	»
		—— à marchandises	10 50		15 60		»		»		»	
CHAPITRE VI. Répartition des dépenses.	Répartition des dépenses par catégories	Administration	6 64		3 41		2 78		1 69		7 39	
		Exploitation	22 19		30 98		18 39		25 76		29 06	
		Traction et entretien du matériel	42 86	100	35 38	100	47 90	100	50 12	100	35 88	100
		Surveillance et entretien de la voie	16 02		20 79		17 67		18 87		20 71	
		Divers	12 29		9 44		13 26		3 56		6 96	
CHAPITRE VII. Produit net et rapport.	Produit net par kilomètre de longueur exploitée		»	42,638 (1)	»	16,732	»	25,196	»	330	»	5,164
	—— parcouru par un train		»	5 70 (2)	»	3 29	»	2 66	»	0 18	»	2 18
	Produit net par jour		»	44,740	»	13,427	»	10,354	»	48	»	99
	Rapport du produit net et des dépenses à la recette brute	Produit net	67 07	100	54 80	100	48 26	100	5 37	100	24 68	100
		Dépense	32 93		45 20		51 74		94 63		75 32	

(1) Y compris 7,142 francs pour intérêts produits par les fonds disponibles.

(2) Y compris 0 fr. 955 *idem*.

QUATRIÈME SÉRIE.

RÉSEAUX ÉTRANGERS.

TABLEAU SYNOPTIQUE

DES GRANDS RÉSEAUX DE CHEMINS DE FER FRANÇAIS ET ÉTRANGERS

AU 31 DÉCEMBRE 1853 ET AU 31 DÉCEMBRE 1854.

SITUATION SOMMAIRE DES CHEMINS DE FER DE L'EUROPE. (FIN 1854.)

NOMS DES ÉTATS.	POPULATION.	CHEMINS DE FER CONCÉDÉS OU AUTORISÉS. Nombre de kilomètres			PAR MILLION D'HABITANTS. Nombre de kilomètres		
		livrés à l'exploitation.	non livrés à l'exploitation.	TOTAL.	livrés à l'exploitation.	non livrés à l'exploitation.	TOTAL.
ce (Corse déduite)	35,546,800	4,662	4,551	(1) 9,213	131	128	259
agne (États divers)	16,894,000	3,877	674	4,551	220	40	260
che	38,426,000	2,543	1,805	4,348	66	47	113
que	4,524,000	1,051	762	1,813	232	168	400
ark	2,132,000	130	60	190	61	28	89
e	14,216,000	453	1,703	2,156	32	120	152
e-Bretagne	27,323,000	12,957	(2) 7,647	20,604	474	280	754
de	3,242,000	235	100	335	72	31	103
	16,725,000	744	1,373	2,117	44	82	126
al	3,550,000	20	60	80	6	17	23
	16,206,000	3,907	706	4,613	241	44	285
e	63,600,000	1,188	1,815	3,003	19	28	47
e et Norwége	4,655,000	112	50	162	24	11	35
	2,425,000	27	657	684	11	271	282
uie, Grèce, Sicile, Corse, etc.	18,785,000	"	"	"	"	"	"
TOTAUX et moyennes	268,249,800	31,906	21,963	53,869	119	82	201

OBSERVATIONS.

(1) Au 30 juin 1855 :

	Nombre de kilomètres	PAR million d'habitants.
Chemins de fer... livrés à l'exploitation	4,975	140
Chemins de fer... non livrés à l'exploitation	6,521	183
TOTAUX	11,496	323

(2) Savoir : 1,422k en construction (au 30 juin) ; 3,255k pour lesquels les pouvoirs d'expropriation étaient expirés, et le reste d'une exécution douteuse.

TABLEAU SYNOPTIQUE DES GRANDS RÉSEAUX DE CHEMINS DE FER, ETC. (Fin 1853.)

PARTIES DU MONDE.	ÉTATS.	SUPERFICIE. — Myriamètres carrés.	POPULATION.	CHEMINS DE FER CONCÉDÉS OU AUTORISÉS. Kilomètres — livrés à l'exploitation.	non livrés à l'exploitation.	TOTAL.	PAR MILLION D'HABITANTS. Nombre de kilomètres — livrés à l'exploitation.	non livrés à l'exploitation.	TOTAL.	PAR MYRIAMÈTRE CARRÉ. Nombre de kilomètres — livrés à l'exploitation.	non livrés à l'exploitation.	TOTAL.	OBSERVATIONS.
1	2	3	4	5	6	7	8	9	10	11	12	13	14
Europe	France (Corse déduite)	5,217	35,546,800	4,063	4,797	8,860	114	135	249	0 779	0 919	1 698	
	Allemagne (États divers) (1)	2,370	16,894,090	3,508	899	4,407	207	53	260	1 480	0 379	1 859	(1) Bavière, Hanovre, Saxe, W temberg, les vingt-huit principautés les villes libres.
	Autriche — États de l'Empire (2)	6,256	33,363,000	2,163	1,361	3,524	65	41	106	0 346	0 217	0 563	(2) Archiduché, Bohême, Hongrie Dalmatie, etc.
	Autriche — Royᵐᵉ Lomb.-Vénitⁿ.	454	5,063,000	240	286	526	47	56	103	0 528	0 629	1 157	
	Belgique	294	4,524,000	903	597	1,500	200	133	333	3 071	2 031	5 102	
	Danemark (3)	570	2,132,000	32	158	190	15	75	90	0 056	0 277	0 333	(3) Non compris les duchés de Schl wig et de Holstein, dont les chemi figurent dans les États secondaires mands.
	Espagne	4,730	14,216,000	181	1,048	1,229	13	74	87	0 038	0 221	0 259	
	Grande-Bretagne — Angleterre	1,501	17,918,000	9,412	5,430	14,842	523	301	824	6 271	3 617	9 888	
	Grande-Bretagne — Écosse	767	2,889,000	1,600	1,160	2,760	571	414	985	2 086	1 512	3 598	
	Grande-Bretagne — Irlande	827	6,516,000	1,361	1,456	2,817	209	224	433	1 646	1 760	3 406	
	Hollande	360	3,242,000	176	159	335	55	50	105	0 489	0 441	0 930	
	Italie — États Sardes	430	4,279,000	205	516	721	48	120	168	0 477	1 200	1 677	
	Italie — Toscane	220	1,787,000	233	21	254	129	12	141	1 059	0 095	1 154	
	Italie — Principautés (4)	130	1,020,000	"	280	280	"	280	280	"	2 154	2 154	(4) Lucques, Modène, Parme Plaisance.
	Italie — États Romains	450	2,898,000	"	620	620	"	214	214	"	1 377	1 377	
	Italie — Naples	800	6,741,000	100	284	384	14	41	55	0 125	0 355	0 480	
	Portugal	930	3,550,000	"	80	80	"	22	22	"	0 023	0 023	
	Prusse (5)	2,790	16,206,000	3,822	119	(6) 3,941	236	7	243	1 369	0 043	1 412	(5) Prusse septentrionale et prov rhénanes. (6) Y compris les chemins l'exploitation des houillères app nant à l'État.
	Russie (7)	53,500	63,600,000	1,148	1,452	2,600	18	23	41	0 021	0 027	0 048	(7) Empire d'Europe, y compris Pologne et la Finlande.
	Suède et Norwége	7,600	4,655,000	16	210	226	3	45	48	0 002	0 027	0 029	
	Suisse	392	2,425,000	27	302	329	11	126	137	0 069	0 770	0 839	
	Turquie, Grèce, Sicile, Corse, etc.	6,320	18,785,000	"	"	"	"	"	"	"	"	"	
	TOTAUX et moyennes	96,908	268,249,800	29,190	21,235	50,425	109	79	188	0 301	0 219	0 520	
	TOTAUX pour l'Allemagne (8)	11,416	66,463,000	9,493	2,370	11,872	142	36	178	0 831	0 208	1 039	(8) Non compris les possessions i liennes.
	TOTAUX pour la Grande-Bretagne	3,095	27,323,000	12,373	(9) 8,046	20,419	453	295	748	3 999	2 599	6 598	(9) Savoir : 1,091ᵏ en constru (au 30 juin) ; 2,940ᵏ pour lesquels pouvoirs d'expropriation étaient exp et le reste d'une exécution douteuse.
	TOTAUX pour l'Italie (10)	2,484	21,788,000	778	2,007	2,785	35	92	127	0 318	0 808	1 121	(10) Y compris le royaume Lomba Vénitien.

TABLEAU SYNOPTIQUE DES GRANDS RÉSEAUX DE CHEMINS DE FER, ETC. (Fin 1853.)

PARTIES DU MONDE.	ÉTATS.	SUPERFICIE. — Myriamètres carrés.	POPULATION.	CHEMINS DE FER CONCÉDÉS OU AUTORISÉS. — Kilomètres.			PAR MILLION D'HABITANTS. — Nombre de kilomètres			PAR MYRIAMÈTRE CARRÉ. — Nombre de kilomètres			OBSERVATIONS.
				livrés à l'exploitation.	non livrés à l'exploitation.	TOTAL.	livrés à l'exploitation.	non livrés à l'exploitation.	TOTAL.	livrés à l'exploitation.	non livrés à l'exploitation.	TOTAL.	
1	2	3	4	5	6	7	8	9	10	11	12	13	14
du Nord	États-Unis	84,000	23,500,000	28,513	19,987	48,500	1,213	851	2,064	0 339	0 238	0 577	
	Canada	6,300	1,850,000	296	3,144	3,440	160	1,699	1,859	0 047	0 499	0 546	
	Mexique	23,000	7,800,000	″	32	32	″	4	4	″	0 001	0 001	
	Cuba	1,100	1,200,000	464	66	530	386	56	442	0 422	0 060	0 482	
	Autres États	109,300	5,300,000	″	″	″	″	″	″	″	″	″	
	TOTAUX et moyennes	223,700	39,650,000	29,273	23,229	52,502	738	586	1,324	0 131	0 104	0 235	
du Sud.	Nouvelle-Grenade (1)	13,700	2,250,000	64	15	79	28	7	35	0 005	0 001	0 006	(1) Ch. de Panama.
	Guyane anglaise	2,400	130,000	″	34	34	″	″	″	″	0 014	0 014	
	Brésil	90,800	6,000,000	16	176	192	3	29	32	″	0 002	0 002	
	Pérou	13,500	2,100,000	9	″	9	4	″	4	″	″	″	
	Chili	3,200	1,210,000	88	103	191	73	85	158	0 027	0 032	0 059	
	Autres États	46,400	5,000,000	″	″	″	″	″	″	″	″	″	
	TOTAUX et moyennes	170,000	16,690,000	177	328	505	10	20	30	0 001	0 002	0 003	
que	Égypte (2)	16,800	4,500,000	104	152	256	23	34	57	0 006	0 009	0 015	(2) Ch. d'Alexandrie au Caire.
	Le Cap	3,200	700,000	64	″	64	″	″	″	0 020	″	0 020	
	Autres États	267,000	64,800,000	″	″	″	″	″	″	″	″	″	
	TOTAUX et moyennes	287,000	70,000,000	168	152	320	2	2	4	″	″	0 001	
e	Indes orientales (3)	134,000	130,000,000	″	318	318	″	2	2	″	0 002	0 002	(3) Ch. de Calcutta à Bombay... 198; *Id.* de Madras à Bangalore.. 120; 318
	Autres États	306,000	360,000,000	″	″	″	″	″	″	″	″	″	
	TOTAUX et moyennes	440,000	490,000,000	″	318	318	″	1	1	″	0 001	0 001	
nie	Australie	50,000	6,000,000	″	90	90	″	15	15	″	0 002	0 002	
	Autres États	30,000	4,000,000	″	″	″	″	″	″	″	″	″	
	TOTAUX et moyennes	80,000	10,000,000	″	90	90	″	9	9	″	0 001	0 001	

RÉCAPITULATION.

PARTIES DU MONDE.	SUPERFICIE. — Myriamètres carrés.	POPULATION.	CHEMINS DE FER CONCÉDÉS OU AUTORISÉS. — Kilomètres			PAR MILLION D'HABITANTS. — Nombre de kilomètres			PAR MYRIAMÈTRE CARRÉ. — Nombre de kilomètres			OBSERVATIONS.
			livrés à l'exploitation.	non livrés à l'exploitation.	TOTAL.	livrés à l'exploitation.	non livrés à l'exploitation.	TOTAL.	livrés à l'exploitation.	non livrés à l'exploitation.	TOTAL.	
1	2	3	4	5	6	7	8	9	10	11	12	13
pe	96,908	268,249,800	29,190	21,235	50,425	109	79	188	0 301	0 219	0 520	NOTA. Les indications de ce tableau, dont quelques-unes ne sont qu'approximatives, proviennent de sources diverses, telles que : publications officielles ou spéciales, dictionnaires géographiques et annuaires, cartes, documents obtenus par la voie diplomatique, etc.
que DU NORD	223,700	39,650,000	29,273	23,229	52,502	738	586	1,324	0 131	0 104	0 235	
DU SUD	170,000	16,690,000	177	328	505	10	20	30	0 001	0 002	0 003	
que	287,000	70,000,000	168	152	320	2	2	4	″	″	0 001	
	440,000	490,000,000	″	318	318	″	1	1	″	0 001	0 001	
ie	80,000	10,000,000	″	90	90	″	9	9	″	0,001	0 001	
TOTAUX et moyennes	1,297,608	894,589,800	58,808	45,352	104,160	66	50	116	0 045	0 035	0 080	

RÉSEAUX EUROPÉENS.

Exécution par l'État ou l'Industrie privée. (Situation au 31 décembre 1853.)

NOMS DES ÉTATS.	PAR L'ÉTAT. Nombre de kilomètres			PAR LES COMPAGNIES avec ou sans le concours de l'État. Nombre de kilomètres			PAR L'ÉTAT ET LES COMPAGNIES. Nombre de kilomètres		
	exploités.	en construction ou à construire	TOTAL.	exploités.	en construction ou à construire	TOTAL.	exploités.	en construction ou à construire	TOTAL.
1	2	3	4	5	6	7	8	9	10
France (1)	″	″	″	4,063	4,797	8,860	4,063	4,797	8,860
Grande-Bretagne (2)	″	″	″	12,373	8,046	20,419	12,373	8,046	20,419
Prusse (3)	1,413	17	1,430	2,409	102	2,511	3,822	119	3,941
(A) Autriche (4)	1,696	1,546	3,242	707	101	808	2,403	1,647	4,050
(B) Allemagne (États divers)	2,426	810	3,236	1,082	89	1,171	3,508	899	4,407
Belgique (5)	621	″	621	282	597	879	903	597	1,500
Hollande	″	″	″	176	159	335	176	159	335
Danemark	″	″	″	32	158	190	32	158	190
Suède (6)	″	″	″	16	210	226	16	210	226
Russie (7)	1,120	1,452	2,572	28	″	28	1,148	1,452	2,600
Suisse (8)	″	″	″	27	345	329	27	302	329
(C) Italie (États divers)	193	594	787	345	1,127	1,472	538	1,721	2,259
Espagne	″	″	″	181	1,048	1,229	181	1,048	1,229
Portugal	″	″	″	″	80	80	″	80	80
TOTAUX	7,469	4,419	11,888	21,721	16,816	38,537	29,190	21,235	50,425

		2	3	4	5	6	7	8	9	10
(A) Autriche	États de l'Empire	1,456	1,260	2,716	707	101	808	2,163	1,361	3,524
	Royaume Lombard-Vénitien	240	286	526	″	″	″	240	286	526
(B) Allemagne (9) (États divers).	Bavière	739	327	1,066	141	44	185	880	371	1,251
	Saxe	418	″	418	148	34	182	566	34	600
	Hanovre	433	360	793	″	″	″	433	360	793
	Wurtemberg	305	″	305	″	″	″	305	″	305
	Bade	280	62	342	″	″	″	280	62	342
	Hesse électorale	″	″	″	353	11	364	353	11	364
	Hesse-Darmstadt	134	″	134	″	″	″	134	″	134
	Holstein	″	″	″	153	″	153	153	″	153
	Brunswick	117	61	178	″	″	″	117	61	178
	Nassau	″	″	″	50	″	50	50	″	50
	Mecklembourg	″	″	″	145	″	145	145	″	145
	Anhalt	″	″	″	22	″	22	22	″	22
	Villes libres	″	″	″	70	″	70	70	″	70
(C) Italie (États divers).	États Sardes	135	30	165	70	486	556	205	516	721
	Toscane	″	″	″	233	21	254	233	21	254
	Principautés (10)	″	280	280	″	″	″	″	280	280
	États Romains (11)	″	″	″	″	620	620	″	620	620
	Naples (12)	58	284	342	42	″	42	100	284	384

OBSERVATIONS. (11)

FRANCE.

(1) Toutes les lignes maintenant concédées, mais pour la plupart avec le concou[rs] de l'État, soit par des prêts, soit par des subventions en argent, soit par des trav[aux] remboursables ou non remboursables, soit par une garantie d'intérêt. — Dans le p[rin]cipe, concessions perpétuelles; ensuite durées diverses et réduites jusqu'à 33 et mê[me] 25 ans; maintenant presque toutes de 99 ans. — Concessions faites directement ou p[ar] adjudication. — Généralement droit de rachat après 15 ans et partage dans les bé[né]fices de 1/2 au delà de 8 p. 0/0 du capital dépensé.

GRANDE-BRETAGNE.

(2) Toutes les lignes confiées à l'industrie privée sans subvention; des prêts ont pendant été faits à quelques compagnies sur des fonds mis à la disposition du Gouve[r]nement pour aider diverses entreprises d'utilité publique. — Concessions perpétuelles directes. — Dans les concessions récentes, droit de rachat après 25 ans.

PRUSSE.

(3) Dans le principe, système exclusif des compagnies avec l'aide du Gouvernem[ent] par des souscriptions d'actions ou garanties d'intérêt; — pour toutes les lignes nouvel[le]ment établies, l'État seul, tant pour la construction que pour l'exploitation. — La plup[art] des concessions pour un temps illimité, mais avec réserve du droit de rachat après 30 a[ns] à part le rachat successif des actions auquel l'État consacre le produit de celles dont [il] est possesseur.

AUTRICHE.

(4) Les premiers chemins confiés à l'industrie privée; ensuite l'État s'est ch[argé] des lignes les moins productives, exploitées au moyen de baux à court terme et d'[af]fermage proportionnel aux recettes. — En 1853, ayant racheté le chemin de Vienn[e à] Glognitz, l'État possède tous les chemins de la Hongrie, de la Lombardie et de l'A[u]triche proprement dite, sauf le chemin du Nord, celui de Raab et quelques chem[ins] privés exploités par des chevaux. — En 1855, concession à une compagnie franco-[alle]mande des chemins qui s'étendent de la frontière de Saxe à celle des provin[ces] turques.

BELGIQUE.

(5) Construction et exploitation par l'État seul jusqu'en 1845, date des premiè[res] concessions; — exploitation par l'État de quelques embranchements construits par [des] compagnies. — Parmi les concessions actuelles, la plupart sont faites à des compa[gnies] anglaises et plusieurs avec une garantie d'intérêt.

SUÈDE.

(6) Chemins concédés à des compagnies anglaises.

RUSSIE.

(7) Construction de la grande ligne de Moscou à Saint-Pétersbourg par l'État, a racheté celle de Saint-Pétersbourg à Varsovie.

SUISSE.

(8) Chemins entrepris avec des capitaux pour la plus grande partie étrangers.

ALLEMAGNE (États divers).

(9) Les grandes lignes, généralement aux États, qui s'entendent entre eux pour [le] service des lignes internationales. — Lignes secondaires aux compagnies, dont les con[ces]sions ont souvent une durée illimitée, sous la réserve du droit de rachat par l'É[tat] après les 25 ou 30 premières années d'exploitation. — Quelques compagnies ont reçu [des] prêts des gouvernements. — Les concessions sont en général faites directement.

BAVIÈRE.

Dans le principe, comme en Prusse, système des concessions avec prise d'act[ions] par l'État; ensuite exécution par l'État seul des principales lignes dans la Bavi[ère] proprement dite. — Pour le chemin du Palatinat, compagnie concessionnaire, qui j[ouit] d'une garantie d'intérêt.

SAXE.

Système mixte, tant pour l'établissement que pour l'exploitation des chemins.

HANOVRE, BRUNSWICK, WURTEMBERG, BADE, HESSE-DARMSTADT

Chemins construits et exploités par l'État.

HESSE ÉLECTORALE, HOLSTEIN, NASSAU, MECKLEMBOURG, VILLES LIBRES, ETC.

Chemins concédés à des compagnies.

PRINCIPAUTÉS ITALIENNES.

(10) Lignes entreprises par les gouvernements et placées sous la direction d'[une] commission centrale.

ÉTATS ROMAINS.

(11) Concessions restées jusqu'à ce jour sans effet.

NAPLES.

(12) Chemins primitivement construits par l'État, aujourd'hui concédés à des co[m]pagnies.

TABLEAU N° 22.

DÉVELOPPEMENT SUCCESSIF

DES RÉSEAUX EUROPÉENS.

1821 A 1854.

Ire PARTIE. — NOMBRE DE KILOMÈTRES DÉCRÉTÉS. — LIGNES CONCÉDÉES OU ENTREPRISES PAR L'ÉTAT.

ANNÉES.	TOTAL de l'Europe.	GRANDE-BRETAGNE. (a)	FRANCE.	AUTRICHE. (b)	BELGIQUE.	ALLEMAGNE (États divers). (c)	PRUSSE.	RUSSIE. (e)	ITALIE (États divers). (e)	TOSCANE.	HOLLANDE.	ÉTATS SARDES.	ESPAGNE.	DANEMARK. (f)	SUISSE.	SUÈDE et NORWÉGE.	PORTUGAL.	ANNÉES.
1	2	3	4	5	6	7	8	9	10	11	12	13	14	15	16	17	18	19
1821	119	119 (1)	″	″	″	″	″	″	″	″	″	″	″	″	″	″	″	1821.
1822	119	119	″	″	″	″	″	″	″	″	″	″	″	″	″	″	″	1822.
1823	137	119	18 (2)	″	″	″	″	″	″	″	″	″	″	″	″	″	″	1823.
1824	157	139	18	″	″	″	″	″	″	″	″	″	″	″	″	″	″	1824.
1825	226	208	18	″	″	″	″	″	″	″	″	″	″	″	″	″	″	1825.
1826	445	242	75	128 (3)	″	″	″	″	″	″	″	″	″	″	″	″	″	1826.
1827	445	242	75	128	″	″	″	″	″	″	″	″	″	″	″	″	″	1827.
1828	616	346	142	128	″	″	″	″	″	″	″	″	″	″	″	″	″	1828.
1829	794	456	142	196	″	″	″	″	″	″	″	″	″	″	″	″	″	1829.
1830	985	647	142	196	″	″	″	″	″	″	″	″	″	″	″	″	″	1830.
1831	1,012	592	142	278	″	″	″	″	″	″	″	″	″	″	″	″	″	1831.
1832	1,063	643	142	278	″	″	″	″	″	″	″	″	″	″	″	″	″	1832.
1833	1,455	963	214	278	″	″	″	″	″	″	″	″	″	″	″	″	″	1833.
1834	2,654	1,214	214	755	464 (4)	7 (5)	″	″	″	″	″	″	″	″	″	″	″	1834.
1835	3,126	1,537	248	755	464	122	″	″	″	″	″	″	″	″	″	″	″	1835.
1836	4,679	3,046	292	755	464	122	″	″	″	″	″	″	″	″	″	″	″	1836.
1837	5,841	3,515	402	755	621	248	230 (6)	28 (7)	42 (8)	″	″	″	″	″	″	″	″	1837.
1838	6,976	3,579	1,026	755	621	695	230	28	42	″	″	″	″	″	″	″	″	1838.
1839	6,887	3,592	572	877	621	695	460	28	42	″	″	″	″	″	″	″	″	1839.
1840	8,544	3,502	834	877	621	1,640	460	428	42	″	″	″	″	″	″	″	″	1840.
1841	9,281	3,617	885	877	621	2,110	701	428	42	″	″	″	″	″	″	″	″	1841.
1842	11,880	3,663	2,005	877	671	2,310	759	428	100	93 (9)	″	″	″	″	″	″	″	1842.
1843	15,296	3,845	3,012	877	671	2,590	1,307	2,600	100	93	″	″	″	″	″	″	″	1843.
1844	18,096	5,141	3,964	1,247	671	2,890	1,090	2,600	100	93	″	″	″	″	″	″	″	1844.
1845	25,358	9,486	4,447	1,247	1,262	3,090	2,096	2,600	100	254	176 (10)	″	″	″	″	″	″	1845.
1846	35,004	16,737	5,608	1,780	1,262	3,270	3,102	2,600	100	254	176	165 (11)	″	″	″	″	″	1846.
1847	35,740	18,110	4,702	1,780	1,262	3,270	3,293	2,600	100	254	176	165	28 (12)	″	″	″	″	1847.
1848	36,152	18,246	4,716	1,780	1,262	3,473	3,293	2,600	100	254	176	165	28	32 (13)	27 (14)	″	″	1848.
1849	36,450	18,284	4,716	1,780	1,262	3,473	3,293	2,600	100	254	176	165	181	132	27	15 (15)	″	1849.
1850	38,441	18,267	4,716	2,715	1,280	3,676	3,293	2,600	100	254	248	377	700	132	27	16	″	1850.
1851	39,061	18,513	4,969	3,367	1,300	3,866	3,300	2,600	100	254	248	377	848	132	27	70	″	1851.
1852	45,923	18,906	6,914	3,738	1,500	4,068	3,924	2,500	1,340	254	335	428	1,171	190	329	226	″	1852.
1853	50,425	20,419	8,800	4,050	1,600	4,407	3,941	2,600	1,284	254	335	791	1,239	190	329	226	80 (16)	1853.
1854	53,860	20,604 (17)	9,213	4,348	1,815	4,551	4,613	3,003	1,124 (18)	258	335	735	2,166	190	684	102 (19)	80	1854.

(1) Darlington : [illegible] 1821. 25k Concession, en 1821, du chemin de Stockton à Darlington 71 \| 119k
(2) Saint-Étienne à Andrézieux.
(3) Lintz à Budweis.
(4) Chemins de l'État.
(5) Nuremberg-Furth (Bavière).
(6) Dusseldorf-Elberfeld 24k; Magdebourg à Halle 116; [illegible], de Cologne à Herbesthal 85 \| 230k
(7) Tsarskoé-Sélo.
(8) Naples à Castellamare.
(9) Livourne à Florence.
(10) Amsterdam à Arnhem.
(11) Turin à Gênes.
(12) Barcelone à Mataro.
(13) Copenhague à Roeskilde.
(14) Bâle à Zurich.
(15) Christiania au lac Miösen.
(16) Lisbonne à Santarem.
(17) Déduction faite des concessions abandonnées principalement en 1847.
(18) Déduction faite des concessions abandonnées en 1853 et 1854.
(19) Déduction faite d'une concession abandonnée.

IIe PARTIE. — NOMBRE DE KILOMÈTRES EXPLOITÉS SOIT PAR L'ÉTAT, SOIT PAR LES COMPAGNIES.

ANNÉES.	TOTAL de l'Europe.	GRANDE-BRETAGNE. (a)	FRANCE.	AUTRICHE. (b)	BELGIQUE.	ALLEMAGNE (États divers). (c)	PRUSSE.	RUSSIE. (e)	ITALIE (États divers). (e)	TOSCANE.	HOLLANDE.	ÉTATS SARDES.	ESPAGNE.	DANEMARK. (f)	SUISSE.	SUÈDE et NORWÉGE.	PORTUGAL.	ANNÉES.
1	2	3	4	5	6	7	8	9	10	11	12	13	14	15	16	17	18	19
1821	48	48	″	″	″	″	″	″	″	″	″	″	″	″	″	″	″	1821.
1822	48	48	″	″	″	″	″	″	″	″	″	″	″	″	″	″	″	1822.
1823	48	48	″	″	″	″	″	″	″	″	″	″	″	″	″	″	″	1823.
1824	48	48	″	″	″	″	″	″	″	″	″	″	″	″	″	″	″	1824.
1825	119	110	″	″	″	″	″	″	″	″	″	″	″	″	″	″	″	1825.
1826	135	135	″	″	″	″	″	″	″	″	″	″	″	″	″	″	″	1826.
1827	167	167	″	″	″	″	″	″	″	″	″	″	″	″	″	″	″	1827.
1828	215	167	18	30	″	″	″	″	″	″	″	″	″	″	″	″	″	1828.
1829	366	220	18	128	″	″	″	″	″	″	″	″	″	″	″	″	″	1829.
1830	440	270	35	128	″	″	″	″	″	″	″	″	″	″	″	″	″	1830.
1831	508	279	33	196	″	″	″	″	″	″	″	″	″	″	″	″	″	1831.
1832	535	285	54	196	″	″	″	″	″	″	″	″	″	″	″	″	″	1832.
1833	676	356	75	245	″	″	″	″	″	″	″	″	″	″	″	″	″	1833.
1834	848	461	142	245	″	″	″	″	″	″	″	″	″	″	″	″	″	1834.
1835	868	461	142	245	20	″	″	″	″	″	″	″	″	″	″	″	″	1835.
1836	1,235	797	142	245	44	7	″	″	″	″	″	″	″	″	″	″	″	1836.
1837	1,624	1,029	161	245	142	47	″	″	″	″	″	″	″	″	″	″	″	1837.
1838	2,522	1,219	176	747	254	72	26	28	″	″	″	″	″	″	″	″	″	1838.
1839	3,335	1,680	243	747	308	172	156	28	42	″	″	″	″	″	″	″	″	1839.
1840	4,021	2,053	430	747	331	234	156	28	42	″	″	″	″	″	″	″	″	1840.
1841	4,912	2,521	369	747	378	240	387	28	42	″	″	″	″	″	″	″	″	1841.
1842	5,732	2,980	507	800	452	437	387	28	42	″	″	″	″	″	″	″	″	1842.
1843	6,831	3,277	827	800	556	491	410	428	42	″	″	″	″	″	″	″	″	1843.
1844	7,680	3,605	829	800	575	827	420	428	100	93	″	″	″	″	″	″	″	1844.
1845	8,861	4,082	881	800	578	1,172	727	428	100	93	″	″	″	″	″	″	″	1845.
1846	11,065	5,057	1,320	1,155	578	1,435	900	428	100	93	″	″	″	″	″	″	″	1846.
1847	14,116	6,349	1,830	1,155	670	1,672	1,762	428	100	150	″	″	″	″	″	″	″	1847.
1848	17,342	8,252	2,222	1,155	735	1,975	2,362	428	100	150	83	80	″	″	″	″	″	1848.
1849	20,238	9,651	2,861	1,155	700	2,123	2,730	428	100	150	83	80	28	32	27	″	″	1849.
1850	24,230	10,656	3,013	2,250	868	2,864	2,835	1,000	100	233	176	100	76	32	27	″	″	1850.
1851	25,628	11,080	3,558	2,357	868	2,908	2,842	1,148	100	233	176	124	76	32	27	″	″	1851.
1852	27,041	11,808	3,872	2,357	903	3,242	2,887	1,148	100	233	176	124	116	32	27	16	″	1852.
1853	29,190	12,373	4,065	2,403	903	3,508	3,822	1,148	100	233	176	205	181	32	27	16	″	1853.
1854	31,000	12,957	4,062	2,543	1,051	3,877	3,007	1,188	100	246	235	398	453	130	27	112	20	1854.

(a) Angleterre, Écosse et Irlande. (Voir au verso l'état de développement.)
(b) [illegible] Bohême, Hongrie, Dalmatie, Lombardie, etc.
(c) Bavière, Hanovre, Saxe, Wurtemberg, les 28 principautés et les villes libres. (Voir au verso l'état de développement.)
(e) Empire d'Europe, y compris la Pologne et la Finlande.
(e) Naples, États Romains, principautés de Lucques, Modène, Parme et Plaisance. (Voir au verso l'état de développement.)
(f) Non compris les duchés de Schleswig et de Holstein, dont les chemins figurent avec ceux des États divers d'Allemagne.

DÉVELOPPEMENT des deux colonnes 7 (Allemagne, États divers).

NOMBRE DE KILOMÈTRES DÉCRÉTÉS.

ANNÉES.	TOTAL.	BAVIÈRE.	SAXE.	PRINCIPAUTÉS et villes libres.	BADE.	NASSAU.	HANOVRE.	WURTEMBERG.
1834	7	(1) 7	″	″	″	″	″	″
1835	122	7	(2) 115	″	″	″	″	″
1836	122	7	115	″	″	″	″	″
1837	248	68	115	(3) 65	″	″	″	″
1838	695	68	115	178	(4) 284	(5) 50	″	″
1839	695	68	115	178	284	50	″	″
1840	1,640	832	296	178	284	50	″	″
1841	2,110	832	296	300	284	50	(6) 348	″
1842	2,310	832	296	500	284	50	348	″
1843	2,590	832	350	500	284	50	348	(7) 226
1844	2,890	832	350	800	284	50	348	226
1845	3,090	832	400	950	284	50	348	226
1846	3,270	1,012	400	950	284	50	348	226
1847	3,270	1,012	400	950	284	50	348	226
1848	3,473	1,077	538	950	284	50	348	226
1849	3,473	1,077	538	950	284	50	348	226
1850	3,674	1,077	538	1,066	290	50	348	305
1851	3,866	1,251	556	1,066	290	50	348	305
1852	4,068	1,251	556	1,066	290	50	550	305
1853	4,407	1,251	600	1,066	342	50	793	305
1854	4,551	1,289	600	(8) 997	457	110	793	305

(1) Nuremberg à Furth.
(2) Leipzig à Dresde.
(3) Brunswick à Oscherleben.
(4) Manheim à Bâle.

NOMBRE DE KILOMÈTRES EXPLOITÉS.

ANNÉES.	TOTAL.	BAVIÈRE.	SAXE.	PRINCIPAUTÉS et villes libres.	BADE.	NASSAU.	HANOVRE.	WURTEMBERG.
1834	″	″	″	″	″	″	″	″
1835	″	″	″	″	″	″	″	″
1836	7	7	″	″	″	″	″	″
1837	47	7	40	″	″	″	″	″
1838	72	7	40	25	″	″	″	″
1839	172	7	115	50	″	″	″	″
1840	234	7	115	50	18	44	″	″
1841	240	7	115	50	18	50	″	″
1842	437	7	296	66	18	50	″	″
1843	491	7	296	66	72	50	″	″
1844	827	68	296	287	84	50	42	″
1845	1,172	68	310	287	224	50	200	33
1846	1,435	241	350	287	224	50	250	33
1847	1,672	241	400	390	268	50	290	33
1848	1,975	360	400	500	284	50	348	33
1849	2,123	371	400	637	284	50	348	33
1850	2,864	598	442	916	284	50	348	226
1851	2,998	598	536	950	290	50	348	226
1852	3,242	709	556	984	290	50	348	305
1853	3,508	880	566	984	290	50	433	305
1854	3,877	1,114	566	997	290	50	555	305

(5) Chemin du Taunus.
(6) Hanovre à Hildesheim.
(7) Heilbronn au lac de Constance.
(8) Déduction faite d'une concession de 69k abandonnée dans le Brunswick.

DÉVELOPPEMENT des deux colonnes 3 (Grande-Bretagne).

ANNÉES.	NOMBRE DE KILOMÈTRES DÉCRÉTÉS.				NOMBRE DE KILOMÈTRES EXPLOITÉS.			
	TOTAL.	ANGLETERRE.	ÉCOSSE.	IRLANDE.	TOTAL.	ANGLETERRE.	ÉCOSSE.	IRLANDE.
1821	119	(9) 119	″	″	48	48	″	″
1822	119	119	″	″	48	48	″	″
1823	119	119	″	″	48	48	″	″
1824	139	119	(10) 20	″	48	48	″	″
1825	208	188	20	″	119	119	″	″
1826	242	190	52	″	135	119	16	″
1827	242	190	52	″	167	147	20	″
1828	346	294	52	″	167	147	20	″
1829	456	394	62	″	220	168	52	″
1830	567	505	62	″	279	227	52	″
1831	592	521	62	(11) 9	279	227	52	″
1832	643	572	62	9	285	233	52	″
1833	963	892	62	9	356	294	62	″
1834	1,214	1,143	62	9	461	390	62	9
1835	1,537	1,442	86	9	461	390	62	9
1836	3,046	2,787	144	115	797	726	62	9
1837	3,515	2,978	255	282	1,029	934	86	9
1838	3,579	2,988	309	282	1,219	1,124	86	9
1839	3,592	3,001	309	282	1,639	1,460	157	22
1840	3,592	3,001	309	282	2,053	1,864	157	32
1841	3,617	3,026	309	282	2,521	2,332	157	32
1842	3,653	3,062	309	282	2,989	2,641	268	80
1843	3,846	3,164	400	282	3,277	2,922	268	87
1844	5,141	3,417	1,018	706	3,605	3,176	332	97
1845	9,486	6,065	1,880	1,541	4,082	3,544	441	97
1846	16,737	12,034	2,403	2,300	5,057	4,330	534	193
1847	18,110	13,161	2,572	2,377	6,349	5,301	704	344
1848	18,246	13,269	2,600	2,377	8,252	6,492	1,180	580
1849	18,284	13,307	2,600	2,377	9,651	7,608	1,353	690
1850	18,297	13,295	2,625	2,377	10,656	8,275	1,521	60
1851	18,513	13,511	2,625	2,377	11,089	8,555	1,536	998
1852	18,906	13,904	2,625	2,377	11,808	9,112	1,564	1,132
1853	20,419	14,842	2,760	2,817	12,373	9,412	1,600	1,361
1854	(12) 20,604	15,007	2,762	2,835	12,957	9,835	1,679	1,443

DÉVELOPPEMENT des deux colonnes 10 (Italie, États divers).

ANNÉES.	NOMBRE DE KILOMÈTRES DÉCRÉTÉS.				NOMBRE DE KILOMÈTRES EXPLOITÉS.			
	TOTAL.	NAPLES.	ÉTATS ROMAINS.	PRINCIPAUTÉS.	TOTAL.	NAPLES.	ÉTATS ROMAINS.	PRINCIPAUT[ÉS]
1837	42	(13) 42	″	″	″	″	″	″
1838	42	42	″	″	″	″	″	″
1839	42	42	″	″	42	42	″	″
1840	42	42	″	″	42	42	″	″
1841	42	42	″	″	42	42	″	″
1842	100	100	″	″	42	42	″	″
1843	100	100	″	″	42	42	″	″
1844	100	100	″	″	100	100	″	″
1845	100	100	″	″	100	100	″	″
1846	100	100	″	″	100	100	″	″
1847	100	100	″	″	100	100	″	″
1848	100	100	″	″	100	100	″	″
1849	100	100	″	″	100	100	″	″
1850	100	100	″	″	100	100	″	″
1851	100	100	″	″	100	100	″	″
1852	1,340	384	676	280	100	100	″	″
1853	1,284	384	620	280	100	100	″	″
1854	1,124	384	(14) 460	280	100	100	″	″

(9) Principaux chemins établis dans le XVIIe siècle pour le service des houillères de Newcastle..... 48k
Chemin de Stockton à Darlington, concédé en 1821.................................... 71 } (1

(10) Chemin de Monklands à Glasgow.

(11) Dublin à Kingston, concédé en 1831 ; une première concession de Limerick à Waterford (en 1826) éta[it] restée sans effet.

(12) Déduction faite des concessions abandonnées, pour une longueur d'environ 1,300 kilomètres, portant prin[-] cipalement sur les années 1846 et 1847.

(13) Naples à Castellamare.

(14) Déduction faite des concessions abandonnées en 1853 et 1854.

4e SÉRIE.

TABLEAU N° 23.

CHEMINS DE FER FRANÇAIS ET ÉTRANGERS.

DOCUMENTS

RELATIFS AUX PARTIES LIVRÉES A L'EXPLOITATION.

RÉSUMÉ

COMPRENANT LA FRANCE, LA BELGIQUE (CHEMIN DE L'ÉTAT), LA PRUSSE, LA GRANDE-BRETAGNE ET LE GRAND-DUCHÉ DE BADE.

ANNÉES.	LONGUEUR moyenne exploitée pendant l'année entière.	DÉPENSE D'ÉTABLISSEMENT. Sommes totales.	DÉPENSE D'ÉTABLISSEMENT. Par kilomètre.	EXPLOITATION. Nombre de voyageurs.	EXPLOITATION. RECETTES. Voyageurs.	EXPLOITATION. RECETTES. Marchandises et divers.	EXPLOITATION. RECETTES. TOTAL.	EXPLOITATION. DÉPENSES.	EXPLOITATION. PRODUIT net.	PAR KILOMÈTRE. RECETTE.	PAR KILOMÈTRE. DÉPENSE.	PAR KILOMÈTRE. PRODUIT net.	PROPORTION p. 0/0 des recettes. Voyageurs	PROPORTION p. 0/0 des recettes. Marchandises et divers.	RAPPORT p. 0/0 de la dépense à la recette.	PRODUIT p. 0/0 du capital dépensé.
1	2	3	4	5	6	7	8	9	10	11	12	13	14	15	16	17
	kilom.	fr.	fr.		fr.	fr.	fr.	fr.	fr.	fr.	fr.	fr.				
[illegible]	4,965	2,292,834,256	461,800	40,445,548	108,835,681	54,270,687	163,106,368	68,393,190	94,713,178	32,851	13,775	19,076	67	33	42	4 13
[illegible]	5,508	2,494,000,679	452,796	48,549,404	127,742,360	75,661,162	203,403,522	80,558,576	122,844,946	36,929	14,626	22,303	63	37	40	4 92
[illegible]	6,371	2,826,033,563	443,578	60,850,921	150,438,020	97,784,650	248,222,670	96,084,677	152,137,993	38,961	15,061	23,880	61	39	39	5 38
[illegible]	7,877	3,255,500,588	413,292	71,623,296	168,569,336	118,492,072	287,061,408	137,173,751	149,887,657	36,444	17,414	19,030	58	42	48	4 60
[illegible]	10,460	3,290,788,231	314,607	82,043,664	197,294,652	163,839,920	361,134,572	170,517,778	190,616,794	34,525	16,302	18,223	55	45	47	5 80
[illegible]	13,491	5,878,812,691	435,758	86,061,141	207,180,283	183,908,760	391,089,043	191,430,216	199,658,827	28,989	14,189	14,800	53	47	49	3 40
[illegible]	15,125	6,779,382,554	448,224	92,887,641	221,705,001	206,562,543	428,267,544	182,206,465	246,061,079	28,315	12,047	16,268	52	48	43	3 63
[illegible]	16,887	7,540,486,610	446,526	106,960,241	252,846,053	242,049,379	494,895,432	241,663,142	253,232,290	29,306	14,311	14,996	51	49	49	3 36
[illegible]	18,027	8,151,477,351	452,181	120,938,854	288,605,339	267,900,380	556,505,719	249,752,159	306,753,560	30,871	13,854	17,017	52	48	45	3 76
[illegible]	18,943	8,501,777,511	448,808	127,001,858	295,288,587	318,195,912	613,484,499	269,469,905	344,014,594	32,385	14,225	18,160	48	52	44	4 04
[illegible]	19,592	9,078,712,205	455,028	143,512,509	327,590,808	388,683,208	716,274,016	322,832,113	393,391,903	35,900	16,183	19,717	46	54	45	4 33

CHEMINS DE FER FRANÇAIS ET ÉTRANGERS. — Documents relatifs aux parties livrées à l'exploitation.

RÉSEAUX.	ANNÉES.	LONGUEUR moyenne exploitée pendant l'année entière.	DÉPENSE D'ÉTABLISSEMENT. Sommes totales.	DÉPENSE D'ÉTABLISSEMENT. Par kilomètre.	EXPLOITATION. NOMBRE de voyageurs.	EXPLOITATION. RECETTES. Voyageurs.	EXPLOITATION. RECETTES. Marchandises et divers.	EXPLOITATION. RECETTES. TOTAL.	EXPLOITATION. DÉPENSES.	EXPLOITATION. PRODUIT net.	PAR KILOMÈTRE. RECETTE.	PAR KILOMÈTRE. DÉPENSE.	PAR KILOMÈTRE. PRODUIT net.	PROPORTION p. 0/0 des recettes. Voyageurs.	PROPORTION p. 0/0 des recettes. Marchandises et divers.	RAPPORT p. 0/0 de la dépense à la recette.	PRODUIT p. 0/0 du capital dépensé.
1	2	3	4	5	6	7	8	9	10	11	12	13	14	15	16	17	18
		kilom.	fr.	fr.		fr.	fr.	fr.	fr.	fr.	fr.	fr.	fr.				
France	1841...	517	165,377,733	320,081	5,878,668	7,889,160	5,126,047	13,085,107	6,015,070	6,070,037	25,704	16,064	9,640	60	41	60 00	[illegible]
	1842...	569	182,373,905	305,485	6,207,096	8,121,406	6,301,400	14,312,894	9,517,019	4,905,384	25,092	16,409	8,615	50	45	60 00	[illegible]
	1843...	763	258,281,130	320,140	7,328,662	13,757,877	8,368,539	21,306,420	11,693,906	9,612,450	28,303	15,236	13,051	51	50	54 00	[illegible]
	1844...	847	287,820,300	332,131	8,129,686	15,437,480	10,180,670	28,007,750	14,721,310	14,986,440	34,300	17,301	16,819	57	43	51 00	[illegible]
	1845...	894	291,929,645	331,441	8,555,118	17,022,231	13,381,782	32,003,062	16,335,062	16,609,311	36,186	17,000	18,277	65	47	49 00	[illegible]
	1846...	1,137	365,187,250	301,353	10,934,706	22,227,830	19,780,465	42,617,396	20,341,605	21,675,833	36,035	17,601	18,084	53	47	46 00	[illegible]
	1847...	1,037	630,585,033	394,589	12,777,023	31,050,875	23,921,022	50,341,607	32,662,611	33,675,450	43,166	21,124	22,049	47	53	42 00	[illegible]
	1848...	2,034	797,860,873	308,049	17,207,435	30,460,700	32,762,253	65,215,618	35,065,134	30,606,913	36,618	17,907	18,181	47	53	57 00	[illegible]
	1849...	3,508	1,029,005,440	389,065	16,511,660	37,003,136	30,670,080	76,583,083	39,721,817	36,851,271	30,536	15,850	14,706	48	52	52 00	[illegible]
	1850...	3,050	1,157,050,619	383,236	18,747,415	44,306,022	45,192,361	93,581,643	46,607,064	50,880,430	32,027	15,136	17,168	51	49	46 00	[illegible]
	1851...	3,200	1,308,090,930	379,084	19,036,396	55,225,660	52,283,063	108,966,302	50,701,871	55,068,181	32,610	15,865	17,134	51	49	46 00	[illegible]
	1852...	3,651	1,663,772,530	527,008	22,669,027	65,048,090	71,066,072	137,224,062	57,463,850	78,890,223	37,186	15,550	21,087	48	52	42 60	[illegible]
	1853...	3,978	1,596,098,208	309,730	24,250,320	76,022,136	65,737,308	172,779,060	73,254,096	97,824,670	43,142	18,021	24,591	44	56	45 00	[illegible]
Belgique	1841...	337	66,804,373	203,111	2,980,092	4,113,754	2,112,580	6,226,334	4,839,600	1,686,015	18,357	13,801	4,670	66	34	72 90	[illegible]
	1842...	305	65,063,412	210,037	3,001,657	4,684,813	2,774,461	7,456,274	4,760,327	2,756,447	18,830	11,679	6,005	63	37	63 00	[illegible]
	1843...	482	116,361,026	241,809	3,245,739	5,482,239	3,512,180	8,994,420	5,476,816	3,517,693	16,650	11,309	7,295	60	40	60 85	[illegible]
	1844...	529	146,029,166	261,331	3,351,829	6,160,348	5,063,915	11,220,160	5,705,431	5,445,065	20,690	10,315	6,777	50	45	54 85	[illegible]
	1845...	550	146,430,417	261,086	3,470,076	6,303,589	6,099,896	12,403,005	5,801,675	6,651,630	22,188	11,208	10,880	56	44	50 95	[illegible]
	1846...	550	151,808,512	271,677	3,700,111	6,902,215	6,609,938	13,572,153	7,263,767	6,330,368	24,270	12,062	11,217	55	47	63 35	[illegible]
	1847...	568	157,017,712	276,018	3,467,853	6,947,349	7,701,879	14,649,094	9,318,801	5,330,933	25,791	16,405	9,385	57	58	63 61	[illegible]
	1848...	585	150,670,902	248,666	3,090,065	3,020,456	6,183,230	13,307,745	8,706,242	5,341,503	20,819	14,733	5,610	50	51	72 46	[illegible]
	1849...	581	153,375,500	263,406	3,094,025	6,977,741	5,698,180	22,933,021	8,296,163	4,637,758	23,530	15,063	7,487	46	51	63 15	[illegible]
	1850...	581	155,548,258	260,473	4,188,014	7,128,200	7,720,510	14,848,719	8,478,586	6,370,133	25,603	13,545	10,988	48	52	57 06	[illegible]
	1851...	661	157,279,685	256,863	4,350,780	8,041,866	7,613,022	15,685,062	8,085,302	7,300,055	25,386	13,630	11,755	50	50	51 85	[illegible]
	1852...	621	155,180,220	268,527	4,431,368	6,099,075	8,518,632	16,015,907	8,778,463	8,134,784	27,225	14,136	13,090	49	51	51 60	[illegible]
	1853...	621	168,306,972	271,125	4,665,256	8,607,215	10,272,003	19,070,468	9,719,033	9,300,435	30,790	15,655	15,073	49	50	50 91	[illegible]
Prusse	1843...	384	46,080,000	120,000	1,515,916	3,833,855	2,443,405	6,277,200	3,714,782	2,562,028	16,061	7,081	6,000	71	29	54 00	[illegible]
	1844...	420	92,008,724	224,162	1,784,078	4,236,648	1,818,772	6,055,420	3,376,700	2,680,720	14,417	8,061	6,356	70	30	59 04	[illegible]
	1845...	727	114,203,740	157,278	2,665,680	6,069,800	4,148,477	10,218,269	5,707,600	5,020,689	14,350	8,028	6,767	66	34	65 30	[illegible]
	1846...	800	127,281,100	152,154	3,206,701	8,300,412	6,093,488	14,404,100	7,077,680	6,869,500	16,000	9,026	7,434	67	33	52 60	[illegible]
	1847...	1,760	300,366,000	170,665	5,126,184	13,805,702	13,631,704	27,305,050	14,462,300	12,842,264	15,497	8,302	7,175	51	49	52 67	[illegible]
	1848...	2,302	441,028,000	187,970	7,585,658	17,035,092	18,331,303	32,860,320	18,704,000	14,160,234	13,929	6,024	4,800	51	49	55 28	[illegible]
	1849...	2,750	517,038,000	188,891	8,507,048	19,602,050	26,090,450	39,697,104	20,179,180	10,798,004	14,014	7,478	7,150	50	50	50 55	[illegible]
	1850...	2,830	542,640,483	191,467	9,951,780	22,305,530	24,702,596	46,116,346	22,883,000	23,223,345	16,070	8,079	8,000	51	49	47 35	[illegible]
	1851...	2,802	551,087,060	195,175	9,286,005	24,439,800	28,460,098	52,862,430	24,087,000	28,275,450	15,503	8,340	9,163	49	51	46 00	[illegible]
	1852...	2,857	517,619,050	197,907	9,502,108	25,906,510	30,186,331	61,119,901	28,356,000	32,785,021	21,170	9,620	11,550	41	59	46 33	[illegible]
	1853...	3,808	583,237,320	211,446	10,101,087	26,417,898	42,220,468	68,635,203	33,357,000	35,281,363	22,918	11,089	11,706	36	64	49 60	[illegible]

CHEMINS DE FER FRANÇAIS ET ÉTRANGERS. — Documents relatifs aux parties livrées à l'exploitation.

RÉSEAUX.	ANNÉES.	LONGUEUR moyenne exploitée pendant l'année entière.	DÉPENSE D'ÉTABLISSEMENT. Sommes totales.	DÉPENSE D'ÉTABLISSEMENT. Par kilomètre.	EXPLOITATION. NOMBRE de voyageurs.	EXPLOITATION. RECETTES. Voyageurs.	EXPLOITATION. RECETTES. Marchandises et divers.	EXPLOITATION. RECETTES. TOTAL.	EXPLOITATION. DÉPENSES.	EXPLOITATION. PRODUIT net.	PAR KILOMÈTRE. RECETTE.	PAR KILOMÈTRE. DÉPENSE.	PAR KILOMÈTRE. PRODUIT net.	PROPORTION p. 0/0 des recettes. Voyageurs.	PROPORTION p. 0/0 des recettes. Marchandises et divers.	RAPPORT p. 0/0 de la dépense à la recette.	PRODUIT p. 0/0 du capital dépensé.
1	2	3	4	5	6	7	8	9	10	11	12	13	14	15	16	17	18
		kilom.	fr.	fr.		fr.	fr.	fr.	fr.	fr.	fr.	fr.	fr.				
Grande-Bretagne	1842...	2,070	1,610,120,000	849,830	23,466,898	77,730,423	35,062,300	113,370,725	45,344,500	68,027,253	38,175	15,070	22,960	68	32	40 00	4 22
	1843...	3,377	1,891,720,000	568,120	27,763,602	80,052,567	40,884,300	126,896,350	46,209,400	80,657,447	38,714	14,711	24,003	67	33	38 00	4 22
	1844...	3,626	2,000,310,600	537,340	33,791,955	89,428,395	45,851,220	135,282,610	55,867,400	90,385,484	43,065	15,103	27,300	64	36	34 00	4 17
	1845...	4,082	2,235,200,000	541,770	43,702,063	113,130,575	71,026,625	185,156,200	60,396,700	122,040,466	46,384	15,201	30,644	63	37	35 00	5 48
	1846...	5,027	2,517,438,200	497,810	51,369,165	125,700,080	86,070,075	212,375,125	100,002,890	112,760,225	42,074	19,775	22,279	60	40	47 00	4 48
	1847...	6,389	3,140,015,200	495,450	57,965,270	142,609,350	106,239,225	248,838,775	111,750,640	136,066,325	39,114	17,607	21,513	58	42	45 00	4 34
	1848...	8,252	4,413,098,000	534,900	56,299,120	153,646,375	127,253,125	280,692,300	126,010,195	154,018,375	33,633	15,270	18,364	54	46	45 00	3 49
	1849...	8,082	4,040,075,000	580,820	63,704,764	160,047,303	136,216,150	296,102,481	113,152,736	183,068,736	32,454	12,437	20,371	53	47	38 00	3 73
	1850...	10,195	5,606,532,280	559,450	72,854,422	170,094,022	150,425,697	320,116,719	168,757,102	165,339,387	32,112	15,652	16,510	53	47	49 00	3 09
	1851...	10,075	6,011,485,908	587,180	85,374,116	198,519,110	170,417,373	378,936,489	164,072,035	208,864,435	34,160	15,031	19,131	56	44	44 00	3 49
	1852...	11,451	6,190,021,000	531,000	80,102,700	191,036,829	198,646,627	389,763,856	172,816,003	216,947,702	34,299	15,022	19,297	49	51	44 00	3 55
	1853...	12,085	6,611,584,750	548,450	102,885,702	214,026,032	250,579,604	464,295,136	207,003,049	257,098,244	37,603	16,851	20,773	47	53	45 00	3 73
Grand-duché de Bade	1842...	16	3,102,800	177,277	307,002	193,240	16,370	219,980	150,130	69,160	11,717	8,333	3,363	92	8	71 46	2 66
	1843...	59	19,049,230	342,258	700,402	639,310	62,070	701,112	368,492	332,920	11,888	6,249	5,643	91	9	52 36	3 35
	1844...	77	25,933,150	286,314	1,658,606	1,453,150	413,000	1,957,000	818,790	1,063,300	24,706	10,607	14,190	78	22	42 67	4 60
	1845...	102	37,508,960	168,691	1,828,486	2,032,300	1,225,720	3,258,020	1,330,880	1,099,100	31,943	17,637	16,605	62	38	40 84	5 21
	1846...	224	51,142,430	226,314	2,337,555	2,570,890	2,034,000	4,255,720	2,605,990	2,219,730	19,177	8,560	10,327	55	45	45 76	4 61
	1847...	244	57,200,400	218,968	2,360,897	2,438,950	2,060,950	4,499,990	2,516,757	1,983,433	18,422	10,314	8,125	54	46	55 90	3 40
	1848...	258	56,733,000	207,030	2,172,026	2,064,096	1,705,530	3,704,300	2,520,723	1,183,475	15,229	9,589	5,770	54	40	60 30	2 48
	1849...	284	56,607,780	321,851	2,819,258	1,630,181	1,439,760	3,056,970	1,915,030	1,773,330	13,375	6,745	6,631	50	50	51 98	2 70
	1850...	284	58,281,835	249,700	1,984,050	2,062,050	2,033,858	4,207,505	1,853,600	2,412,505	15,139	6,792	8,125	53	47	43 85	3 61
	1851...	290	58,836,300	230,662	1,994,427	2,322,068	2,219,002	4,571,760	1,860,200	2,765,320	15,764	6,880	9,309	54	46	30 81	3 94
	1852...	290	66,842,400	229,607	2,030,667	2,477,400	2,816,950	5,308,350	2,115,165	3,270,885	18,705	7,294	11,424	46	54	39 22	4 77
	1853...	290	68,042,400	236,607	1,666,041 (1)	2,626,535	3,262,063	5,888,600	2,650,760	2,821,860	20,300	10,190	10,110	45	55	50 22	4 27
[illegible]	1851...	533	122,141,798	229,280	2,063,165	7,984,995	11,607,859	19,646,857	9,003,300	10,649,627	36,876	16,897	14,852	41	59	45 90	6 16
	1852...	1,085	379,430,080	222,600	5,276,230	18,778,102	21,657,634	40,715,346	21,160,050	19,555,816	38,112	19,799	18,017	36	64	55 60	4 75
	1853...	1,322	378,602,510	287,424	4,056,016	16,923,025	30,157,121	46,060,877	26,830,775	19,551,102	35,357	17,065	15,095	35	65	57 65	5 25
[illegible] (États divers)	1851...	2,210	468,426,450	211,442	11,324,090	17,508,345	16,890,784	35,305,027	16,311,360	17,218,617	14,509	7,660	6,976	51	49	47 50	3 59
	1852...	3,034	650,080,162	213,049	14,056,929	20,504,714	26,177,790	46,876,431	23,220,263	23,650,131	16,664	7,686	8,320	48	52	48 66	3 81
	1853...	3,076	626,973,302	203,410	10,159,585	19,054,509	26,700,805	45,764,457	23,651,119	21,929,337	17,751	9,015	8,508	42	58	50 06	4 16
[illegible]	1852...	124	82,864,000	680,050	1,106,132	1,711,707	1,045,201	2,757,026	1,550,552	1,206,100	22,066	11,158	10,880	62	38	50 50	1 66
	1853...	143	94,572,000	660,600	1,217,885	2,048,805	1,601,409	3,650,214	1,391,644	1,958,170	27,038	13,221	13,709	52	47	49 30	2 00
[illegible]	1853...	27	4,720,218	175,640	212,529	235,602	16,040	250,371	115,804	100,887	9,188	4,600	3,762	95	5	53 51	2 14
[illegible]	1851...	25	5,000,000	178,500	690,752	580,080	40,419	782,050	360,090	453,000	25,340	13,500	10,640	91	9	51 91	7 67
[illegible]	1853...	25	5,200,000	222,880	500,360	1,305,360	30,435	1,395,815	766,700	637,083	49,550	27,000	22,780	94	6	64 35	7 75
[illegible]	1850...	2,038	315,777,915	151,945	4,808,608	19,752,810	5,640,055	25,352,780	12,355,010	16,020,925	15,026	9,001	7,265	60	31	45 13	5 08
	1851...	2,531	358,002,475	130,686	3,045,756	26,958,420	14,813,735	40,739,174	22,546,090	20,153,090	15,096	7,331	8,165	64	36	45 55	6 26
	1852...	2,673	480,172,280	161,320	7,440,653	31,680,079	22,435,535	54,115,515	25,300,350	28,340,220	18,346	8,160	9,738	57	43	46 75	6 91
	1853...	3,379	513,077,100	145,770	11,562,653	36,775,035	38,283,388	71,061,275	36,177,290	36,283,980	19,694	9,741	10,153	52	48	48 90	7 06
[illegible]	1851...	2,123	290,312,380	136,185	10,330,454	20,719,815	16,082,400	36,684,805	20,008,485	15,849,000	17,184	9,390	7,785	54	46	54 75	5 71
	1852...	2,214	303,085,205	152,544	18,561,224	20,814,443	16,251,963	38,300,040	22,796,340	15,650,700	17,370	10,285	7,104	53	47	56 87	5 28
	1853...	2,444	308,898,280	126,385	10,907,900	23,004,780	22,227,500	44,230,910	26,400,350	18,372,018	18,213	10,829	7,517	60	50	59 02	5 94

(1) Voir la note portée page suivante.

Détails statistiques.

RÉSEAUX.	ANNÉES.	LONGUEUR moyenne.	PROPORTION P. 0/0 des voyageurs par classe.			PRODUIT moyen par unité.		PARCOURS moyen.		PRODUIT kilométrique par unité.		PAR KILOMÈTRE parcouru.			MATÉRIEL ROULANT par myriamètre.			PARCOURS kilométrique moyen des locomotives.	OBSERVATIONS
			1re classe.	2e classe.	3e classe.	Voyageurs.	Marchandise.	Voyageurs.	Marchandises.	Voyageur.	Marchandise.	Recette.	Dépense.	Produit net.	Locomotives.	Véhicules à voyageurs.	Véhicules à marchandises.		
1	2	3	4	5	6	7	8	9	10	11	12	13	14	15	16	17	18	19	20
		kil.				fr. c.	fr. c.	kil.	kil.	fr.	fr.	fr. c.	fr. c.	fr. c.				kil.	
France	1849....	2,508	8 83	26 20	64 97	2 49	7 38	39 38	74 24	0 066	0 104	4 93	2 54	2 39	3 03	9 04	48 92	16,072	
	1850....	2,962	8 97	27 21	63 82	2 63	7 25	42 27	88 75	0 064	0 096	6 09	2 88	3 21	3 20	9 51	51 09	16,444	
	1851....	3,299	9 71	25 83	64 46	2 77	7 70	41 04	78 02	0 069	0 097	6 52	2 94	3 58	2 80	8 44	47 22	18,295	
	1852....	3,694	9 23	25 08	65 69	2 90	8 99	44 62	101 01	0 065	0 089	6 68	2 79	3 89	2 87	0 02	48 33	21,293	
	1853....	3,978	9 38	24 15	66 47	3 08	9 27	46 78	113 36	0 066	0 082	6 54	2 82	3 72	3 01	8 83	56 78	23,507	
Belgique	1849....	621	8 99	20 30	70 71	1 60	5 80	32 40	58 50	0 050	0 179	3 16	2 03	1 13	2 65	14 36	60 75	»	
	1850....	621	9 76	22 63	67 61	1 80	6 50	33 10	»	0 052	»	3 35	1 91	1 44	2 73	16 45	59 91	»	
	1851....	621	10 12	24 70	64 18	1 80	6 46	34 20	»	0 054	»	4 19	2 26	1 93	2 75	17 90	61 65	27,480	
	1852....	621	9 97	26 69	63 34	1 82	4 60	33 01	»	0 055	»	4 12	2 12	2 00	2 82	17 90	61 65	29,672	
	1853....	621	11 70	26 28	62 02	1 83	5 35	32 58	»	0 057	»	4 38	2 22	2 16	2 86	17 50	64 40	25,305	
Prusse	1849....	2,730	»	»	»	2 31	11 30	41 10	86 60	0 053	0 101	4 95	2 35	2 60	1 70	4 60	22 20	18,822	
	1850....	2,835	»	»	»	2 50	11 40	45 00	83 70	0 058	0 120	5 01	2 38	2 63	1 70	4 50	24 40	19,537	
	1851....	2,842	»	»	»	2 65	9 50	52 30	80 90	0 059	0 121	5 13	2 41	2 72	1 80	4 50	25 00	19,875	
	1852....	2,887	»	»	»	2 61	8 40	43 90	79 90	0 057	0 105	5 26	2 44	2 82	1 90	4 30	30 00	21,300	
	1853....	3,008	»	»	»	2 64	8 60	42 60	79 10	0 059	0 121	5 38	2 49	2 89	2 10	4 30	33 90	21,105	
Grande-Bretagne	1849....	8,982	11 42	36 84	51 74	2 46	»	26 56	»	0 096	»	»	»	»	»	»	»	»	
	1850....	10,185	11 55	37 23	51 22	2 34	»	26 24	»	0 089	»	»	»	»	»	»	»	»	
	1851....	10,975	11 72	35 69	52 59	2 32	»	25 44	»	0 090	»	»	»	»	»	»	»	»	
	1852....	11,451	11 81	35 67	52 52	2 20	»	25 28	»	0 086	»	»	»	»	»	»	»	»	
	1853....	12,055	12 35	35 78	51 87	2 10	»	25 20	»	0 083	»	»	»	»	»	»	»	»	
Grand-duché de Bade	1849....	284	0 51	8 12	91 37	1 00	14 90	23 90	115 60	0 043	0 121	3 86	2 00	1 86	2 30	10 60	25 10	15,544	*Grand-duché de B[illegible]* — Les changements [illegible]diqués pour 1853 [illegible] la répartition des [illegible] de voyageurs [illegible] être attribués à la [illegible]pression des [illegible] debout, qui jusqu'[illegible] étaient compris dans [illegible] 3e classe. Il en est [illegible]sulté une dimi[illegible] dans le nombre total [illegible] voyageurs, et néan[illegible] une augmentation [illegible] les recettes.
	1850....	284	0 93	9 00	90 07	1 16	14 24	29 00	99 60	0 044	0 142	4 21	1 84	2 37	2 30	10 60	25 10	15,721	
	1851....	200	0 84	8 74	90 42	1 26	13 80	29 40	100 00	0 049	0 138	3 96	1 61	2 35	2 20	10 40	24 60	17,492	
	1852....	290	1 00	8 69	90 31	1 22	15 32	30 70	113 20	0 039	0 131	4 53	1 81	2 72	2 20	10 40	24 60	17,982	
	1853....	290	1 76	18 30	79 94	1 56	14 13	33 80	131 40	0 046	0 107	4 33	2 18	2 15	2 20	10 40	24 70	20 592	
Autriche	1851....	533	»	»	»	2 70	13 22	48 80	52 50	0 055	0 205	10 51	5 08	5 43	3 00	»	»	11,805	
	1852....	1,653	»	»	»	3 08	13 84	60 00	140 00	0 054	0 029	8 03	5 12	2 91	2 80	»	»	13,390	
	1853....	1,528	»	»	»	3 96	14 26	60 83	135 05	0 065	0 105	8 03	4 62	3 41	3 71	5 67	45 39	10,252	
Allemagne (États divers)	1851....	2,310	»	»	»	1 47	8 11	31 40	59 40	0 055	0 129	5 68	2 77	2 91	2 08	6 50	32 90	15,441	
	1852....	3,054	»	»	»	1 61	8 50	38 60	90 10	0 042	0 095	5 70	2 80	2 90	1 77	5 85	25 77	18,852	
	1853....	2,578	»	»	»	1 87	9 73	35 06	73 19	0 053	0 132	4 94	2 57	2 37	1 94	5 18	28 89	18,455	
États Sardes	1852....	124	4 00	19 00	77 00	1 47	14 30	31 06	99 22	0 047	0 144	6 31	3 18	3 13	2 00	6 80	24 00	17,746	
	1853....	142	4 40	20 40	75 20	1 65	12 62	34 76	98 78	0 047	0 138	7 08	3 49	3 59	2 80	8 20	28 00	21,096	
Suisse	1853....	27	0 79	23 70	75 51	0 87	»	»	»	»	»	»	»	»	1 50	»	»	15,604	
Espagne	1851....	28	3 01	17 30	79 69	1 15	»	18 50	»	0 053	»	6 10	3 11	2 99	1 60	»	»	»	
Russie	1852....	28	11 82	38 80	49 38	2 16	»	»	»	»	»	»	»	»	2 50	21 70	12 50	16,175	
New-York	1850....	2,038	»	»	»	4 52	9 95	59 10	69 03	0 079	0 143	5 47	2 38	3 09	1 10	1 70	9 30	»	
	1851....	2,531	»	»	»	3 25	10 31	49 29	95 38	0 066	0 108	5 37	2 45	2 92	1 20	1 70	12 50	»	
	1852....	2,973	»	»	»	4 18	9 30	78 83	133 24	0 056	0 069	4 50	2 11	2 39	1 37	1 74	15 01	»	
	1853....	3,572	»	»	»	3 18	9 86	54 98	111 24	0 057	0 088	5 15	2 53	2 62	1 50	2 14	17 72	»	
Massachusetts	1851....	2,123	»	»	»	1 87	5 94	24 82	49 62	0 075	0 119	4 75	2 59	2 15	»	»	»	»	
	1852....	2,214	»	»	»	1 96	5 73	26 56	50 73	0 073	0 113	4 54	2 67	1 87	»	»	»	»	
	1853....	2,444	»	»	»	2 07	6 02	25 29	50 68	0 081	0 120	5 21	3 07	2 14	1 45	2 21	28 05	»	

CHEMINS DE FER FRANÇAIS ET ÉTRANGERS.

TABLEAU COMPARATIF

DES FAITS D'EXPLOITATION EN 1853.

RÉSUMÉ.

NOMS DES RÉSEAUX.	DÉPENSE d'établissement par kilomètre.	PAR KILOMÈTRE EXPLOITÉ.			RAPPORT p. 0/0 de la dépense à la recette.	PRODUIT net p. 0/0 du capital dépensé.	PRODUIT BRUT MOYEN par unité.		PRODUIT KILOMÉTRIQUE par unité.		PARCOURS MOYEN.		PAR KILOMÈTRE PARCOURU (par train).			PROPORTION P. 0/0 DES VOYAGEURS par classe.			PROPORTION P. 0/0 DES RECETTES par catégorie.				MATÉRIEL ROULANT par myriamètre.		
		Recette.	Dépense	Produit net.			Voyageur.	Tonne	Voyageur.	Tonne	Voyageur.	Tonne	Recette.	Dépense.	Produit net.	1re.	2e.	3e.	Voyageurs.	Marchandises (petite vitesse.)	Transports divers.	Recettes diverses.	Locomotives.	Véhicules à voyageurs.	Véhicules à marchandises.
1	2	3	4	5	6	7	8	9	10	11	12	13	14	15	16	17	18	19	20	21	22	23	24	25	26
	fr.	fr.	fr.	fr.			fr. c.	fr. c.	fr. c.	fr. c.	kilom.	kilom.	fr. c.	fr. c.	fr. c.										
…e	392,730	43,182	18,591	24,591	43 05	6 26	3 08	9 27	0 066	0 082	46 78	113 36	6 54	2 81	3 73	9 38	24 15	66 47	44 26	38 71	12 14	4 89	3 01	8 83	56 78
…que	271,125	30,709	15,636	15,073	50 91	5 56	1 83	5 35	0 057	»	32 58	»	4 38	2 22	2 16	11 70	26 28	62 02	44 53	49 86	4 57	1 04	2 86	17 50	64 40
…e	211,446	22,818	11,080	11,729	48 60	5 50	2 64	8 60	0 059	0 121	42 60	79 10	5 38	2 49	2 89	»	»	»	38 48	57 17		4 35	2 10	4 30	33 90
…chs	247,424	30,557	17,565	12,992	57 48	5 25	3 96	14 26	0 065	0 105	60 83	135 65	8 03	4 62	3 41	»	»	»	34 77	61 86	»	3 37	3 71	5 67	45 39
…gne (États divers.)	204,410	17,751	9,245	8,506	52 08	4 16	1 87	9 73	0 053	0 132	35 06	73 19	4 94	2 57	2 37	»	»	»	41 63	54 48	»	3 89	1 94	5 18	28 89
…-Bretagne	548,450	37,403	16,831	20,572	45 00	3 75	2 10	»	0 083	»	25 20	»	»	»	»	12 35	35 78	51 87	47 00	53 00			»	»	»
…	236,697	20,306	10,196	10,110	50 21	4 27	1 56	14 13	0 046	0 107	33 80	131 40	4 33	2 18	2 15	1 76	18 30	79 94	44 60	45 51	9 89	»	2 20	10 40	24 70
… Sardes	660,000	27,021	13,321	13,700	49 30	2 05	1 65	12 62	0 047	0 138	34 76	98 78	7 08	3 49	3 59	4 40	20 40	75 20	53 21	36 20	8 30	2 29	2 80	8 20	28 00
…e	175,040	8,162	4,400	3,762	53 91	2 14	0 87	»	»	»	»	»	»	»	»	0 79	23 70	75 51	92 40	7 60			1 50	»	»
…e	178,560	25,840	13,200	12,640	51 01	7 07	1 15	»	0 053	»	18 50	»	6 10	3 11	2 99	3 01	17 30	79 60	91 16	8 84		»	1 60	»	»
…e	292,800	49,850	27,090	22,760	54 35	7 76	2 16	»	»	»	»	»	»	»	»	11 82	38 80	49 38	93 59	2 58	1 95	1 88	2 50	21 70	12 50
… New-York	143,770	10,804	9,741	10,153	48 90	7 06	3 18	9 36	0 057	0 088	54 98	111 24	5 15	2 53	2 62	»	»	»	51 70	43 70	»	4 60	1 50	2 14	17 72
… Massachusetts	126,388	18,343	10,826	7,517	59 02	5 94	2 07	6 02	0 081	0 120	25 29	50 68	5 21	3 07	2 14	»	»	»	50 00	42 00		8 00	1 45	2 21	28 05

CHEMINS DE FER FRANÇAIS ET ÉTRANGERS. — [Ta]bleau comparatif des faits d'exploitation en 1853.

NOMENCLATURE.		FRANCE. Nombres.	FRANCE. Sommes.
I. Établissement.	Longueur exploitée, totale au 31 décemb., à une voie	868	.
	à deux voies	3,197 (4,065)	.
	en moyenne pour l'année entière	3,738	.
	Dépense d'établissement, totale	.	1,355,698,808
	par kilomètre	.	392,750
II. Exploitation.	Trafic. Voyageurs à prix complet, 1re classe	3,647,230	22,348,507
	2e classe	8,721,150	22,377,072
	3e classe	11,425,445	29,118,556
	Ensemble	23,369,121	72,846,136
	à prix réduit	313,908	1,976,368
	non classés	.	1,681,508
	Total	24,689,320	76,082,105
	Marchandises à petite vitesse	7,372,652	66,592,027
	Transports divers à grande vitesse	.	16,343,689
	Transports divers à petite vitesse	.	4,506,733
	Produits divers	.	8,303,157
	Total général des recettes	.	171,778,060
	Total général des dépenses	.	73,954,600
	Produit net	.	97,823,676
III. Résultats proportionnels.	Proportion p. 0/0 des voyageurs par classes, 1re classe	9 35 (a)	29 04 (a)
	2e classe	23 13	28 19
	3e classe	66 47 (100)	42 77 (100)
	des recettes par catégories, Voyageurs	.	44 30
	Marchandises (petite vitesse)	.	38 71
	Transports divers à grande vitesse	.	9 51
	Transports divers à petite vitesse	.	2 63
	Produits divers	.	4 89 (100)
	Produit brut moyen par unité, Voyageur	.	3 08
	Tonne de marchandise (pte vse)	.	9 27
	Rapport p. 0/0 de la dépense à la recette	43 05	.
	Produit net p. 0/0 du capital dépensé	.	6 96
IV. Résultats kilométriques.	Sur 1 kilomètre, Voyageurs	(d) [illegible]	.
	Marchandises (petite vitesse)	(d) [illegible]	.
	Parcours kilométrique des trains, de voyageurs	15,348,610	.
	de marchandises	10,907,053	.
	Total	26,255,663	.
	des véhicules, à voyageurs	107,521,013	.
	à march. et div.	327,255,846	.
	Total	434,776,859	.
	des locomotives, total	28,790,472	.
	moyen	23,507	.
	Par kilomètre exploité, Recette	.	45,188
	Dépense	.	19,501
	Produit net	.	26,681
	Par kilomètre parcouru, Recette	.	6 54
	Dépense	.	2 82
	Produit net	.	3 72
	Parcours moyen, Voyageurs	35 76	.
	Marchandises (petite vitesse)	113 36	.
	Produit kilométrique par unité, Voyageur	.	0 066
	Tonne de marchandise (pte vse)	.	0 082
	Par jour sur la distance entière. Nomb. de trains	18	.
	de voyageurs	395	.
	de marchand.	560	.
V. Matériel.	Matériel roulant. Total. Locomotives	1,022	.
	Véhicules à voyageurs	3,387	.
	Véhicules à march. et div.	22,072	.
	par myriam. Locomotives	3 01	.
	Véhicules à voyageurs	8 83	.
	Véhicules à march. et div.	59 76	.
	Composition moyenne des trains, de voyageurs	8 65	.
	de marchandises	27 16	.

BELGIQUE (chemins de l'état.) Nombres.	Sommes.	PRUSSE. Nombres.	Sommes.	AUTRICHE. Nombres.	Sommes.	ALLEMAGNE (États secondaires.) Nombres.	Sommes.	GRANDE-BRETAGNE. Nombres.	Sommes.	[illegible] (chemins de l'état.) Nombres.	Sommes.	ÉTATS SARDES (chemins de l'état.) Nombres.	Sommes.	SUISSE (Nord.) Nombres.	Sommes.	ESPAGNE (Barcelone à Mataro.) (1852.) Nombres.	Sommes.	RUSSIE (Tsarskoé-Sélo.) (1852.) Nombres.	Sommes.	ÉTAT DE NEW-YORK (États-Unis.) Nombres.	Sommes.	ÉTAT DE MASSACHUSETTS (États-Unis.) Nombres.	Sommes.	OBSERVATIONS
[illegible]	[illegible]	[illegible]	[illegible]	[illegible]	[illegible]	[illegible]	[illegible]	[illegible]	[illegible]	[illegible]	[illegible]	[illegible]	[illegible]	[illegible]	[illegible]	[illegible]	[illegible]	[illegible]	[illegible]	[illegible]	[illegible]	[illegible]	[illegible]	[illegible]

FRANCE.

(a) Résultats constatés sur 3,350 kil. (déduction faite des chemins de banlieue ou autres sur lesquels le classement des voyageurs se présente dans des conditions exceptionnelles) :

		Nombre.	Proportion p. 0/0.	Produits.	Proportion p. 0/0.
Voyageurs.	1re classe.	1,683,219	9 38	10,707,539	29 94
	2e	4,176,793	23 21	10,166,791	28 19
	3e	11,405,445	63 41	20,118,566	42 77
		17,995,347	100 00	36,675,801	100 00

BELGIQUE.

On ne donne ici que les opérations du chemin de l'État. Dans les recettes n'est pas compris le montant des réductions opérées pour le ... (dépêches de la guerre, des finances et de la justice). Déduction est faite dans les recettes et dépenses du service du télégraphe.

PRUSSE, AUTRICHE ET ALLEMAGNE [illegible]

GRANDE-BRETAGNE. [illegible]

GRAND-DUCHÉ DE BADE ET ÉTATS SARDES. [illegible]

SUISSE. Il n'y avait, en 1853, en exploitation que le seul chemin de Bade à Zurich.

RUSSIE. Les renseignements obtenus ne portent que sur le petit chemin de Tsarskoé-Sélo, exploité par une compagnie.

NEW-YORK ET MASSACHUSETTS. [illegible]

SÉRIE HORS CLASSE.

DIVERS.

HORS CLASSE.

TABLEAU N° 25.

TABLEAU SYNOPTIQUE

PAR DÉPARTEMENT,

DES CHEMINS DE FER ET DES AUTRES VOIES DE COMMUNICATION

AU 30 JUIN 1855.

TABLEAU SYNOPTIQUE, PAR DÉPARTEMENT, DES CHEMINS DE FER ET DES AUTRES VOIES DE COMMUNICATION, au 30 juin 1855.

DÉPARTEMENTS. 1	POPULATION (recensement de 1851) absolue. 2	POPULATION spécifique (par kilom. carré). 3	CHEMINS DE FER concédés. 4	CHEMINS DE FER en exploitation. 5	ROUTES DE TERRE impériales. 6	ROUTES DE TERRE départementales et stratégiques. 7	ROUTES DE TERRE chemins vicinaux de grande communication. 8	VOIES NAVIGABLES Rivières. 9	VOIES NAVIGABLES Canaux. 10	CLASSEMENT DES DÉPARTEMENTS sous le rapport de la population spécifique. 11	CLASSEMENT des chemins de fer concédés. 12	CLASSEMENT des chemins de fer en exploitation. 13	NOMBRE DE KILOMÈTRES de chemin de fer (par 100,000 habitants) concédés. 14	NOMBRE DE KILOMÈTRES en exploitation. 15
	Habitants.	Habitants.	kil.	kil.	kil.	kil.	kil.	kil.	kil.	de 1 à 86	de 1 à 77	de 1 à 52	kil.	kil.
Ain	372,939	64	235	″	449	571	1,075	(1) 319	4	29	8	.	63	.
Aisne	558,989	76	161	70	611	672	954	150	185	91	35	30	38	12
Allier	336,758	46	211	84	499	238	980	(2) 190	95	69	13	22	64	25
Alpes (Basses-)	152,670	22	″	″	224	810	332	″	″	86	.	.	.	.
Alpes (Hautes-)	132,038	24	″	″	358	74	453	″	″	85	.	.	.	.
Ardèche	386,559	70	″	″	464	841	303	(3) 148	″	32	.	.	.	.
Ardennes	331,296	63	87	2	382	211	519	173	111	42	64	50	26	0.6
Ariége	267,435	55	″	″	285	327	348	(4) 4	″	57	.	.	.	.
Aube	265,247	45	127	60	379	346	452	(5) 65	32	15	43	36	46	23
Aude	282,747	46	157	″	304	650	607	″	166	79	35	″	54	.
Aveyron	394,183	45	124	″	377	735	757	(6) 85	″	24	56	.	31	.
Bouches-du-Rhône	428,989	83	185	122	282	376	341	(7) 80	53	11	22	15	43	25
Calvados	491,210	89	241	″	439	549	1,092	131	15	13	7	.	40	.
Cantal	253,329	64	123	″	370	186	717	(8) 14	″	77	31	.	48	″
Charente	382,912	64	116	116	350	278	1,281	92	″	28	55	21	36	29
Charente-Inférieure	469,992	69	64	5	430	624	930	(9) 203	73	34	79	48	14	1
Cher	306,261	43	111	111	492	622	624	(10) 224	208	73	57	22	88	26
Corrèze	320,864	35	35	″	366	444	897	(11) 83	″	56	73	.	11	1
Corse	236,251	37	″	″	752	64	745	″	″	86	.	.	.	.
Côte-d'Or	400,297	46	102	160	713	720	490	(12) 88	157	33	21	5	49	42
Côtes-du-Nord	632,613	92	126	″	479	574	1,202	79	73	18	49	.	19	″
Creuse	287,075	52	29	″	342	389	939	″	″	84	75	″	10	.
Dordogne	505,789	55	251	4	360	1,024	1,518	(13) 323	15	55	5	42	42	6.7
Doubs	296,679	57	102	9	302	492	987	″	135	64	59	47	34	4
Drôme	326,846	50	132	119	318	352	678	(14) 159	″	65	46	15	60	56
Eure	415,777	70	214	43	483	822	1,072	171	″	33	11	43	55	11
Eure-et-Loir	294,892	52	119	92	387	500	763	″	″	92	53	28	49	32
Finistère	617,710	92	155	″	415	491	532	115	81	11	37	″	35	″
Gard	408,163	70	148	118	508	762	583	(15) 103	98	31	39	19	30	29
Garonne (Haute-)	481,610	78	66	″	353	812	998	(16) 183	84	19	68	.	14	″
Gers	307,479	49	″	″	427	599	916	10	″	67	.	.	.	.
Gironde	614,387	63	224	181	394	777	1,018	(17) 381	35	44	9	3	34	20
Hérault	389,286	63	193	55	364	482	518	20	132	45	20	39	50	17
Ille-et-Vilaine	574,618	85	250	″	678	526	1,055	(18) 161	75	15	6	.	43	.
Indre	271,938	40	99	74	404	394	807	″	″	81	60	34	36	27
Indre-et-Loire	315,641	52	168	130	311	1,203	″	(19) 162	35	50	86	14	53	41
Isère	603,497	73	136	52	534	663	541	(20) 205	″	25	45	40	22	8
Jura	313,361	63	179	″	340	557	830	94	40	65	21	.	57	″
Landes	302,196	32	171	133	458	349	1,102	(21) 203	21	22	36	12	38	44
Loir-et-Cher	261,892	41	94	94	366	456	387	105	69	80	62	27	30	30
Loire	472,588	99	194	117	328	302	614	(22) 134	31	3	19	26	41	25
Loire (Haute-)	304,615	61	159	″	344	457	425	17	″	67	27	.	55	″
Loire-Inférieure	535,664	78	159	56	482	610	2,189	(23) 261	95	18	32	35	29	16
A REPORTER	16,311,682		5,347	2,017	18,091	23,248	34,500	4,995	2,178					

OBSERVATIONS. 16

(1) Y compris 114k commun…, 65 avec l'Isère, 48 avec le Rh… avec Saône-et-Loire.
(2) Y compris 100k commun…, 29 avec la Nièvre et 88 avec … Loire.
(3) Y compris 148k, savoir : … la Drôme, 10 avec l'Isère, … Gard et 7 avec Vaucluse.
(4) Y compris 4k avec la … …cause.
(5) Y compris 4k avec la Mar…
(6) Y compris 24k avec le …
(7) Y compris 23k avec le G…
(8) Y compris 14k avec le G…
(9) Y compris 22k avec la …
(10) Y compris 100k avec la …
(11) Y compris 16k avec le … le Lot.
(12) Y compris 17k, savoir : … Haute-Saône et 3 avec …
(13) Y compris 62k, savoir : … Gironde et 4 avec le Lot.
(14) Y compris 193k avec …
(15) Y compris 103k, savoir : … Bouches-du-Rhône, 75 … 66.
(16) Y compris 4k avec l'A…
(17) Y compris 36k avec le …
(18) Y compris 10k, dont … la Loire-Inférieure et 15 … bihan.
(19) Y compris 8k avec la …
(20) Y compris 142k, … Vaise, 10 avec l'Ardèche, … Loire et 60 avec le Rhône.
(21) Y compris 22k avec … Pyrénées.
(22) Y compris 10k avec …
(23) Y compris 72k, … Ille-et-Vilaine, 25 avec … avec Maine-et-Loire et … bihan.

DÉPARTEMENTS. 1	POPULATION (recensement de 1851) absolue. 2	POPULATION spécifique (par kilom. carré). 3	CHEMINS DE FER concédés. 4	CHEMINS DE FER en exploitation. 5	ROUTES DE TERRE impériales. 6	ROUTES DE TERRE départementales et stratégiques. 7	ROUTES DE TERRE chemins vicinaux de grande communication. 8	VOIES NAVIGABLES Rivières. 9	VOIES NAVIGABLES Canaux. 10	CLASSEMENT DES DÉPARTEMENTS sous le rapport de la population spécifique. 11	CLASSEMENT des chemins de fer concédés. 12	CLASSEMENT des chemins de fer en exploitation. 13	NOMBRE DE KILOMÈTRES de chemin de fer (par 100,000 habitants) concédés. 14	NOMBRE DE KILOMÈTRES en exploitation. 15
	Habitants.	Habitants.	kil.	kil.	kil.	kil.	kil.	kil.	kil.	de 1 à 86	de 1 à 77	de 1 à 52	kil.	kil.
…PORT	16,311,682	″	5,347	2,017	18,091	23,248	34,500	4,995	2,178	.	.	.	.	.
	341,423	50	210	95	434	474	565	129	160	66	14	26	61	93
	296,224	57	103	″	286	633	902	(1) 225	″	53	38	.	50	.
…Garonne	341,345	64	144	″	363	453	775	262	92	41	40	.	42	.
	144,705	28	″	″	473	924	607	″	″	83	.	.	.	.
…Loire	515,452	72	135	90	396	904	1,091	(2) 380	″	27	44	39	28	17
	603,882	101	112	″	374	644	1,032	(3) 165	42	5	56	.	19	.
	373,302	46	108	104	568	346	634	(4) 105	161	72	15	5	55	44
…(Haute-)	265,398	43	185	13	408	301	592	12	″	76	18	40	70	5
	374,566	73	68	″	250	704	887	85	″	95	67	.	18	.
	450,423	74	213	176	424	458	641	48	144	34	12	4	47	39
	328,657	53	80	78	508	436	791	87	98	39	65	35	24	28
	475,172	70	156	″	577	300	1,110	(5) 122	191	30	90	.	32	.
	459,684	86	120	120	467	366	781	80	″	14	52	17	26	26
	327,161	48	118	44	466	619	707	(6) 174	184	66	64	61	30	13
	1,158,285	304	332	212	594	417	865	(7) 256	241	3	9	2	20	18
	463,857	69	164	131	600	842	556	66	104	35	23	13	45	32
	430,884	72	197	25	458	364	1,185	″	″	18	16	45	53	6
…Calais	692,994	105	141	141	685	469	1,147	(8) 107	121	7	39	11	21	21
…Dôme	596,897	75	98	30	482	432	444	129	″	22	61	44	26	6
…(Basses-)	446,097	58	1	1	419	855	843	(9) 108	″	80	77	92	0.2	0.2
…(Hautes-)	250,934	58	″	″	287	198	947	″	″	51	.	.	.	.
…Orientales	181,955	44	22	″	337	155	183	″	″	78	76	.	12	.
…Bas-)	587,434	129	162	97	332	643	274	332	129	4	31	25	28	17
…Haut-)	494,147	120	176	109	347	412	471	82	118	6	25	24	36	22
	574,745	206	150	89	235	300	675	(10) 123	9	2	28	31	27	15
…(Haute-)	347,469	65	221	″	293	458	694	(11) 65	″	37	10	.	65	.
…Loire	574,720	67	133	91	384	777	901	(12) 290	144	36	45	29	23	16
	473,071	76	254	51	402	581	765	145	″	20	8	41	54	11
	1,422,065	2,091	167	121	130	230	110	71	23	1	20	16	12	8
…Inférieure	762,039	126	196	150	590	819	753	156	3	5	17	8	25	21
…Marne	345,076	58	316	161	516	1,040	666	243	118	40	3	7	91	47
…Oise	472,556	84	392	283	745	763	1,094	149	50	12	1	1	85	60
…(Deux-)	323,605	54	65	1	258	513	942	(13) 65	13	58	69	34	20	0.2
	570,641	93	158	153	620	578	746	(14) 34	155	20	28	9	26	20
	365,073	63	42	″	333	815	757	70	″	45	72	.	12	.
…Garonne	237,553	64	129	″	255	666	389	135	69	40	47	.	64	.
	357,907	50	92	″	370	612	762	″	″	46	71	.	9	.
	264,818	74	57	57	138	572	243	(15) 97	″	33	71	37	22	22
	383,734	57	″	″	335	572	2,557	(16) 118	14	22	.	.	.	.
	316,738	46	143	110	353	503	1,358	(17) 51	″	73	41	33	45	35
…(Haute-)	319,379	58	92	″	373	334	1,070	″	″	50	68	.	30	.
	427,409	70	72	″	201	673	808	″	″	79	80	.	17	.
	381,133	51	166	147	531	825	836	104	150	53	58	10	44	30
…ET MOYENNES	35,783,059	67	(18) 8,406	4,075	36,035	(19) 47,090	67,049	(20) 8,815	4,715				38	15

OBSERVATIONS. 16

(1) Y compris 66k, savoir : 34 avec l'Aveyron, 2 avec la Corrèze et 4 avec la Dordogne.
(2) Y compris 91k avec la Loire-Inférieure.
(3) Y compris 33k avec l'Ille-et-Vilaine.
(4) Y compris 4k avec l'Aube.
(5) Y compris 80k, savoir : Ille-et-Vilaine, 21 ; Loire-Inférieure, 8.
(6) Y compris 46k, savoir : 20 avec l'Allier, 26 avec le Cher.
(7) Y compris 30k avec le Pas-de-Calais.
(8) Y compris 92k, savoir : avec la Somme, 80 ; avec le Nord, 12.
(9) Y compris 31k avec les Landes.
(10) Y compris 88k, savoir : 40 avec l'Ain, 80 avec l'Isère.
(11) Y compris 9k avec la Côte-d'Or.
(12) Y compris 11k, savoir : 11 avec l'Ain, 3 avec la Côte-d'Or.
(13) Y compris 23k, savoir : 5 avec la Charente-Inférieure, 3 avec la Vendée et 15 avec la Vienne.
(14) Y compris 12k avec le Pas-de-Calais.
(15) Y compris 67k, savoir : 7 avec l'Ardèche et 60 avec le Gard.
(16) Y compris 95k, savoir : 92 avec la Charente-Inférieure et 3 avec les Deux-Sèvres.
(17) Y compris 24k, savoir : 8 avec l'Indre-et-Loire et 16 avec les Deux-Sèvres.
(18) Non compris les chemins industriels, dont la longueur totale est de 89k, sur lesquels 74 en exploitation.
(19) Dans ce chiffre figurent les routes stratégiques pour une longueur totale de 1,488k.
(20) Déduction faite de 1,091k formant le total des longueurs communes à deux départements. Ce chiffre (8,815) représente la longueur totale et réelle des rivières navigables au point de vue géographique.

PARTIE DU RÉSEAU NON LIVRÉE A L'EXPLOITATION.

RELEVÉ CHRONOLOGIQUE DES OUVERTURES

D'APRÈS LES CAHIERS DES CHARGES ET D'APRÈS LA SITUATION DES TRAVAUX.

DATES ET LONGUEUR (A PARTIR DE 1854).

RÉSUMÉ COMPARATIF

DES OUVERTURES SUCCESSIVES, D'APRÈS LES CAHIERS DES CHARGES ET D'APRÈS LA SITUTAION DES TRAVAUX.

ANNÉES.	LONGUEURS À LIVRER				SECTIONS		DIFFÉRENCE	
	PAR ANNÉE		CUMULÉES au 31 décembre					
	d'après les cahiers des charges.	d'après la situation des travaux.	d'après les cahiers des charges.	d'après la situation des travaux.	en avance.	en retard.	en plus.	en moins.
1	2	3	4	5	6	7	8	9
1854	//	//	4,940	4,662	//	278 (1)	//	278
1855	872	1,173	5,812	5,835	355 (2)	332 (3)	23	//
1856	776	1,506	6,588	7,341	753 (4)	//	753	//
1857	748	805	7,336	8,146	810 (5)	//	810	//
1858	896	535	8,232	8,681	449 (6)	//	449	//
1859	1,169	720	9,401	9,401	//	//	//	//
1860 et suivantes	2,095	2,095	11,406	11,406	//	//	//	//

OBSERVATIONS.

10

(1) OUEST : Embt de Fécamp 20k
ORLÉANS ... { St-Germain-des-Fossés à Clermont. 65 / Argenton à la Souterraine ..... 50 } 115
MIDI ..... { Bordeaux à Castets ..... 65 / Béziers à Cette ..... 66 } 131
COMPAGNIES ISOLÉES : Provins aux Ormes 12
278

(2) NORD : Somain à l'Escaut 8
EST : St-Dizier à Donjeux 38
OUEST : Le Mans à Alençon 54
GRAND-CENTRAL : Clermont à Brassac 54
MIDI : Castets à Castel-Sarrazin 121
COMPAGNIES ISOLÉES : Lyon à Bourg 80
355

(3) OUEST : Embt de Fécamp 20
ORLÉANS ... { Argenton à Limoges ..... 104 / Poitiers à Niort ..... 70 } 174
LYON : Auxonne à Gray 35
MÉDITERRANÉE : Rognac à Aix 25
MIDI : Béziers à Cette 66
COMPAGNIES ISOLÉES : Provins aux Ormes 12
332

(4) NORD : Somain à l'Escaut 8
EST : St-Dizier à Donjeux 38
OUEST : Le Mans à Argentan 94
ORLÉANS : Nantes à Saint-Nazaire 58
Gd-CENTRAL. { Clermont à Lempdes ..... 63 / Montauban au Lot et embt ..... 175 } 238
MIDI ..... { Narbonne à Perpignan ..... 60 / Agde vers Lodève ..... 25 } 85
Cies ISOLÉES. { St-Rambert à Rives ..... 57 / Lyon à Seyssel et embranchemt. 175 } 232
753

(5) NORD : Busigny à Somain 8
EST ..... { Troyes à Chaumont ..... 96 / Langres à Belfort ..... 139 } 235
OUEST : Le Mans à Argentan 94
ORLÉANS ... { Niort à la Rochelle et à Rochefort. 86 / Nantes à St-Nazaire ..... 58 } 144
LYON : Besançon à Belfort 90
MIDI : Agde vers Lodève 25
COMPAGNIES ISOLÉES : Lyon à Genève et embrancht. 214
810

(6) EST ..... { Troyes à Chaumont ..... 96 / Langres à Belfort ..... 139 } 235
COMPAGNIES ISOLÉES : Lyon à Genève et embrancht. 214
449

1° D'APRÈS LES CAHIERS DES CHARGES.

ANNÉES.	DÉSIGNATION DES LIGNES OU SECTIONS À OUVRIR.	DÉSIGNATION DES COMPAGNIES CONCESSIONNAIRES.	LONGUEURS À LIVRER À L'EXPLOITATION par ligne.	par année.	TOTAL au 31 décembre de chaque année.	OBSERVATIONS.
1	2	3	4	5	6	7
			kil.	kil.	kil.	
	Longueur totale exploitée au 31 décembre … 4,602k		»	»	»	
1854	Sections en retard : Beuzeville à Fécamp	Ouest 20k				
	Provins aux Ormes	Provins aux Ormes 12				
	Bordeaux à Cestas	Midi 63				
	Béziers à Cette	Midi 68				
	Saint-Germain-des-Fossés à Clermont	Grand-Central 60				
	Argenton à la Souterraine	Orléans 50 (ensemble 276)	»	»	»	
	Longueur totale des lignes qui auraient dû être ouvertes à la fin de 1854		»	»	4,940	
1855	Le Mans à Laval	Ouest	90	872	5,812	
	Dijon à Besançon	Paris à Lyon	90			
	Dax à Bayonne	Midi	50			
	Auxonne à Gray	Paris à Lyon	35			
	Valence à Lyon	Lyon à la Méditerranée	108			
	Saint-Quentin à Erquelines	Nord	67			
	Strasbourg à Wissembourg	Est	59			
	Rognac à Aix	Lyon à la Méditerranée	25			
	Mantes à Caen	Ouest	181			
	La Roche à Auxerre	Paris à Lyon	20			
	Poitiers à Niort	Orléans	70			
	La Souterraine à Limoges	Idem	34			
	Embranchement de la Joliette	Lyon à la Méditerranée	3			
1856	Dôle à Salins	Salines de l'Est	40	776	6,588	
	Vaise à Perrache	Paris à Lyon	4			
	Embranchement de Mont-de-Marsan	Midi	37			
	Graissessac à Béziers	Graissessac à Béziers	53			
	Noisy à Nogent	Est	95			
	Embranchement de Coulommiers	Idem	32			
	Mulhouse à Belfort	Idem	53			
	Paris à Vincennes et embranchement	Idem	26			
	Cette à Agde	Midi	60			
	Hautmont à la frontière	Hautmont à la frontière	9			
	Montluçon aux Bordes et embranchement	Montluçon à Moulins	30			
	Agen à Toulouse et Toulouse à Béziers	Midi	274			
	Laval à Rennes	Ouest	72			
1857	Carmaux à Alby	Carmaux à Alby	16	748	7,336	
	Narbonne à Perpignan	Midi	60			
	Saint-Dizier à Gray	Est	158			
	Clermont à Lempdes	Grand-Central	65			
	Montauban au Lot et embranchement	Idem	175			
	Coutras à Périgueux	Idem	75			
	Saint-Rambert à Grenoble	Saint-Rambert à Grenoble	59			
	La Fère à Reims	Nord	89			
	Lisieux à Pont-l'Évêque	Ouest	26			
1858	Besançon à Belfort	Paris à Lyon	98	896	8,232	
	Niort à la Rochelle et à Rochefort	Orléans	86			
	Saint-Germain-des-Fossés à Roanne	Paris à Lyon par le Bourbonnais	65			
	Bességes à Alais	Bességes à Alais	30			
	Caen à Cherbourg	Ouest	134			
	Reims à Mézières, Charleville et Sedan	Ardennes	105			
	Creil à Beauvais	Idem	38			
	Paris à Creil	Nord	40			
	Nantes à Saint-Nazaire	Orléans	65			
	Agde vers Lodève	Midi	25			
	Noyelles à Saint-Valery	Nord	5			
	Mézidon au Mans	Ouest	130			
	Busigny à Somain	Nord	40			
	Saint-Étienne à Firminy	Grand-Central	15			
	Lempdes à Brioude	Idem	15			
1859	Lyon à Genève et embranchement	Lyon à Genève	214	1,169	9,401	
	Marseille à Toulon	Lyon à la Méditerranée	68			
	Troyes à Chaumont	Est	95			
	Langres à Belfort	Idem	136			
	Nancy à Épinal	Idem	70			
	Vesoul à Gray	Idem	54			
	Tours au Mans	Orléans	98			
	Limoges à Agen	Grand-Central	236			
	Périgueux au Lot	Idem	140			
	Embranchement de Rodez	Idem	24			
1860 et suivantes	Épinal à Vesoul	Est	65	2,005	11,406	
	Strasbourg à Kehl	Idem	9			
	Pont-l'Évêque à Honfleur	Ouest	15			
	Serquigny à Trouville	Idem	56			
	Argentan à Granville	Idem	132			
	Idem à la ligne de Chartres	Idem	137			
	Le Mans à Angers	Idem	105			
	Rennes à Brest	Idem	249			
	Rennes à Saint-Malo	Idem	74			
	Rennes à Redon	Idem	72			
	Savenay à Redon	Orléans	56			
	Redon à Quimper et Châteaulin	Idem	195			
	Embranchement sur Napoléonville	Idem	26			
	Les Bordes à Moulins	Montluçon à Moulins	55			
	Chalon et Bourg à Dôle	Paris à Lyon	170			
	Firminy à Brioude	Grand-Central	148			
	Lempdes à la ligne de Périgueux au Lot	Idem	151			
	Corbeil à Nevers	Paris à Lyon par le Bourbonnais	216			
	Moret à Montargis	Idem	51			
	Roanne à Lyon	Idem	75			
	Embranchement sur Vichy	Idem	9			

2° D'APRÈS LA SITUATION DES TRAVAUX.

ANNÉES.	DÉSIGNATION DES LIGNES OU SECTIONS À OUVRIR.	DÉSIGNATION DES COMPAGNIES CONCESSIONNAIRES.	LONGUEURS À LIVRER À L'EXPLOITATION par ligne.	par année.	TOTAL au 31 décembre de chaque année.	OBSERVATIONS.
1	2	3	4	5	6	7
			kil.	kil.	kil.	
	Longueur totale exploitée au 31 décembre		»	»	4,602	
	Saint-Quentin à Erquelines	Nord	67	1,178	5,830	(a) Sections à reporter en 1856. (b) À reporter en 1856 pour 43 kilomètres.
	Somain à l'Escaut	Idem	8 (a)			
	Strasbourg à Wissembourg	Est	59			
	Saint-Dizier à Donjeux	Idem	38			
	Le Mans à Laval	Ouest	90			
	Le Mans à Alençon	Idem	36 (a)			
	Mantes à Lisieux	Idem	134			
	Lisieux à Caen	Idem	47			
	Saint-Germain-des-Fossés à Clermont	Grand-Central	60			
	La Roche à Auxerre	Paris à Lyon	20			
	Dijon à Besançon	Idem	92 (b)			
	Lyon à Valence	Lyon à la Méditerranée	108			
	Embranchement de la Joliette	Idem	3 (a)			
	Lyon à Bourg	Lyon à Genève	60 (a)			
	Clermont aux mines de Brassac	Grand-Central	54			
	Dax à Bayonne	Midi	50			
	Bordeaux à Langon	Idem	48			
	Langon à Tonneins	Idem	53			
	Tonneins à Castel-Sarrasin	Idem	99 (a)			
	Hautmont à la frontière	Hautmont à la frontière	9	(c) 1,506	7,341	(c) Non compris 218 kilomètres qui n'ont pas été livrés à l'exploitation en 1855.
	Noisy à Nogent	Est	55			
	Embranchement de Coulommiers	Idem	32			
	Mulhouse à Belfort	Idem	51			
	Paris à Vincennes	Idem	26			
	Provins aux Ormes	Provins aux Ormes	12			
	Beuzeville à Fécamp	Ouest	20			
	Laval à Rennes	Idem	72			
	Alençon à Argentan	Idem	40			
	Poitiers à Niort	Orléans	70			
	Argenton à Limoges	Idem	101			
	Nantes à Saint-Nazaire	Idem	58			
	Montluçon aux Bordes et embranchement	Montluçon à Moulins	30			
	Auxonne à Gray	Paris à Lyon	35			
	Vaise à Perrache	Idem	4			
	Rognac à Aix	Lyon à la Méditerranée	25			
	Dôle à Salins	Salines de l'Est	39			
	Mâcon à Bourg et Ambérieux à Seyssel	Lyon à Genève	115			
	Saint-Rambert à Rives	Saint-Rambert à Grenoble	37			
	Brassac à Lempdes	Grand-Central	9			
	Montauban au Lot et embranchements	Idem	176			
	Castel-Sarrasin à Cette	Midi	284			
	Embranchement de Mont-de-Marsan	Idem	37			
	Idem de Perpignan	Idem	60			
	Idem de Pézenas	Idem	22			
	Graissessac à Béziers	Graissessac à Béziers	53			
	La Fère à Reims	Nord	89	805	8,146	
	Donjeux à Gray	Est	120			
	Troyes à Chaumont	Idem	95			
	Langres à Belfort	Idem	136			
	Lisieux à Pont-l'Évêque	Ouest	26			
	Niort à la Rochelle et à Rochefort	Orléans	86			
	Besançon à Belfort	Paris à Lyon	93			
	Seyssel à la frontière	Lyon à Genève	39			
	Rives à Grenoble	Saint-Rambert à Grenoble	41			
	Coutras à Périgueux	Grand-Central	76			
	Carmaux à Alby	Carmaux à Alby	19			
	De l'Escaut à Busigny	Nord	41	535	8,681	
	Saint-Denis à Creil	Idem	40			
	Noyelles à Saint-Valery	Idem	5			
	Reims à Mézières et Creil à Beauvais	Ardennes	143			
	Argentan à Mézidon	Ouest	40			
	Caen à Cherbourg	Idem	135			
	Saint-Germain-des-Fossés à Roanne	Paris à Lyon par le Bourbonnais	65			
	Bességes à Alais	Bességes à Alais	30			
	Saint-Étienne à Firminy	Grand-Central	15			
	Lempdes à Brioude	Idem	15			
	Nancy à Épinal	Est	70	720	9,401	
	Vesoul à Gray	Idem	54			
	Tours au Mans	Orléans	98			
	Marseille à Toulon	Lyon à la Méditerranée	68			
	Limoges à Agen	Grand-Central	236			
	Périgueux au Lot	Idem	140			
	Embranchement de Rodez	Idem	24			
	Épinal à Vesoul	Est	65	2,005	11,406	
	Strasbourg à Kehl	Idem	9			
	Pont-l'Évêque à Honfleur	Ouest	15			
	Serquigny à Trouville	Idem	56			
	Argentan à Granville	Idem	132			
	Idem à la ligne de Chartres	Idem	137			
	Le Mans à Angers	Idem	105			
	Rennes à Brest	Idem	249			
	Rennes à Saint-Malo	Idem	74			
	Rennes à Redon	Idem	72			
	Savenay à Redon	Orléans	56			
	Redon à Quimper et Châteaulin	Idem	199			
	Embranchement sur Napoléonville	Idem	30			
	Les Bordes à Moulins	Montluçon à Moulins	55			
	Chalon et Bourg à Dôle	Paris à Lyon	170			
	Firminy à Brioude	Grand-Central	148			
	Lempdes à la ligne de Périgueux au Lot	Idem	154			
	Corbeil à Nevers	Paris à Lyon par le Bourbonnais	216			
	Moret à Montargis	Idem	51			
	Roanne à Lyon	Idem	75			
	Embranchement sur Vichy	Idem	9			

TABLEAU DES ÉPOQUES LÉGALES D'ACHÈVEMENT DES LIGNES CONCÉDÉES.

(D'après les cahiers des charges.)

DÉSIGNATION DES COMPAGNIES.	LONGUEUR TOTALE concédée au 30 juin 1855.	LONGUEUR qui devait être LIVRÉE au 31 déc. 1854.	LONGUEURS A LIVRER A L'EXPLOITATION						OBSERVATIONS.
			en 1855.	en 1856.	en 1857.	en 1858.	en 1859.	pendant les années 1860-1866.	
1	2	3	4	5	6	7	8	9	10
Nord	968	707	87	"	80	94	"	"	
Est	1,781	940	59	194	158	"	359	71	
Ouest	2,059	560	271	72	20	275	"	861	
Paris à Orléans	1,733	1,092	124	"	"	144	88	285	
Paris à Lyon	923	058	145	4	"	90	"	176	
Grand-Central	1,143	65	"	"	314	30	440	294	
Lyon à la Méditerranée	624	420	136	"	"	"	68	"	
Midi	800	289	50	376	60	25	"	"	
Lignes en commun aux compagnies principales	698	280	"	"	"	65	"	353	
Lignes appartenant aux compagnies isolées	767	79	"	130	116	173	214	55	
TOTAUX	11,496	4,040	872	776	748	896	1,169	2,095	

TABLEAU DES ÉPOQUES PROBABLES D'ACHÈVEMENT DES LIGNES CONCÉDÉES.

(D'après la situation des travaux.)

DÉSIGNATION DES COMPAGNIES.	LONGUEUR TOTALE concédée au 30 juin 1855.	LONGUEUR LIVRÉE au 31 décembre 1854.	LONGUEURS A LIVRER A L'EXPLOITATION						OBSERVATIONS.
			en 1855.	en 1856.	en 1857.	en 1858.	en 1859.	pendant les années 1860-1866.	
1	2	3	4	5	6	7	8	9	10
Nord	968	707	95	"	80	86	"	"	
Est	1,781	940	97	194	355	"	124	71	
Ouest	2,059	540	325	132	20	181	"	861	
Paris à Orléans	1,733	1,042	"	232	86	"	88	285	
Paris à Lyon	923	508	110	39	90	"	"	176	
Grand-Central	1,143	"	119	184	76	30	440	294	
Lyon à la Méditerranée	624	420	111	25	"	"	68	"	
Midi	800	158	236	406	"	"	"	"	
Lignes en commun aux compagnies principales	698	280	"	"	"	65	"	353	
Lignes appartenant aux compagnies isolées	767	67	80	294	98	173	"	55	
TOTAUX	11,406	4,662	1,173	1,506	805	535	720	2,095	

PARTIE DU RÉSEAU LIVRÉE A L'EXPLOITATION.

RECETTES DES CHEMINS DE FER

PAR MOIS ET PAR CATÉGORIE EN 1854.

ÉTATS RÉCAPITULATIFS.

1° RÉSUMÉ PAR MOIS.

MOIS.	LONGUEUR		GRANDE VITESSE.			PETITE VITESSE.			RECETTES	TOTAL	PROPORTION P. 0/0 DE LA RECETTE MENSUELLE par catégorie.					
			VOYAGEURS.		ACCESSOIRES.	MARCHANDISES.		ACCESSOIRES.	DIVERSES.	GÉNÉRAL	Grande vitesse.		Petite vitesse.		Diverses.	TOTAL.
	TOTALE exploitée à la fin du mois.	MOYENNE exploitée pendant le mois.	Nombre.	Recettes (y compris le 10e).	Recettes. (A)	Tonnage.	Recettes. (B)	Recettes. (C)	(D)	de la recette brute.	Voyageurs.	Accessoires.	Marchandises.	Accessoires.		
1	2	3	4	5	6	7	8	9	10	11	12	13	14	15	16	17
	kil.	kil.		fr. c.	fr. c.		fr. c.	fr. c.	fr. c.	fr. c.						
Janvier	4,079	4,070	1,519,886	4,481,370 24	1,325,244 75	676,707	6,578,938 23	448,255 22	74,407 06	12,908,215 50	5	7	7	9	6	6
Février	4,120	4,099	1,436,138	4,540,697 21	1,112,906 27	643,938	6,212,963 19	390,117 10	72,976 07	12,436,659 84	6	6	7	8	6	8
Mars	4,130	4,122	1,865,532	6,016,198 20	1,520,750 76	746,250	6,862 858 23	393,068 39	82,017 78	14,880,893 36	7	8	8	9	7	8
Avril	4,130	4,130	2,100,228	6,552,288 44	1,453,067 20	698,809	6,199,297 35	406,537 16	85,237 45	14,696,427 60	8	8	7	9	7	9
Mai	4,168	4,160	2,451,279	6,850,786 08	1,493,673 01	798,218	6,443,037 31	444,887 86	103,019 85	15,335,404 12	8	8	8	9	8	10
Juin	4,400	4,270	2,583,333	7,178,526 97	1,517,055 27	729,356	6,408,910 98	387,222 83	113,414 12	15,605,130 17	9	8	7	8	9	9
Juillet	4,539	4,490	3,051,667	8,417,631 39	1,608,340 58	707,585	6,776,760 07	388,812 97	90,866 37	17,291,411 38	10	8	8	8	8	6
Août	4,539	4,539	3,125,108	9,324,098 59	1,620,759 54	725,107	7,402,423 17	375,086 75	153,187 92	18,875,555 97	11	9	8	8	12	8
Septembre	4,569	4,554	3,158,349	9,207,484 73	1,580,797 82	737,678	7,858,690 96	338,413 66	88,870 99	19,080,258 16	11	8	9	7	7	8
Octobre	4,569	4,560	2,835,649	8,704,630 65	1,902,287 26	796,277	8,798,635 81	349,914 40	82,925 94	19,878,304 06	10	10	10	7	7	9
Novembre	4,674	4,635	2,008,842	6,531,818 14	1,855,216 09	815,007	9,079,360 70	364,752 90	89,770 46	17,920,918 89	8	10	10	8	7	10
Décembre	4,674	4,674	1,844,324	5,902,078 39	1,827,868 59	858,564	9,530,053 29	475,530 50	196,301 90	18,011,832 67	7	10	11	10	16	9
TOTAUX et moyennes	4,674	4,363	27,980,335	83,827,609 03	18,929,967 74	8,933,502	88,150,929 29	4,769,599 74	1,241,995 92	196,920,101 72	100	100	100	100	100	100
Par kilomètre	"	"	"	19,213 29	4,338 75	"	20,204 20	1,093 19	284 66	45,134 09	"	"	"	"	"	"
Proportion p. 0/0	"	"	"	42 57	9 60	"	44 77	2 42	0 64	100 00	"	"	"	"	"	"

(A) Voir tableau n° 19, chapitre II.

(B) Marchandises, houille et coke (tableau n° 19, chapitre III).

(C) Voir tableau n° 19, chapitre III, moins les articles indiqués par la note B.

(D) Voir tableau n° 19, chapitre IV.

2° RÉSUMÉ PAR CHEMIN.

NOMS DES CHEMINS.	LONGUEUR		GRANDE VITESSE.			PETITE VITESSE.			RECETTES	TOTAL	PROPORTION P. 0/0 DE LA RECETTE ANNUELLE par catégorie.					
			VOYAGEURS.		ACCESSOIRES.	MARCHANDISES.		ACCESSOIRES.	DIVERSES.	GÉNÉRAL	Grande vitesse.		Petite vitesse.		Diverses.	TOTAL.
	TOTALE exploitée au 31 décemb.	MOYENNE exploitée pendant l'année entière.	Nombre.	Recettes (y compris le 10e).	Recettes.	Tonnage.	Recettes.	Recettes.		de la recette brute.	Voyageurs.	Accessoires.	Marchandises.	Accessoires.		
1	2	3	4	5	6	7	8	9	10	11	12	13	14	15	16	17
	kil.	kil.		fr. c.	fr. c.		fr. c.	fr. c.	fr. c.	fr. c.						
Nord	707	707	5,071,218	16,133,589 80	4,921,861 70	1,622,206	18,218,082 13	574,112 01	150,290 91	39,977,936 55	40	12	46	1	1	100
Anzin à Somain	19	19	155,174	60,967 15	2,733 05	280,036	250,534 80	293 25	1,269 17	315,797 42	19	1	79	0	1	100
Est. Paris à Strasbourg, etc.	863	827	3,566,987	14,213,258 31	2,705,323 90	1,325,475	16,295,449 27	455,363 99	93,052 76	33,762,448 23	42	8	48	1	1	100
Est. Montereau à Troyes	100	100	107,008	578,450 20	263,594 30	97,540	766,528 33	62,835 20	36,243 53	1,707,651 56	39	10	45	4	2	100
Paris à Saint-Germain	32	30	3,836,527	2,113,504 15	52,066 60	"	"	"	"	2,165,570 75	98	2	"	"	"	100
Ouest	238	209	3,741,553	5,025,852 45	438,260 49	222,234	1,811,398 36	483,164 30	123,932 66	7,882,608 26	64	6	23	6	1	100
Paris à Rouen	139	130	1,084,085	5,240,009 55	1,300,046 70	449,054	4,565,034 65	149,671 05	"	11,255,661 95	47	11	41	1	"	100
Rouen au Havre	92	92	670,057	1,952,173 35	562,649 55	425,922	2,421,643 40	25,933 30	"	4,962,399 60	39	11	49	1	"	100
Rouen à Dieppe	51	51	171,062	415,385 60	96,938 65	88,882	339,751 45	6,553 55	"	858,629 25	48	11	40	1	"	100
Paris à Orsay	25	17	721,766	380,152 30	8,725 45	30	568 30	"	482 55	395,926 00	96	2	1	"	1	100
Orléans et prolongements	1,155	1,139	3,322,659	17,438,738 46	4,415,447 76	1,130,745	20,529,722 55	2,552,024 60	"	44,935,933 37	39	10	46	5	"	100
Paris à Lyon	508	443	2,370,877	12,735,683 52	2,847,814 28	587,603	9,305,723 08	283,694 50	640,414 29	25,813,320 67	49	11	36	1	3	100
Lyon à la Méditerranée	420	358	1,850,842	5,297,700 06	911,432 67	791,836	5,570,745 55	87,429 55	46,420 30	11,863,734 13	44	7	47	1	1	100
Grand-Central. (Rhône et Loire.)	150	150	1,080,439	1,940,177 82	327,788 64	1,426,725	7,369,355 75	87,483 94	169,580 25	9,900.386 40	20	4	74	1	1	100
Midi	158	67	116,212	283,471 16	75,284 00	26,347	125,603 00	51,040 50	309 50	535,708 16	53	14	23	9	1	100
Ceinture	17	15	17,869	5,500 15	"	452,206	580,787 67	"	"	586,377 82	1	"	99	"	"	100
TOTAUX et moyennes	4,674	4,363	27,980,335	83,827,609 03	18,929,967 74	8,933,502	88,150,929 29	4,769,599 74	1,241,995 92	(1) 196,920,101 72	42	10	45	2	1	100
Par kilomètre	"	"	"	19,213 29	4,338 75	"	20,204 20	1,093 19	284 66	45,134 09	"	"	"	"	"	"
Proportion p. 0/0	"	"	"	42 57	9 60	"	44 77	2 42	0 64	100 00	"	"	"	"	"	"

(1) Non compris une somme d'environ 5 millions provenant de recettes diverses qui ne figurent pas dans les relevés mensuels fournis avant la rectification générale des comptes à la fin de l'exercice.

Recettes des chemins de fer, par mois et par catégorie, en 1854.

MOIS.	LONGUEUR		GRANDE VITESSE.			PETITE VITESSE.			RECETTES	TOTAL	PROPORTION P. 0/0 DE LA RECETTE MENSUELLE.					
			VOYAGEURS.		ACCESSOIRES.	MARCHANDISES.		ACCESSOIRES.		GÉNÉRAL	Grande vitesse.		Petite vitesse.			
	TOTALE exploitée à la fin du mois.	MOYENNE exploitée pendant le mois.	Nombre.	Recettes (y compris le 10e).	Recettes.	Tonnage.	Recettes.	Recettes.	DIVERSES.	de la recette brute.	Voyageurs.	Accessoires.	Marchandises.	Accessoires.	Diverses.	TOTAL.
1	2	3	4	5	6	7	8	9	10	11	12	13	14	15	16	17
	kil.	kil.		fr. c.	fr. c.		fr. c.	fr. c.	fr. c.	fr. c.						
						NORD.										
Janvier	707	707	305,653	888,080 50	358,146 47	132,214	1,491,969 28	55,642 77	2,423 71	2,796,282 73	5	7	8	10	2	7
Février	707	707	286,736	893,649 80	344,190 91	127,002	1,394,058 50	55,864 12	6,523 35	2,694,283 68	5	7	8	10	5	7
Mars	707	707	354,991	1,118,221 70	421,088 64	137,622	1,464,563 23	58,050 72	7,845 70	3,070,070 99	7	8	8	10	6	8
Avril	707	707	402,959	1,326,771 70	381,741 92	117,870	1,247,146 22	59,826 97	7,316 50	3,022,803 31	8	8	7	10	5	7
Mai	707	707	416,984	1,317,587 90	377,876 37	126,150	1,318,537 92	42,091 12	18,990 66	3,075,683 97	8	8	7	7	14	8
Juin	707	707	454,159	1,415,944 21	338,841 75	129,732	1,343,967 57	36,075 17	14,310 81	3,199,139 51	0	8	7	6	11	8
Juillet	707	707	595,398	1,725,724 67	401,411 05	131,779	1,466,422 95	38,808 16	6,268 15	3,638,634 98	11	8	8	7	5	9
Août	707	707	558,506	1,881,273 66	465,245 88	133,902	1,542,809 67	49,630 29	51,051 27	3,990,010 77	12	10	0	9	30	10
Septembre	707	707	566,745	1,796,862 16	406,126 22	137,363	1,545,679 97	35,595 67	2,044 33	3,786,308 35	11	8	8	6	2	9
Octobre	707	707	479,498	1,603,205 76	460,018 76	144,208	1,730,235 90	45,592 64	1,610 20	3,840,663 26	10	9	10	8	1	10
Novembre	707	707	331,966	1,124,704 70	490,297 29	146,604	1,800,325 01	49,621 82	3,753 00	3,468,702 72	7	10	10	0	3	9
Décembre	707	707	317,533	1,041,563 04	426,876 44	157,820	1,872,345 91	45,815 56	8,151 33	3,394,752 28	7	9	10	8	7	8
TOTAUX et moyennes	707	707	5,071,218	16,133,589 80	4,921,661 70	1,622,266	18,218,082 13	574,112 01	130,290 91	39,077,936 55	100	100	100	100	100	100
Par kilomètre	»	»	»	22,820 00	6,962 00	»	25,768 00	812 00	184 00	56,546 00	»	»	»	»	»	»
Proportion p. 0/0	»	»	»	40 35	12 31	»	45 57	1 44	0 33	100 00	»	»	»	»	»	»
						ANZIN A SOMAIN.										
Janvier	19	19	11,937	4,529 75	166 55	21,428	20,198 65	34 60	70 00	24,999 55	7	6	8	12	6	8
Février	19	19	10,201	4,244 25	213 90	20,928	20,365 70	21 75	77 40	24,923 00	7	8	8	7	6	8
Mars	19	19	12,727	4,887 40	196 20	24,121	22,019 55	12 90	81 80	27,197 85	8	7	9	4	7	9
Avril	19	19	14,057	5,388 40	171 60	22,482	20,960 70	10 25	78 90	26,609 85	9	6	8	4	6	8
Mai	19	19	12,391	4,773 50	185 85	26,496	21,365 80	11 30	85 20	26,421 65	8	7	8	4	7	8
Juin	19	19	12,565	4,813 80	182 65	23,527	19,591 30	6 80	88 50	24,683 05	8	7	8	2	7	8
Juillet	19	19	13,318	5,063 40	225 25	26,168	21,364 75	28 05	12 75	26,694 20	8	8	8	10	1	9
Août	19	19	14,673	5,554 85	262 75	27,540	23,888 20	15 15	26 10	29,747 05	9	10	10	5	2	9
Septembre	19	19	12,260	6,170 85	287 05	25,051	21,686 25	15 35	512 30	28,671 80	10	10	9	5	40	9
Octobre	19	19	14,963	5,665 00	279 40	23,802	20,640 45	16 30	69 05	26,670 20	9	10	8	6	5	9
Novembre	19	19	12,012	4,561 90	294 00	25,106	21,549 00	32 05	20 90	26,457 85	8	11	9	11	2	8
Décembre	19	19	14,070	5,314 05	267 85	19,378	16,904 45	88 75	146 27	22,721 37	9	10	7	30	11	7
TOTAUX et moyennes	19	19	155,174	60,967 15	2,733 05	286,036	250,534 80	293 25	1,269 17	315,797 42	100	100	100	100	100	100
Par kilomètre	»	»	»	3,209 00	144 00	»	13,186 00	15 00	67 00	16,621 00	»	»	»	»	»	»
Proportion p. 0/0	»	»	»	19 31	0 87	»	79 33	0 09	0 40	100 00	»	»	»	»	»	»
						PARIS A STRASBOURG.										
Janvier	786	786	207,491	758,309 80	206,682 66	99,591	1,124,093 49	32,374 14	5,030 66	2,127,099 75	5	8	7	7	6	7
Février	803	795	214,521	853,136 60	191,084 97	100,687	1,171,128 56	32,857 14	4,332 16	2,252,539 43	6	7	7	7	5	7
Mars	803	803	271,227	1,113,204 77	221,371 86	126,825	1,343,814 53	36,460 05	6,451 89	2,721,303 10	8	8	8	8	7	8
Avril	803	803	295,760	1,162,190 28	210,829 11	125,153	1,285,514 29	40,742 65	5,046 80	2,704,323 13	8	8	8	9	5	8
Mai	803	803	315,593	1,227,653 41	208,941 78	127,251	1,250,777 59	41,743 50	13,196 01	2,742,312 89	9	8	8	9	14	8
Juin	833	829	331,711	1,250,135 21	205,311 71	102,873	1,200,213 42	28,192 04	6,311 77	2,780,164 15	9	7	8	6	7	8
Juillet	533	833	335,542	1,307,199 29	219,644 22	92,079	1,202,549 57	29,417 06	10,084 07	2,769,404 21	9	8	7	7	12	8
Août	833	833	334,316	1,491,586 67	224,565 59	93,907	1,255,218 94	33,955 85	22,670 75	3,027,997 80	11	8	8	8	24	9
Septembre	863	848	366,750	,530,122 63	229,292 69	98,773	1,289,064 97	38,117 53	6,602 95	3,093,290 77	11	8	8	8	7	9
Octobre	863	863	364,598	1,479,355 18	268,956 84	110,613	1,508,087 14	41,109 35	4,047 05	3,301,555 56	10	10	0	0	4	10
Novembre	863	863	272,653	1,068,032 63	258,148 30	120,978	1,696,550 68	45,031 44	3,249 82	3,071,012 87	7	10	10	10	4	9
Décembre	863	863	256,826	972,331 84	260,494 17	126,745	1,878,436 09	55,303 24	4,729 23	3,171,354 57	7	10	12	12	5	
TOTAUX et moyennes	863	827	3,566,987	14 213,258 31	2,705,323 90	1,325,475	16,295,449 27	455,363 09	93,052 70	33,762,448 23	100	100	100	100	100	10
Par kilomètre	»	»	»	17,187 00	3,271 00	»	19,704 00	550 00	113 00	40,825 00	»	»	»	»	»	»
Proportion p. 0/0	»	»	»	42 10	8 01	»	48 26	1 35	0 28	100 00	»	»	»	»	»	»

Suite des *Recettes des chemins de fer, par mois et par catégorie, en 1854.*

MOIS.	LONGUEUR — TOTALE exploitée à la fin du mois.	LONGUEUR — MOYENNE exploitée pendant le mois.	GRANDE VITESSE. — VOYAGEURS. — Nombre.	GRANDE VITESSE. — VOYAGEURS. — Recettes (y compris le 10e).	GRANDE VITESSE. — ACCESSOIRES. — Recettes.	PETITE VITESSE. — MARCHANDISES. — Tonnage.	PETITE VITESSE. — MARCHANDISES. — Recettes.	PETITE VITESSE. — ACCESSOIRES. — Recettes.	RECETTES DIVERSES.	TOTAL GÉNÉRAL de la recette brute.	PROPORTION P. 0/0 DE LA RECETTE MENSUELLE. — Grande vitesse. — Voyageurs.	Grande vitesse. — Accessoires.	Petite vitesse. — Marchandises.	Petite vitesse. — Accessoires.	Diverses.	TOTAL.
1	2	3	4	5	6	7	8	9	10	11	12	13	14	15	16	17
	kil.	kil.		fr. c.	fr. c.		fr. c.	fr. c.	fr. c.	fr. c.						
MONTEREAU A TROYES.																
Janvier	100	100	12,048	35,783 20	19,374 35	9,555	76,209 45	4,790 65	2,587 40	138,745 05	6	7	10	8	7	8
Février	100	100	11,877	35,724 10	17,432 20	9,181	70,852 25	5,341 40	4,097 85	133,447 80	6	7	9	8	11	8
Mars	100	100	16,653	40,386 70	22,735 70	10,441	77,440 70	4,863 80	2,913 80	154,340 70	8	9	10	8	8	9
Avril	100	100	18,167	51,354 85	22,900 65	8,428	61,017 55	4,355 55	1,507 06	141,234 46	9	9	8	7	4	8
Mai	100	100	16,817	48,929 75	22,315 05	8,696	57,748 95	3,867 60	1,461 87	134,323 22	9	8	7	6	4	8
Juin	100	100	17,922	48,585 30	18,988 40	7,077	54,047 31	3,885 60	4,181 09	129,687 70	8	7	7	6	12	8
Juillet	100	100	16,795	47,150 90	20,136 85	6,715	53,376 50	4,753 25	6,327 74	131,745 24	8	8	7	8	17	8
Août	100	109	18,516	55,593 20	20,132 60	5,165	36,867 44	5,694 20	2,144 30	120,431 74	10	8	5	9	6	7
Septembre	100	100	19,642	60,024 30	22,387 95	7,470	68,175 99	6,168 85	2,611 52	159,368 61	10	8	9	10	7	9
Octobre	100	100	20,280	61,578 85	26,544 75	8,052	73,741 16	5,947 15	3,522 69	171,334 60	11	10	10	9	10	10
Novembre	100	100	14,694	45,718 35	24,906 35	7,816	68,698 32	6,286 15	2,866 27	148,475 44	8	9	9	10	8	9
Décembre	100	100	13,597	41,620 70	25,640 45	8,042	68,352 71	6,881 20	2,021 94	144,517 00	7	10	9	11	6	8
Totaux et moyennes	100	100	197,008	578,450 20	263,594 30	97,540	766,528 33	62,835 20	36,243 53	1,707,651 56	100	100	100	100	100	100
Par kilomètre	»	»	»	5,784 00	2,636 00	»	7,665 00	628 00	362 00	17,077 00	»	»	»	»	»	»
Proportion p. 0/0	»	»	»	33 87	15 44	»	44 89	3 68	2 12	100 00	»	»	»	»	»	»
PARIS A SAINT-GERMAIN.																
Janvier	25	25	123,156	83,297 75	3,073 25	»	»	»	»	86,371 00	4	6	»	»	»	4
Février	25	25	107,639	72,218 90	2,744 30	»	»	»	»	74,963 20	3	5	»	»	»	3
Mars	25	25	149,377	100,371 35	3,258 25	»	»	»	»	103,629 60	5	6	»	»	»	5
Avril	25	25	186,300	134,772 70	3,903 45	»	»	»	»	138,676 15	6	7	»	»	»	6
Mai	32	31	427,598	234,111 75	4,718 80	»	»	»	»	238,830 55	11	9	»	»	»	11
Juin	32	32	451,151	232,129 55	4,545 75	»	»	»	»	236,675 30	11	9	»	»	»	11
Juillet	32	32	515,480	273,888 85	4,967 05	»	»	»	»	278,855 90	13	10	»	»	»	13
Août	32	32	519,820	269,649 35	5,128 80	»	»	»	»	274,778 15	13	10	»	»	»	13
Septembre	32	32	507,578	265,944 65	4,990 50	»	»	»	»	270,935 15	13	10	»	»	»	13
Octobre	32	32	401,719	211,037 70	5,608 75	»	»	»	»	216,646 45	10	11	»	»	»	10
Novembre	32	32	235,049	124,925 10	4,697 50	»	»	»	»	129,622 60	6	9	»	»	»	6
Décembre	32	32	211,660	111,156 50	4,430 20	»	»	»	»	115,586 70	5	8	»	»	»	5
Totaux et moyennes	32	30	3,836,527	2,113,504 15	52,066 60	»	»	»	»	2,165,570 75	100	100	»	»	»	100
Par kilomètre	»	»	»	70,045 00	174 00	»	»	»	»	70,219 00	»	»	»	»	»	»
Proportion p. 0/0	»	»	»	99 71	0 29	»	»	»	»	100 00	»	»	»	»	»	»
OUEST.																
Janvier	151	151	202,306	253,612 45	24,954 19	18,465	129,244 48	25,734 55	9,177 70	442,723 37	5	6	7	6	8	6
Février	175	162	183,792	246,115 30	20,291 85	17,490	115,511 92	21,471 65	7,346 85	410,737 07	5	5	6	4	6	5
Mars	175	175	247,477	327,976 35	27,053 15	20,461	142,461 84	21,355 70	5,248 65	524,095 69	7	6	8	4	4	7
Avril	175	175	312,116	387,253 90	27,231 90	19,998	133,853 23	24,518 70	13,770 80	586,628 53	8	6	8	5	11	7
Mai	175	175	356,292	442,516 40	32,969 00	17,836	124,852 62	24,224 50	14,640 79	639,203 31	9	7	7	5	12	8
Juin	238	238	359,427	483,068 25	31,430 40	15,395	118,757 65	31,804 05	11,439 70	676,520 05	9	7	6	7	9	9
Juillet	238	238	424,493	529,890 55	36,764 45	15,501	128,002 18	50,664 50	8,997 20	754,318 88	11	8	8	11	7	9
Août	238	238	448,499	604,466 65	41,154 05	14,047	134,986 25	47,613 00	7,408 46	835,628 41	12	9	8	10	6	10
Septembre	238	238	430,354	568,377 10	41,768 80	16,831	165,726 26	48,769 90	7,822 85	832,464 91	11	10	9	10	6	11
Octobre	238	238	355,485	514,597 25	47,702 00	23,241	216,286 22	64,275 65	12,923 50	855,784 62	10	11	12	13	10	11
Novembre	238	238	220,039	352,401 85	53,335 50	20,727	196,764 62	63,008 70	14,389 73	679,900 40	7	12	10	13	12	9
Décembre	238	238	201,273	315,556 40	53,605 70	22,242	204,951 09	59,723 40	10,766 43	644,603 02	6	13	11	12	9	8
Totaux et moyennes	238	200	3,741,553	5,025,852 45	438,260 40	222,234	1,811,398 36	483,164 30	123,932 66	7,882,608 26	100	100	100	100	100	100
Par kilomètre	»	»	»	24,047 09	2,097 00	»	8,667 00	2,312 00	593 00	37,716 00	»	»	»	»	»	»
Proportion p. 0/0	»	»	»	63 76	5 50	»	22 98	6 13	1 57	100 00	»	»	»	»	»	»

Suite des *Recettes des chemins de fer, par mois et par catégorie*, en 1854.

MOIS.	LONGUEUR		GRANDE VITESSE.			PETITE VITESSE.			RECETTES DIVERSES.	TOTAL GÉNÉRAL de la recette brute.	PROPORTION P. 0/0 DE LA RECETTE MENSUELLE.					
	TOTALE exploitée à la fin du mois.	MOYENNE exploitée pendant le mois.	VOYAGEURS.		ACCESSOIRES.	MARCHANDISES.		ACCESSOIRES.			Grande vitesse.		Petite vitesse.		Diverses.	TOTAL.
			Nombre.	Recettes (y compris le 10e).	Recettes.	Tonnage.	Recettes.	Recettes.			Voyageurs.	Accessoires.	Marchandises.	Accessoires.		
1	2	3	4	5	6	7	8	9	10	11	12	13	14	15	16	17
	kil.	kil.		fr. c.	fr. c.		fr. c.	fr. c.	fr. c.	fr. c.						
PARIS A ROUEN.																
Janvier	139	139	66,761	289,661 50	102,292 65	46,161	457,785 55	10,193 55	»	859,933 25	5	8	10	7	»	7
Février	139	139	64,984	301,810 90	87,221 25	38,535	380,551 95	10,059 35	»	779,643 45	6	7	8	7	»	7
Mars	139	139	82,242	383,501 60	94,111 70	39,070	377,770 80	12,035 70	»	867,428 80	7	7	8	8	»	8
Avril	139	139	92,566	426,425 00	95,306 45	37,179	355,802 30	14,316 35	»	891,850 10	8	7	8	10	»	8
Mai	139	139	91,355	413,574 70	99,505 65	34,804	332,175 10	11,914 50	»	857,220 95	8	8	7	8	»	8
Juin	139	139	94,572	432,593 35	116,585 35	32,561	308,691 80	14,717 18	»	872,587 68	8	9	7	10	»	8
Juillet	139	139	102,178	510,486 50	162,425 65	32,919	333,421 90	15,427 50	»	1,021,761 55	10	12	8	10	»	9
Août	139	139	120,262	675,764 35	122,369 30	34,406	358,728 65	14,469 95	»	1,171,332 25	13	9	8	10	»	10
Septembre	139	139	127,803	661,784 75	99,518 30	34,666	373,447 00	11,732 23	»	1,146,482 28	13	8	8	8	»	10
Octobre	139	139	102,566	497,123 25	110,499 55	38,157	410,923 75	14,875 84	»	1,033,422 39	10	9	9	10	»	9
Novembre	139	139	73,428	341,640 30	101,014 70	39,118	422,734 70	10,192 61	»	876,482 31	6	8	9	7	»	8
Décembre	139	139	65,368	306,543 35	108,236 15	42,078	452,992 15	9,736 29	»	877,507 94	6	8	10	7	»	8
Totaux et moyennes	139	139	1,084,085	5,240,909 55	1,300,046 70	449,654	4,565,034 65	149,671 05	»	11,255,661 95	100	100	100	100	»	100
Par kilomètre	»	»	»	37,704 00	9,353 00	»	32,842 00	1,077 00	»	80,976 00	»	»	»	»	»	»
Proportion p. 0/0	»	»	»	46 56	11 55	»	46 44	1 33	»	100 00	»	»	»	»	»	»
ROUEN AU HAVRE.																
Janvier	92	92	40,167	105,425 80	47,781 25	42,035	245,870 55	1,928 50	»	401,006 10	5	8	10	7	»	8
Février	92	92	43,568	120,785 30	40,417 00	35,323	203,903 35	1,826 00	»	366,929 65	6	7	8	7	»	7
Mars	92	92	54,155	153,399 60	42,250 90	36,563	200,786 75	1,593 50	»	398,030 75	7	7	8	6	»	8
Avril	92	92	57,211	161,701 65	37,945 15	36,280	201,818 15	1,883 80	»	403,348 75	8	7	8	7	»	8
Mai	92	92	52,527	150,733 20	40,714 65	34,233	183,269 40	3,044 25	»	377,761 50	8	7	8	12	»	7
Juin	92	92	35,739	153,094 70	55,416 50	33,010	178,470 75	2,910 05	»	389,892 00	8	10	8	12	»	8
Juillet	92	92	65,191	183,394 30	67,399 24	31,300	183,611 35	2,214 90	»	436,619 79	9	12	8	9	»	9
Août	92	92	83,296	244,802 40	55,119 75	33,985	194,928 10	2,310 65	»	497,160 90	13	10	8	9	»	10
Septembre	92	92	87,334	252,812 10	43,387 35	34,924	190,434 35	2,353 55	»	488,987 35	13	8	8	9	»	10
Octobre	92	92	65,482	188,386 35	42,891 90	34,337	197,472 35	2,817 05	»	431,567 65	10	8	8	11	»	9
Novembre	92	92	46,004	128,747 75	43,198 85	36,002	219,957 05	1,303 90	»	393,207 55	7	8	9	5	»	8
Décembre	92	92	39,383	108,890 20	46,127 01	37,930	221,123 25	1,747 15	»	377,887 61	6	8	9	6	»	8
Totaux et moyennes	92	92	670,057	1,952,173 35	562,649 55	425,922	2,421,643 40	25,933 30	»	4,962,399 60	100	100	100	100	»	100
Par kilomètre	»	»	»	21,219 00	6,119 00	»	26,322 00	282 00	»	53,939 00	»	»	»	»	»	»
Proportion p. 0/0	»	»	»	39 45	11 41	»	48 62	0 52	»	100 00	»	»	»	»	»	»
ROUEN A DIEPPE.																
Janvier	51	51	8,906	17,335 60	9,500 40	6,697	28,287 45	424 70	»	55,548 15	4	10	8	7	»	6
Février	51	51	8,373	16,936 35	7,340 50	6,111	24,549 85	394 30	»	49,221 00	4	8	7	6	»	6
Mars	51	51	10,083	20,708 75	7,261 25	7,469	28,117 35	413 10	»	56,500 45	5	8	8	6	»	6
Avril	51	51	12,090	25,356 00	6,928 15	6,668	24,448 60	467 80	»	57,200 55	6	7	7	7	»	7
Mai	51	51	11,318	24,202 80	8,582 40	6,209	22,645 10	580 00	»	56,010 30	6	9	7	9	»	6
Juin	51	51	14,372	31,508 50	6,637 60	6,122	20,355 30	600 75	»	59,102 15	8	7	6	9	»	7
Juillet	51	51	18,247	49,703 80	7,736 60	6,939	25,721 30	751 95	»	83,913 65	12	7	8	11	»	10
Août	51	51	28,288	85,114 90	9,470 15	7,409	27,190 10	658 90	»	122,434 05	20	9	9	10	»	14
Septembre	51	51	23,481	66,226 55	7,485 15	9,306	34,436 15	712 85	»	108,860 70	16	8	10	11	»	13
Octobre	51	51	15,033	34,005 35	6,943 65	8,603	34,006 15	565 95	»	75,521 10	8	7	10	9	»	9
Novembre	51	51	10,852	23,202 20	11,777 05	7,976	32,423 40	419 90	»	67,822 55	6	12	9	6	»	8
Décembre	51	51	10,019	21,084 80	7,275 75	9,373	37,570 70	563 40	»	66,494 65	5	8	11	9	»	8
Totaux et moyennes	51	51	171,062	415,385 60	96,938 65	88,882	339,751 45	6,553 55	»	858,620 25	100	100	100	100	»	100
Par kilomètre	»	»	»	8,145 00	1,901 00	»	6 62 00	128 00	»	16,830 00	»	»	»	»	»	»
Proportion p. 0/0	»	»	»	48 40	11 29	»	39 55	0 76	»	100 00	»	»	»	»	»	»

Suite des *Recettes des chemins de fer*, *par mois et par catégorie, en 1854.*

MOIS. 1	LONGUEUR — Totale exploitée à la fin du mois. 2	LONGUEUR — Moyenne exploitée pendant le mois. 3	GRANDE VITESSE — Voyageurs — Nombre. 4	GRANDE VITESSE — Voyageurs — Recettes (y compris le 10e). 5	GRANDE VITESSE — Accessoires — Recettes. 6	PETITE VITESSE — Marchandises — Tonnage. 7	PETITE VITESSE — Marchandises — Recettes. 8	PETITE VITESSE — Accessoires — Recettes. 9	RECETTES DIVERSES. 10	TOTAL GÉNÉRAL de la recette brute. 11	PROPORTION P. 0/0 DE LA RECETTE MENSUELLE — Grande vitesse — Voyageurs. 12	Grande vitesse — Accessoires. 13	Petite vitesse — Marchandises. 14	Petite vitesse — Accessoires. 15	Diverses. 16	TOTAL. 17
	kil.	kil.		fr. c.	fr. c.		fr. c.	fr. c.	fr. c.	fr. c.						
PARIS A ORSAY.																
Janvier	11	11	33,884	15,454 65	345 65	5	90 00	»	»	15,890 30	4	4	16	»	»	4
Février	11	11	27,293	12,651 35	283 15	5	84 40	»	»	13,018 90	3	3	15	»	»	3
Mars	11	11	39,032	18,068 05	314 35	5	95 50	»	»	18,477 90	5	4	17	»	»	5
Avril	11	11	52,465	25,322 20	386 30	5	105 65	»	»	25,814 15	6	4	18	»	»	7
Mai	11	11	60,057	34,298 55	503 35	5	97 75	»	»	34,899 65	9	6	17	»	»	9
Juin	11	11	74,840	37,534 45	527 90	5	95 00	»	»	38,157 35	10	6	17	»	»	10
Juillet	25	12	96,480	49,020 80	736 45	»	»	»	»	49,757 25	13	9	»	»	»	13
Août	25	25	85,535	48,406 15	982 65	»	»	»	87 40	49,476 20	13	11	»	»	18	12
Septembre	25	25	90,427	51,430 00	1,303 00	»	»	»	107 85	52,840 85	13	15	»	»	22	13
Octobre	25	25	75,175	43,974 40	1,403 55	»	»	»	92 05	45,470 00	11	16	»	»	19	11
Novembre	25	25	42,175	26,430 20	1,042 90	»	»	»	90 95	27,564 05	7	12	»	»	19	7
Décembre	25	25	37,403	23,561 50	896 20	»	»	»	104 30	24,562 00	6	10	»	»	22	6
Totaux et moyennes	25	17	721,756	386,152 30	8,725 45	30	368 30	»	482 55	395,928 60	100	100	100	100	100	100
Par kilomètre	»	»	»	22,715 00	513 00	»	33 00	»	23 00	23,290 00	»	»	»	»	»	-
Proportion p. 0/0	»	»	»	97 53	2 20	»	0 14	»	0 13	100 00	»	»	»	»	»	»
ORLÉANS ET PROLONGEMENTS.																
Janvier	1,111	1,111	203,140	987,907 58	335,752 86	77,853	1,473,980 53	278,411 18	»	3,076,052 15	6	8	7	11	»	7
Février	1,111	1,111	197,964	978,523 88	311,805 30	71,584	1,384,285 09	232,655 43	»	2,907,269 70	5	7	7	9	»	6
Mars	1,111	1,111	256,832	1,367,385 42	353,579 76	81,666	1,451,161 34	230,477 25	»	3,402,603 77	8	8	7	9	»	8
Avril	1,111	1,111	267,803	1,386,915 20	415,920 05	86,199	1,319,262 14	231,698 13	»	3,353,796 12	8	9	6	9	»	7
Mai	1,142	1,141	285,579	1,484,927 93	445,474 86	86,718	1,424,708 89	284,775 35	»	3,639,887 03	8	10	7	11	»	8
Juin	1,155	1,147	305,897	1,569,861 81	400,441 14	95,078	1,434,255 31	244,657 57	»	3,649,215 83	9	9	7	10	»	8
Juillet	1,155	1,155	301,650	1,702,431 54	354,170 91	91,310	1,622,659 23	208,803 80	»	3,888,065 48	10	8	8	8	»	9
Août	1,155	1,155	347,593	1,927,456 52	355,669 82	102,475	1,997,650 71	183,993 87	»	4,464,770 92	11	8	10	7	»	10
Septembre	1,155	1,155	329,732	1,758,181 81	337,589 23	105,211	2,063,324 02	153,366 09	»	4,312,461 15	10	8	10	6	»	10
Octobre	1,155	1,155	338,234	1,764,812 27	392,337 60	116,085	2,221,766 30	126,856 42	»	4,505,772 59	10	9	11	5	»	10
Novembre	1,155	1,135	262,719	1,323,946 13	351,743 80	108,055	2,152,726 44	147,391 86	»	3,975,808 23	8	8	10	6	»	9
Décembre	1,155	1,155	225,516	1,186,388 37	360,961 83	107,911	1,983,942 55	228,937 65	»	3,760,230 40	7	8	10	9	»	8
Totaux et moyennes	1,155	1,139	3,322,659	17,438,738 46	4,415,447 76	1,130,745	20,529,722 55	2,552,024 60	»	44,935,933 37	100	100	100	100	100	190
Par kilomètre	»	»	»	15,297 00	3,873 00	»	18,009 00	2,239 00	»	39,417 00	»	»	»	»	»	»
Proportion p. 0/0	»	»	»	38 80	9 83	»	45 69	5 68	»	100 00	»	»	»	»	»	»
PARIS A LYON.																
Iuvier	383	383	116,645	623,351 65	152,990 85	41,197	551,357 60	30,594 50	38,780 45	1,397,075 05	5	5	6	11	6	6
évrier	383	383	115,398	620,068 35	129,058 15	37,203	520,612 00	24,197 40	36,293 68	1,331,729 58	5	4	6	8	6	5
Mars	383	383	152,943	865,687 10	242,712 92	43,099	595,669 00	21,557 85	41,996 91	1,767,623 78	7	8	6	7	6	7
Avril	383	383	164,342	928,307 03	162,801 11	41,649	562,231 00	19,092 90	44,919 15	1,718,252 09	7	6	6	7	7	6
Mai	383	383	163,347	948,524 77	171,443 73	42,845	550,832 20	18,671 85	41,928 35	1,731,400 90	8	6	6	7	6	6
Juin	383	383	179,470	973,297 85	207,909 42	39,142	530,455 50	17,788 60	62,431 82	1,791,883 19	8	7	6	6	10	7
Juillet	508	472	222,214	1,188,677 59	224,243 45	37,639	542 232 10	20,169 65	43,338 54	2,018,661 33	9	8	6	7	7	8
Août	508	508	202,648	1,341,313 09	226,549 35	40,243	686,933 50	16,005 25	47,215 42	2,318,017 21	10	8	7	6	8	9
Septembre	508	508	286,741	1,430,007 65	274,454 75	55,141	1,003,375 00	23,059 90	51,150 52	2,782,947 82	11	9	11	8	8	11
Octobre	508	508	287,347	1,510,114 76	391,710 70	66,763	1,144,979 45	18,028 20	46,788 22	3,112,221 33	12	14	12	7	7	12
embre	508	508	215,106	1,193,263 29	320,502 45	65,406	1,181,612 73	22,067 30	46,353 82	2,763,889 59	9	12	13	8	7	11
embre	508	508	203,076	1,111,208 80	342,747 40	77,276	1,435,433 00	50,061 10	139,217 41	3,079,627 80	9	13	15	18	22	12
Totaux et moyennes	508	443	2,376,877	12,735,083 52	2,847,814 28	587,603	9,305,723 08	283,694 50	640,414 29	25,813,329 67	100	100	100	100	100	100
Par kilomètre	»	»	»	28,749 00	6,428 00	»	21,006 00	640 00	1,446 0	58,269 00	»	»	»	»	»	»
Proportion p. 0/0	»	»	»	49 34	11 03	»	36 05	1.00	2 49	100 00	»	»	»	»	»	»

Suite des *Recettes des chemins de fer, par mois et par catégorie, en 1854.*

MOIS.	LONGUEUR — Totale exploitée à la fin du mois.	LONGUEUR — Moyenne exploitée pendant le mois.	GRANDE VITESSE — Voyageurs — Nombre.	GRANDE VITESSE — Voyageurs — Recettes (y compris le 10e).	GRANDE VITESSE — Accessoires — Recettes.	PETITE VITESSE — Marchandises — Tonnage.	PETITE VITESSE — Marchandises — Recettes.	PETITE VITESSE — Accessoires — Recettes.	RECETTES DIVERSES.	TOTAL GÉNÉRAL de la recette brute.	PROPORTION P. 0/0 DE LA RECETTE MENSUELLE — Grande vitesse — Voyageurs.	Grande vitesse — Accessoires.	Petite vitesse — Marchandises.	Petite vitesse — Accessoires.	Diverses.	Total.
1	2	3	4	5	6	7	8	9	10	11	12	13	14	15	16	17
	kil.	kil.		fr. c.	fr. c.		fr. c.	fr. c.	fr. c.	fr. c.						
LYON A LA MÉDITERRANÉE.																
Janvier	294	294	106,919	280,366 72	40,344 35	66,024	424,799 45	6,144 80	5,311 40	756,966 72	5	4	8	16	12	6
Février	294	294	92,807	262,123 90	34,559 00	58,880	391,425 35	3,371 55	3,621 55	695,101 35	5	4	7	9	7	6
Mars	294	294	126,423	337,279 25	60,520 65	68,603	472,736 70	1,124 20	5,308 15	876,968 95	6	7	8	3	11	7
Avril	294	294	127,427	362,115 39	49,008 69	61,551	416,245 15	3,195 00	4,295 55	834,857 78	7	5	7	9	9	7
Mai	294	294	137,110	345,903 42	52,931 27	72,061	486,050 80	3,895 95	3,674 35	892,455 79	7	6	9	10	8	8
Juin	420	302	147,063	361,828 94	49,910 50	68,709	447,137 65	1,642 75	3,164 95	863,684 79	7	5	8	4	7	7
Juillet	420	420	222,598	632,109 60	77,598 05	64,066	474,046 90	1,423 50	3,045 65	1,188,223 70	12	8	8	4	7	10
Août	420	420	177,853	449,676 45	60,890 80	60,807	426,572 35	868 65	3,287 00	941,295 25	8	7	8	2	7	8
Septembre	420	420	179,765	523,248 03	70,800 81	56,690	399,314 20	1,412 10	3,156 25	1,000,931 39	10	9	7	4	7	9
Octobre	420	420	197,088	632,711 38	116,015 58	66,420	490,988 75	3,184 70	3,343 60	1,246,244 01	12	13	9	9	7	10
Novembre	420	420	179,853	587,160 23	160,213 23	68,361	535,849 40	5,188 25	4,193 60	1,292,604 71	11	13	10	14	9	11
Décembre	420	420	155,936	523,184 75	129,639 74	79,664	605,578 85	5,978 10	4,018 25	1,268,399 69	10	14	11	16	9	11
Totaux et moyennes	420	358	1,850,842	5,297,706 06	911,432 67	791,836	5,570,745 55	37,429 55	46,420 30	11,863,734 13	100	100	100	100	100	100
Par kilomètre	"	"	"	14,799 00	2,546 00	"	15,560 00	105 00	130 00	33,140 00	"	"	"	"	"	"
Proportion p. 0/0	"	"	"	44 65	7 68	"	46 96	0 32	0 39	100 00	"	"	"	"	"	"
GRAND-CENTRAL. (RHÔNE ET LOIRE.)																
Janvier	150	150	76,630	130,796 84	20,848 07	95,941	528,399 36	618 38	10,416 74	691,079 39	7	6	7	1	6	7
Février	150	150	66,978	115,111 48	21,817 54	97,480	507,600 47	659 46	10,619 98	655,808 93	6	7	7	1	6	7
Mars	150	150	85,974	149,661 61	25,381 38	116,032	638,991 00	562 62	12,160 88	826,766 49	8	8	9	1	7	9
Avril	150	150	91,620	158,274 29	33,340 77	97,657	515,342 54	- 247 26	8,302 69	715,507 55	8	11	7	1	6	7
Mai	150	150	88,023	160,297 55	24,252 75	174,810	612,205 84	1,447 34	8,395 78	807,099 26	8	8	8	2	5	8
Juin	150	150	95,375	166,346 35	27,058 25	135,968	606,717 44	1,446 92	11,485 48	813,054 44	8	9	8	2	7	8
Juillet	150	150	100,368	178,428 50	26,280 61	130,145	662,975 14	12,674 20	21,192 27	901,550 72	9	8	9	14	12	9
Août	150	150	103,709	191,015 00	26,967 95	129,279	653,066 00	12,796 69	19,259 27	903,104 91	10	8	9	14	11	9
Septembre	150	150	106,565	193,109 40	32,473 97	115,610	645,068 30	10,381 49	14,710 37	895,743 53	10	9	9	12	9	9
Octobre	150	150	104,488	196,683 70	28,121 28	106,660	677,627 76	12,703 00	10,529 58	925,665 32	10	8	9	14	6	9
Novembre	150	150	79,658	153,486 45	23,946 87	117,830	670,557 30	14,208 92	14,851 47	877,051 01	8	7	9	16	9	9
Décembre	150	150	81,051	152,966 65	37,299 20	109,313	650,804 60	19,737 66	27,146 74	887,954 85	8	11	9	22	16	9
Totaux et moyennes	150	150	1,080,439	1,946,177 82	327,788 64	1,426,725	7,369,355 75	87,483 94	169,580 25	9,900,386 40	100	100	100	100	100	100
Par kilomètre	"	"	"	12,975 00	2,185 00	"	49,129 00	583 00	1,131 00	66,003 00	"	"	"	"	"	"
Proportion p. 0/0	"	"	"	19 66	3 31	"	74 44	0 88	1 71	100 00	"	"	"	"	"	"
MIDI.																
Janvier	53	53	4,243	7,456 45	2,991 20	1,988	9,000 25	1,362 90	"	20,810 80	3	4	7	3	"	
Février	53	53	4,007	6,696 75	3,845 75	2,130	9,628 35	1,400 55	63 25	21,634 65	2	5	8	3	21	
Mars	53	53	5,396	9,458 55	4,914 05	2,451	12,564 40	3,658 00	"	30,595 00	3	7	10	7	"	
Avril	53	53	5,345	10,140 95	4,552 30	2,251	11,862 65	5,282 00	"	31,837 90	4	6	9	10	"	5
Mai	53	53	7,288	12,750 45	3,197 50	1,914	10,365 15	5,020 60	146 25	31,479 95	5	4	8	10	47	
Juin	53	53	9,070	17,764 70	3,267 95	1,657	9,423 50	3,495 35	"	33,951 50	6	5	8	7	"	
Juillet	53	53	14,715	34,462 10	4,600 75	1,655	8,654 75	3,676 45	"	51,394 05	12	6	7	7	"	1
Août	53	53	21,505	52,424 75	6,250 10	1,230	6,499 50	7,074 30	37 95	72,286 60	19	8	6	14	12	1
Septembre	53	53	17,187	40,390 20	5,927 05	1,454	7,370 80	6,728 15	62 05	60,478 25	14	8	5	13	20	1
Octobre	53	53	10,189	19,659 45	3,252 95	1,682	8,102 25	13,342 20	"	44,356 85	7	4	6	26	"	
Novembre	158	119	8,221	32,225 31	9,107 90	3,200	12,198 65	"	"	53,531 86	11	12	10	"	"	1
Décembre	158	158	9,046	40,041 50	23,376 50	4,735	19,932 75	"	"	83,350 75	14	31	16	"	"	1
Totaux et moyennes	158	67	116,212	283,471 10	75,284 00	26,347	125,603 00	51,040 50	309 50	535,708 16	100	100	100	100	100	10
Par kilomètre	"	"	"	4,231 00	1,124 00	"	1,875 00	762 00	4 00	7,996 00	"	"	"	"	"	"
Proportion p. 0/0	"	"	"	52 91	14 05	"	23 45	9 53	0 06	100 00	"	"	"	"	"	"

Suite des *Recettes des chemins de fer, par mois et par catégorie, en 1854.*

MOIS.	LONGUEUR totale exploitée à la fin du mois.	LONGUEUR moyenne exploitée pendant le mois.	GRANDE VITESSE. Voyageurs. Nombre.	GRANDE VITESSE. Voyageurs. Recettes (y compris le 10e).	GRANDE VITESSE. Accessoires. Recettes.	PETITE VITESSE. Marchandises. Tonnage.	PETITE VITESSE. Marchandises. Recettes.	PETITE VITESSE. Accessoires. Recettes.	RECETTES DIVERSES.	TOTAL GÉNÉRAL de la recette brute.	PROPORTION P. 0/0 DE LA RECETTE MENSUELLE. Grande vitesse. Voyageurs.	Grande vitesse. Accessoires.	Petite vitesse. Marchandises.	Petite vitesse. Accessoires.	Diverses.	TOTAL.
1	2	3	4	5	6	7	8	9	10	11	12	13	14	15	16	17
	kil.	kil.		fr. c.	fr. c.		fr. c.	fr. c.	fr. c.	fr. c.						
CEINTURE.																
Janvier	7	7	»	»	»	17,553	17,632 14	»	»	17,632 14	»	»	3	»	»	3
Février	7	7	»	»	»	21,399	18,405 45	»	»	18,405 45	»	»	3	»	»	3
Mars	17	9	»	»	»	31,827	34,656 54	»	»	34,656 54	»	»	6	»	»	6
Avril	17	17	»	»	»	35,439	43,687 18	»	»	43,687 18	»	»	7	»	»	7
Mai	17	17	»	»	»	38,190	47,404 20	»	»	47,404 20	»	»	8	»	»	8
Juin	17	17	»	»	»	37,600	46,740 48	»	»	46,740 48	»	»	8	»	»	8
Juillet	17	17	»	»	»	39,370	51,721 45	»	»	51,721 45	»	»	9	»	»	9
Août	17	17	»	»	»	40,703	56,073 76	»	»	56,073 76	»	»	10	»	»	10
Septembre	17	17	5,985	1,892 55	»	30,188	51,589 70	»	»	53,482 25	33	»	9	»	»	9
Octobre	17	17	5,504	1,720 00	»	47,054	63,778 18	»	»	65,498 18	31	»	11	»	»	11
Novembre	17	17	4,413	1,371 75	»	47,826	67,413 40	»	»	68,785 15	25	»	12	»	»	12
Décembre	17	17	1,967	605 85	»	56,057	81,685 19	»	»	82,291 04	11	»	14	»	»	14
Totaux et moyennes	17	15	17,869	5,590 15	»	452,206	580,787 67	»	»	586,377 82	100	»	100	»	»	100
Par kilomètre	»	»	»	373 00	»	»	38,718 00	»	»	39,091 00	»	»	»	»	»	»
Proportion p. 0/0	»	»	»	0 96	»	»	99 04	»	»	100 00	»	»	»	»	»	»

ÉTATS SOMMAIRES.

1° RECETTES MENSUELLES PAR CHEMIN ET PAR KILOMÈTRE.

DÉSIGNATION DES LIGNES.	LONGUEUR totale exploitée au 31 décemb.	LONGUEUR moyenne exploitée pendant l'année entière.	JANVIER.	FÉVRIER.	MARS.	AVRIL.	MAI.	JUIN.	JUILLET.	AOÛT.	SEPTEMBRE.	OCTOBRE.	NOVEMBRE.	DÉCEMBRE.	ANNÉE entière.
1	2	3	4	5	6	7	8	9	10	11	12	13	14	15	16
Nord	707	707	3,955	3,811	4,343	4,276	4,350	4,525	5,147	5,644	5,355	5,432	4,906	4,882	56,545
…in à Somain	19	19	1,316	1,312	1,431	1,401	1,390	1,299	1,405	1,566	1,509	1,404	1,392	1,196	16,621
…t { Paris à Strasbourg, etc.	863	827	2,706	2,833	3,389	3,368	3,415	3,338	3,325	3,635	3,613	3,526	3,553	3,673	40,825
…t { Montereau à Troyes	100	100	1,388	1,335	1,543	1,412	1,343	1,297	1,318	1,204	1,594	1,713	1,455	1,445	17,077
…ris à Saint-Germain	32	30	3,455	2,099	4,145	5,547	7,704	7,396	8,714	8,681	8,467	6,770	4,601	3,612	70,219
…st	238	209	2,932	2,535	2,905	3,352	3,652	2,843	3,179	3,511	3,498	3,586	2,857	2,709	37,716
…à Rouen	139	139	6,186	5,609	6,241	6,416	6,167	6,278	7,351	8,127	8,248	7,435	6,305	6,313	80,976
…en au Havre	92	92	4,358	3,988	4,326	4,383	4,105	4,237	4,745	5,414	5,314	4,690	4,273	4,106	53,939
…en à Dieppe	51	51	1,089	965	1,108	1,123	1,098	1,159	1,645	2,402	2,134	1,451	1,330	1,302	16,895
…is à Orsay	25	17	1,445	1,184	1,680	2,347	3,172	3,469	4,146	1,979	2,114	1,819	1,103	982	23,293
…éans et prolongements	1,155	1,139	2,769	2,617	3,063	3,019	3,100	3,181	3,366	3,866	3,734	3,901	3,442	3,236	38,417
…à Lyon	508	443	3,647	3,477	4,615	4,486	4,521	4,678	4,276	4,563	5,478	6,126	5,440	6,002	58,209
…on à la Méditerranée	420	358	2,574	2,364	2,983	2,839	3,036	2,859	2,829	2,241	2,398	2,967	3,078	3,029	33,140
…nd-Central (Rhône et Loire)	150	150	4,607	4,372	5,512	4,770	5,381	5,420	6,010	6,021	5,972	6,171	5,847	5,920	66,003
…i	158	67	393	408	577	601	594	641	970	1,364	1,141	837	430	328	7,996
…inture	17	15	2,519	2,629	3,851	2,570	2,788	2,759	3,042	3,290	3,146	3,853	4,046	4,841	39,091
Sur l'ensemble	4,674	4,303	3,164	3,009	3,610	3,558	3,681	3,634	3,830	4,158	4,189	4,331	3,966	3,853	45,134

2° RECETTES MENSUELLES PAR CATÉGORIE ET PAR KILOMÈTRE.

MOIS.	LONGUEUR		GRANDE VITESSE.		PETITE VITESSE.		RECETTES	TOTAL
	TOTALE exploitée à la fin du mois.	MOYENNE exploitée pendant le mois.	VOYAGEURS (y compris le 10e)	ACCESSOIRES.	MARCHANDISES.	ACCESSOIRES.	DIVERSES.	GÉNÉRAL de la recette brute.
1	2	3	4	5	6	7	8	9
Janvier	4,079	4,079	1,099	324	1,613	110	18	3,164
Février	4,120	4,099	1,108	271	1,515	97	18	3,009
Mars	4,130	4,122	1,460	370	1,665	95	20	3,610
Avril	4,130	4,130	1,587	352	1,501	98	20	3,558
Mai	4,168	4,166	1,645	358	1,547	107	24	3,681
Juin	4.400	4,270	1,682	355	1,500	91	26	3,654
Juillet	4,559	4,490	1,882	358	1,509	87	23	3,859
Août	4,539	4,539	2,054	357	1,631	82	34	4,158
Septembre	4,569	4,554	2,022	348	1,725	74	20	4,189
Octobre	4,569	4,569	1,920	416	1,921	76	18	4,351
Novembre	4,674	4,635	1,409	400	1,959	78	20	3,866
Décembre	4,674	4,674	1,276	391	2,043	101	42	3,853

3° RECETTES PAR CHEMIN, PAR CATÉGORIE ET PAR KILOMÈTRE.

DÉSIGNATION DES CHEMINS.	LONGUEUR		GRANDE VITESSE.		PETITE VITESSE.		RECETTES	TOTAL
	TOTALE exploitée au 31 décembre.	MOYENNE exploitée pendant l'année entière.	VOYAGEURS (y compris le 10e)	ACCESSOIRES.	MARCHANDISES.	ACCESSOIRES.	DIVERSES.	GÉNÉRAL de la recette brute.
1	2	3	4	5	6	7	8	9
Nord	707	707	22,820	6,962	25,768	812	184	56,546
Anzin à Somain	19	19	3,209	144	13,186	15	67	16,621
Est. { Paris à Strasbourg, etc.	863	827	17,187	3,271	19,704	550	113	40,825
Est. { Montereau à Troyes	100	100	5,784	2,636	7,665	628	362	17,077
Paris à Saint-Germain	32	30	70,045	174	»	»	»	70,219
Ouest	238	209	24,047	2,097	8,667	2,312	503	37,716
Paris à Rouen	139	139	37,704	9,353	32,842	1,077	»	80,976
Rouen au Havre	92	92	21,219	6,116	26,322	282	»	53,939
Rouen à Dieppe	51	51	8,145	1,001	6,662	128	»	16,836
Paris à Orsay	25	17	22,715	513	33	»	23	23,200
Orléans et prolongements	1,155	1,139	15,297	3,873	18,009	2,230	»	39,417
Paris à Lyon	508	443	28,749	6,428	21,006	640	1,446	58,269
Lyon à la Méditerranée	420	358	14,799	2,546	15,560	105	130	33,140
Grand-Central (Rhône et Loire)	150	150	12,975	2,185	49,120	583	1,131	66,003
Midi	158	67	4,231	1,124	1,875	763	4	7,996
Ceinture	17	15	373	»	38,718	»	»	39,091
SUR L'ENSEMBLE	4,674	4,363	19,213	4,339	20,204	1,093	285	45,134

MOUVEMENT DES MARCHANDISES

PAR PROVENANCE ET PAR DESTINATION.

RELEVÉ

RELATIF A LA LIGNE D'ORLÉANS (EXPLOITATION DE 1854) ET A LA LIGNE DE L'EST (EXPLOITATION DE 1853).

1° LIGNE D'ORLÉANS.

NATURE DES MARCHANDISES.	TONNAGE.	PROVENANCE.		DESTINATION.		OBSERVATIONS.
		DÉSIGNATION DES STATIONS PRINCIPALES.	PROPORTION p. 0/0.	DÉSIGNATION DES STATIONS PRINCIPALES.	PROPORTION p. 0/0.	
1	2	3	4	5	6	7
oises	15,134	Trélazé Angers Divers	52 15 33	Paris Tours Orléans et le Pavillon (5 p. 0/0) Divers	31 12 10 47	
is à brûler	6,035	Lamothe Salbris Étréchy La Roche-Chalais Divers	55 12 7 6 20	Paris Orléans Tours, Bordeaux et Angoulême (4 à 7 p. 0/0) Divers	40 25 18 17	
de construction	36,000	Paris Tours Vierzon (ville) et Vierzon (forges), Étréchy Bordeaux (7 p. 0/0) Lamothe Châteauroux et Poitiers (4 p. 0/0) Divers	9 8 21 6 8 48	Paris Varennes et Orléans (8 p. 0/0) Poitiers Meung et Angoulême (4 à 5 p. 0/0) Divers	20 16 7 9 48	
rbon de bois	12,442	Blois Lamothe Vierzon (ville) Nevers Issoudun et Châteauroux (9 p. 0/0) Divers	25 13 12 10 18 22	Paris Bourges Divers	79 11 10	
odronnerie et pièces mécaniques	5,700	Paris Nantes Tours Divers	60 13 5 22	Bordeaux Paris Nantes, Angers, Moulins, Orléans et Tours (4 à 5 p. 0/0) Divers	24 8 23 45	
as en balles	2,591	Paris Divers	89 11	Le Pavillon Nantes Angers Paris Bordeaux et Varennes (5 p. 0/0) Divers	47 12 8 6 10 17	
À REPORTER	77,902					

MOUVEMENT DES MARCHANDISES par provenance et par destination. (Ligne d'Orléans.)

NATURE DES MARCHANDISES.	TONNAGE.	PROVENANCE. Désignation des stations principales.	PROVENANCE. Proportion p. 0/0.	DESTINATION. Désignation des stations principales.	DESTINATION. Proportion p. 0/0.	OBSERVATIONS.
1	2	3	4	5	6	7
REPORT.	77,902					
Cotons filés	4,233	Paris	72	Le Pavillon	32	
		Corbeil	15	Paris	15	
		Le Pavillon	4	Bordeaux	13	
		Divers	9	Varennes	8	
				Angers et Orléans (5 p. 0/0)	10	
				Divers	22	
Engrais	34,649	Orléans	73	Salbris	24	
		Paris	13	Tours et Nantes (4 p. 0/0)	8	
		Nantes	4	Divers	68	
		Divers	10			
Épiceries et denrées coloniales	29,332	Bordeaux	34	Paris	46	
		Paris	18	Orléans	6	
		Nantes	15	Angoulême	5	
		Orléans	6	Le Pavillon et Angers (4 p. 0/0)	8	
		Le Pavillon et Varennes (5 p. 0/0)	10	Divers	35	
		Divers	17			
Esprits, trois-six, eaux-de-vie	24,985	Paris	41	Paris	31	
		Bordeaux	34	Bordeaux	25	
		Angoulême	7	Orléans	11	
		Orléans	5	Nantes	5	
		Poitiers	4	Divers	28	
		Divers	9			
Farines	85,707	Étampes et Bouray (19 p. 0/0)	38	Paris	62	
		Corbeil et Étréchy (8 p. 0/0)	16	Orléans	7	
		Meung et Paris (5 et 4 p. 0/0)	9	Nantes	5	
		Divers	37	Divers	26	
Fers, fonte, fer-blanc et tôles	117,571	Paris	21	Paris	26	
		Le Pavillon	18	Nantes	9	
		Vierzon (forges)	11	Bordeaux	7	
		Nevers	9	Orléans	6	
		Bordeaux	8	Nevers	5	
		Bourges	7	Divers	47	
		Tours	6			
		La Guerche	5			
		Divers	15			
Graines et légumes secs	18,332	Orléans	12	Paris	49	
		Paris et Poitiers (10 p. 0/0)	20	Orléans	6	
		Bordeaux	8	Divers	45	
		Châtellerault, Nantes et Blois (7 p. 0/0)	21			
		Divers	39			
Grains	134,001	Paris et Étampes (11 p. 0/0)	22	Paris	30	
		Toury	10	Étampes	10	
		Saumur	9	Bouray	7	
		Orléans	8	Corbeil et Angoulême (5 p. 0/0)	10	
		Bordeaux et Poitiers (4 et 5 p. 0/0)	9	Orléans	4	
		Divers	42	Divers	39	
Houille et coke	55,381	Paris	60	Tours	20	
		Le Pavillon	12	Orléans	19	
		Bordeaux	5	Vierzon (ville)	10	
		Tours	4	Angoulême et Angers (5 et 4 p. 0/0)	9	
		Divers	19	Divers	42	
Laines	8,227	Bordea[illegible]	25	Paris	48	
		Paris	21	Bordeaux	8	
		Le Pavill[illegible]	13	Orléans et Salbris (6 p. 0/0)	12	
		Orléans	8	Divers	32	
		Divers	33			
À REPORTER.	590,320					

Mouvement des marchandises par provenance et par destination. (Ligne d'Orléans.)

NATURE DES MARCHANDISES.	TONNAGE.	PROVENANCE. Désignation des stations principales.	Proportion p. 0/0.	DESTINATION. Désignation des stations principales.	Proportion p. 0/0.	OBSERVATIONS.
1	2	3	4	5	6	7
Report	590,320					
Papiers en rames et cartons	11,848	Angoulême Paris Le Pavillon Tours Varennes et Nantes (5 p. 0/0) Divers	30 27 8 7 10 18	Paris Bordeaux Nantes Tours Divers	46 17 6 4 27	
Pierres, minerais, chaux, etc.	72,628	Paris Bourges Montmoreau Divers	28 15 4 53	Le Pavillon Bordeaux Poitiers Tours et Angoulême (5 p. 0/0) Châtellerault Divers	14 9 7 10 4 56	
Plâtres	32,919	Paris Divers	95 5	Toury Orléans Étampes Châteauroux, Angerville et Blois (6 p. 0/0) Tours et Beaugency (5 et 4 p. 0/0) Divers	19 18 8 18 9 28	
Porcelaine, faïence, etc.	23,223	Paris Vierzon (ville) et Châteauroux (7 p. 0/0) Argenton Angoulême Tours et Foëcy (5 et 4 p. 0/0) Divers	34 14 8 6 9 29	Paris Bordeaux Poitiers et Nantes (5 p. 0/0) Le Pavillon et Orléans (4 p. 0/0) Divers	33 17 10 8 32	
Sucres bruts	12,439	Nantes Bordeaux Paris Divers	67 16 13 4	Paris Bordeaux Nantes Divers	75 7 5 13	
Sucres raffinés	8,422	Nantes Paris Divers	75 19 6	Paris Angers Poitiers Orléans Bordeaux Tours et Varennes (6 et 5 p. 0/0) Divers	16 12 9 8 7 11 37	
Vinaigres	6,200	Orléans Nantes Blois Divers	69 8 6 17	Paris Orléans Divers	80 5 15	
Vins	96,116	Bordeaux Libourne Blois et Amboise (6 p. 0/0) Orléans Divers	59 7 12 4 18	Paris Divers	82 18	
Chiffons en balles	8,646	Bordeaux Paris Nantes Poitiers et Angers (7 p. 0/0) Orléans Divers	24 22 8 14 4 28	Paris Angoulême Orléans Blois et Angers (5 p. 0/0) Le Pavillon et Tours Divers	13 12 7 10 4 54	
Marchand^ses diverses non spécifiées	267,984	Toute la ligne.		Toute la ligne.		
Total	1,130,745					

Mouvement des marchandises par provenance et par destination.

2ᵉ LIGNE DE L'EST.

NATURE DES MARCHANDISES.	TONNAGE.	PROVENANCE.		DESTINATION.		OBSERVATIONS.
		DÉSIGNATION DES STATIONS PRINCIPALES.	PROPORTION p. o/o.	DÉSIGNATION DES STATIONS PRINCIPALES.	PROPORTION p. o/o.	
1	2	3	4	5	6	7
Bois	14,999	Pont-à-Mousson Sarrebourg Château-Thierry Divers	11 10 9 70	Paris Divers	35 06	
Briques et tuiles	4,773	Pargny Hochfelden Toul Divers	47 18 9 26	Chelles Nancy	60 40	
Charbon de bois	2,958	Château-Thierry, Nogent (36 p. 0/0) Verannes Divers	72 7 21	Paris Divers	35 65	
Coke	26,046	Forbach Divers	99 1	Nancy Strasbourg Bar-le-Duc Divers	30 20 5 45	
Cotons en balles	23,185	Paris Divers	95 5	Strasbourg Bar-le-Duc, Nancy, Lunéville (15 p. 0/0) Commercy Divers	35 45 5 15	
Fers	66,094	Metz Vitry Ars et Châlons (8 et 4 p. 0/0) Divers	40 26 12 22	Paris Divers	30 70	
Fontes	13,522	Vitry Metz Nançois Commercy Divers	33 26 16 8 17	Paris Divers	75 25	
Grains et farines	134,670	La Villette Metz La Ferté Châlons, Forbach et Meaux (5 et 4 p. 0/0) Divers	21 12 7 13 47	Strasbourg Nancy Bar-le-Duc et Épernay (5 et 4 p. 0/0) Divers	15 8 9 68	
Houille	135,991	Forbach Divers	98 2	Nancy Strasbourg Bar-le-Duc Divers	30 15 5 50	
Meules	2,141	La Ferté Divers	98 2	Paris Divers	40 60	
Pierres	50,675	Saverne Nançois Damery Séronville Commentry La Ferté, Port-à-Binson, Dormans (8 et 5 p. 0/0) Divers	23 13 12 11 10 21 10	Paris Divers	70 30	
Plates-formes	14,518	Paris, Épernay (39 p. 0/0) Lunéville Châlons, Strasbourg (7 et 5 p. 0/0) Divers	78 9 12 1	Les Vosges, l'Alsace (30 p. 0/0) Zones de la Champagne, la Lorraine (20 p. 0/0)	60 40	
Waggons	6,184	Nancy Paris Strasbourg Épernay Divers	56 21 13 9 1			
Plâtre	21,598	Gagny Rémilly et Château-Thierry (8 et 5 p. 0/0) Divers	30 13 57	Toute la ligne au delà de Château-Thierry	100	
Sels et produits chimiques	13,710	Saint-Avold Sarrebourg Hochfelden Saverne Divers	61 21 10 7 1	Paris Strasbourg Châlons Bar-le-Duc, Épernay (5 p. 0,0) Divers	45 15 8 10 22	
Tissus et rouenneries	4,957	Paris Strasbourg Épernay, Bar-le-Duc (9 et 7 p. 0/0) Divers	61 16 16 7	Toute la ligne	100	
Verreries, cristallerie et poterie	968	Sarrebourg Forbach Hochfelden Divers	57 23 9 11	Paris Divers	95 5	
Vins	28,570	Épernay Paris Oiry Châlons, Port-à-Binson et Damery (7, 6 et 5 p. 0/0) Divers	30 25 11 18 16	Paris Épernay, Châlons et Strasbourg (15 p. 0/0) Forbach Metz Divers	25 45 10 5 15	
Marchandises diverses non spécifiées (*)	249,561	Toute la ligne	100	Toute la ligne	100	
TOTAL	815,120					

(*) DÉSIGNATION DES PRINCIPAUX ARTICLES COMPRIS SOUS LE TITRE : *MARCHANDISES DIVERSES.*

Articles	Provenance	Destination
Sucre, mélasse, huiles, salaisons	Paris	Toute la ligne.
Bière	Strasbourg Bar-le-Duc Forbach	Toute la ligne.
Ferronnerie	Épernay Châlons Bar-le-Duc	Paris.
Cuirs	Paris Sarrebourg Strasbourg	Toute la ligne, principalement Paris.
Papiers	Bar-le-Duc Sermaize Nancy Lunéville	Paris.
Quincaillerie	Strasbourg Saverne Bar-le-Duc Châlons	Paris.
Allumettes chimiques	Forbach Metz	Paris.
Laines	Paris Metz Brumath Strasbourg	Paris, Épernay.

Voitures, bestiaux et divers.

NOTA. Ces renseignements sont extraits d'un travail fourni par le service de contrôle du chemin de l'Est (M. Keller, inspecteur principal de l'exploitation commerciale).

TABLE GÉNÉRALE DES MATIÈRES.

TABLEAUX STATISTIQUES.

CARTE DES CHEMINS DE FER DE FRANCE.

Situation au 30 Juin 1855.

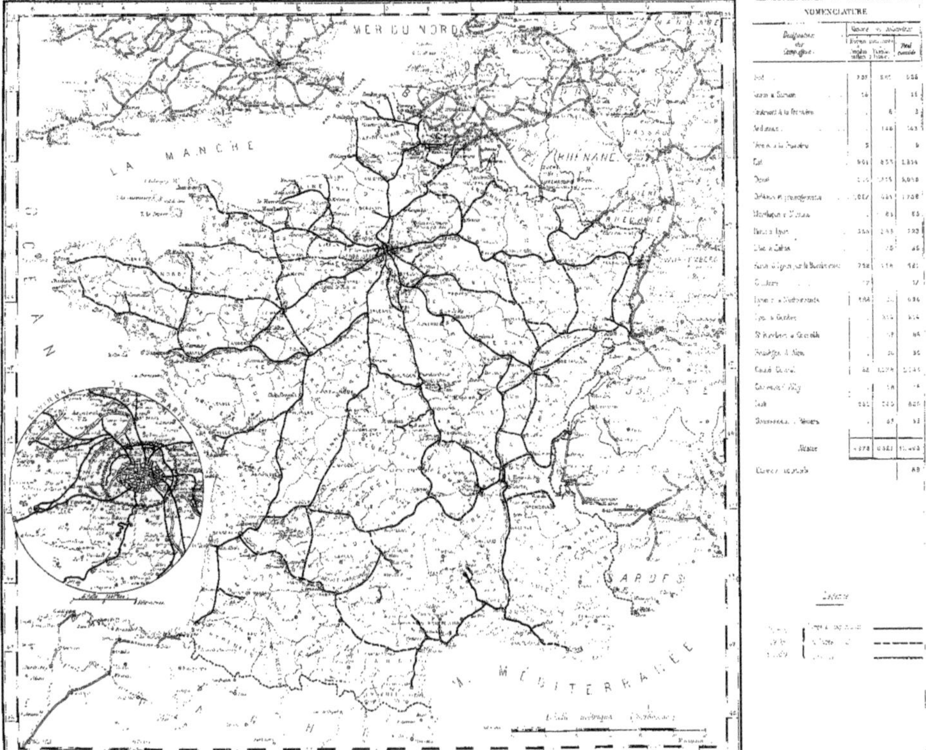

ANNEXE A LA TABLE GÉNÉRALE DES MATIÈRES.

TABLE DES DOCUMENTS STATISTIQUES INSÉRÉS DANS LE TEXTE SOUS FORME DE TABLEAUX.

www.ingramcontent.com/pod-product-compliance
Ingram Content Group UK Ltd.
Pitfield, Milton Keynes, MK11 3LW, UK
UKHW020202250726
13967UKWH00003B/1207